Deutsche Seewarte

Resultate meteorologischer Beobachtungen

Quadrat 110

Deutsche Seewarte

Resultate meteorologischer Beobachtungen

Quadrat 110

Inktank publishing, 2018

www.inktank-publishing.com

ISBN/EAN: 9783747783153

DEUTSCHE SEEWARTE.

Resultate Meteorologischer Beobachtungen

von

Deutschen und Holländischen Schiffen

für

Eingradfelder des Nordatlantischen Ozeans.

Quadrat 110.

Herausgegeben von der Direktion.

No. IV.

HAMBURG, 1882.

Gedruckt bei Hammerich & Lesser in Altona.

Vorwort.

Die meteorologische Arbeit zur See hat in Folge der durch den Wiener Meteorologen-Kongress veranlassten und im September 1874 abgehaltenen Konferenz in London einen unverkennbaren Aufschwung genommen. Dieser Aufschwung zeigte sich weniger in der Errichtung neuer maritim-meteorologischer Zentralstellen in Staaten, wo solche vorher noch nicht bestanden, als vielmehr in der Vertiefung und Ausbreitung der Arbeiten an den vorhandenen älteren Instituten. Das Bestreben, welches auf jener Konferenz hervortrat, die Methoden der Arbeit, die Instruktionen für die Beobachtungen, die Instrumente für die einzelnen Institute einheitlich zu gestalten, war nicht ohne tiefgreifende Folgen für die Pflege der maritim-meteorologischen Forschung; denn wenn auch noch nicht nach allen Richtungen und in vollem Umfange jene Einheitlichkeit erzielt ist, so lässt sich doch nicht verkennen, dass ein erheblicher Fortschritt sich überall auf diesem Gebiete bemerkbar macht. Es bezieht sich dies in erster Linie auf die Art und Weise die Beobachtungen anzustellen, auf Konstruktion und Aufstellung der Instrumente an Bord und auf die Form und den Inhalt der meteorologischen Journale. Auch ist der Vergleichung der Instrumente und dadurch der Vergleichbarkeit der Beobachtungen eine Sorgfalt gewidmet worden, die nur wohlthätig auf die Resultate zurückwirken kann, auf Resultate, die schliesslich dazu berufen sein werden, die Gesetze der Bewegung der Atmospäre, der Beziehung des Luftdruckes, der Temperatur und der Niederschläge zu dieser Bewegung festzustellen.

Mit Bezug auf die Verwerthung der gewonnenen Beobachtungen lässt sich heute ein gleich günstiges Ergebniss noch nicht erkennen. Zwar hat der Kongress in Wien den Grundsatz anerkannt, dass eine internationale Theilung der Arbeit unter den mit maritim-meteorologischen Aufgaben beschäftigten Zentralstellen den Interessen der Forschung entspräche, zwar ist es auch schon zu einer Uebereinkunft gekommen, wonach beispielsweise die Deutsche Seewarte die Zusammenstellung und Veröffentlichung der meteorologischen Beobachtungen für die Eingradfelder des Nordatlantischen Ozeans zwischen 50° und 20° Breite übernommen hat, wodurch, wenn zur Durchführung gelangt, ein Anschluss an die bereits von dem meterorologischen Amte in London veröffentlichten neun tropischen Quadrate erzielt werden wird; allein der Austausch des Beobachtungs-Materials, der in Wahrheit eine Konsequenz der Anerkennung jenes Grundsatzes ist, indem erst durch die Ueberweisung des gesammten vorhandenen Materials eines bestimmten Gebietes an eine Stelle zur Veröffentlichung derselbe seinem Geiste nach erfüllt wird, konnte bis heute nur zu einem kleinen Theile zur Ausführung gelangen.

Das meteorologische Institut in Utrecht, welches sich schon durch eine Anzahl der wichtigsten Veröffentlichungen über die meteorologischen Verhältnisse für das ganze Gebiet des Atlantischen Ozeans so grosse Verdienste erworben hat, und die Deutsche Seewarte haben ein Uebereinkommen getroffen, nach welchem die meteorologischen Beobachtungen, auf holländischen und deutschen Schiffen angestellt, in der Weise ausgetauscht werden, dass die Seewarte die holländischen Beobachtungen für die Quadrate des Nordatlantischen Ozeans zwischen 50° und 20° Breite, das Institut in Utrecht jene der deutschen in der China-See navigirenden Schiffe erhielt. In Folge dieses Uebereinkommens war es zunächst unerlässlich, dass man sich über den Modus der Bearbeitung und Veröffentlichung verständigte und ein Schema vereinbarte, nach welchem diese Veröffentlichung zu geschehen habe. Bei dem vollkommenen Einverständnisse, welches zwischen den Leitern der beiden Institute über die für die Zukunft zu befolgenden Maximen bestand, war es nicht schwierig eine Form zu finden, die den Anforderungen der Gegenwart entsprach, und so wurde im Februar 1878 zu Rheine zwischen Professor Buys-Ballot und Dr. Neumayer das Schema für die Veröffentlichung der maritim-meteorologischen Beobachtungen festgesetzt, welches den hier gegebenen Tabellen zu Grunde liegt.

Man wurde bei Aufstellung dieses Schema's von dem Gedanken geleitet, dass ein Abschluss der Resultate für die Eingradfelder von einigermassen definitivem Charakter nicht erzielt werden könne, dass daher von einer Form der Tabellen, welche das Darstellen der Resultate in Diagrammen und Kurven ermöglichte, im gegenwärtigen Stadium maritim-meteorologischer Forschung abzusehen sei, dagegen darauf Bedacht genommen werden müsste, dass nach einiger Zeit weiteren Sammelns von Beobachtungen aufs Neue an die jetzt gewonnenen Zahlenwerthe angeschlossen werden könne. So erscheint diese Veröffentlichung von internationalem Charakter in der einfachen Form und mit dem bescheidenen Zwecke eines Beitrages, dessen Zahlenwerthe an die Beobachtungen anderer Institute jederzeit zu Zwecken der Ableitung mehr definitiver Ergebnisse angeschlossen werden können.

Ganz unabhängig davon bleibt es einem jeden Institute unbenommen, die gesammten vorhandenen Beobachtungen und Ergebnisse in einem zu bearbeitenden Gebiete des Ozeans, sei es im Interesse theoretischer Forschung oder zur Verwerthung in der praktischen Navigation, zu einer gewissermassen nationalen Zwecken dienenden Darstellung der ozeanographischen und meteorologischen Elemente zu verwenden und sich dabei solcher Mittel der graphischen und tabellarischen Behandlung zu bedienen, wie dies gerade für die besonderen Zwecke erforderlich erscheint.

Es wird beabsichtigt, jedes der Quadrate für sich in einem Hefte gedruckt erscheinen zu lassen und dieses Heft mit einer laufenden Nummer zu versehen, in welcher Serie denn auch die eventuelle zweite Bearbeitung desselben Quadrates als eine besondere Nummer aufgeführt werden soll.

Was sonst noch zum Verständnisse der Tabellen und der denselben zu Grunde liegenden Gesichtspunkte erforderlich ist, findet sich in der vorgedruckten Einleitung und im ersten Jahresbericht der Deutschen Seewarte (1875—1878) Seite 72—78 niedergelegt, worauf hier verwiesen wird.*)

Hamburg, im Oktober 1882.

Die Direktion der Seewarte.

Dr. Neumayer.

*) „Aus dem Archiv der Deutschen Seewarte" No. 1, B., VII, III.

Inhalt des Heftes No. IV.

Anmerkung: Die Resultate für die einzelnen Monate werden für die einzelnen Fünfgradfelder in der Reihenfolge a, b, c, d gegeben.

Wegen der **Berichtigungen** siehe die letzte Seite dieses Heftes.

Einleitung.

Einrichtung der Tabellen und Erklärung über die in denselben enthaltenen Zahlenwerthe und deren Ableitung.

1. Die meteorologischen Beobachtungen, aus welchen die Zahlenwerthe der Tabellen abgeleitet wurden, sind zum grössten Theile den auf deutschen Schiffen nach Vorschrift der Seewarte geführten Journalen entnommen. Ein anderer Theil der zur Verwendung gelangten Beobachtungen wurde auf holländischen Schiffen angestellt. Es wurden diese letzteren, nach einer mit dem holländischen Meteorologischen Institute getroffenen Vereinbarung, der Seewarte in einer solchen Form übergeben, dass sie sofort in die Extrahirbücher eingetragen werden konnten. Die Seewarte übergab dagegen jene Beobachtungen, welche nach ihrer Anleitung an Bord deutscher in der China-See segelnder Schiffe angestellt wurden, dem holländischen Institute zur Verwendung und zwar gemäss den gleichen, bei den hier folgenden Tabellen zur Anwendung gebrachten Grundsätzen.

Die Anzahl der von Utrecht für den vorliegenden Zweck erhaltenen Beobachtungssätze verhält sich zu jener der deutschen etwa wie 1 : 8, ein Verhältniss, welches beispielsweise sich für den Monat Januar des Quadrates 146 ergiebt. Dabei ist ferner noch zu bemerken, dass auf deutschen Schiffen jede vierte Stunde beobachtet wird, während von den holländischen Beobachtungen nur drei für den Tag mitgetheilt wurden.*)

2. Die deutschen Beobachtungen sind nach einem durch besondere Instruktionen geregelten Plane angestellt, und zwar ist die Mehrzahl derselben mittelst Instrumente erhalten, welche der Seewarte gehören und mit Beziehung auf ihre Korrektionen, ihre Aufstellungsart etc. in beständiger Kontrolle gehalten werden. Man versteht unter einem vollständigen Beobachtungssatze: Angaben über Position des Schiffes, Richtung und Stärke des Windes, Luftdruck, Temperatur des Thermometers mit feuchter und mit nasser Kugel, Wolkenform und Bedeckung des Himmels, Wetter nach der Beaufort'schen Bezeichnung, Richtung und Stärke des Seeganges, Temperatur und spezifisches Gewicht des Wassers an der Oberfläche, die Stromversetzung in einem Etmale und sonstige auf Wind und Witterung Bezug habende Erscheinungen. Die durch die Instruktionen festgesetzten Beobachtungsstunden sind: 12 Uhr Mittags, 4 Uhr Nachmittags, 8 Uhr Nachmittags, 12 Uhr Mitternacht, 4 Uhr Morgens und 8 Uhr Morgens.

Die den holländischen Beobachtungen zu Grunde liegenden Instruktionen unterscheiden sich in keinem wesentlichen Punkte von den deutschen, gelten aber dem ganzen Umfange nach nur für die königl. Kriegsmarine. Für die Handelsmarine beschränken sich dieselben auf eine Anleitung zum Behandeln der Instrumente und zum Beobachten. In Anbetracht der Unsicherheit, welche den Beobachtungen mittelst des Psychrometers anhaftet, wenn dieselben von ungeübten Beobachtern angestellt werden, wird auf die Einsendung der Temperatur des Thermometers mit nasser Kugel kein Gewicht gelegt.

3. Richtung und Stärke des Windes. Die Richtungen des Windes sind fast immer nach 16 Strichen gegeben, und zwar sind dieselben in nicht seltenen Fällen ursprünglich missweisend in die Beobachtungsbücher eingetragen und mussten deshalb zur Verwendung in diesen Tabellen in rechtweisende Richtungen verwandelt werden. In den von der Norddeutschen Seewarte ausgegebenen Wetterbüchern ist die Windrichtung, den damals geltenden Instruktionen gemäss, fast nur rechtweisend eingetragen worden. In den von der Deutschen Seewarte seit 1875 ausgegebenen Büchern findet sich jedoch die Richtung des Windes vielfach missweisend eingetragen. So haben beispielsweise von den 175 Segelschiffen, welche im Jahre 1879 ein meteorologisches Journal einlieferten, 63 oder 36 Prozent die Windrichtung rechtweisend, 112 oder 64 Prozent missweisend verzeichnet. Es kann wohl angenommen werden, dass das gleiche, hier gegebene Verhältniss, von rechtweisend und missweisend verzeichneter Windrichtung auf alle meteorologischen Journale Anwendung findet, welche seit Anfang 1876 bei dem Zentral-Institute eingeliefert worden sind, und rührt dies daher, dass es nach den Instruktionen, welche die Deutsche Seewarte zur Führung des meteorologischen Journales erlassen hat, den Kapitänen frei steht, die Windrichtung rechtweisend oder missweisend zu notiren. In Fällen der letzteren Art muss die Missweisung des Kompasses angegeben werden, um damit die Reduktion auf die wahre Windrichtung ausführen zu können. Wo immer diese Angabe nicht gemacht wurde, ist zur Verwandlung der missweisenden Richtungen in rechtweisende die Missweisung (Variation des Kompasses) aus einer auf die betreffende Beobachtungsperiode Bezug habenden Karte entnommen worden. Es gilt dies zunächst nur für Beobachtungen, welche an Bord hölzerner Schiffe angestellt wurden; für Beobachtungen an Bord eiserner Schiffe angestellt, war zur Reduktion auf wahre Richtungen die Kenntniss der Deviation des Kompasses, nach welchem die Notirungen stattfanden, erforderlich. In einzelnen Fällen der hier zur Verwendung gebrachten Beobachtungen fehlte bei der Richtung des Windes die Bemerkung, ob dieselbe recht- oder missweisend zu verstehen sei. In diesen, glücklicherweise sehr seltenen Fällen wurde stets die im Journale notirte Windrichtung, wenn das Schiff beim Winde segelte, mit dem stets gegebenen

*) Nur für 12 Uhr Mittags, 8 Uhr Abends und 4 Uhr Morgens.

wahren Kurse des Schiffes verglichen und auf diese Weise festgestellt, ob die Windrichtung rechtweisend oder misweisend in dem betreffenden Journale angegeben sei; es wurde dabei von der Annahme ausgegangen, dass in einem und demselben Journale durchgängig ein und dasselbe Verfahren zur Anwendung gebracht wurde.

Beobachtungen über die Richtung und Stärke des Windes, auf Dampfern angestellt, kamen meistens nicht zur Verwerthung, indem man von der Annahme ausging, dass es in der Nacht und bei flauen Winden oft sehr schwierig, um nicht zu sagen unmöglich wäre, des raschen Fortganges des Schiffes wegen die Windrichtung und Stärke genau festzustellen.

War die Windrichtung in einem Wetterbuche nach 32 Strichen angegeben, was indess nur selten vorkommt, so wurde der Nebenstrich meistens zu dem nächstliegenden Hauptstriche hinzugenommen, so dass beispielsweise ein NzE-Wind zu Nord hinzugefügt wurde, nicht aber zu NNE. Nur wenn auf einer Seite des Journales sich solche Angaben der Windrichtung mehrere Male wiederholten, wurden diese Richtungen auf den Hauptstrich nach rechts und links vertheilt.

Da, wo die Stärke des Windes in den meteorologischen Journalen fehlt, ist auch meistens die Richtung desselben nicht gegeben. Einzelne Angaben über Windrichtung, ohne dass die Stärke gegeben wurde, sind nicht zur Verwendung gelangt.

Die Stärke des Windes ist stets nach der Beaufort'schen Skala notirt und von 0 bis 12 geschätzt; alle Winde von der Stärke 8, oder darüber, sind als Stürme verzeichnet worden.

Wenn in den Wetterbüchern die Variabeln mit einem höheren Stärkegrade als 4 zusammen notirt sich fanden, so wurden solche Notirungen, namentlich wenn sie öfters hinter einander vorkamen, bei der Zählung der Variabeln gar nicht berücksichtigt.

Obwohl in den neueren Journalen vielfach zweistündige Aufzeichnungen über Richtung und Stärke des Windes vorliegen, so gelangten doch in dem Extrahirbuche nur die am Ende einer Wache gegebenen Beobachtungen zur Verwendung.

4. Die Barometerstände. Die Beobachtungen über Luftdruck sind in vielen Fällen mit Barometern angestellt, welche in englische Zoll getheilt und mit einem Thermometer nach Réaumur oder Fahrenheit versehen waren. Daraus erhellt, dass zur Ableitung der in diesen Tabellen enthaltenen Werthe erhebliche Reduktionen ausgeführt werden mussten: Alle Barometer-Angaben mussten in Millimetern, alle Temperatur-Angaben in Celsiusgraden gegeben werden. Bei den für die Ableitung der Werthe dieser Tafeln anzuwendenden Reduktionen wurde in der Weise verfahren, dass zunächst an die Ablesungen die Korrektion des betreffenden Instrumentes, wie sich dieselbe aus den Vergleichungen vor und nach der Reise mit den Normal-Instrumenten der Seewarte ergeben hatte, angebracht wurde; sodann wurden die so erhaltenen Barometerstände auf 0° Temperatur reduzirt. Es bedarf wohl kaum einer besonderen Erwähnung, dass bei dieser letzteren Reduktion strengstens darauf geachtet wurde, dass nur solche Reduktionsgrössen, wie sie durch die betreffenden Maasse und die dafür hergestellten Reduktionstabellen bedingt wurden, Anwendung fanden.

Es kommt nicht selten vor, dass in den meteorologischen Journalen der Luftdruck auf 0.001 englische Zoll, oder 0.01 Millimeter angegeben ist, allein in der Regel wurde die zweite Dezimalstelle der in den Tabellen enthaltenen Barometerstände durch Rechnung erhalten.

Von der Reduktion einer Barometerablesung auf den Meeresspiegel ist durchweg Abstand genommen worden. Es fehlten in den meisten Fällen die zu einer solchen Reduktion erforderlichen Angaben der Höhe des Barometers über dem Meeresspiegel. Man würde sich der Wahrheit ziemlich nähern, wenn man diese Höhe zu 2 bis 3 Metern annehmen würde, wofür eine Korrektion von 0.2 bis 0.3 Millimetern Anwendung zu finden hätte.

Barometer-Ablesungen, welche mittelst Aneroid-Barometer erhalten wurden, fanden in den Extrahirbüchern keine Aufnahme und haben demgemäss auch keinerlei Einfluss auf die in diesen Tafeln enthaltenen Werthe des Luftdrucks üben können.

5. Die Temperatur ist fast immer auf 1/10 Grad Celsius abgelesen worden. Die Skala der meisten benutzten Thermometer ist in 1/2° oder 1/1° eingetheilt, die dazwischen liegenden Bruchtheile der ganzen Grade wurden durch Schätzung weiter ermittelt.

Bei der Berechnung der Mittelwerthe der Temperatur hat man sich auf 1/10° beschränkt.

Es hat sich nicht selten ergeben, dass die aus den holländischen Journalen abgeleiteten Temperaturen anscheinend zu hoch sind. In Fällen, wo dies durch Vergleichungen mit gleichzeitig erhaltenen Beobachtungen der Seewarte festgestellt werden konnte, wurden solche zu hohe Temperaturangaben nicht berücksichtigt. Ein solches Verfahren war namentlich da geboten, wo die betreffenden Angaben die Mittelwerthe zu sehr beeinflusst haben würden.

6. Sobald die in den meteorologischen Journalen enthaltenen Beobachtungen in der oben erklärten Weise reduzirt worden waren, konnten dieselben, nach Zeit und Ort geordnet, in die Extrahirbücher übertragen werden. Es wurde hierbei für einen jeden einzelnen Monat ein besonderes Buch angewendet, welches 100 Blätter (oder Doppelseiten)*) enthält, so dass jedem Quadrat von 1 Grad Breite und 1 Grad Länge ein besonderes Blatt eingeräumt werden konnte.

Bei den einzelnen Beobachtungssätzen ist in den Journalen nicht immer zu jeder Beobachtungszeit die jeweilige Position des Schiffes angegeben. Gewöhnlich ist Letzteres nur der Fall bei den Beobachtungen um 12 Uhr Mittag,

*) Siehe „Aus dem Archiv der Deutschen Seewarte“, Jahresbericht 1875—1878, Anlage No. 19.

während für die folgenden Wachen in der Regel nur Kurs und Distanz angegeben sich befindet. In einzelnen Fällen ist indess die Schiffsposition für jede zweite Wache, sehr selten aber für jede Wache gegeben. Machte das Schiff von einer Positionsbestimmung zur andern eine gleichmässige Fahrt, so wurde für die dazwischen liegenden Wachen der Ort des Schiffes durch Interpolation bestimmt. Hatte das Schiff aber mit verschiedener Fahrt verschiedene Kurse gesteuert, so wurde ein Koppelkurs abgeleitet, um daraus die für die Eintragungen wichtigen Positionsbestimmungen erhalten zu können.

Es muss noch bemerkt werden, dass bei den Eintragungen in die Extrahirbücher zwar Jahr, Monatstag und Stunde der Beobachtungen notirt, aber bei den Ableitungen der Werthe eine Rücksicht auf diese Angaben nicht weiter genommen wurde (eine Ausnahme hiervon bildet nur die Temperatur der Luft, für welche einzelne Stunden gegeben worden).

7. Da die meteorologischen Journale ohne Unterbrechung ausgegeben, ausgefüllt, und wieder zurückgeliefert werden, so musste bei den Zusammenstellungen, deren Resultate in der gegenwärtigen Veröffentlichung enthalten sind, mit einem bestimmten Zeitmomente abgeschlossen werden, weil es im Interesse der Sache unthunlich erscheinen musste, die später eintreffenden Beobachtungen nachträglich noch zu berücksichtigen. So wurde für die Zeit des Abschlusses der Eintragungen in das Quadrat 110 der 31. Dezember 1879 festgesetzt, d. h. **alle Beobachtungen, enthalten in meteorologischen Journalen, welche nach dem 31. Dezember 1879 bei der Seewarte einliefen, wurden nicht mehr in die für die gegenwärtige Veröffentlichung erforderlichen Extrahirbücher eingetragen und haben daher auf die veröffentlichten Werthe keinen Einfluss.***) Es besteht die Absicht, nach Ablauf einer bestimmten Anzahl von Jahren, etwa nach 7 Jahren, abermals einen Abschluss der mittlerweile eingegangenen Beobachtungen zu machen und die daraus abgeleiteten Werthe sowohl einzeln, als im Anschlusse an die hier zur Veröffentlichung gebrachten Zahlenwerthe dem Drucke zu übergeben. Für den Fall, dass dieser Plan zur Ausführung kommt, fiele der Termin für den zweiten Abschluss der Beobachtungen im Quadrate 110 auf den 31. Dezember 1886. Es mag an dieser Stelle wieder erwähnt werden, dass für das Quadrat 111 die gleichen Termine für die resp. Abschlüsse in Anwendung gebracht sind. Bei den vorher veröffentlichten Quadraten No. 146 u. 147 ist der 30. April 1878 als Termin für den ersten Abschluss angenommen worden.

8. Bei den Zusammenstellungen wurde keine Rücksicht darauf genommen, ob an Bord eines und desselben Schiffes eine oder eine Reihe Beobachtungen ohne Unterbrechung angestellt, oder ob eine grössere Reihe gleichzeitig an Bord verschiedener Schiffe angestellter Beobachtungen vorlagen. Jede einzelne Beobachtung ist als eine unabhängige, für sich alleinstehende betrachtet. Es wird seiner Zeit festgestellt werden müssen, wie die nun veröffentlichten Zahlenwerthe bei einem eventuellen Anschlusse an andere, auf ähnlichem Wege erhaltene Reihen zu behandeln sind, damit aus der erwähnten Nichtberücksichtigung entspringende Unzukömmlichkeiten vermieden werden. Die weiter unten gegebenen Tafeln enthalten die dafür erforderlichen Angaben.

Durch Vergleichung gleichzeitiger und an Bord verschiedener, aber in derselben Position befindlicher Schiffe angestellter Beobachtungen konnte begreiflicherweise eine Kontrole über die Zuverlässigkeit der resp. Beobachtungen geübt werden. Von besonderer Wichtigkeit ist eine solche Kontrole für die Barometerangaben; augenscheinlich als fehlerhaft sich darstellende Beobachtungen konnten auf diesem Wege ganz ausgeschieden werden. In Fällen, wo nur zwei Beobachtungen vorlagen, die unter sich verschieden waren, wurden beide in die Extrahirbücher eingetragen. Die Berechnung der Resultate wurde vorgenommen, sobald die Eintragungen in die Extrahirbücher zum Abschlusse gekommen waren.

9. Ueber Eintheilung und Anordnung der Tabellen soll hier das Wesentliche gegeben werden. Da durch internationales Uebereinkommen festgestellt wurde, dass die meteorologischen Angaben für jedes Eingradfeld zur Veröffentlichung kommen sollten, so ist dieses auch in vorliegender Arbeit zur Durchführung gelangt. Mit Rücksicht auf die bereits für Fünfgradfelder herausgegebenen meteorologischen Angaben in älteren Werken und um einen Vergleich oder einen Anschluss an diese letzteren zu erleichtern, wurden in den nachstehenden Tabellen auch die meteorologischen Angaben für die 4, das ganze Quadrat 110 bildenden Fünfgradfelder hinzugefügt. Diese Fünfgradfelder sind in der, durch die englischen Veröffentlichungen bekannten Weise mit den Buchstaben a, b, c und d bezeichnet, während die Eingradfelder die Zahlen 00, 01, 02 ... 10, 11 ... 99 tragen.

Bezeichnungsweise und Anordnung derselben ergiebt sich aus dem hiernebenstehenden Schema:

Quadrat 110.

	20° W					15° W				10° W	
40° N	99	98	97	96	95	94	93	92	91	90	40° N
	89	88	87	86	85	84	83	82	81	80	
d.	79	78	77	76	75	74	73	72	71	70	c.
	69	68	67	66	65	64	63	62	61	60	
	59	58	57	56	55	54	53	52	51	50	
35° N	49	48	47	46	45	44	43	42	41	40	35° N
	39	38	37	36	35	34	33	32	31	30	
b.	29	28	27	26	25	24	23	22	21	20	a.
	19	18	17	16	15	14	13	12	11	10	
30° N	09	08	07	06	05	04	03	02	01	00	30° N
	20° W					15° W				10° W	

*) Für die holländischen Beobachtungen findet das hier Gesagte gleichfalls Anwendung.

Für die Fünfgradfelder, deren jedes in den nachfolgenden Tabellen in jedem Monate 4 Seiten enthält, ergeben sich nach beistehendem Schema die folgenden Quadrate:

a) von 30° bis 35° n. Br. und von 10° bis 15° w. L.
b) » 30° » 35° » » » 15° » 20° »
c) » 35° » 40° » » » 10° » 15° »
d) » 35° » 40° » » » 15° » 20° »

10. Im Nachstehenden soll nunmehr angegeben werden, wie die **Berechnung der einzelnen Werthe** durchgeführt worden ist. Wir folgen hierbei der, auf den vier, von einem Fünfgradfelde und einem Monate eingenommenen Seiten eingehaltenen Ordnung.

Auf der *ersten Seite* befindet sich die Häufigkeit der Windrichtung nach 16 Strichen, die Variablen, Stillen und die Stürme niedergelegt. Das Vorkommen der letzteren ist nach den 4 Quadranten unterschieden. In der ersten Kolumne nach den Positionen findet sich die Gesammtanzahl der Beobachtungen.

Bei der vergleichsweise geringen Anzahl von Beobachtungen, welche auf ein Eingradfeld fallen, erschien die Berechnung der mittleren Windstärke zwecklos und ist deshalb unterblieben; dagegen erschien es zweckmässig, die mittlere Windstärke für eine jede Windrichtung und für jedes Fünfgradfeld abzuleiten. Diese mittlere Windstärke ist die Summe aller in dem betreffenden Fünfgradfelde für eine bestimmte Windrichtung notirten Stärken, dividirt durch die Anzahl der Notirungen.

Auf der *zweiten Seite* finden wir zuerst den mittleren *Luftdruck*; derselbe ist die Summe aller in einem Eingradfelde notirten Barometerstände (für Indexkorrektion und Temperatur reduzirt), dividirt durch die Anzahl der Notirungen, (welche in der daneben stehenden Kolumne enthalten ist). Es ist bei der Ableitung dieser Grösse keine Rücksicht darauf genommen worden, wie in den Mittelwerthen für die einzelnen Eingradfelder die verschiedenen Beobachtungsstunden vertreten waren.

Rohes Mittel der Lufttemperatur wird diejenige Grösse genannt, die sich ergiebt aus der Summe aller Wärmeangaben, welche in dem Zeitraume und an den Terminen beobachtet wurden, dividirt durch die Anzahl aller Beobachtungen.

Zur Bestimmung der Temperaturschwankungen innerhalb eines Etmals sind die Mittelwerthe der Temperaturen für 4 Uhr Morgens, 4 Uhr Nachmittags und 12 Uhr Nachts für sich berechnet. Alle Beobachtungen, welche zu einem der 3 Termine gehören, wurden zusammengestellt, und die daraus gefundene Summe durch die Anzahl der Beobachtungen dividirt.

Da von den holländischen Beobachtungen nur jene, welche an den Stunden 12 Uhr Mittags, 8 Uhr Abends und 4 Uhr Morgens angestellt worden sind, mitgetheilt wurden, so konnten nur die Mittelwerthe für eine der hier aufgeführten Beobachtungsstunden, nämlich für 4 Uhr Morgens durch dieselben vervollständigt werden. Daraus erklärt sich auch, weshalb die Anzahl Beobachtungen um 4 Uhr Morgens eine grössere ist, als um 4 Uhr Nachmittags und 12 Uhr Nachts. Es folgt daraus ferner, dass dem Resultate für 4 Uhr Morgens ein grösseres Gewicht beigelegt werden muss, als jenem für die übrigen Stunden, sofern es sich um deren Mittelwerthe handelt. Die Anzahl der Beobachtungen ist in kleineren Typen über den zugehörigen Temperaturen angegeben.

11. Bei der Berechnung der *relativen Feuchtigkeit der Luft* aus der Differenz der Temperatur des trockenen und jener des feuchten Thermometers wurden die Tafeln von *Jelinek* benutzt. Wenn bei hohen Temperaturen dieser Unterschied so gering war, dass sich die Feuchtigkeit nach *Jelinek's* Tafeln nicht unmittelbar berechnen liess, so sind die in „*H. Mohn*, Grundzüge der Meteorologie" gegebenen Tafeln benutzt worden. Die Ableitung der Werthe der relativen Feuchtigkeit innerhalb einer Genauigkeitsgrenze von $^{1}/_{10}$ Prozent wurde nicht angestrebt, d. h. die dafür berechneten Korrektionen vernachlässigt. Es wurden aus den Psychrometer-Tafeln einfach die vollen Zahlenwerthe entnommen; da, wo Bruchtheile der relativen Feuchtigkeit vorkommen, erklären sich dieselben aus der Ableitung von Mittelwerthen aus einer Anzahl von Beobachtungs-Resultaten. Die Anzahl der einzelnen Beobachtungen ist in der Kolumne neben den betreffenden Werthen der Feuchtigkeit gegeben.

Die *Bedeckung des Himmels* (Grad der Bewölkung) wird geschätzt von 0—10. Die mittlere Bedeckung ist erhalten durch die Division der Summe aller Angaben durch die Anzahl der gemachten Beobachtungen, welche in der danebenstehenden Kolumne enthalten ist.

Die Angaben über die *Niederschläge* betreffend ist Folgendes zu bemerken. Dem Plane gemäss, welcher der Führung des meteorologischen Journales zu Grunde liegt, müsste sich ergeben, wie viele Stunden mit Niederschlägen in einem Zeitraume von einer bestimmten Dauer gewesen sind. Es lässt sich aber aus den zur Ableitung der hier vorliegenden Tabellen benutzten meteorologischen Journalen nicht in *allen* Fällen die Dauer des Niederschlages entnehmen, weil vielfach nur der den Niederschlag bezeichnende Buchstabe notirt ist ohne die die Dauer bezeichnende Zahl. In Fällen, in welchen eine Angabe der Niederschlagsdauer stattgefunden hat, findet sie sich nicht selten auf eine Viertelstunde genau angegeben. Um die in dieser Weise verzeichneten Niederschläge bei den Zusammenstellungen verwerthen zu können, hat man die Annahme gemacht, dass, wenn eine bestimmte Notirung der Zeit nicht stattfand, der Niederschlag während der vorhergegangenen 4 Stunden (der Wache) eine halbe Stunde enhielt, welche Annahme auch in solchen Fällen gemacht wurde, wo sich ein *p* (Schauer) verzeichnet fand.

Aus diesen Darlegungen ergiebt sich, dass die in den nachfolgenden Tabellen enthaltenen Zahlenwerthe für die Dauer der Niederschläge nur näherungsweise richtig sein können. Die erste Spalte der mit „Niederschläge" überschriebenen Kolumne zeigt die Anzahl der Beobachtungs-Wachen oder, was dasselbe sagen will, aller Beobachtungen, denn, wenn in den holländischen Journalen auch nur jede zweite Wache notirt wird, so ist doch hierauf bei der Annahme der wahrscheinlichen Dauer des Niederschlages keine Rücksicht genommen worden; man hat, wie bei den deutschen Beobachtungen, für jede Notirung von Niederschlag die Dauer desselben zu einer halben Stunde angenommen und für die Beobachtungszeit, worauf sich diese Angabe bezieht, 4 Stunden. Multiplizirt man die Zahl der Beobachtungs-Wachen mit 4 und vergleicht die so erhaltene Zahl mit der Anzahl von Stunden des Regens, des Schnees etc. so ergiebt sich daraus das Verhältniss der Stunden mit Niederschlag zu der Beobachtungszeit in Stunden ausgedrückt.

12. Unter den verschiedenen, in die Tabelle aufgenommenen Elementen muss die Temperatur der Oberfläche des Meeres als dasjenige bezeichnet werden, dessen Ermittelung mit dem grössten Grade der Zuverlässigkeit ausgeführt werden kann. Es mag sich bei der Beobachtung der Temperatur des Wassers gelegentlich ereignet haben, dass dieselbe nicht rasch genug nach dem Schöpfen des Wassers gemessen wurde und sich die Temperatur-Differenzen zwischen Wasser- und Luftwärme schon theilweise ausgeglichen hatten; solche Fälle werden aber meistens ohne Schwierigkeit aus einer Vergleichung der fraglichen Beobachtung mit der vorhergehenden und nachfolgenden erkannt. Ergiebt sich aus dieser Vergleichung die Irrigkeit der Beobachtung, so ist dieselbe einfach zu verwerfen und wurde dementsprechend bei der Ableitung der Mittelwerthe der Temperatur der Oberfläche des Meeres auf dieselben keine Rücksicht genommen.

In der letzten Kolumne auf der 2. Seite ist noch unter „Meeresoberfläche" Anzahl und Werth der Beobachtungen des spezifischen Gewichtes des Meerwassers gegeben. Es muss bemerkt werden, dass es unter den an Bord gegebenen Verhältnissen kaum möglich erscheint, genaue Bestimmungen über das spezifische Gewicht des Meerwassers zu erhalten. Zum Mindesten spricht die Thatsache, dass Beobachtungen über dieses Element an Bord und die Ermittelung des spezifischen Gewichtes von Proben desselben Wassers im Laboratorium erhebliche Differenzen zeigen, sehr für diese Annahme. Die hier gegebenen Werthe können daher mit Rücksicht auf den Grad der Entwickelung unserer Kenntnisse über das spezifische Gewicht des Meerwassers keine besondere Zuverlässigkeit und dementsprechend keine besondere Bedeutung für die Studien über die Physik des Meeres beanspruchen. Ueberdies sind zunächst überhaupt nur wenige Beobachtungen über dieses Element gemacht worden. Es schien ferner nothwendig, unter den Beobachtungen von vorne herein eine Auswahl zu treffen, indem man augenscheinlich falsche Ablesungen verwarf. Als Grenzen der Zulässigkeit wurden bei diesem Ausscheiden die Werthe 1.030 und 1.024 angenommen: jede Beobachtung über dem ersteren und jede unter dem letzteren Werthe wurde einfach verworfen. Die zur Verwendung gelangten Aräometer sind nach dem Muster der Kieler Ministerial-Kommission zur Erforschung der deutschen Meere angefertigt und wurden mit Normal-Instrumenten derselben verglichen. Die Beobachtungen wurden sämmtlich nach den Tafeln von Professor Karsten auf 17.5° Celsius reduzirt.

13. Es schien sehr wünschenswerth, wie dies schon ausgeführt wurde, bei der vorliegenden, strenge nach Eingradfeldern durchgeführten Zusammenstellung durch entsprechende Anordnung der Resultate einen Vergleich, beziehungsweise Anschluss an die älteren Zusammenstellungen nach Fünfgradfeldern zu ermöglichen. Von diesem Gesichtspunkte ausgehend sind in diesen Tabellen die Resultate von je 25 Eingradfeldern auf einer Seite in Mitteln, beziehungsweise Summen zusammengefasst. Die Resultate dieser Zusammenstellung finden sich in den beiden, unten an den Tabellen befindlichen Zeilen. Auf der ersten Seite sind in der oberen Zeile die Summen der Wind-Beobachtungen gegeben, in der unteren befinden sich die dazu gehörigen mittleren Windstärken. Die Häufigkeit und Stärke der Variablen, Stillen und Stürme sind gleichfalls in derselben Weise angegeben. Bei der Berechnung der Mittelwerthe für Windstärke und der Summen für die Häufigkeit sind alle Winde, die Stürme eingerechnet, in Betracht gezogen worden.

Die in der Zeile für die Häufigkeit der einzelnen Windrichtungen fettgedruckten Zahlen bedeuten die Luvseite, d. h. diejenige Windrichtung, welche der ihr gerade entgegengesetzten an Häufigkeit überlegen ist. Die fettgedruckten Zahlen unter Kolumne „Stürme" bezeichnen denjenigen Quadranten, von welchem die meisten Stürme geweht haben.

Auf der vorletzten Querzeile auf Seite 2 findet sich die Anzahl aller Beobachtungen eingetragen, welche in jeglichem Elemente und in dem ganzen Fünfgradfelde angestellt wurden, während die letzte Zeile die Mittelwerthe der einzelnen meteorologischen und physikalisch-oceanographischen Elemente giebt.

Bei den Niederschlägen ist keine mittlere Dauer derselben in einer Zeiteinheit, sondern nur in der darüberstehenden Zeile die Summe aller Stunden mit Niederschlag gegeben worden.

Die dritte Seite der Tabelle ist nicht, wie die beiden ersten, in 25 Zeilen, wovon jede die Resultate von je einem Eingradfelde enthält, eingetheilt, sondern in fünf Theile, von welchen jeder einzelne eine Zone von einem Grad Breite darstellt; die auf dieser Seite befindliche Positions-Spalte erklärt dies zur Genüge.

14. Die in diesem Theile der Tabellen gegebenen Werthe betreffen die Angaben über das Wetter nach Beaufort's Bezeichnung, das Vorkommen der verschiedenen Wolkenformen, die Richtung des Seeganges, das Mittel der Temperatur an der Oberfläche für die Zone und die beobachteten Triftströmungen.

Nach Beaufort wird der **Witterungs-Charakter** mit Buchstaben bezeichnet, und zwar sind dieselben fast stets die ersten Buchstaben desjenigen Wortes, mit welchem in der englischen Sprache das Wetter gekennzeichnet wird.

In denjenigen Journalen, welche von der Norddeutschen Seewarte vertheilt wurden, kommt diese Art der Bezeichnung des Wetters nicht vor, und zwar, weil sie nicht vorgesehen war. Aber auch in den Journalen, unter der Deutschen Seewarte geführt, bleibt bei den hierher gehörigen Angaben, obgleich die Instruktionen keinerlei Zweifel darüber lassen, Manches zu wünschen übrig. In den meisten Fällen fehlerhafter oder doch zweifelhafter Aufzeichnungen mit Rücksicht auf dieses Element sind mangelhafte Angaben nach den Bemerkungen in Spalte 25 des Journales (siehe Instruktion zur Führung des meteorologischen Journals) über die Bedeckung des Himmels und den Charakter des Wetters nachgetragen oder berichtigt worden und ist noch zu beachten, dass anstatt des Buchstaben *p* (Schauer) in die Tabellen stets *r* (Regen) eingetragen wurde. In der zweiten Spalte der Bezeichnung des Wetters sind diejenigen Beobachtungen eingetragen, welche in Folge ihrer grösseren Ausgeprägtheit durch Unterstreichung besonders hervorgehoben werden sollten.

Die Beobachtungen über die Wolkenformen sind gerade so wiedergegeben, wie sie in den Journalen enthalten waren.

Mit Bezug auf Richtung des Seegangs und der Dünung muss bemerkt werden, dass beide Ausdrücke als gleichbedeutend angesehen wurden; auch über diesen Gegenstand finden sich in den älteren Journalen keine regelmässigen Beobachtungen angegeben.

Alles das, was zur Vervollständigung der Tabellen wünschenswerth erschien, wurde aus den in den Journalen gegebenen Bemerkungen ausgezogen und den Tabellen einverleibt. Zum vollen Verständnisse für Angaben dieser Art sind noch nachfolgende Erklärungen unerlässlich.

Unter **Kreuzsee** sind die Angaben über zwei gleichzeitig und aus wesentlich verschiedenen Richtungen auftretende Wellenbewegungen aufgeführt worden, und zwar sowohl, wenn man sie beide als Seegang, als auch, wenn man die eine als Seegang, die andere als Dünung bezeichnet vorfand. Die Angaben über die Stärke des Seeganges sind in die vorliegenden Tabellen nicht aufgenommen worden. In den drei besprochenen Kolumnen wird also gezeigt, wie vielmal während einer Reihe von Beobachtungen, deren Anzahl am Kopf der Spalte sich verzeichnet befindet, erstens eine bestimmte Gattung von Wetter stattgefunden, zweitens jede der verschiedenen Wolkenformen beobachtet worden, und drittens, wie oft der Seegang, beziehungsweise die Dünung aus einer der acht Haupt-Himmelsgegenden gelaufen und wie oft eine glatte See oder aber eine Kreuzsee beobachtet worden.

Die folgende Spalte enthält die mittlere Oberflächen-Temperatur für die betreffende Zone von 1° Breite und 5° Länge; sie ist berechnet aus den Summen der Temperatur-Angaben aller zugehörigen Beobachtungen, nicht aber aus den Mittelwerthen der die Zone bildenden Eingradfelder.

15. Die letzte Kolumne der Seite 3 enthält die Richtung und die Anzahl der Seemeilen der einzelnen Stromversetzungen in 24 Stunden, welche von den Schiffern beobachtet wurden. Die Versetzung ergiebt sich aus der Vergleichung der Position, die das Schiff seinem durch das Wasser gemachten Wege gemäss hätte erreichen sollen, mit derjenigen, welche es astronomischen Beobachtungen zufolge wirklich erreicht hat. Als Regel wird die Position durch astronomische Beobachtungen nur am Mittage bestimmt, daher denn auch die 24 Stunden, in welchen die Versetzungen stattgefunden haben, die Zeit bedeuten von einem Mittage zum andern (Etmal). Die Versetzungen sind hier jedesmal demjenigen Zonenabschnitt zugetheilt worden, in welchem das Etmal endete, für das sie gelten. Hierbei ist auf die, während der 24 Stunden herrschende Witterung Rücksicht genommen worden und Versetzungen, die bei Stürmen stattgefunden haben oder bei welchen aus sonstigen Gründen die Annahme, als sei sie von Strömungen verursacht worden, unbegründet erschien, sind verworfen, sowie denn auch alle Versetzungen unter 6 Seemeilen unberücksichtigt blieben.

16. Auf Seite 4 der Tabellen finden sich Aufzeichnungen über auffällige und für das herrschende Wetter charakteristische Erscheinungen, welche in dem Fünfgradfeld beobachtet worden sind. Die Reihenfolge der Zeilen ist gleich derjenigen der ersten beiden Seiten, soweit überhaupt für die einzelnen Eingradfelder Beobachtungen vorliegen. Die unter der Ueberschrift „Unter-□“ gesetzte erste Zahl einer jeden Zeile giebt an, in welchem Eingradfelde die angeführte Erscheinung stattgefunden hat. Mit Beziehung auf die Folge der Nummerirung der einzelnen Quadrate wird auf das auf Seite IX Gesagte verwiesen. Zur Ergänzung desselben wird noch bemerkt, dass die Nummer eines Eingradfeldes stets aus zwei Ziffern zusammengesetzt ist, von welchen die erste auf die Breite, die zweite auf die Länge sich bezieht, und zwar unter Vernachlässigung der Zehner; diese letzteren sind durch die Kenntniss des Quadrates im Voraus als gegeben zu betrachten. So bedeutet beispielsweise für das Quadrat 110, welches zwischen 30° und 40° n. Br. und 10° und 20° w. L. liegt, die Zahl 10 das Eingradfeld zwischen 31° und 32° n. Br. und 10° und 11° w. L., oder abgekürzt von 31° n. Br. und 10° w. L.

Im Quadrat 110 verfolgen die Schiffe, auf denen das vorliegende Material gewonnen wurde, fast ausnahmslos einen zwischen S und SW liegenden Kurs. Es ist wichtig dies zu beachten, um verschiedene auf Seite 4 der Tabelle aufgeführte Bemerkungen, z. B. über das erste Antreffen von Seethieren, über Richtungs-Aenderungen des Windes u. s. w., richtig zu verstehen.

Die Bemerkungen zu den einzelnen Eingradfeldern können des beschränkten Raumes halber nur in beschränkter Zahl und sehr im Auszuge gegeben werden.

Der untere Theil der vierten Seite oder das Ende der ganzen Tabelle für das Fünfgradfeld eines jeden Monats wird durch die Aufführungen der Extreme des Luftdrucks und der Temperatur, welche in dem ganzen Fünfgradfelde beobachtet worden sind, mit Angabe über die Zeit und den Ort der betreffenden Beobachtungen nebst den begleitenden Witterungsverhältnissen eingenommen.

---

2. *Kennzeichnung des Gewichtes der in den Tabellen enthaltenen Zahlenwerthe.*

17. Die Art des Gewinnens und Sammelns des durch das maritime meteorologische System der Seewarte erzielten Materials schliesst eine Verarbeitung desselben nach den verschiedenen, sonst üblichen Gesichtspunkten aus. Es würde beispielsweise eine zum guten Theile vergebliche Mühe verursachen, wollte man die Beobachtungen nach den einzelnen Jahren, in welchen sie gemacht worden, ordnen, da dieselben nicht ausreichen dürften, um daraus bestimmte, nur für die einzelnen Jahre geltende Resultate ziehen zu können. Ueberdies kommen auch stets, wenn ein Abschluss zu Zwecken einer Diskussion herbeigeführt wurde, weitere, in dieselbe Epoche gehörende Beobachtungen ein, die sofort, wenn verwerthet, die erhaltenen Resultate mehr oder minder erheblich umgestalten müssten. Dies kann zwar mit nahezu gleichem Rechte auch von den Resultaten gesagt werden, welche ohne Rücksicht auf die Jahre und für grössere Gebiete abgeleitet werden, allein, wenn es sich darum handelt, so kleine Gebiete, wie die Eingradfelder es sind, mit Rücksicht auf ihre meteorologischen Verhältnisse zu charakterisiren, so fallen die bezeichneten Schwierigkeiten in der Behandlung des Materials ungleich erheblicher in das Gewicht, und zwar zu einem solchen Grade, dass man mit Recht behaupten kann, es würde eine einigermaassen korrekte Darlegung der meteorologischen Verhältnisse überhaupt erst nach einer sehr langen Reihe von Jahren gegeben werden können. Schon die in diesen Tabellen enthaltenen Summen und Mittelwerthe für die Fünfgradfelder können, ganz abgesehen von den Schwankungen in den einzelnen Jahren, nicht als endgültig festgestellt erachtet werden, weil, wie schon eine oberflächliche Prüfung der Beobachtungsreihen, aus welchen sie abgeleitet, zeigt, einzelne Tage, ja Reihen von Tagen eines Monates gar nicht darin vertreten sind. Wenn dies schon von den Resultaten für die Fünfgradfelder gesagt werden kann, so muss es begreiflicherweise in ungleich höherem Grade Anwendung finden mit Bezug auf jene für die Eingradfelder. Solche Erwägungen erweisen zur Genüge die Fruchtlosigkeit des Bestrebens, welches darauf abzielt, unter Berücksichtigung der einzelnen Jahre für die nunmehr als Einheit für die Behandlung angenommenen Areale endgültig festgestellte Werthe zu gewinnen. Andererseits wird kein Modus der Berechnung und Interpolation, wie scharf derselbe auch ausgedacht sein möge, dazu dienen können, die bezeichneten Unsicherheiten in der Bestimmung der Mittelwerthe zu entfernen. Es kann dies wohl mit ganz besonderer Berechtigung von den meteorologischen Verhältnissen derjenigen Gebiete des Nordatlantischen Ozeans gesagt werden, um welche es sich hier handelt, wie ein Jeder sofort zugeben wird, der sich mit der Klimatologie derselben überhaupt befasst hat.

Unter solchen Verhältnissen und bei den durch den gegenwärtigen Stand der meteorologischen Wissenschaft gegebenen Anforderungen bleibt überhaupt kein anderer Weg übrig, als entweder die Beobachtungen *in extenso* zu veröffentlichen, oder dieselben in der Veröffentlichung in einer Weise zu beschränken, welche einerseits eine Verwerthung in dem gegenwärtigen Augenblicke, andererseits einen Anschluss an Beobachtungsreihen, die jetzt oder in der Zukunft verfügbar werden, zulässt. Bei der grossen Anhäufung des Materials innerhalb der Seewarte, zu welchem noch die holländischen Beobachtungen hinzutreten, konnte an eine Veröffentlichung *in extenso* nicht gedacht werden und es wurde daher von vorne herein die zuletzt genannte Modalität in's Auge gefasst, indem es der Zukunft vorbehalten bleiben muss, den grossen Schatz werthvollen meteorologischen Materials, wie ihn die maritim-meteorologischen Institute jetzt schon besitzen und noch zusammentragen werden, nach den verschiedenen, durch den alsdann gewonnenen Entwickelungsgrad der Wissenschaft gebotenen Richtungen zu verwerthen.

18. Bei der Durchführung der Einschränkung der Beobachtungsresultate zu Zwecken der Veröffentlichung erschien es erforderlich, bestimmte Anhaltspunkte für die Beurtheilung des Gewichtes der einzelnen Zahlenwerthe zu geben, und überhaupt die Tabellen mit Rücksicht auf die einzelnen Zeitabschnitte und Gebiete, über welche sie sich erstrecken, zu charakterisiren. Hätte man die betreffenden Daten unmittelbar da in die Tabellen einfügen wollen, wohin sie ihrem Wesen nach gehören, so hätten jene dadurch einerseits über Gebühr an Umfang gewonnen und an Uebersichtlichkeit verloren, während andererseits eine Einschränkung der fraglichen Angaben unerlässlich gewesen wäre. Es erschien sonach zweckmässig, die hier in Rede stehenden Angaben in Tafeln zu bringen, welchen man das Erforderliche unmittelbar durch Inspektion entnehmen kann. Die hier folgenden Tafeln sollen zeigen, wie sich die Anzahl der Beobachtungsätze, welche in den meteorologischen Tabellen des Qudrates 110 für die einzelnen Eingradfelder und Monate verwerthet sind, in jedem Falle über verschiedene Jahre, einzelne Monatsabschnitte (Pentaden) und Tageszeiten vertheilt. Es wird durch diese Angaben ein Urtheil über den Werth der für die Eingradfelder gegebenen Mittelwerthe und Summen der Barometerstände, der Temperatur u. s. w. ermöglicht, wodurch wieder die Mittel geboten werden, die gegebenen Werthe bei der Ableitung definitiver Resultate mit einem erheblichen Grade von Sicherheit an später einlaufende Beobachtungsreihen oder an die Beobachtungen anderer Systeme anzuschliessen.

Die Einrichtung dieser Tafeln ist die folgende:

Die Eingradfelder des Quadrates 110 sind für einen jeden Monat des Jahres auf einer Seite in der Weise verzeichnet, dass das Unter-□ 00 links oben beginnt und das Unter-□ 99 rechts unten abschliesst. Damit die Fünfgradfelder *a*, *b*, *c* und *d* in der richtigen Reihenfolge zu erkennen sind, ist *a* links oben und *b* gleich daneben, *c* links und *d* rechts unten. Die Tafeln nehmen demnach 12 Seiten ein.

In der ersten Kolumne in jedem der Fünfgradfelder ist die Bezeichnung des Unter-□'s enthalten, die zweite Kolumne zeigt die Anzahl der Beobachtungssätze und die dritte die Anzahl der Jahre, über welche jene Beobachtungssätze vertheilt sind.

Die vierte, eine Gruppen-Kolumne, zeigt die einzelnen Pentaden und die Anzahl der Beobachtungssätze, welche auf eine jede derselben entfällt.

Die fünfte, eine Gruppen-Kolumne, giebt die Beobachtungsstunden und die Anzahl von Beobachtungssätzen für jede einzelne derselben.

Die sechste, eine Gruppen-Kolumne, giebt die Anzahl von Fällen, in welchen gleichzeitig von verschiedenen Schiffen beobachtet wurde; die als Exponent gegebene Zahl zeigt an, wie viele Schiffe in jedem einzelnen Falle gleichzeitig beobachteten.

Um dies durch ein Beispiel zu erläutern, betrachten wir die Verhältnisse für den Monat Januar und das Eingradfeld 38. Wir finden:

38...59, 6...18, 1, 8, —, 2, 30.....11, 7, 10, 8, 11, 12.... 6^2...

Die Bedeutung dieser Zahlen ist der oben gegebenen Erklärung gemäss die folgende:

Im Eingradfeld 38 wurden 59 Beobachtungssätze gewonnen, welche sich über 6 Beobachtungs-Jahre vertheilen. Von dieser Anzahl Sätze entfallen auf die I Pentade des Monats April 18, auf die II. 1, auf die III. 8, auf die IV. keine, auf die V. 2 und auf die VI. 30 und ferner auf die einzelnen Beobachtungsstunden 11 auf 4^h Morgens, 7 auf 8^h Morgens, 10 auf 12^h Morgens oder Mittags, 8 auf 4^h Nachmittags, 11 auf 8^h Nachmittags und 12 auf 12^h Nachmittags oder Mitternacht *) In 6 Fällen waren gleichzeitig 2 Beobachter in dem Quadrate anwesend, wurde also die Beobachtung doppelt notirt.

Es wäre unzweifelhaft wünschenswerth gewesen bei der Kennzeichnung der Beobachtungssätze mit Beziehung auf Zeit anstatt der Pentaden die einzelnen Tage zu wählen; allein es würde dies eine ungleich grössere Mühe- und Kosten-Verwendung involvirt haben, als durch den überhaupt auf diesem Wege zu erlangenden Grad von Genauigkeit gerechtfertigt gewesen wäre. Die Lage der einzelnen Termine für die Beobachtungssätze innerhalb der Pentaden genau zu bestimmen, muss, wie so Vieles Andere, zukünftigen Untersuchungen vorbehalten bleiben. Schon ein Blick auf die Anzahl der Beobachtungssätze und die Anzahl der Jahre, über welche sie sich vertheilen, ist höchst lehrreich und zeigt, dass man von einer, einigermassen auf Gleichartigkeit Anspruch machenden Behandlung einzelner Jahre noch für eine lange Zeit, wenn der Grundsatz der Eintheilung in Eingradfelder festgehalten werden soll, nicht die Rede sein kann.

Das hier Gesagte wird durch folgende Beispiele aus der März-Tafel zur Genüge erläutert:

Wir finden im Unter-□ 57 15 Sätze in der I. Pentade, 4 in der IV., im Unter-□ 58 dagegen für die I. Pentade keine, für die IV. aber 16 Sätze.

Ferner treffen wir beispielsweise im Unter-□ 46 25 Beobachtungssätze auf 4 Jahre vertheilt gegen dieselbe Anzahl Sätze auf 9 Jahre im Unter-□ 29, oder im Unter-□ 29 23 in 9 Jahren gegen 60 in der gleichen Anzahl Jahre im Unter-□ 88.

Mit Beziehung auf die einzelnen in den Sätzen vertretenen Stunden liegt der Fall etwas, wenn auch nicht sehr erheblich günstiger als in den beiden oben erwähnten Fällen.

Beim Ueberblicken der letzten Gruppen-Kolumne gewinnen wir die Ueberzeugung, dass die Fehler, die durch mehrfaches Notiren und Berücksichtigen von für dieselbe Zeit geltenden Beobachtungssätzen die Endergebnisse für das Quadrat 110 nicht so sehr beeinflusst werden können, wie dies auf den ersten Blick hin erscheint. Es würde dieser Umstand die Resultate nur in den zunächst der gewöhnlichen Route der Schiffe, welche von etwa 40° n. Br. und 15.5° w. L. nach 30° n. Br. und 20.5° w. L. führt, gelegenen Quadraten in einigermassen erheblichem Grade störend beeinflussen können.

Bei dem Ableiten von Endergebnissen für die einzelnen Elemente würde man einestheils durch die korrespondirenden Werthe für die beobachteten Eingradfelder, anderntheils durch die Werthe in der letzten Gruppen-Kolumne aufmerksam gemacht, beziehungsweise geleitet werden können.

Durch die gemäss der oben gegebenen Erklärung befolgte Anordnung der Quadrate wird auch hinsichtlich der Fünfgradfelder eine Beurtheilung möglich in wiefern die am Fusse der meteorologischen Tabellen gegebenen Endergebnisse für die meteorologischen Elemente auf Grund der zeitlichen, sowie räumlichen Vertheilung der zusammengestellten Beobachtungssätze als richtige Mittelwerthe, beziehungsweise Summen für das betreffende Fünfgradfeld und den Monat gelten können.

*) Mit Beziehung auf die Bezeichnung „Nachmittags und Morgens" wurde die vom permanenten meteorologischen Comité eingeführte Stipulation befolgt. Utrechter Sitzungs-Berichte, Seite 84.

35	14	5	3	2	—	—
36	18	4	6	—	1	1
37	24	6	2	1	5	2
38	59	6	18	1	8	—
39	14	5	1	—	1	—
45	13	4	1	—	1	—
46	36	5	7	2	6	2
47	41	7	2	2	10	2
48	44	8	17	—	11	2
49	19	7	2	2	3	2
55	24	7	7	—	7	4
56	29	7	4	—	6	4
57	37	7	2	—	13	6
58	23	5	9	—	2	3
59	21	6	4	1	5	3
65	31	8	11	3	7	4

Februar.

Unter-□	Anzahl der Beobacht.	Anzahl der Jahre	Pentaden I.	II.	III.	IV.	V.	VI.	Tagesstunden Morgens 4h	8h	12h	Nachmittags 4h	8h	12h	Zur selben Zeit beobachtet		
00	—	—	—	—	—	—	—	—	—	—	—	—	—	—	—	—	—
01	—	—	—	—	—	—	—	—	—	—	—	—	—	—	—	—	—
02	—	—	—	—	—	—	—	—	—	—	—	—	—	—	—	—	—
03	—	—	—	—	—	—	—	—	—	—	—	—	—	—	—	—	—
04	3	2	—	—	2	1	—	—	—	—	—	2	1	—	—	—	—
10	—	—	—	—	—	—	—	—	—	—	—	—	—	—	—	—	—
11		—	—	—	—	—	—	—	—	—	—	—	—	—	—	—	—
12	—	—	—	—	—	—	—	—	—	—	—	—	—	—	—	—	—
13	1	1	—	—	—	1	—	—	—	—	1	—	—	—	—	—	—
14	3	3	—	—	1	2	—	—	—	—	1	—	2	—	—	—	—
20	—	—	—	—	—	—	—	—	—	—	—	—	—	—	—	—	—
21	—	—	—	—	—	—	—	—	—	—	—	—	—	—	—	—	—
22	1	1	1	—	—	—	—	—	—	—	1	—	—	—	—	—	—
23	6	4	2	—	1	3	—	—	2	1	—	1	1	1	—	—	—
24	3	2	2	—	1	—	—	—	1	—	—	—	1	1	—	—	—
30	—	—	—	—	—	—	—	—	—	—	—	—	—	—	—	—	—
31	4	2	2	—	—	2	—	—	—	—	1	1	2	—	—	—	—
32	6	3	3	—	1	2	—	—	2	1	1	1	—	1	—	—	—
33	8	2	1	—	7	—	—	—	1	1	1	1	2	2	—	—	—
34	13	4	—	8	2	2	—	1	2	3	2	1	2	3	—	—	—
40	6	2	3	—	2	1	—	—	—	1	1	1	1	2	—	—	—
41	8	3	3	—	3	2	—	—	2	1	1	1	2	1	—	—	—
42	5	3	—	—	4	1	—	—	1	1	1	2	—	—	—	—	—
43	2	2	—	—	1	—	—	1	—	—	—	1	1	—	—	—	—
44	7	2	2	2	—	—	—	3	2	1	2	1	—	1	—	—	—
50	2	2	—	—	1	1	—	—	2	—	—	—	—	—	—	—	—
51	2	2	—	—	1	1	—	—	—	1	—	—	—	1	—	—	—
52	2	2	—	—	1	—	—	1	—	1	1	—	—	—	—	—	—
53	11	3	—	1	—	—	8	2	3	1	2	1	2	2	—	—	—
54	5	2	3	—	2	—	—	—	1	—	1	1	2	—	—	—	—
60	1	1	—	—	—	1	—	—	—	1	—	—	—	—	—	—	—
61	3	2	—	—	1	—	—	2	2	—	—	—	—	1	—	—	—
62	1	1	1	—	—	—	—	—	1	—	—	—	—	—	—	—	—
63	15	3	5	1	1	—	8	—	3	2	4	2	2	2	—	—	—
64	9	5	1	—	7	—	1	—	2	2	2	—	2	1	—	—	—
70	10	3	—	5	2	1	—	2	1	1	2	1	3	2	—	—	—
71	—	—	—	—	—	—	—	—	—	—	—	—	—	—	—	—	—
72	5	2	3	—	1	1	—	—	3	—	1	—	1	—	—	—	—
73	13	5	4	—	8	1	—	—	4	—	2	2	5	—	—	—	—
74	27	7	5	3	10	1	4	4	5	5	5	4	4	4	—	—	—
80	6	3	—	1	2	3	—	—	2	1	—	—	1	2	—	—	—
81	8	4	1	3	1	3	—	—	—	1	3	3	1	—	—	—	—
82	5	2	—	—	5	—	—	—	1	—	2	—	2	—	—	—	—
83	2	2	1	—	1	—	—	—	—	—	1	—	1	—	—	—	—
84	27	7	21	1	—	2	3	—	5	4	5	3	5	5	—	—	—
90	—	—	—	—	—	—	—	—	—	—	—	—	—	—	—	—	—
91	15	5	1	10	4	—	—	—	4	2	3	1	4	1	—	—	—
92	7	4	2	4	1	—	—	—	3	—	2	—	2	—	—	—	—
93	12	3	11	—	1	—	—	—	2	1	3	2	3	1	—	—	—
94	29	7	14	1	2	7	—	5	7	2	5	5	6	4	2^3	—	—

Unter-□	Anzahl der Beobacht.	Anzahl der Jahre	Pentaden I.	II.	III.	IV.	V.	VI.	Tagesstunden Morgens 4h	8h	12h	Nachmittags 4h	8h	12h	Zur selben Zeit beobachtet		
05	—	—	—	—	—	—	—	—	—	—	—	—	—	—	—	—	—
06	4	2	—	1	—	3	—	—	1	2	1	—	—	—	—	—	—
07	27	5	4	6	6	10	1	—	4	3	3	4	6	7	1^2	—	—
08	30	6	16	3	7	2	1	1	6	3	7	7	6	1	—	—	—
09	58	7	17	16	2	9	10	4	9	8	12	9	12	8	1^2	—	—
15	5	4	2	—	—	3		—	4	—	—	1	—	—	—	—	—
16	32	6	6	6	12	8	—	—	3	4	9	4	8	4	3^2	—	—
17	23	5	2	5	6	9	1	—	8	3	3	1	5	3	—	—	—
18	28	5	8	6	—	7	1	6	7	3	5	4	6	3	—	—	—
19	46	6	10	7	7	8	14	—	10	8	8	4	7	9	—	—	—
25	17	5	13	—	1	3	—	—	2	2	4	3	3	3	—	—	—
26	40	6	4	26	6	3	1	—	9	8	7	6	4	6	—	—	—
27	8	3	1	1	2	—	4	—	1	1	3	—	2	—	—	—	—
28	42	5	8	8	5	13	5	3	8	5	11	6	8	4	2^2	—	—
29	33	7	6	5	7	5	7	3	5	1	11	5	8	3	—	—	—
35	27	6	13	4	3	5	—	2	4	3	4	6	6	4	—	—	—
36	31	6	6	7	3	4	4	5	6	6	6	3	6	4	—	—	—
37	48	6	3	8	—	7	14	16	9	5	9	5	11	9	1^2	—	—
38	50	8	9	9	6	9	10	7	10	10	9	6	9	6	—	—	—
39	38	6	4	20	9	2	3	—	8	4	9	4	6	7	2^2	—	—
45	12	4	5	1	4	2	—	—	2	2	3	2	2	1	—	—	—
46	21	7	6	6	—	4	5	—	8	2	2	2	3	4	1^2	—	—
47	40	6	5	4	7	18	6	—	9	4	12	6	7	2	—	—	—
48	28	6	6	5	5	7	5	—	9	2	3	3	7	4	—	—	—
49	25	7	1	11	5	6	—	2	4	3	4	4	6	4	—	—	—
55	25	7	9	2	9	5	—	—	3	4	6	3	6	3	—	—	—
56	39	7	6	4	5	16	8	—	6	4	8	6	10	5	2^2	—	—
57	32	8	4	3	5	15	5	—	5	6	5	4	7	5	—	—	—
58	34	7	5	12	13	—	3	1	7	6	6	5	7	3	—	—	—
59	29	7	2	12	5	8	—	1	5	5	5	5	4	4	—	—	—
65	22	6	4	4	10	4	—	—	5	3	5	2	3	4	—	—	—
66	43	8	8	3	14	9	9	—	11	4	6	8	9	5	—	1^3	—
67	30	7	11	9	5	—	5	—	5	4	8	3	6	4	—	—	—
68	23	7	—	4	12	3	3	1	3	3	5	3	5	4	—	—	—
69	29	5	4	11	11	3	—	—	6	5	6	3	4	5	—	—	—
75	23	4	4	5	5	3	2	4	2	3	5	5	6	2	1^2	—	—
76	48	8	8	7	19	5	7	2	11	7	7	5	7	11	1^2	—	—
77	28	8	4	5	2	4	12	1	4	5	6	5	2	6	1^2	—	—
78	27	7	2	5	7	9	2	2	7	5	4	4	3	4	—	—	—
79	8	5	2	3	—	2	1	—	2	1	2	1	2	—	—	—	—
85	36	7	4	11	7	5	4	5	7	9	7	4	5	4	2^1	—	—
86	50	10	7	13	17	3	7	3	11	3	5	8	14	9	1^2	—	—
87	40	8	3	—	15	4	2	16	9	6	6	6	10	3	—	—	—
88	28	5	6	2	3	3	—	9	4	5	4	5	6	4	—	—	—
89	19	6	4	5	1	6	—	3	3	2	5	3	3	3	—	—	—
95	31	8	5	7	5	7	4	3	5	6	9	4	3	4	—	—	—
96	42	8	6	8	7	10	6	5	7	5	11	5	9	5	2^1	—	—
97	19	5	2	9	4	2	1	1	3	3	3	1	5	4	2^2	—	—
98	34	6	5	12	1	5	—	11	4	4	6	7	7	6	—	—	—
99	18	5	—	9	3	1	—	2	5	2	2	2	2	2	—	—	—

März.

Unter □	Anzahl der Beobachtungen	Anzahl der Jahre	Pentaden I.	II.	III.	IV.	V.	VI.	Tagesstunden Morgens 4h	8h	12h	Nachmittags 4h	8h	12h	Zur selben Zeit beobachtet		
00	—	—	—	—	—	—	—	—	—	—	—	—	—	—	—	—	—
01	—	—	—	—	—	—	—	—	—	—	—	—	—	—	—	—	—
02	—	—	—	—	—	—	—	—	—	—	—	—	—	—	—	—	—
03	—	—	—	—	—	—	—	—	—	—	—	—	—	—	—	—	—
04	2	1	—	—	—	—	—	2	—	—	—	—	1	1	—	—	—
10	—	—	—	—	—	—	—	—	—	—	—	—	—	—	—	—	—
11	—	—	—	—	—	—	—	—	—	—	—	—	—	—	—	—	—
12	—	—	—	—	—	—	—	—	—	—	—	—	—	—	—	—	—
13	2	1	—	—	—	—	—	2	—	—	1	1	—	—	—	—	—
14	1	1	—	—	—	1	—	—	—	—	—	1	—	—	—	—	—
20	—	—	—	—	—	—	—	—	—	—	—	—	—	—	—	—	—
21	—	—	—	—	—	—	—	—	—	—	—	—	—	—	—	—	—
22	—	—	—	—	—	—	—	—	—	—	—	—	—	—	—	—	—
23	4	2	—	—	—	3	1	—	—	1	1	1	1	—	—	—	—
24	7	2	—	2	—	—	5	—	2	1	2	—	2		—	—	—
30	4	1	—	4	—	—	—	—	1	—	—	1	1	1	—	—	—
31	5	3	—	2	—	3	—	—	1	1	1	1	1	—	—	—	—
32	7	4	1	—	—	4	—	2	2	—	2	—	1	2	—	—	—
33	1	1	—	—	—	—	1	—	1	—	—	—	—	—	—	—	—
34	5	2	—	—	2	—	—	3	—	—	1	1	2	1	—	—	—
40	7	2	—	—	—	7	—	—	2	1	2	—	2	—	—	—	—
41	4	1	—	4	—	—	—	—	—	1	1	1	1	—	—	—	—
42	5	2	3	1	—	—	—	1	—	—	—	2	2	1	—	—	—
43	12	3	8	—	3	—	—	1	3	2	1	2	2	2	—	—	—
44	8	3	3	—	1	—	—	4	1	2	—	1	2	2	—	—	—
50	3	1	—	—	3	—	—	—	—	—	—	1	1	1	—	—	—
51	4	2	—	—	2	—	—	2	1	1	1	1	—	—	—	—	—
52	6	2	—	3	3	—	—	—	1	1	1	1	1	1	—	—	—
53	8	3	—	1	2	—	—	5	2	1	3	1	1	—	—	—	—
54	4	2	—	—	—	—	—	4	—	1	2	1	—	—	—	—	—
60	4	2	3	—	—	—	—	1	—	1	—	1	1	1	—	—	—
61	1	1	—	—	1	—	—	—	—	1	—	—	—	—	—	—	—
62	1	1	—	—	—	—	—	1	—	—	1	—	—	—	—	—	—
63	11	3	—	3	1	—	—	7	2	2	1	2	2	2	—	—	—
64	4	3	—	1	—	—	—	3	1	—	1	—	1	1	—	—	—
70	2	1	—	—	—	—	—	2	1	—	—	—	—	1	—	—	—
71	11	3	2	—	9	—	—	—	2	1	1	2	3	2	—	—	—
72	9	4	—	2	3	—	—	4	2	1	3	—	2	1	—	—	—
73	14	4	—	2	—	—	—	12	2	1	2	2	4	3	—	—	—
74	14	4	—	5	4	—	—	5	3	2	2	2	3	2	—	—	—
80	5	2	—	—	5	—	—	—	—	1	1	1	1	1	—	—	—
81	10	2	2	—	8	—	—	—	3	1	1	1	1	3	—	—	—
82	7	1	—	2	—	—	—	5	1	—	2	2	1	1	—	—	—
83	16	3	—	—	—	—	—	16	4	3	2	3	2	2	—	—	—
84	9	5	3	2	—	—	—	4	1	1	1	2	2	2	—	—	—
90	—	—	—	—	—	—	—	—	—	—	—	—	—	—	—	—	—
91	3	1	2	1	—	—	—	—	—	1	—	1	1	—	—	—	—
92	5	2	1	—	—	—	—	4	1	1	2	—	—	1	—	—	—
93	6	3	4	2	—	—	—	—	1	1	2	1	1	—	—	—	—
94	27	7	1	6	3	4	—	13	4	4	5	4	7	3	—	—	—

Unter □	Anzahl der Beobachtungen	Anzahl der Jahre	Pentaden I.	II.	III.	IV.	V.	VI.	Tagesstunden Morgens 4h	8h	12h	Nachmittags 4h	8h	12h	Zur selben Zeit beobachtet		
05	4	2	—	2	—	2	—	—	1	—	—	1	1	1	—	—	—
06	5	3	1	—	—	—	4	—	1	1	1	1	1	—	—	—	—
07	6	3	1	—	—	—	2	3	—	—	2	2	1	1	—	—	—
08	9	4	1	—	—	1	5	2	3	1	1	—	1	3	—	—	—
09	41	9	5	6	6	14	7	3	7	7	6	6	8	7	—	—	—
15	3	3	—	—	1	1	1	—	—	—	2	—	1	—	—	—	—
16	5	3	2	—	—	—	1	2	1	1	1	1	1	—	—	—	—
17	1	1	—	—	—	—	1	—	—	1	—	—	—	—	—	—	—
18	34	8	6	4	4	7	11	2	4	4	7	7	6	6	—	—	—
17	38	8	1	6	15	10	1	5	10	7	5	4	5	7	—	—	—
25	13	3	2	—	—	—	4	7	4	2	3	1	2	1	—	—	—
26	8	2	—	—	—	—	—	8	2	1	1	1	2	1	—	—	—
27	14	4	2	—	7	—	5	—	3	2	2	3	2	2	—	—	—
28	40	9	11	4	11	5	6	3	7	5	5	8	11	4	—	—	—
29	25	9	2	2	8	5	3	5	3	3	5	4	4	6	—	—	—
35	6	2	—	—	3	—	—	3	1	1	1	1	1	1	—	—	—
36	18	3	2	—	2	—	—	14	3	3	3	2	2	5	—	—	—
37	36	9	2	—	12	5	5	12	7	5	6	6	7	5	—	—	—
38	50	9	14	8	6	10	1	11	7	12	9	5	8	9	1^2	—	—
39	22	8	3	—	—	9	4	6	6	3	3	3	2	5	—	—	—
45	4	2	2	—	—	—	—	2	—	—	—	—	2	2	—	—	—
46	25	4	3	—	—	1	7	14	4	4	4	3	6	4	—	—	—
47	44	8	6	4	5	7	6	16	8	3	5	7	11	10	—	—	—
48	39	8	5	6	3	9	7	9	7	6	8	10	4	4	3^2	—	—
49	15	7	1	3	3	4	3	1	1	1	1	3	7	2	—	—	—
55	7	1	—	—	—	—	6	1	2	1	1	1	1	1	—	—	—
56	24	6	6	1	7	2	2	6	6	5	5	2	2	4	—	—	—
57	42	9	15	6	4	4	1	12	7	4	8	10	8	5	—	—	—
58	33	7	—	—	2	16	11	4	6	6	6	2	6	7	—	—	—
59	30	7	3	5	10	4	6	8	8	7	9	4	5	3	—	—	—
65	14	5	2	—	—	1	2	9	—	3	4	4	2	1	—	—	—
66	34	9	6	—	13	2	4	9	6	5	5	4	8	6	1^2	—	—
67	32	8	3	6	3	10	6	4	6	6	8	3	5	4	—	—	—
68	29	7	2	2	10	8	2	7	3	3	5	6	7	5	1^3	—	—
69	23	8	2	4	3	4	7	3	5	2	4	5	4	3	—	—	—
75	29	7	3	4	7	3	3	9	7	5	4	3	4	6	1^2	—	—
76	35	9	4	8	4	7	8	4	6	4	6	7	5	7	—	—	—
77	31	8	3	—	5	12	7	4	6	5	4	5	6	5	—	[illegible]	—
78	26	8	3	3	5	5	—	10	2	5	9	7	2	1	—	—	—
79	27	7	3	3	8	8	5	5	5	2	5	4	7	4	—	—	—
85	28	8	1	2	8	7	3	7	6	3	5	4	6	4	1^2	—	—
86	38	9	5	6	1	10	12	4	8	7	6	7	8	4	—	—	—
87	35	9	10	2	8	3	1	11	8	5	4	3	5	10	1^2	—	—
88	27	7	2	2	9	8	1	5	7	7	6	1	2	4	2^2	—	—
89	22	6	—	5	5	7	5	2	3	3	3	3	5	5	—	—	—
95	36	10	—	10	6	12	4	4	6	6	10	4	6	4	—	—	—
96	48	11	6	11	4	5	6	11	7	6	9	5	8	8	—	—	—
97	24	5	—	6	12	2	1	3	4	2	2	6	5	5	3^2	—	—
98	36	8	—	4	7	12	6	7	3	5	8	7	8	5	—	—	—
99	6	4	—	2	—	2	1	1	1	1	—	2	1	1	—	—	—

Mai.

Pentaden						Tagesstunden Morgens			Nachmittags			Zur selben Zeit beobachtet			Unter-□	Anzahl der Beobacht.	Jahre	Pentaden					
I.	II.	III.	IV.	V.	VI.	4h	8h	12h	4h	8h	12h							I	II	III	IV	V	VI
—	—	—	—	—	—	—	—	—	—	—	—	—	—	—	05	4	3	—	—	2	—	1	1
—	—	—	—	—	—	—	—		—		—	—	—	—	06	16	5	—	6	1	1	—	8
—	—	—	—	—	—	—	—	—	—	—	—	—	—	—	07	22	7	2	2	8	2	4	4
—	2	1	—	—	—	—		2	1	—	—	—	—	—	08	21	8	7	2	6	3	1	2
—	—	4	—	1	1	—	—	—	3	2	1	—	—	—	09	58	9	15	12	6	3	8	14
—	—	—	—	—	—	—	—	—	—	—	—	—	—	—	15	2	1	—	—	2	—	—	—
—	—	—	—	—	—	—	—	—	—	—	—	—	—	—	16	27	7	1	6	7	2	6	5
—	2	2	—	—	—	1	1	—	—	1	1	—	—	—	17	13	7	1	3	5	3	—	1
—	1	2	—	1	—	1	2	—	—	1	—	—			18	53	9	12	16	6	1	8	10
—	—	3	—	1	1	1	.	3	1	—	—	—	—	—	19	48	9	8	15	5	6	9	3
—	—	2	—	—	—	—	—	—	1	1	—	—	—	—	25	5	3	—	1	2	—	—	2
—	2	5	—	—	—	1	1	1	1	1	2	—	—	—	26	24	7	2	8	2	4	4	4
—	—	—	—	—	—	—	—	—	—	—	—	—	—	—	27	24	7	6	2	8	5	1	7
—	—	2	—	1	2	2	2	1	—	—	—	—	—	—	28	50	9	8	17	6	3	11	5
—	3	2	—	—	3	1	1	1	1	2	2	—	—	—	29	28	8	4	6	4	5	5	4
—	2	6	—	—	—	1	1	2	2	1	1	—	—	—	35	16	7	1	7	1	4	—	3
	—	—	—	—	—	—	—	—	—	—	—	—	—	—	36	24	4	4	10	2	2	2	4
—	—	1	—	1	1	—	—	1	—	2	—	—	—	—	37	64	9	19	14	8	6	7	10
—	2	1	—	1	4	3	1	2		.	2	—	—	—	38	30	9	3	7	4	7	7	2
—	5	—	—	1	—	1	—	3	1	1	—	—	—	—	39	15	7	2	6	1	—	—	6
—	—	7	—	—	—	1	1	2	1	1	1	—	—	—	45	15	5	4	2	1	2	—	6
—	—	—	—	—	—	—	—	—		.	—	—		—	46	29	10	6	10	2	3	6	2
1	3	1	—	4	4	1	1	1	4	4	2	—	—	—	47	62	9	14	10	9	5	11	19
	7	—	—	2	1	1	—	2	2	3	2	—	—	—	48	19	7	3	5	2	5	—	4
1	6	—	4	—	4	5	3	1	2	2	2	—	—	—	49	20	8	2	7	1	—	—	10
—	9	2	—	—	—	3	2	1	1	2	2	—	—	—	55	14	8	1	1	—	1	4	7
—	3	1	—	6	2	1	4	4	1	1	1	—	—	—	56	68	10	17	12	9	4	16	10
2	1	1	—	—	4	2	1	1	1	2	1	—	—	—	57	44	8	7	9	4	9	7	8
4	6	1	—	2	—	3	1	8	1	4	1	—	—	—	58	16	6	2	9	2	—	1	2
2	4	—	8	—	6	5	1	4	1	5	1	—	—	—	59	21	5	2	2	2	—	8	12
	2	1	—	10	1	3	2	2	2	3	2	—	—	—	65	30	8	4	4	3	2	7	10
—	4	1	—	3	8	3	2	3	3	2	3	—	—	—	66	65	8	11	20	3	4	14	13
1	1	2	—	4	—	3	—	4	1	—	—	—	—	—	67	26	6	1	8	8	6	4	4
6	5	4	—	6	6	5	4	7	3	7	1	—	—	—	68	20	5	2	6	3	—	4	5
—	1	—	1	—	2	—	—	2	1	—	1	—	—	—	69	18	7	2	1	5	—	7	3
1	2	2	—	6	1	2	3	1	1	2	3	—	—	—	75	44	9	11	3	5	4	11	10
2	1	—	—	—	3	3	1	—	—	—	2	—	—	—	76	38	8	7	8	5	7	3	8
5	6	—	1	—	—	1	—	2	2	6	1	—	—	—	77	24	7	12	2	3	2	4	1
3	9	—	3	—	6	7	8	5	1	2	3	—	—	—	78	26	6	3	1	3	2	11	6
2	3	—	3	4	1	2	2	4	1	3	1		—	—	79	15	5	7	—	4	2	1	1
2	—	—	—	—	—	—	—	—	1	1	—	—	—	—	85	53	10	7	7	4	9	14	12
6	—	—	2	—	2	2	1	1	2	3	1	—	—	—	86	28	5	9	3	6	1	5	4
1	8	—	1	—	4	3	3	0	2	—	—	—	—	—	87	21	6	3	—	3	—	9	6
2	3	—	—	2	7	3	1	1	2	5	2	—	—	—	88	24	4	8	2	6	—	—	8
11	3	5	9	5	5	5	5	7	6	7	8	—	—	—	89	11	6	2	—	4	2	1	2
—	.	1	—	—	.	—	—	—	—	—	1	—	—	—	95	37	6	5	7	3	4	13	5
4	2	—	3	—	—	1	—	2	1	4	1	—	—	—	96	26	7	10	8	1	—	3	4
5	11	—	—	4	6	6	3	5	4	4	4	—	—	—	97	19	4	3	3	4	—	5	4
10	8	—	—	3	8	5	2	5	5	6	6	2^7	—	—	98	26	6	4	6	4	—	4	8
14	3	3	10	13	19	9	7	9	10	13	8	—	—	—	99	12	2	8	—	—	4	—	—

Juni.

Unter-□	Anzahl der Beob.	Jahre	Pentaden I	II	III	IV	V	VI	Tagesstunden Morgens 4h	8h	12h	Nachmittags 4h	8h	12h	Zur selben Zeit beobachtet		
00	—	—	—	—	—	—	—	—	—	—	—	—	—	—	—	—	—
01	—	—	—	—	—	—	—	—	—	—	—	—	—	—	—	—	—
02	—	—	—	—	—	—	—	—	—	—	—	—	—	—	—	—	—
03	—	—	—	—	—	—	—	—	—	—	—	—	—	—	—	—	—
04	6	3	3	—	1	—	—	2	1	—	1	2	1	1	—	—	—
10	—	—	—	—	—	—	—	—	—	—	—	—	—	—	—	—	—
11	—	—	—	—	—	—	—	—	—	—	—	—	—	—	—	—	—
12	—	—	—	—	—	—	—	—	—	—	—	—	—	—	—	—	—
13	—	—	—	—	—	—	—	—	—	—	—	—	—	—	—	—	—
14	9	3	5	1	—	—	—	3	1	3	1	1	2	1	—	—	—
20	—	—	—	—	—	—	—	—	—	—	—	—	—	—	—	—	—
21	—	—	—	—	—	—	—	—	—	—	—	—	—	—	—	—	—
22	—	—	—	—	—	—	—	—	—	—	—	—	—	—	—	—	—
23	3	2	—	1	—	—	—	2	1	—	1	—	—	1	—	—	—
24	9	3	4	1	—	1	3	—	2	—	—	1	2	4	—	—	—
30	—	—	—	—	—	—	—	—	—	—	—	—	—	—	—	—	—
31	—	—	—	—	—	—	—	—	—	—	—	—	—	—	—	—	—
32	—	—	—	—	—	—	—	—	—	—	—	—	—	—	—	—	—
33	6	3	3	1	—	—	1	1	—	2	1	2	1	—	—	—	—
34	14	3	4	—	5	2	3	—	3	1	2	2	4	2	—	—	—
40	—	—	—	—	—	—	—	—	—	—	—	—	—	—	—	—	—
41	—	—	—	—	—	—	—	—	—	—	—	—	—	—	—	—	—
42	2	1	—	—	—	—	—	2	—	—	1	1	—	—	—	—	—
43	10	4	1	1	5	1	2	—	2	3	3	2	—	—	—	—	—
44	7	4	3	—	1	3	—	—	1	—	3	1	2	—	—	—	—
50	—	—	—	—	—	—	—	—	—	—	—	—	—	—	—	—	—
51	—	—	—	—	—	—	—	—	—	—	—	—	—	—	—	—	—
52	8	3	—	1	1	6	—	—	2	—	—	1	2	3	—	—	—
53	9	4	2	1	—	3	3	—	5	1	1	—	—	2	—	—	—
54	9	5	1	3	1	4	—	—	3	1	1	—	2	2	—	—	—
60	1	1	—	—	—	—	—	1	—	—	—	—	—	1	—	—	—
61	6	2	—	—	3	2	—	1	1	2	2	1	—	—	—	—	—
62	11	4	—	3	6	2	—	—	2	1	2	2	2	2	—	—	—
63	14	4	—	3	6	4	—	1	—	3	3	3	3	2	—	—	—
64	18	8	3	4	3	3	—	5	4	3	3	2	3	3	—	—	—
70	—	—	—	—	—	—	—	—	—	—	—	—	—	—	—	—	—
71	18	4	—	1	16	1	—	—	4	1	1	4	4	4	—	—	—
72	9	5	—	3	2	3	1	—	1	1	1	3	1	2	—	—	—
73	20	6	3	3	2	4	—	8	3	3	4	3	5	2	—	—	—
74	12	4	1	1	—	2	4	4	2	3	3	2	1	1	—	—	—
80	7	4	2	—	5	—	—	—	1	—	1	2	2	1	—	—	—
81	9	3	—	4	3	2	—	—	3	3	2	—	1	—	—	—	—
82	16	5	3	—	6	3	2	2	2	2	4	3	4	1	—	—	—
83	23	5	9	3	—	1	—	10	4	3	5	4	4	3	—	—	—
84	37	8	11	—	4	9	3	10	6	3	5	5	11	7	—	—	—
90	—	—	—	—	—	—	—	—	—	—	—	—	—	—	—	—	—
91	17	5	2	4	8	1	2	—	3	2	1	—	4	7	—	—	—
92	20	6	2	2	3	3	—	10	5	5	4	2	2	2	2^1	—	—
93	32	6	13	1	1	7	3	7	8	5	7	3	5	4	—	—	—
94	42	9	8	7	2	4	13	8	9	5	10	6	7	5	1^3	—	—

Unter-□	Anzahl der Beob.	Jahre	Pentaden I	II	III	IV	V	VI	Tagesstunden Morgens 4h	8h	12h	Nachmittags 4h	8h	12h	Zur selben Zeit beobachtet	
05	8	3	2	—	1	1	2	2	1	2	4	1	—	—	—	—
06	10	3	8	—	—	2	—	—	2	2	1	2	2	1	—	—
07	13	4	4	—	—	3	4	2	3	1	2	2	2	3	—	—
08	54	9	5	3	28	5	3	10	12	4	10	7	16	5	—	—
09	82	11	15	17	18	13	3	16	18	11	12	10	17	14	—	—
15	4	3	1	—	—	2	1		2	1	—	—	—	1	—	—
16	16	2	13			3			4	4	3	1	2	2	—	—
17	15	6	1	—	3	4		7	4	1	2	3	3	2	—	—
18	93	12	8	19	32	9	6	19	14	16	26	13	12	11	4^3	1^1
19	84	11	24	16	17	11	4	12	22	11	16	9	16	10	1^2	—
25	8	2	6	—	2		—	—	1	1	2	2	2	—	—	—
26	16	2	11	—	5	—	—	—	3	3	2	2	3	3		
27	55	9	2	11	13	9	7	13	8	8	8	8	13	10	—	—
28	88	12	18	18	19	17	7	9	24	16	15	17	7	9	4^2	—
29	58	9	4	13	11	10	1	14	6	8	12	8	11	8	4^7	—
35	7	2	5	—	1	1	—	—	1	1	2	1	1	1	—	—
36	30	8	—	3	3	10	11	3	4	10	8	4	2	2	—	—
37	109	13	13	23	10	17	21	25	18	12	24	20	21	14	3^2	—
38	66	11	16	19	13	9	3	6	14	8	11	10	13	10	5^2	—
39	43	8	2	4	10	11	4	12	7	7	8	9	8	4	1^2	—
45	7	4	1	—	2	4			—	—	1	2	2	2	—	—
46	61	11	—	9	9	15	16	12	16	8	5	6	12	14	—	—
47	83	12	25	19	8	8	7	16	17	6	15	13	22	10	3^2	—
48	49	9	9	13	12	7	—	8	7	8	5	7	11	11	1^2	—
49	26	6	7	6	2		3	8	8	5	6	—	3	4	—	—
55	35	8	2	4	7	6	9	7	5	6	7	6	7	4	—	—
56	79	12	6	12	9	21	8	23	18	15	14	10	16	6	3^2	—
57	68	9	18	19	9	6	3	13	13	11	20	7	8	9	4^7	—
58	40	8	6	8	13	1	2	10	8	6	10	4	6	6	1^3	—
59	15	8	—	4	3	1	1	6	3	2	5	2	3		—	—
65	33	8	1	1	3	3	11	14	4	3	5	7	9	5	1^2	—
66	69	10	15	18	3	9	10	14	12	8	11	9	16	13	3^2	—
67	57	10	13	11	18	4	1	10	9	10	9	9	12	8	3^5	—
68	15	4	4	1	2	2	2	4	2	1	5	3	4	—	—	—
69	11	4	2	1	—	1		7	2	1	2	1	3	2	—	—
75	71	11	10	8	13	6	14	20	14	13	17	9	8	10	1^2	—
76	74	10	20	17	16	5	4	12	12	10	15	14	12	11	1^3	—
77	27	8	6	2	10	1	6	2	2	5	5	7	6	2	3^3	—
78	21	8	7	2		1	5	6	8	2	3	1	6	1	—	—
79	18	5	5	7		—	1	5	3	3	4	1	4	3	—	—
85	96	9	32	15	9	3	22	15	20	14	19	12	18	13	1^4	—
86	56	10	18	11	9	3	4	11	11	7	10	7	12	9	2^3	—
87	37	8	9	7	4	—	7	10	8	3	6	7	7	6	—	—
88	12	7	7	—	—	—	3	2	3	1	3	2	2	1	—	—
89	14	5	5	3	—	1	—	5	1	3	3	2	3	2	—	—
95	85	10	12	14	15	3	25	16	14	12	15	15	16	13	5^3	1
96	52	8	6	17	7	1	14	7	12	10	9	5	9	7	4^2	—
97	26	6	9	1	6	1	4	5	4	3	5	3	7	4	—	—
98	18	4	7	3	—	1	2	5	3	2	3	2	3	5	—	—
99	3	2	—	—	—	—	2	1	1	1	1	—	—	—	—	—

—	—	—	—	—	—	—	—	—	05	2	2	—	—	—	—	—	2	—	1	—	—	1	—
—	—	—	—	—	—	—	—	—	06	6	2	—	—	—	—	5	1	1	1	1	1	2	—
—	—	—	—	—	—	—		..	07	2	2	—	—	—	—	1	1	—	—	1	—	1	—
1	1	—	—	—	—		—	—	08	34	9	8	5	6	2	3	10	9	4	5	5	7	4
1	—	—	—	—	1	—	—	—	09	98	11	19	14	10	11	11	27	16	18	19	11	21	13
—	—	—	—	—	—	—	—	—	15	3	2	—	—	—	—	2	1	1	—	—	—	1	1
—	—	—	—	—	—	—	—	—	16	12	2	—	—	5	4	3	—	6	—	8	—	3	—
—	—	—	—	—	—	—	—	—	17	10	3	—	—	8	—	1	1	3	—	4	—	3	—
—	1	—	—	1	1	—	—	—	18	96	11	12	16	20	12	12	25	21	12	22	14	16	12
1	—	—	—	1	2	—	—	—	19	69	11	16	9	12	7	13	12	11	3	14	11	19	11
—	—	—	—	—	—	—	—	—	25	5	1	—	1	—	—	4	—	1	1	1	1	1	—
—	—	—	—	—	—	—	—	—	26	21	4	—	—	1	16	4		3	2	6	3	5	2
—	—	—	—	—	—	—	—	—	27	38	8	8	5	10	1	2	12	7	4	6	3	11	7
—	—	2	3	—	—	—	—	—	28	99	11	23	16	18	11	11	20	24	18	22	11	17	7
—	—	—	1	2	—	—	—	—	29	61	11	7	19	9	7	15	4	7	12	14	9	10	9
2	1	2	—	—	2	—	—	—	35	4	3	—	1	—	—	3	—	2	—	—	—	1	1
—	—	—	—	—	—	—	—	—	36	25	6	10	1	—	8	3	3	3	3	7	3	6	3
—		—	—		3	—	—	—	37	99	11	19	17	17	12	12	22	20	10	21	14	20	14
2	1	3	—	1	—	—	—	—	38	66	10	10	15	7	9	15	10	18	9	14	7	8	10
—	—	1	—	—	—	—	—	—	39	46	10	3	12	5	11	11	4	11	7	6	7	8	7
—	—	—	—	—	—	—	—	—	45	8	4	4	—	—	1	3	—	1	3	1	1	1	1
—	—	—	—	—	—	—	—	—	46	58	10	15	3	6	8	4	22	16	7	12	6	15	2
—	—	—	—	—	—	—	—	—	47	87	11	19	15	15	17	9	12	13	8	19	14	23	10
2	1	1	—	1	1	—	—	—	48	64	11	8	8	3	11	23	11	10	9	9	10	15	11
1	1	1	2	1	1	—	—	—	49	38	9	2	5	12	5	5	9	4	5	8	7	7	7
—	—	—	—	1	—	—	—	—	55	30	5	7	1	5	2	8	7	9	2	8	2	6	3
1	—	—	—	1	1	—	—	—	56	107	11	16	13	17	15	25	21	27	10	21	10	24	15
—	—	1	—	2	1	—	—	—	57	66	10	17	14	6	13	4	12	11	12	16	8	12	7
1	1	1	2	1	-	--	—	—	58	60	10	5	8	9	9	18	11	9	11	10	12	10	8
1	1	2	1	—	—	--	—	—	59	31	9	2	18	1	4	7	4	5	4	6	3	6	7
—	—	—	—	—	—	—	—	—	65	59	9	6	2	12	15	14	10	13	7	12	6	14	7
1	—	1	1	—	—	—	—	—	66	89	11	15	22	11	9	12	20	19	9	21	12	18	10
—	1	1	1	—	—	—	—	—	67	56	11	13	7	3	23	6	4	13	6	12	7	10	8
3	—	—	—	3	1	—	—	—	68	57	10	1	15	5	8	22	6	7	11	12	3	11	7
4	2	4	1	6	2	2^3	—	—	69	13	6	3	2	5	—	—	3	2	1	2	3	3	2

August.

[illegible]	Anzahl der		Pentaden						Tagesstunden Morgens			Nachmittags			Zur selben Zeit beobachtet		
	[illegible]	[illegible]	I.	II.	III.	IV.	V.	VI.	4	8	12	4	8	12			
00				—		—											
01	—																—
02	1	1				1					1	—			-		
03	1	1				1					1						
04	2	2		1				1						2			
10				-				—	—								
11	—	—		—	—			—									
12	1	1				1						1					
13			—														
14	8	2		3	—		2	3			2	3	3	—			
20		—		—			—										
21	1	1		—		1					1						
22	1	1				1		—					1				
23	6	3		2				4	2	3	1						
24	5	3				2		3		1	1	1	1	1			
30	—				—					—							
31	2	1			—		2		1	1		-					
32	3	1						3	—	1	1	1					
33	9	3		4		—	2	3	3	2	1		1	2			
34	9	5	—	3			4	2	3	1	2	1		2		—	—
40	4	2	—			—	3	1	2	—	2						
41	8	2	1	—	—		4	5	1	2	2	1	1	1			
42	8	3					5	3	2		1	2	2	1	1^2		
43	19	3		11		—	5	—	3	2	3	4	5	2	-		
44	15	5	—	6			5	4	2		6	3	4				
50	7	3	-	1			3	4	1	1		1	2	2			
51	5	2	2	—			—	3	-	1	3	1		-			
52	2	1		1				1	1					1		—	—
53	12	4	1	4			4	3	2	2	2	—	3	3	—	—	—
54	10	4	-	4		1	3	2	2	2	3	1	2		—		
60	6	3	2			1		3		1	1	2	2		—	—	
61	2	1		1	—	—	—	1	—		1		1		—	—	—
62	9	3	2	—			2	5	2	1	3	2	1	—	—		
63	18	4	—	3	—	1	5	4	3	1	2	2	3	2			
64	16	5	2	1		8	1	1	4	1	3	1	3	4			
70	9	3	—	1	5		—	3	3	—	2	1	1	2			-
71	14	4			5	—	—	9	3	3	2	2	2	2	—	-	
72	16	4	2		4		2	8	4	4	4	3		1	—	—	
73	19	5	—	3	2	10	1	3	6	2	2	1	5	3	—	—	-
74	34	8	4	1	1	18	5	5	8	2	10	3	8	3	1^2	—	
80	4	2	—	—	—		—	4	1	1	1	—		1	—	—	
81	9	1		—	—	—		3					2	1	—		—
82	17	5	3	—	2	5	5	2	3	2	2	2	4	4		—	
83	32	6	5	1	1	18		7	8	3	9	—	8	4	3^2	—	—
84	50	9	3	12	6	7	11	20	11	6	12	10	14	6	—	—	—
90	1	1						1						1	—	—	—
91	19	4			2	4	2	11	4	2	4	3	4	2	1^2	—	-
92	38	7	5	1	5	7	—	20	8	4	9	7	8	2	3^2	—	
93	38	7	4	11	6	6		11	6	3	8	6	11	4	1^2	—	—
94	36	10	2	9	2	4	12	7	5	8	8	5	7	3	1^2		

[illegible]	Anzahl der		Pentaden						Tagesstunden Morgens			Nachmittags			Zur selben Zeit beobachtet		
	[illegible]	[illegible]	I.	II.	III.	IV.	V.	VI.	4	8	12	4	8	12			
05	6	3		2	2		2		4	—				2		—	
06	9	3	2		2	—		5	2	1	2	1	2	1	-		—
07	20	6	—	8	4		1	1	2	1	5	1	4	1	.	—	--
08	28	9	3	10	5		2	8	8	5	5	2	5	3	.	—	
09	63	10	11	16	7	6	9	14	13	7	10	9	13	11	3^2	1	
15	5	2		2				3	1	1	—	1	1	1	.	—	—
16	25	5	5	5	5	3	5	2	8	—	6	2	6	3	2^2	—	—
17	23	6	1	6	13		4	2	1	3	5	2	9		.	—	—
18	54	9	9	9	10	4	10	11	10	3	13	9	13	5	4^2	—	.
19	63	11	11	11	8	10	5	18	15	10	8	4	13	13	3^2	—	—
25	9	5	—	4	2			3	1	1	1	1	1	1	.	—	.
26	16	4	2	8	2	6	1	2	1	2	5	--	4	1	1^2		..
27	37	8	5	11	1	3	7	7	9	4	10	3	6	5			.
28	55	13	10	5	7	7	13	13	8	10	18	6	9	1	3^2		.
29	61	12	11	6	17	5	5	17	9	7	11	13	12	9			—
35	12	3		6	2	3	1		4	3	2	1	2	-			
36	19	5	4	6		2	4	4	4	1	4	3	4	3		.	—
37	61	10	4	11	14	5	13	12	12	9	9	9	14	8	1^2		—
38	65	10	16	3	23	9	3	11	17	12	8	9	8	11	3^2	—	—
39	35	10	12	2	3	3	4	11	9	4	5	6	6	5	1^2	—	—
45	20	4	2	4	1	2	8	4	7	1	3	1	6	2	-	—	—
46	38	7	9	2	10	3	6	8	8	7	5	4	9	5		—	—
47	56	10	7	9	17	5	9	9	8	9	14	9	11	5	1^2	—	..
48	66	14	13	6	9	14	7	17	8	7	12	10	17	12	5^2		-
49	37	7	14	2	.	.	9	16	6	7	5	6	7	6	1^2		—
55	32	6	2	6	2	5	14	5	8	6	6	4	1	1		-	-
56	53	8	9	11	9	5	8	11	12	6	14	7	8	6	—	—	—
57	71	10	19	7	5	5	10	25	16	10	15	6	12	12	5^2	—	—
58	62	11	5	4	18	5	18	12	12	10	13	9	10	8	4^2	—	—
59	15	4	4	-		3	6	2	3	3	1	2	3	3	—	—	—
65	32	8	4	6	2	7	8	5	4	3	11	5	7	2	—	—	—
66	52	10	8	10	4	2	9	19	7	4	8	7	17	9	2^2	—	—
67	71	10	17	9	4	7	14	23	15	8	10	13	17	8	1^2	—	—
68	48	9	10	1	4	1	18	11	10	10	10	7	5	6	2^2	—	—
69	44	8	1	1	—	4	8		5		1	2	4	1	—	—	—
75	58	9	7	11	6	7	9	18	13	12	8	7	9	10	3^2	—	—
76	62	10	11	5	16	13	8	9	10	10	15	6	10	11	—	—	—
77	53	10	12	3	7	7	11	18	13	7	11	6	10	6	2^2	—	—
78	14	5	6	1			5	2	1	2	3	3	3	2	—	—	—
79	11	3			4	5	3	2	2	2	1	5	3	1	2^2	—	—
85	54	10	6	12	10	19	7	20	14	13	13	11	13	10	2^2	—	—
86	53	11	12	5	4	6	7	19	10	7	6	11	13	6	—	—	—
87	40	9	10	9	—		10	11	6	5	11	6	5	7	2^2	—	—
88	10	4	1	1	3	3	2	—	3	2	1		2	2	—	—	—
89	9	4	1	3	1	2	—	2	3	3	2	—		1	—	—	—
95	56	10	9	2	11	10	10	14	12	11	11	6	9	7	2_1	—	—
96	34	10	8	1	1	2	6	16	7	5	7	2	7	6	1^2	—	—
97	35	6	5	9	2	4	6	9	7	4	4	5	8	7	1^2	—	—
98	5	3	—		3	2		—	—		1	2	1	1	—	—	—
99	11	4	2		4	3	2	—	1	1	1	2	4	2	—	—	—

September.

Tagesstunden Morgens			Nachmittags			Zur selben Zeit beobachtet			□	Anzahl der Beobacht.	Jahre	Pentaden						Tagesstunden Morgens			Nachmittags		
4h	8h	12h	4h	8h	12h							I	II	III	IV.	V.	VI	4h	8h	12h	4h	8h	12h
·	—	—	—	—	—	—	—	—	05	2	1	—	—		2	—	··	—	—	—	1	1	··
—	—	—	—	—	—	—	—	—	06	5	1	—	—	—	5	—	—	—	1	1	1	1	1
—	—	—		—	—	—	—	—	07	18	5	1	2	5	1	2	7	5	4	3	—	3	3
—	—	—	—	—	—	—	—		08	43	8	5	12	8	3	1	14	9	8	8	6	6	6
—	—	—	—	—	—	—	—		09	107	10	3	17	21	22	30	14	20	13	17	18	19	20
—		—	—	—	—	—	—	—	15	4	2	—	—	1	2	—	1	2	1	1	—	—	—
—	—	—	—	—	—	—	—	—	16	30	4	—	—	3	4	6	17	5	5	5	5	4	6
—	—		—	—	·	—	—	—	17	28	5	2	1	—	—	7	18	4	3	2	7	7	5
	—	1	—	1	·	—	—	—	18	90	9	4	31	13	12	20	10	18	13	13	9	22	15
—	—	—	—	—	—	—	—	—	19	107	10	16	25	20	20	16	10	17	16	24	16	23	11
—	—	—	—	—	—	—	—	—	25	19	4	··		4	5	1	9	2	2	5	4	3	3
—	—	—	—	—	—	—	—	—	26	18	4	1	—	7	6	—	4	2	2	5	3	4	2
—	—	—	—	—	—	—	—	—	27	26	7	3	3	1	1	5	13	5	3	7	5	3	0
2	—	—		1	—	—	—	—	28	101	10	10	41	5	22	9	17	21	16	21	13	18	15
1	2	—		2	1	··	—	—	29	69	9	10	12	25	5	9	8	11	12	17	11	7	11
—		—		—	—	—	—	—	35	11	4	—	—	1	2	3	5	3	2	1	1	2	2
—	—	—		—	—	—	—	—	36	10	4	—	—	4	2	—	4	2	2	2	1	2	1
—	—	—		—	—	—	—	—	37	91	9	14	9	4	20	9	35	19	15	18	11	16	12
—	—	1	2	2	2	—	—	—	38	92	10	18	32	9	6	11	16	20	11	10	15	20	16
1	1	—	2	-	1	—	—	—	39	44	8	2	4	18	5	9	6	10	5	4	5	9	11
—	—	-	—	—	—	—	—	—	45	19	5	2	-	5	—	1	11	4	2	4	3	4	2
—	—	—	—	1	—	—		-	46	50	9	11	4	3	7	16	9	10	6	12	7	8	7
2	—	—	—	-	2	—		·	47	73	9	13	12	11	15	10	12	11	10	12	10	20	10
1	3	1	1	1	—	—	—	—	48	77	10	10	17	16	8	25	1	8	17	17	17	8	10
—	1	4	1	1	2	—	—	—	49	33	7	8	3	10	2	5	5	5	5	7	7	7	2
2	—	—	—	—	1	—	—	—	55	32	8	4	—	3	2	7	16	8	3	7	6	5	3
1	1	2	2	1	1	—	—	—	56	39	9	7	4	8	5	8	7	10	6	6	5	6	6
2	2	2	1	2	1	—	—		57	67	10	8	17	14	9	17	3	10	11	13	12	12	9
4	3	2	1	2	1	1^2	—	—	58	68	10	10	16	24	5	11	2	12	12	12	9	12	11
2	1	5	3	2	1	2^7	—	—	59	30	6	7	1	1	—	15	6	8	5	5	4	4	4
2	2	2	2	1	1	--	—		65	45	9	3	2	5	3	16	16	5	7	10	6	9	8
2	2	2	2	3	4	—	—	—	66	54	10	10	5	13	2	19	5	10	6	5	8	14	11
2	2	4	3	4	2	—	—	—	67	91	10	11	19	20	16	24	1	16	10	12	18	20	15
4	—	3	—	4	3	—	—	—	68	49	8	7	16	4	3	17	2	14	7	8	5	7	8
4	2	1	3	5	3	—	—	—	69	28	5	2	4	—	—	14	8	3	4	4	0	7	4
2	2	2	1	1	1	—	—	—	75	47	8	14	8	7	1	14	3	10	7	9	8	5	8
5	4	3	3	3	2	—	—	—	76	77	10	11	14	14	6	15	17	13	14	17	13	12	8
6	1	8	3	6	2	—	—	—	77	101	10	5	21	15	28	30	2	18	17	22	14	16	14
1	—	4	1	2	—	—	—	—	78	42	7	5	18	—	6	9	4	7	9	9	5	7	5
5	10	10	5	7	5	5^2	—	—	79	18	6	2	2	—	2	8	4	4	1	3	2	4	4
1	3	2	1	2	1	—	—	—	85	40	9	15	3	2	8	10	2	8	2	3	5	15	7
1	—	3	1	2	1	—	—	—	86	76	10	10	13	10	12	21	10	12	12	12	10	13	17
5	3	7	3	6	8	—	—	—	87	63	9	3	24	8	7	12	9	14	13	12	7	8	9
6	3	4	3	6	3	—	—	—	88	39	7	7	11	—	6	8	7	7	5	7	6	5	9
10	3	10	10	13	8	—	—	—	89	17	5	2	4	—	5	5	1	—	2	4	5	5	1
5	1	1	2	3	3	—	—	—	95	66	10	16	7	12	7	12	12	6	9	18	15	7	11
5	2	4	1	3	2	—	—	—	96	90	10	15	20	10	13	25	7	19	15	13	14	17	12
4	3	3	3	3	—	2^7	—	—	97	31	7	3	6	3	2	10	7	2	6	9	6	5	3
6	6	3	4	7	4	-	—	—	98	20	4	7	1	—	4	8	—	5	1	3	4	4	3
7	4	11	4	6	3	—	—	—	99	10	4	4	—	—	2	1	3	1	3	3	1	1	1

Oktober.

Unter-□	Anzahl der Beobacht.	Jahre	I.	II	III	IV.	V.	VI	4^h	8^h	12^h	4	8^h	12^h	Zur selben Zeit beobachtet		
					Pentaden				Morgens			Nachmittags					
00	—	—	—	—	—	—	—	—	—	—	—	—	—	—		—	—
01	—	—			—	—	—				—	—	—	—		—	
02	—	—	—	—	—	—		—		—	—	—	—	—	—		
03			—	—	—	—			—	—		—					
04	5	2	—	—	1	2		2	—	—	2	1	1	1		—	
10	—		—		—	—				—	—	—			—		
11			—	—	—		—		—	—	—	—	—		—	—	—
12			—			—	—	—	—	—		—	—				—
13	8	4	—		1		—	7	1	2	1	2	1	1	—	—	—
14	13	4			2	3	—	8	1	2	2	2	1	2	—	—	—
20	—	—		—		—		—				—	—	—	—	—	—
21	5	3	—	—	1	—	2	2	2	1	1	—	—	1	—	—	—
22	13	3		—	5	—	6	2	2	3	2	2	2	2		—	—
23	11	5	—	—	1	2	5	3	3	1	3	1	1	2			—
24	13	4	1		—	12	—	—	4	3	2	1	1	2			—
30	—	—	—	—					—	—							
31	8	3	—	—	2		4	2	2	1	1	2	1	1		—	—
32	7	5	—	—	3	1	—	3	1	1	1	2	2	—		—	—
33	18	4		—	11	—	2	5	2	2	4	4	3	3	—		
34	5	4	—	—	3	1	—	1	—	—	2	1	1	1	—	—	—
40	9	2	—		7	—	—	2	1	1	2	2	2	1	—	—	
41	14	5	—	—	3	—	2	9	3	3	2	2	1	3	—		
42	10	3	—	—	2	—	—	8	—	1	1	1	4	3	—	—	
43	8	4	—	1	2	—	1	4	2	1	2	1		2	—	—	—
44	20	5	1	7	3	5	2	2	4	3	5	2	2	2	—	—	—
50	4	1	—	—	—	—	—	4	1	1	1	1	—	—	—	—	—
51	10	4	—	—	5	—	4	1	1	—	3	2	3	1	—	—	
52	13	5	—	1	1	—	3	8	3	—	3	1	4	2		—	
53	4	3	—	3		—	—	1	1	—	1	1	1	—			
54	26	7	1	13	—	6	6	—	6	3	6	2	6	3	—	—	—
60	3	1	—	—	—	—	3	—	1	—	—		1	1	—		—
61	4	2	—	1	2	—	1	—	—	2	1	—	—	1	—	—	—
62	13	4	—	2	3	—	5	3	3	3	2	2	2	1	—	—	—
63	6	4	—	1	—	2	2	1	—	1	1	—	1	3	—	—	—
64	37	8	11	16	2	7	1	—	8	5	7	7	7	3	4^2	—	—
70	12	5	3	8	2	—	4	—	3	1	2	3	1	2	—	—	—
71	7	4	2	3	—	—	2	—	—	1	4	1	1	—	—	—	—
72	8	2	2	2	—	—	2	2	2	3	1	1	1	—	—	—	—
73	25	6	3	15	1	2	1	3	9	1	10	4	5	2	5^2	—	—
74	51	8	9	25	8	9	—	—	10	7	7	6	11	10	2^2	—	—
80	4	2	—	—	—	1	—	3	—	1	1	1	—	1	—	—	—
81	13	4	7	—		2	2	2	3	3	—	1	3	3	2^1	—	—
82	13	3	6	1	—	3	2	1	2	—	—	2	5	4	1^2	—	—
83	42	7	11	18	5	2	4	2	14	6	6	4	9	3	6^1	—	
84	50	7	19	12	7	4	6	8	13	3	12	6	12	4	—	—	
90			—	—	—	—		—	—	—	—		—	—	—	—	
91	14	4	—	4	—	5	5	—	4	3	8	1	1	2	2^1	—	—
92	36	5	18	9	3	3	—	3	3	6	12	6	5	4	3^1		—
93	45	6	21	8	13	—	3	—	8	7	6	7	9	8	6^2	—	—
94	52	8	17	6	5	3	14	7	13	8	10	3	10	6	1^2	—	—

Unter-□	Anzahl der Beobacht.	Jahre	I.	II	III	IV.	V	VI.	4^h	8^h	12^h	4^h	8^h	12^h	Zur selben Zeit beobachtet		
					Pentaden				Morgens			Nachmittags					
05	9	2	—	—	1	1	7		2	1	1	1	1	3	—	—	—
06	15	3	—		5		4	6	2	4	4	3	2	—	—	—	—
07	35	6	10		10	7	5	3	8	4	6	7	6	4	—	—	—
08	31	6	7	3	2	11	4	4	8	3	5	2	8	5	1^2	—	—
09	39	6	9	1	9	9	11	—	8	9	8	6	4	4	—		—
15	13	3	—		8	4	—	6	3	2	2	3	3	—	—	—	—
16	24	5	3	—	6	9	—	6	3	1	5	4	7	4	—	—	—
17	17	6	5	—	5		4	3	5	5	4		2	1		—	—
18	50	7	10	9	8	10	9	4	9	5	12	7	13	4	2^2		
19	56	8	4	2	17	7	8	18	8	7	13	8	13	7	2^1	—	
25	17	4	4	—	2	11	—		5	2	4	2	3	1	—	—	—
26	16	5	1	1	11	2	—	1	3	3	3	1	3	3	—	—	
27	34	7	6	10	10	5	2	1	8	4	6	5	7	4	3^2	—	
28	68	8	7	3	26	16	9	7	14	8	13	7	13	13	1^2	—	—
29	54	8	23	2	4	6	8	11	13	8	8	8	9	8	7^2	—	
35	13	5		4	2	7	—	—	1	—	1	3	5	3	—	—	—
36	48	6	5	24	5	6	1	7	8	5	7	8	12	8	4^2	—	
37	77	8	8	18	24	9	7	11	13	13	19	10	15	7	3^2	—	—
38	63	7	14	5	11	12	9	12	10	6	10	10	18	9	1^2	2^1	
39	52	8	1	10	1	6	6	28	10	11	10	8	7	6	2^2	—	—
45	24	7	5	10	—	7	—	2	7	6	3	3	4	1	—	—	
46	34	7	4	16	7	—	1	6	9	4	7	2	6	6	—	—	—
47	50	8	2	9	10	11	8	10	10	5	12	5	11	7	—	—	—
48	38	7	3	6	1	8	14	6	5	6	13	7	4	3	—	—	—
49	75	10	—	20	9	11	19	16	16	12	12	8	12	15	1^2	—	—
55	92	8	8	13	6	3	1	1	2	2	9	7	6	6	1^2	—	—
56	91	8	2	8	5	6	10	—	5	1	7	4	11	3	—	—	—
57	42	7	1	6	8	11	12	6	8	6	5	6	11	6	3^2	—	—
58	56	9	4	13	8	12	9	10	11	6	14	11	9	5	—	—	—
59	42	9	3	6	6	7	9	11	3	6	8	6	10	9	—	—	—
65	35	6	8	14	9	2	2	—	11	5	4	6	5	4	1^2	—	—
66	47	6	3	20	5	8	10	1	8	4	10	8	9	8	4^2	—	—
67	60	8	3	6	21	15	12	3	16	8	15	6	9	6	1^2	4^1	—
68	61	10	5	9	4	12	9	22	12	12	10	5	9	13	5^2	—	—
69	36	7	2	1	5	4	18	6	10	7	5	4	6	4	—		—
75	44	7	6	17	5	4	3	10	7	7	12	3	9	6	—	—	—
76	45	9	—	2	3	5	18	17	8	8	8	6	7	8	2^2	1^1	—
77	69	8	4	5	6	22	12	20	13	9	12	11	16	8	3^2	—	—
78	49	9	3	7	5	9	14	11	6	6	8	8	13	8	1^2	—	—
79	36	6	—	4	12	5	4	11	7	4	7	7	5	6	1^2	—	—
85	44	8	—	3	9	2	12	18	9	5	6	6	9	9	2^1	—	—
86	63	10	5	4	7	18	16	13	13	10	8	8	14	10	3^1	—	—
87	58	10	6	10	10	7	7	18	10	10	16	8	7	7	1^1	—	—
88	41	8	—	5	2	9	10	15	7	7	9	7	5	6	3^2	—	—
89	34	7	—	9	3	9	2	11	7	7	5	4	6	5	—	—	—
95	97	9	6	10	20	17	15	29	15	16	23	17	16	10	—		—
96	73	9	7	5	16	18	17	10	14	10	10	12	15	12	—	—	—
97	45	8	6	11	2	6	9	11	8	6	6	7	12	6		—	
98	41	7	4	8	1	7	13	8	7	5	6	7	9	6	—		—
99	36	7	5	5	8	2	5	11	5	5	7	7	6	6			—

November.

Tagesstunden Morgens 4h	8h	12h	Nachmittags 4h	8h	12h	Zur selben Zeit beobachtet			Unter-□	Anzahl der Beobacht.	Jahre	Pentaden I.	II.	III.	IV.	V.	VI.	Tagesstunden Morgens 4h	8h	12h	Nachmittags 4h	8h	12h
—	—	—	—	—	—	—	—	—	05	7	3	—	—	4	—	2	1	2	1	2	—	2	—
—	—	—	—	—	—	—	—	—	06	10	2	—	—	—	—	10	—	1	2	2	2	2	1
—	—	—	—	—			—		07	20	4	—	1	—	2	6	11	4	3	3	3	5	2
—	—	—	—	—	—	—	—	—	08	45	8	4	13	5	6	6	11	10	4	12	7	7	5
—	—	—	—	—	—	—	—	—	09	45	8	8	13	8	6	4	6	8	7	8	4	12	6
—	—	—	—	—	—	—	—	—	15	7	4	—	—	1	—	4	2	—		1	2	2	2
—	—	—	—	—	—	—	—	—	16	6	3	—	1	4	—	—	1	2	1	1	2	—	—
—	—	—	—	—	—	—	—	—	17	26	5	—	13	—	6	5	2	3	4	4	5	6	4
—	—	—	—	—	—	—	—	—	18	37	7	9	5	3	4	8	8	6	4	8	3	10	6
—	1	—	—	—	—	—	—	—	19	52	8	12	11	11	3	—	15	12	6	11	8	9	6
—	—	—	—	—	—	—	—	—	25	6	3	—	1	1	—	2	2	2	2	—	2	—	—
—	—		—	—	—	—	—	—	26	20	4	10	2	4	—	2	2	2	4	5	2	4	8
—	—	—	—	—	—	—	—	—	27	32	7	8	5	3	3	5	8	4	4	6	5	6	7
—	—	—	—	—	—	—	—	—	28	56	8	16	8	8	2	8	14	11	7	14	10	9	5
—	—	1	1	—	—	—	—	—	29	38	7	10	4	4	—	6	9	6	4	7	4	8	4
1	—	—	—	—	—	—		—	35	10	4	3	5	1	—	1	—	4	1	3	1	1	—
—	—	1	—	1	1	—	—	—	36	37	7	10	7	—	1	4	15	4	5	7	6	7	8
3	1	1	—	—	1	—	—	—	37	49	6	14	3	9	4	3	16	11	6	8	6	11	7
—	—	—	—	1	—	—	—	—	38	28	8	10	6	3	—	2	7	10	4	4	2	4	4
1	2	3	—	—	—	—	—	—	39	59	10	6	11	9	4	12	17	15	12	7	5	12	8
	—	—	—	—	—	—	—	—	45	26	5	3	3	5	2	8	5	3	2	3	4	6	8
4	—	2	—	3	—	—	—	—	46	49	8	18	10	5	1	2	13	10	8	11	8	6	6
8	2	5	2	4	2	—	—	—	47	54	5	15	5	3	7	9	15	11	8	11	8	13	3
1	1	—	1	1	2	—	—	—	48	35	7	4	5	6	2	2	16	5	4	8	5	9	4
4	4	2	6	3	8	—	—	—	49	63	10	9	8	6	9	12	18	7	7	15	18	10	11

Dezember.

Tagesstunden Morgens			Tagesstunden Nachmittags			Zur selben Zeit beobachtet			Unter-□	Anzahl der Beobacht.	Anzahl der Jahre	Pentaden I.	II.	III.	IV.	V.	VI.	Tagesstunden Morgens 4h	8h	12h	Nachmittags 4h	8h	12h
4h	8h	12h	4h	8h	12h																		
—	—	—	—	—	—	—	—		05	4	3	1	—	—	—	—	3	1	1	—	—	1	1
—	—	—	—	—	—	—	—	—	06	6	4	1	1	—	3	—	1	3	1	—	—	1	1
—	—	—	—	—	—	—	—	—	07	13	6	1	1	—	9	—	2	3	1	3	3	1	2
—	—	—	—	—	—	—	—	—	08	42	9	6	8	3	10	2	13	8	7	6	5	7	9
—	1	3	2	2	—	—	—	—	09	72	9	11	28	6	—	21	6	17	16	14	10	7	8
—	—	—	—	—	—	—	—	—	15	6	3	—		—	3		3	1	1	1	1	1	1
4	—	4	—	3	—	5^2	—	—	16	7	4	3	—	3	—	—	1	—	1	2	3	1	—
1	—	—	—	2	—	—	—	—	17	17	7	5	1	2	8	—	1	4	3	2	1	4	3
3	—	1	—	—	1	—	—	—	18	53	9	6	15	5	2	7	18	9	9	8	10	9	8
—	—	1	—	—	—	—	—	—	19	49	9	12	21	—	2	11	3	10	8	8	7	10	6
—	—	—	—	—	—	—	—	—	25	2	2	1	—	1	—	—	—	—	—	—	—	1	1
1	—	2	—	1	—	—	—	—	26	16	5	2	—	10	—	—	4	3	3	2	1	3	4
—	1	1	—	—	—	—	—	—	27	19	5	2	4	2	6	3	2	4	3	2	5	3	2
1	1	1	1	2	—	—	—	—	28	82	9	16	17	4	24	7	14	11	14	20	13	13	11
—	2	2	2	2	—	—	—	—	29	43	9	13	9	1	1	14	5	8	4	8	6	10	7
1	1	—		—	1	—	—	—	35	7	4	2	—	1	4	—		3	1	2	1	—	—
—	—	1	1	2		—	—	—	36	14	7	—	—	3	6	2	3	1	1	6	3	9	—
4	1	1		1	1	—	—	—	37	62	10	25	7	10	8	7	5	13	10	9	10	8	12
4	—	2	1	3	3	—	—	—	38	86	8	19	18	—	28	13	8	15	15	14	13	15	14
—	—	1	—	—	—	—	—	—	39	39	9	18	2	4	4	9	2	8	6	7	5	6	7
1	1	1	1	1	—	—	—	—	45	18	5	8	—	9	5	1	—	3	3	3	1	4	4
1	1	—	—	1	1	—	—	—	46	41	6	2	6	8	8	9	11	7	9	6	4	8	7
2	—	2	1	2	1	2^2	—	—	47	57	8	11	14	6	6	12	8	12	8	9	11	10	7
1	—	—	—	—	—	—	—	—	48	35	8	8	11	5	3	5	5	4	3	8	7	9	4
—	1	—	—	—	—	—	—	—	49	47	8	26	1	12	1	4	3	8	8	6	6	11	8
1	1	1	1	—	—	—	—	—	55	21	7	1	1	7	6	4	2	5	2	3	4	3	4
—	—	8	1	1	—	—	—	—	56	51	8	12	4	8	7	15	5	10	11	9	9	7	5
1	—	—	1	1	1	—	—	—	57	40	8	7	9	4	5	7	8	6	10	9	4	3	8
—	1	—	—	—	1	—	—	—	58	32	7	4	3	4	6	3	12	8	3	6	4	7	4
—	—	1	—	—	—	—	—	—	59	39	5	15	3	6	9	3	3	10	8	10	5	4	2
—	—	—	—	—	—	—	—	—	65	26	7		4	7	7	6	2	4	4	6	4	6	2
1	2	—	—	—	—	—	—	—	66	58	8	7	9	13	8	16	5	8	9	8	11	10	12
—	—	—	—	—	—	—	—	—	67	55	10	2	5	12	14	6	16	13	7	10	7	10	8
—	—	1	2	1	—	—	—	—	68	50	6	13	5	4	2	—	26	8	8	8	4	11	11
3	2	5	4	5	3	—	—	—	69	80	5	11	1	4	1	5	8	5	2	2	6	8	7
1	—	—	—	1	1	—	—	—	75	56	8	1	4	15	3	21	12	8	8	11	7	12	10
—	—	—	—	—	—	—	—	—	76	67	9	16	5	11	7	13	15	13	12	15	10	9	8
—	1	1	—	—	—	—	—	—	77	52	10	5	4	8	5	6	24	5	6	11	9	12	9
2	1	1	—	1	—	—	—	—	78	35	6	11	4	4	4	2	10	7	7	7	7	5	2
8	6	4	3	4	4	1^2	—	—	79	22	6	—	—	3	11	3	5	3	3	7	3	3	3
—	—	—	—	—	—	—	—	—	85	52	8	14	2	9	3	16	8	13	9	10	9	6	5
—	—	—	—	—	—	—	—	—	86	51	9	4	16	4	5	6	16	9	8	10	8	9	7
1	1	—	2	2	1	—	—	—	87	42	8	15	2	2	3	4	16	8	6	5	16	8	5
2	3	1	1	1	1	—	—	—	88	28	5	4	3	4	6	1	10	9	4	4	2	3	6
4	4	6	3	11	7	—	—	—	89	11	4	—	2	—	—	2	7	1	2	2	3	2	1
—	—	—	—	—	—	—	—	—	95	41	9	8	13	1	6	7	6	8	4	5	6	6	12
1	1	1	—	1	1	—	—	—	96	46	9	14	3	2	12	3	12	9	8	8	7	9	5
1	1	—	1	1	1	—	—	—	97	34	7	9	2	6	4	3	10	4	4	5	5	10	6
4	2	5	4	2	3	—	—	—	98	15	7	1	2	2	—	8	2	2	4	4	2	1	2
5	7	4	6	6	5	—	—	—	99	6	4	2	2	2	—	—	—	3	1	1	—	—	1

Quadrat 110.

30°–40° Nördliche Breite.

10°–20° Westl. Länge von Greenwich.

Monat ……

Quadrat 110a.

Position		Anzahl der Beob.	Windbeobachtungen																		Stürme		
			Alle Winde, Variabeln und Stillen																				
Breite N	Länge W		N	NNE	NE	ENE	E	ESE	SE	SSE	S	SSW	SW	WSW	W	WNW	NW	NNW	Var.	Stillen	N bis ENE	E bis SSE	S bis WSW
30°—31°	10°—11°	—	—	—	—	—	—	—	—	—	—	—	—	—	—	—	—	—	—	—	—	—	—
	11°—12°	—	—	—	—	—	—	—	—	—	—	—	—	—	—	—	—	—	—	—	—	—	—
	12°—13°	—	—	—	—	—	—	—	—	—	—	—	—	—	—	—	—	—	—	—	—	—	—
	13°—14°	—	—	—	—	—	—	—	—	—	—	—	—	—	—	—	—	—	—	—	—	—	—
	14°—15°	1	—	1	—	—	—	—	—	—	—	—	—	—	—	—	—	—	—	—	—	—	—
31°—32°	10°—11°	—	—	—	—	—	—	—	—	—	—	—	—	—	—	—	—	—	—	—	—	—	—
	11°—12°	—	—	—	—	—	—	—	—	—	—	—	—	—	—	—	—	—	—	—	—	—	—
	12°—13°	—	—	—	—	—	—	—	—	—	—	—	—	—	—	—	—	—	—	—	—	—	—
	13°—14°	1	—	1	—	—	—	—	—	—	—	—	—	—	—	—	—	—	—	—	—	—	—
	14°—15°	—	—	—	—	—	—	—	—	—	—	—	—	—	—	—	—	—	—	—	—	—	—
32°—33°	10°—11°	—	—	—	—	—	—	—	—	—	—	—	—	—	—	—	—	—	—	—	—	—	—
	11°—12°	2	—	2	—	—	—	—	—	—	—	—	—	—	—	—	—	—	—	—	—	—	—
	12°—13°	1	—	1	—	—	—	—	—	—	—	—	—	—	—	—	—	—	—	—	—	—	—
	13°—14°	—	—	—	—	—	—	—	—	—	—	—	—	—	—	—	—	—	—	—	—	—	—
	14°—15°	—	—	—	—	—	—	—	—	—	—	—	—	—	—	—	—	—	—	—	—	—	—
33°—34°	10°—11°	2	—	—	—	—	—	—	—	—	—	—	—	—	—	1	—	1	—	—	—	—	—
	11°—12°	—	—	—	—	—	—	—	—	—	—	—	—	—	—	—	—	—	—	—	—	—	—
	12°—13°	—	—	—	—	—	—	—	—	—	—	—	—	—	—	—	—	—	—	—	—	—	—
	13°—14°	—	—	—	—	—	—	—	—	—	—	—	—	—	—	—	—	—	—	—	—	—	—
	14°—15°	2	2	—	—	—	—	—	—	—	—	—	—	—	—	—	—	—	—	—	—	—	—
34°—35°	10°—11°	1	—	—	—	—	—	—	—	—	—	—	—	—	1	—	—	—	—	—	—	—	—
	11°—12°	—	—	—	—	—	—	—	—	—	—	—	—	—	—	—	—	—	—	—	—	—	—
	12°—13°	—	—	—	—	—	—	—	—	—	—	—	—	—	—	—	—	—	—	—	—	—	—
	13°—14°	2	—	—	—	—	—	—	—	—	—	1	1	—	—	—	—	—	—	—	—	—	—
	14°—15°	7	3	—	—	—	—	—	—	—	—	—	3	—	—	1	—	—	—	—	—	—	—
Fünfgrad-Feld	Summen	19	5	5	—	—	—	—	—	—	—	1	4	—	1	2	—	1	—	—	—	—	—
	Mittlere Windstärke		3.4	2.8	—	—	—	—	—	—	—	6.0	4.5	—	2.0	4.0	—	2.0	—	—	—	—	—

—	—	—	—	—	—	—	—	—	—	—	—	—	—	—	—	—	—
—	—	—	—	—	—	—		—	—	—	—	—	—	—	—	—	—
—	—	—	—	—	—	—	—	—	—	—	—	—	—	—	—	—	—
1	18.9	—	—	—	—	—	1	3.0	1	—	—	—	—	1	18.9	—	—
—	—	—	—	—	—	—	—	—	—	—	—	—	—	—	—	—	—
—	—	—	—	—	—	—	—	—	—	—	—	—	—	—	—	—	—
1	19.8	—	—	—	—	—	1	2.0	1	—	—	—	—	1	16.9	—	—
—	—	—	—	—	—	—	1	2.0	1	—	—	—	—	1	18.9	—	—
—	—	—	—	—	—	—	—	—	—	—	—	—	—	—	—	—	—
—	—	—	—	—	—	—	—	—	—	—	—	—	—	—	—	—	—
2	20.8	—	1 20.8	—	—	—	2	2.5	2	—	—	—	—	2	18.9	—	
1	19.8	—	—	—	—	—	1	2.0	1	—	—	—	—	1	18.9	—	—
—	—	—	—	—	—	—	—	—	—	—	—	—	—	—	—	—	—
—	—	—	—	—	—	—	—	—	—	—	—	—	—	—	—	—	—
2	17.8	1 17.8	—	—	—	—	2	4.0	2	—	—	—	—	2	17.6	—	—
—	—	—	—	—	—	—	—	—	—	—	—	—	—	—	—	—	—
—	—	—	—	—	—	—	—	—	—	—	—	—	—	—	—	—	—
—	—	—	—	—	—	—	—	—	—	—	—	—	—	—	—	—	—
1	15.8	—	—	—	—	—	1	5.0	2	—	—	—	—	1	17.8	—	—
1	18.3	—	—	1 18.3	—	—	1	8.0	1	—	—	—	—	1	17.4	—	—
—	—	—	—	—	—	—	—	—	—	—	—	—		—	—	—	
—	—	—	—	—	—	—	—	—	—	—	—	—	—	—	—	—	—
1	16.9	—	—	—	—	—	1	7.0	2	—	—	—	—	1	16.6	—	—
4	16.1	1 14.0	—	—	—	—	4	6.8	7	—	3.0	—	—	4	16.3	—	—
14	—	2 —	1 —	1 —	—	—	15	—	20	—	3.0	—	—	15	—	—	—
—	17.9	15.9	20.8	18.8	—	—	—	4.3	—	—	—	—	—	—	17.7	—	—

Monat

4 **Quadrat 110a.**

Position der Zone		Wetter nach Beaufort's Bezeichnung. (Häufigkeit.)					Häufigkeit der verschied. Wolkenformen	Häufigkeit von Seegang u. Dünung aus:	Mittel der Meeres-Temperatur	Bemerkungen über einzelne beobachtete Triftströmungen.
		Summe d. Beobacht.	Böen	Hydrometeore	Himmelsansicht	Zustand der Luft				
30°—31° N. Br.	10°—15° W. L.	1	t — l — q — u —	h — r — s — d —	b — c 1 o — g —	v — w — m — f —	1 cirr. — cirr. c — cirr. s — Str. — W-c Cum. 1 Cum. st — Nimb. —	1 N 1 NE — E — SE — S SW — W — NW — †See — glatt —	18.8° C.	
31°—32° N. Br.	10°—15° W. L.	2	t — l — q — u —	h r — s — d —	b — c 2 o g	v — w — m — f —	2 cirr. cirr. c — cirr. s — Str. W-c — Cum. 2 Cum. st — Nimb.	2 N 2 NE — E — SE S — SW — W — NW †See — glatt	18.8° C.	
32°—33° N. Br.	10°—15° W. L.	3	t — l — q u	h r — s — d —	b — c 3 o g	v — w — m f —	3 cirr. cirr. c cirr. s Str. W-c Cum. 3 Cum. st — Nimb.	3 N 1 NE E — SE S SW — W 2 NW †See glatt	18.9° C.	S 10° W 12
33°—34° N. Br.	10°—15° W. L.	3	t — l — q — u	h r — s — d	b c 3 o — g —	v — w m f —	3 cirr. cirr. c. cirr. s — Str. — W-c — Cum. 2 Cum. st. 1 Nimb.	2 N — NE — E — SE — S — SW — W 2 NW — †See — glatt —	17.1° C.	
34°—35° N. Br.	10°—15° W. L.	9	t — l — q u —	h — r 2 s — d —	b — c 5 o 2 g —	v — w — m — f —	5 cirr. — cirr. c — cirr. s — Str. — W-c — Cum. 4 Cum. st — Nimb. 1	1 N — NE — E — SE — S — SW — W 1 NW — †See — glatt —	16.8° C.	

Bemerkungen

Ueber Wind.

Unter-□ Jahr Tag

44. 72. 5. 12ʰ N. Der unbeständige frische Wind springt mit Regenschauern von SW auf N und geht mit mässiger Stärke in den NE-Passat über.

44. 73. 20. 8ʰ N. Bei frischem WNW-Winde hohe See aus N.

Sonstige Bemerkungen.

40. 79. 4. 12ʰ N. Mondhof.

Höchster Barometerstand: **775.[illegible]** mm am 6. Januar 1879 in 30° n. Br. und 14° w. L. bei mässigem NE-Winde und wenig bewölktem Himmel.

***Niedrigster " "*:** **772.[illegible]** mm am 4. Januar 1879 in 34° n. Br. und 10° w. L. bei leichtem WNW-Winde und wenig bewölktem Himmel.

Höchste Lufttemperatur: **20.[illegible]**° Cels. am 5. Januar 1879 in 32° n. Br. und 11° w. L. bei leichtem NE-Winde und wenig bewölktem Himmel.

Niedrigste " **15.[illegible]**° Cels. am 6. Januar 1872 in 33° n. Br. und 14° w. L. bei mässigem N-Winde und halb bedecktem Himmel.

Quadrat 110b. ....

Position: Breite N	Position: Länge W	Anzahl der Beob.	Windbeobachtungen – Alle Winde, Variabeln und Stillen: N	NNE	NE	ENE	E	ESE	SE	SSE	S	SSW	SW	WSW	W	WNW	NW	NNW	Var.	Stillen	Stürme: N bis ENE	E bis SSE	S bis WSW	W bis NNW
30°–31°	15°–16°	—	—	—	—	—	—	—	—	—	—	—	—	—	—	—	—	—	—	—	—	—	—	—
	16°–17°	1	—	—	—	—	—	—	—	—	—	—	—	—	—	1	—	—	—	—	—	—	—	—
	17°–18°	13	—	—	1	3	2	1	—	1	—	—	—	—	—	2	2	1	—	—	—	—	—	[illegible]
	18°–19°	30	1	5	4	2	1	—	—	2	—	3	4	1	2	2	1	1	—	1	—	—	—	1
	19°–20°	18	3	5	—	1	2	1	1	—	—	—	—	—	1	—	2	1	—	1	—	—	—	1
31°–32°	15°–16°	5	—	—	—	—	—	—	—	—	—	—	1	1	2	—	—	—	1	—	—	—	—	—
	16°–17°	15	—	2	3	—	—	—	—	1	—	1	—	2	1	2	—	—	2	1	—	—	—	[illegible]
	17°–18°	27	1	—	5	1	—	—	—	1	2	5	1	5	6	—	—	—	—	—	—	—	2	—
	18°–19°	26	5	4	2	—	—	—	—	—	3	4	1	—	3	2	1	1	—	—	—	—	—	
	19°–20°	25	4	4	3	1	1	2	—	—	—	—	—	—	—	4	1	5	—	—	—	—	—	[illegible]
32°–33°	15°–16°	9	2	—	—	—	—	—	—		—	—	1	3	2	—	—	—	1	—	—	—	—	[illegible]
	16°–17°	14	1	4	—	—	—	1	—	—	—	1	4	—	—	2	1	—	—	—	—	—	—	—
	17°–18°	12	—	2	—	—	—	—	—	—	—	—	4	2	—	3	1	—	—	—	—	—	—	[illegible]
	18°–19°	39	8	4	1	8	—	—	—	—	1	6	3	2	1	4	3	3	—	—	—	—	1	[illegible]
	19°–20°	40	6	2	3	6	8	1	—	—	—	8	3	3	1	6	2	1	—	—	—	—	4	[illegible]
33°–34°	15°–16°	13	2	—	—	—	—	—	—		—	—	3	2	1	3	—	1	1	—	—			[illegible]
	16°–17°	18	—	—	1	—	—	1	—	—	2	4	1	3	4	1	—	1	—	—	—	—	2	—
	17°–18°	24	3	5	3	—	—	—	—	—	—	2	3	2	1	1	2	1	1	—	—	—	1	
	18°–19°	57	7	4	6	6	1	—	—	—	—	6	8	5	5	6	3	5	—	—	—	—	1	[illegible]
	19°–20°	13	—	2	3	—	2	1	—	—	—	3	1	—	1	—	—	—	—	—	—	—	4	[illegible]
34°–35°	15°–16°	11	—	—	—	—	—	—	1	—	—	—	3	4	1	1	—	1	—	—	—	1	—	2
	16°–17°	35	1	3	2	1	1	—	1	-	—	2	10	5	5	1	2	—	—	1	—	1	5	—
	17°–18°	41	3	4	5	2	1	1	-	—	1	5	8	4	3	2	3	8	—	1	2	1	—	—
	18°–19°	43	1	2	5	2	2	1	1	2	—	—	—	5	7	3	3	7	—	2	—	1	—	—
	19°–20°	19	—	5	2	—	2	4	—	—	2	—	—	1	—	—	1	2	—	—	—	—	—	—
Fünfgradfeld	Summen	548	**48**	**37**	49	28	18	14	4	7	11	45	49	**50**	**47**	**46**	**28**	**34**	6	7	2	4	**20**	9
	Mittlere Windstärke		4.4	4.3	4.3	4.8	4.4	5.1	5.8	6.4	4.4	5.3	5.3	4.5	4.2	5.0	4.5	4.3	1.7	0	8.0	8.0	8.2	8.5

Barometer 700mm+ Anzahl der Beob.	Barometer Mittel mm	Thermometer Cels. Gr. (Temperatur der Luft) Anzahl der Beob.	Rohes Mittel	Anzahl und Mittel 4h M.	Anzahl und Mittel 4h N.	Anzahl und Mittel 12h N.	Relative Feuchtigkeit Anzahl der Beob.	Prozente	Bedeckung des Himmels Anzahl der Beob.	Mittel (0—10)	Niederschläge Anzahl der Beobachtungen	Dauer in Stunden Nebel	Regen	Schnee	Hagel	Meeresoberfläche Temperatur Anzahl der Beob.	Grade Celsius	Spezif. Gewicht Anzahl der Beob.	Mittel d. Aräom.-angaben
—	—	—	—	—	—	—	—	—	—	—	—	—	—	—	—	—	—	—	—
1	58.8	1	18.5	—	$\overset{1}{18.5}$	—	—	—	1	6.0	1	—	—	—	—	1	19.6	—	—
11	68.0	15	17.5	$\overset{4}{16.8}$	$\overset{1}{17.2}$	$\overset{1}{17.5}$	—	—	13	4.7	15	—	—	—	—	15	18.2	—	—
16	65.9	26	17.4	$\overset{6}{16.1}$	$\overset{5}{18.5}$	$\overset{5}{17.8}$	—	—	27	5.9	30	—	3.0	—	—	25	18.6	—	—
17	65.7	14	17.3	$\overset{3}{16.2}$	—	$\overset{3}{17.7}$	—	—	17	3.3	18	—	0.5	—	—	12	18.5	—	—
5	63.8	5	18.2	$\overset{1}{17.5}$	$\overset{4}{19.0}$	—	—	—	5	4.4	5	—	—	—	—	5	18.0	—	—
12	61.0	15	17.3	$\overset{3}{18.4}$	$\overset{4}{17.8}$	$\overset{1}{16.3}$	—	—	15	5.3	16	—	4.0	—	—	15	17.2	—	—
21	61.8	25	17.5	$\overset{5}{16.5}$	$\overset{3}{17.5}$	$\overset{3}{17.9}$	—	—	25	5.9	27	—	3.0	—	—	25	18.0	1	1.0275
21	63.2	25	17.2	$\overset{4}{16.9}$	$\overset{1}{17.4}$	$\overset{7}{16.8}$	2	81.0	26	4.8	26	—	0.5	—	—	23	18.0	—	—
22	67.4	26	17.0	$\overset{5}{16.7}$	$\overset{5}{16.9}$	$\overset{4}{16.7}$	5	87.6	26	4.6	26	—	—	—	—	24	18.4	1	1.0278
8	65.3	9	16.7	$\overset{1}{15.5}$	$\overset{1}{18.2}$	$\overset{2}{16.8}$	—	—	9	5.9	10	1.5	3.0	—	—	9	17.3	—	—
6	66.8	14	17.2	$\overset{3}{16.8}$	—	$\overset{3}{17.0}$	—	—	14	5.7	15	—	1.0	—	—	14	17.7	—	—
12	65.1	12	16.4	$\overset{1}{16.2}$	$\overset{2}{16.4}$	$\overset{3}{15.7}$	—	—	12	6.6	12	—	6.0	—	—	12	17.9	—	—
32	64.1	38	16.2	$\overset{6}{16.0}$	$\overset{9}{17.3}$	$\overset{3}{17.1}$	6	82.8	39	5.1	39	—	3.0	—	—	34	17.8	2	1.0282
18 [illegible]	65.1	42	17.4	$\overset{6}{17.4}$	$\overset{8}{17.8}$	$\overset{7}{17.0}$	11	86.2	42	5.7	42	—	3.5	—	—	40	18.3	—	—
7	69.2	13	16.8	$\overset{2}{15.5}$	$\overset{4}{17.2}$	—	—	—	13	5.3	14	—	2.0	—	—	13	17.5	—	—
[illegible]	63.0	18	17.6	$\overset{4}{17.4}$	$\overset{3}{17.6}$	$\overset{4}{17.7}$	—	—	18	6.0	18	—	11.0	—	—	18	17.6	—	—
[illegible]	66.3	23	16.4	$\overset{3}{15.2}$	$\overset{2}{17.2}$	$\overset{3}{16.4}$	—	—	24	5.5	24	—	3.0	—	—	18	17.6	—	—
[illegible]	65.5	57	17.4	$\overset{11}{18.0}$	$\overset{7}{17.2}$	$\overset{11}{16.8}$	18	83.2	59	5.0	59	—	10.5	—	—	53	18.1	4	1.0282
[illegible]	60.2	13	17.1	$\overset{3}{16.4}$	—	$\overset{1}{19.8}$	—	—	13	6.5	14	—	9.0	—	—	12	18.1	—	—
[illegible]	66.7	13	17.0	$\overset{1}{17.2}$	$\overset{1}{17.8}$	$\overset{2}{16.7}$	1	86.0	13	6.2	13	—	1.0	—	—	13	17.4	—	—
[illegible]	64.1	34	16.5	$\overset{6}{16.0}$	$\overset{5}{15.5}$	$\overset{5}{16.3}$	5	74.8	35	5.7	35	—	3.0	—	—	34	17.2	—	—
[illegible]	65.5	34	15.6	$\overset{7}{15.9}$	$\overset{5}{16.6}$	$\overset{4}{15.6}$	6	78.5	39	5.8	41	—	5.5	—	—	34	17.3	—	—
[illegible]	68.7	40	16.2	$\overset{9}{15.2}$	$\overset{5}{17.8}$	$\overset{7}{15.8}$	14	83.4	44	5.6	44	—	4.0	—	—	35	17.5	1	1.0286
[illegible]	69.6	17	15.1	$\overset{2}{15.1}$	$\overset{4}{15.6}$	$\overset{2}{15.2}$	5	83.4	18	6.6	19	—	3.0	—	—	12	17.0	—	—
[illegible]	—	529	—	$\overset{96}{—}$	$\overset{73}{—}$	$\overset{77}{—}$	73	—	547	—	563	1.5	70.5	—	—	496	—	9	—
—	64.42	—	16.9	16.2	16.8	16.2	—	85.4	—	5.6	—	—	—	—	—	—	18.0	—	1.0281

Position der Zone		Wetter nach Beaufort's Bezeichnung. (Häufigkeit.)					Häufigkeit der verschied. Wolkenformen	Häufigkeit von Seegang u. Dünung aus:	Mittel der Meeres-Temperatur	Bemerkungen über einzelne beobachtete Triftströmungen.			
30°—31° N. Br.	15°—20° W. L.	Summe d. Beobacht.: 63					60	23					
		Böen			Himmelsansicht		cirr. 7	N 4			S 51° E 25	N 78° W 11	N 45° W 5
		t	—		b	10	cirr.c 1	NE —			S 10° E 28	S 16° W 11	
		l	—		c	31	cirr.s 2	E 3				S 13° W 7	
		q	5		o	9	Str. 4	SE —					
		u	—		g	1	W-c —	S —	18.[illegible]° C.				
		Hydrometeore			Zustand der Luft		Cum. 33	SW 2					
		h	—		v	—	Cum.st 10	W 8					
		r	6		w	—	Nimb. 8	NW 6					
		s	—		m	1		†See —					
		d	—		f			glatt —					
31°—32° N. Br.	15°—20° W. L.	Summe d. Beobacht.: 102					95	28					
		Böen			Himmelsansicht		cirr. 11	N 12		N 6	S 37° E 18	S 13° W 8	N 67° W 19
		t	1		b	11	cirr.c 2	NE 1		N 13° E 19		S 34° W 16	N 22° W 11
		l	1		c	60	cirr.s 3	E 3		N 45° E 6		S 58° W 14	
		q	2	1	o	16	Str. 8	SE —				S 79° W 9	
		u	—		g	—	W-c —	S —	17.9° C.			S [illegible] W 22	
		Hydrometeore			Zustand der Luft		Cum. 55	SW 2					
		h	—		v	2	Cum.st 11	W 3					
		r	2		w	—	Nimb. 5	NW 7					
		s	—		m	—		†See —					
		d	—		f	—		glatt —					
32°—33° N. Br.	15°—20° W. L.	Summe d. Beobacht.: 135					122	36					
		Böen			Himmelsansicht		cirr. 15	N 16			S 62° E 9	S 4[illegible]° W 25	N 68° W 29
		t	—		b	6	cirr.c 1	NE 3			S 48° E 26	S 47° W 11	N 40° W 9
		l	1		c	74	cirr.s 4	E 6			S 47° E 15	S 63° W 30	
		q	6		o	29	Str. 10	SE 2			S 17° E 9		
		u	—		g	—	W-c 1	S	17.[illegible]° C.				
		Hydrometeore			Zustand der Luft		Cum. 69	SW —					
		h	—		v	—	Cum.st 13	W 6					
		r	16		w	—	Nimb. 9	NW 3					
		s	—		m	1		†See —					
		d	1		f	1		glatt —					
33°—34° N. Br.	15°—20° W. L.	Summe d. Beobacht.: 129					133	86					
		Böen			Himmelsansicht		cirr. 19	N 15		N 62° E 16	S 45° E 11	S 11	
		t	—		b	13	cirr.c 3	NE 2		N 70° E 11	S 43° E 12	S 27° W 9	
		l	—		c	79	cirr.s 19	E 6		N 70° E 10		S 43° W 9	
		q	2		o	31	Str. 9	SE 1		N 84° E 10		S 51° W 6	
		u	1		g	1	W-c —	S —	17.[illegible]° C.			S 79° W 15	
		Hydrometeore			Zustand der Luft		Cum. 61	SW 1					
		h	—		v	—	Cum.st 18	W 7					
		r	1		w	—	Nimb. 10	NW 3					
		s	—		m	1		†See 1					
		d	—		f	—		glatt —					
34°—35° N. Br.	15°—20° W. L.	Summe d. Beobacht.: 183					148	47					
		Böen			Himmelsansicht		cirr. 15	N 12		N 19	E 13	S 7	W 16
		t	—		b	10	cirr.c 2	NE 3		N 62° E 32	S 60° E 23	S 18° W 13	N 70° W 9
		l	1		c	78	cirr.s 19	E 9		N 80° E 17	S 68° E 10	S 41° W 16	N 23° W 11
		q	8		o	52	Str. 10	SE 4			S 30° E 18	S 45° W 14	
		u	1		g	2	W-c —	S —	17.[illegible]° C.			S 51° W 21	
		Hydrometeore			Zustand der Luft		Cum. 70	SW 1				S 52° W 12	
		h	—		v	1	Cum.st 25	W 14				S 73° W 10	
		r	8		w	—	Nimb. 7	NW 4				S 87° W 15	
		s	—		m	—		†See —					
		d	2		f	—		glatt —					

Bemerkungen

Ueber Wind.

Unter-□	Jahr	Tag		
07.	77.	3.	4h M.	Stürmischer Wind (8) der mit heftigen Regenböen von SW nach NW geht und abflaut.
08.	70	27	8h M.	Der Sturm aus W springt mit Regenböen nach NW um und flaut ab.
18.	69.	30.	4h N.	Der stürmische Wind aus SW mit Regen und dicker Luft wächst am nächsten Tage zum starken Sturme an, holt dann langsam nach NW und flaut ab.
35.	73.	28.	4h N.	Stürmischer WNW mit Regenböen, der durch N nach E dreht und abflauend in den Passat übergeht.
36.	69.	31.	4h M.	Sehr schwerer SW-Sturm mit Blitzen in allen Himmelsgegenden und hoher wilder See. Der Sturm hält 2 Tage an, dreht sich dann nach NW und flaut ab.
39.	69.	30.	8h N.	Sturm (9) aus SSW mit Regenböen, der sich mit zunehmender Stärke durch W nach NW dreht und abflaut.
39.	69.	31.	8h N.	Sturm aus SSW (10) mit Regen und Blitzen im N und NE, der sich nach W dreht und dann abflauend wieder nach S krimpt.
46.	69.	29.	4h M.	Der aus SW stürmisch wehende Wind flaut nach kurzer Dauer ab und geht westlich, krimpt dann bei stetig fallendem Barometer nach S und fängt von neuem zu stürmen an.
47.	70.	6.	12h M.	Nördlicher, nach NE drehender Wind, der zum Sturme anwächst und sehr hohe See erzeugt.
49.	70.	27.	4h M.	Starke Böen aus NNW bei hohem Seegang.

Sonstige Bemerkungen.

Unter-□	Jahr	Tag		
08.	79.	31.	4h M.	Meerleuchten. Hohe, kurze, westliche See.
19.	76.	2.	8h N.	Sternschnuppen nach NW.
28.	78.	2.	8h M.	Stromkabbelung.
29.	69.	30.	8h N.	Bei leichtem SSW-Winde hohe NW-Dünung.
38.	78.	1.	8h N.	Sternschnuppen nach NW.
48.	78.	1.	8h M.	Bei flauem WSW-Winde ziehen die Wolken schnell aus NW.

Höchster Barometerstand: **770.8** mm am 23. Januar 1878 in 35° n. Br. und 19° w. L. bei leichtem ESE-Winde und ganz bedecktem Himmel.

Niedrigster „ „ : **748.8** mm am 31. Januar 1869 in 33° n. Br. und 19° w. L., bei stürmischem SSW-Winde mit Regenböen und ganz bedecktem Himmel.

Höchste Lufttemperatur: **21.8**° Cels. am 30. Januar 1869 in 33° n. Br. und 18° w. L. bei stürmischem SSW-Winde mit Regenböen und ganz bedecktem Himmel.

Niedrigste „ „ : **12.8**° Cels. am 24. Januar 1870 in 34° n. Br. und 19° w. L. bei frischem NE-Winde und halb bedecktem Himmel.

Quadrat 110c.

Position Breite N	Position Länge W	Anzahl der Beob.	N	NNE	NE	ENE	E	ESE	SE	SSE	S	SSW	SW	WSW	W	WNW	NW	NNW	Var.	Stillen	Stürme N bis ENE	Stürme E bis SSE	Stürme S bis WSW
35°—36°	10°—11°	5	4	1	—	—	—	—	—	—	—	—	—	—	—	—	—	—	—	—	—	—	—
	11°—12°	3	2	1	—	—	—	—	—	—	—	—	—	—	—	—	—	—	—	—	—	—	—
	12°—13°	2	—	—	2	—	—	—	—	—	—	—	—	—	—	—	—	—	—	—	—	—	—
	13°—14°	1	1	—	—	—	—	—	—	—	—	—	—	—	—	—	—	—	—	—	—	—	—
	14°—15°	12	—	—	1	2	—	—	—	—	—	—	4	—	1	1	2	1	—	—	—		
36°—37°	10°—11°	—	—	—	—	—	—	—	—	—	—	—	—	—	—	—	—	—	—	—	—	—	
	11°—12°	—	—	—	—	—	—	—	—	—	—	—	—	—	—	—	—	—	—	—	—	—	
	12°—13°	—	—	—	—	—	—	—	—	—	—	—	—	—	—	—	—	—	—		—		
	13°—14°	8	—	—	—	—	—	—	—	—	—	1	2	2	—	2	1	—	—		—	—	
	14°—15°	24	4	—	—	—	—	—	—	—	—	1	6	—	5	4	3	—	—	1		—	
37°—38°	10°—11°	—	—	—	—	—	—	—	—	—	—	—	—	—	—	—	—	—	—	—	—	—	
	11°—12°	—	—	—	—	—	—	—	—	—	—	—	—	—	—	—	—	—	—		—	—	—
	12°—13°	2	—	—	—		—	—	—	—	—	1	1	—	—	—	—	—	—	—	—	—	—
	13°—14°	20	—	—	—	—	—	—	—	—	2	2	9	3	2	1	1	—	—		—	—	2
	14°—15°	14	—	—	—	—	—	—	—	—	—	—	2	6	3	1	—	1	—	1	—	—	—
38°—39°	10°—11°	7	—	—	—	—	—	—	—	—	—	—	—	—	—	—	—	7	—		—	—	—
	11°—12°	—	—	—	—	—	—	—	—	—	—	—	—	—	—	—	—	—	—	—	—	—	—
	12°—13°	—	—	—	—	—	—	—	—	—	—	—	—	—	—	—	—	—	—	—	—	—	—
	13°—14°	8	—	—	—	—	—	—	—	—		—	2	1	1	4	—	—	—	—	—	—	1
	14°—15°	17	1	1	—	—	—		—	—	—	—	1	5	2	4	1	1	—	1		—	2
39°—40°	10°—11°	7	1	—	—	—	2	—	2	—	—	—	—	—	—	—	—	—		2			—
	11°—12°	—	—	—	—	—	—	—	—	—	—	—	—	—	—	—	—	—	—		—	—	—
	12°—13°	—	—	—	—	—	—	—	—	—	—	—	—	—	—	—	—	—			—	—	—
	13°—14°	15	—		—	—	—	—	—	—	—	2	3	2	5	2	1	—				—	
	14°—15°	24	1	1	1	—	—	—	—		1	3	2	9	4	2	—	—				—	
Fünfgrad-Feld	Summen	169	**14**	4	4	2	2	—	2	—	3	**10**	**32**	**28**	**23**	**21**	**9**	**10**		5			5
	Mittlere Windstärke		3.7	4.8	5.0	4.0	1.0	—	1.0	—	6.3	5.2	4.5	3.7	5.0	4.1	3.9	2.2		0			8.2

5	16.1	1 15.1	1 18.6	1 15.2	5	65.4	5	6.2	5	—	—	—
3	14.7	—	1 14.2	—	3	81.0	3	6.8	3	—	—	—
2	14.7	—	1 14.8	—	2	74.5	2	8.0	2	—	—	—
1	15.5	—	—	—	1	72.0	1	8.0	1	—	—	—
12	15.2	2 15.8	1 14.8	2 14.8	6	74.2	11	7.2	13	—	6.0	—
—	—	—	—	—	—	—	—	—	—	—	—	—
—	—	—	—	—	—	—	—	—	—	—	—	—
—	—	—	—	—	—	—	—	—	—	—	—	—
7	16.7	3 16.1	1 17.3	1 17.0	6	92.0	6	7.5	9	—	2.5	—
22	14.7	5 15.2	3 14.1	5 14.6	14	79.7	23	6.5	26	—	5.0	—
—	—	—	—	—	—	—	—	—	—	—	—	—
—	—	—	—	—	—	—	—	—	—	—	—	—
2	16.2	—	1 16.2	—	2	87.0	2	5.0	2	—	—	—
19	16.2	1 16.0	2 16.7	3 16.0	18	91.3	19	8.8	20	—	19.5	—
12	14.9	—	3 15.5	—	4	86.8	12	6.2	15	—	3.0	—
9	13.4	3 13.6	1 12.9	1 11.9	2	66.5	9	5.9	9	—	—	—
—	—	—	—	—	—	—	—	—	—	—	—	—
—	—	—	—	—	—	—	—	—	—	—	—	—
10	14.2	—	1 15.3	2 13.9	5	77.2	10	7.2	10	—	4.0	—
15	14.5	3 14.0	2 15.1	3 14.2	—	—	15	6.3	17	—	4.0	—
9	13.2	1 10.9	2 14.2	2 11.9	2	69.0	9	2.8	9	—	—	—
—	—	—	—	—	—	—	—	—	—	—	—	—
—	—	—	—	—	—	—	—	—	—	—	—	—
14	13.3	1 13.4	2 12.6	2 13.9	9	81.7	15	7.3	16	—	10.5	—
24	13.9	4 14.0	3 12.7	2 15.4	2	93.0	25	6.0	26	—	2.5	—
166	—	30 —	25 —	24 —	81	—	167	—	183	—	57.0	—
—	14.6	14.6	14.7	13.9	—	79.9	—	6.5	—	—	—	—

Monat ....

Quadrat 110c.

Position der Zone		Wetter nach Beaufort's Bezeichnung. (Häufigkeit.)				Häufigkeit der verschied. Wolkenformen		Häufigkeit von Seegang u. Dünung aus:		Mittel der Meeres-Temperatur	Bemerkungen über einzelne beobachtete Triftströmungen.
35°—36° N. Br.	10°—15° W. L.	Summe d. Beobacht.:	21				22		6	16,3° C.	
		Böen		Himmelsansicht		cirr.	—	N	—		
		t	—	b	—	cirr. c	—	NE	1		
		l	—	c	9	cirr. s	—	E	—		
		q	5	o	9	Str.	—	SE	1		
		u	—	g		W-c	—	S	—		
		Hydrometeore		Zustand der Luft		Cum.	14	SW	—		
		h	—	s	—	Cum. st	6	W	2		
		r	—	w	—	Nimb.	2	NW	2		
		s	—	m			—	†See	—		
		d	1	f	—			glatt	—		
36°—37° N. Br.	10°—15° W. L.	Summe d. Beobacht.:	34				33		24	16,7° C.	
		Böen		Himmelsansicht		cirr.	—	N	—		
		t	—	b	4	cirr. c		NE	—		
		l	—	c	15	cirr. s	—	E	—		
		b	2	o	9	Str.	13	SE	2		
		u	—	g	—	W-c	—	S			
		Hydrometeore		Zustand der Luft		Cum.	15	SW	—		
		h	—	s	—	Cum. st	3	W	20		
		r	8	w	—	Nimb.	2	NW	3		
		s	—	m	1			†See	—		
		d		f	—			glatt	—		
37°—38° N. Br.	10°—15° W. L.	Summe d. Beobacht.:	37				37		29	15,8° C.	N 71° E 10 S 68° E 8
		Böen		Himmelsansicht		cirr.	2	N	—		
		t	—	b	1	cirr. c	—	NE	—		
		l	—	c	6	cirr. s	—	E	—		
		q	3	o	14	Str.	23	SE	—		
		u	—	g	1	W-c	2	S	2		
		Hydrometeore		Zustand der Luft		Cum.	8	SW	2		
		h	—	s	—	Cum. st	1	W	25		
		r	3	w	1	Nimb.	1	NW	—		
		s	—	m	6			†See	—		
		d	2	f	—			glatt	—		
38°—39° N. Br.	10°—15° W. L.	Summe d. Beobacht.:	37				47		20	14,9° C.	S 9° E 16
		Böen		Himmelsansicht		cirr.	3	N	—		
		t	—	b	3	cirr. c	5	NE	—		
		l	—	c	16	cirr. s	1	E			
		q	1	o	13	Str.	13	SE	—		
		u	—	g	3	W-c	1	S	1		
		Hydrometeore		Zustand der Luft		Cum.	18	SW	1		
		h	—	s	—	Cum. st	3	W	8		
		r	1	w	—	Nimb.	3	NW	10		
		s	—	m	—			†See	—		
		d	—	f	—			glatt			
39°—40° N. Br.	10°—15° W. L.	Summe d. Beobacht.:	61				50		26	14,3° C.	S 17° W 7 N 8[illegible]° W 1[illegible]
		Böen		Himmelsansicht		cirr.	5	N	1		
		t	—	b	10	cirr. c	1	NE	—		
		l	1	c	26	cirr. s	2	E			
		q	2	o	13	Str.	12	SE	—		
		u	—	g	5	W-c	—	S	—		
		Hydrometeore		Zustand der Luft		Cum.	20	SW	5		
		h	—	s	—	Cum. st	5	W	12		
		r	4	w		Nimb.	5	NW	8		
		s	—	m	—			†See	—		
		d	—	f	—			glatt			

Bemerkungen

Ueber Wind.

Unter-□	Jahr	Tag		
64.	73.	22.	4h N.	Der leichte Wind aus NW läuft mit Regenböen nach NE um, wird dann sehr unbeständig schwankend zwischen ENE und ESE.
73.	76.	5.	4h M.	Frischer westlicher Wind mit Böen, der südlich krimpt und stürmisch wird.
84.	70.	30.	4h N.	Der stürmische Wind springt mit starkem Regen von SW nach NW um und flaut ab, worauf der Himmel abklart.
84.	77.	12.	8h N.	Der flaue Wind geht von W durch NW und NE nach S und es wird still.
93.	76.	3.	8h N.	Der frische Wind aus W krimpt auf kurze Zeit nach SSW und wird stürmisch, geht aber bald wieder nach W zurück, worauf das Barometer schnell zu steigen anfängt.
94.	79.	28.	12h N.	Der Wind krimpt bei böiger Luft und heftigem Blitzen im S, SW und NW von NW nach W, geht aber nach kurzer Zeit wieder nach NW zurück.
94.	78.	24.	4h N.	Heftige Böen aus NW von 15 bis 25 Minuten Dauer. Abends starkes Blitzen im NW.

Sonstige Bemerkungen.

Unter-□	Jahr	Tag		
63.	78.	1.	4h N.	Dicke neblige Luft kommt im NW auf und bedeckt den ganzen Himmel. Der Wind geht mit starken Regenböen durch W nach NW.
73.	76.	5.	4h N.	Ein Stück Regenbogen sichtbar. Abendroth.
80.	78.	17.	4h M.	Bei leichtem NNW-Winde zieht die obere Cirrus-Schicht aus N. Die Wolkenform verändert sich häufig von Cirro-stratus zu Nimbus, ebenso die Bedeckung von 3 bis 8.
83.	78.	20.	8h M.	Hohe NW-Dünung.
93.	76.	3.	4h M.	Häufiges Blitzen im S, Mittags Regenböen aus NW (7) von 15 Minuten Dauer. Abends schwaches Zodiakallicht.

Höchster Barometerstand: **770.5** mm am 20. Januar 1878 in 38° n. Br. und 13° w. L. bei leichtem SSE-Winde und wolkigem Himmel.

Niedrigster „ „ : **744.1** mm am 3. Januar 1876 in 39° n. Br. und 13° w. L. bei stürmischem SW-Winde mit Regenböen und ganz bedecktem Himmel.

Höchste Lufttemperatur: **18.6°** Cels. am 8. Januar 1871 in 35° n. Br. und 10° w. L. bei frischem böigem N-Winde und halb bedecktem Himmel.

Niedrigste „ „ : **10.9°** Cels. am 11. Januar 1876 in 39° n. Br. und 14° w. L. bei frischem NNE-Winde mit Regenböen und halb bedecktem Himmel.

Quadrat 110ᵈ ....

Position Breite N	Position Länge W	Anzahl der Beob.	N	NNE	NE	ENE	E	ESE	SE	SSE	S	SSW	SW	WSW	W	WNW	NW	NNW	Var.	Stillen	Stürme N bis ENE	Stürme E bis SSE	Stürme S bis WSW	Stürme W…
			Windbeobachtungen: Alle Winde, Variabeln und Stillen																					
35°—36°	15°—16°	24	4	1	—	2	—	—	—	—	—	4	1	1	3	4	1	2	—	1	—	—	—	1
	16°—17°	28	2	3	2	1	—	—	1	—	—	2	2	5	4	2	3	1	—	—	—	—	—	
	17°—18°	35	4	4	8	—	2	—	1	2	—	—	1	4	—	1	1	4	—	3	1	—		
	18°—19°	23	1	1	4	3	2	2	—	1	—	3	1	3	1	—	—	—	1	—	—	—	—	
	19°—20°	21	—	1	3	2	—	3	4	—	1	2	—	—	2	1	—	2	—	—	—	—	—	
36°—37°	15°—16°	31	2	2	3	2	—	—	—	—	—	1	8	1	6	4	1	1	—	—	—	—	—	
	16°—17°	26	3	3	4	2	—	—	—	—	—	4	—	2	1	2	1	4	—	—	—	—	—	
	17°—18°	49	2	5	5	4	1	—	—	—	1	7	10	4	4	2	—	1	—	3	—	—	5	
	18°—19°	15	3	1	—	4	—	—	—	1	2	2	1	—	1	—	—	—	—	—	—	—	—	
	19°—20°	20	1	1	2	3	2	2	1	—	2	2	1	—	—	1	—	—	—	2	—	—	—	
37°—38°	15°—16°	28	5	2	1	1	—	—	—		—	1	5	6	5	1	1	—	—	—	—	—	2	
	16°—17°	35	1	5	7	5	—	1	—	—	1	1	1	1	5	4	1	1	—	1	1	—	2	
	17°—18°	28	—	9	7	2	3	—	—	—	—	2	1	1	3	—	—	—	—	—	—	—	—	
	18°—19°	16	2	6	2	1	2	1	—	—	—	—	—	—	—	2	—	—	—	—	—	—	—	
	19°—20°	10	—	3	1	1	1	3	1	—	—	—	—	—	—	—	—	—	—	—	—	—	—	
38°—39°	15°—16°	35	5	3	5	1	—	1	—	—	1	1	5	5	4	3	—	1	—	—	1	—	—	
	16°—17°	43	2	9	7	1	—	2	—	—	1	4	4	1	4	1	4	2	1	—	1	—	3	
	17°—18°	16	1	6	2	2	2	—	—	1	—	—	—	—	—		—	1	—	1	—	—	—	
	18°—19°	23	1	2	—	1	2	6	1	—	—	1	—	—	—		2	4	1	2	—	—	—	
	19°—20°	9	—	—	—	—	—	—	1	2	1	2	—	1	2	—	—	—	—	—	—	—	—	
39°—40°	15°—16°	39	1	3	9	4	1	—	—	—	—	—	2	3	2	8	3	8	—	—	3	1	—	
	16°—17°	25	4	5	1	1	—	—	—	—	2	3	2	4	2	—	1	—	—	—	—	—	3	
	17°—18°	40	—	7	1	1	2	1	1	—	—	8	4	2	2	4	3	1	2	1	—	—	—	
	18°—19°	15	—	—	—	—	3	2	1	—	3	3	1	—	—	2	—	—	—	—	—	—	—	
	19°—20°	15	—	2	—	—	—	4	2	—	1	2	1	1	2	—	—	—	—	—	—	—	—	
Fünfgrad-Feld	Summen	649	44	84	74	44	23	28	14	7	16	55	51	45	53	42	22	28	5	14	7	1	15	
	Mittlere Windstärke		4.8	4.2	4.6	4.5	5.9	4.9	4.1	4.4	5.2	5.1	4.8	4.3	5.1	4.0	5.0	5.5	3.1	0	8.1	8.0	8.7	

Barometer 700mm+		Thermometer Cels. Gr. (Temperatur der Luft)					Relative Feuchtigkeit		Bedeckung des Himmels		Niederschläge					Meeresoberfläche			
				Anzahl und Mittel								Dauer in Stunden				Temperatur		Specif. Gewicht	
Anzahl der Beob.	Mittel mm	Anzahl der Beob.	Rohes Mittel	4h M.	4h N.	12h N.	Anzahl der Beob.	Procente	Anzahl der Beob.	Mittel (0–10)	Anzahl der Beobachtungen	Nebel	Regen	Schnee	Hagel	Anzahl der Beob.	Grade Celsius	Anzahl der Beob.	Mittel d. Aräometerangaben
24	65.8	20	15.3	8: 16.1	5: 15.4	1: 15.1	5	72.0	20	6.8	24	—	13.5	—	—	20	16.8	—	—
22	67.6	27	15.3	9: 14.5	8: 16.0	7: 15.4	3	76.7	27	5.0	29	—	1.0	—	—	27	16.8	—	—
26	71.7	36	15.2	7: 15.1	8: 15.2	7: 15.0	2	89.0	36	4.9	37	—	3.0	—	—	34	16.1	2	1.0275
26	68.1	19	15.9	4: 15.8	3: 17.1	4: 14.5	4	88.2	19	5.3	23	—	10.5	—	—	19	16.8	3	1.0283
12	68.1	17	15.3	2: 15.0	2: 15.0	2: 14.6	4	86.5	19	5.8	21	—	5.5	—	—	10	17.2	—	—
26	67.0	29	15.4	5: 15.1	5: 15.6	4: 14.0	3	80.7	30	5.1	31	—	5.1	—	—	29	15.6	—	—
29	65.8	27	15.0	5: 14.1	5: 15.4	8: 13.4	6	83.0	27	5.4	27	—	4.5	—	—	26	15.7	1	1.0272
41	66.9	49	15.1	6: 14.3	8: 15.5	6: 15.0	—	—	49	5.1	51	1.0	14.0	—	—	48	15.7	—	—
17	71.7	15	15.2	3: 15.6	2: 14.0	2: 13.6	4	89.8	15	5.8	15	—	1.0	—	—	11	16.2	—	—
[illegible]	67.8	18	16.0	4: 15.1	4: 16.3	1: 16.8	4	89.0	20	5.7	20	—	1.5	—	—	17	16.8	—	—
[illegible]	63.0	27	14.0	5: 14.6	4: 13.3	3: 15.1	1	95.0	27	5.1	29	—	1.5	—	—	26	14.9	—	—
[illegible]	63.4	35	14.8	9: 14.5	5: 15.6	5: 14.4	3	96.3	35	6.5	36	—	16.0	—	—	34	15.6	2	1.0272
[illegible]	69.5	27	14.9	8: 13.9	2: 18.6	5: 14.2	4	72.7	27	5.8	28	—	8.5	—	—	26	15.2	—	—
[illegible]	70.7	16	14.1	3: 14.8	3: 13.2	4: 14.6	6	84.0	16	5.6	16	—	6.0	—	—	11	16.4	—	—
7	68.8	10	14.6	3: 14.2	1: 15.1	1: 14.3	5	84.0	10	6.5	10	—	0.5	—	—	9	16.0	—	—
[illegible]	65.0	35	14.1	6: 13.4	3: 15.1	7: 14.4	3	90.0	36	5.6	38	—	5.0	—	0.5	34	15.1	1	1.0272
[illegible]	65.0	41	14.0	6: 13.9	8: 14.3	4: 13.6	—	—	42	5.6	43	1.0	2.5	—	—	41	14.9	1	1.0256
7	64.8	15	13.0	8: 12.7	1: 12.0	9: 14.0	—	—	16	5.4	16	—	11.5	—	—	12	15.2	—	—
7	63.3	23	14.5	3: 14.1	1: 15.5	8: 13.5	14	95.4	23	6.3	23	—	2.5	—	—	19	16.2	—	—
9	68.3	9	15.7	2: 14.9	1: 16.2	2: 16.2	5	97.8	9	5.7	9	—	2.0	—	—	9	15.5	—	—
[illegible]	65.6	36	14.0	6: 13.3	8: 14.6	4: 13.2	2	74.5	36	6.0	40	—	18.0	—	—	35	15.3	—	—
[illegible]	64.9	24	13.1	6: 12.4	5: 13.1	5: 13.8	—	—	25	4.9	25	—	—	—	—	23	14.3	—	—
[illegible]	67.9	37	14.1	9: 13.8	6: 14.7	4: 13.8	7	93.3	40	5.9	40	—	7.0	—	—	27	14.8	—	—
[illegible]	66.9	14	14.8	1: 15.9	4: 14.4	2: 14.4	9	95.0	14	4.7	15	—	1.5	—	—	15	14.7	1	1.0267
[illegible]	65.0	14	14.5	1: 15.0	2: 14.0	3: 14.4	10	95.7	15	5.8	15	—	3.0	—	—	14	15.2	—	—
[illegible]		620	—	111	97	94	104	—	633	—	661	2.0	140.1	—	0.5	576	—	11	—
	66.18	—	14.8	14.4	15.0	14.4	—	85.9	—	5.5	—	—	—	—	—	—	15.6	—	1.0273

Monat

Quadrat 110d. ....

Position der Zone	Wetter nach Beaufort's Bezeichnung. (Häufigkeit.)					Häufigkeit der verschied. Wolkenformen		von Seegang u. Dünung aus-		Mittel der Meeres-Temperatur	Bemerkungen über einzelne beobachtete Triftströmungen.
35°—36° N. Br. 15°—20° W. L.	Summe d. Beobacht.: 130					137		66		16.5° C.	N 6; N 45° E 15; N 73° E 18; S 11° W 11; S 55° W 21; S 87° W 38; N 17° W 7
	Böen			Himmelsansicht		cirr.	18	N	13		
	t	—		b	14	cirr. c.	4	NE	2		
	l	—		c	60	cirr. s	4	E	1		
	q	5		o	33	Str.	16	SE	—		
	u	—		g	—	W-c	—	S	—		
	Hydrometeore			Zustand der Luft		Cum.	71	SW	2		
	h	—		v	—	Cum. st	16	W	13		
	r	6		w	—	Nimb.	8	NW	3		
	s	—		m	1			†See	—		
	d	1		f	1			glatt	—		
36°—37° N. Br. 15°—20° W. L.	Summe d. Beobacht.: 156					134		26		15.9° C.	N 10; N 53° E 11; S 30° E 11; S 28° E 10; S 24° E 9; S 11° E 6; S 68° W 16
	Böen			Himmelsansicht		cirr.	18	N	8		
	t	—		b	23	cirr. c.	4	NE	2		
	l	2		c	82	cirr. s	1	E	2		
	q	9		o	34	Str.	15	SE	1		
	u	—		g	3	W-c	—	S	2		
	Hydrometeore			Zustand der Luft		Cum.	70	SW	—		
	h	—		v	1	Cum. st	19	W	9		
	r	7		w	—	Nimb.	7	NW	2		
	s	—		m	—			†See	—		
	d	2		f	3			glatt	—		
37°—38° N. Br. 15°—20° W. L.	Summe d. Beobacht.: 130					110		26		15.5° C.	E 6; S 68° E 14; S 15; S 8° W 14; S 17° W 10; S 30° W 36; S 51° W 6; S 81° W 46; N 79° W 14; N 76° W 8; N 66° W 35
	Böen			Himmelsansicht		cirr.	17	N	7		
	t	1		b	10	cirr. c	2	NE	2		
	l	5		c	60	cirr. s	4	E	3		
	q	12		o	31	Str.	6	SE	1		
	u	—		g	2	W-c	—	S	—		
	Hydrometeore			Zustand der Luft		Cum.	48	SW	—		
	h	—		v	—	Cum. st	20	W	9		
	r	5		w	—	Nimb.	13	NW	4		
	s	—		m	2			†See	—		
	d	2		f	—			glatt	—		
38°—39° N. Br. 15°—20° W. L.	Summe d. Beobacht.: 157					131		50		15.2° C.	S 11° E 30; S 27° W 18; S 45° W 14; S 57° W 32; S 68° W 10
	Böen			Himmelsansicht		cirr.	20	N	3		
	t	—		b	9	cirr. c	6	NE	4		
	l	3		c	74	cirr. s	6	E	4		
	q	13	3	o	27	Str.	9	SE	4		
	u	—		g	8	W-c	—	S	—		
	Hydrometeore			Zustand der Luft		Cum.	63	SW	7		
	h	—		v	1	Cum. st	9	W	16		
	r	12		w	2	Nimb.	15	NW	12		
	s	—		m	5			†See	—		
	d	1		f	2			glatt	—		
39°—40° N. Br. 15°—20° W. L.	Summe d. Beobacht.: 159					121		41		14.9° C.	N 14° E 14; S 22° E 19; S 7; S 22° W 21; N 60° W 30; N 70° W 11; N 45° W 8
	Böen			Himmelsansicht		cirr.	16	N	5		
	t	—		b	12	cirr. c	4	NE	5		
	l	5		c	66	cirr. s	12	E	3		
	q	13	1	o	32	Str.	3	SE	2		
	u	2		g	6	W-c	1	S	8		
	Hydrometeore			Zustand der Luft		Cum.	68	SW	2		
	h	—		v	—	Cum. st	7	W	14		
	r	18		w	—	Nimb.	10	NW	2		
	s	—		m	—			†See	—		
	d	2		f	2			glatt	—		

Bemerkungen

Ueber Wind.

Unter-□	Jahr	Tag		
85.	79.	24.	12^h M.	Stürmischer WNW-Wind mit Staubregen und orkanartigen Böen (11) von 20 Minuten Dauer, die den ganzen Tag und Nachts aus NW mit derselben Stärke anhalten. Am 24. Morgens 4^h hat das Barometer mit 755.4 mm seinen niedrigsten Stand erreicht und fängt nun langsam an zu steigen. Die orkanartigen Böen folgen noch schnell aufeinander aus N (11) mit starkem Blitzen im NW und S. Mittags klart die Luft ab, der N-Wind wird flauer, die Böen treten seltener und mit geringerer Stärke (8–9) auf. Hohe durcheinanderlaufende See. Am 26. frischer N-Wind, abwechselnd schwarze Regenböen und heiterer Himmel. Abends schönes heiteres Wetter.
86.	75.	10.	12^h M.	Der vorher aus W stürmisch wehende Wind krimpt bei wenig fallendem Barometer nach S und fängt orkanartig an zu wehen, mit fortwährendem Donnern und Blitzen. 12^h N. geht der Wind nach W und flaut etwas ab, krimpt Abends wieder nach SSW und fängt bei ziemlich hohem Barometerstande an stürmisch zu wehen, mit Blitzen im SW-Quadranten. Dies Wetter hält ununterbrochen bis zum 14. an, wo der Wind nach W geht und abflaut.
94.	78.	24.	4^h N.	Heftige Böen aus WNW von 15 bis 25 Minuten Dauer, Abends und Nachts heftiges Blitzen im NW und W. Unregelmässige durcheinanderlaufende See. Den 25. Morgens geht der Wind bei steigendem Barometer nach N und flaut ab.

Sonstige Bemerkungen.

55.	76.	11.	12^h M.	Delphine nach SE ziehend.
55.	78.	2.	4^h M.	Sternschnuppen von E nach W schiessend.
67.	79.	24.	12^h N.	Heftiges Blitzen im N und S. Sternschnuppen von S nach N schiessend.
78.	78.	24.	8^h M.	Hohe WNW-Dünung bei frischem ENE-Winde.
86.	77.	27.	4^h N.	Eine Schildkröte.
95.	69.	23.	8^h M.	Viele Walfische.
98.	79.	1.	12^h M.	Bei leichtem SSW-Winde zieht das Cirr.s-Gewölk aus WSW, um 4^h N. Cirr. c aus W.
99.	79.	2.	4^h N.	Viele Delphine nach S ziehend.

Höchster Barometerstand:	**781.5** mm am 24. Januar 1878 in 37° n. Br. und 18° w. L., bei frischem ENE-Winde mit Regenböen und wolkigem Himmel.
Niedrigster „ „ :	**743.3** mm am 10. Januar 1875 in 37° n. Br. und 15° w. L. bei orkanartigem S-Sturm (11) mit fortwährendem Donnern und Blitzen und anhaltendem Regen, bei ganz bedecktem Himmel.
Höchste Lufttemperatur:	**22.2°** Cels. am 24. Januar 1869 in 37° n. Br. und 17° w. L. bei flauem NNE-Winde und halb bedecktem Himmel.
Niedrigste „ „ :	**8.4°** Cels. am 23. Januar 1870 in 39° n. Br. und 16° w. L. bei frischem ENE-Winde mit Regenböen und halb bedecktem Himmel.

Quadrat 110a.

Windbeobachtungen

Alle Winde, Variabeln und Stillen

N	NNE	NE	ENE	E	ESE	SE	SSE	S	SSW	SW	WSW	W	WNW	NW	NNW
—	—	—	—	—	—	—	—	—	—	—	—	—	—	—	—
—	—	—	—	—	—	—	—	—	—	—	—	—	—	—	—
—	—	—	—	—	—	—	—	—	—	—	—	—	—	—	—
—	—	—	—	—	—	—	—	—	—	—	—	—	—	—	—
—	—	—	—	—	—	—	—	—	—	—	—	—	—	—	—
—	—	—	—	—	—	—	—	—	—	—	—	—	—	—	—
—	—	—	—	—	—	—	—	—	—	—	—	—	—	—	—
—	—	—	—	—	—	—	—	—	—	—	—	—	—	—	—
—	—	—	—	—	—	—	—	—	—	—	—	—	—	—	—
—	—	—	—	—	—	—	1	—	—	—	—	—	—	—	—
—	—	—	—	—	—	—	—	—	—	—	—	—	—	—	—
—	—	—	—	—	—	—	—	—	—	—	—	—	—	—	—
—	—	—	—	—	—	—	—	—	—	—	—	—	—	1	—
—	2	—	—	—	—	1	—	—	—	—	—	—	—	—	—
—	2	—	—	—	—	—	—	—	—	—	—	—	—	—	—
—	—	—	—	—	—	—	—	—	—	—	—	—	—	—	—
—	—	—	2	—	—	—	—	—	—	—	—	—	—	2	—
—	—	—	—	—	1	1	—	—	—	—	—	—	3	—	—
—	—	—	—	—	—	—	1	1	3	1	—	—	—	—	—
—	—	—	—	—	—	—	—	—	1	4	1	3	2	1	—
—	1	1	1	—	—	—	—	—	—	—	1	—	1	1	—
—	—	—	3	1	—	—	—	—	—	—	—	—	—	2	1
—	—	—	1	—	—	1	—	1	—	—	—	—	—	—	—

Barometer 700mm+		Thermometer Cels. Gr. (Temperatur der Luft)					Relative Feuchtigkeit		Bedeckung des Himmels		Niederschläge					Meeresoberfläche			
				Anzahl und Mittel								Dauer in Stunden				Temperatur		Spezif. Gewicht	
Anzahl der Beob.	Mittel mm	Anzahl der Beob.	Rohes Mittel	4h M.	4h N.	12h N.	Anzahl der Beob.	Prozente	Anzahl der Beob.	Mittel (0–10)	Anzahl der Beob.-wachen	Nebel	Regen	Schnee	Hagel	Anzahl der Beob.	Grade Celsius	Anzahl der Beob.	Mittel d. Aräom.-angaben
—	—	—	—	—	—	—	—	—	—	—	—	—	—	—	—	—	—	—	—
—	—	—	—	—	—	—	—	—	—	—	—	—	—	—	—	—	—	—	—
—	—	—	—	—	—	—	—	—	—	—	—	—	—	—	—	—	—	—	—
—	—	—	—	—	—	—	—	—	—	—	—	—	—	—	—	—	—	—	—
3	66.1	3	17.6	—	(2) 18.4	—	—	—	3	5.0	3	—	0.5	—	—	3	19.0	1	1.0274
—	—	—	—	—	—	—	—	—	—	—	—	—	—	—	—	—	—	—	—
—	—	—	—	—	—	—	—	—	—	—	—	—	—	—	—	—	—	—	—
—	—	—	—	—	—	—	—	—	—	—	—	—	—	—	—	—	—	—	—
1	72.0	1	17.9	—	—	—	—	—	1	1.0	1	—	—	—	—	1	18.0	1	1.0272
3	67.9	3	17.8	—	—	—	—	—	3	2.0	3	—	—	—	—	3	16.9	1	1.0273
—	—	—	—	—	—	—	—	—	—	—	—	—	—	—	—	—	—	—	—
—	—	—	—	—	—	—	—	—	—	—	—	—	—	—	—	—	—	—	—
1	63.7	1	17.4	—	—	—	1	90.0	1	6.0	1	—	0.8	—	—	1	16.6	1	1.0289
6	68.2	6	17.5	(2) 17.9	(1) 16.4	—	2	91.5	6	3.3	6	—	0.5	—	—	6	17.4	2	1.0270
3	64.7	3	16.1	—	—	(1) 15.8	2	85.5	3	2.0	3	—	—	—	—	3	16.9	—	—
—	—	—	—	—	—	—	—	—	—	—	—	—	—	—	—	—	—	—	—
4	67.4	3	16.3	—	(1) 16.0	—	2	81.0	4	3.8	4	—	—	—	—	4	16.3	—	—
6	66.4	6	16.4	(2) 15.5	(1) 18.2	(1) 15.4	3	85.3	6	5.7	6	—	—	—	—	5	16.6	1	1.0265
8	67.4	8	17.5	(1) 16.4	(1) 19.0	(1) 16.8	—	—	8	6.5	8	—	—	—	—	5	17.6	—	—
13	63.9	12	15.0	(2) 15.2	(1) 14.4	(2) 15.4	—	—	13	4.8	13	—	4.0	—	—	11	15.9	1	1.0277
5	63.6	5	15.6	—	(1) 14.9	(1) 14.8	3	88.0	5	7.0	6	—	—	—	—	4	15.2	—	—
8	65.8	8	15.9	(3) 14.3	(1) 17.5	(1) 16.5	3	81.3	8	5.8	8	—	0.5	—	—	6	16.0	2	1.0281
[illegible]	67.3	5	17.2	(1) 16.5	(2) 17.1	—	—	—	5	6.8	5	—	—	—	—	4	17.5	1	1.0266
[illegible]	65.0	2	15.9	—	(1) 15.8	—	—	—	2	4.5	2	—	—	—	—	2	17.1	—	—
[illegible]	65.7	7	15.7	(1) 13.4	(1) 16.9	(1) 14.1	—	—	7	3.7	7	—	—	—	—	7	16.4	—	—
[illegible]	—	73	—	11	13	8	16	—	75	—	76	—	6.3	—	—	65	—	11	—
[illegible]	66.00	—	16.6	15.6	16.9	15.5	—	85.6	—	5.1	—	—	—	—	—	—	16.7	—	1.0274

Monat

Quadrat 110a. ....

Position der Zone		Wetter nach Beaufort's Bezeichnung. (Häufigkeit.)	Häufigkeit der verschied. Wolkenformen	Häufigkeit von Seegang u. Dünung etc.	Mittel der Meeres-Temperatur	Bemerkungen über einzelne beobachtete Triftströmungen.
30°—31° N. Br.	10°—15° W. L.	Summe d. Beobacht.: 4 Böen: t —, l —, q 2, u — Himmelsansicht: b, c 1, o —, g — Hydrometeore: h —, r, s —, d — Zustand der Luft: v 1, w, m —, f —	4 cirr. cirr.-c. — cirr.-s. 1 Str. — Wo-r — Cum. 2 Cum.-str. Nimb. 1	3 N — NE 1 E SE — S — SW W 2 NW See glatt —	19.6° C.	
31°—32° N. Br.	10°—15° W. L.	Summe d. Beobacht.: 6 Böen: t —, l —, q 1, u — Himmelsansicht: b 2, c 3, o, g Hydrometeore: h —, r, s —, d Zustand der Luft: v, w, m —, f —	3 cirr. 1 cirr.-c. cirr.-s. 1 Str. — Wo-r Cum. 1 Cum.-str. Nimb.	3 N NE 2 E — SE — S SW — W 1 NW See — glatt	17.2° C.	S 32° E 6
32°—33° N. Br.	10°—15° W. L.	Summe d. Beobacht.: 9 Böen: t —, l, q, u — Himmelsansicht: b 2, c 4, o 1, g Hydrometeore: h —, r, s —, d Zustand der Luft: v —, w, m 2, f	6 cirr. 1 cirr.-c. 1 cirr.-s. Str. 1 Wo-r Cum. 4 Cum.-str. 1 Nimb. 2	4 N NE 2 E SE S SW 1 W 1 NW — See glatt	17.4° C.	
33°—34° N. Br.	10°—15° W. L.	Summe d. Beobacht.: 31 Böen: t —, l —, q —, u Himmelsansicht: b 6, c 18, o 5, g 1 Hydrometeore: h, r —, s —, d Zustand der Luft: v, w, m 1, f	26 cirr. 4 cirr.-c. 1 cirr.-s. Str. Wo-r Cum. 14 Cum.-str. 4 Nimb. 3	3 N 1 NE 1 E SE S — SW 1 W NW See — glatt	16.4° C.	
34°—35° N. Br.	10°—15° W. L.	Summe d. Beobacht.: 29 Böen: t —, l —, q, u Himmelsansicht: b 2, c 15, o 10, g 2 Hydrometeore: h —, r, s —, d — Zustand der Luft: v —, w —, m, f —	27 cirr. 4 cirr.-c. — cirr.-s. 2 Str. — Wo-c — Cum. 10 Cum.-str. 5 Nimb. 6	6 N 3 NE 1 E — SE — S — SW 2 W NW — See glatt —	16.9° C.	N 38° E 14 N 68° E 11 S 56° W 12 S 68° W 17

Bemerkungen

Ueber Wind.

Unter-▭ Jahr Tag

34. 72. 6. 4ʰ N. Der flaue W-Wind krimpt bei schwankendem Barometerstande und Regenböen nach SW und frischt auf.

Sonstige Bemerkungen.

23. 73. 18. 12ʰ M. Dünung aus NE.

23. 78 19. 4ʰ M. Bei leichtem NE-Winde hohe NNW-Dünung.

Höchster Barometerstand: **772.8** mm am 17. Februar 1873 in 33° n. Br. und 11° w. L. bei flauem NE-Winde und ganz klarem Himmel.

Niedrigster „ „ : **757.8** mm am 7. Februar 1872 in 33° n. Br. und 13° w. L. bei mässigem SW-Winde und halb bedecktem Himmel mit Regenschauern.

Höchste Lufttemperatur: **19.0**° Cels. am 15. Februar 1873 in 33° n. Br. und 13° w. L. bei flauem SSW-Winde und ganz klarem Himmel.

Niedrigste „ „ : **13.1**° Cels. am 6. Februar 1872 in 34° n. Br. und 14° w. L. bei leichtem W-Winde und klarem Himmel.

Monat

Quadrat 110b.

Position Breite N	Position Länge W	Anzahl der Beob.	N	NNE	NE	ENE	E	ESE	SE	SSE	S	SSW	SW	WSW	W	WNW	NW	NNW	Var.	Stillen	Stürme N bis ENE	Stürme E bis SSE	Stürme S bis WSW	Stürme W…
30°—31°	15°—16°	—	—	—	—	—	—	—	—	—	—	—	—	—	—	—	—	—	—	—	—	—	—	
	16°—17°	4	—	—	—	—	—	—	—	—	—	—	—	1	1	—	2	—	—	—	—	—	—	
	17°—18°	27	1	1	6	4	—	—	—	—	—	—	—	—	1	4	7	3	—	—	—	—		
	18°—19°	28	1	1	1	2	—	—	2	2	1	2	1	2	2	4	4	2	—	1	—	—	—	
	19°—20°	57	5	5	5	5	5	4	1	2	7	6	6	—	1	—	2	3	—	—	—	—	1	
31°—32°	15°—16°	5	—	—	—	—	1	—	—	—	1	—	1	—	—	1	—	1	—	—	—	—		
	16°—17°	32	3	4	1	3	1	—	1	—	1	1	4	1	2	3	4	1	—	2	—	—	—	
	17°—18°	23	—	2	1	—	—	—	3	—	3	1	2	—	3	2	3	1	—	2	—		—	[illegible]
	18°—19°	28	2	6	1	—	—	5	4	1	2	—	1	1	1	—	1	2	—	1	—	—	—	
	19°—20°	46	1	2	3	3	2	3	2	2	1	2	3	2	8	5	8	2	1	1	—	—	—	
32°—33°	15°—16°	17	—	1	—	—	4	3	—	—	—	—	2	2	1	2	2	—	—	—	—	—	—	
	16°—17°	40	—	1	4	1	4	2	2	1	—	—	3	3	6	4	2	4	—	3	—	—	—	
	17°—18°	8	—	1	—	1	3	1	1	—	—	—	—	—	—	—	—	1	—	—	—	—		
	18°—19°	42	1	5	7	3	1	4	3	1	—	—	—	2	5	2	1	4	—	3	—	—		
	19°—20°	33	2	1	2	3	3	3	4	2	1	—	1	3	2	1	4	—	1	—	—	—	—	
33°—34°	15°—16°	27	—	—	1	—	—	2	3	1	—	—	4	5	8	—	2	—	1	—	—	—	—	
	16°—17°	31	1	—	2	1	1	—	—	1	1	2	6	5	2	4	—	2	2	1	—	—	1	
	17°—18°	48	—	3	2	1	2	7	1	3	5	7	1	2	3	6	—	2	—	3	—	—	1	
	18°—19°	50	—	1	4	2	2	2	1	5	5	10	6	3	4	3	1	—	—	1	1	—	8	
	19°—20°	38	1	2	2	—	2	—	1	3	5	4	4	4	2	—	1	3	—	4	—	—	3	
34°—35°	15°—16°	12	—	—	—	—	1	—	—	—	—	—	2	5	3	1	—	—	—	—	—	—	—	
	16°—17°	20	3	2	—	1	—	—	—	—	—	—	2	5	2	2	1	2	—	—	—	—	2	
	17°—18°	40	—	4	3	1	2	5	1	1	1	5	2	5	2	4	3	—	—	1	—	1	—	
	18°—19°	28	2	1	2	1	1	—	2	4	1	4	3	1	—	—	—	1	—	5	—	—	—	
	19°—20°	25	—	1	1	2	3	—	2	2	—	4	3	—	—	2	2	—	2	1	—	—	1	
Fünfgrad-Feld	Summen	700	23	44	46	34	38	41	34	31	35	48	57	52	54	50	50	34	7	29	1	1	17	1
	Mittlere Windstärke		3.0	3.3	3.9	4.4	4.0	3.0	3.4	4.0	3.9	4.6	4.8	3.8	3.9	4.0	4.1	3.5	4.4	0	8.0	8.0	8.6	8

Januar.

Barometer 700mm+		Thermometer Cels. Gr. (Temperatur der Luft)					Relative Feuchtigkeit		Bedeckung des Himmels		Niederschläge					Meeresoberfläche			
				Anzahl und Mittel								Dauer in Stunden				Temperatur		Spezif. Gewicht	
Anzahl der Beob.	Mittel mm	Anzahl der Beob.	Rohes Mittel	4h M.	4h N.	12h N.	Anzahl der Beob.	Procente	Anzahl der Beob.	Mittel (0–10)	Anzahl der Beobachtungen	Nebel	Regen	Schnee	Hagel	Anzahl der Beob.	Grade Celsius	Anzahl der Beob.	Mittel d. Aräom.-angaben
	—	—	—	—	—	—	—	—	—	—	—	—	—	—	—	—	—	—	—
4	64.0	3	15.8	(1) 15.6	—	—	—	—	4	3.3	4	—	—	—	—	3	17.5	—	—
23	65.3	25	16.8	(4) 16.6	(3) 17.9	(4) 17.1	6	81.0	27	4.0	27	—	—	—	—	23	17.8	1	1.0272
[illegible]	67.5	30	17.9	(6) 17.1	(7) 18.6	(1) 18.6	2	83.5	29	3.8	30	—	0.5	—	—	29	18.8	2	1.0276
34	67.3	58	17.5	(9) 17.6	(9) 18.3	(8) 17.3	—	—	57	4.2	58	—	9.0	—	—	57	18.1	—	—
4	62.8	4	16.7	(1) 16.7	—	—	—	—	5	4.6	5	—	—	—	—	4	17.6	1	1.0271
29	66.9	31	16.9	(3) 15.9	(4) 17.4	(3) 15.6	3	75.3	32	4.0	32	—	1.5	—	—	28	17.6	3	1.0275
[illegible]	64.0	23	16.7	(8) 16.2	(1) 16.4	(3) 16.5	2	86.0	23	4.8	23	—	5.0	—	—	21	17.6	2	1.0280
[illegible]	67.5	27	17.5	(7) 16.4	(4) 17.8	(3) 16.6	—	—	28	3.6	28	—	—	—	—	27	17.5	—	—
41	65.2	45	16.9	(10) 16.4	(4) 17.9	(9) 16.4	—	—	45	4.4	46	—	3.0	—	—	43	17.6	—	—
[illegible]	64.5	14	16.8	(4) 16.3	(2) 17.6	(2) 16.6	4	80.3	17	4.9	17	—	6.5	—	—	11	17.0	—	—
[illegible]	66.0	40	16.6	(8) 15.7	(6) 18.0	(6) 15.6	26	81.5	40	5.8	40	2.0	4.5	—	—	40	16.9	6	1.0290
[illegible]	66.7	8	16.1	(1) 18.1	—	—	—	—	8	3.4	8	—	—	—	—	8	16.5	2	1.0278
[illegible]	67.2	42	16.3	(8) 16.2	(6) 16.4	(4) 15.6	—	—	42	5.1	42	—	3.0	—	—	36	17.2	1	1.0271
[illegible]	65.0	33	16.0	(5) 15.2	(5) 17.1	(3) 15.9	—	—	33	4.9	33	2.0	3.5	—	—	33	17.1	1	1.0276
[illegible]	65.0	25	16.4	(4) 16.6	(8) 16.1	(8) 16.8	—	—	26	5.2	27	4.5	5.0	—	—	22	16.8	1	1.0274
[illegible]	67.7	24	15.9	(5) 15.2	(2) 16.4	(3) 15.2	4	77.8	31	5.2	31	0.5	6.0	—	—	31	16.3	2	1.0275
[illegible]	69.5	48	16.8	(9) 16.0	(5) 17.9	(9) 16.1	—	—	48	5.0	48	—	4.0	—	—	47	16.9	—	—
[illegible]	64.2	50	16.4	(10) 16.2	(6) 16.9	(6) 16.6	—	—	50	6.2	50	—	10.0	—	—	48	17.2	—	—
[illegible]	61.9	38	16.4	(8) 15.9	(4) 17.0	(7) 16.3	—	—	38	5.0	38	—	16.5	—	—	37	17.4	—	—
[illegible]	67.9	11	16.1	(2) 14.7	(1) 19.2	(1) 17.8	—	—	12	6.0	12	3.5	—	—	—	9	17.0	1	1.0273
[illegible]	64.8	18	15.4	(7) 15.1	(2) 15.6	(2) 14.8	3	71.0	21	5.9	21	—	2.5	—	—	19	16.1	—	—
[illegible]	69.2	40	16.2	(9) 14.8	(5) 16.4	(2) 17.0	—	—	40	5.1	40	1.0	0.5	—	—	39	16.9	2	1.0271
[illegible]	66.5	27	15.4	(9) 14.6	(3) 16.8	(4) 17.2	—	—	28	6.5	28	—	2.0	—	—	26	16.6	—	—
[illegible]	61.8	24	15.0	(5) 16.3	(3) 14.2	(3) 14.5	—	—	25	6.0	25	—	21.0	—	—	22	16.7	—	—
[illegible]	—	688	—	145	88	80	50	—	709	—	713	13.5	104.0	—	—	663	—	25	—
[illegible]	65.92	—	16.5	16.0	17.2	16.3	—	80.3	—	4.9	—	—	—	—	—	—	17.2	—	1.0278

Quadrat 110b.

Position der Zone		Wetter nach Beaufort's Bezeichnung. (Häufigkeit.)				Häufigkeit der verschied. Wolkenformen	Häufigkeit von Seegang u. Dünung aus:	Mittel der Meeres-Temperatur	Bemerkungen über einzelne beobachtete Triftströmungen.
30°—31° N. Br.	15°—20° W. L.	Summe d. Beobacht.: 125				138	19		
		Böen		Himmelsansicht		cirr. 32	N 3		N 41° E 7 · E 6 · S 6 · N 84° W 2
		t	—	b	20	cirr.-c 2	NE 2		N 47° E 8 · S 26° E 9 · S 22° W 13
		l	—	c	91	cirr.-s 5	E 4		S 25° E 14 · S 62° W 26
		q	—	o	10	Str. —	SE —		
		u	—	g	1	W-c —	S —	18.5° C.	
		Hydrometeore		Zustand der Luft		Cum. 83	SW —		
		h	—	v	—	Cum.-st 7	W 9		
		r	—	w	3	Nimb. 99	NW 1		
		s	—	m	—		† See —		
		d	—	f	—		glatt —		
31°—32° N. Br.	15°—20° W. L.	Summe d. Beobacht.: 142				148	10		
		Böen		Himmelsansicht		cirr. 18	N 6		N 42° E 17 · S 62° E 6 · S 18° W 6
		t	—	b	11	cirr.-c 1	NE 2		S 22° W 6
		l	—	c	109	cirr.-s 8	E —		S 31° W 10
		q	5	o	10	Str. —	SE —		S 45° W 9
		u	—	g	4	W-c 2	S —	17.6° C.	S 26° W 20
		Hydrometeore		Zustand der Luft		Cum. 93	SW —		
		h	—	v	—	Cum.-st 13	W 2		
		r	—	w	3	Nimb. 11	NW —		
		s	—	m			† See —		
		d	—	f			glatt —		
32°—33° N. Br.	15°—20° W. L.	Summe d. Beobacht.: 145				169	16		
		Böen		Himmelsansicht		cirr. 21	N 6		N 17° E 14 · S 68° E 11 · S 12
		t	—	b	10	cirr.-c —	NE 1		S 22° E 14 · S 64° E 18 · S 31° W 20
		l	—	c	99	cirr.-s 13	E —		N 56° E 9 · S 45° E 18 · S 51° W 8
		q	2	o	29	Str. 2	SE —		S 30° E 8 · S 56° W 8
		u	1	g	4	W-c —	S —	17.0° C.	S 85° W 9
		Hydrometeore		Zustand der Luft		Cum. 89	SW —		
		h	—	v	—	Cum.-st 15	W 3		
		r	—	w	—	Nimb. 20	NW 1		
		s	—	m	—		† See 5		
		d	—	f	—		glatt —		
33°—34° N. Br.	15°—20° W. L.	Summe d. Beobacht.: 209				205	19		
		Böen		Himmelsansicht		cirr. 22	N 6		N 22° E 6 · E 19 · S 31° W 11 · N 28° W 8
		t	2	b	14	cirr.-c 4	NE —		N 45° E 6 · S 88° E 9 · S 58° W 15
		l	5	c	126	cirr.-s 20	E 2		N 60° E 14 · S 75° E 10
		q	2	o	53	Str. 7	SE 1		N 57° E 6 · S 62° E 45
		u	—	g	5	W-c —	S —	17.0° C.	S 51° E 7
		Hydrometeore		Zustand der Luft		Cum. 90	SW —		S 7° E 15
		h	—	v	—	Cum.-st 16	W 5		
		r	—	w	2	Nimb. 46	NW 3		
		s	—	m	—		† See 3		
		d	—	f			glatt —		
34°—35° N. Br.	15°—20° W. L.	Summe d. Beobacht.: 131				134	34		
		Böen		Himmelsansicht		cirr. 9	N 9		N 34° E 9 · S 6 · N 65° W 17
		t	—	b	5	cirr.-c 4	NE —		S 12 · N 64° W [illegible]
		l	2	c	82	cirr.-s 12	E 1		S 11° W 11
		q	8	o	32	Str. 4	SE 2		S 17° W 12
		u	—	g	3	W-c 1	S 4	16.0° C.	S 31° W 43
		Hydrometeore		Zustand der Luft		Cum. 64	SW 2		S 34° W 40
		h	—	v	—	Cum.-st 21	W 16		S 60° W 18
		r	2	w	2	Nimb. 19	NW 6		
		s	—	m	—		† See —		
		d	—	f	—		glatt —		

Bemerkungen

Ueber Wind.

Unter-□	Jahr	Tag		
16.	79.	19.	6ʰ N.	Der frische NE-Passat wird böig und unbeständig.
38.	69.	1.	8ʰ N.	Heftiger W-Sturm, der mit steigendem Barometer an Stärke abnimmt, nach S krimpt und ganz flau wird.
46.	69.	1.	4ʰ M.	Schwerer SW-Sturm mit Blitzen in allen Himmelsgegenden; nach 24 Stunden geht der Wind bei steigendem Barometer nach W, wird böig und flaut ab.

Sonstige Bemerkungen.

08.	79.	1.	4ʰ M.	Einzelne Büsche Seetang; Nachmittags 4 Walfische; See glatt, nur etwas NNW-Dünung.
09.	78.	10.	4ʰ N.	Leichte NW-Dünung.
28.	70.	9.	12ʰ M.	Hohe Dünung aus N.
28.	78.	19.	4ʰ N.	Die hohe NW-Dünung nimmt noch zu.
47.	78.	17.	8ʰ M.	Hohe WNW-Dünung.
48.	78.	16.	4ʰ M.	Hohe NW-Dünung.
49.	78.	6.	4ʰ N.	Hohe durcheinanderlaufende See. Es kommen Cum.-Wolken von W und ENE auf, die aber nicht das Zenith erreichen.

Höchster Barometerstand: **778.5** mm am 23. Februar 1868 in 33° n. Br. und 18° w. L. bei frischem NE-Winde und heiterem Himmel, abwechselnd mit leichtem Regen.

Niedrigster „ „ : **747.8** mm am 18. Februar 1870 in 33° n. Br. und 18° w. L. bei stürmischem WNW-Winde mit schweren Regenböen und halb bedecktem Himmel.

Höchste Lufttemperatur: **22.8**° Cels. am 29. Februar 1872 in 31° n. Br. und 18° w. L. bei flauem ESE-Winde und halb bedecktem Himmel.

Niedrigste „ „ : **11.8**° Cels. am 8. Februar 1873 in 34° n. Br. und 19° w. L. bei flauem NE-Winde und halb bedecktem Himmel.

Monat

Quadrat 110°.

Windbeobachtungen

Breite N	Länge W	Anzahl der Beob.	N	NNE	NE	ENE	E	ESE	SE	SSE	S	SSW	SW	WSW	W	WNW	NW	NNW	Var.	Stillen	Stürme N bis ENE	Stürme E bis SSE	Stürme S bis WSW	Stürme W
			Alle Winde, Variabeln und Stillen																					
35°—36°	10°—11°	1	—	—	—	1	—	—	—	—	—	—	—	—	—	—	—	—	—	—				
	11°—12°	—	—	—	—	—	—	—	—	—	—	—	—	—	—	—	—	—	—					
	12°—13°	—	—	—	—	—	—	—	—	—	—	—	—	—	—	—	—	—	—	—		—	—	
	13°—14°	10		—		—	—	—	—	2	—	—	3	1	—	—	1	—	—	3	—	—	—	
	14°—15°	5	—	—	—	—	—	—	—	—	—	—	—	—	2	2	—	—	1	—	—	—	—	
36°—37°	10°—11°	—	—	—	—	—	—	—	—	—	—	—	—	—	—	—	—	—	—	—	—	—	—	
	11°—12°	2	2		—		—	—	—	—	—	—	—	—	—	—	—	—	—	—	—	—	—	
	12°—13°	1	1	—	—	—	—	—	—	—	—		—	—	—	—	—	—	—	—	—	—		
	13°—14°	15	1	—	1	—	—	—	—	—	1	2	5	—	1	—	1	—	3	—		—		
	14°—15°	9	—	—	1	—	—	—	—	2	—	1	—	—	1	4	—	—	—	—	—	—		
37°—38°	10°—11°	6	1	—	1	1	1	—	—	—	—	—	1	1	—	—	—	—	—	—	—	—		
	11°—12°	—	—	—	—	—	—	—	—	—	—	—	—	—	—	—	—	—	—	—	—	—	—	
	12°—13°	4	1	1	—		—	—	—	—	1	1	—	—	—	—	—	—	—	—	—	—	—	
	13°—14°	13	1	—	1	—	2	—	—	—	—	2	1	—	—	2	2	—	2	—	—	—	—	
	14°—15°	27	—	1	1	—	—	—	—	—	4	4	6	8	3	5	—	—	—	—	—	—	4	
38°—39°	10°—11°	6	—	—	—	—	1	—	—	—	3	—	—	2	—	—	—	—	—	—	—	—	—	
	11°—12°	8	1	—	—	—	2	1	—	—	3	—	—	—	1	—	—	—	—	—	—	—	—	
	12°—13°	5	—		—	—	3	—	—	—	—	—	—	—	—	1	1	—	—	—	—	—		
	13°—14°	2	—	—	—	—		—	—	—	—	—	—	—	1	1	—	—	—	—	—	—		
	14°—15°	27	2	3	1	1	1	—	2	2	1	1	3	1	3	3	—	2	—	1	1	—		
39°—40°	10°—11°	—	—	—	—	—	—	—		—	—	—	—	—	—	—	—	—					—	
	11°—12°	15	1	—	—	—	3	—		—	—	—	4	3	1	—	—	—	—	3	—	—	—	
	12°—13°	7		—	1	1	—	—	—	—		1	2	—	1	—	—	—	—	1	—	—	—	
	13°—14°	12	2	1	1	—	—	—	—	—	—	—	—	—	1	—	4	2		1		—	—	
	14°—15°	29	2	3	—	—	—	—	—	2	1	3	3	2	5	5	2	1	—	—	2	—	—	
Fünfgrad-Feld	Summen	204	15	9	8	4	13	1	2	8	14	15	28	12	20	23	11	5	6	9	3		4	
	Mittlere Windstärke		4.4	4.9	3.9	2.8	2.9	2.0	1.0	3.5	4.6	4.7	4.1	3.8	4.2	5.5	4.8	3.0	6.0	0	8.0	—	8.0	8

Barometer 700mm+ Anzahl der Beob.	Barometer Mittel mm	Thermometer Cels. Gr. (Temperatur der Luft) Anzahl der Beob.	Rohes Mittel	Anzahl und Mittel 4h M.	4h N.	12h N.	Relative Feuchtigkeit Anzahl der Beob.	Prozente	Bedeckung des Himmels Anzahl der Beob.	Mittel 0–10	Niederschläge Anzahl der Beob.-wachen	Dauer in Stunden Nebel	Regen	Schnee	Hagel	Meeresoberfläche Temperatur Anzahl der Beob.	Grade Celsius	Spezif. Gewicht Anzahl der Beob.	Mittel d. Aräom.-angaben
2	68.9	2	16.4	(2) 16.4	—	—	—	—	2	8.5	2	—	—	—	—	2	17.0	1	1.0265
2	70.6	2	15.4	—	—	(1) 16.8	—	—	2	6.5	2	—	—	—	—	2	17.0	1	1.0264
2	66.9	2	13.2	—	—	—	—	—	2	5.0	2	—	—	—	—	2	15.3	—	—
2	67.4	11	16.0	(3) 13.6	(1) 18.1	(2) 14.4	—	—	11	4.1	11	—	—	—	—	11	15.3	—	—
5	63.7	5	15.6	(1) 16.7	(1) 14.8	—	—	—	5	3.8	5	—	3.0	—	—	3	14.9	—	—
1	69.6	1	15.1	—	—	—	—	—	1	9.0	1	—	—	—	—	1	16.5	1	1.0263
3	66.2	3	12.4	(2) 12.9	—	(1) 11.4	—	—	3	7.3	3	—	—	—	—	3	14.5	—	—
1	74.6	1	12.0	(1) 12.0	—	—	—	—	1	1.0	1	—	—	—	—	1	15.0	—	—
7	63.1	15	15.1	(3) 14.2	(2) 15.3	(2) 14.0	—	—	15	5.7	15	—	7.5	—	—	14	15.2	1	1.0272
7	66.5	9	14.6	(1) 13.1	—	(1) 15.8	—	—	9	5.0	9	1.0	0.5	—	—	9	15.6	2	1.0276
10	69.1	10	14.4	(1) 14.6	(1) 12.0	(1) 14.4	3	91.0	8	2.9	10	—	1.0	—	—	10	14.7	4	1.0269
—	—	—	—	—	—	—	—	—	—	—	—	—	—	—	—	—	—	—	—
4	71.0	4	13.8	(1) 14.9	—	(1) 14.9	—	—	6	3.3	5	1.0	1.5	—	—	2	14.5	—	—
10	63.7	13	14.8	(4) 14.6	(2) 15.4	—	—	—	11	5.9	13	1.0	8.0	—	—	9	14.9	1	1.0271
22	65.4	26	14.7	(5) 13.5	(4) 16.0	(4) 13.5	1	95.0	27	5.1	27	0.5	5.0	—	—	25	15.1	—	—
6	67.5	6	14.6	(2) 14.4	—	(2) 14.6	1	92.0	6	5.8	6		1.0	—	—	3	14.3	1	1.0270
8	70.4	8	14.8	—	(3) 13.9	—	3	91.3	7	4.9	8	1.0	0.5	—	—	6	14.6	5	1.0274
2	60.6	5	15.1	(1) 12.9	—	—	—	—	5	4.4	5	0.5	—	—	—	4	15.2	—	—
2	66.3	2	14.0	—	—	—	—	—	2	8.5	2	—	—	—	—	2	14.6	1	1.0269
23	71.1	25	14.1	(5) 13.1	(3) 15.9	(4) 13.3	2	93.0	26	5.1	27	0.5	2.0	—	—	17	14.5	—	—
—	—	—	—	—	—	—	—	—	—	—	—	—	—	—	—	—	—	—	—
9	68.1	15	14.9	(4) 14.3	(1) 16.9	(1) 11.6	3	88.8	15	5.0	15	—	—	—	—	15	14.2	4	1.0271
5	65.4	7	15.4	(3) 15.1	—	—	—	—	7	5.3	7	—	0.5	—	—	2	15.2	—	—
12	72.8	12	13.6	(2) 12.6	(2) 15.8	(1) 12.3	—	—	12	5.6	12	—	—	—	—	5	14.0	—	—
23	66.5	25	12.9	(7) 13.1	(1) 12.2	(4) 12.8	2	98.5	29	7.0	29	0.5	11.0	—	—	28	13.8	—	
[illegible]	—	209	—	48	23	25	15	—	209	—	217	6.0	41.5	—	—	176	—	22	—
—	67.66	—	14.5	13.9	14.7	14.2	—	92.1	—	5.4	—	—	—	—	—	—	14.8	—	1.0271

Monat

Quadrat 110°.

Position der Zone	Wetter nach Beaufort's Bezeichnung. (Häufigkeit.)	Häufigkeit der verschied. Wolkenformen	Häufigkeit von Seegang u. Dünung aus:	Mittel der Meeres-Temperatur	Bemerkungen über einzelne beobachtete Triftströmungen.
35°—36° N. Br. 10°—15° W. L.	Summe d. Beobacht.: 24 Böen: t —, l —, q 1, u — Himmelsansicht: b 2, c 16, o 2, g 1 Hydrometeore: h —, r —, s —, d — Zustand der Luft: v —, w 1, m 1, f —	21 cirr. 1 cirr.c 1 cirr.s 3 Str. 2 W-c — Cum. 10 Cum.st 5 Nimb. 2	8 N 4 NE — E — SE — S — SW 2 W — NW 2 † See — glatt —	15,8° C.	
36°—37° N. Br. 10°—15° W. L.	Summe d. Beobacht.: 29 Böen: t —, l —, q 1 1, u — Himmelsansicht: b 3, c 17, o 7, g — Hydrometeore: h —, r —, s —, d — Zustand der Luft: v —, w —, m —, f —	32 cirr. 3 cirr.c — cirr.s 5 Str. 2 W-c — Cum. 13 Cum.st 6 Nimb. 3	7 N 4 NE — E — SE — S — SW 2 W 1 NW — † See — glatt —	15,8° C.	N 29° E 12 S 53° E 14 S 29° W 6
37°—38° N. Br. 10°—15° W. L.	Summe d. Beobacht.: 56 Böen: t —, l 1, q 2 1, u — Himmelsansicht: b 14, c 25, o 10, g 1 Hydrometeore: h —, r —, s —, d — Zustand der Luft: v —, w —, m —, f 2	47 cirr. 1 cirr.c — cirr.s 5 Str. 6 W-c 1 Cum. 19 Cum.st 6 Nimb. 9	22 N 12 NE — E — SE — S — SW 1 W 5 NW 4 † See — glatt —	14,9° C.	N 9 S 55° E 6 N 87° E 28
38°—39° N. Br. 10°—15° W. L.	Summe d. Beobacht.: 59 Böen: t —, l 1, q 1, u — Himmelsansicht: b 10, c 25, o 13, g 3 Hydrometeore: h —, r —, s —, d 3 Zustand der Luft: v —, w 5, m —, f —	51 cirr. 3 cirr.c 4 cirr.s 2 Str. 9 W-c 4 Cum. 16 Cum.st 4 Nimb. 9	25 N 10 NE — E — SE — S — SW — W 6 NW 9 † See — glatt —	14,6° C.	N 45° E 11 S 31° E 23 N 53° E 9 N 70° E 18
39°—40° N. Br. 10°—15° W. L.	Summe d. Beobacht.: 84 Böen: t —, l —, q 3, u — Himmelsansicht: b 9, c 36, o 22, g 7 Hydrometeore: h —, r —, s —, d 2 Zustand der Luft: v 3, w 1, m 1, f —	66 cirr. 8 cirr.c 3 cirr.s — Str. 7 W-c 2 Cum. 26 Cum.st 13 Nimb. 7	23 N 5 NE — E — SE — S — SW — W 6 NW 12 † See — glatt —	14,0° C.	W 6 W 17

Bemerkungen

Ueber Wind.

Unter-☐	Jahr	Tag		
84.	72.	1.	8ʰ N.	Stürmischer W-Wind mit heftigen Böen und starkem Blitzen im W, N und SE, bei sehr hoher NW-See.
84.	72.	4.	4ʰ M.	Zunehmender SW-Wind bei steigendem Barometer und regnerischem Wetter. Um 8ʰ N. sehr schwere Regenböen aus W und NNW bei stark fallendem Barometer. Am 5. Mittags fängt das Barometer von Neuem an zu steigen. Bis 4ʰ N. treten noch Regenböen auf; darauf geht der Wind nach W und es wird schönes Wetter.

Sonstige Bemerkungen.

Unter-☐	Jahr	Tag		
53.	72.	25.	4ʰ N.	Hohe Dünung aus NW bei Windstille und heiterem Himmel.
84.	77.	3.	12ʰ N.	Starkes Meerleuchten.
84.	77.	5.	8ʰ M.	Bei flauem SW-Winde zieht das Cirr.-Gewölk aus ESE.
94.	79.	18.	8ʰ N.	Schnell aufeinanderfolgende Regenschauer, die später von leichten Böen begleitet sind.

Höchster Barometerstand: **775.0** mm am 6. Februar 1877 in 39° n. Br. und 11° w. L. bei mässigem E-Winde und heiterem Himmel.

Niedrigster „ „ : **753.9** mm am 5. Februar 1872 in 36° n. Br. und 13° w. L. bei sehr veränderlichem Winde mit Regenböen aus W und NNW und wolkigem Himmel.

Höchste Lufttemperatur: **22.2°** Cels. am 25. Februar 1872 in 35° n. Br. und 18° w. L. bei Stille und halb bedecktem Himmel.

Niedrigste „ „ : **10.8°** Cels. am 7. Februar 1873 in 39° n. Br. und 14° w. L. bei frischem NNE-Winde und heiterem Himmel.

Monat

Quadrat 110d.

Position Breite N	Position Länge W	Anzahl der Beob.	N	NNE	NE	ENE	E	ESE	SE	SSE	S	SSW	SW	WSW	W	WNW	NW	NNW	Var.	Stillen	Stürme N bis ENE	Stürme E bis SSE	Stürme S bis WSW
35°—36°	15°—16°	25	—	1	4	1	—	—	—	—	1	—	3	5	2	5	—	1	—	2	—	—	—
	16°—17°	39	1	1	2	—	3	1	—	1	3	6	2	4	5	2	4	3	—	1	—	—	—
	17°—18°	32	2	1	1	2	3	4	—	2	8	3	1	4	—	1	—	—	—	—	—	2	6
	18°—19°	34	2	1	1	6	2	1	3	1	3	5	4	—	2	1	2	—	—	—	—	—	—
	19°—20°	28	—	2	1	1	1	1	—	2	—	8	6	—	3	2	—	—	—	1	—	—	—
36°—37°	15°—16°	22	1	6	2	1	—	—	—	—	3	—	—	—	2	5	1	1	—	—	—	—	—
	16°—17°	43	5	3	—	—	1	2	—	—	5	3	7	6	2	4	3	1	—	1	—	2	—
	17°—18°	30	—	2	—	5	6	4	3	2	—	2	—	—	2	—	1	1	—	2	—	3	—
	18°—19°	23	—	3	2	—	—	5	1	—	2	4	2	—	—	—	3	1	—	—	—	—	—
	19°—20°	29	—	1	—	—	—	4	1	2	5	7	5	2	—	—	2	—	—	—	—	—	—
37°—38°	15°—16°	22	1	5	—	2	1	1	—	1	3	3	—	2	1	—	1	1	—	—	1	—	—
	16°—17°	48	—	3	4	1	7	1	4	2	2	4	4	2	3	6	1	2	—	2	1	—	—
	17°—18°	28	1	2	5	2	3	1	1	2	2	7	1	—	—	—	—	1	—	—	—	—	—
	18°—19°	27	1	2	2	2	1	1	—	2	1	3	1	3	2	2	2	2	—	—	—	—	—
	19°—20°	8	—	—	—	—	—	1	—	2	1	1	—	1	1	—	—	1	—	—	—	—	—
38°—39°	15°—16°	36	2	5	2	—	—	2	—	2	2	7	4	3	1	3	—	3	—	—	—	—	2
	16°—17°	50	1	9	5	2	2	—	2	3	4	2	6	5	1	2	—	5	1	—	1	—	2
	17°—18°	40	—	2	3	—	—	1	1	2	2	17	6	—	—	2	1	—	1	2	—	—	4
	18°—19°	28	1	1	1	3	1	2	3	2	2	3	4	1	—	—	—	—	3	1	—	—	5
	19°—20°	19	—	1	—	—	—	—	2	3	2	2	—	6	1	—	2	—	—	—	—	1	—
39°—40°	15°—16°	31	5	4	4	2	—	1	1	2	—	1	1	—	2	3	2	2	—	1	—	—	—
	16°—17°	42	3	6	6	—	—	1	4	—	1	5	6	2	2	2	—	2	—	2	1	—	—
	17°—18°	19	—	1	2	1	—	—	1	1	—	3	6	1	—	—	2	1	—	—	—	—	—
	18°—19°	34	1	2	—	4	—	1	2	1	3	8	7	1	1	3	—	—	—	—	—	—	1
	19°—20°	15	—	—	—	—	—	—	—	—	2	1	2	2	3	1	2	2	—	—	—	—	—
Fünfgrad-Feld	Summen.	752	27	64	47	35	31	35	29	**35**	**57**	**105**	**78**	**50**	**36**	**44**	29	30	5	15	4	8	**20**
	Mittlere Windstärke		3.8	3.8	4.2	4.9	3.7	4.9	4.0	4.1	4.1	4.3	4.6	4.6	3.8	3.7	4.1	4.6	1.0	0	9.2	8.1	8.3

68.8	22	15.3	3 15.5	2 15.8	2 15.2	2	90.5	25	7.7	25	0.5	5.5	—	—	22	16.0
68.7	35	15.5	6 14.8	5 16.2	4 16.0	1	83.0	39	5.3	39	—	7.0	—	—	30	15.9
68.7	32	15.6	5 15.7	4 15.4	5 16.6	—	—	32	6.8	32	—	6.0	—	—	29	16.3
66.7	33	15.0	7 14.8	3 14.6	4 16.6	—	—	33	6.9	34	—	6.5	—	—	31	16.5
64.4	28	15.9	5 15.3	5 16.4	4 15.4	—	—	28	6.0	28	—	2.0	—	—	23	16.4
68.2	22	14.6	5 16.5	2 14.6	1 13.9	3	85.7	21	4.3	22	—	0.5	—	—	18	15.2
67.6	38	15.2	10 14.5	7 15.6	4 15.4	—	—	43	5.5	43	0.5	2.0	—	—	39	15.5
67.7	30	14.6	5 14.2	3 14.5	4 14.0	—	—	30	5.9	30	—	9.5	—	—	24	15.4
64.6	23	14.7	3 14.3	8 16.5	4 14.0	—	—	21	5.4	23	—	8.5	—	—	19	15.6
65.6	29	15.7	6 14.9	3 17.5	4 15.6	5	85.2	28	6.6	29	1.0	17.0	—	—	27	16.2
70.0	22	14.5	2 13.8	5 15.3	2 15.0	1	84.0	23	5.7	23	—	0.5	—	—	17	15.2
69.0	43	14.4	8 14.0	6 15.2	9 13.6	6	95.2	47	6.6	48	—	11.5	—	—	41	15.0
67.4	21	14.0	2 12.7	4 14.1	3 13.4	2	95.0	28	5.9	28	0.5	5.5	—	—	24	15.1
65.0	26	14.3	6 14.1	4 14.0	4 15.3	7	95.4	27	6.4	27	0.5	2.5	—	—	18	15.1
66.2	8	15.3	2 14.8	1 15.3	—	1	82.0	8	4.9	8	0.5	3.0	—	—	8	15.1
60.1	34	14.0	7 14.4	4 14.2	4 13.5	2	98.0	36	6.3	36	1.5	7.5	—	—	31	14.7
60.8	47	13.9	10 13.2	7 14.3	9 13.9	9	97.4	50	5.8	50	0.5	13.5	—	—	44	14.5
64.1	39	15.1	9 14.5	5 15.7	3 15.7	9	98.1	40	5.0	40	1.0	6.0	—	—	29	15.2
62.1	28	12.8	4 14.2	5 14.5	4 12.4	5	85.6	28	5.8	28	—	—	—	—	23	15.0
60.5	19	14.7	3 14.4	3 15.1	3 14.5	—	—	17	6.0	19	0.5	8.0	—	—	19	15.0
68.7	30	12.9	5 12.2	4 12.7	3 12.2	—	—	31	5.9	31	2.0	9.5	—	—	27	14.0
65.7	39	13.7	7 12.8	5 14.9	2 13.6	1	95.0	38	5.3	42	—	3.5	—	—	37	14.1
64.1	19	13.4	3 12.4	1 15.0	4 12.3	3	96.3	18	5.4	19	—	6.0	—	—	14	14.6
61.8	33	14.2	4 13.9	7 14.4	6 14.3	3	85.0	32	5.1	34	—	10.5	—	—	32	14.7
63.5	15	15.1	5 15.1	3 15.6	2 15.5	—	—	10	5.0	15	—	2.0	—	—	18	13.7
—	715	—	132 —	100 —	97 —	60	—	733	—	753	9.0	154.0	—	—	653	—
66.17	—	14.3	14.1	15.0	14.3	—	92.8	—	5.9	—	—	—	—	—	—	15.3

Quadrat 110d. ....

Position der Zone		Wetter nach Beaufort's Bezeichnung. (Häufigkeit.)		Häufigkeit der verschied. Wolkenformen	Häufigkeit von Seegang u. Dünung aus:	Mittel der Meeres-Temperatur	Bemerkungen über einzelne beobachtete Triftströmungen.
35°—36° N. Br.	15°—20° W. L.	Summe d. Beobacht.: 174		170	41	18.0° C.	
		Böen	Himmelsansicht	cirr. 20	N 5		S 87° E 12 — S 26° W 15
		t —	b 5	cirr. c. 4	NE. —		S 84° E 7 — S 56° W 23
		l 1	c 96	cirr. s 9	E 4		S 70° E 12
		q 3	o 50	Str. 9	SE. 2		S 59° E 12
		u —	g 7	W-r 1	S 10		S 56° E 7
		Hydrometeore	Zustand der Luft	Cum. 80	SW 3		S 45° E 8
		h —	v —	Cum. st 22	W 7		
		r 4	w —	Nimb. 25	NW 6		
		s —	m —		† See 1		
		d 2	f —		glatt 3		
36°—37° N. Br.	15°—20° W. L.	Summe d. Beobacht.: 164		147	56	15.6° C.	
		Böen	Himmelsansicht	cirr. 15	N 16		N 17° E 13 — S 74° E 11 — S 6° W 10 — N 2° W 19
		t —	b 20	cirr. c. 6	NE. —		N 51° E 12 — S 30° W 10
		l 1	c 76	cirr. s 5	E 6		N 73° E 11 — S 65° W 10
		q 9	o 42	Str. 7	SE. —		
		u —	g 6	W-r 11	S 11		
		Hydrometeore	Zustand der Luft	Cum. 61	SW 1		
		h —	v —	Cum. st 13	W 13		
		r 5	w 2	Nimb. 29	NW 9		
		s —	m —		† See —		
		d 1	f 3		glatt —		

Bemerkungen

Ueber Wind.

Unter-☐	Jahr	Tag		
57.	76.	17.	4^h M.	Der stürmische S-Wind hält bei langsam fallendem Barometer und mit hoher, wilder See bis zum 18. an, dann geht der Wind mit steigendem Barometer westlich und flaut ab.
85.	74.	11.	4^h M.	Sturm aus SW mit Regen und hoher, wilder See, starkes Blitzen im NW; um 8^h M. steigt das Barometer, der Wind geht nach W und flaut ab.
95.	79.	28.	8^h M.	Veränderliche Winde bei böiger Luft und mit leichten Regenschauern.
96.	77.	28.	8^h M.	Frischer NW-Wind mit einzelnen leichten Regenböen. Mit langsam fallendem Barometer geht der Wind durch N nach E und steht dann, frisch bis stürmisch wehend, bis zum NE-Passat durch.
98.	70.	26.	12^h N.	Stürmischer SW-Wind mit Regen. Am 27. um 4^h M. holt der Wind nach WNW, krimpt aber Nachmittags wieder nach SSW und weht ununterbrochen 3 Tage hart. Darauf geht er durch W nach N und flaut ab.

Sonstige Bemerkungen.

57.	77.	7.	12^h N.	Meerleuchten.
59.	78.	6.	8^h M.	Quallen.
75.	78.	11.	4^h N.	Hohe Dünung aus NW. Abends Ring um den Mond. Am 12. von 4^h bis 6^h giessender Regen bei sehr veränderlichem Winde.
75.	78.	19.	8^h M.	Mehrere Schildkröten.
86.	78.	3.	4^h N.	Eine Schildkröte.
86.	78.	12.	8^h M.	Sehr veränderliche Bewölkung; bald ganz klarer Himmel und dann wieder ganz bedeckt mit Cirr. s.
99.	78.	9.	12^h N.	Blitzen im NE.

Höchster Barometerstand: **781.4** mm am 28. Februar 1869 in 39° n. Br. und 16° w. L. bei frischem NE-Winde, ganz bedecktem Himmel und sehr trockener Luft.

Niedrigster „ „ : **739.5** mm am 26. Februar 1870 in 39° n. Br. und 18° w. L. bei stürmischem SW-Winde, wolkigem Himmel und zeitweise leichten Regenschauern.

Höchste Lufttemperatur: **19.0**° Cels. am 9. Februar 1874 in 35° n. Br. und 19° w. L. bei frischem SSW-Winde und heiterem Himmel.

Niedrigste „ „ : **9.1**° Cels. am 14. Februar 1870 in 39° n. Br. und 17° w. L. bei leichtem NW-Winde und heiterem Himmel.

Monat

Quadrat 110a.

Position		Windbeobachtungen																						
		Alle Winde, Variabeln und Stillen																			Stürme			
Breite N	Länge W	Anzahl der Beob.	N	NNE	NE	ENE	E	ESE	SE	SSE	S	SSW	SW	WSW	W	WNW	NW	NNW	Var.	Stillen	N bis ENE	E bis SSE	S bis WSW	W bis NNW
30°—31°	10°—11°	—	—	—	—	—	—	—	—	—	—	—	—	—	—	—	—	—	—	—	—	—	—	—
	11°—12°	—	—	—	—	—	—	—	—	—	—	—	—	—	—	—	—	—	—	—	—	—	—	—
	12°—13°	—	—	—	—	—	—	—	—	—	—	—	—	—	—	—	—	—	—	—	—	—	—	—
	13°—14°	—	—	—	—	—	—	—	—	—	—	—	—	—	—	—	—	—	—	—	—	—	—	—
	14°—15°	—	—	—	—	—	—	—	—	—	—	—	—	—	—	—	—	—	—	—	—	—	—	—
31°—32°	10°—11°	—	—	—	—	—	—	—	—	—	—	—	—	—	—	—	—	—	—	—	—	—	—	—
	11°—12°	—	—	—	—	—	—	—	—	—	—	—	—	—	—	—	—	—	—	—	—	—	—	—
	12°—13°	—	—	—	—	—	—	—	—	—	—	—	—	—	—	—	—	—	—	—	—	—	—	—
	13°—14°	—	—	—	—	—	—	—	—	—	—	—	—	—	—	—	—	—	—	—	—	—	—	—
	14°—15°	1	—	—	1	—	—	—	—	1	—	—	—	—	—	—	—	—	—	—	—	—	—	—
32°—33°	10°—11°	—	—	—	—	—	—	—	—	—	—	—	—	—	—	—	—	—	—	—	—	—	—	—
	11°—12°	—	—	—	—	—	—	—	—	—	—	—	—	—	—	—	—	—	—	—	—	—	—	—
	12°—13°	—	—	—	—	—	—	—	—	—	—	—	—	—	—	—	—	—	—	—	—	—	—	—
	13°—14°	3	—	—	2	1	—	—	—	—	—	—	—	—	—	—	—	—	—	—	—	—	—	—
	14°—15°	7	—	—	—	—	—	—	—	1	—	—	1	1	1	3	—	—	—	—	—	—	2	—
33°—34°	10°—11°	4	—	3	1	—	—	—	—	—	—	—	—	—	—	—	—	—	—	—	—	—	—	—
	11°—12°	5	—	—	3	1	—	—	—	—	—	—	—	—	—	—	1	—	—	—	—	—	—	—
	12°—13°	5	—	—	3	—	—	—	—	—	—	—	—	—	—	1	1	—	—	—	—	—	—	—
	13°—14°	1	—	—	—	—	—	—	—	—	—	—	—	—	—	—	1	—	—	—	—	—	—	—
	14°—15°	5	1	—	—	—	—	—	—	—	—	—	—	2	—	1	—	1	—	—	—	—	—	—
34°—35°	10°—11°	7	—	—	2	1	—	—	—	—	—	—	—	2	—	1	—	1	—	—	—	—	—	—
	11°—12°	4	1	3	—	—	—	—	—	—	—	—	—	—	—	—	—	—	—	—	—	—	—	—
	12°—13°	4	—	2	2	—	—	—	—	—	—	—	—	—	—	—	—	—	—	—	—	—	—	—
	13°—14°	12	1	5	4	—	—	—	—	—	—	—	—	—	—	1	1	—	—	—	—	—	—	—
	14°—15°	8	1	1	1	—	—	—	—	—	—	—	—	—	2	2	1	—	—	—	—	—	—	—
Fünfgrad-Feld	Summen	66	**4**	**14**	**19**	3	—	—	—	1	—	—	1	**5**	**3**	**9**	**5**	**2**	—	—	—	—	**2**	—
	Mittlere Windstärke		2.5	4.7	4.5	3.7	—	—	—	3.0	—	—	10.0	4.4	2.7	3.8	4.2	3.5	—	—	—	—	10.0	—

März.

Barometer 700mm +		Thermometer Cels. Gr. (Temperatur der Luft)					Relative Feuchtigkeit		Bedeckung des Himmels		Niederschläge					Meeresoberfläche			
				Anzahl und Mittel								Dauer in Stunden				Temperatur		Spezif. Gewicht	
Anzahl der Beob.	Mittel mm	Anzahl der Beob.	Rohes Mittel	4h M.	4h N.	12h N.	Anzahl der Beob.	Prozente	Anzahl der Beob.	Mittel (0—10)	Anzahl der Beob.-wachen	Nebel	Regen	Schnee	Hagel	Anzahl der Beob.	Grade Celsius	Anzahl der Beob.	Mittel d. Aräom.-angaben
—	—	—	—	—	—	—		—	—	—	—	—	—	—	—	—	—	—	—
—	—	—	—	—	—	—	—	—	—	—	—	—	—	—	—	—	—	—	—
—	—	—	—	—	—	—	—	—	—	—	—	—	—	—	—	—	—	—	—
—	—	—	—	—	—	—	—	—	—	—	—	—	—	—	—	—	—	—	—
2	65.2	2	17.9	—	—	(1) 17.7	—	—	2	3.0	2	—	—	—	—	2	18.0	2	1.0283
—	—	—	—	—	—	—	—	—	—	—	—	—	—	—	—	—	—	—	—
—	—	—	—	—	—	—	—	—	—	—	—	—	—	—	—	—	—	—	—
—	—	—	—	—	—	—	—	—	—	—	—	—	—	—	—	—	—	—	—
2	63.7	2	18.2	—	(1) 19.1	—	—	—	2	4.0	2	—	—	—	—	2	18.0	2	1.0281
—	—	1	17.8	—	(1) 17.8	—	—	—	1	10.0	1	—	0.5	—	—	1	16.9	—	—
—	—	—	—	—	—	—	—	—	—	—	—	—	—	—	—	—	—	—	—
—	—	—	—	—	—	—	—	—	—	—	—	—	—	—	—	—	—	—	—
—	—	—	—	—	—	—	—	—	—	—	—	—	—	—	—	—	—	—	—
1	62.7	4	17.4	—	(1) 18.2	—	—	—	1	4.0	4	—	—	—	—	4	16.7	1	1.0279
7	61.7	6	15.8	(2) 15.2	—	—	—	—	6	6.8	7	—	6.0	—	—	6	16.1	—	—
—	—	4	16.7	(1) 16.8	(1) 15.7	(1) 16.8	4	84.5	4	5.0	4	—	—	—	—	—	—	—	—
1	63.2	5	15.9	(1) 13.1	(1) 17.9	—	2	82.5	3	7.0	5	—	0.5	—	—	3	15.6	—	—
4	62.3	7	15.9	(2) 16.1	—	(2) 16.1	1	84.0	5	4.0	7	0.5	0.5	—	—	6	16.1	2	1.0280
1	63.4	1	13.8	(1) 13.8	—	—	—	—	1	4.0	1	—	—	—	—	1	15.0	—	—
2	69.4	5	17.2	—	(1) 15.8	(1) 16.0	3	70.6	5	4.0	5	—	—	—	—	5	17.0	1	1.0272
4	63.9	7	14.9	(2) 15.0	—	—	—	—	4	7.0	7	—	8.0	—	—	7	15.3	—	—
—	—	4	16.7	—	(1) 17.3	—	4	83.8	4	7.0	4	—	—	—	—	1	16.7	—	—
1	56.1	5	16.6	—	(2) 16.1	(1) 16.7	4	84.8	5	7.2	5	—	—	—	—	1	16.2	1	1.0279
4	65.8	11	15.6	(3) 15.9	(1) 15.7	(2) 15.4	8	84.9	12	6.2	12	—	0.5	—	—	5	15.6	—	—
1	67.1	8	15.6	(1) 14.0	(1) 17.3	(2) 15.4	7	85.4	8	5.1	8	—	—	—	—	5	16.4	—	—
[illegible]	—	72	—	12	11	10	33	—	63	—	74	0.5	16.0	—	—	49	—	9	—
—	63.60	—	16.2	15.2	17.0	16.1	—	83.3	—	5.7	—	—	—	—	—	—	16.2	—	1.0280

Monat

Quadrat 110a. ....

Häufigkeit der verschied. Wolkenformen		Häufigkeit von Seegang u. Dünung aus:		Mittel der Meeres-Temperatur	Bemerkungen über einzelne beobachtete Triftströmungen.
2		2			
cirr.	—	N	2		
cirr. c	—	NE	—		
cirr. s	—	E	—		
Str.	—	SE	—		
W-c	—	S	—	18.0° C.	
Cum	1	SW	—		

Bemerkungen

Ueber Wind.

Unter-□ Jahr Tag

24. 73. 22. 12h M. Schwerer SW-Sturm (10) mit Regen. Um Mitternacht holt der Wind, mit derselben Stärke anhaltend, nach W, dreht sich allmählich durch NW nach N und geht am 25., als frische Briese, in den Passat über.

42. 73. 28. 8h N. Der am Vormittage herrschende WSW-Sturm springt in einer harten Böe mit heftigem Regen auf WNW. Um 8½h N. eine 20 Minuten lang anhaltende Böe aus NNW (9) mit Regen. Während der Nacht noch leichte Böen (7) aus NW, worauf der Wind am 29. um 4h M. abflaut.

Sonstige Bemerkungen.

14. 70. 20. 4h N. Hohe See aus NE, Dünung aus NW.

Höchster Barometerstand: **769.9** mm am 11. Mär 1879 in 33° n. Br. und 14° w. L. bei flauem WSW-Winde und heiterem Himmel.

Niedrigster „ „ : **754.8** mm am 22. März 1873 in 32° n. Br. und 14° w. L. bei hartem SW-Sturm mit Regen und ganz bedecktem Himmel.

Höchste Lufttemperatur: **19.6**° Cels. am 29. März 1876 in 31° n. Br. und 13° w. L. bei mässigem NNW-Winde und ganz bedecktem Himmel.

Niedrigste „ „ : **12.8**° Cels. am 19. März 1873 in 34° n. Br. und 10° w. L. bei flauem NNW-Winde mit anhaltendem Regen und ganz bedecktem Himmel.

Monat

Quadrat 110b. ....

Position			Windbeobachtungen																					
			Alle Winde, Variabeln und Stillen																		Stürme			
Breite N	Länge W	Anzahl der Beob.	N	NNE	NE	ENE	E	ESE	SE	SSE	S	SSW	SW	WSW	W	WNW	NW	NNW	Var.	Stillen	N bis ENE	E bis SSE	S bis WSW	W bis NNW
30°—31°	15°—16°	4	—	1	2	—	—	—	—	—	—	—	—	—	—	—	—	—	—	1	—	—	—	—
	16°—17°	5	1	1	1	—	—	—	—	—	—	—	1	—	—	—	1	—	—	—	—	—	—	1
	17°—18°	6	2	—	—	—	—	—	—	—	—	—	1	—	—	3	—	—	—	—	—	—	—	—
	18°—19°	9	1	1	1	1	3	1	—	—	—	—	—	—	—	—	—	1	—	—	1	—	—	—
	19°—20°	41	1	15	10	3	2	1	1	—	—	1	1	2	1	—	—	1	—	2	—	—	—	—
31°—32°	15°—16°	3	—	—	1	—	—	—	—	—	—	—	—	—	—	—	1	—	—	1	—	—	—	1
	16°—17°	5	—	—	—	—	—	—	—	—	—	—	2	—	—	2	1	—	—	—	—	—	—	1
	17°—18°	1	—	—	—	—	—	—	—	—	—	—	—	—	—	—	1	—	—	—	—	—	—	—
	18°—19°	34	5	12	8	—	1	2	1	—	—	—	—	—	3	—	—	2	—	—	—	—	—	—
	19°—20°	37	1	12	10	4	—	2	1	2	—	—	—	1	2	1	—	—	—	1	—	1	—	—
32°—33°	15°—16°	12	—	—	—	—	—	—	—	—	—	—	1	2	2	2	1	—	—	4	—	—	1	1
	16°—17°	8	—	—	—	—	1	—	—	—	1	—	—	—	2	2	—	—	—	2	—	—	—	—
	17°—18°	14	—	2	—	—	1	1	—	—	1	1	1	—	4	1	1	1	—	—	—	—	—	—
	18°—19°	40	6	7	12	—	1	—	1	—	—	1	2	1	—	3	—	6	—	—	2	1	—	—
	19°—20°	25	2	4	8	—	—	1	2	1	1	—	—	—	—	2	3	—	—	1	—	1	—	—
33°—34°	15°—16°	6	—	—	—	—	—	—	—	—	—	—	—	—	—	2	3	1	—	—	—	—	—	—
	16°—17°	18	2	1	—	—	—	—	—	—	—	—	—	—	4	2	3	3	—	3	1	—	—	1
	17°—18°	36	4	4	1	—	1	2	—	—	3	2	2	8	—	1	2	3	—	3	1	—	—	—
	18°—19°	50	7	8	4	2	1	—	2	—	2	8	2	2	3	2	3	4	—	—	1	1	3	5
	19°—20°	22	—	6	1	2	3	1	1	1	1	—	2	—	—	—	4	—	—	—	—	1	—	—
34°—35°	15°—16°	4	2	—	—	—	—	—	—	—	—	—	—	—	—	—	2	—	—	—	—	—	—	—
	16°—17°	25	2	1	—	—	—	—	—	—	—	—	1	2	2	6	7	4	—	—	—	—	—	5
	17°—18°	44	3	6	7	3	1	3	—	1	—	4	7	3	2	2	2	—	—	—	—	—	7	—
	18°—19°	39	2	12	5	1	—	—	2	—	—	3	5	1	2	2	—	4	—	—	2	—	6	—
	19°—20°	15	1	2	5	4	—	—	1	—	—	1	—	—	1	—	—	—	—	—	1	—	—	—
Fünfgrad-feld	Summen	503	**42**	**95**	**76**	20	15	14	12	5	9	21	28	**22**	**28**	**33**	**35**	**30**	—	18	9	5	**17**	15
	Mittlere Windstärke		3.5	4.5	4.4	3.8	4.7	3.7	5.3	5.4	4.2	6.3	5.5	4.5	4.6	5.2	6.1	3.6	—	0	8.1	8.8	9.1	8.9

Barometer 700mm+		Thermometer Cels. Gr. (Temperatur der Luft)					Relative Feuchtigkeit		Bedeckung des Himmels		Niederschläge					Meeresoberfläche			
				Anzahl und Mittel								Dauer in Stunden				Temperatur		Spezif. Gewicht	
Anzahl der Beob.	Mittel mm	Anzahl der Beob.	Rohes Mittel	4h M.	4h N.	12h N.	Anzahl der Beob.	Procente	Anzahl der Beob.	Mittel 0–10	Anzahl der Beobachtungen	Nebel	Regen	Schnee	Hagel	Anzahl der Beob.	Grade Celsius	Anzahl der Beob.	Mittel d. Aräom.-angaben
2	68.6	4	18.2	(1) 17.2	(1) 21.0	(1) 17.5	—	—	4	5.5	4	—	—	—	—	4	17.9	—	—
2	61.2	4	15.8	(1) 15.0	(1) 17.5	—	—	—	4	6.5	5	—	0.5	—	—	4	16.9	—	—
6	62.8	6	18.1	—	(2) 18.7	(1) 15.1	—	—	6	3.0	6	—	—	—	—	6	17.6	—	—
7	67.3	9	17.1	(3) 16.4	—	(3) 16.5	—	—	9	5.6	9	—	0.5	—	—	9	18.0	1	1.0279
19	67.4	33	17.6	(5) 16.3	(4) 19.2	(5) 16.5	5	74.4	40	3.9	41	—	2.0	—	—	32	18.2	—	—
2	66.2	3	17.9	—	—	—	—	—	1	5.0	3	—	—	—	—	3	16.6	—	—
5	59.9	5	15.4	(1) 15.0	(1) 16.4	—	—	—	5	5.6	5	—	0.5	—	—	5	17.5	—	—
1	69.2	1	17.6	—	—	—	—	—	1	2.0	1	—	—	—	—	1	18.1	—	—
19	67.1	30	17.1	(3) 15.6	(7) 17.8	(4) 15.8	2	73.5	34	3.8	34	—	—	—	—	30	17.5	1	1.0280
23	66.9	36	17.1	(9) 16.3	(4) 18.2	(7) 16.8	1	67.0	38	4.0	38	—	2.0	—	—	34	17.8	1	1.0277
13	58.1	13	16.9	(4) 14.6	(1) 18.8	(1) 17.3	—	—	13	5.2	13	—	4.0	—	—	13	17.0	—	—
3	57.0	8	18.3	(1) 14.8	(2) 20.9	(1) 17.5	—	—	8	3.0	8	—	—	—	—	8	18.0	—	—
7	69.4	10	16.6	(2) 15.8	(2) 17.8	(1) 17.4	—	—	14	6.1	14	—	14.0	—	—	10	17.2	—	—
26	67.0	38	16.6	(7) 15.9	(8) 17.2	(8) 16.6	—	—	40	4.8	40	—	3.5	—	—	37	17.5	—	—
16	67.4	22	16.9	(3) 16.6	(4) 17.3	(4) 15.8	3	69.3	25	6.8	25	—	4.0	—	—	19	17.4	1	1.0279
5	62.6	6	15.4	(1) 14.4	(1) 15.8	(1) 14.0	1	76.0	6	6.0	6	—	0.5	—	—	6	16.3	—	—
4	64.6	18	16.8	(3) 15.8	(2) 19.2	(6) 15.9	—	—	18	3.7	18	—	3.5	—	—	18	16.9	—	—
18	66.0	28	16.1	(4) 15.4	(6) 16.8	(4) 15.3	1	91.0	36	4.6	36	—	1.0	—	—	24	16.7	1	1.0272
23	67.3	49	16.5	(7) 15.9	(5) 17.0	(9) 16.0	4	80.0	50	6.1	50	—	17.5	—	—	37	17.0	—	—
13	67.5	18	16.3	(4) 15.4	(3) 15.8	(3) 16.7	4	70.5	22	5.8	22	—	3.0	—	—	11	16.8	1	1.0270
2	66.9	4	16.1	—	—	(1) 13.9	2	89.0	4	4.2	4	—	—	—	—	3	16.0	—	—
17	59.2	23	15.7	(3) 14.4	(3) 16.1	(3) 14.8	3	88.7	25	5.2	25	—	5.5	—	—	20	16.0	—	—
24	69.2	41	15.7	(8) 15.2	(7) 16.2	(9) 15.7	2	87.5	43	5.3	44	—	4.5	—	—	39	16.4	1	1.0278
24	67.1	34	16.4	(7) 14.6	(8) 17.7	(3) 15.3	4	67.2	38	6.2	39	—	2.0	—	—	30	16.8	—	—
10	69.6	13	15.4	—	(3) 15.7	(2) 14.8	—	—	14	5.9	15	—	—	—	—	14	16.2	—	—
291	—	456	—	(77) —	(75) —	(71) —	32	—	498	—	505	—	68.5	—	—	417	—	7	—
—	66.03	—	16.6	15.6	17.4	16.0	—	76.5	—	5.1	—	—	—	—	—	—	17.1	—	1.0278

Position der Zone		Wetter nach Beaufort's Bezeichnung. (Häufigkeit.)			Häufigkeit der verschied. Wolkenformen	Häufigkeit von Seegang, Dünung aus:	Mittel der Meeres-Temperatur	Bemerkungen über einzelne beobachtete Triftströmungen.
30°—31° N. Br.	15°—20° W. L.	Summe d. Beobacht.: 67			59	18		
		Böen		Himmelsansicht	cirr. 17	N 3		S 34° W 17
		t —		b 4	cirr.c 2	NE 4		
		l 1		c 51	cirr.s 2	E 4		
		q 2		o 8	Str. 2	SE 2		
		u —		g 1	W-c 1	S 1	18.0° C.	
		Hydrometeore		Zustand der Luft	Cum. 30	SW 1		
		h —		v —	Cum.st 3	W 2		
		r —		w —	Nimb. 2	NW 1		
		s —		m —		†See —		
		d —		f —		glatt —		
31°—32° N. Br.	15°—20° W. L.	Summe d. Beobacht.: 82			82	21		
		Böen		Himmelsansicht	cirr 24	N 11		N 66° E 9 S 5° E 13 S 34° W 21 N 45° W 11
		t —		b 6	cirr.c —	NE —		S 2° E 14 S 34° W 14
		l —		c 62	cirr.s 2	E 4		S 45° W 14
		q —		o 12	Str. 1	SE —		S 65° W 12
		u —		g 1	W-c —	S 1	17.8° C.	
		Hydrometeore		Zustand der Luft	Cum. 44	SW 1		
		h —		v —	Cum.st 8	W 1		
		r 1		w —	Nimb. 3	NW 3		
		s —		m —		†See —		
		d —		f —		glatt —		
32°—33° N. Br.	15°—20° W. L.	Summe d. Beobacht.: 102			93	28		
		Böen		Himmelsansicht	cirr. 6	N 12		N 60° E 12 S 62° E 12 S 22° W 6 N 82° W 9
		t —		b 10	cirr.c 1	NE 1		S 43° W 12
		l —		c 62	cirr.s 4	E 7		S 45° W 8
		q 3		o 20	Str. 7	SE —		S 79° W 12
		u —		g —	W-c 1	S 1	17.4° C.	
		Hydrometeore		Zustand der Luft	Cum. 50	SW —		
		h —		v —	Cum.st 17	W 6		
		r 1		w —	Nimb. 7	NW 1		
		s —		m —		†See —		
		d —		f —		glatt —		
33°—34° N. Br.	15°—20° W. L.	Summe d. Beobacht.: 143			148	39		
		Böen		Himmelsansicht	cirr. 23	N 15		S 79° E 10 S 11° W 21
		t —		b 9	cirr.c 1	NE 7		S 47° E 6 S 22° W 19
		l 1		c 94	cirr.s 3	E 2		S 46° E 20 S 21° W 20
		q 13		o 17	Str. 8	SE —		S 34° E 12 S 76° W 22
		u —		g 5	W-c —	S 8	16.8° C.	
		Hydrometeore		Zustand der Luft	Cum. 69	SW 2		
		h —		v —	Cum.st 15	W 8		
		r 1		w —	Nimb. 29	NW 2		
		s —		m 3		†See —		
		d —		f —		glatt —		
34°—35° N. Br.	15°—20° W. L.	Summe d. Beobacht.: 127			132	44		
		Böen		Himmelsansicht	cirr. 23	N 7		N 15° E 11 S 51° E 7 S 6° W 10 W 17
		t —		b 6	cirr.c 3	NE 7		S 2° E 10 S 36° W 13
		l —		c 78	cirr.s —	E 3		
		q 5	2	o 34	Str. 1	SE —		
		u —		g —	W-c —	S 2	16.4° C.	
		Hydrometeore		Zustand der Luft	Cum. 80	SW 7		
		h —		v —	Cum.st 14	W 10		
		r 1		w —	Nimb 11	NW 7		
		s —		m 1		†See 1		
		d —		f —		glatt —		

Bemerkungen

Ueber Wind.

Ueber-□	Jahr	Tag		
06.	79.	1.	8ʰ N.	Steife Regenböe aus WSW, Blitzen im E.
25.	73.	23.	4ʰ M.	Der seit 16 Stunden wehende W-Sturm (10) geht nach NW und weht mit derselben Stärke bei mässig steigendem Barometer bis zum 25., dreht sich dann, als frische Briese, durch N nach NE und geht in den frisch durchstehenden Passat über
29.	77.	13.	4ʰ M.	Der stürmische SE-Wind geht mit Regenböen nach S und fängt hart zu wehen an (10).
36.	77.	2.	8ʰ M.	Harte Böen mit Regen aus NE, die bis 4ʰ N. anhalten; darauf kommt stetiger Passat durch.
38.	79.	31.	4ʰ M.	Der frische Wind springt von W auf NNW und geht mit frischer Briese, die später mässig wird, durch N in den NE-Passat über.
47.	72.	26	8ʰ N.	Schwerer SW-Sturm (11).

Sonstige Bemerkungen.

19.	78.	20.	8ʰ M.	Bei flauem SSE-Winde und ganz bedecktem Himmel ziehen die oberen Wolken aus ESE, die unteren aus SSW.
19.	79.	15.	4ʰ M.	Zwischen Mitternacht und 4ʰ M. 3 grosse intensiv blaue Feuerkugeln aus dem Zenith nach W fallend, ebenso mehrere Sternschnuppen.
27.	78.	23.	8ʰ N.	Sehr helles Zodiakallicht.
29.	79.	31.	12ʰ M.	Eine Schildkröte.
39.	78.	22.	4ʰ M.	Von 3ʰ bis 4ʰ Mondhof.
48.	78.	22.	4ʰ N.	Dünung aus SW und NW

Höchster Barometerstand: **776.8** mm am 5. März 1878 in 34° n. Br. und 17° w. L. bei frischem NNE-Winde und halb bedecktem Himmel

Niedrigster " " : **752.4** mm am 24. März 1876 in 34° n. Br. und 16° w. L. bei frischem WNW-Winde und halb bedecktem Himmel.

Höchste Lufttemperatur: **22.1°** Cels. am 11. März 1872 in 32° n. Br. und 18° w. L. bei frischem N-Winde und halb bedecktem Himmel.

Niedrigste " " : **12.0°** Cels. am 22. März 1879 in 34° n. Br. und 18° w. L. bei stürmischem NE-Winde mit Böen und halb bedecktem Himmel.

Quadrat 110°.

Position: Breite N	Länge W	Anzahl der Beob.	Windbeobachtungen: Alle Winde, Variabeln und Stillen: N	NNE	NE	ENE	E	ESE	SE	SSE	S	SSW	SW	WSW	W	WNW	NW	NNW	Var.	Stillen	Stürme: N bis ENE	E bis SSE	S bis WSW
35°—36°	10°—11°	3	—	—	—	1	—	—	—	2	—	—	—	—	—	—	—	—	—	—		—	
	11°—12°	2	—	—	—	—	—	—	—	1	1	—	—	—	—	—	—	—	—	—	—	—	
	12°—13°	6	—	2	1	—	—	—	—	1	—	—	—	—	—	—	2	—	—	—	—	—	—
	13°—14°	8	—	1	1	1	—	1	—	—	—	—	1	—	—	2	1	—	—	—	—	—	
	14°—15°	4	—	1	—	—	—	—	—	—	—	—	—	—	—	1	2	—	—	—	—	—	
36°—37°	10°—11°	3	2	1	—	—	—	—	—	—	—	—	—	—	—	—	—	—	—	—	—	—	—
	11°—12°	—	—	—	—	—	—	—	—	—	—	—	—	—	—	—	—	—	—	—	—	—	
	12°—13°	1	—	—	—	—	—	—	—	—	—	—	—	—	—	1	—	—	—	—	—	—	
	13°—14°	11	—	1	3	—	—	—	—	—	—	—	4	2	—	1	—	—	—	—	—	—	
	14°—15°	4	—	—	2	—	—	—	—	—	—	—	—	—	1	—	1	—	—		—	—	
37°—38°	10°—11°	—	—	—	—	—	—	—	—	—	—	—	—		—	—	—	—	—		—	—	
	11°—12°	9	1	—	2	3	1	2		—	—	—	—	—	—	—	—	—	—	—		—	—
	12°—13°	9	2	2	—	1	—	—	—	—	—	—	3	—	1	—	—	—	—		—	—	
	13°—14°	14	2	—	—	—	—	—	—	—	—	1	4	2	1	1	3	—	—	—	—	—	—
	14°—15°	13	—	4	5	—	—	—	—	—	—	—	—	—	—	—	4	—	—	—		—	
38°—39°	10°—11°	4	—	1	3	—	—	—	—	—	—	—	—	—	—	—	—	—	—			—	—
	11°—12°	10	1	1	6	2	—	—	—	—	—	—	—	—	—	—	—	—	—		—	—	—
	12°—13°	7	—	—	—	—	2	—	—	—	—	—	5	—	—	—	—	—	—		—	—	—
	13°—14°	16	—	—	—	—	—	—	—	—		1	7	3	1	3	1	—	—			—	
	14°—15°	9	—	2	1	2	—	—	—		—	—	2	—	—	—	1	1	—		—	—	
39°—40°	10°—11°	—	—	—	—	—		—		—	—	—	—	—	—	—	—	—	—	—	—	—	—
	11°—12°	3	1	—	—	1	—	—		—	—	—	—	—	—	—	—	1	—	—	—	—	—
	12°—13°	5	1	—	—	—	—	—	—	—	—		2	1	—	—	1	—	—	—	—	—	
	13°—14°	5	—	1		1	—	—	—	—	—	—	1	1	—	—	—	1	—	—		—	
	14°—15°	27		1	3	2	—	—	2	—	—	—	3	5	5	5	1	—	—		1	—	
Fünfgrad-Feld	Summen	173	10	18	27	14	3	3	2	4	1	2	32	14	9	14	17	3	—	—	1	—	—
	Mittlere Windstärke		4.8	4.2	3.8	3.7	2.7	2.7	5.5	4.0	4.0	6.0	3.9	4.2	3.7	4.7	5.3	4.3	—	—	6.0	—	—

Barometer 700mm+		Thermometer Cels. Gr. (Temperatur der Luft)					Relative Feuchtigkeit		Bedeckung des Himmels		Niederschläge					Meeresoberfläche			
				Anzahl und Mittel								Dauer in Stunden				Temperatur		Spezif. Gewicht	
Anzahl der Beob.	Mittel mm	Anzahl der Beob.	Rohes Mittel	4h M.	4h N.	12h N.	Anzahl der Beob.	Prozente	Anzahl der Beob.	Mittel (0–10)	Anzahl der Beob.-wachen	Nebel	Regen	Schnee	Hagel	Anzahl der Beob.	Grade Celsius	Anzahl der Beob.	Mittel d. Aräom.-angaben
3	68.7	3	14.0	—	(1) 14.0	(1) 14.6	—	—	3	5.3	3	—	1.5	—	—	3	15.7	—	—
4	60.2	4	15.8	(1) 14.6	(1) 17.3	—	—	—	4	5.5	4	—	—	—	—	4	15.7	2	1.0279
[illegible]	66.5	6	13.4	(1) 17.3	(1) 15.2	(1) 17.6	3	86.0	6	5.0	6	—	—	—	—	3	15.3	—	—
5	63.4	8	15.2	(2) 14.5	(1) 15.2	—	3	81.0	8	5.8	8	—	2.0	—	—	7	15.4	1	1.0270
4	62.2	4	14.9	—	(1) 16.3	—	—	—	4	7.8	4	—	1.0	—	—	4	14.8	—	—
4	56.7	4	12.7	—	(1) 11.1	(1) 12.3	—	—	4	6.5	4	—	6.0	—	—	1	14.9	1	1.0278
1	60.9	1	12.9	—	—	—	—	—	1	10.0	1	—	—	—	—	1	14.4	—	—
1	55.4	1	14.7	—	—	—	—	—	1	2.0	1	—	—	—	—	1	14.5	—	—
7	66.2	11	16.5	(2) 14.8	(2) 15.8	(2) 15.8	4	80.8	11	7.2	11	—	—	—	—	8	15.0	—	—
[illegible]	60.6	2	13.4	(1) 14.6	—	(1) 12.3	2	86.5	3	6.0	4	—	1.0	—	—	1	14.3	—	—
2	55.2	2	15.5	(1) 15.6	—	(1) 15.4	—	—	2	5.3	2	—	—	—	—	2	15.9	2	1.0279
[illegible]	61.4	11	14.7	(4) 15.1	(2) 15.4	(2) 13.4	8	86.5	11	5.1	11	—	11.5	—	—	4	14.6	—	—
[illegible]	63.4	9	14.3	(2) 13.0	—	(1) 14.1	3	86.0	8	5.0	9	—	1.0	—	—	4	14.5	—	—
[illegible]	64.9	13	14.2	(2) 12.7	(2) 15.0	(3) 14.4	6	88.3	14	6.1	14	—	6.0	—	—	11	14.7	—	—
[illegible]	60.3	13	14.1	(2) 13.9	(2) 15.1	(2) 13.9	10	85.7	14	6.4	14	—	1.5	—	—	4	15.0	—	—
[illegible]	61.2	5	15.0	—	(1) 15.3	(1) 14.1	4	87.5	5	2.4	5	—	0.5	—	—	1	14.1	—	—
[illegible]	62.1	10	14.5	(3) 13.9	(1) 15.1	(3) 14.8	8	88.9	10	2.0	10	—	6.0	—	—	3	14.3	—	—
[illegible]	70.5	7	14.9	(2) 14.0	(2) 16.1	(1) 14.3	5	94.6	7	3.0	7	—	—	—	—	7	14.1	—	—
[illegible]	60.5	16	13.6	(4) 13.4	(3) 14.2	(2) 13.6	7	90.1	15	5.9	16	—	1.5	—	—	13	14.2	—	—
[illegible]	70.9	9	14.3	(1) 13.7	(2) 15.1	(2) 14.0	3	78.8	9	5.3	9	—	—	—	—	9	14.6	—	—
—	—	—	—	—	—	—	—	—	—	—	—	—	—	—	—	—	—	—	—
[illegible]	66.9	2	12.6	—	(1) 12.3	—	—	—	3	7.0	3	—	4.0	—	—	3	13.8	—	—
[illegible]	65.3	5	13.0	(1) 13.3	—	(1) 13.3	3	90.0	5	8.8	5	—	4.0	—	—	5	13.4	—	—
[illegible]	70.4	6	13.8	(1) 13.6	(1) 14.0	—	5	79.6	6	5.5	6	—	1.0	—	—	5	14.6	—	—
[illegible]	68.5	4	13.0	(4) 13.4	(1) 13.6	(3) 13.0	4	82.8	25	4.9	27	—	3.0	—		26	14.0	1	1.0273
[illegible]	—	156	—	34	29	28	80	—	179	—	184	—	51.5	—	—	130	—	7	—
[illegible]	64.88	—	14.4	14.0	14.1	14.1	—	86.5	—	5.5	—	—	—	—	—	—	14.9	—	1.0277

Monat

Quadrat 110a. ....

Position der Zone	Wetter nach Beaufort's Bezeichnung. (Häufigkeit.)		Häufigkeit der verschied. Wolkenformen	Häufigkeit von Seegang u. Dünung aus:	Mittel der Meeres-Temperatur	Bemerkungen über einzelne beobachtete Triftströmungen.
35°—36° N. Br. 10°—15° W. L.	Summe d. Beobacht.: 37		27	20		
	Böen	Himmelsansicht	cirr. —	N 7		N 36° E 11 N 70° W 31
	t —	b —	cirr.c —	NE —		
	l 2	c 11	cirr.s —	E —		
	q 8	o 6	Str. 2	SE 4		
	u —	g 4	W-c —	S 8	15,4° C.	
	Hydrometeore	Zustand der Luft	Cum. 17	SW —		
	h —	v —	Cum. st 2	W 6		
	r 4	w —	Nimb. 6	NW —		
	s —	m 1		†See —		
	d 1	f —		glatt —		
36°—37° N. Br. 10°—15° W. L.	Summe d. Beobacht.: 23		22	18		
	Böen	Himmelsansicht	cirr. —	N 8		S 58° W 10 N 57° W 11
	t —	b 2	cirr.c —	NE —		
	l —	c 7	cirr.s —	E —		
	q 2	o 7	Str. 9	SE —		
	u —	g 2	W-c 1	S —	14,9° C.	
	Hydrometeore	Zustand der Luft	Cum. 6	SW —		
	h —	v —	Cum. st 3	W 8		
	r 3	w —	Nimb. 4	NW 2		
	s —	m —		†See —		
	d	f —		glatt —		
37°—38° N. Br. 10°—15° W. L.	Summe d. Beobacht.: 56		46	36		
	Böen	Himmelsansicht	cirr. —	N 22		N 26° E 9 S 6 N 51° W 11
	t —	b 7	cirr.c —	NE —		
	l 1	c 19	cirr.s —	E 1		
	q 6	o 14	Str. 8	SE —		
	u —	g 2	W-c 1	S —	14,8° C.	
	Hydrometeore	Zustand der Luft	Cum. 20	SW —		
	h —	v —	Cum. st 6	W 9		
	r 3	w —	Nimb. 11	NW 4		
	s —	m 1		†See —		
	d 3	f —		glatt —		
38°—39° N. Br. 10°—15° W. L.	Summe d. Beobacht.: 49		41	31		
	Böen	Himmelsansicht	cirr. 4	N 13		N 64° E 17 S 22° E 10 S 17° W 12
	t —	b 17	cirr.c —	NE —		
	l 1	c 17	cirr.s 1	E 1		
	q 1	o 8	Str. 8	SE —		
	u —	g 2	W-c —	S —	14,3° C.	
	Hydrometeore	Zustand der Luft	Cum. 20	SW —		
	h —	v —	Cum. st 3	W 14		
	r 1	w —	Nimb. 5	NW 3		
	s —	m 1		†See —		
	d 1	f —		glatt —		
39°—40° N. Br. 10°—15° W. L.	Summe d. Beobacht.: 43		43	17		
	Böen	Himmelsansicht	cirr. 7	N 5		S 28° W 11 N 9° W 9
	t —	b 4	cirr.c —	NE —		
	l —	c 21	cirr.s 1	E 1		
	q 2	o 11	Str. 3	SE —		
	u —	g 2	W-c —	S —	14,0° C.	
	Hydrometeore	Zustand der Luft	Cum. 23	SW —		
	h —	v —	Cum. st 5	W 10		
	r 3	w —	Nimb. 4	NW 1		
	s —	m —		†See —		
	d —	f —		glatt —		

Bemerkungen

Ueber Wind.

Unter-☐	Jahr	Tag		
51.	78.	28.	12ʰ M.	Um 2½ʰ N. springt der frisch wehende SW-Wind in einer harten Regenböe auf NNW.
51.	79.	12.	4ʰ M.	Mässiger SSW-Wind mit Regenböen (8); schöner Mondregenbogen. Mittags springt der Wind in einer Regenböe auf NNW und wird flau.
54.	79.	31.	8ʰ M.	Der frische SW-Wind mit Regen springt um 4ʰ M. in einer starken Regenböe auf NW; einzelne Staubregenböen bis Mittag, dann tritt klares Wetter und frischer NW-Wind ein. Hohe unregelmässige See.
93	79.	30.	12ʰ M.	Um 11½ʰ M. geht der Wind in einer steifen Regenböe auf W.
94.	70.	30	8ʰ M.	Stürmischer ENE-Wind, der nach SSE geht und flau wird.

Sonstige Bemerkungen.

74.	77.	9.	4ʰ N.	Delphine nach NE ziehend.

Höchster Barometerstand: **770.2** mm am 6. März 1876 in 39° n. Br. und 14° w. L. bei flauem WNW-Winde und wolkigem Himmel.

Niedrigster „ „ : **752.9** mm am 28. März 1878 in 35° n. Br. und 11° w. L. bei W-Sturm und harten Regenböen und bei zeitweise ganz bedecktem Himmel.

Höchste Lufttemperatur: **17.6°** Cels. am 7. März 1877 in 35° n. Br. und 12° w. L. bei frischem NNE-Winde und halb bedecktem Himmel.

Niedrigste „ „ **11.1°** Cels. am 26. März 1879 in 39° n. Br. und 15° w. L. bei stürmischem WNW-Winde mit Böen und halb bedecktem Himmel.

Quadrat 110d. ......

Position		Windbeobachtungen																					
		Anzahl der Beob.	Alle Winde, Variabeln und Stillen																		Stürme		
Breite N	Länge W		N	NNE	NE	ENE	E	ESE	SE	SSE	S	SSW	SW	WSW	W	WNW	NW	NNW	Var.	Stillen	N bis ENE	E bis SSE	S bis WSW
35° – 36°	15°–16°	7	—	—	—	—	—	—	—	—	—	—	—	—	5	—	1	1	—	—	—	—	—
	16°–17°	24	1	4	4	1	2	1	—	—	1	3	—	4	—	2	—	—	—	1	—	—	2
	17°–18°	42	2	9	5	8	3	8	—	—	—	1	4	4	1	5	2	2	—	—	1	2	—
	18°–19°	32	2	4	12	—	—		2	4	—	9	2	—	2	—	—	1	—	—	—	—	—
	19°–20°	36	1	2	7	2	4	2	3	—	1	1	5	1	2	—	—	—	—	5	—	—	—
36° – 37°	15°–16°	14	3		—	1	—	—	1	1	1	—	—	1	2	3	—	1	—	—	—	—	—
	16°–17°	34	1	6	3	6	—	1	2	5	—	1	1	4	1	2	1	—	—	—	—	—	—
	17°–18°	32	2	9	6	2	—	—	5	—	—	—	—	—	1	6	—	1	—	—	1	—	
	18°–19°	29	3	—	4	5	4	3	5	2	—	—	—	—	1	1	—	1	—	—	—	—	—
	19°–20°	23	1	5	4	2	3	1	1	—	2	—	—	1	3	—		—	—	—	—	—	—
37° – 38°	15°–16°	29	3	6	2	3	—	2	—	1	—	—	2	6	1	—	1	2	—	—	1	—	2
	16°–17°	35	2	11	1	3	4		—	—	—	—	1	1	1	7	—	4	—	—	—	—	—
	17°–18°	31	—	4	7	4	2	2	3	1	1	1	—	—	2	2	—	—	—	2	—	—	—
	18°–19°	26	1	2	1	4	4	3	2	—	—	—	—	1	3	1	2	2	—	—	—	—	—
	19°–20°	27	—	4	4	8	7	5	1	—	1	—	—	—	2	—		—	—	—	—	—	—
38° – 39°	15°–16°	28	2	6	1	2	1	1	—	—	—	—	2	1	1	9	2	—	—	—	1	1	—
	16°–17°	38	2	13	8	—	3	2	—	—	—	—	2	2	2	2	—	1	—	1	—	—	2
	17°–18°	35	—	5	9	7	3	4	2	1	—	1	3	—	—	3	2	1	—	—	—	—	4
	18°–19°	27	1	3	4	5	3	3	1	—	—	—		—	1	4	1	1	—		—	—	—
	19°–20°	22	2	—	1	—	3	4	—	—	3	3	—	1	1	—	—	3	1	—	1	—	—
39° – 40°	15°–16°	36	4	12	4	1	2	—	3	—	1	1	—	1	—	5	—	2	—		1	1	—
	16°–17°	43	2	4	8	6	5	2	1	—	—	2	2	1	1	3	1	3	1	1	1	1	—
	17°–18°	24	—	1	6	1	3	1	1	—	1	2	1	1	—	7	2	—	—	—	—	—	—
	18°–19°	34	2	2	4	—	8	—	1	2	2	—	—	—	1	3	4	—	5	—	1	—	—
	19°–20°	6	1	—	2	—	—	—	—	—	1	—	—	—	—	—	2	—	—	—	1	—	—
Fünfgrad-Feld	Summen.	714	**38**	**112**	**96**	**61**	**64**	40	**34**	17	15	19	25	30	34	**65**	21	**20**	7	10	9	5	10
	Mittlere Windstärke		4.7	4.8	4.7	5.1	4.8	4.0	4.5	3.9	4.0	4.3	4.5	5.6	6.2	5.4	4.0	5.3	2.8	0	9.1	8.2	8.9

Barometer 700mm+		Thermometer Cels. Gr. (Temperatur der Luft)					Relative Feuchtigkeit		Bedeckung des Himmels		Niederschläge					Meeresoberfläche			
				Anzahl und Mittel								Dauer in Stunden				Temperatur		Spezif. Gewicht	
Anzahl der Beob.	Mittel mm	Anzahl der Beob.	Rohes Mittel	4h M.	4h N.	12h N.	Anzahl der Beob.	Prozente	Anzahl der Beob.	Mittel 0—10	Anzahl der Beob.-wachen	Nebel	Regen	Schnee	Hagel	Anzahl der Beob.	Grade Celsius	Anzahl der Beob.	Mittel d. Aräom.-angaben
7	51.0	6	13.8	1 12.8	1 15.1	1 13.6	—	—	7	5.3	7	—	5.0	—	—	6	13.1	—	—
17	62.8	23	15.0	5 14.2	4 16.3	4 14.4	—	—	24	6.0	24	—	2.0	—	—	23	15.6	1	1.0265
36	67.8	40	14.7	6 14.1	9 15.4	5 14.0	2	89.0	42	6.3	42	—	4.5	—	—	39	16.0	3	1.0278
26	69.1	29	15.2	5 14.9	4 15.5	7 15.0	2	82.0	32	4.8	33	—	—	—	—	26	16.1	—	—
18	70.0	32	15.3	7 14.3	4 16.6	3 14.6	—	—	36	5.2	36	—	14.0	—	—	36	15.7	—	—
14	62.0	14	13.8	—	4 14.9	1 12.6	—	—	14	5.6	14	—	1.5	—	—	11	15.9	—	—
24	61.7	31	14.1	6 14.0	4 14.8	5 14.2	1	87.0	34	6.8	34	—	11.0	—	—	31	15.1	—	—
25	67.9	28	14.3	5 13.4	8 14.9	5 14.2	3	79.0	32	5.3	32	—	4.0	—	—	24	15.6	1	1.0262
19	68.3	28	14.8	3 14.3	6 15.1	5 14.3	2	76.0	29	4.0	29		6.0	—	—	27	15.4	1	1.0270
12	68.2	19	14.8	4 14.4	4 15.6	3 14.7	3	88.3	23	6.1	23	—	1.5	—	—	21	15.5	—	—
22	63.3	29	14.1	7 13.6	3 14.9	8 13.8	2	79.0	28	6.3	29	—	7.5	—	—	27	14.6	—	—
30	64.5	35	13.8	6 12.6	7 14.4	7 13.6	2	89.5	35	5.4	35	—	2.5	—	—	34	14.8	2	1.0273
21	67.0	29	14.3	6 13.7	5 15.5	4 13.6	3	85.0	31	6.1	31	—	1.0	—	—	24	15.1	1	1.0265
16	66.2	26	14.7	2 15.1	7 14.3	1 14.8	2	86.0	26	5.4	26	—	4.0	—	—	25	15.2	—	—
18	67.0	25	14.6	4 13.5	4 15.7	4 14.5	1	90.0	27	6.5	27	—	2.5	—	—	26	15.2	1	1.0266
20	62.2	26	13.5	5 12.0	4 14.2	3 12.7	1	80.0	28	5.8	28	—	6.5	—	—	26	14.2	2	1.0271
27	63.2	33	13.8	4 13.3	5 13.4	3 13.8	2	91.0	38	5.6	38	1.0	0.5	—	—	27	14.9	—	—
31	64.5	33	13.8	8 12.9	2 15.2	9 13.7	—	—	35	5.6	35	—	1.5	—	—	32	14.2	—	—
31	65.5	22	14.2	6 13.8	1 14.1	3 14.1	2	91.3	26	5.8	27	—	2.0	—	—	24	14.9	—	—
13	69.2	22	14.5	3 14.4	3 14.7	5 14.3	2	82.5	22	6.5	22	—	1.0	—	—	18	14.7	—	—
23	63.2	30	13.5	5 14.1	2 15.2	3 13.6	1	85.0	36	6.2	36	—	8.0	—	—	29	14.0	1	1.0275
32	65.4	41	13.1	6 12.9	5 14.4	8 12.0	4	83.8	42	6.2	43	—	13.5	—	—	38	13.7	1	1.0269
19	63.9	22	14.8	4 14.5	5 14.7	4 14.0	1	66.0	23	7.1	24	0.5	16.0	—	—	22	14.4	—	—
19	63.5	32	13.9	2 14.8	6 14.6	5 13.8	4	89.8	35	6.0	36	—	3.0	—	—	26	14.9	—	—
5	65.4	6	13.4	1 11.0	2 14.5	1 12.1	1	82.0	6	4.7	6	—	—	—	—	6	14.5	—	—
[illegible]	...	601	—	111	109	105	41	—	710	—	717	1.5	117.0	—	—	628	—	14	—
—	65.24	—	14.1	13.7	14.7	13.9	—	84.7	—	5.9	—	—	—	—	—	—	14.5	—	1.0275

Quadrat 110d. ....

Position der Zone	Wetter nach Beaufort's Bezeichnung. (Häufigkeit)		Häufigkeit der verschied. Wolkenformen	Häufigkeit von Seegang u. Dünung aus:	Mittel der Meeres-Temperatur	Bemerkungen über einzelne beobachtete Triftströmungen.
35°—36° N. Br. 15°—20° W. L.	Summe d. Beobachtg.: 154		125	66	15.6° C.	
	Bös	Himmelsansicht	cirr. 11	N 7		S 36° W 10 W 18
	t —	b 17	cirr. c. 3	NE 13		S 51° W 7
	l 1	c 73	cirr. s 6	E 8		S 84° W 24
	q 9 1	o 44	Str. 7	SE 2		
	u 1	g 2	W-c —	S 6		
	Hydrometeore	Zustand der Luft	Cum. 78	SW 10		
	h —	v —	Cum. st 12	W 15		
	r 5	w —	Nimb. 17	NW 5		
	s —	m 1		†See —		
	d --	f —		glatt —		
36°—37° N. Br. 15°—20° W. L.	Summe d. Beobachtg.: 134		136	39	15.5° C.	
	Bös	Himmelsansicht	cirr. 20	N 7		S 2° E 10 S 30° W 18
	t —	b 6	cirr. c 2	NE 11		S 42° W 26
	l 2	c 78	cirr. s 8	E 4		
	q 4	o 42	Str. 9	SE 2		
	u —	g —	W-c —	S 5		
	Hydrometeore	Zustand der Luft	Cum. 69	SW —		
	h —	v —	Cum. st 24	W 6		
	r 4	w —	Nimb. 15	NW 4		
	s —	m 2		†See —		
	d —	f —		glatt —		
37°—38° N. Br. 15°—20° W. L.	Summe d. Beobachtg.: 156		153	41	14.9° C.	
	Bös	Himmelsansicht	cirr. 22	N 7		S 40° E 13 S 16 W 14
	t —	b 6	cirr. c 1	NE 13		S 24° W 21 S 42° W 6
	l 2	c 93	cirr. s 2	E 4		S 34° W 20
	q 4 1	o 43	Str. 6	SE —		S 50° W 15
	u —	g 2	W-c 1	S 2		S 58° W 8
	Hydrometeore	Zustand der Luft	Cum. 81	SW 1		S 61° W 13
	h 1	v —	Cum. st 27	W 8		S 62° W 17
	r 2	w —	Nimb. 13	NW 6		S 81° W 14
	s —	m 2		†See —		
	d —	f —		glatt —		
38°—39° N. Br. 15°—20° W. L.	Summe d. Beobachtg.: 156		148	33	14.4° C.	
	Bös	Himmelsansicht	cirr. 17	N 4		N 16° E 7 S 89° E 30 S 8° W 32 W 8
	t —	b 13	cirr. c 1	NE 7		S 7.5° W 10 S 65° W 7
	l —	c 92	cirr. s 8	E 7		S 70° W 12
	q 8	o 40	Str. 12	SE —		
	u —	g 1	W-c 1	S —		
	Hydrometeore	Zustand der Luft	Cum. 80	SW 2		
	h —	v —	Cum. st 24	W 8		
	r 1	w —	Nimb. 10	NW 5		
	s —	m 1		†See —		
	d —	f		glatt —		
39°—40° N. Br. 15°—20° W. L.	Summe d. Beobachtg.: 148		124	32	14.0° C.	
	Bös	Himmelsansicht	cirr. 14	N 3		N 11° E 10 S 65° E 6 S 59° W 21 W 6
	t —	b 31	cirr. c	NE 7		S 7° E 11 S 45° W 7 S 46° W 8
	l —	c 54	cirr. s 4	E 10		S 68° W 13 S 68° W 10
	q 6	o 55	Str. 11	SE —		S 68° W 12 S 52° W 8
	u 1	g —	W-c 1	S —		
	Hydrometeore	Zustand der Luft	Cum. 59	SW 2		
	h —	v —	Cum. st 18	W 8		
	r —	w —	Nimb. 17	NW 2		
	s —	m 1		†See —		
	d —	f —		glatt —		

Bemerkungen

Ueber Wind.

Unter-□	Jahr	Tag		
55.	73.	22.	8h N.	Frischer SSW-Wind mit heftigen Regenböen, nach welchen der Wind stets auf kurze Zeit nördlich geht. Später sind die Böen aus NW anhaltender mit hartem Regen und Hagel. Am 25. Morgens geht der Wind nach NNE, flaut ab und geht bald darauf in den NE-Passat über.
57.	79.	1.	4h N.	Heftige Böen aus ENE; furchtbare See aus NW
77.	77.	1.	4h M.	Frischer ENE-Wind mit starken Hagel- und Regenböen aus E.
88.	78.	28.	4h M.	Stürmischer NW-Wind mit heftigen Regenböen (10), Barometer schnell steigend. Um 8h M. hören die Böen auf, der Wind flaut ab und geht durch N nach NNE.

Sonstige Bemerkungen.

Unter-□	Jahr	Tag		
56.	76.	27.	4h N.	Sternschnuppen; Wetterleuchten im S; stürmischer WSW-Wind.
58.	78.	22.	4h N.	Dünung aus NW und SW.
59.	70.	11.	4h M.	Anhaltender Regen mit Blitzen im E.
67.	78.	17.	4h N.	Viele Delphine, SW ziehend.
67.	78.	20.	8h M.	Schauerige Luft; um 9h M. eine Wasserhose im S.
68.	70.	31.	8h N.	Böige Luft; fortwährend Blitzen im S.
69.	78.	16.	8h N.	Hohe, wild durcheinanderlaufende See aus WNW und NNE.
75.	70.	11.	12h M.	Hohe See aus S.
79.	78.	18.	12h M.	Mehrere Schildkröten.
87.	76.	31.	4h N.	Mehrere Schildkröten. Viele Delphine, von N kommend.
87.	77.	13.	8h M.	Eine Schaar Delphine, von S nach N ziehend.
96.	71.	30.	8h N.	Hohe Dünung aus ENE.
98.	78.	28.	12h M.	Grober, unregelmässiger Seegang.

Höchster Barometerstand: **778.4** mm am 2. März 1869 in 39° n. Br. und 16° w. L. bei frischem N-Winde und ganz bedecktem Himmel, mit zeitweise feinen Regenschauern.

Niedrigster „ „ : **741.0** mm am 1. März 1870 in 36° n. Br. und 17° w. L. bei SSW-Sturm und wolkigem Himmel.

Höchste Lufttemperatur: **20.0°** Cels. am 21. März 1878 in 35° n. Br. und 19° w. L. bei Stille und heiterem Himmel.

Niedrigste „ „ : **10.0°** Cels. am 10. März 1869 in 39° n. Br. und 16° w. L. bei stürmischem NNW-Winde und halb bedecktem Himmel.

Quadrat 110s.

Position		Windbeobachtungen																							
			Alle Winde, Variabeln und Stillen																			Stürme			
Breite N	Länge W	Anzahl der Beob.	N	NNE	NE	ENE	E	ESE	SE	SSE	S	SSW	SW	WSW	W	WNW	NW	NNW	Var.	Stillen	N bis ENE	E bis SSE	S bis WSW	W…
30°—31°	10°—11°	—	—	—	—	—	—	—	—	—	—	—	—	—	—	—	—	—	—	—	—	—	—	—
	11°—12°	—	—	—	—	—	—	—	—	—	—	—	—	—	—	—	—	—		—		—	—	—
	12°—13°	—	—	—	—	—	—	—	—	—	—	—	—	—	—	—	—	—		—	—	—	—	—
	13°—14°	—	—	—	—	—	—	—	—	—	—	—	—	—	—	—	—	—	—	—	—	—	—	—
	14°—15°	2	—	—	1	—	—	—	—	—	—	—	—	—	—	1	—	—	—	—	—	—	—	—
31°—32°	10°—11°	—	—	—	—	—	—	—	—	—	—	—	—	—	—	—	—	—	—	—	—	—	—	—
	11°—12°	—	—	—	—	—	—	—	—	—	—	—	—	—	—	—	—	—	—	—	—	—	—	—
	12°—13°	—	—	—	—	—		—	—	—	—	—	—	—	—	—	—	—	—	—	—	—	—	—
	13°—14°	2	—	—	—	—	—	—	—	—	—	—	—	—	1	1	—	—	—	—	—	—	—	—
	14°—15°	3	—	2	1	—	—	—	—	—	—	—	—	—	—	—	—	—	—	—	—	—	—	—
32°—33°	10°—11°	—	—	—	—	—	—	—	—	—	—	—	—	—	—	—	—	—	—	—	—	—	—	—
	11°—12°	—	—	—	—	—	—	—	—	—	—	—	—	—	—	—	—	—	—	—	—	—	—	—
	12°—13°	3	—	—	1	—	—	—	—	—	—	—	—	—	—	1	1	—	—	—	—	—	—	—
	13°—14°	4	1	1	2	—	—	—	—	—	—	—	—	—	—	—	—	—	—	—	—	—	—	—
	14°—15°	6	—		1	—	—	—	—	—	—	—	—	1	—	4	—	—	—	—	—	—	—	—
33°—34°	10°—11°	2	1	1	—	—	—	—	—	—	—	—		—	—	—	—	—	—	—	—	—	—	—
	11°—12°	3	—	1	1	—	—	—	—	—	—	—	—	—	—	—	—	1	—	—	—	—	—	—
	12°—13°	8	1	1	2	—	—	—	—	—	—	—	—	1	—	2	1	—	—	—	—	—	—	—
	13°—14°	7	—	2	2	—	—	—	—	—	—	—	—	—	1	—	1	—		1	—	—	—	—
	14°—15°	—	—	—	—	—	—	—	—	—	—	—	—	—	—	—	—	—	—	—	—	—	—	—
34°—35°	10°—11°	—	—	—	—	—	—	—	—	—	—	—	—	—	—	—	—	—	—	—	—	—	—	—
	11°—12°	4	—	—	1	—	—	—	—	—	—	—	—	—	2	1	—	—	—	—	—	—	—	1
	12°—13°	4	1	—	—	—	—		—	—	—		—	—	2	1	—	—	—	—	—	—	—	—
	13°—14°	—	—	—	—	—	—	—	—	—	—	—	—	—	—	—	—			—	—	—	—	—
	14°—15°	4	—	—	2	—	—	—	—	—	—	—	—	—	—	1	1	—	—	—	1	—	—	—
Fünfgrad-Feld	Summen	52	4	8	14	—	—	—	—	—	—		—	2	6	12	4	1	—	1	1	—	—	
	Mittlere Windstärke		4.5	4.8	5.2	—	—	—	—	—	—	—	—	2.5	4.2	3.9	4.5	3.0	—	0	8.0	—	—	8…

April.

Barometer 700mm+ Anzahl der Beob.	Barometer Mittel mm	Thermometer Cels. Gr. (Temperatur der Luft) Anzahl der Beob.	Rohes Mittel	Anzahl und Mittel 4h M.	4h N.	12h N.	Relative Feuchtigkeit Anzahl der Beob.	Prozente	Bedeckung des Himmels Anzahl der Beob.	Mittel (0—10)	Niederschläge Anzahl der Beob.-wachen	Dauer in Stunden Nebel	Regen	Schnee	Hagel	Meeresoberfläche Temperatur Anzahl der Beob.	Grade Celsius	Spezif. Gewicht Anzahl der Beob.	Mittel d. Aräom.-angaben
—	—	—	—	—	—	—	—	—	—	—	—	—	—	—	—	—	—	—	—
—	—	—	—	—	—	—	—	—	—	—	—	—	—	—	—	—	—	—	—
—	—	—	—	—	—	—	—	—	—	—	—	—	—	—	—	—	—	—	—
—	—	—	—	—	—	—	—	—	—	—	—	—	—	—	—	—	—	—	—
4	63.3	4	18.4	[2] 17.6	—	[1] 16.5	1	83.0	4	3.0	4	—	—	—	—	3	18.7	—	—
—	—	—	—		—	—	—	—	—	—	—	—	—		—		—	—	—
—	—	—		—	—	—	—	—	—		—	—	—		—	—	—	—	—
—	—	—	—	—	—	—	—	—	—	—	—	—	—	—	—	—	—	—	—
3	61.8	3	17.4	—	[1] 17.5	—	—	—	3	2.7	3	—	—		—	2	17.5		—
6	61.2	6	19.4	—	[1] 21.4	[1] 19.2	2	86.0	6	7.7	6	—	4.5	—	—	6	18.3		—
—	—	—	—	—	—	—	—	—	—	—	—	—	—		—	—	—	—	—
—	—	—	—	—	—	—	—	—	—	—	—	—	—		—	—	—	—	—
3	59.5	3	17.4	—	—		—	—	3	3.3	3	—	—	—	—	3	17.1	—	—
6	62.1	7	18.2	[1] 17.4	[1] 18.1	[2] 18.9	1	88.0	7	4.9	7	—	1.0	—	—	7	17.8	—	—
1	60.0	7	18.9	[2] 17.4	—	[1] 18.4	6	90.3	7	6.7	7	—	—	—	—	2	18.3	—	—
2	63.4	2	18.0	[1] 18.2	—	[1] 17.8	—	—	2	0.0	2	—	—	—	—	2	16.1	—	—
2	64.2	3	18.3	—	—	—	—	—	3	1.3	3	—	—	—	—	3	16.6	—	—
4	62.4	9	17.5	[2] 15.7	[2] 18.0	[1] 17.1	3	96.0	8	6.8	9	0.5	2.0	—	—	6	17.0	—	—
3	61.2	9	19.6	[2] 19.3	[1] 22.3	[2] 19.0	7	91.9	9	8.6	9	0.5	—	—	—	4	18.3	—	—
—	—	—	—	—	—	—	—	—	—	—	—	—	—	—	—	—	—	—	—
—	—	—	—	—	—	—	—	—	—	—	—	—	—	—	—	—	—	—	—
[illegible]	57.5	5	15.9	[1] 15.8	—	[1] 15.6	—	—	4	3.5	5	—	—	—	—	4	16.4	—	—
2	65.9	5	17.3	[2] 16.8	—	[1] 17.9	3	92.0	5	5.0	5	—	—	—	—	2	17.2	—	—
[illegible]	57.7	2	20.5	—	[1] 20.9	—	2	88.0	2	3.3	2	—	—	—	—	2	19.1	—	—
4	67.1	3	16.4	—	—	—	—	—	4	3.0	4	—	—	—	—	3	17.0	—	—
[illegible]	—	68	—	19	7	11	25	—	67	—	69	1.0	7.5	—	—	49	—	—	—
[illegible]	62.07	—	18.1	17.3	19.5	18.0	—	86.8	—	5.2	—	—	—	—	—	—	17.3	—	—

Quadrat 110a.

Position der Zone		Wetter nach Beaufort's Bezeichnung. (Häufigkeit.)				Häufigkeit der verschied. Wolkenformen		Häufigkeit von Seegang u. Dünung aus:		Mittel der Meeres-Temperatur	Bemerkungen über einzelne beobachtete Triftströmungen.
30° — 31° N. Br.	10° — 15° W. L.	Summe d. Beobacht.:	5			5		5		18.7° C.	
		Böen		Himmelsansicht		cirr.	1	N	1		
		t	—	b	—	cirr. c	—	NE	2		
		l	—	c	3	cirr. s	—	E	—		
		q	—	o	—	Str.	1	SE	—		
		u	—	z	1	W-c	—	S	—		
		Hydrometeore		Zustand der Luft		Cum.	3	SW	—		
		h	—	v	—	Cum. st	—	W	1		
		r	—	w	—	Nimb.	—	NW	1		
		s	—	m	1			† See	—		
		d	—	f	—			glatt	—		
31° — 32° N. Br.	10° — 15° W. L.	Summe d. Beobacht.:	11			10		8		18.1° C.	S 11° W 16
		Böen		Himmelsansicht		cirr.	—	N	2		
		t	—	b		cirr. c	2	NE	3		
		l	—	c	3	cirr. s	—	E	—		
		q	1	o	6	Str.	2	SE	—		
		u	—	z	1	W-c	—	S	—		
		Hydrometeore		Zustand der Luft		Cum.	2	SW			
		h		v	—	Cum. st	3	W	1		
		r		w	—	Nimb.	1	NW	2		
		s	—	m	—			† See	—		
		d	—	f	—			glatt	—		
32° — 33° N. Br.	10° — 15° W. L.	Summe d. Beobacht.:	20			19		13		17.7° C.	
		Böen		Himmelsansicht		cirr.	1	N	3		
		t	—	b	7	cirr. c	—	NE	2		
		l	—	c	1	cirr. s	1	E	1		
		q	—	o	9	Str.	3	SE	—		
		u	—	z	1	W-c	1	S			
		Hydrometeore		Zustand der Luft		Cum.	7	SW	—		
		h	—	v	—	Cum. st	3	W	6		
		r	—	w		Nimb.	3	NW	1		
		s	—	m	2			† See	—		
		d	—	f	—			glatt	—		
33° — 34° N. Br.	10° — 15° W. L.	Summe d. Beobacht.:	30			17		15		17.1° C.	S 25° W 14 S 56° W 11
		Böen		Himmelsansicht		cirr.	3	N	3		
		t	—	b	6	cirr. c	—	NE	2		
		l	—	c	3	cirr. s	1	E	1		
		q	—	o	11	Str.	2	SE	1		
		u	—	z	2	W-c	1	S	—		
		Hydrometeore		Zustand der Luft		Cum.	7	SW			
		h	—	v	1	Cum. st	—	W	5		
		r	—	w	—	Nimb.	3	NW	3		
		s	—	m	7			† See	—		
		d	—	f	—			glatt	—		
34° — 35° N. Br.	10° — 15° W. L.	Summe d. Beobacht.:	15			14		11		17.2° C.	N 68° E 10 S 45° E 11
		Böen		Himmelsansicht		cirr.	1	N	3		
		t	—	b	4	cirr. c	2	NE	—		
		l	—	c	7	cirr. s	—	E	—		
		q	1	o	2	Str.	3	SE	—		
		u	—	z	—	W-c	1	S	—		
		Hydrometeore		Zustand der Luft		Cum.	6	SW	1		
		h	—	v	—	Cum. st	1	W	6		
		r	—	w	—	Nimb.	—	NW	1		
		s	—	m	1			† See	—		
		d	—	f	—			glatt	—		

Bemerkungen

Ueber Wind.

Unter-☐	Jahr	Tag		
14.	72.	9.	8h M.	Stürmischer N-Wind mit Regenböen; der Wind geht um 4h N. nach NE und flaut ab. Abends Blitzen im S.
14.	77.	18.	9h M.	Der Wind springt plötzlich von NNE nach NNW mit Regenschauern.
32.	77.	12.	8h M.	Während 24 Stunden stürmische Regenböen aus NW; darauf tritt mässige Briese und schönes Wetter ein.
32.	79.	14.	4h M.	Stürmischer WNW-Wind mit sehr heftigen Windstössen, geht bald nach NW und flaut ab.
41.	79.	13.	12h N.	Sehr heftige Regenböen aus WNW.
44.	74.	11.	4h N.	Stürmischer NW-Wind, der Abends abflauend in den NE-Passat übergeht.

Sonstige Bemerkungen.

32.	79.	28.	12h M.	Schaaren von Delphinen ziehen nach SW. Kleine Vögel.

Höchster Barometerstand: **772.8** mm am 27. April 1868 in 34° n. Br. und 14° w. L. bei stürmischem NE-Winde und klarem Himmel.

Niedrigster " " : **753.3** mm am 13. April 1879 in 34° n. Br. und 11° w. L. bei stürmischem W-Winde und ganz klarem Himmel.

Höchste Lufttemperatur: **22.8°** Cels. am 27. April 1878 in 31° n. Br. und 14° w. L. bei mässigem E-Winde und halb bedecktem Himmel.

Niedrigste " " : **15.4°** Cels. am 14. April 1879 in 33° n. Br. und 14° w. L. bei stürmischem WNW-Winde und halb bedecktem Himmel.

Quadrat 110b.

Position Breite N	Position Länge W	Windbeobachtungen: Anzahl der Beob.	Alle Winde, Variabeln und Stillen: N	NNE	NE	ENE	E	ESE	SE	SSE	S	SSW	SW	WSW	W	WNW	NW	NNW	Var.	Stillen	Stürme: N bis ENE	E bis SSE	S bis WSW
30°—31°	15°—16°	1	—	—	1	—	—	—	—	—	—	—	—	—	—	—	—	—	—	—	—	—	—
	16°—17°	5	—	—	2	2	—	—	—	—	—	—	—	—	—	—	—	1	—	—	—	—	—
	17°—18°	18	1	3	6	—	1	—	—	—	—	—	—	—	—	2	—	3	—	2	—	—	—
	18°—19°	37	4	7	12	1	—	—	—	—	—	—	—	4	2	1	3	3	—	—	2		—
	19°—20°	63	6	11	10	3	3	—	2	—	—	2	3	4	5	5	3	5	—	1	—	—	—
31°—32°	15°—16°	8	1	1	3	1	—	—	—	—	—	—	—	—	—	1	—	1	—	—	—	—	—
	16°—17°	16	—	6	3	1	—	—	—	—	1	1	—	—	1	—	1	—	1	1	—	—	—
	17°—18°	23	3	1	6	—	1	—	—	—	—	—	1	2	2	2	1	2	—	2	—		—
	18°—19°	40	4	8	9	2	1	1	1	—	1	3	—	1	3	—	5	1	—	—	2	—	—
	19°—20°	78	9	5	12	4	3	6	5	1	1	4	4	9	3	2	7	2	—	1	1	—	—
32°—33°	15°—16°	2	1	1	—	—	—	—	—	—	—	—	—	—	—	—	—	—	—	—	—	—	
	16°—17°	15	1	—	4	—	1	—	—	—	—	1	—	—	1	—	6	1	—	—	1	—	
	17°—18°	25	2	6	3	—	—	—	1	—	—	—	1	4	1	1	4	1	—	1	—	—	—
	18°—19°	74	5	10	11	5	4	4	1	2	3	4	4	—	3	4	8	5	—	1	2	—	
	19°—20°	49	1	4	8	6	5	3	4	—	1	1	3	2	3	2	2	3	—	1	2	—	—
33°—34°	15°—16°	8	1	—	1	—	—	—	—	—	—	—	—	1	—	—	3	2	—	—	1		—
	16°—17°	32	5	—	1	2	—	—	—	—	—	—	4	1	4	3	7	5	—	—	—	—	—
	17°—18°	68	3	5	18	3	1	1	1	1	—	—	9	6	4	4	7	3	—	2	2	—	—
	18°—19°	63	7	2	13	3	5	5	1	—	—	5	5	7	3	3	3	—	1	—	1	—	
	19°—20°	42	3	4	5	3	2	2	1	—	1	1	3	5	3	2	3	4	—	—	—	—	—
34°—35°	15°—16°	15		1	—	—	—	—		—	—	—	—	—	2	2	8	2	—	—	1	—	—
	16°—17°	43	2	4	8	—	—	—	1	—	—	—	2	4	1	5	12	1	3	—	3	—	—
	17°—18°	48	5	3	5	—	1	1	1	—	1	1	9	1	5	4	3	1	4	3	1	—	—
	18°—19°	47	4	5	4	6	2	—	2	—	1	2	5	3	5	3	2	—	1	2	—	—	—
	19°—20°	28	5	8	—	3	—	—	—	—	—	—	1	3	3	1	2	2	—	—	—	—	—
Fünfgrad-feld	Summen	848	**73**	**95**	**145**	45	30	23	21	4	10	25	54	**57**	**54**	**47**	**90**	**48**	10	17	**19**	—	—
	Mittlere Windstärke		3.4	4.1	4.3	4.2	4.2	3.8	2.6	2.8	2.4	3.8	3.4	3.8	3.6	3.3	3.4	3.2	1.6	0	8.4	—	—

Barometer 700mm+		Thermometer Cels. Gr. (Temperatur der Luft)					Relative Feuchtigkeit		Bedeckung des Himmels		Niederschläge						Meeresoberfläche			
				Anzahl und Mittel								Dauer in Stunden					Temperatur		Spezif. Gewicht	
Anzahl der Beob.	Mittel mm	Anzahl der Beob.	Rohes Mittel	4h M.	4h N.	12h N.	Anzahl der Beob.	Prozente	Anzahl der Beob.	Mittel 0—10	Anzahl der Beob.-wachen	Nebel	Regen	Schnee	Hagel	Anzahl der Beob.	Grade Celsius	Anzahl der Beob.	Mittel d. Aräom.-Angaben
3	63.2	3	18.6	(1) 19.8	—	(1) 17.4	1	85.0	3	3.7	3	—	—	—	—	3	18.7	—	—
1	57.0	4	19.1	(1) 18.0	(1) 19.4	—	3	80.0	5	3.6	5	—	—	—	—	4	17.8	1	1.0266
12	64.7	17	19.4	(8) 17.6	(3) 20.1	(2) 18.5	7	80.3	18	3.6	18	—	—	—	—	14	15.4	1	1.0280
29	66.2	34	18.9	(7) 18.2	(6) 19.8	(2) 17.6	12	86.9	33	3.0	39	—	4.0	—	—	28	18.6	1	1.0273
53	65.5	60	18.8	(14) 16.9	(7) 20.7	(5) 18.5	8	76.8	57	3.8	65	—	2.5	—	—	57	19.0	4	1.0268
2	57.0	8	18.2	—	(3) 17.8	(1) 18.1	4	84.3	8	7.8	8	—	1.5	—	—	5	17.4	—	—
8	65.3	15	17.9	(5) 17.5	—	(2) 16.4	6	83.2	16	4.3	16	—	1.5	—	—	12	18.0	—	—
23	67.1	23	19.0	(5) 18.1	(3) 20.7	(3) 18.3	10	85.7	23	4.1	24	—	0.5	—	—	23	18.6	—	—
40	66.0	40	18.5	(6) 16.9	(3) 20.1	(6) 16.9	7	89.6	40	4.7	45	—	3.0	—	—	39	18.6	3	1.0271
70	66.4	76	18.3	(17) 17.6	(10) 18.5	(8) 16.9	6	84.5	77	4.1	78	—	4.0	—	—	76	18.5	5	1.0271
—	—	2	16.2	—	—	—	2	68.0	2	4.0	2	—	0.5	—	—	2	17.2	1	1.0273
15	68.4	14	19.2	(1) 18.0	(2) 20.6	(1) 20.9	3	85.3	14	3.9	15	—	—	—	—	14	18.1	2	1.0277
24	66.3	26	17.5	(5) 16.7	(4) 17.8	(5) 16.8	9	91.9	20	5.1	27	—	2.0	—	—	23	17.7	—	—
66	65.7	72	17.6	(17) 17.4	(13) 18.2	(4) 18.3	6	92.7	69	5.3	76	—	7.0	—	—	70	17.9	3	1.0272
41	67.4	48	17.9	(7) 16.7	(5) 19.2	(8) 16.7	5	82.8	48	4.8	50	—	1.0	—	—	49	18.3	2	1.0269
7	65.5	7	16.2	(4) 15.9	—	—	2	82.0	8	3.6	8	—	—	—	—	6	16.5	1	1.0268
30	66.1	32	17.6	(6) 17.2	(6) 18.6	(2) 18.1	7	90.9	29	4.6	33	—	—	—	—	31	17.4	1	1.0269
67	67.3	68	17.5	(13) 16.9	(6) 18.3	(10) 17.0	18	86.3	68	4.2	73	—	3.0	—	—	64	17.4	3	1.0270
59	65.5	58	17.3	(15) 17.0	(5) 17.7	(10) 16.7	10	91.8	60	5.9	64	—	4.5	—	—	58	17.4	3	1.0272
29	65.0	36	18.1	(10) 17.4	(2) 17.7	(4) 18.4	2	84.0	37	5.5	42	—	3.0	—	—	38	18.5	8	1.0275
13	67.1	15	16.3	(5) 15.3	—	(1) 15.8	2	88.0	15	3.7	15	—	0.5	—	—	13	16.5	1	1.0277
45	67.6	46	16.5	(12) 16.5	(6) 18.6	(4) 15.6	19	87.4	45	5.7	48	—	4.5	—	—	42	16.8	3	1.0267
46	65.9	48	17.5	(11) 16.8	(4) 18.1	(4) 16.5	3	88.0	49	3.9	49	—	1.0	—	—	47	17.8	8	1.0272
42	64.8	39	17.6	(6) 16.0	(10) 16.2	(1) 16.9	4	84.0	42	4.8	47	—	2.5	—	—	38	17.3	—	—
11	63.2	24	16.9	(5) 16.0	(3) 18.1	(5) 16.3	—	—	24	5.1	28	—	2.0	—	—	27	17.4	3	1.0276
737	—	815	—	(176) —	(100) —	(94) —	149	—	810	—	878	—	48.5	—	—	785	—	49	—
—	66.13	—	17.8	17.0	18.8	17.1	—	86.1	—	4.6	—	—	—	—	—	—	17.9	—	1.0274

Monat

Quadrat 110b. ....

Position der Zone	Wetter nach Beaufort's Bezeichnung. (Häufigkeit.)				Häufigkeit der verschied. Wolkenformen		Häufigkeit von Seegang, Dünung aus:		Mittel der Meeres-Temperatur	Bemerkungen über einzelne beobachtete Triftströmungen.
30°—31° N. Br. 15°—20° W. L.	Summe d. Beobacht.:			121	110		43			
	Böen		Himmelsansicht		cirr.	17	N	10		E 12; S 12; N 56° W 12
	t	—	b	41	cirr.c	3	NE	9		S 47° E 13; S 6° W 7
	l	—	c	59	cirr.s	6	E	1		S 28° W 20
	q	—	o	13	Str.	7	SE	—		S 45° W 10
	u	—	g	2	W-c	1	S	—	18.0° C.	S 51° W 18
	Hydrometeore		Zustand der Luft		Cum.	63	SW	—		
	h	—	v	—	Cum.st	6	W	9		
	r	1	w	1	Nimb.	7	NW	14		
	s	—	m	4			†See	—		
	d	—	f	—			glatt	—		
31°—32° N. Br. 15°—20° W. L.	Summe d. Beobacht.:			171	168		47			
	Böen		Himmelsansicht		cirr.	28	N	15		N 4° E 12; S 22° E 10; S 10; N 54° W 8
	t	—	b	30	cirr.c	5	NE	1		S 22° W 6; N 45° W 41
	l	1	c	102	cirr.s	7	E	1		S 25° W 14
	q	1	o	28	Str.	3	SE	—		S 31° W 16
	u	—	g	3	W-c	1	S	—	18.4° C.	S 49° W 21
	Hydrometeore		Zustand der Luft		Cum.	109	SW	—		S 67° W 10
	h	—	v	1	Cum.st	11	W	10		
	r	—	w	—	Nimb.	4	NW	19		
	s	—	m	5			†See	1		
	d	—	f	—			glatt			
32°—33° N. Br. 15°—20° W. L.	Summe d. Beobacht.:			169	148		46			
	Böen		Himmelsansicht		cirr.	18	N	10		S 68° E 25; S 18; W 8
	t	—	b	30	cirr.c	5	NE	—		S 62° E 8; W 15
	l	—	c	84	cirr.s	4	E	—		S 21° E 8
	q	5	o	37	Str.	2	SE			S 6° E 14
	u	—	g	4	W-c	2	S	—	18.1° C.	
	Hydrometeore		Zustand der Luft		Cum.	102	SW	—		
	h	—	v	—	Cum.st	5	W	19		
	r	—	w	3	Nimb.	10	NW	11		
	s	—	m	5			†See	5		
	d	1	f	—			glatt			
33°—34° N. Br. 15°—20° W. L.	Summe d. Beobacht.:			216	188		56			
	Böen		Himmelsansicht		cirr.	17	N	4		N 4° E 17; S 65° E 19; S 17° W 11; N 84° W 7
	t	—	b	40	cirr.c	8	NE	1		N 34° E 7; S 59° E 15; S 17° W 16; N 79° W 12
	l	—	c	121	cirr.s	13	E	—		S 65° E 17; S 21° W 12; N 65° W 23
	q	2	o	34	Str.	5	SE	—		S 16° E 19; S 26° W 9
	u	—	g	8	W-c	2	S		17.6° C.	S 11° E 20; S 37° W 12
	Hydrometeore		Zustand der Luft		Cum.	114	SW	6		S 54° W 17
	h	—	v	—	Cum.st	25	W	22		S 84° W 16
	r	1	w	—	Nimb.	4	NW	22		
	s	—	m	8			†See	—		
	d	2	f	—			glatt	1		
34°—35° N. Br. 15°—20° W. L.	Summe d. Beobacht.:			186	164		39			
	Böen		Himmelsansicht		cirr.	15	N	6		S 49° E 18; S 2° W 10; N 73° W 8
	t	1	b	44	cirr.c	4	NE	—		S 3° W 18; N 64° W 8
	l	1	c	98	cirr.s	10	E	1		S 6° W 8; N 45° W 10
	q	4	o	26	Str.	3	SE	—		S 11° W 14; N 28° W 10
	u	—	g	6	W-c	1	S	—	17.2° C.	S 17° W 9
	Hydrometeore		Zustand der Luft		Cum.	104	SW	3		S 30° W 13
	h	—	v	—	Cum.st	19	W	15		S 42° W 16
	r	2	w	—	Nimb.	8	NW	14		S 42° W 31
	s	—	m	3			†See	—		S 54° W 7
	d	1	f	—			glatt	—		

Bemerkungen

Ueber Wind.

Ueber-□	Jahr	Tag		
38.	77.	10.	4^h N.	Der mässige WNW-Wind wird flau und krimpt nach WSW, frischt dann auf und geht wieder nach WNW.

Sonstige Bemerkungen.

65.	79.	29.	8^h M.	Seemöven und Seeschwalben. Mehrere kleine Vögel, schwarz und weiss befiedert, mit schmutzig braunem Kopf, anscheinend Insektenfresser.
28.	76.	1	8^h M.	Eine Schildkröte.
28.	79.	2.	12^h M.	Dünung aus NW.
29.	78.	22.	8^h M.	Dünung aus NNW.
29.	79.	2.	12^h N.	Mehrere Walfische.
46.	78.	20.	4^h N.	Die hohe NW-Dünung nimmt noch zu.

Höchster Barometerstand: **776.4** mm am 27. April 1868 in 34° n. Br. und 16° w. L. bei stürmischem NE-Winde und halb bedecktem Himmel.

Niedrigster „ „ : **753.2** mm am 24. April 1877 in 34° n. Br. und 16° w. L. bei mässigem NE-Winde und wolkigem Himmel.

Höchste Lufttemperatur: **25.[illegible]°** Cels. am 30. April 1877 in 30° n. Br. und 15° w. L. bei flauem NNE-Winde und sehr schönem Wetter.

Niedrigste „ „ : **13.[illegible]°** Cels. am 1. April 1876 in 34° n. Br. und 15° w. L. bei flauem NW-Winde und halb bedecktem Himmel.

Quadrat 110°. . .

Position Breite N	Position Länge W	Anzahl der Beob.	N	NNE	NE	ENE	E	ESE	SE	SSE	S	SSW	SW	WSW	W	WNW	NW	NNW	Var.	Stillen	Stürme N bis ENE	Stürme E bis SSE	Stürme S bis WSW
35°—36°	10°—11°	4	—	—	—	—	—	—	—	—	—	1	—	—	2	—	—	1	—	—	—	—	—
	11°—12°	4	1	—		—	—	—	—	—	—	—	—	—	—	2	1	—	—	—	—		
	12°—13°	3	—	—	—	—	—	—	—	—	—	—	—	—	—	1	2	—	—	—	—	—	—
	13°—14°	7	1	—	—	—	—	—	—	—	—	1	1	1	1	2	—	—	—	—	1	—	
	14°—15°	16	1	2	2	—	—	—	—	—	—	—	2	1	2	4	2	—	—	—	2	—	—
36°—37°	10°—11°	2	—	—	—	—	—	—	—	—	—	—	—	—	1	—	1	—	—	—	—	—	
	11°—12°	5	1	—	—		—	—	—	—	—	—	1	—	—	2	—	1	—	—	—	—	
	12°—13°	3	—	—	—	—	—	—	—	—	—	—	—	—	2	—	—	1	—	—	—		
	13°—14°	27	1	3	1	—	—	—	1	—	1	3	4	6	1	3	—	2	—	1	3		2
	14°—15°	20	—	—	2	—	—	—	—	—	1	1	5	2	5	4	1	1	—	2	—		
37°—38°	10°—11°	4	—	—	—	—		—	—	—	—	—				3	—	1	—		—	—	
	11°—12°	4	—	—	—	—		—	—	—	—	—	—	—	—	2	1	1	—	—	—	—	
	12°—13°	18	2	3	1	—	—	—	—	—	—	3	2	2	2	2	—	1	—	—	—	—	3
	13°—14°	21	1	—	1	1	—	—	1	—	1	3	2	5	1	1	1	—	—	2	—		
	14°—15°	20	3	1	—	—	—	—	1	—	—	3	3	—	6	1	—	—	—	—	1		
38°—39°	10°—11°	1	—	—	—	—	—	—	—	—	—	—	—	—	—	1	—	—	—	—	—		
	11°—12°	6	—	—	—	—	—	—	—	—	—	—	1	—	2	1	1	1	—	—	—	—	—
	12°—13°	13	—	—	1	—	—	—	—	—	—	—	6	—	1	1	2	1	1	—		—	—
	13°—14°	15	—	1	—	1		—	—	—	—	3	2	4	1	—	3	—	—	—	1	—	
	14°—15°	20	4	1	2	1	1	2	—		—	1	2	6	3	4	—	1	1		2	—	
39°—40°	10°—11°	3	—	—	—	—	—	—	—	—	—	—		2	—	1	—	—	—			—	
	11°—12°	13	—	—	—	—	—	—	—	—	1	—	7	1	1	1	—	2	—	—	—	—	
	12°—13°	14	—	1	2		—	—	—	—	—	1	8	4	1	1	—	1	—	—	—	—	
	13°—14°	27	3	2	2	—	—	2	—	—	1	1	9	3	3	1	—	—	—	—	2	—	
	14°—15°	45	2	6	8	—	—	—	—	—	1	2	5	2	4	8	3	1	—	1	1		—
Fünfgrad-Feld	Summen	330	**20**	20	22	3	1	4	3	—	6	**25**	**60**	**30**	**30**	**40**	**18**	**10**	2	6	**13**	—	5
	Mittlere Windstärke		5.7	5.8	4.9	5.3	4.0	4.8	4.3	—	4.0	4.9	4.0	4.5	4.7	4.8	4.0	6.5	1.5	0	8.8	-	10.0

4	15.8	1 14.6	—	—	—	—	4	8.0	4	—	2.5		—	4	15.8	—	—
6	16.1	1 16.4	2 15.8	1 16.9	—	—	6	3.7	6	—	—			5	16.5	—	—
5	18.5	—	1 17.3	1 22.0	5	90.0	5	5.8	5	—	—	—	—	3	17.8		—
6	17.0	2 14.9	1 18.5	—	—	—	7	3.7	7	—	—	—		6	17.2	—	—
15	16.5	2 16.5	3 16.1	1 17.0	2	84.0	15	5.5	16	—	2.0	—	—	14	16.4	1	1.0276
4	15.0	—	—	1 14.0	—	—	4	4.5	4	—	—		—	3	16.3	—	—
5	16.3	2 16.7	—	1 15.7	2	89.0	5	5.6	5	—	0.5	—	-	9	16.0	—	—
5	18.5	1 21.7	—	-	2	85.0	4	7.0	5	—	0.5	—	—	5	17.6	—	—
19	16.1	4 14.2	2 17.9	3 15.1	4	88.2	22	6.0	27	—	—	—	—	19	16.0	1	1.0278
26	16.3	7 15.8	1 17.8	3 16.6	5	91.6	19	5.6	26	—	3.5	—	—	26	16.2	5	1.0268
5	14.9	2 14.0	2 15.2		—	—	5	4.0	5	—	—	—	—	4	15.2	—	—
4	14.9	—	1 16.8	—	2	88.5	4	6.5	4	—	1.5	—	—	2	16.2	—	—
17	15.9	3 14.4	3 18.6	2 14.3	2	78.0	16	6.2	20	—	1.0	—	—	17	15.7	1	1.0277
17	16.3	3 15.0	2 17.8	1 16.3	9	91.7	16	5.9	21	—	1.0	—	—	18	16.3	2	1.0269
22	16.4	4 16.8	4 17.0	3 16.3	3	90.3	19	5.1	24	—	2.0	—	—	19	16.1	1	1.0274
2	16.3	—	—		1	86.0	2	4.0	2	—	—	—	—	2	15.0	1	1.0252
5	14.8	1 13.6	—	1 13.8	2	90.0	6	6.5	6	—	3.5	—	—	3	14.5	—	—
14	16.3	3 14.4	1 18.0	2 18.6	3	86.7	15	5.3	15	—	4.5	—	—	14	15.8	5	1.0270
17	15.6	3 14.2	1 16.6	3 16.0	2	90.0	17	5.4	19	—	0.5	—	—	17	15.0	—	—
30	15.8	4 14.2	5 16.3	1 15.1	6	85.7	32	4.2	33	—	3.0	—	—	28	15.3	2	1.0271
6	15.0	—	2 16.9	1 15.9	3	87.7	6	6.7	6	—	—	—	—	6	14.3	3	1.0251
8	15.2	2 14.1		—	1	86.0	9	6.9	15	—	2.0	—	—	6	14.8		—
15	14.8	5 15.2	1 16.8	3 14.5	5	91.2	16	7.2	16	—	5.5	—	-	15	15.0	4	1.0265
27	15.5	6 15.0	4 16.5	3 13.7	4	95.2	30	5.9	32	—	8.5	—		28	14.8	—	—
45	14.4	10 14.1	5 14.8	6 13.8	9	87.4	45	5.4	45	—	7.5	—		43	14.2	4	1.0264
329	—	66 —	41 —	37 —	66	--	329	—	368	—	49.0	—	—	310		30	—
—	15.8	15.0	16.6	15.4	—	88.6	—	5.6	—	—	—	—	—	—	15.5	—	1.0266

Position der Zone		Wetter nach Beaufort's Bezeichnung. (Häufigkeit.)				Häufigkeit der verschied. Wolkenformen		Häufigkeit von Seegang u. Dünung aus:		Mittel der Meeres-Temperatur	Bemerkungen über einzelne beobachtete Triftströmungen.
35°—36° N. Br.	10°—15° W. L.	Summe d. Beobacht.:			40		42		20		
		Böen		Himmelsansicht		cirr.	3	N	2		S 54° E 11 S 45° W 17
		t	—	b	8	cirr.c	2	NE	—		S 32° E 8 S 65° W 15
		l	—	c	18	cirr.s	5	E	—		S 25° E 11
		q	1 (2)	o	9	Str.	3	SE	—		S 2° E 10
		u	—	g	—	W-c	1	S	—	16.6° C.	
		Hydrometeore		Zustand der Luft		Cum.	22	SW	1		
		h	—	v	—	Cum.st	4	W	10		
		r	—	w	—	Nimb.	2	NW	7		
		s	—	m	4	—		†See	—		
		d	—	f	—			glatt	—		
36°—37° N. Br.	10°—15° W. L.	Summe d. Beobacht.:			59		63		26		
		Böen		Himmelsansicht		cirr.	4	N	6		N 81° E 15 S [illegible] 25 W 2[illegible]
		t	—	b	4	cirr.c	4	NE	1		S 50° W 8 N 75° W 8
		l	—	c	30	cirr.s	6	E	—		
		q	4	o	17	Str.	5	SE	—		
		u	—	g	—	W-c	—	S	—	16.2° C.	
		Hydrometeore		Zustand der Luft		Cum.	32	SW	1		
		h	—	v	—	Cum.st	2	W	16		
		r	2	w	—	Nimb.	10	NW	2		
		s	—	m	1			†See	—		
		d	—	f	1			glatt	—		
37°—38° N. Br.	10°—15° W. L.	Summe d. Beobacht.:			75		56		24		
		Böen		Himmelsansicht		cirr.	6	N	2		N 74° E 6 S 61° E 10 S 36° W 12 N 57° W 6
		t	—	b	9	cirr.c	3	NE	1		N 78° E 21 S 51° E 6 S 65° W 16
		l	—	c	28	cirr.s	3	E	2		S 10° E 14
		q	7	o	18	Str.	5	SE	—		
		u	—	g	5	W-c	1	S	—	16.0° C.	
		Hydrometeore		Zustand der Luft		Cum.	31	SW	—		
		h	—	v	—	Cum.st	4	W	16		
		r	—	w	—	Nimb.	3	NW	3		
		s	—	m	6			†See	—		
		d	2	f	—			glatt	—		
38°—39° N. Br.	10°—13° W. L.	Summe d. Beobacht.:			77		73		28		
		Böen		Himmelsansicht		cirr.	8	N	6		N [illegible] 11 S 33° E 22 S 28° W 11 N 60° W 8
		t	—	b	16	cirr.c	3	NE	3		N 17° E 14
		l	—	c	41	cirr.s	3	E	2		
		q	2	o	9	Str.	3	SE	—		
		u	—	g	3	W-c	1	S	—	15.3° C.	
		Hydrometeore		Zustand der Luft		Cum.	36	SW	—		
		h	—	v	—	Cum.st	8	W	12		
		r	1	w	—	Nimb.	11	NW	5		
		s	—	m	3	—		†See	—		
		d	2	f	—			glatt	—		
39°—40° N. Br.	10°—13° W. L.	Summe d. Beobacht.:			120		108		33		
		Böen		Himmelsansicht		cirr.	12	N	1		N 63° E 18 S 40° E 41 S 45° W 10 N 81° W 16
		t	—	b	22	cirr.c	9	NE	9		
		l	—	c	39	cirr.s	4	E	1		
		q	1	o	37	Str.	4	SE	—		
		u	—	g	6	W-c	—	S	—	14.4° C.	
		Hydrometeore		Zustand der Luft		Cum.	50	SW	—		
		h	—	v	1	Cum.st	14	W	16		
		r	1	w	1	Nimb.	15	NW	6		
		s	—	m	5			†See	—		
		d	5	f	2			glatt	—		

Bemerkungen

Ueber Wind.

Unter-□	Jahr	Tag		
61.	68.	25.	8ʰ N.	Der frische SW-Wind schiesst plötzlich nach N aus und wird flau, fängt aber bald aus NNW hart zu wehen an, bis er beim Segeln nach S in den NE-Passat übergeht und leichter wird.
63.	76.	12.	4ʰ M.	Der flaue N-Wind geht mit steigendem Barometer nach NNE und wächst zum Sturme an, der mehrere Tage anhält. Der Wind geht ohne Unterbrechung in den NE-Passat über.
70.	79.	13.	4ʰ M.	Schwere WSW-Böen mit anhaltendem Regen; um $3^1/_2$ʰ M. springt der Wind in einer Böe nach NW.
72.	68.	23.	12ʰ M.	Der stürmische Wind springt in einer harten Regenböe von SSW nach WNW und wird flau, krimpt aber bald nach SSW zurück und fängt von Neuem zu stürmen an, geht dann durch W und N nach NE und wird mässig.
94.	77.	5.	8ʰ N.	Steife Regenböe aus W von 15 Minuten Dauer; sonst mässiger Wind.

Sonstige Bemerkungen.

51.	79.	13.	4ʰ N.	Eine grosse Schaar Delphine.
73.	77.	23.	8ʰ M.	Bei frischem SE-Winde ziehen die oberen Wolken aus NE, das niedrige lose Gewölk zieht aus der Windrichtung.
84.	78.	17.	8ʰ N.	Bei mässigem WSW-Winde zieht das Cirr.- und Cirr. s.-Gewölk aus NW.
91.	68.	19.	12ʰ M.	Hohe Dünung aus NW.
93.	77.	5.	8ʰ N.	Schaaren von Delphinen.

Höchster Barometerstand: **777.8** mm am 28. April 1868 in 39° n. Br. und 14° w. L. bei leichtem N-Winde und heiterem Himmel.

Niedrigster „ „ : **742.1** mm am 25. April 1868 in 36° n. Br. und 11° w. L. bei frischem böigem SW-Winde und halb bedecktem Himmel.

Höchste Lufttemperatur: **23.2°** Cels. am 29. April 1878 in 37° n. Br. und 12° w. L. bei mässigem SW-Winde und heiterem Himmel.

Niedrigste „ „ **10.8°** Cels. am 23. April 1876 in 39° n. Br. und 14° w. L. bei mässigem SW-Winde und ganz bedecktem Himmel.

Quadrat 110d. ....

Windbeobachtungen

le Winde, Variabeln und Stillen

E	ESE	SE	SSE	S	SSW	SW	WSW	W	WNW	NW	NNW
—	—	—	—	—	—	—	—	6	5	7	1
—	1	1	2	3	5	2	2	4	6	4	1
1	—	3	—	—	2	2	—	—	3	2	2
2	—	2	1	1	1	5	6	5	4	2	3
1	—	1	—	—	—	2	1	1	2	1	—
2	1	—	—	3	—	1	2	3	2	4	—
1	1	—	1	2	—	1	2	2	3	—	—
3	—	—	—	1	—	5	1	4	2	—	1
2	—	—	—	—	—	2	3	3	4	3	1
—	—	—	—	—	—	2	5	3	—		2
—	1	1	—	—	—	1	—	3	4	1	2
—		—	—	—	—	1	2	1	—	2	—
1	3		—	—	—	—	1	4	1	—	—
2	1	2	—	2	1	1	2	2	—	4	—
—	—	—	4	1	2	1	—	3	1	1	—
—	—	—	—	1	4	2	3	7	2	1	2
—	—	—	—	1	—	1	—	1	2	2	1
1	—	1	—	2	2	—	3	5	3	2	—
—	—	7	1	—	—	—	1	4	2	1	—
1	1	5	—	2	2	1	—	3	2	—	—
—	—	—	1	5	6	2	1	4	4	—	4
—	—	—	1	2	1	—	1	—	—	—	—
—	—	2	—	—	3	3	1	3	—	—	2
—	—	3	—	1	4	—	—	6	—	—	3
—	—	1	—	—	1	1	1	1	2	1	1
17	9	29	11	27	34	36	**38**	**84**	**54**	**38**	**26**
3.4	3.1	4.1	4.5	4.2	4.6	3.6	4.0	4.5	4.8	4.9	3.6

Barometer 700mm+		Thermometer Cels. Gr. (Temperatur der Luft)					Relative Feuchtigkeit		Bedeckung des Himmels		Niederschläge					Meeresoberfläche			
				Anzahl und Mittel								Dauer in Stunden				Temperatur		Spezif. Gewicht	
Anzahl der Beob.	Mittel mm	Anzahl der Beob.	Rohes Mittel	4h M.	4h N.	12h N.	Anzahl der Beob.	Prozente	Anzahl der Beob.	Mittel (0–10)	Anzahl der Beob.-wachen	Nebel	Regen	Schnee	Hagel	Anzahl der Beob.	Grade Celsius	Anzahl der Beob.	Mittel d. Ariom.-angaben
23	65.6	25	15.9	(6) 15.8	(4) 17.3	(2) 14.8	7	83.0	26	4.6	28	—	1.5	—	—	25	16.3	2	1.0269
43	63.4	46	15.7	(7) 14.9	(6) 15.3	(7) 16.4	7	93.0	45	5.1	46	—	22.5	—	—	41	16.3	2	1.0270
36	63.4	32	16.8	(9) 15.9	(4) 18.0	(3) 16.6	—	—	33	3.8	38	—	3.0	—	—	35	16.6	2	1.0267
37	66.3	41	16.6	(10) 16.6	(2) 17.4	(4) 17.1	9	79.3	41	4.8	43	—	7.0	—	—	41	16.7	2	1.0268
11	63.5	19	16.4	(2) 15.2	(8) 15.9	(1) 17.3	1	90.0	20	5.6	23	—	6.0	—	—	21	17.1	—	—
28	62.6	28	15.9	(8) 15.0	(2) 17.6	(8) 15.2	10	88.9	27	5.3	30	—	5.1	—	—	27	16.0	1	1.0268
23	64.5	24	15.8	(7) 14.9	(2) 17.8	(1) 15.6	3	96.3	23	5.2	24	—	10.0	—	—	20	15.9	1	1.0262
37	65.5	32	16.6	(5) 14.6	(3) 16.6	(5) 15.9	8	75.0	33	4.5	38	—	4.5	—	—	34	16.3	1	1.0288
18	67.2	26	16.2	(5) 14.3	(1) 18.6	(4) 14.7	6	77.5	28	5.1	29	—	5.0	—	—	26	16.4	—	—
13	60.8	14	15.3	(3) 15.1	(2) 17.5	(2) 14.4	3	78.0	13	4.1	17	0.5	—	—	—	15	15.7	1	1.0266
27	62.1	29	15.1	(7) 14.6	(3) 15.1	(5) 14.7	8	95.8	30	6.0	30	—	3.2	—	—	27	15.0	2	1.0266
28	66.7	27	15.7	(5) 15.4	(3) 17.4	(3) 15.1	8	83.9	27	5.0	30	8.0	1.0	—	—	28	15.7	1	1.0277
21	66.2	17	15.5	(3) 15.2	(3) 15.6	—	6	76.3	19	5.4	21	—	1.0	—	—	18	15.6	1	1.0268
14	63.6	27	15.9	(5) 15.8	(5) 16.2	(6) 15.7	—	—	29	4.2	29	—	0.5	—	—	26	16.0	—	—
8	59.6	10	15.4	(3) 15.3	(1) 17.0	(2) 13.5	2	90.0	11	7.8	16	—	1.0	—	—	14	15.8	—	—
42	67.4	44	15.4	(10) 14.8	(6) 16.2	(7) 14.6	12	83.8	41	4.9	44	—	6.0	—	—	43	15.1	6	1.0278
25	62.8	24	14.9	(7) 14.2	(1) 14.0	(1) 15.1	3	68.0	26	5.2	30	—	11.0	—	—	25	15.0	2	1.0272
18	62.1	18	15.6	(4) 14.3	(1) 16.3	(1) 17.8	3	88.7	17	6.6	23	8.0	11.0	—	—	17	15.5	—	—
12	61.3	21	15.5	(2) 15.3	(1) 16.4	(1) 13.7	1	91.0	21	3.5	21	—	0.5	—	—	20	15.6	—	—
17	57.6	22	14.9	(3) 13.8	(3) 15.0	(2) 15.6	8	91.4	23	5.8	23	—	2.5	—	—	22	15.4	1	1.0265
33	64.3	32	15.7	(9) 15.1	(3) 17.6	(3) 16.3	4	84.2	30	5.8	38	—	6.0	—	—	32	15.1	4	1.0278
13	63.8	13	14.6	(1) 13.8	(8) 15.9	(1) 13.7	4	72.3	14	5.1	14	—	1.5	—	—	13	14.5	2	1.0260
18	62.4	19	15.2	(3) 14.6	(3) 15.6	(1) 16.2	3	96.0	19	6.7	22	6.0	12.6	—	—	17	15.2	—	—
15	60.2	18	15.5	(5) 15.1	(4) 16.3	(8) 15.3	4	84.8	18	4.7	20	—	3.0	—	—	16	15.4	—	—
9	59.6	9	13.7	(8) 13.1	—	(1) 13.3	1	88.0	8	6.6	11	—	1.0	—	—	9	15.1	—	—
[illegible]	—	617	—	131	75	78	121	—	622	—	688	22.5	128.3	—	—	615	—	31	—
—	63.94	—	15.7	15.1	16.5	15.4	—	83.1	—	5.1	—	—	—	—	—	—	15.8	—	1.0273

Quadrat 110d. ....

Position der Zone	Wetter nach Beaufort's Bezeichnung. (Häufigkeit)		Häufigkeit der verschied. Wolkenformen	Häufigkeit von Seegang u. Dünung aus:	Mittel der Meeres-Temperatur	Bemerkungen über einzelne beobachtete Triftströmungen.
35°—36° N. Br. 15°—20° W. L.	Summe d. Beobacht.: 171		165	36	16.4° C.	
	Böen	Himmelsansicht	cirr. 26	N 4		N 23° E 19 · S 57° E 10 · S 37° W 22
	t —	b 41	cirr. c. —	NE 3		N 68° E 8 · S 48° E 12 · S 45° W 24
	l 2	c 79	cirr. s 6	E 5		S 55° W 21
	q 1	o 36	Str. 5	SE —		S 56° W 16
	u —	g 3	W-c 5	S —		
	Hydrometeore	Zustand der Luft	Cum. 92	SW 2		
	h —	v —	Cum. st 10	W 11		
	r 7	w —	Nimb. 21	NW 11		
	s —	m —		† See —		
	d 2	f —		glatt —		
36°—37° N. Br. 15°—20° W. L.	Summe d. Beobacht.: 140		118	40	16.1° C.	
	Böen	Himmelsansicht	cirr. 20	N 5		N 44° E 14 · S 68° E 9 · S 4° W 8 · N 62° W 11
	t —	b 31	cirr. c. —	NE 6		N 51° E 8 · S 6° E 11 · S 22° W 9 · N 13° W 12
	l —	c 62	cirr. s 4	E 5		S 34° W 6
	q 1	o 27	Str. 1	SE —		S 34° W 20
	u —	g 9	W-c 4	S —		S 57° W 6
	Hydrometeore	Zustand der Luft	Cum. 80	SW 1		
	h —	v —	Cum. st 6	W 15		
	r 9	w —	Nimb. 3	NW 8		
	s —	m 3		† See —		
	d 4	f —		glatt —		
37°—38° N. Br. 15°—20° W. L.	Summe d. Beobacht.: 122		112	27	15.6° C.	
	Böen	Himmelsansicht	cirr. 14	N 4		N 30° E 19 · S 45° E 36 · S 26° W 9 · N 64° W 9
	t —	b 22	cirr. c. —	NE 7		S 87° W 19
	l 1	c 56	cirr. s 4	E 2		
	q 2	o 33	Str. 5	SE —		
	u 1	g 1	W-c 2	S —		
	Hydrometeore	Zustand der Luft	Cum. 69	SW 4		
	h —	v —	Cum. st 8	W 8		
	r 1	w —	Nimb. 10	NW 2		
	s —	m —		† See —		
	d 2	f 3		glatt —		
38°—39° N. Br. 15°—20° W. L.	Summe d. Beobacht.: 139		129	30	15.8° C.	
	Böen	Himmelsansicht	cirr. 7	N 3		N 8° E 6 · S 28° W 10 · N 76° W 13
	t —	b 25	cirr. c —	NE 3		N 31° E 7 · S 45° W 10 · N 63° W 13
	l 1	c 72	cirr. s 9	E —		N 66° E 7 · N 31° W 11
	q 4	o 29	Str. 8	SE 1		N 65° E 25
	u —	g 2	W-c —	S 8		
	Hydrometeore	Zustand der Luft	Cum. 86	SW —		
	h —	v —	Cum. st 12	W 6		
	r 4	w —	Nimb. 7	NW 9		
	s —	m —		† See —		
	d —	f 2		glatt —		
39°—40° N. Br. 15°—20° W. L.	Summe d. Beobacht.: 101		74	27	15.0° C.	
	Böen	Himmelsansicht	cirr. 9	N 5		S 4° E 14 · S 62° W 10
	t —	b 15	cirr. c 2	NE —		
	l —	c 43	cirr. s 2	E —		
	q 4	o 27	Str. 3	SE —		
	u —	g 2	W-c —	S 5		
	Hydrometeore	Zustand der Luft	Cum. 48	SW —		
	h —	v —	Cum. st 6	W 8		
	r —	w 2	Nimb. 4	NW 6		
	s —	m 3		† See 3		
	d 3	f 2		glatt —		

Bemerkungen

Ueber Wind.

Unter-□	Jahr	Tag		
53.	76.	12.	8h N.	Anhaltender NNE-Sturm (8—10) mit Regenböen. Der Wind geht abflauend in den NE-Passat über.
55.	77.	8.	8h M.	Häufige Böen aus NW mit Regen: zwischen den Böen variirt der Wind zwischen NW und W.
65.	79.	1.	4h M.	Bis 2h M. heftige Böen aus NW.
99.	77.	2.	4h M.	Anhaltender NW-Sturm: nach 24 Stunden flaut der Wind ab und geht nach WSW.

Sonstige Bemerkungen.

56.	78.	12.	12h M.	Hohe westliche Dünung.
59.	70.	28.	8h N.	Hoher Seegang aus NE.
66.	77.	23.	8h N.	Bei mässigem E-Winde ziehen die oberen Cirr.-s. aus W, die unteren Cum. mit der Windrichtung.
68.	76.	26.	4h N.	Landschwalben.
69.	77.	9.	8h M.	Delphine von SE nach NW ziehend.
76.	70.	28.	8h N.	Hohe See aus NE
76.	77.	24.	8h N.	Viele Delphine.
89.	77.	2.	8h M.	Eine Schildkröte.
95.	76.	23.	12h M.	Sehr viele grosse Quallen.
96.	70.	28.	4h M.	Hohe See aus NE

Höchster Barometerstand: **771.8** mm am 26. April 1876 in 36° n. Br. und 18° w. L. bei mässigem E-Winde und halb bedecktem Himmel.

Niedrigster „ „ : **749.7** mm am 19. April 1875 in 39° n. Br. und 18° w. L. bei stürmischem S-Winde und ganz bedecktem Himmel.

Höchste Lufttemperatur: **20.9°** Cels. am 12. April 1877 in 36° n. Br. und 15° w. L. bei mässigem NE-Winde und halb bedecktem Himmel.

Niedrigste „ „ **11.2°** Cels. am 1. April 1878 in 39° n. Br. und 19° w. L. bei leichtem NW-Winde und halb bedecktem Himmel.

Monat

Quadrat 110a. ....

Position		Anzahl der Beob.	Windbeobachtungen																					
			Alle Winde, Variabeln und Stillen																		Stürme			
Breite N	Länge W		N	NNE	NE	ENE	E	ESE	SE	SSE	S	SSW	SW	WSW	W	WNW	NW	NNW	Var.	Stillen	N bis ENE	E bis SSE	S bis WSW	W bis NNW
30°—31°	10°—11°	—	—	—	—	—	—	—	—	—	—	—	—	—	—	—	—	—	—	—	—	—	—	—
	11°—12°	—	—	—	—	—	—	—	—	—	—	—	—	—	—	—	—	—	—	—	—	—	—	—
	12°—13°	—	—	—	—	—	—	—	—	—	—	—	—	—	—	—	—	—	—	—	—	—	—	—
	13°—14°	3	—	1	1	—	—	—	—	—	—		—	—	—	—	—	1	—	—	—	—	—	—
	14°—15°	3	3		—	—	—	—	—	—		—	—	—	—	—	—	—	—	—	—	—	—	—
31°—32°	10°—11°	—	—	—	—	—	—	—	—	—	—	—	—	—	—	—	—	—	—	—	—	—	—	—
	11°—12°	—	—	—	—	—	—	—	—	—	—	—	—	—	—	—	—	—	—	—	—	—	—	—
	12°—13°	4	2	—	—	—	—	—	—	—	—	—	—	—	—	—	1	1	—	—	—	—	—	—
	13°—14°	4	1	—	—	—	—	—	—	—	—	—	—	1	—	—	—	2	—	—	—	—	—	—
	14°—15°	3	1	—	—	—	—	—	—	—	—	—	—		—	1	1	—	—	—	—	—	—	—
32°—33°	10°—11°	2	—	—	—	—	—	—	—	—	—	—	—	—	—	2	—	—	—	—	—	—	—	—
	11°—12°	7	2	—	—	—	—	—	—	—	—	—	—	—	—	1	4	—	—	—	—	—	—	—
	12°—13°	—	—	—	—	—	—	—	—	—	—	—	—	—	—	—	—	—	—	—	—	—	—	—
	13°—14°	1	1	—	—	—	—	—	—	—	—	—	—	—	—	—	—	—	—	—	—	—	—	—
	14°—15°	8	2	2	1	—	—	—	—	—	—	—	—	1	—	—	—	2	—	—	—	—	—	—
33°—34°	10°—11°	8	—	—	—	—	—	—	—	—	—	—		1	3	2	2	—	—	—	—	—	—	—
	11°—12°	—	—	—	—	—	—	—	—	—	—	—	—		—	—	—	—	—	—	—	—	—	—
	12°—13°	—	—	—	—	—	—	—	—	—	—	—	—	—	—	—	—	—	—	—	—	—	—	—
	13°—14°	6	3	—	1	—	—	—	—		—	—	—	—	—	—	1	1		—	—	—	—	—
	14°—15°	6	1	—	—	—	—			—	—	—	1	1	1	1	1	—	—	—	—	—	—	—
34°—35°	10°—11°	7	—	—	—	—	—	—	—	—	—	—	—	7	—	—	—	—	—	—	—	—	—	—
	11°—12°	—	—	—	—	—	—	—	—	—	—	—	—	—	—	—	—	—	—	—	—	—	—	—
	12°—13°	11	1	—	—	—	—		—	—		—	3	1	1	1	2	2	—	—	—	—	—	—
	13°—14°	9	—	—	—	—	—	—	—	—	—	—	2	3	2	—	2	—	—	—	—	—	—	—
	14°—15°	14	3	1	—	—	—	—	—	—	—	—	—	—	3	4	2	2	—	—	—	—	—	—
Fünfgrad-Feld	Summen	96	20	4	3	—	—	—	—	—	—	—	6	15	9	12	16	11		—	—	—	—	—
	Mittlere Windstärke		4.1	5.0	4.0	—	—	—	—	—	—	—	1.3	3.9	3.3	3.5	3.8	4.3	—	—	—	—	—	—

Barometer 700mm+ Anzahl der Beob.	Barometer Mittel mm	Thermometer Cels. Gr. (Temperatur der Luft) Anzahl der Beob.	Roher Mittel	Anzahl und Mittel 4h M.	4h N.	12h N.	Relative Feuchtigkeit Anzahl der Beob.	Procente	Bedeckung des Himmels Anzahl der Beob.	Mittel (0—10)	Niederschläge Anzahl der Beob.-wachen	Dauer in Stunden Nebel	Regen	Schnee	Hagel	Meeresoberfläche Temperatur Anzahl der Beob.	Grade Celsius	Spezif. Gewicht Anzahl der Beob.	Mittel d. Aräom.-angaben
—	—	—	—	—	—	—	—	—	—	—	—	—	—	—	—	—	—	—	—
—	—	—	—	—	—	—	—	—	—	—	—	—	—	—	—	—	—	—	—
—	—	—	—	—	—	—	—	—	—	—	—	—	—	—	—	—	—	—	—
3	67.2	3	21.0	—	(1) 20.7	—	—	—	3	4.3	3	—	—	—	—	3	19.0	1	1.0278
6	65.4	6	19.8	—	(3) 19.7	(1) 19.2	—	—	6	3.3	6	—	—	—	—	6	19.8	1	1.0277
—	—	—	—	—	—	—	—	—	—	—	—	—	—	—	—	—	—	—	—
—	—	—	—	—	—	—	—	—	—	—	—	—	—	—	—	—	—	—	—
4	66.3	4	19.1	(1) 18.7	—	(1) 19.3	—	—	4	4.2	4	—	—	—	—	4	18.4	—	
4	65.3	4	19.4	(1) 19.3	—	—	—	—	4	3.0	4	—	—	—	—	4	19.1	—	—
5	62.9	5	19.0	(1) 18.7	(1) 19.8	—	—	—	5	5.0	5	—	0.5	—	—	5	18.9	1	1.0277
2	66.4	2	20.4	—	(1) 21.2	—	—	—	2	3.5	2	—	—	—	—	2	20.2	—	—
7	65.9	7	19.9	(1) 18.5	(1) 21.0	(2) 18.6	—	—	7	3.4	7	—	—	—	—	7	19.5	1	1.0278
—	—	—	—	—	—	—	—	—	—	—	—	—	—	—	—	—	—	—	—
5	63.6	5	18.9	(2) 18.2	—	—	—	—	5	6.4	5	—	2.0	—	—	5	18.5	2	1.0274
8	62.9	8	19.0	(1) 18.0	(1) 20.8	(2) 18.2	—	—	8	3.0	8	—	—	—	—	6	18.3	—	—
8	65.2	8	19.8	(1) 18.5	(2) 19.8	(1) 19.0	—	—	8	3.4	8	—	—	—	—	8	19.1	1	1.0280
—	—	—	—	—	—	—	—	—	—	—	—	—	—	—	—	—	—	—	—
3	63.0	3	17.7	—	—	—	—	—	3	5.7	3	—	—	—	—	3	18.3	1	1.0275
8	64.1	8	18.1	(3) 17.4	—	(1) 18.0	—	—	8	3.9	8	—	—	—	—	7	18.0	—	—
6	62.8	6	19.0	(1) 17.9	(1) 19.0	—	—	—	6	2.5	6	—	—	—	—	6	18.6	—	—
7	61.7	7	19.6	(1) 18.9	(1) 19.8	(1) 19.0	—	—	7	4.6	7	—	0.5	—	—	7	18.9	2	1.0276
—	—	—	—	—	—	—	—	—	—	—	—	—	—	—	—	—	—	—	—
11	63.6	12	18.7	(1) 17.5	(3) 20.0	(2) 17.4	3	75.0	13	2.8	13	—	0.5	—	—	11	18.8	2	1.0263
10	61.7	10	18.4	(1) 17.2	(2) 19.3	(2) 18.9	1	80.0	9	2.9	10	—	—	—	—	10	17.7	—	—
[illegible]	62.5	15	17.5	(5) 17.3	(2) 18.3	(2) 17.4	4	81.8	15	5.1	15	—	—	—	—	15	18.0	—	—
[illegible]	—	113	—	20	19	16	8	—	113	—	114	—	3.5	—	—	109	…	12	—
[illegible]	63.72	—	18.9	17.9	18.7	18.3	—	79.0	—	3.8	—	—	—	—	—	—	18.6	—	1.0274

Position der Zone		Wetter nach Beaufort's Bezeichnung. (Häufigkeit.)	Häufigkeit der verschied. Wolkenformen	Häufigkeit von Seegang a. Dünung aus:	Mittel der Meeres-Temperatur	Bemerkungen über einzelne beobachtete Triftströmungen.
30°—31° N. Br.	10°—15° W. L.	Summe d. Beobacht.: 10 Böen: t —, l —, q —, u — Himmelsansicht: b 3, c 6, o —, g 1 Hydrometeore: h —, r —, s —, d — Zustand der Luft: v —, w —, m —, f —	12 cirr. 1 cirr. c — cirr. s — Str. — W-c — Cum. 7 Cum. st 2 Nimb. 2	9 N 7 NE — E — SE — S — SW — W 2 NW — †See — glatt —	19.5° C.	S [illegible] N 68° W 11
31°—32° N. Br.	10°—15° W. L.	Summe d. Beobacht.: 15 Böen: t —, l —, q —, u — Himmelsansicht: b 2, c 9, o 3, g 1 Hydrometeore: h —, r —, s —, d — Zustand der Luft: v —, w —, m —, f —	12 cirr. 1 cirr. c — cirr. s — Str. 1 W-c 1 Cum. 6 Cum. st 2 Nimb. 1	10 N 8 NE — E — SE — S — SW — W 2 NW — †See — glatt —	18.8° C.	S 65° E 9 S 7 S 66° E 8
32°—33° N. Br.	10°—15° W. L.	Summe d. Beobacht.: 29 Böen: t —, l —, q —, u — Himmelsansicht: b 5, c 17, o 1, g 1 Hydrometeore: h —, r —, s —, d — Zustand der Luft: v 2, w 3, m —, f —	30 cirr. 6 cirr. c 1 cirr. s 1 Str. — W-c 3 Cum. 16 Cum. st — Nimb. 3	14 N 9 NE — E — SE — S — SW — W 4 NW 1 †See — glatt —	18.9° C.	S 28° E 11 S 22° W 6
33°—34° N. Br.	10°—15° W. L.	Summe d. Beobacht.: 29 Böen: t —, l —, q —, u — Himmelsansicht: b 8, c 16, o 2, g — Hydrometeore: h —, r —, s —, d — Zustand der Luft: v 1, w 1, m 1, f —	26 cirr. 3 cirr. c — cirr. s 1 Str. 2 W-c — Cum. 17 Cum. st 1 Nimb. 4	14 N 2 NE — E — SE — S — SW — W 10 NW 2 †See — glatt —	18.5° C.	S 22° E 18 S 10° W 14 N 62° W [illegible] S 45° W 10
34°—35° N. Br.	10°—15° W. L.	Summe d. Beobacht.: 52 Böen: t —, l —, q —, u — Himmelsansicht: b 13, c 30, o 3, g — Hydrometeore: h —, r 1, s —, d 1 Zustand der Luft: v 2, w —, m 1, f 1	50 cirr. 12 cirr. c 2 cirr. s 8 Str. 2 W-c — Cum. 20 Cum. st 4 Nimb. 2	20 N 4 NE — E — SE — S — SW — W 12 NW 4 †See — glatt —	17.8° C.	S 46° E 19 S 11 S 22° E 12

Bemerkungen

Ueber Wind.

Unter-□	Jahr	Tag		
03.	79.	9.	12ʰ M.	Der mässige N-Wind geht nach wenigen Stunden, ohne abzuflauen, in den NE-Passat über.

Sonstige Bemerkungen.

14.	76.	15.	4ʰ N.	Bei sonst ruhiger See hohe Dünung aus NNW.
21.	78.	14.	4ʰ N.	Boniten. Abends starker Thau.
30.	78.	12.	12ʰ N.	Verschiedene Sternschnuppen, nach NE fallend.
42.	77.	31.	12ʰ M.	Einige kleine Vögel.
43.	69.	9.	8ʰ N.	Lange, hohe Dünung aus NNW.
43.	77.	31.	12ʰ N.	Hohe, rollende Dünung aus NW.
44.	70.	9.	8ʰ M.	Dünung aus NW bemerkbar.

Höchster Barometerstand: **768.4** mm am 26. Mai 1874 in 32° n. Br. und 14° w. L. bei mässigem NE-Winde und halb bedecktem Himmel.

Niedrigster „ „ : **750.6** mm am 14. Mai 1876 in 34° n. Br. und 12° w. L. bei frischem NW-Winde mit leichten Regenbören und halb bedecktem Himmel.

Höchste Lufttemperatur: **22.8**° Cels. am 14. Mai 1878 in 32° n. Br. und 21° w. L. bei leichtem NW-Winde und halb bedecktem Himmel.

Niedrigste „ „ : **15.2**° Cels. am 23. Mai 1879 in 30° n. Br. und 14° w. L. bei mässigem NE-Winde und heiterem Himmel.

Quadrat 110b.

Windbeobachtungen

Position: Breite N	Position: Länge W	Anzahl der Beob.	Alle Winde, Variabeln und Stillen: N	NNE	NE	ENE	E	ESE	SE	SSE	S	SSW	SW	WSW	W	WNW	NW	NNW	Var.	Stillen	Stürme: N bis ENE	E bis SSE	S bis WSW
30°—31°	15°—16°	2	1	—	—	—	—	—	—	—	—	—	—	—	—	—	1	—	—	—	—	—	—
	16°—17°	16	—	—	1	1	—	—	—	—	—	1	5	2	3	2	1	—	—	—	—	—	—
	17°—18°	22	1	1	6	1	—	—	—	—	—	—	—	—	4	3	1	5	—	—	—	—	—
	18°—19°	20	5	6	1	—	1	—	—	—	—	—	—	—	—	—	4	3	—	—	—	—	—
	19°—20°	56	6	12	8	—	4	2	1	—	—	—	—	1	9	4	3	6	—	—	—	—	—
31°—32°	15°—16°	2	—	—	—	—	—	—	—	—	—	—	—	—	2	—	—	—	—	—	—	—	—
	16°—17°	27	3	4	5	—	—	—	—	—	—	—	1	4	1	1	4	4	—	—	—	—	—
	17°—18°	11	—	1	—	—	—	1	—	—	—	—	—	—	4	2	2	1	—	—	—	—	—
	18°—19°	50	5	13	3	2	3	—	—	—	—	2	—	—	7	3	8	4	—	—	—	—	—
	19°—20°	46	7	9	9	2	3	2	2	—	2	1	—	1	3	2	1	1	—	1	—	—	—
32°—33°	15°—16°	5	—	1	1	—	—	—	—	—	—	—	—	—	1	1	1	—	—	—	—	—	—
	16°—17°	20	4	3	1	—	—	—	—	—	—	—	—	—	1	2	3	4	—	2	—	—	—
	17°—18°	24	2	3	1	1	1	—	—	—	—	—	—	—	5	3	4	2	—	2	—	—	—
	18°—19°	50	8	11	5	3	1	1	1	—	—	—	—	—	2	7	6	5	—	—	—	—	—
	19°—20°	28	4	8	3	2	1	—	1	2	—	—	2	—	1	3	1	—	—	—	—	—	—
33°—34°	15°—16°	14	6	3	1	—	—	—	—	—	—	—	—	—	1	—	2	1	—	—	—	—	—
	16°—17°	19	1	—	2	—	—	—	—	—	2	—	—	—	4	4	1	3	2	—	—	—	—
	17°—18°	64	8	8	3	3	2	—	—	—	4	2	3	2	6	9	10	4	—	—	—	—	—
	18°—19°	30	8	5	5	4	1	1	—	—	—	—	—	1	—	2	2	1	—	—	—	—	—
	19°—20°	15	2	2	2	—	1	2	—	—	—	—	—	—	3	—	2	1	—	—	—	—	—
34°—35°	15°—16°	15	3	1	1	—	—	—	—	—	—	1	2	1	1	2	3	—	—	—	—	—	—
	16°—17°	27	4	5	2	1	—	—	—	—	—	—	—	—	6	3	3	3	—	—	—	—	—
	17°—18°	61	10	8	13	7	3	1	—	—	—	—	2	1	2	1	7	4	—	2	—	—	—
	18°—19°	19	2	4	2	2	—	1	1	—	—	—	—	—	—	2	2	2	1	—	—	—	—
	19°—20°	20	5	7	1	—	—	2	—	—	—	—	—	—	1	1	3	—	—	—	—	—	—
Fünfgrad-Feld	Summen	663	**95**	**115**	**76**	**29**	21	13	6	2	8	7	15	13	**67**	**57**	**75**	**54**	3	7	—	—	—
	Mittlere Windstärke		4.0	4.0	4.1	3.8	4.0	4.3	2.8	3.0	3.1	2.9	2.9	3.2	3.8	4.4	4.0	3.8	2.7	0	—	—	—

Barometer 700 mm +		Thermometer Cels. Gr. (Temperatur der Luft)					Relative Feuchtigkeit		Bedeckung des Himmels		Niederschläge					Meeresoberfläche			
				Anzahl und Mittel								Dauer in Stunden				Temperatur		Spezif. Gewicht	
Anzahl der Beob.	Mittel mm	Anzahl der Beob.	Rohes Mittel	4h M.	4h N.	12h N.	Anzahl der Beob.	Procente	Anzahl der Beob.	Mittel (0—10)	Anzahl der Beobachtungen	Nebel	Regen	Schnee	Hagel	Anzahl der Beob.	Grade Celsius	Anzahl der Beob.	Mittel d. Aräom.-angaben
4	63.5	4	19.1	—	—	(1) 20.8	—	—	4	2.8	4	—	—	—	—	4	19.2	1	1.0276
16	62.7	16	19.9	(2) 19.1	(8) 21.0	(3) 19.3	7	83.3	16	5.7	16	—	2.5	—	—	16	20.1	1	1.0258
15	63.7	19	19.1	(8) 18.8	(4) 19.9	(2) 18.9	—	—	21	5.3	22	—	—	—	—	17	19.3	—	—
19	63.9	19	18.4	(5) 17.9	(8) 18.9	(3) 16.7	—	—	21	5.0	21	—	2.0	—	—	19	18.9	1	1.0263
55	64.6	58	19.1	(16) 18.6	(3) 20.8	(5) 19.0	—		52	4.6	58	—	0.5	—	—	51	19.5	6	1.0276
2	55.6	2	18.1	—	—	(1) 17.9	—	—	2	6.5	2	—	1.0	—	—	2	18.4	—	—
23	64.4	27	19.2	(4) 17.7	(5) 20.3	(2) 17.6	2	81.5	27	4.8	27	—	—	—	—	26	19.4	1	1.0268
8	60.6	9	18.5	(3) 17.7	(1) 19.8	(2) 18.4	—	—	13	4.5	13	—	—	—	—	9	18.5	—	—
46	64.8	51	18.9	(9) 18.0	(10) 19.6	(4) 19.5	—	-	50	5.5	53	—	8.6	—	—	47	19.1	6	1.0270
43	64.2	41	18.9	(10) 18.1	(3) 19.8	(8) 18.3	—	—	43	5.5	46	—	8.5	—	—	41	19.1	8	1.0277
5	61.3	5	18.8	—	(1) 19.1	—	—	—	5	6.4	5	—	—	—	—	4	18.2	—	—
22	64.8	24	18.5	(7) 17.9	(2) 18.0	(2) 17.9	4	82.8	24	4.9	24	—	—	—	—	19	18.6	—	—
15	62.3	19	18.4	(5) 17.5	(2) 19.3	(1) 18.7	—	—	24	5.6	24	—	0.5	—	—	18	18.5	—	—
42	64.4	47	18.5	(8) 17.6	(4) 19.3	(5) 18.0	—	—	48	5.2	50	—	0.5	—	—	45	18.9	8	1.0273
26	66.0	26	18.9	(8) 18.1	(4) 19.6	(2) 18.0	—	—	26	4.9	28	—	1.0	—	—	25	18.9	4	1.0279
11	63.7	16	18.0	(4) 16.1	(3) 19.9	(3) 17.9	3	84.0	16	5.8	16	—	1.0	—	—	16	18.4	—	—
22	61.6	22	18.8	(5) 17.7	(2) 20.8	(2) 16.4	5	90.4	22	4.5	24	—	1.5	—	—	18	18.9	—	—
53	63.3	55	18.3	(12) 17.5	(8) 19.6	(8) 17.5	—	—	62	5.5	64	3.0	12.0	—	—	54	18.3	12	1.0267
28	66.2	28	18.5	(7) 17.1	(2) 21.3	(2) 16.8	—	—	29	5.2	30	—	—	—	—	28	18.4	4	1.0285
13	67.6	14	18.2	(2) 17.6	(1) 19.8	(1) 18.5	—	—	14	4.6	15	—	0.5	—	—	14	18.4	2	1.0286
14	61.9	14	18.7	(2) 16.0	(1) 21.4	(1) 15.3	6	90.8	15	6.7	15	—	4.5	—	—	15	18.8	3	1.0272
23	62.3	26	17.8	(6) 17.0	(4) 18.1	(4) 17.5	—	—	28	5.4	29	—	6.0	—	—	21	18.0	1	1.0287
48	64.3	58	18.0	(13) 16.6	(5) 18.4	(8) 17.7	—	—	61	6.0	62	—	5.2	—	—	58	18.2	5	1.0263
17	65.9	18	17.9	(5) 17.3	—	(4) 17.5	—	—	18	4.6	19	—	—	—	—	18	17.6	3	1.0274
19	68.3	20	18.4	(3) 17.6	(3) 18.6	(3) 18.0	—	—	20	4.6	20	—	1.0	—	—	20	17.1	1	1.0270
[illegible]	—	632	—	180	69	75	27	—	661	—	687	3.0	46.7	—	—	604	—	67	—
—	64.25	—	18.6	17.7	19.6	17.3	—	86.0	—	5.2	—	—	—	—	—	—	18.7	—	1.0273

Position der Zone		Wetter nach Beaufort's Bezeichnung. (Häufigkeit.)		Häufigkeit der verschied. Wolkenformen	Häufigkeit von vergangn. Dünung aus:	Mittel der Meeres-Temperatur	Bemerkungen über einzelne beobachtete Triftströmungen.
30°—31° N. Br.	15°—20° W. L.	Summe d. Beobacht.: 118		108	10		
		Böen	Himmelsansicht	cirr. 6	N 3		S 30° E 15; S 0° W 7; N 66° W 6
		t —	b 18	cirr.c 1	NE 1		S 34° E 6; S 11° W 8
		l 2	c 74	cirr.s 3	E —		S 28° E 7; S 20° W 15
		q 3	o 20	Str. 4	SE —		S 11° E 7; S 51° W 12
		u —	g —	W-c —	S —	19.4° C.	S 68° W 10
		Hydrometeore	Zustand der Luft	Cum. 72	SW —		
		h —	v	Cum.st 18	W 2		
		r —	w 1	Nimb. 4	NW 4		
		s —	m —		† See —		
		d —	f —		glatt —		
31°—32° N. Br.	15°—20° W. L.	Summe d. Beobacht.: 138		132	9		
		Böen	Himmelsansicht	cirr. 14	N 4		S 10° E 13; S 7; N 64° W 9
		t —	b 19	cirr.c 3	NE —		S 44° W 17; N 79° W 11
		l —	c 90	cirr.s 9	E —		S 48° W 11; N 56° W 9
		q 1	o 31	Str. 7	SE —		S 56° W 11
		u —	g —	W-c 1	S —	19.1° C.	S 82° W 11
		Hydrometeore	Zustand der Luft	Cum. 103	SW —		
		h —	v —	Cum.st 9	W —		
		r —	w —	Nimb. 6	NW 5		
		s —	m 1		† See —		
		d —	f —		glatt —		
32°—33° N. Br.	15°—20° W. L.	Summe d. Beobacht.: 127		119	9		
		Böen	Himmelsansicht	cirr. 10	N 2		N 37° E 7; E 21; S 6; N 62° W 19
		t —	b 14	cirr.c —	NE —		S 30° E 16; S 30° W 8
		l —	c 81	cirr.s 5	E 1		S 82° E 9
		q —	o 32	Str. 1	SE —		S 17° E 16
		u —	g —	W-c 2	S —	18.7° C.	S 11° E 14
		Hydrometeore	Zustand der Luft	Cum. 99	SW —		
		h —	v —	Cum.st 1	W —		
		r —	w —	Nimb. 1	NW 6		
		s —	m —		† See —		
		d	f —		glatt —		
33°—34° N. Br.	15°—20° W. L.	Summe d. Beobacht.: 145		143	13		
		Böen	Himmelsansicht	cirr. 18	N 8		S 26° E 7; S 11° W 8; N 79° W 12
		t —	b 16	cirr.c 1	NE —		S 27° E 14; S 40° W 21; N 39° W 10
		l —	c 93	cirr.s 2	E —		S 11° E 7; S 45° W 6
		q 2	o 33	Str. 5	SE —		S 45° W 21
		u —	g —	W-c 1	S —	18.4° C.	S 51° W 13
		Hydrometeore	Zustand der Luft	Cum. 97	SW —		
		h —	v 1	Cum.st 19	W —		
		r —	w —	Nimb. 5	NW 5		
		s —	m —		† See —		
		d —	f —		glatt —		
34°—35° N. Br.	15°—20° W. L.	Summe d. Beobacht.: 145		149	10		
		Böen	Himmelsansicht	cirr. 13	N 2		N 81° E 7; S 45° E 13; S 18° W 17
		t —	b 15	cirr.c —	NE —		N 84° E 8; S 11° E 11; S 31° W 13
		l 2	c 88	cirr.s 4	E —		S 6° E 10; S 50° W 9
		q —	o 39	Str. 4	SE —		S 84° W 12
		u —	g —	W-c —	S —	18.0° C.	S 81° W 16
		Hydrometeore	Zustand der Luft	Cum. 92	SW 3		
		h —	v —	Cum.st 26	W —		
		r 1	w —	Nimb. 8	NW 5		
		s —	m —		† See —		
		d —	f —		glatt —		

Bemerkungen

Ueber Wind.

Unter-□	Jahr	Tag		
06.	78.	8.	8h M.	Bei flauem WSW-Winde mässige Böen aus W.
09.	71.	7.	8h N.	Bei mässigem W-Winde zeitweise Regenböen aus WNW. Von 8h–10h N. häufiges Blitzen im N.
38.	71.	16.	4h M.	Der stürmische N-Wind wird Mittags flauer und geht bald mit mässiger Stärke in den NE-Passat über.
45.	78.	5.	12h N.	Der mässige WSW-Wind springt plötzlich nach NW um und wird flau.

Sonstige Bemerkungen.

05.	76.	15.	12h N.	Starkes Wetterleuchten im NW-Horizont.
45.	72.	19.	12h N.	Häufiges Blitzen im SE. Hohe nordwestliche Dünung.

Höchster Barometerstand: **772.3** mm am 20. Mai 1873 in 33° n. Br. und 18° w. L. bei leichtem NNE-Winde und heiterem Himmel.

Niedrigster „ „ : **751.4** mm am 11. Mai 1871 in 33° n. Br. und 17° w. L. bei leichtem S-Winde mit Regenböen und halb bedecktem Himmel.

Höchste Lufttemperatur: **23.2°** Cels. am 20. Mai 1877 in 31° n. Br. und 16° w. L. bei frischem N-Winde und heiterem Himmel.

Niedrigste „ „ : **14.0°** Cels. am 1. Mai 1874 in 34° n. Br. und 15° w. L. bei leichtem SW-Winde und halb bedecktem Himmel.

Quadrat 110°

Position Breite N	Position Länge W	Anzahl der Beob.	N	NNE	NE	ENE	E	ESE	SE	SSE	S	SSW	SW	WSW	W	WNW	NW	NNW	Var.	Stillen	Stürme N bis ENE	Stürme E bis SSE	Stürme S bis WSW
			Windbeobachtungen																				
			Alle Winde, Variabeln und Stillen																		Stürme		
35°–36°	10°–11°	11	—	—	—	—	—	—	—	—	—	5	2	4	—	—	—	—	—	—	—	—	—
	11°–12°	10	—	1	—	—	—	—	—	—	—	—	—	3	—	3	1	1	1	—	—	—	—
	12°–13°	6	—	—	—	—	—	—	—	—	—	—	1	—	1	3	1	—	—	—	—	—	—
	13°–14°	12	1	—	—	—	—	—	—	1	—	—	2	—	4	1	1	1	1	—	—	—	—
	14°–15°	15	3	—	1	—	—	—	—	—	—	—	1	1	3	2	1	3	—	—	—	—	—
36°–37°	10°–11°	11	—	—	—	—	—	—	—	—	—	2	3	3	—	1	—	—	1	1	—	—	—
	11°–12°	11	—	—	—	—	—	—	—	—	—	3	3	3	1	—	1	—	—	—	—	—	—
	12°–13°	6	—	1	1	—	—	—	—	1	1	—	1	—	1	—	—	—	—	—	—	—	—
	13°–14°	25	1	2	1	—	—	—	—	—	1	2	1	4	8	2	1	2	—	—	—		—
	14°–15°	3	1	—	—	—	—	—	—	—	—	—	1	—	—	—	—	1	—	—	—	—	—
37°–38°	10°–11°	7	1	—	—	—	—	—	—	—	—	—	2	3	1	—	—	—	—	—	—	—	—
	11°–12°	6	—	—	—	—	—	—	—	—	—	1	2	1	—	—	—	2	—	—	—	—	—
	12°–13°	12	3	—	—	—	—	—	—	—	1	1	2	1	1	—	2	1	—	—	—	—	—
	13°–14°	20	5	—	1	—	—	—	—	—	1	1	3	3	4	—	1	—	1	—	—	—	—
	14°–15°	11	1	—	3	1	—	—	—	—	—	—	1	—	1	2	2	—	—	—	—	—	—
38°–39°	10°–11°	2	—	—	—	—	—	—	—	—	—	—	—	—	—	—	—	2	—	—	—	—	—
	11°–12°	10	1	—	—		—	—	—	—	—	—	—	1	1	—	—	7	—	—	—	—	—
	12°–13°	14	1	2	1	—	—	—	—	—	—	1	1	2	—	1	1	3	—	1	—	—	—
	13°–14°	14	2	—	2	1	—	—	—	—		—	1	7	1	—	—	—	—	—	—	—	—
	14°–15°	35	5	3	4	1	—	—	—	—	3	2	3	3	4	2	3	2	—	—	—	—	2
39°–40°	10°–11°	1	—	—	—	—	—	—	—	1	—	—	—	—	—	—	—	—	—	—	—		—
	11°–12°	9	1	—	1	—	—	—	—	1	—	—	2	—	2	—	—	1	—	1	—	—	—
	12°–13°	26	7	3	1	—	—	—	—	—	3	1	—	—	1	2	4	3	—	1	—	—	—
	13°–14°	28	3	6	2	4	—	—	—	—	3	1	2	2	1	—	—	4	—	—	—	—	—
	14°–15°	56	4	10	5	3	—	1	—	—	4	1	3	2	2	8	7	6	—	—	—	—	1
Fünfgrad-Feld	Summen	361	40	28	23	10	—	1	—	4	17	21	37	43	37	27	20	30	4	4	—	—	3
	Mittlere Windstärke		4.8	3.7	4.0	2.9	—	4.0	—	3.8	4.4	4.4	4.7	4.7	4.1	4.3	3.8	4.5	2.8	0	—	—	8.7

Barometer 700mm+ Anzahl der Beob.	Barometer 700mm+ Mittel mm	Thermometer Cels. Gr. (Temperatur der Luft) Anzahl der Beob.	Rohes Mittel	Anzahl und Mittel 4h M.	Anzahl und Mittel 4h N.	Anzahl und Mittel 12h N.	Relative Feuchtigkeit Anzahl der Beob.	Prozente	Bedeckung des Himmels Anzahl der Beob.	Mittel (0—10)	Niederschläge Anzahl der Beob.-wachen	Dauer in Stunden Nebel	Regen	Schnee	Hagel	Meeresoberfläche Temperatur Anzahl der Beob.	Grade Celsius	Spezif. Gewicht Anzahl der Beob.	Mittel d. Aräom.-angaben
11	58.1	11	18.9	(9) 18.2	(1) 20.0	(1) 18.0	—	—	11	5.5	11	—	1.0	—	—	11	18.2	1	1.0275
13	60.5	13	17.4	(1) 14.8	(1) 19.3	(1) 16.1	—	—	13	5.6	12	—	6.0	—	—	11	17.9	2	1.0273
[illegible]	62.4	8	17.9	(2) 17.4	(1) 18.0	(1) 18.5	4	93.5	8	2.2	8	—	0.5	—	—	8	18.3	1	1.0266
13	59.4	13	17.1	(3) 16.5	(1) 17.8	(1) 16.9	—	—	13	4.2	13	—	1.0	—	—	13	17.1	1	1.0290
13	61.8	15	17.8	(3) 17.1	(1) 16.2	(1) 19.2	6	81.3	15	6.3	15	—	1.0	—	—	15	17.9	—	—
14	59.5	14	17.8	(3) 17.0	(2) 18.8	(2) 17.1	8	81.0	14	5.7	14	1.0	5.0	—	—	10	17.7	2	1.0262
16	59.4	16	18.1	(3) 17.0	(3) 19.1	(2) 17.0	9	93.7	16	5.1	16	5.0	10.5	—	—	16	18.1	5	1.0262
7	57.1	7	17.9	(3) 17.6	(1) 17.1	—	2	81.0	7	4.0	8	—	0.5	—	—	7	17.4	3	1.0264
[illegible]	58.8	27	17.5	(5) 16.4	(3) 17.8	(1) 17.6	6	84.0	25	4.1	27	—	0.5	—	—	27	17.4	7	1.0260
4	60.8	4	18.6	—	(1) 20.1	(1) 16.4	3	81.7	4	5.0	4	—	—	—	—	4	18.8	2	1.0261
12	56.8	12	16.9	(2) 16.2	(1) 17.4	(3) 17.4	—	—	12	5.1	12	—	0.5	—	—	9	16.9	—	—
6	61.8	6	16.4	(3) 16.0	—	(2) 16.0	3	98.3	6	6.3	6	8.0	5.5	—	—	8	16.9	—	—
11	62.9	12	17.0	(1) 16.9	(2) 16.5	(1) 17.0	—	—	12	5.8	12	0.5	3.5	—	—	12	18.8	—	—
[illegible]	57.1	21	17.1	(7) 16.8	(1) 17.5	(3) 16.8	5	92.0	21	5.4	21	—	8.0	—	—	21	16.9	3	1.0282
[illegible]	63.1	13	15.4	(2) 14.5	(1) 16.1	(1) 17.5	1	76.0	13	6.5	13	—	2.0	—	—	10	16.8	2	1.0274
[illegible]	—	2	15.0	—	—	(1) 15.0	—	—	2	4.0	2	—	—	—	—	2	15.2	—	—
4	64.4	4	17.9	(2) 15.8	(2) 17.1	(1) 14.0	2	99.5	10	5.8	10	6.0	1.0	—	—	10	16.0	—	—
[illegible]	62.4	13	17.3	(3) 17.5	(1) 15.4	—	4	92.8	14	5.6	14	3.0	7.0	—	—	14	16.8	3	1.0269
[illegible]	58.0	14	17.7	(3) 15.8	(2) 19.7	(2) 17.1	7	89.0	14	4.2	14	—	2.5	—	—	14	17.1	2	1.0260
[illegible]	63.6	36	16.4	(5) 15.7	(6) 17.8	(6) 15.6	2	88.5	38	6.5	38	—	7.0	—	—	30	16.2	—	—
1	40.0	1	15.4	—	—	(1) 15.4	—	—	1	9.0	1	—	—	—	—	1	16.2	—	—
[illegible]	64.2	9	17.0	(4) 15.6	(1) 18.7	(1) 17.5	—	—	9	2.4	9	—	0.5	—	—	9	16.8	—	—
[illegible]	61.2	26	16.0	(6) 15.0	(4) 17.2	(1) 15.7	7	89.6	26	6.0	26	0.5	1.5	—	—	26	15.9	3	1.0260
[illegible]	63.1	30	16.4	(5) 16.0	(5) 16.9	(6) 16.1	7	95.4	30	4.7	29	7.0	10.5	—	—	24	15.9	1	1.0281
[illegible]	63.0	53	16.2	(8) 15.5	(10) 17.4	(6) 15.9	3	80.0	56	6.0	56	3.0	13.5	—	—	50	16.2	3	1.0257
[illegible]	—	380	—	74	51	70	74	—	390	—	391	34.0	84.0	—	—	360	—	41	—
[illegible]	61.14	—	16.8	16.3	17.7	16.5	—	89.1	—	5.4	—	—	—	—	—	·	16.8	—	1.0265

Quadrat 110°. ....

Position der Zone		Wetter nach Beaufort's Bezeichnung. (Häufigkeit.)				Häufigkeit der verschied. Wolkenformen		Häufigkeit von Seegang u. Dünung aus:		Mittel der Meeres-Temperatur	Bemerkungen über einzelne beobachtete Triftströmungen.
35°—36° N. Br.	10°—15° W. L.	Summe d. Beobacht.:	66			58		31		17,8° C.	
		Böen		Himmelsansicht		cirr.	1	N	7		E 6 — S 58° W 18 — N 73° W 24
		t	1	b	11	cirr.c	6	NE	—		E 7 — S 62° W 16
		l	2	c	30	cirr.s	2	E	—		S 79° E 6
		q	1	o	14	Str.	4	SE	—		S 65° E 22
		u	—	g	2	W-c	1	S	1		
		Hydrometeore		Zustand der Luft		Cum.	33	SW	1		
		h	—	v	—	Cum. st	6	W	19		
		r	3	w	—	Nimb.	5	NW	3		
		s	—	m	2			†See	—		
		d	—	f	—			glatt	—		
36°—37° N. Br.	10°—15° W. L.	Summe d. Beobacht.:	63			64		29		17,7° C.	
		Böen		Himmelsansicht		cirr.	6	N	5		N 60° E 11 — S 30° E 9 — S 20° W 13 — W 6
		t	—	b	14	cirr.c	5	NE	9		S 22° E 21
		l	1	c	38	cirr.s	2	E	—		S 18° E 19
		q	—	o	9	Str.	3	SE	—		
		u	—	g	—	W-c	—	S	2		
		Hydrometeore		Zustand der Luft		Cum.	36	SW	—		
		h	—	v	—	Cum. st	6	W	7		
		r	—	w	1	Nimb.	6	NW	5		
		s	—	m	—			†See	—		
		d	—	f	—			glatt	—		
37°—38° N. Br.	10°—15° W. L.	Summe d. Beobacht.:	72			61		25		16,7° C.	
		Böen		Himmelsansicht		cirr.	2	N	4		S 59° E 21 — S 17
		t	—	b	6	cirr.c	2	NE	1		S 10° W 7
		l	1	c	37	cirr.s	3	E	—		S 51° W 8
		q	2	o	19	Str.	3	SE	—		
		u	—	g	1	W-c	3	S	5		
		Hydrometeore		Zustand der Luft		Cum.	31	SW	—		
		h	—	v	—	Cum. st	7	W	8		
		r	2	w	—	Nimb.	10	NW	7		
		s	—	m	1			†See	—		
		d	1	f	2			glatt	—		
38°—39° N. Br.	10°—15° W. L.	Summe d. Beobacht.:	84			76		18		16,4° C.	
		Böen		Himmelsansicht		cirr.	10	N	1		N 45° E 6 — S 70° E 10 — S 65° W 10
		t	—	b	8	cirr.c	1	NE	—		S 11° E 13
		l	1	c	48	cirr.s	4	E	—		
		q	3	o	16	Str.	5	SE	—		
		u	—	g	—	W-c	3	S	2		
		Hydrometeore		Zustand der Luft		Cum.	45	SW	1		
		h	—	v	—	Cum. st	3	W	3		
		r	1	w	—	Nimb.	5	NW	8		
		s	—	m	2			†See	3		
		d	4	f	1			glatt	—		
39°—40° N. Br.	10°—15° W. L.	Summe d. Beobacht.:	132			136		23		18,1° C.	
		Böen		Himmelsansicht		cirr.	26	N	—		E 9 — S 15° W 7 — N 22° W 15
		t	—	b	22	cirr.c	4	NE	—		S 84° W 10 — N 44° W 16
		l	1	c	62	cirr.s	2	E	—		
		q	4	o	32	Str.	5	SE	—		
		u	—	g	2	W-c	2	S	—		
		Hydrometeore		Zustand der Luft		Cum.	84	SW	4		
		h	—	v	—	Cum. st	10	W	10		
		r	2	w	—	Nimb.	8	NW	9		
		s	—	m	—			†See	—		
		d	1	f	6			glatt	—		

Bemerkungen

Ueber Wind.

Unter-□	Jahr	Tag		
60.	76.	14.	4h M.	Der seit einiger Zeit wehende S-Sturm geht nach SW und hält mit derselben Stärke (9) an; um 5½h M. springt der Wind plötzlich auf NW und weht aus dieser Richtung bis Mittag, flaut dann ab und krimpt nach W zurück.
83.	69.	5.	8h N.	Heftige Böen aus WSW mit starkem Regen und häufigem Blitzen im ESE; Gewitterluft. Hohe See aus SW.
94.	70.	29.	4h N.	Der frische WNW-Wind wird böig.

Sonstige Bemerkungen.

Unter-□	Jahr	Tag		
50.	78.	10.	4h M.	Hohe Dünung aus W.
51.	76.	14.	12h M.	Dünung aus NW.
51.	79.	22.	8h M.	Regenwolken und Blitzen im NE.
61.	77.	30.	4h N.	Bei mässigem W-Winde ziehen die unteren Wolken aus NE, die oberen aus NW.
92.	77.	28.	4h N.	Sehr unregelmässige See, vorherrschend aus W.
93.	77.	27.	8h N.	Bei Sonnenuntergang bildet sich eine Nebensonne von der doppelten Grösse der wahren; dieselbe ist ungefähr 2 Minuten sichtbar.
93.	78.	6.	4h N.	Delphine, nach NW ziehend. Um 12h N. Blitzen im SW.
94.	71.	16.	4h M.	Bei frischem ENE-Winde hoher Seegang aus NNE.

Höchster Barometerstand: **773.8** mm am 20. Mai 1873 in 30° n. Br. und 14° w. L. bei leichtem N-Winde und heiterem Himmel.

Niedrigster " " : **743.0** mm am 14. Mai 1876 in 36° n. Br. und 10° w. L. bei SW-Sturm und wolkigem Himmel.

Höchste Lufttemperatur: **21.8°** Cels. am 26. Mai 1875 in 38° n. Br. und 13° w. L. bei frischem ENE-Winde und klarem Himmel.

Niedrigste " " **12.7°** Cels. am 5. Mai 1877 in 39° n. Br. und 14° w. L. bei frischem W-Winde und halb bedecktem Himmel.

Quadrat 110d.

Position		Anzahl der Beob.	Windbeobachtungen																					
			Alle Winde, Variabeln und Stillen																		Stürme			
Breite N	Länge W		N	NNE	NE	ENE	E	ESE	SE	SSE	S	SSW	SW	WSW	W	WNW	NW	NNW	Var.	Stillen	N bis ENE	E bis SSE	S bis WSW	W bis NNW
35°—36°	15°—16°	13	1	—	1	1	—	—	—	—	—	2	3	2	1	—	1	1	—	—	—	—	—	—
	16°—17°	67	5	20	6	4	6	1	1	1	4	—	—	1	2	4	4	6	2	—	—	—	—	—
	17°—18°	44	5	8	6	1	2	3	2	1	—	—	2	2	3	3	3	1	1	1	—	—	—	—
	18°—19°	16	3	6	1	2	—	—	1	—	—	—	—	—	2	—	1	—	—	—	—	—	—	—
	19°—20°	21	5	1	1	—	—	1	1	—	—	—	—	—	1	7	2	2	—	—	—	—	—	2
36°—37°	15°—16°	28	2	2	—	4	—	—	1	—	1	2	3	1	1	3	7	—	—	1	—	—	—	—
	16°—17°	65	4	20	5	1	—	4	1	—	—	—	2	—	10	3	11	3	—	1	—	—	—	—
	17°—18°	26	5	5	3	2	1	—	1	—	—	—	—	3	—	3	3	—	—	—	—	—	—	—
	18°—19°	20	3	1	3	1	—	—	—	1	1	—	—	—	4	—	5	—	1	—	—	—	—	1
	19°—20°	18	2	2	—	—	—	—	—	—	—	—	—	—	5	4	1	—	1	3	—	—	—	—
37°—38°	15°—16°	41	6	13	1	3	—	—	2	—	—	—	1	1	6	3	5	—	—	—	—	—	—	—
	16°—17°	36	6	8	4	—	—	—	—	—	—	—	1	2	3	3	7	2	—	—	—	—	—	—
	17°—18°	22	1	5	—	—	—	1	—	—	—	—	5	3	1	2	2	—	2	—	—	—	—	—
	18°—19°	24	1	1	—	—	1	3	1	—	2	—	—	4	3	1	5	1	—	1	—	—	—	—
	19°—20°	15	—	4	—	1	—	—	—	—	1	—	2	2	1	3	1	—	—	—	—	—	—	—
38°—39°	15°—16°	53	6	7	6	3	2	—	—	—	2	2	3	2	4	5	5	2	3	1	—	—	—	—
	16°—17°	28	2	7	—	—	—	—	1	1	1	—	3	3	2	1	6	—	—	1	—	—	—	—
	17°—18°	21	2	5	—	—	4	—	1	—	—	—	2	1	—	1	1	2	2	—	—	—	2	1
	18°—19°	24	2	3	—	2	—	—	—	—	—	1	4	1	4	2	3	1	1	—	—	—	—	—
	19°—20°	11	1	2	—	1	—	—	—	—	—	—	2	—	4	—	1	—	—	—	—	—	—	1
39°—40°	15°—16°	36	4	1	6	—	—	1	—	—	—	—	2	—	1	1	13	2	1	4	—	—	—	—
	16°—17°	25	3	1	3	3	—	—	3	2	1	2	2	—	1	—	4	—	—	—	—	—	—	—
	17°—18°	19	1	4	1	4	—	3	—	1	—	—	—	—	—	—	1	3	1	—	1	—	—	1
	18°—19°	26	—	4	2	1	—	1	1	—	1	3	7	—	1	—	1	1	3	—	—	—	2	—
	19°—20°	12	—	—	—	—	—	—	—	—	—	—	3	5	—	—	—	—	4	—	—	—	—	—
Fünfgrad-Feld	Summen.	711	**70**	**130**	**49**	**34**	16	18	17	7	14	12	47	33	**60**	**49**	**93**	**27**	22	13	1	—	4	6
	Mittlere Windstärke		4.1	3.8	3.6	4.1	3.8	3.6	3.4	3.9	3.6	3.9	3.9	3.4	4.4	4.8	4.0	4.0	2.2	0	8.0	—	8.5	8.1

Barometer 700mm+		Thermometer Cels. Gr. (Temperatur der Luft)					Relative Feuchtigkeit		Bedeckung des Himmels		Niederschläge					Meeresoberfläche			
				Anzahl und Mittel								Dauer in Stunden				Temperatur		Spezif. Gewicht	
Anzahl der Beob.	Mittel mm	Anzahl der Beob.	Roh-Mittel	1h M.	4h N.	12h N.	Anzahl der Beob.	Prozente	Anzahl der Beob.	Mittel 0—10	Anzahl der Beob.-werben	Nebel	Regen	Schnee	Hagel	Anzahl der Beob.	Grade Celsius	Anzahl der Beob.	Mittel d. Ablesungen
13	64.1	13	18.3	(4) 17.5	(3) 19.2	(1) 19.5	6	90.8	14	7.0	14	—	9.0	—	—	11	18.1	1	1.0279
47	64.5	63	17.7	(9) 17.0	(10) 17.6	(8) 17.0	—	—	67	5.6	68	1.0	8.0	—	—	59	17.9	5	1.0269
40	64.4	38	18.1	(6) 17.5	(4) 19.9	(2) 17.1	—	—	42	4.9	44	—	5.5	—	—	38	18.0	5	1.0270
14	65.6	16	16.9	(5) 16.5	(1) 17.4	(3) 16.1	—	—	15	5.2	16	—	1.5	—	—	16	16.9	1	1.0279
19	66.7	21	18.0	(8) 17.5	(4) 19.2	(1) 15.6	—	—	21	5.4	21	—	2.5	—	—	21	18.2	—	—
25	64.8	27	17.2	(6) 15.7	(1) 19.4	(5) 16.8	8	86.9	30	5.5	30	6.0	2.0	—	—	24	17.8	1	1.0281
51	65.1	61	17.0	(15) 16.6	(7) 19.0	(6) 16.8	—	—	64	4.8	65	3.0	4.0	—	—	58	17.5	3	1.0265
25	63.1	26	17.5	(10) 16.0	—	(1) 16.2	—	—	26	5.2	26	—	4.0	—	—	26	17.2	6	1.0274
20	64.8	20	16.9	(3) 15.7	(4) 17.6	(4) 16.4	—	—	20	5.0	20	—	3.5	—	—	20	16.7	1	1.0276
12	65.5	16	17.8	(4) 17.4	(1) 18.8	(2) 17.5	—	—	17	6.2	18	—	4.5	—	—	17	17.8	—	—
23	65.6	38	16.9	(6) 16.9	(9) 17.2	(4) 15.8	4	81.8	44	5.8	44	6.5	5.0	—	—	34	17.1	3	1.0263
35	64.2	38	16.8	(7) 15.2	(4) 19.9	(3) 16.5	2	78.0	37	4.2	38	—	—	—	—	38	16.8	8	1.0272
24	63.7	24	16.6	(4) 15.8	(4) 16.7	(3) 15.9	2	82.0	24	5.0	24	—	8.0	—	—	24	16.4	2	1.0261
24	64.1	24	17.2	(4) 16.3	(4) 18.5	(2) 17.2	2	78.5	26	4.9	26	—	1.0	—	—	24	17.7	2	1.0266
10	63.2	14	17.6	(1) 17.8	(5) 17.2	(2) 17.4	1	80.0	14	6.1	15	—	1.5	—	—	14	17.4	1	1.0270
45	63.9	49	16.3	(14) 15.6	(5) 16.7	(4) 16.1	1	79.0	52	6.1	53	1.0	6.0	—	—	49	16.6	5	1.0265
26	61.9	28	16.1	(9) 15.0	(1) 18.1	(2) 15.8	—	—	28	4.4	29	—	0.5	—	—	28	16.0	5	1.0272
20	63.0	20	16.0	(4) 15.6	(1) 16.7	(1) 15.0	—	—	21	5.5	21	—	14.0	—	—	20	16.6	1	1.0269
20	62.9	24	16.5	(6) 16.2	(2) 16.5	(2) 16.0	—	—	24	5.2	24	—	1.0	—	—	24	16.7	—	—
7	63.9	8	17.1	(2) 16.3	(2) 18.4	(1) 15.8	1	86.0	7	5.4	11	—	—	—	—	8	16.7	—	—
35	61.7	31	16.1	(6) 15.2	(1) 17.0	(1) 16.9	1	100.0	34	5.4	37	—	2.5	—		30	16.1	3	1.0267
25	62.1	25	15.5	(5) 15.0	(1) 16.2	(3) 14.5	1	96.0	25	5.8	26	—	6.5	—	—	24	15.8	2	1.0270
14	60.8	15	15.9	(1) 16.8	(1) 16.9	—	—	—	15	6.1	19	—	7.5	—	—	15	16.3	—	—
18	63.2	24	16.4	(4) 16.4	(1) 16.2	(4) 16.0	3	91.0	24	6.3	26	—	12.0	—	—	24	16.3	—	—
12	65.2	12	15.4	(3) 15.3	(1) 16.0	(1) 15.5	—	—	12	7.8	12	—	0.5	—	—	12	15.6	—	—
[illegible]	—	675	—	120	84	6[illegible]	32	—	703	—	726	17.5	107.5	—	—	658	—	57	—
—	64.16	—	17.1	16.1	17.7	16.7	—	86.2	—	5.4	—	—	—	—	—	—	17.0	—	1.0270

Position der Zone	Wetter nach Beaufort's Bezeichnung. (Häufigkeit)		Häufigkeit der verschied. Wolkenformen	Häufigkeit von Seegang u. Dünung aus:	Mittel der Meeres-Temperatur	Bemerkungen über einzelne beobachtete Triftströmungen.
35°—36° N. Br. 15°—20° W. L.	Summe d. Beobacht.: 168		165	17	17.8° C.	
	Böen	Himmelsansicht	cirr. 21	N 9		N 64° E 14 S 56° E 10 S 7 N 75° W 20
	t —	b 22	cirr. c. 5	NE —		N 70° E 14 S 42° E 10 S 9 N 45° W 9
	l —	c 92	cirr. s 6	E —		S 13
	q 1	o 45	Str. 4	SE —		S 32
	u —	g 4	W-c —	S —		S 11° W 12
	Hydrometeore	Zustand der Luft	Cum. 96	SW 6		S 66° W 9
	h —	v —	Cum. st 19	W —		S 60° W 16
	r 3	w 1	Nimb. 14	NW 2		S 74° W 10
	s —	m —		†See —		S 79° W 15
	d —	f —		glatt —		S 85° W 14
36°—37° N. Br. 15°—20° W. L.	Summe d. Beobacht.: 171		162	19	17.4° C.	
	Böen	Himmelsansicht	cirr. 21	N 9		S 63° E 18 S 24 W 11
	t —	b 27	cirr. c. 2	NE		S 64° E 18 S 22° W 13 N 34° W 14
	l 2	c 90	cirr. s 8	E —		S 56° E 11 S 88° W 8
	q 5	o 40	Str. 2	SE —		S 45° E 7
	u —	g 3	W-c —	S —		
	Hydrometeore	Zustand der Luft	Cum. 98	SW 2		
	h —	v 1	Cum. st 19	W 2		
	r 2	w —	Nimb. 12	NW 6		
	s —	m —		†See —		
	d —	f 1		glatt —		
37°—38° N. Br. 15°—20° W. L.	Summe d. Beobacht.: 152		153	22	17.0° C.	
	Böen	Himmelsansicht	cirr. 15	N 6		N 5° E 10 S 22° W 9 W 10
	t —	b 27	cirr. c 3	NE 2		N 11° E 11 S 25° W 21
	l —	c 86	cirr. s 8	E 5		N 40° E 6 S 24° W 12
	q 5	o 29	Str. 7	SE —		S 45° W 6
	u —	g 2	W-c —	S 4		S 45° W 7
	Hydrometeore	Zustand der Luft	Cum. 90	SW —		S 66° W 14
	h —	v —	Cum. st 9	W —		S 70° W 7
	r 3	w —	Nimb. 21	NW 5		
	s —	m —		†See —		
	d —	f —		glatt —		
38°—39° N. Br. 15°—20° W. L.	Summe d. Beobacht.: 143		133	16	16.5° C.	
	Böen	Himmelsansicht	cirr. 8	N 7		N 25° E 10 S 17° W 10 N 85° W 6
	t 1	b 19	cirr. c —	NE —		S 17° W 24
	l 1	c 76	cirr. s 9	E —		S 36° W 14
	q 2	o 36	Str. 6	SE —		
	u —	g 3	W-c —	S 3		
	Hydrometeore	Zustand der Luft	Cum. 88	SW —		
	h —	v —	Cum. st 6	W 3		
	r —	w —	Nimb. 16	NW 3		
	s —	m 5		†See —		
	d —	f —		glatt —		
39°—40° N. Br. 15°—20° W. L.	Summe d. Beobacht.: 117		105	13	16.0° C.	
	Böen	Himmelsansicht	cirr. 10	N 3		N 30° E 10 S 40° E 7 S 6 N 56° W 16
	t —	b 9	cirr. c 2	NE 2		N 80° W 12
	l —	c 57	cirr. s 3	E —		
	q 2	o 44	Str. 2	SE —		
	u —	g 2	W-c —	S —		
	Hydrometeore	Zustand der Luft	Cum. 67	SW —		
	h —	v —	Cum. st 7	W 5		
	r 3	w —	Nimb. 14	NW 3		
	s —	m —		†See —		
	d —	f —		glatt —		

Bemerkungen

Ueber Wind.

Unter-□	Jahr	Tag		
63.	78.	28.	12^h M.	Der flaue Wind krimpt von NW nach SW und frischt auf.
88.	70.	4.	4^h N.	Böiger SW-Wind mit Regen. Abends wird der Wind sehr flau, später geht er nach N.
95.	77.	6.	6^h N.	Der flaue N-Wind geht in einer Regenböe nach W.
97.	70.	28.	4^h N.	Der stürmische NE-Wind mit Regenböen (8) flaut ab, geht südlich und wird still. Abends Gewitter.
98.	71.	23.	12^h M.	Der mässige Wind krimpt bei stark fallendem Barometer von NW nach SW und wird stürmisch mit anhaltendem Regen. Am 24 um 4^h M. wird der Wind auf kurze Zeit flau, geht dann NW und weht stürmisch bis zum Mittag des 25.

Sonstige Bemerkungen.

57.	78.	4.	12^h M.	Hohe NE-Dünung.

Höchster Barometerstand: **772.2** mm am 21. Mai 1873 in 37° n. Br. und 15° w. L. bei leichtem NNE-Winde und ganz bedecktem Himmel.

Niedrigster „ „ : **745.6** mm am 21. Mai 1874 in 39° n. Br. und 15° w. L. bei flauem NW-Winde und halb bedecktem Himmel.

Höchste Lufttemperatur: **23.4**° Cels. am 19. Mai 1873 in 35° n. Br. und 17° w. L. bei leichtem NNE-Winde und heiterem Himmel.

Niedrigste „ „ : **12.5**° Cels. am 30. Mai 1876 in 38° n. Br. und 16° w. L. bei frischem NNE-Winde und ganz bedecktem Himmel.

Quadrat 110a. ....

Position		Windbeobachtungen																					
			Alle Winde, Variabeln und Stillen																		Stürme		
Breite N	Länge W	Anzahl der Beob.	N	NNE	NE	ENE	E	ESE	SE	SSE	S	SSW	SW	WSW	W	WNW	NW	NNW	Var.	Stillen	N bis ENE	E bis SSE	S bis WSW
30°—31°	10°—11°	—	—	—	—	—	—	—	—	—	—	—	—	—	—	—	—	—	—	—	—	—	—
	11°—12°	—	—	—	—	—	—	—	—	—	—	—	—	—	—	—	—	—	—	—	—	—	—
	12°—13°	—	—	—	—	—	—	—	—	—	—	—	—	—	—	—	—	—	—	—	—	—	—
	13°—14°	—	—	—	—	—	—	—	—	—	—	—	—	—	—	—	—	—	—	—	—	—	—
	14°—15°	6	—	2	—	—	—	—	—	—	—	—	—	2	—	—	—	2	—	—	—	—	—
31°—32°	10°—11°	—	—	—	—	—	—	—	—	—	—	—	—	—	—	—	—	—	—	—	—	—	—
	11°—12°	—	—	—	—	—	—	—	—	—	—	—	—	—	—	—	—	—	—	—	—	—	—
	12°—13°	—	—	—	—	—	—	—	—	—	—	—	—	—	—	—	—	—	—	—	—	—	—
	13°—14°	—	—	—	—	—	—	—	—	—	—	—	—	—	—	—	—	—	—	—	—	—	—
	14°—15°	7	1	3	—	—	—	—	—	—	—	—	—	—	—	1	—	2	—	—	—	—	—
32°—33°	10°—11°	—	—	—	—	—	—	—	—	—	—	—	—	—	—	—	—	—	—	—	—	—	—
	11°—12°	—	—	—	—	—	—	—	—	—	—	—	—	—	—	—	—	—	—	—	—	—	—
	12°—13°	—	—	—	—	—	—	—	—	—	—	—	—	—	—	—	—	—	—	—	—	—	—
	13°—14°	3	2	—	—	—	—	—	—	—	—	—	—	1	—	—	—	—	—	—	—	—	—
	14°—14°	7	—	3	—	—	—	—	—	—	—	—	—	—	2	—	2	—	—	—	—	—	—
33°—34°	10°—11°	—	—	—	—	—	—	—	—	—	—	—	—	—	—	—	—	—	—	—	—	—	—
	11°—12°	—	—	—	—	—	—	—	—	—	—	—	—	—	—	—	—	—	—	—	—	—	—
	12°—13°	—	—	—	—	—	—	—	—	—	—	—	—	—	—	—	—	—	—	—	—	—	—
	13°—14°	5	2	2	—	—	—	—	—	—	—	—	—	1	—	—	—	—	—	—	—	—	—
	14°—15°	13	1	1	4	—	—	—	—	—	—	1	3	—	—	—	2	—	—	1	—	—	—
34°—35°	10°—11°	—	—	—	—	—	—	—	—	—	—	—	—	—	—	—	—	—	—	—	—	—	—
	11°—12°	—	—	—	—	—	—	—	—	—	—	—	—	—	—	—	—	—	—	—	—	—	—
	12°—13°	2	—	—	—	—	—	—	—	—	—	—	—	—	—	—	—	2	—	—	—	—	—
	13°—14°	9	3	1	1	—	—	—	—	—	—	1	—	—	1	—	1	1	—	—	—	—	—
	14°—15°	7	—	—	2	1	—	—	—	—	—	—	1	—	—	—	—	3	—	—	—	—	—
Fünfgrad-Feld	Summen .	59	**9**	**12**	**7**	1	—	—	—	—	—	**2**	**4**	**4**	**3**	**1**	**5**	**10**	—	1	—	—	—
	Mittlere Windstärke		3.7	4.2	4.0	1.0	—	—	—	—	—	2.5	4.5	1.8	2.7	5.0	4.2	2.9	—	0	—	—	—

Barometer 700mm +		Thermometer Cels. Gr. (Temperatur der Luft)					Relative Feuchtigkeit		Bedeckung des Himmels		Niederschläge					Meeresoberfläche			
				Anzahl und Mittel								Dauer in Stunden				Temperatur		Spezif. Gewicht	
Anzahl der Beob.	Mittel mm	Anzahl der Beob.	Rohes Mittel	4h M.	4h N.	12h N.	Anzahl der Beob.	Procente	Anzahl der Beob.	Mittel (0—10)	Anzahl der Beob.-wachen	Nebel	Regen	Schnee	Hagel	Anzahl der Beob.	Grade Celsius	Anzahl der Beob.	Mittel d. Aräom.-angaben
—	—	—	—	—	—	—	—	—	—	—	—	—	—	—	—	—	—	—	—
—	—	—	—	—	—	—	—	—	—	—	—	—	—	—	—	—	—	—	—
—	—	—	—	—	—	—	—	—	—	—	—	—	—	—	—	—	—	—	—
—	—	—	—	—	—	—	—	—	—	—	—	—	—	—	—	—	—	—	—
6	65.4	6	22.0	1 20.0	2 24.0	1 19.0	3	75.7	6	3.7	6	—	—	—	—	6	21.5	2	1.0276
—	—	—	—	—	—	—	—	—	—	—	—	—	—	—	—	—	—	—	—
—	—	—	—	—	—	—	—	—	—	—	—	—	—	—	—	—	—	—	—
—	—	—	—	—	—	—	—	—	—	—	—	—	—	—	—	—	—	—	—
—	—	—	—	—	—	—	—	—	—	—	—	—	—	—	—	—	—	—	—
9	65.4	9	21.7	1 22.9	1 23.5	1 20.0	7	78.7	9	3.2	9	—	—	—	—	9	20.8	2	1.0260
—	—	—	—	—	—	—	—	—	—	—	—	—	—	—	—	—	—	—	—
—	—	—	—	—	—	—	—	—	—	—	—	—	—	—	—	—	—	—	—
—	—	—	—	—	—	—	—	—	—	—	—	—	—	—	—	—	—	—	—
3	65.8	3	21.0	1 20.8	—	1 21.2	—	—	3	4.7	3	—	—	—	—	3	21.0	—	—
9	65.7	9	21.7	2 19.7	1 22.1	4 22.7	7	87.1	9	5.3	9	—	0.5	—	—	9	19.5	1	1.0267
—	—	—	—	—	—	—	—	—	—	—	—	—	—	—	—	—	—	—	—
—	—	—	—	—	—	—	—	—	—	—	—	—	—	—	—	—	—	—	—
—	—	—	—	—	—	—	—	—	—	—	—	—	—	—	—	—	—	—	—
6	66.8	6	21.1	—	2 22.6	—	4	75.8	6	4.3	6	—	—	—	—	6	20.4	1	1.0256
14	65.3	12	21.2	3 19.4	2 24.0	1 19.3	6	80.0	14	6.6	14	—	—	—	—	14	20.2	3	1.0267
—	—	—	—	—	—	—	—	—	—	—	—	—	—	—	—	—	—	—	—
—	—	—	—	—	—	—	—	—	—	—	—	—	—	—	—	—	—	—	—
2	65.1	2	21.4	—	1 22.0	—	—	—	2	5.5	2	—	—	—	—	2	20.7	2	1.0272
10	66.2	8	20.2	2 17.8	1 20.3	—	3	78.3	10	6.3	10	—	1.0	—	—	10	19.9	—	—
7	64.5	7	20.0	2 18.9	—	—	1	88.0	7	5.0	7	—	—	—	—	7	19.2	3	1.0268
66	—	62	—	12 —	10 —	8 —	31	—	66	—	66	—	1.5	—	—	66	—	14	—
—	65.57	—	21.1	19.6	22.9	21.3	—	80.4	—	5.2	—	—	—	—	—	—	20.2	—	1.0267

Quadrat 110a.

Monat ....

Position der Zone		Wetter nach Beaufort's Bezeichnung. (Häufigkeit.)		Häufigkeit der verschied. Wolkenformen	Häufigkeit von Seegang o. Dünung aus:	Mittel der Meeres-Temperatur	Bemerkungen über einzelne beobachtete Triftströmungen.
30°—31° N. Br.	10°—15° W. L.	Summe d. Beobacht.: 6		9	6	21.5° C.	
		Böen	Himmelsansicht	cirr. 1	N 2		
		t —	b 2	cirr. c 1	NE —		
		l —	c 3	cirr. s —	E —		
		q —	o —	Str. —	SE —		
		u —	z —	W-c —	S —		
		Hydrometeore	Zustand der Luft	Cum. 5	SW —		
		h —	v —	Cum. st 1	W 1		
		r —	w —	Nimb. 1	NW 3		
		s —	m 1		†See —		
		d —	f —		glatt —		
31°—32° N. Br.	10°—15° W. L.	Summe d. Beobacht.: 12		11	9	20.5° C.	E 6
		Böen	Himmelsansicht	cirr. 2	N 1		
		t —	b 4	cirr. c 1	NE —		
		l —	c 5	cirr. s 1	E —		
		q —	o —	Str. —	SE —		
		u —	g 1	W-c —	S —		
		Hydrometeore	Zustand der Luft	Cum. 5	SW 2		
		h —	v 2	Cum. st 1	W 1		
		r —	w —	Nimb. 1	NW 5		
		s —	m —		†See —		
		d —	f —		glatt —		

Ueber Wind.

Unter-☐	Jahr	Tag		
14.	78.	29.	8^h M.	Eine leichte Regenböe aus NW von 15 Minuten Dauer.
24.	77.	25.	12^h N.	Eine leichte Böe aus W.
43.	78.	15.	12^h M.	Der mässige N-Wind geht nach NE und wird frischer. Die Dünung ändert sich in derselben Weise.

Sonstige Bemerkungen.

64.	77.	3.	4^h M.	Viele kleine Vögel. Von Mittag bis 4^h N. Zunahme der Meeres-Temperatur um 1.2°.
14.	77.	2.	8^h M.	Die hohe NW-Dünung nimmt ab.
33.	77.	1.	4^h N.	Ein mit Muscheln bewachsener Balken.
33.	78.	28.	8^h N.	Die NW-Dünung nimmt ab.

Höchster Barometerstand: **771.8** mm am 15. Juni 1878 in 33° n. Br. und 14° w. L. bei frischem NE-Winde und ganz bedecktem Himmel.

Niedrigster „ „ : **758.3** mm am 3. Juni 1877 in 33° n. Br. und 14° w. L. bei frischem SW-Winde und heiterem Himmel.

Höchste Lufttemperatur: **20.0°** Cels. am 21. Juni 1878 in 33° n. Br. und 14° w. L. bei Stille und heiterem Himmel.

Niedrigste „ „ : **17.1°** Cels. am 10. Juni 1879 in 34° n. Br. und 13° w. L. bei flauem W-Winde und heiterem Himmel.

Position		Anzahl der Beob.	Windbeobachtungen																					
			Alle Winde, Variabeln und Stillen																		Stürme			
Breite N	Länge W		N	NNE	NE	ENE	E	ESE	SE	SSE	S	SSW	SW	WSW	W	WNW	NW	NNW	Var.	Stillen	N bis ENE	E bis SSE	S bis WSW	W bis NNW
30°—31°	15°—16°	6	—	1	—	—	2	—	—	—	—	—	—	1	1	—	—	1	—	—	—	—	—	—
	16°—17°	10	—	1	1	—	—	—	—	—	—	—	1	4	—	—	—	2	—	1	—	—	—	—
	17°—18°	13	—	1	4	—	—	—	—	—	—	—	—	2	4	1	—	1	—	—	—	—	—	—
	18°—19°	54	9	14	8	4	1	2	1	1	—	3	—	3	1	2	2	3	—	—	—	—	—	—
	19°—20°	82	9	26	21	5	3	2	1	—	1	—	1	2	2	2	1	3	1	2	—	—	—	—
31°—32°	15°—16°	4	2	—	—	—	—	—	—	—	—	—	—	—	2	—	—	—	—	—	—	—	—	—
	16°—17°	16	—	—	4	—	—	—	—	—	—	—	1	—	8	1	—	—	—	2	—	—	—	—
	17°—18°	15	3	2	2	—	—	—	—	—	—	—	2	1	3	1	—	1	—	—	—	—	—	—
	18°—19°	92	13	37	11	5	3	8	—	—	1	—	2	—	3	1	4	6	1	2	—	—	—	—
	19°—20°	84	1	31	20	3	2	3	—	—	—	3	2	1	6	3	2	4	3	—	—	—	—	—
32°—33°	15°—16°	8	3	1	2	—	—	—	—	—	—	—	—	1	—	—	—	1	—	—	—	—	—	—
	16°—17°	16	2	—	1	—	—	—	—	—	—	—	—	—	4	1	1	—	—	7	—	—	—	—
	17°—18°	55	6	22	8	1	—	—	1	—	—	—	2	—	4	2	1	4	—	4	—	—	—	—
	18°—19°	88	6	35	15	6	5	1	—	1	—	—	—	—	1	6	5	5	1	1	—	—	—	—
	19°—20°	53	4	17	14	3	1	1	2	—	—	—	—	—	7	—	2	1	1	—	1	—	—	—
33°—34°	15°—16°	7	—	4	3	—	—	—	—	—	—	—	—	—	—	—	—	—	—	—	—	—	—	—
	16°—17°	30	4	4	7	—	—	—	—	—	2	—	—	1	5	2	2	2	—	1	—	—	—	—
	17°—18°	109	16	46	21	2	—	—	—	—	—	—	3	1	—	5	5	8	—	2	—	—	—	—
	18°—19°	66	11	22	13	2	1	—	—	—	—	—	—	1	3	8	5	—	—	—	—	—	—	—
	19°—20°	48	9	8	9	1	6	—	—	—	—	—	2	1	2	—	3	2	—	—	—	—	—	—
34°—35°	15°—16°	7	2	1	—	2	—	—	—	—	—	—	—	—	—	—	—	2	—	—	—	—	—	—
	16°—17°	60	8	11	7	1	—	—	—	—	—	3	6	3	2	6	10	2	1	—	—	—	—	—
	17°—18°	83	17	32	9	1	2	—	—	—	—	1	2	1	3	5	3	5	1	1	—	—	—	—
	18°—19°	49	7	15	5	3	1	—	2	—	—	1	3	1	2	5	2	1	1	—	—	—	—	—
	19°—20°	26	5	10	4	—	—	—	—	—	—	—	3	—	—	1	1	2	—	—	—	—	—	—
Fünfgrad-Feld	Summen	1076	**137**	**341**	**189**	**39**	27	12	7	2	4	11	30	24	**63**	**52**	**49**	**56**	10	23	1	—	—	—
	Mittlere Windstärke		3.3	3.9	4.0	3.6	3.4	1.8	2.7	2.0	3.2	3.4	3.4	3.0	3.1	2.4	3.3	3.6	3.4	0	8.0	—	—	—

Barometer 700mm+		Thermometer Cels. Gr. (Temperatur der Luft)					Relative Feuchtigkeit		Bedeckung des Himmels		Niederschläge					Meeresoberfläche			
				Anzahl und Mittel								Dauer in Stunden				Temperatur		Spezif. Gewicht	
Anzahl der Beob.	Mittel mm	Anzahl der Beob.	Rohes Mittel	4h M.	4h N.	12h N.	Anzahl der Beob.	Procente	Anzahl der Beob.	Mittel (0–10)	Anzahl der Beobachtungen	Nebel	Regen	Schnee	Hagel	Anzahl der Beob.	Grade Celsius	Anzahl der Beob.	Mittel d. Aräom.-angaben
8	66.1	8	22.2	(1) 18.4	(1) 23.7	—	7	79.6	8	4.0	8	—	—	—	—	8	21.6	1	1.0255
10	66.1	10	22.2	(2) 19.6	(2) 23.8	(1) 20.5	8	87.0	10	5.5	10	—	—	—	—	10	21.8	—	—
8	66.0	13	21.5	(3) 20.6	(2) 22.6	(3) 21.2	2	95.0	13	3.3	13	—	0.5	—	—	13	21.3	2	1.0265
45	67.5	52	21.3	(11) 20.0	(7) 22.4	(9) 19.9	7	89.0	48	4.1	54	—	1.5	—	—	51	20.9	2	1.0278
61	67.4	77	21.1	(17) 19.9	(9) 22.8	(15) 20.6	5	80.0	79	4.5	82	—	1.5	—	—	70	20.9	4	1.0272
4	63.9	4	21.9	(2) 22.9	—	(1) 19.7	4	82.8	4	5.8	4	—	—	—	—	4	19.7	—	—
16	66.8	16	22.4	(3) 20.6	(2) 23.8	(2) 22.5	12	87.8	16	3.8	16	—	—	—	—	16	21.8	1	1.0266
11	66.5	14	20.5	(4) 19.1	(4) 22.7	(2) 20.0	3	87.3	15	3.9	15	—	—	—	—	15	20.9	—	—
79	67.5	90	21.2	(19) 20.1	(13) 23.1	(11) 19.6	10	80.6	85	4.6	93	—	3.0	—	—	84	20.6	5	1.0279
65	66.9	75	20.4	(18) 19.9	(8) 21.4	(10) 20.2	1	81.0	62	4.9	84	—	0.5	—	—	69	20.6	3	1.0286
8	65.2	8	21.2	(1) 18.6	(2) 22.4	—	5	79.0	8	5.8	8	—	—	—	—	8	20.6	1	1.0267
16	67.0	16	22.5	(8) 20.5	(2) 25.7	(3) 20.7	11	90.1	16	4.1	16	—	—	—	—	16	21.1	—	—
52	67.4	52	21.2	(10) 19.6	(6) 23.4	(7) 20.4	7	86.9	50	2.6	55	—	—	—	—	52	20.6	—	—
69	67.8	79	20.4	(21) 19.3	(7) 21.1	(12) 19.7	7	85.1	82	4.5	88	—	1.5	—	—	78	20.3	10	1.0280
42	65.6	48	20.3	(6) 19.6	(8) 20.9	(6) 19.8	6	87.9	51	5.4	53	—	—	—	—	45	20.1	1	1.0287
7	68.1	6	20.3	—	(1) 21.8	(1) 19.6	5	79.8	7	6.7	7	—	—	—	—	7	20.3	—	—
29	67.5	28	21.5	(4) 20.7	(3) 23.3	(2) 21.0	2	82.5	28	4.5	30	—	3.0	—	—	29	21.3	—	—
99	68.1	103	20.5	(17) 19.2	(18) 21.0	(18) 19.6	9	80.0	105	4.8	109	—	1.0	—	—	101	20.3	—	—
61	67.8	62	19.9	(11) 19.0	(10) 21.6	(9) 19.1	2	89.0	64	5.2	66	—	0.5	—	—	55	19.8	5	1.0279
36	67.2	37	20.2	(7) 19.4	(8) 20.5	(4) 18.6	4	86.8	43	4.6	43	—	2.0	—	—	38	20.0	3	1.0274
7	67.7	7	20.7	—	(1) 19.7	(2) 18.5	—	—	6	4.0	7	—	—	—	—	7	19.2	—	—
53	66.4	58	19.8	(15) 18.9	(5) 21.6	(9) 19.0	11	82.4	56	4.9	61	—	4.0	—	—	56	20.0	—	—
64	68.0	78	19.1	(16) 18.6	(10) 20.1	(10) 16.7	6	81.5	81	5.7	83	—	2.5	—	—	75	19.3	5	1.0278
38	67.3	44	19.5	(6) 18.8	(6) 20.5	(9) 18.9	4	90.0	48	4.9	49	—	7.0	—	—	41	19.5	2	1.0278
25	67.1	22	19.2	(7) 18.2	—	(3) 19.0	3	92.3	26	5.0	26	—	6.5	—	—	25	19.7	5	1.0286
984	—	1017	—	204	135	137	141	—	1031	—	1080	—	95.0	—	—	973	—	50	—
—	67.30	—	20.3	19.5	21.1	19.7	—	84.8	—	4.7	—	—	—	—	—	—	20.3	—	1.0278

Position der Zone	Wetter nach Beaufort's Bezeichnung. (Häufigkeit.)				Häufigkeit der verschied. Wolkenformen	Häufigkeit von Seegang u. Dünung aus:	Mittel der Meeres-Temperatur	Bemerkungen über einzelne beobachtete Triftströmungen.			
30°–31° N. Br. 15°—20° W. L.	Summe d. Beobacht.: 163				164	44					
	Oben		Himmelsansicht		cirr. 28	N 16			S 84° E 15	S 8° W 12	W 7
	t	—	b	40	cirr.c 6	NE 10			S 45° E 9	S 86° W 17	W 13
	l	—	c	87	cirr.s 9	E 2				S 86° W 11	W 15
	q	—	o	31	Str. 5	SE —					N 54° W 5
	u	—	g	9	W-c 1	S -	21.0° C.				
	Hydrometeore		Zustand der Luft		Cum. 100	SW 2					
	h	—	v	1	Cum.st 11	W 11					
	r	—	w	-	Nimb. 4	NW 3					
	s	—	m	—		† See —					
	d	1	f	—		glatt —					
31°—32° N. Br. 15°—20° W. L.	Summe d. Beobacht.: 204				193	55					
	Oben		Himmelsansicht		cirr. 37	N 33		N 22	E 6	S 9	N 84° W 6
	t	—	b	43	cirr.c 4	NE 9			S 63° E 7	S 11° W 16	
	l	—	c	119	cirr.s 3	E --			S 45° E 11	S 22° W 11	
	q	—	o	38	Str. --	SE —			S 11° E 8	S 52° W 10	
	u	—	g	3	W-c 3	S —	20.7° C.		S 11° E 13	S 44° W 8	
	Hydrometeore		Zustand der Luft		Cum. 126	SW -				S 45° W 10	
	h	—	v	—	Cum.st 19	W 12				S 62° W 15	
	r	—	w	—	Nimb. 1	NW 1				S 78° W 11	
	s	—	m	1		† See —				S 76° W 18	
	d	—	f	—		glatt —				S 79° W 24	
32°—33° N. Br. 15°—20° W. L.	Summe d. Beobacht.: 220				203	67					
	Oben		Himmelsansicht		cirr. 30	N 39		N 63° E 17	S 57° E 18	S 7	
	t	—	b	53	cirr.c 10	NE 12		N 77° E 11	S 34° E 8	S 11	
	l	—	c	114	cirr.s 9	E —			S 31° E 12	S 22° W 11	
	q	4	o	41	Str. 9	SE —				S 32° W 10	
	u	1	g	6	W-c 4	S —	20.4° C.			S 36° W 9	
	Hydrometeore		Zustand der Luft		Cum. 114	SW —				S 68° W 31	
	h	—	v	—	Cum.st 19	W 12				S 67° W 7	
	r	—	w	—	Nimb. 8	NW 4					
	s	—	m	—		† See —					
	d	1	f	—		glatt —					

Bemerkungen

Ueber Wind.

Unter-☐	Jahr	Tag		
06.	77.	3.	12ʰ N.	Der frische WSW-Wind ist sehr veränderlich.
08.	73.	14.	8ʰ N.	Der mässige WSW-Wind mit Regenschauern holt nördlich und das Wetter klart ab. Um 11½ʰ N. eine Feuerkugel, 5 Sekunden sichtbar, im NW nach dem Horizont zu sinkend.
39.	68.	13.	8ʰ M.	Bei mässigem E-Winde zeitweise leichte Böen: kleine schauerige Wolken im Horizont.

Sonstige Bemerkungen.

16.	77.	3.	12ʰ M.	Bei mässigem SW-Winde zieht das Gewölk aus W.
25.	77.	2.	8ʰ M.	Bei flauem N-Winde ziehen die oberen Wolken aus SW.
28	77.	27.	8ʰ M.	Die ersten fliegenden Fische. Dünung aus NNW.
29.	77.	28.	4ʰ N.	Die ersten fliegenden Fische.
36.	77.	26.	4ʰ M.	Die NW-Dünung nimmt zu. Um 8ʰ M. viele Fische.
37.	77.	25.	8ʰ M.	Die ersten Boniten. Kurze, aber heftige Regenschauer aus SW.

Höchster Barometerstand: **774.**[illegible] mm am 24. Juni 1874 in 34° n. Br. und 17° w. L. bei mässigem NNE-Winde und heiterem Himmel.

Niedrigster „ „ : **748.**[illegible] mm am 11. Juni 1869 in 32° n. Br. und 19° w. L. bei frischem W-Winde und halb bedecktem Himmel.

Höchste Lufttemperatur: **28.**[illegible]° Cels. am 24. Juni 1878 in 33° n. Br. und 17° w. L. bei leichtem NNE-Winde und klarem Himmel.

Niedrigste „ „ : **14.4**° Cels. am 1. Juni 1876 in 34° n. Br. und 19° w. L. bei leichtem N-Winde und ganz bedecktem Himmel.

Quadrat 110c..

Position Breite N	Position Länge W	Anzahl der Beob.	N	NNE	NE	ENE	E	ESE	SE	SSE	S	SSW	SW	WSW	W	WNW	NW	NNW	Var.	Stillen	Stürme N bis ENE	Stürme E bis SSE	Stürme S bis WSW	Stürme W…
35°—36°	10°—11°	—	—	—	—	—	—	—	—	—	—	—	—	—	—	—	—	—	—	—	—	—	—	—
	11°—12°	2	—	—	—	—	—	—	—	—	—	—	—	—	—	—	—	2	—	—	—	—	—	—
	12°—13°	8	1	—	1	—	—	—	—	—	—	—	—	1	—	—	3	—	2	—	—	—	—	—
	13°—14°	7	—	—	1	—	—	—	—	—	—	—	—	2	1	—	3	—	—	—	—	—	—	—
	14°—15°	9	3	2	3	—	—	—	—	—	—	—	—	—	—	—	1	—	—	—	—	—	—	—
36°—37°	10°—11°	1	1	—	—	—	—	—	—	—	—	—	—	—	—	—	—	—	—	—	1	—	—	—
	11°—12°	6	—	—	—	—	—	—	—	—	—	—	—	—	2	—	2	2	—	—	—	—	—	—
	12°—13°	9	1	—	—	—	—	—	—	—	—	—	—	—	2	1	3	2	—	—	—	—	—	—
	13°—14°	13	1	5	2	—	—	—	—	—	—	—	—	1	1	1	2	—	—	—	—	—	—	—
	14°—15°	18	3	3	—	—	—	—	—	—	1	—	—	—	2	5	2	2	—	—	—	—	—	—
37°—38°	10°—11°	5	—	2	—	—	—	—	—	—	—	—	—	—	—	1	1	1	—	—	—	—	—	—
	11°—12°	18	2	—	—	—	—	—	1	1	—	—	—	1	5	3	—	2	—	3	—	—	—	—
	12°—13°	8	1	—	—	—	—	—	—	—	—	—	—	—	3	1	3	—	—	—	—	—	—	—
	13°—14°	19	4	—	—	—	—	—	—	—	—	—	—	1	7	4	2	1	—	—	—	—	—	—
	14°—15°	12	2	1	4	—	—	—	—	—	1	1	—	1	1	—	1	—	—	—	—	—	—	—
38°—39°	10°—11°	5	—	—	—	—	—	—	—	—	—	—	1	3	1	—	—	—	—	—	—	—	—	—
	11°—12°	9	—	—	—	—	—	—	—	—	—	—	1	5	1	2	—	—	—	—	—	—	—	—
	12°—13°	14	—	—	—	—	—	—	—	—	—	—	—	2	2	6	4	—	—	—	—	—	—	—
	13°—14°	23	1	4	—	—	—	—	—	—	1	1	1	1	8	3	1	2	—	—	—	—	—	—
	14°—15°	37	3	8	4	1	—	—	—	—	—	3	2	6	4	3	3	—	—	—	—	—	—	—
39°—40°	10°—11°	—	—	—	—	—	—	—	—	—	—	—	—	—	—	—	—	—	—	—	—	—	—	—
	11°—12°	15	—	—	—	—	—	—	—	—	—	—	1	5	1	2	5	—	1	—	—	—	—	—
	12°—13°	20	1	—	1	—	—	—	—	—	—	—	1	5	7	5	—	—	—	—	—	—	—	—
	13°—14°	32	5	4	3	—	—	—	—	—	1	5	2	1	7	4	—	—	—	—	—	—	—	—
	14°—15°	42	7	18	5	—	—	1	—	—	—	—	—	1	3	—	4	2	—	1	—	—	—	—
Fünfgrad-Feld	Summen	332	**36**	**47**	**24**	1	—	1	1	1	4	10	9	**36**	**58**	**41**	**40**	**16**	3	4	**1**	—	—	—
	Mittlere Windstärke		3.9	4.1	3.9	4.0	—	4.0	1.0	1.0	3.2	2.2	2.3	3.7	4.0	3.6	4.2	4.0	4.7	0	8.0	—	—	—

Thermometer Cels. Gr. (Temperatur der Luft)					Relative Feuchtigkeit		Bedeckung des Himmels		Niederschläge					Meeresoberfläche			
		Anzahl und Mittel								Dauer in Stunden				Temperatur		Spezif. Gewicht	
Anzahl der Beob.	Rohes Mittel	4h M.	4h N.	12h N.	Anzahl der Beob.	Prozente	Anzahl der Beob.	Mittel (0-10)	Anzahl der Beobachtungen	Nebel	Regen	Schnee	Hagel	Anzahl der Beob.	Grade Celsius	Anzahl der Beob.	Mittel d. Aräom.-angaben
—	—	—	—	—	—	—		—	—	—	—	—	—	—	—	—	—
1	20.1	—	—	—	—	—	2	6.5	2	—	—	—	—	2	20.4	1	1.0267
6	18.6	(1) 19.8	(1) 18.8	(2) 18.8	—	—	7	5.1	8	—	0.5	—	—	8	19.3	—	—
9	20.3	(5) 20.5	—	(2) 19.5	5	83.0	9	4.7	9	—	0.5	—	—	8	18.6	2	1.0278
9	18.7	(3) 17.4	—	(2) 18.1	1	87.0	9	6.3	9	—	—	—	—	8	18.4	1	1.0267
1	19.9	—	—	(1) 19.9	—	—	1	9.0	1	—	—	—	—	1	20.0	—	—
3	19.2	(1) 19.2	—	—	—	—	6	6.2	6	—	0.5	—	—	6	19.6	—	—
11	19.5	(2) 16.7	(2) 21.0	(2) 18.5	2	88.5	11	5.5	11	—	0.5	—	—	11	19.0	—	—
14	19.8	—	(3) 20.9	(2) 19.3	2	85.5	14	3.6	14	—	—	—	—	14	18.2	—	—
18	20.0	(4) 18.4	(2) 20.6	(3) 19.0	—	—	18	5.9	18	—	1.0	—	—	18	18.8	2	1.0282
5	17.7	(1) 16.7	—	(1) 16.7	—	—	5	4.2	5	—	—	—	—	5	17.8	—	—
16	19.5	(3) 18.9	(4) 19.9	(2) 20.3	—	—	18	7.0	18	—	2.0	—	—	18	19.9	—	—
9	19.3	(1) 17.4	(3) 22.3	(2) 17.6	4	79.5	9	4.4	9	—	—	—	—	8	17.1	—	—
19	19.6	(2) 18.8	(3) 19.8	(2) 19.7	1	90.0	19	3.2	20	—	—	—	—	20	18.5	1	1.0273
11	19.3	(2) 18.6	(1) 19.7	(1) 18.8	4	87.0	11	5.4	12	—	2.0	—	—	11	19.0	—	—
4	17.8	—	(2) 18.6	—	—	—	5	4.0	7	—	—	—	—	5	17.9	—	—
8	17.8	(2) 16.6	—		2	88.0	9	6.1	9	—	1.0	—	—	9	17.0	—	—
15	19.5	(2) 18.7	(3) 20.4	(1) 17.6	3	82.7	15	3.9	16	—	—	—	—	15	17.8	2	1.0278
23	19.1	(4) 18.2	(1) 19.7	(2) 18.7	—	—	20	5.2	23	—	0.5	—	—	23	18.5	—	—
35	18.8	(6) 18.4	(3) 20.5	(6) 17.4	—	—	37	4.0	37	—	1.0	—	—	35	18.5	1	1.0293
—	—	—	—	—	—	—	—	—	—	—	—	—	—	—	—	—	—
17	17.2	(3) 18.0	—	(6) 17.4	3	80.7	17	3.8	17	—	2.0	—	—	16	16.9	—	—
19	18.4	(5) 18.0	(1) 19.4	(2) 18.6	2	68.5	20	5.4	20	—	0.5	—	—	18	17.8	1	1.0272
30	18.5	(7) 17.5	(3) 20.1	(3) 17.9	2	78.0	28	5.3	32	—	1.0	—	—	30	18.3	—	—
38	17.9	(8) 16.7	(5) 18.4	(3) 17.6	5	80.4	40	4.4	42	0.5	1.5	—	—	37	17.5	1	1.0247
321	—	(43) —	(42) —	(45) —	36	—	330	—	345	0.5	14.5	—	—	327	—	12	—
—	18.8	18.1	20.0	18.5	—	89.5	—	4.8	—	—	—	—	—	—	18.3	—	1.0273

Quadrat 110c. ....

Position der Zone		Wetter nach Beaufort's Bezeichnung. (Häufigkeit.)		Häufigkeit der verschied. Wolkenformen	Häufigkeit von Seegang aus:	Mittel der Meeres-Temperatur	Bemerkungen über einzelne beobachtete Triftströmungen.
35°—36° N. Br.	10°—15° W. L.	Summe d. Beobacht.: 28		32	14	18.9° C.	
		See	Himmelsansicht	cirr. 5	N 5		S 12
		t —	b 4	cirr.c 1	NE —		
		l —	c 12	cirr.s 2	E —		
		q —	o 11	Str. 1	SE —		
		u —	g 1	W-c 3	S —		
		Hydrometeore	Zustand der Luft	Cum. 12	SW 2		
		h —	v —	Cum.st 5	W 5		
		r —	w —	Nimb. 3	NW 2		
		s —	m —		†See —		
		d —	f —		glatt —		
36°—37° N. Br.	10°—15° W. L.	Summe d. Beobacht.: 62		44	25	18.8° C.	
		See	Himmelsansicht	cirr. 8	N 7		S 36° E 14, S 62° W 23, N 84° W 13
		t —	b 12	cirr.c 5	NE 3		
		l —	c 18	cirr.s 1	E 1		
		h —	o 15	Str. 1	SE 1		
		u —	g 4	W-c 5	S 1		
		Hydrometeore	Zustand der Luft	Cum. 20	SW —		
		h —	v —	Cum.st 2	W 8		
		r —	w 1	Nimb. 2	NW 4		
		s —	m 1		†See —		
		d 1	f —		glatt —		
37°—38° N. Br.	10°—15° W. L.	Summe d. Beobacht.: 67		54	34	18.6° C.	
		See	Himmelsansicht	cirr. 3	N 11		S 77° E 34
		t —	b 14	cirr.c 5	NE —		S 31° E 10
		l —	c 30	cirr.s 6	E 1		S 10° E 11
		q —	o 15	Str. 6	SE —		
		u —	g 8	W-c 2	S —		
		Hydrometeore	Zustand der Luft	Cum. 29	SW 2		
		h —	v —	Cum.st 1	W 13		
		r 1	w —	Nimb. 3	NW 7		
		s —	m 3		†See —		
		d 1	f —		glatt —		
38°—39° N. Br.	10°—15° W. L.	Summe d. Beobacht.: 91		90	22	18.2° C.	
		See	Himmelsansicht	cirr. 11	N 3		S 40° E 12, S 42° E 19, S 6° W 12, N 76° W 21
		t —	b 17	cirr.c 7	NE 1		N 85° E 8, S 17° E 9, S 34° W 13
		l —	c 43	cirr.s 8	E 1		S 6° E 12, S 60° W 8
		q 1	o 19	Str. 7	SE —		S 78° W 35
		u —	g 2	W-c —	S —		
		Hydrometeore	Zustand der Luft	Cum. 51	SW —		
		h —	v —	Cum.st 4	W 11		
		r —	w —	Nimb. 4	NW 6		
		s —	m 2		†See —		
		d 2	f —		glatt —		
39°—40° N. Br.	10°—15° W. L.	Summe d. Beobacht.: 112		104	35	17.7° C.	
		See	Himmelsansicht	cirr. 12	N 4		N 82° E 8, S 68° E 7, S 17, N 45° W 11
		t —	b 25	cirr.c 2	NE —		S 51° E 17, S 6° W 16
		l —	c 48	cirr.s 5	E 1		S 6° E 22, S 9° W 36
		q 5	o 24	Str. 5	SE —		S 22° W 29
		u —	g 5	W-c —	S 2		S 36° W 16
		Hydrometeore	Zustand der Luft	Cum. 71	SW 9		S 36° W 18
		h —	v —	Cum.st 5	W 11		
		r —	w —	Nimb. 4	NW 8		
		s —	m —		†See —		
		d 5	f —		glatt —		

Bemerkungen

Ueber Wind.

Unter-□	Jahr	Tag		
91.	79.	8.	6^h N.	Sehr unbeständiger Wind; schauerige Luft mit Regen. Hohe NW-See.

Sonstige Bemerkungen.

61.	78.	28.	4^h M.	Hohe NW-Dünung.
62.	78.	13.	8^h M.	Viele Boniten.
70.	79.	11.	12^h N.	Sternschnuppen, nach NW fallend.
71.	71.	15.	12^h N.	Hoher Seegang aus NNW bei frischem W-Winde.
71.	78	12.	4^h N.	Einige Schildkröten.
74.	77.	22.	4^h N.	Die Dünung aus NNW nimmt zu.
93.	70.	2.	12^h N.	Hohe Dünung aus NW.
94.	77.	20.	8^h N.	Nachmittags eine Menge Seeschwalben.

Höchster Barometerstand: **771.1** mm am 13. Juni 1879 in 39° n. Br. und 11° w. L. bei frischem NW-Winde und heiterem Wetter.

Niedrigster „ „ : **759.8** mm am 3. Juni 1871 in 36° n. Br. und 14° w. L. bei mässigem NE-Winde und wolkigem Himmel.

Höchste Lufttemperatur: **24.1°** Cels. am 20. Juni 1878 in 37° n. Br. und 12° w. L. bei leichtem W-Winde und heiterem Himmel.

Niedrigste „ „ **14.0°** Cels. am 8. Juni 1879 in 39° n. Br. und 11° w. L. bei leichtem SW-Winde und unbeständigem Wetter mit Regen.

Quadrat 110d. ....

Position		Windbeobachtungen																						
			Alle Winde, Variabeln und Stillen																		Stürme			
Breite N	Länge W	Anzahl der Beob.	N	NNE	NE	ENE	E	ESE	SE	SSE	S	SSW	SW	WSW	W	WNW	NW	NNW	Var.	Stillen	N bis ENE	E bis SSE	S bis WSW	W bis NNW
35°—36°	15°—16°	35	3	5	5	1	—	—	—	—	—	—	2	3	1	5	5	5	—	—	—	—	—	—
	16°—17°	76	10	28	2	1	—	—	—	—	2	1	1	6	6	10	8	3	—	3	—	—	—	—
	17°—18°	66	8	17	6	5	5	—	—	—	—	1	1	—	3	5	6	4	5	—	—	—	—	—
	18°—19°	40	7	14	1	3	2	—	—	—	—	—	2	—	1	3	4	1	2	—	—	—	—	—
	19°—20°	15	5	6	1	—	—	—	—	—	—	1	1	1	—	—	—	—	—	—	—	—	—	—
36°—37°	15°—16°	33	4	6	—	1	—	—	3	—	1	—	1	4	3	6	2	2	—	—	—	—	—	—
	16°—17°	69	11	25	8	2	3	—	—	1	—	—	—	1	5	7	3	4	1	—	1	1	—	—
	17°—18°	57	8	11	8	7	—	—	—	—	—	2	—	1	1	7	7	2	3	—	—	—	—	—
	18°—19°	15	5	2	1	—	—	—	—	—	—	—	—	—	3	2	2	—	—	—	—	—	—	—
	19°—20°	11	1	4	2	—	—	—	—	—	—	—	—	—	1	—	3	—	—	—	—	—	—	—
37°—38°	15°—16°	66	11	19	4	1	3	—	2	1	1	—	1	2	10	—	6	3	—	2	—	—	—	—
	16°—17°	74	10	23	13	4	5	—	—	—	—	2	—	—	2	3	3	7	—	2	1	—	—	—
	17°—18°	27	4	3	4	4	—	—	—	—	—	—	1	1	—	—	4	4	1	1	—	—	—	—
	18°—19°	20	4	5	3	—	—	—	—	—	—	—	3	—	—	3	2	—	—	—	—	—	—	1
	19°—20°	16	1	—	4	2	—	—	—	—	—	6	1	—	—	—	4	—	—	—	—	—	—	—
38°—39°	15°—16°	96	5	35	7	3	1	1	1	1	8	2	6	3	8	2	2	10	1	5	2	—	—	—
	16°—17°	56	4	13	10	2	—	—	1	—	—	1	2	7	4	2	3	4	—	3	—	—	—	—
	17°—18°	37	9	11	1	1	1	—	—	—	—	—	4	—	—	—	5	4	1	—	—	—	—	—
	18°—19°	12	2	—	3	2	—	—	—	—	1	1	—	—	1	—	1	—	1	—	—	—	—	—
	19°—20°	13	2	2	5	—	—	—	—	—	1	1	—	—	—	1	—	1	—	—	—	—	—	—
39°—40°	15°—16°	85	4	20	13	4	—	—	—	—	4	1	1	4	7	3	10	7	3	4	—	—	—	—
	16°—17°	52	5	12	13	—	—	—	2	2	3	1	3	2	1	5	—	3	—	—	—	—	—	—
	17°—18°	26	1	2	2	2	2	3	2	1	—	—	—	—	—	7	1	1	2	—	—	—	—	—
	18°—19°	17	4	3	1	1	—	—	1	—	—	—	1	2	1	—	—	—	1	2	—	—	—	—
	19°—20°	3	3	—	—	—	—	—	—	—	—	—	—	—	—	—	—	—	—	—	—	—	—	—
Fünfgrad-Feld	Summen	1019	**131**	**261**	**117**	**46**	22	4	12	6	16	20	31	37	**58**	**71**	**70**	**63**	21	22	4	1	—	1
	Mittlere Windstärke		4.1	4.3	4.5	3.8	4.2	2.0	3.1	2.8	3.2	2.6	3.2	2.8	3.3	3.6	3.4	3.2	2.0	0	8.0	8.0	—	8.0

19.6	5 19.2	3 20.0	1 19.5	10	85 7	34	4.7	35	—	2.0	—	—	33	19.7	1	1.0281
19.7	18 17.7	10 21.4	7 18.8	10	81.6	73	5.1	77	—	2.0	—	—	74	19.4	4	1.0283
18.8	12 18.0	7 20.0	7 17.4	6	89.0	66	5.7	68	—	4.5	—	—	57	18.7	5	1.0272
19.1	7 18.0	3 19.2	6 19.2	2	91.0	38	5.4	40	—	10.5	—	—	34	19.3	2	1.0277
19.5	8 18.2	2 20.1	—	—	—	15	5.8	15	—	—	—	—	15	19.8	0	1.0288
19.9	4 18.4	7 20.4	4 19.2	13	83.4	32	4.7	33	—	2.5	—	—	32	19.7	—	—
18.9	12 18.5	7 19.4	12 19.1	4	82.5	66	5.2	69	—	10.5	—	—	60	18.6	1	1.0255
18 5	7 18.5	7 18.7	5 17.9	6	86.0	55	5.8	57	-	5.0	—	—	48	18.6	2	1.0282
19 3	2 17.8	2 19.6	—	—	—	15	4.9	15	—	0.5	—	—	14	18.8	6	1.0282
19.5	2 20.7	1 23.7	2 18.8	—	—	11	4.5	11	—	—	—	—	11	19.2	3	1.0288
19.5	12 18.3	9 20.9	8 18.8	9	82.0	64	5.1	66	—	2.5	—	—	62	18.4	3	1.0263
18.3	11 17 8	11 18.9	7 16.9	4	89.8	72	5.4	74	—	7.5	—	—	03	18.2	8	1.0275
18.6	2 17.8	3 20.1	2 19 4	—	—	26	5.8	27	—	—	—	—	23	18.5	2	1.0285
19.0	8 18 4	—	1 15.4	—	—	20	5.6	21	—	—	—	—	18	18.8	5	1.0285
19.2	3 16.0	1 20.0	3 18.4	—	—	18	3.6	18	—	—	—	—	18	19.0	—	—
18.3	19 17.0	10 19.6	12 17.5	12	81.8	90	4.3	96	0.5	1.0	—	—	88	18.0	2	1.0278
18.1	9 17.0	8 18.8	6 17.8	8	75.0	54	4.7	56	—	2.0	—	—	46	17.9	4	1.0273
18.2	8 17.4	7 18.7	5 17.0	—	—	37	6.3	37	—	2.0	—	—	33	18.1	6	1.0282
18.5	3 18.4	2 18.2	1 17.9	—	—	12	4.5	12	—	1.0	—	—	12	18.6	1	1.0266
20.2	1 16.4	2 25.7	2 22.2	3	84.0	14	5.1	14	—	1.0	—	—	14	19.2	—	—
18.1	14 17.1	15 20.0	11 17.5	11	89.2	80	5.6	85	—	7.5	—	—	72	17.8	4	1.0272
17.6	11 17.2	3 18.7	6 18.3	6	92.5	49	5.9	52	1.0	13.3	—	—	45	17.9	5	1.0273
17.9	3 16.8	2 18.2	4 17.4	—	—	26	4.9	26	—	9.5	—	—	24	17.8	2	1.0269
19.4	3 19.4	2 19.3	5 19.2	—	—	18	3.2	18	—	—	—	—	18	19.3	—	—
18.1	4 17.8	—	—	—	—	3	5 3	3	—	—	—	—	3	18.4	—	—
—	183 —	126 —	120 —	106	—	988	—	1025	1.5	84.8	—	—	917	—	67	—
18.8	17.5	19.8	18.3	—	84.5	—	5.2	—	—	—	—	—	—	18.6	—	1.0278

Quadrat 110d. ....

Position der Zone		Wetter nach Beaufort's Bezeichnung. (Häufigkeit.)		Häufigkeit der verschied. Wolkenformen	Häufigkeit von Seegang u. Dünung aus:	Mittel der Meeres-Temperatur	Bemerkungen über einzelne beobachtete Triftströmungen.			
35°—36° N. Br.	15°—20° W. L.	Summe d. Beobacht.: 235		217	72					
		Böen	Himmelsansicht	cirr. 23	N 40		N 36° E 10	S 84° E 20	S 2° W 25	N 79° W 20
		t —	b 35	cirr. c. 12	NE 9		N 30° E 8	S 42° E 9	S 6° W 8	N 73° W 12
		l 1	c 137	cirr. s 15	E —			S 25° E 11	S 15° W 45	N 47° W 10
		q 4	o 47	Str. 6	SE —			S 22° E 11	S 25° W 12	N 22° W 16
		u 1	g 3	W-c 3	S —	19.8° C.			S 55° W 20	
		Hydrometeore	Zustand der Luft	Cum. 127	SW —				S 70° W 16	
		h —	v 3	Cum. s 22	W 8				S 74° W 18	
		r —	w 1	Nimb. 10	NW 15				S 76° W 21	
		s —	m 2		† See —					
		d 1	f ...		glatt —					
36°—37° N. Br.	15°—20° W. L.	Summe d. Beobacht.: 188		170	47					
		Böen	Himmelsansicht	cirr. 22	N 18		N 78° E 10		S 22° W 19	N 62° W 7
		t —	b 30	cirr. c. 5	NE 4		N 70° E 7		S 46° W 13	N 56° W 9
		l —	c 92	cirr. s 4	E —				S 56° W 30	N 37° W 6
		q 7	o 52	Str. 9	SE —					
		u —	g 3	W-c 2	S 1	18.6° C.				
		Hydrometeore	Zustand der Luft	Cum. 98	SW 2					
		h —	v 2	Cum. s 25	W 4					
		r 2	w —	Nimb. 5	NW 14					

Bemerkungen

Ueber Wind.

ter-☐	Jahr	Tag		
55.	77.	24.	4ʰ N.	Böen aus NW. Um 6½ʰ N. springt der vorher frisch aus SW wehende Wind in einer Regenbö nach NW und wird flau.
65.	77.	24.	4ʰ N.	Um 6½ʰ N. starke Regenbö aus NW.
66.	73.	3.	4ʰ M.	Sehr unbeständiger, den ganzen Kompass umlaufender Wind, mit starken Regenböen und Blitzen.

Sonstige Bemerkungen.

55.	77.	25.	12ʰ N.	Schwaches Blitzen im ESE.
57.	77.	27.	12ʰ M.	Einige Schildkröten.
65.	77.	23.	12ʰ M.	Die Sonne hat einen Ring von 40° Durchmesser; der Rand zeigt deutliche Regenbogenfarben.
75.	70.	4.	8ʰ N.	Hohe Dünung aus W.
75.	77.	22.	4ʰ N.	Die Dünung aus NNW nimmt zu.
75.	78.	12.	12ʰ N.	Nördliche Dünung.
76.	77.	23.	8ʰ N.	Bei mässigem S-Winde zieht das Cum.-Gewölk aus WSW. Dünung aus W. Um 12ʰ N. Cir.-c. aus W.
77.	77.	25.	4ʰ N.	Bei flauem N-Winde zieht das Cir.-c.-Gewölk aus ENE.
85.	77.	23.	8ʰ M.	Eine Schildkröte.
86.	79.	7.	4ʰ N.	Sehr hohe Dünung aus NW und N.
95.	77.	22.	4ʰ M.	Bei flauem NNW-Winde Cumuli aus WNW.
97.	69.	11.	12ʰ N.	Hohe Dünung aus SW; Blitzen im SSE.

---

hster Barometerstand: **774.3** mm am 24. Juni 1874 in 35° n. Br. und 17° w. L. bei mässigem NNE-Winde und heiterem Himmel.

drigster „ „ : **753.0** mm am 12. Juni 1869 in 39° n. Br. und 17° w. L. bei flauem ESE-Winde und heiterem Himmel.

hste Lufttemperatur: **27.8**° Cels. am 13. Juni 1879 in 30° n. Br. und 15° w. L. bei frischem NW-Winde und heiterem Himmel.

rigste „ „ : **14.4**° Cels. am 4. Juni 1872 in 38° n. Br. und 15° w. L. bei frischem NNE-Winde und halb bedecktem Himmel.

Quadrat 110a. ……………………

Windbeobachtungen

Winde, Variabeln und Stillen

E	ESE	SE	SSE	S	SSW	SW	WSW	W	WNW	NW	NNW	Var.	Stille
—	—	—	—	—	—	—	—	—	—	—	—	—	—
—	—	—	—	—	—	—	—	—	—	—	—	—	—
—	—	—	—	—	—	—	—	—	—	—	—	—	—
—	—	—	—	—	—	—	—	—	—	—	—	—	—
—	—	—	—	—	—	—	—	—	—	—	—	—	—
—	—	—	—	—	—	—	—	—	—	—	—	—	—
—	—	—	—	—	—	—	—	—	—	—	—	—	—
—	—	—	—	—	—	—	—	—	—	—	—	—	—
—	—	—	—	—	—	—	—	—	—	—	—	—	—
—	—	—	—	—	—	—	—	—	—	—	—	—	—
—	—	—	—	—	—	—	—	—	—	—	—	—	—
—	—	—	—	—	—	—	—	—	—	—	—	—	—
—	—	—	—	—	—	—	—	—	—	—	—	—	—
—	—	—	—	—	—	—	—	—	—	—	—	—	—
—	—	—	—	—	—	—	—	—	—	—	1	—	—
—	—	—	—	—	—	—	—	—	—	—	—	—	—
—	—	—	—	—	—	—	—	—	—	—	—	—	—
—	—	—	—	—	—	—	—	—	—	—	1	—	—
—	—	—	—	—	—	—	—	1	—	2	1	—	—
—	—	—	—	—	—	—	—	—	—	—	—	—	—
—	—	—	—	—	—	—	—	—	—	—	—	—	—
—	—	—	—	—	—	—	—	—	—	—	—	—	—
—	—	—	—	—	—	—	—	—	—	—	—	—	—
—	—	—	—	—	—	—	—	1	—	—	1	—	—
—	—	—	—	—	—	—	—	—	—	1	—	—	—
—	—	—	—	—	—	—	—	2	—	3	4	—	—
—	—	—	—	—	—	—	—	3.0	—	3.3	5.2	—	—

Barometer 700mm +		Thermometer Cels. Gr. (Temperatur der Luft)					Relative Feuchtigkeit		Bedeckung des Himmels		Niederschläge					Meeresoberfläche			
				Anzahl und Mittel								Dauer in Stunden				Temperatur		Spezif. Gewicht	
Anzahl der Beob.	Mittel mm	Anzahl der Beob.	Reihen-Mittel	1h M.	4h N.	12h N.	Anzahl der Beob.	Prozente	Anzahl der Beob.	Mittel (0—10)	Anzahl der Beob.-wachen	Nebel	Regen	Schnee	Hagel	Anzahl der Beob.	Grade Celsius	Anzahl der Beob.	Mittel d. Aräom.-angaben
—	—	—	—	—	—	—	—	—	—	—	—	—	—	—	—	—	—	—	—
—	—	—	—	—	—	—	—	—	—	—	—	—	—	—	—	—	—	—	—
—	—	—	—	—	—	—	—	—	—	—	—	—	—	—	—	—	—	—	—
2	60.1	2	21.8	(1) 21.1	—	—	—	—	2	8.0	2	—	—	—	—	2	21.0	—	—
2	63.4	2	21.8	(1) 20.7	—	(1) 22.8	—	—	2	5.5	2	—	—	—	—	2	21.6	1	1.0277
—	—	—	—	—	—	—	—	—	—	—	—	—	—	—	—	—	—	—	—
—	—	—	—	—	—	—	—	—	—	—	—	—	—	—	—	—	—	—	—
—	—	—	—	—	—	—	—	—	—	—	—	—	—	—	—	—	—	—	—
3	62.1	3	21.5	—	—	(1) 20.5	—	—	3	9.7	3	—	—	—	—	3	21.8	1	1.0277
4	64.3	4	22.1	(1) 22.3	—	(2) 22.2	1	100.0	4	5.8	4	—	—	—	—	3	21.2	1	1.0276
—	—	—	—	—	—	—	—	—	—	—	—	—	—	—	—	—	—	—	—
—	—	—	—	—	—	—	—	—	—	—	—	—	—	—	—	—	—	—	—
—	—	—	—	—	—	—	—	—	—	—	—	—	—	—	—	—	—	—	—
5	62.3	5	23.4	—	(3) 23.2	—	—	—	5	6.6	5	—	0.5	—	—	5	22.0	2	1.0272
3	66.1	3	24.5	—	(1) 26.7	—	2	84.0	3	3.7	3	—	—	—	—	1	20.0	1	1.0261
—	—	—	—	—	—	—	—	—	—	—	—	—	—	—	—	—	—	—	—
—	—	—	—	—	—	—	—	—	—	—	—	—	—	—	—	—	—	—	—
3	63.1	3	22.1	—	—	(1) 22.8	—	—	3	7.7	3	—	—	—	—	3	22.2	2	1.0272
7	63.8	7	22.8	(2) 20.9	—	—	1	58.0	7	6.4	7	—	—	—	—	6	20.7	3	1.0262
—	—	1	22.8	—	—	—	—	—	1	6.0	1	—	—	—	—	1	20.0	—	—
—	—	—	—	—	—	—	—	—	—	—	—	—	—	—	—	—	—	—	—
—	—	—	—	—	—	—	—	—	—	—	—	—	—	—	—	—	—	—	—
—	—	—	—	—	—	—	—	—	—	—	—	—	—	—	—	—	—	—	—
5	65.8	6	21.9	(2) 21.4	—	(1) 20.2	2	86.0	6	5.5	6	—	—	—	—	4	20.6	1	1.2063
7	69.1	7	21.8	(1) 20.7	(2) 21.4	(1) 21.7	5	81.4	7	6.0	7	0.5	—	—	—	7	21.1	2	1.0265
41	—	43	—	(8) —	(6) —	(7) —	11	—	43	—	43	0.5	0.5	—	—	37	—	14	—
—	64.65	—	22.4	21.2	23.2	23.2	—	82.3	—	6.3	—	—	—	—	—	—	21.2	—	1.0268

Quadrat 110a. ....

Position der Zone		Wetter nach Beaufort's Bezeichnung. (Häufigkeit.)		Häufigkeit der verschied. Wolkenformen	Häufigkeit von Seegang u. Dünung aus:	Mittel der Meeres-Temperatur	Bemerkungen über einzelne beobachtete Triftströmungen.
30°—31° N. Br.	10°—15° W. L.	Summe d. Beobacht.: 5		4	—	21.8° C.	
		Böen	Himmelsansicht	cirr. —	N —		
		t —	b —	cirr. c —	NE —		
		l —	c 1	cirr. s —	E —		
		q —	o 2	Str. —	SE —		
		u —	g —	W-c —	S —		
		Hydrometeore	Zustand der Luft	Cum. 3	SW —		
		h —	v —	Cum. st —	W —		
		r —	w —	Nimb. 1	NW —		
		s —	m 2		† See —		
		d —	f —		glatt —		
31°—32° N. Br.	10°—15° W. L.	Summe d. Beobacht.: 7		11	5	21.5° C.	
		Böen	Himmelsansicht	cirr. —	N 3		
		t —	b —	cirr. c —	NE 2		
		l	c 1	cirr. s —	E —		
		q	o 2	Str. —	SE —		
		u —	g —	W-c 3	S —		
		Hydrometeore	Zustand der Luft	Cum. 6	SW —		
		h —	v —	Cum. st —	W —		
		r —	w —	Nimb. 2	NW —		
		s —	m 4		† See —		
		d	f —		glatt —		
32°—33° N. Br.	10°—15° W. L.	Summe d. Beobacht.: 8		9	5	21.7° C.	
		Böen	Himmelsansicht	cirr. —	N 3		
		t —	b —	cirr. c —	NE 2		
		l —	c 3	cirr. s —	E —		
		q —	o 2	Str. —	SE —		
		u —	g —	W-c 4	S —		
		Hydrometeore	Zustand der Luft	Cum. 4	SW —		
		h —	v —	Cum. st —	W —		
		r —	w —	Nimb. 1	NW —		
		s —	m 3		† See —		
		d —	f —		glatt —		
33°—34° N. Br.	10°—15° W. L.	Summe d. Beobacht.: 12		11	5	21.1° C.	N 32° E 11
		Böen	Himmelsansicht	cirr. —	N 3		
		t —	b 1	cirr. c. —	NE 2		
		l —	c 3	cirr. s —	E —		
		q —	o 4	Str. —	SE —		
		u —	g —	W-c 3	S —		
		Hydrometeore	Zustand der Luft	Cum. 6	SW —		
		h —	v —	Cum. st —	W —		
		r —	w —	Nimb. 2	NW —		
		s —	m 1		† See —		
		d —	f —		glatt —		
34°—35° N. Br.	10°—15° W. L.	Summe d. Beobacht.: 15		14	7	20.7° C.	S 22° E 20
		Böen	Himmelsansicht	cirr. —	N 6		
		t —	b —	cirr. c —	NE 1		
		l —	c 8	cirr. s 1	E —		
		q 2	o 4	Str. 1	SE —		
		u —	g —	W-c 1	S —		
		Hydrometeore	Zustand der Luft	Cum. 10	SW —		
		h —	v —	Cum. st 1	W —		
		r —	w —	Nimb. —	NW —		
		s —	m —		† See —		
		d —	f 1		glatt —		

Bemorkungen

Ueber Wind.

Unter-□	Jahr	Tag		
42.	79.	28.	4^h M.	Der frische N-Wind geht beim Segeln nach S in den NE-Passat über.
43.	70.	27.	8^h N.	Der mässige N-Wind holt allmählich östlich und geht beim Segeln nach S in den NE-Passat über.
44.	71.	2.	4^h N.	Der flaue WSW-Wind mit regnerischer, böiger Luft, springt nach NNE und wird zum NE-Passat.

Sonstige Bemerkungen.

64.	79.	29.	4^h M.	Um 3^h M. eine prachtvolle Sternschnuppe nach S. wie eine Rakete zerplatzend.
43.	70.	28.	4^h N.	Hohe nördliche See.

Höchster Barometerstand: **771.2** mm am 18. Juli 1873 in 34° n. Br. und 14° w. L. bei mässigem NNE-Winde und halb bedecktem Himmel.

Niedrigster " " : **760.0** mm am 29. Juli 1870 in 30° n. Br. und 13° w. L. bei frischem NNE-Winde und wolkigem Himmel.

Höchste Lufttemperatur: **28.4°** Cels. am 26. Juli 1877 in 33° n. Br. und 13° w. L. bei frischem NE-Winde und halb bedecktem Himmel.

Niedrigste " " : **19.0°** Cels. am 10. Juli 1875 in 34° n. Br. und 13° w. L. bei stürmischem NNW-Winde und heiterem Himmel.

Quadrat 110b. ....

Position		Windbeobachtungen																						
Breite N	Länge W	Anzahl der Beob.	Alle Winde, Variabeln und Stillen																		Stürme			
			N	NNE	NE	ENE	E	ESE	SE	SSE	S	SSW	SW	WSW	W	WNW	NW	NNW	Var.	Stillen	N bis ENE	E bis SSE	S bis WSW	W bis NNW
30°—31°	15°—16°	—	—	—	—	—	—	—	—	—	—	—	—	—	—	—	—	—	—	—	—	—	—	—
	16°—17°	6	—	—	2	—	—	—	—	—	—	—	—	1	—	—	2	1	—	—	—	—	—	—
	17°—18°	2	—	—	2	—	—	—	—	—	—	—	—	—	—	—	—	—	—	—	—	—	—	—
	18°—19°	34	2	17	11	1	—	—	—	—	—	—	—	—	—	1	1	1	—	—	—	—	—	—
	19°—20°	98	8	50	22	11	3	—	4	—	—	—	—	—	—	—	—	—	—	—	—	—	—	—
31°—32°	15°—16°	2	—	—	—	—	—	—	—	—	—	—	—	1	1	—	—	—	—	—	—	—	—	—
	16°—17°	12	1	2	8	—	—	—	—	—	—	—	—	1	—	—	—	—	—	—	—	—	—	—
	17°—18°	10	—	—	7	2	—	—	—	—	—	—	—	—	—	—	—	—	1	—	—	—	—	—
	18°—19°	96	11	43	15	7	4	1	1	—	—	—	—	1	4	1	1	6	1	—	—	—	—	—
	19°—20°	69	5	29	22	5	2	—	—	—	—	—	—	—	1	—	—	5	—	—	—	—	—	—
32°—33°	15°—16°	5	—	1	—	—	—	—	—	—	—	—	—	2	1	—	—	1	—	—	—	—	—	—
	16°—17°	21	1	1	9	1	1	—	—	—	—	1	—	—	2	—	2	—	1	2	—	—	—	—
	17°—18°	38	5	10	8	2	3	—	—	—	—	—	—	—	—	3	1	4	1	1	—	—	—	—
	18°—19°	98	17	36	22	3	1	—	—	—	—	—	—	4	4	—	3	8	—	—	—	—	—	—
	19°—20°	61	5	24	21	6	—	—	—	—	—	—	—	1	1	—	2	1	—	—	—	—	—	—
33°—34°	15°—16°	4	—	—	—	—	—	—	—	—	—	—	—	3	—	—	—	1	—	—	—	—	—	—
	16°—17°	25	1	5	7	2	1	—	—	—	—	1	—	2	2	1	1	2	—	—	—	—	—	—
	17°—18°	99	19	27	22	7	5	—	—	—	—	—	—	—	5	8	—	6	—	—	—	—	—	—
	18°—19°	66	11	23	14	6	4	—	—	—	—	—	—	—	3	1	3	1	—	—	—	—	—	—
	19°—20°	46	2	13	13	4	—	—	—	—	—	—	1	1	4	1	5	1	1	—	—	—	—	—
34°—35°	15°—16°	8	—	2	2	—	—	—	—	—	—	—	—	2	1	1	—	—	—	—	—	—	—	—
	16°—17°	58	15	18	6	3	1	—	—	—	—	—	—	1	1	—	6	7	—	—	—	—	—	—
	17°—18°	87	23	25	14	2	4	2	—	—	1	1	—	—	—	6	7	2	—	—	—	—	—	—
	18°—19°	64	6	18	22	8	—	—	—	—	—	—	—	1	—	—	6	3	—	—	—	—	—	—
	19°—20°	38	4	13	11	1	—	—	—	—	—	—	—	—	5	2	1	1	—	—	—	—	—	—
Fünfgrad-Feld	Summen	1047	**136**	**357**	**260**	**71**	29	3	5	—	1	3	1	21	**35**	**25**	**41**	**51**	5	3	—	—	—	—
	Mittlere Windstärke		3.3	3.6	4.2	4.1	3.7	3.7	3.0	—	1.0	1.0	2.0	2.8	3.0	2.9	2.8	3.6	2.6	0	—	—	—	—

Barometer 700 mm +		Thermometer Cels. Gr. (Temperatur der Luft)					Relative Feuchtigkeit		Bedeckung des Himmels		Niederschläge					Meeresoberfläche			
				Anzahl und Mittel								Dauer in Stunden				Temperatur		Spezif. Gewicht	
Anzahl der Beob.	Mittel mm	Anzahl der Beob.	Rohes Mittel	4h M.	4h N.	12h N.	Anzahl der Beob.	Prozente	Anzahl der Beob.	Mittel (0—10)	Anzahl der Beob.-wachen	Nebel	Regen	Schnee	Hagel	Anzahl der Beob.	Grade Celsius	Anzahl der Beob.	Mittel d. Aräom.-angaben
2	63.6	2	23.0	—	—	—	1	99.0	2	5.5	2	—	—	—	—	1	23.0	1	1.0277
6	65.6	4	23.0	(1) 22.5	—	—	—	—	6	2.5	6	—	—	—	—	4	21.4	2	1.0256
2	66.8	1	23.7	—	—	—	—	—	2	2.0	2	—	—	—	—	1	22.5	1	1.0266
31	66.5	32	22.6	(9) 21.0	(5) 25.2	(2) 23.0	7	70.3	34	4.3	34	—	0.5	—	—	31	22.2	3	1.0275
83	66.1	91	22.6	(16) 21.8	(8) 23.1	(12) 21.9	7	89.3	91	4.4	98	1.0	4.5	—	—	83	22.9	9	1.0281
3	64.6	2	22.4	(1) 23.0	—	—	1	91.0	3	2.3	3	—	—	—	—	1	21.1	—	—
3	65.1	12	21.9	(6) 21.0	—	—	—	—	12	5.2	12	—	0.5	—	—	11	20.9	1	1.0257
2	66.3	10	22.3	(5) 20.0	—		—	—	10	4.9	10	—	—	—	—	10	21.3	—	—
84	65.5	90	22.3	(22) 21.3	(10) 24.4	(10) 21.1	8	77.5	93	4.3	96	0.5	4.5	—	—	87	22.0	16	1.0273
44	66.5	61	22.7	(10) 21.9	(9) 23.7	(7) 21.7	6	85.7	65	3.8	69	—	1.0	—	—	57	22.1	1	1.0287
4	64.7	3	21.1	(1) 21.7	—	—	—		5	4.4	5	—	0.5	—	—	3	20.4	—	—
16	64.5	21	21.6	(3) 20.1	(3) 23.0	(2) 19.5	14	83.9	21	3.0	21	—	0.5	—	—	20	20.5	15	1.0271
33	65.4	36	21.7	(7) 21.2	(3) 23.2	(6) 20.9	3	78.7	37	4.2	38	—	3.2	—	—	36	21.6	5	1.0274
82	66.4	92	22.1	(24) 21.2	(10) 23.6	(6) 21.2	8	86.4	93	3.9	99	—	3.0	—	—	88	21.7	8	1.0280
44	68.0	57	22.4	(7) 20.6	(8) 22.5	(9) 21.7	13	80.0	59	5.2	61	—	9.5	—	—	51	21.9	2	1.0294
4	66.0	3	21.1	(2) 20.7	—	—	—	—	4	4.8	4	—	—	—	—	3	21.0	—	—
24	66.7	25	21.7	(3) 20.8	(2) 22.7	(3) 19.7	5	83.2	24	5.0	25	—	2.0	—	—	22	20.8	7	1.0264
86	66.2	91	22.1	(20) 21.3	(11) 23.2	(9) 21.2	9	84.2	96	4.1	99	—	5.5	—	—	89	21.7	16	1.0273
46	67.8	64	22.1	(18) 21.0	(5) 22.8	(10) 21.2	9	89.6	63	4.5	66	—	0.5	—	—	57	21.7	2	1.0270
25	67.0	41	20.0	(10) 22.4	(6) 23.2	(5) 21.3	6	82.5	41	4.6	46	—	1.0	—	—	38	21.8	1	1.0293
7	66.6	6	19.8	(1) 19.9	—	(1) 19.1	1	61.0	8	4.5	8	—	—	—	—	6	19.8	1	1.0265
45	65.3	53	21.7	(16) 20.8	(6) 22.6	(2) 21.5	1	88.0	57	4.5	58	—	3.5	—	—	51	21.6	11	1.0278
71	66.5	80	22.0	(13) 21.4	(12) 22.4	(7) 21.2	8	83.9	82	4.0	87	—	4.0	—	—	75	21.8	9	1.0275
28	67.7	60	22.0	(2) 20.4	(9) 23.0	(10) 20.8	15	88.0	54	5.5	64	—	—	—	—	55	22.0	3	1.0277
22	68.1	30	22.0	(4) 20.1	(5) 23.5	(8) 20.9	3	81.3	37	5.6	38	—	3.0	—	—	27	21.4	—	—
811	—	967	—	(204) —	(113) —	(101) —	122	—	999	—	1051	1.5	41.2	—	—	907	—	116	—
—	66.30	—	22.2	21.2	23.2	21.2	—	84.0	—	4.4	—	—	—	—	—	—	21.8	—	1.0274

Monat

Quadrat 110b. ....

Position der Zone		Wetter nach Beaufort's Bezeichnung. (Häufigkeit.)				Häufigkeit der verschied. Wolkenformen		Häufigkeit von Seegang, Dünung aus:		Mittel der Meeres-Temperatur	Bemerkungen über einzelne beobachtete Triftströmungen.
30°–31° S. Br.	15°—20° W. L.	Summe d. Beobacht.:			140		136		31	22.7° C.	S 28° W 10 — S 76° W 17
		Blau		Himmelsansicht							S 30° W 28
		t	—	b	16	cirr.	19	N	21		S 45° W 6
		l	—	c	101	cirr.c	3	NE	10		
		q	—	o	18	cirr.s	2	E	—		
		u	—	g	1	Str.	8	SE	—		
		Hydrometeore		Zustand der Luft		W.c	1	S	—		
		h	—	v	—	Cum.	86	SW	—		
		r	—	w	—	Cum.st	10	W	—		
		s	—	m	2	Nimb.	7	NW	—		
		d	—	f	2			†See	—		
								glatt	—		
31°—32° S. Br.	15°—20° W. L.	Summe d. Beobacht.:			185		158		29	21.8° C.	N 28° E 7 — S 22° W 10 — W 10
		Blau		Himmelsansicht							S 40° W 15 — N 31° W 8
		t	—	b	34	cirr.	12	N	20		S 45° W 7
		l	—	c	124	cirr.c	5	NE	5		S 45° W 18
		q	—	o	25	cirr.s	5	E	—		
		u	—	g	—	Str.	9	SE	—		
		Hydrometeore		Zustand der Luft		W.c	2	S	—		
		h	—	v	—	Cum.	114	SW	—		
		r	—	w	—	Cum.st	8	W	4		
		s	—	m	1	Nimb.	3	NW	—		
		d	—	f	1			†See	—		
								glatt	—		

Bemerkungen

Ueber Wind.

Unter-□	Jahr	Tag		
08.	77.	24.	12ʰ M.	Der mässige W-Wind wird flau, geht Nachmittags durch NW und N in den NE-Passat über und frischt auf.
37.	68.	6.	12ʰ M.	Der flaue veränderliche N-Wind geht beim Segeln nach S nach 2 Tagen in den NE-Passat über und frischt allmählich auf.
48.	78.	16.	4ʰ M.	Der frische N-Wind geht nach NNE und wird flau. Nach 2 Tagen wird es still, worauf flauer ESE-Wind einsetzt.

Sonstige Bemerkungen.

08.	77.	13.	8ʰ M.	Kleine Stücke Treibholz und eine Schildkröte.
09.	77.	12.	12ʰ N.	Um 9½ʰ N. eine Sternschnuppe.
09.	77.	13.	8ʰ N.	Sternschnuppen in verschiedenen Richtungen
29.	78.	28.	8ʰ M.	Die ersten fliegenden Fische.
29.	78.	17.	4ʰ M.	Mehrere Delphine
37.	68.	6.	8ʰ N.	Hoher Seegang aus NW. Kleine Stücke Seekraut.
38.	78.	27.	12ʰ N.	Regelmässiger Seegang.
39.	78.	17.	8ʰ M.	Die ersten fliegenden Fische.

Höchster Barometerstand: **775.9** mm am 3. Juli 1870 in 34° n. Br. und 17° w. L. bei frischem NE-Winde und halb bedecktem Himmel.

Niedrigster " " : **758.1** mm am 11. Juli 1868 in 34° n. Br. und 17° w. L. bei flauem WNW-Winde und heiterem Himmel.

Höchste Lufttemperatur: **20.0**° Cels. am 13. Juli 1875 in 31° n. Br. und 17° w. L. bei frischem NE-Winde und heiterem Himmel.

Niedrigste " " : **17.2**° Cels. am 18. Juli 1879 in 34° n. Br. und 15° w. L. bei mässigem NNE-Winde und wolkigem Himmel.

Position		Anzahl der Beob.	Windbeobachtungen																	
			Alle Winde, Variabeln und Stillen																	
Breite N	Länge W		N	NNE	NE	ENE	E	ESE	SE	SSE	S	SSW	SW	WSW	W	WNW	NW	NNW	Var.	Stille
35°—36°	10°—11°	1	1	—	—	—	—	—	—	—	—	—	—	—	—	—	—	—	—	—
	11°—12°	3	2	—	—	—	—	—	—	—	—	—	—	—	—	—	—	1	—	—
	12°—13°	2	1	—	—	—	—	—	—	—	—	—	—	—	—	—	—	—	1	—
	13°—14°	6	4	1	—	—	—	—	—	—	—	—	—	—	—	1	—	—	—	—
	14°—15°	5	1	—	—	1	—	—	—	—	—	—	—	3	—	—	—	—	—	—
36°—37°	10°—11°	—	—	—	—	—	—	—	—	—	—	—	—	—	—	—	—	—	—	—
	11°—12°	3	—	—	—	—	—	—	—	—	—	—	—	—	—	—	—	3	—	—
	12°—13°	2	—	—	—	—	—	—	—	—	—	—		—	—	—	—	2	—	—
	13°—14°	7	4	—	—	—	—	—	—	—	—	—	—	—	—	2	1	—	—	—
	14°—15°	19	1	2	5	—	1	—	—	—	—	—	—	3	3	1	1	2	—	—
37°—38°	10°—11°	5	—	2	—	—	—	—	—	—	—	—	—	—	—	—	—	3	—	—
	11°—12°	3	—	2	—	—	—	—	—	—	—	—	—	—	—	—	—	1	—	—
	12°—13°	3	—	2	—	—	—	—	—	—	—	—	—	—	1	—	—	—	—	—
	13°—14°	9	2	1	2	—	—	—	—	—	—	—	—	—	2	2	—	—	—	—
	14°—15°	30	1	5	6	—	—	—	1	1	1	—	2	5	2	4	—	2	—	—
38°—39°	10°—11°	1	—	—	—	—	—	—	—	—	—	—	—	—	—	—	—	1	—	—
	11°—12°	—	—	—	—	—	—	—	—	—	—	—	—	—	—	—	—	—	—	—
	12°—13	4	1	—	—	—	—	—	—	—		—	—	—	1	—	1	1	—	—
	13°—14°	21	3	4	2	2	—	—	—	—	—	—	—	—	3	2	1	2	—	2
	14°—15°	62	9	19	5	—	—	—	—	—	1	—	5	2	5	3	5	6	1	1
39°—40°	10°—11°	7	5	1	—	—	—	—	—	—	—	—	1	—	—	—	—	—	—	—
	11°—12°	2	—	—	—	—	—	—	—	—	—	—	—	—	—	1	—	1	—	—
	12°—13°	10	1	1	1	—	—	—	—	—	—	1	1	—	—	2	—	3	—	—
	13°—14°	39	12	6	6	—	—	—	—	—	—	—	2	1	3	4	3	2	—	—
	14°—15°	98	11	23	13	2	—	—	—	—	—	—	—	3	6	6	14	17	—	3
Fünfgrad-Feld	Summen	342	**59**	**60**	**40**	5	1	—	1	1	2	1	11	**17**	**20**	**28**	**26**	**47**	2	6
	Mittlere Windstärke		3.8	3.8	2.1	3.4	4.0	—	3.0	3.0	2.0	2.0	2.5	3.3	3.3	3.1	3.1	3.9	4.5	0

1	20.0	—	—	—	—	—
3	20.7	1 20.0	—	1 20.3	—	—
4	22.4	—	—	1 23.8	2	86.5
6	21.1	1 20.7	2 21.7	—	2	83.0
5	20.6	1 19.6	1 21.5	—	—	—
—	—	—	—	—	—	—
3	20.9	1 19.0	1 23.6	—	1	76.0
2	19.2	—	—	—	2	89.0
7	20.9	3 20.5	—	1 19.9	—	—
18	20.6	4 20.6	1 21.2	2 19.9	—	—
5	19.6	1 17.8	—	—	1	76.0
5	20.6	1 18.4	—	2 18.8	3	84.7
3	19.0	1 19.5	1 18.9	—	—	—
9	20.2	1 19.4	1 21.0	—	—	—
26	20.9	6 19.6	3 22.2	2 20.8	1	93.0
1	20.5	—	1 20.5	—	1	70.0
2	19.6	1 19.8	—	1 19.5	—	—
4	21.4	1 19.7	1 23.8	—	—	—
17	20.9	3 20.4	1 22.2	2 21.0	—	—
58	20.6	12 19.9	7 21.8	7 20.0	7	86.4
8	18.9	1 17.2	1 19.8	1 17.5	—	—
2	19.0	1 18.7	—	—	—	—
9	21.0	3 20.1	—	1 20.6	1	83.0
38	19.7	10 18.7	3 21.9	5 18.4	5	79.6
88	20.4	20 19.5	10 21.2	9 19.7	8	85.4
324	—	73 —	34 —	35 —	34	—
—	20.4	19.6	21.6	19.7	—	84.0

Position der Zone		Wetter nach Beaufort's Bezeichnung. (Häufigkeit.)		Häufigkeit der verschied. Wolkenformen	Häufigkeit von Seegang. (Richtung aus)	Mittel der Meeres-Temperatur	Bemerkungen über einzelne beobachtete Triftströmungen.
35°—36° N. Br.	10°—15° W. L.	Summe d. Beobacht.: 20		24	7	20.3° C.	
		Böen	Himmelsansicht	cirr. —	N 6		S 8° W 10 N 56° W 11
		t —	b 2	cirr.c —	NE —		
		l —	c 7	cirr.s —	E —		
		q —	o 8	Str. 2	SE —		
		u —	g 1	W-c 1	S —		
		Hydrometeore	Zustand der Luft	Cum. 18	SW —		
		h —	v —	Cum. st —	W —		
		r —	w —	Nimb. 3	NW 1		
		s —	m 1		†See —		
		d —	f 1		glatt —		
36°—37° N. Br.	10°—15° W. L.	Summe d. Beobacht.: 33		33	6	20.0° C.	
		Böen	Himmelsansicht	cirr. —	N 5		S 34° W 24 N 81° W 15
		t —	b 3	cirr.c —	NE —		
		l —	c 20	cirr.s —	E —		
		q —	o 8	Str. 4	SE —		
		u —	g —	W-c 1	S —		
		Hydrometeore	Zustand der Luft	Cum. 21	SW		
		h —	v —	Cum. st 2	W —		
		r —	w —	Nimb. 5	NW 1		
		s —	m 1		†See —		
		d —	f 1		glatt —		
37°—38° N. Br.	10°—15° W. L.	Summe d. Beobacht.: 55		50	6	20.0° C.	
		Böen	Himmelsansicht	cirr. 9	N 3		N 30° E 10 S 68° E 14 S 6° W 13
		t —	b 4	cirr.c 1	NE —		S 41° E 24 S 25° W 17
		l —	c 40	cirr.s 5	E —		S 11° E 9 S 38° W 11
		q 1	o 6	Str. 6	SE —		
		u —	g —	W-c 1	S —		
		Hydrometeore	Zustand der Luft	Cum. 51	SW —		
		h —	v —	Cum. st 5	W —		
		r —	w 2	Nimb. 3	NW 2		
		s —	m 2		†See 1		
		d —	f —		glatt —		
38°—39° N. Br.	10°—15° W. L.	Summe d. Beobacht.: 91		81	16	20.1° C.	
		Böen	Himmelsansicht	cirr. 9	N 5		N 11° E 11 S 73° E 10 S 6° W 18 N 84° W [illegible]
		t —	b 11	cirr.c 1	NE 2		N 42° E 13 S 6° W 14 N 54° W [illegible]
		l —	c 58	cirr.s 5	E —		S 22° W 27
		q —	o 19	Str. 6	SE —		S 28° W 32
		u —	g —	W-c 1	S —		S 30° W 11
		Hydrometeore	Zustand der Luft	Cum. 51	SW —		
		h —	v —	Cum. st 5	W 5		
		r —	w —	Nimb. 3	NW 4		
		s —	m —		†See —		
		d 2	f 1		glatt —		
39°—40° N. Br.	10°—15° W. L.	Summe d. Beobacht.: 154		136	25	19.8° C.	
		Böen	Himmelsansicht	cirr. 24	N 7		N 44° E 15 S 34° E 9 S 65° W 20 N 82° W [illegible]
		t —	b 30	cirr.c 1	NE 6		N 57° E 8 S 28° E 9 N 22° W [illegible]
		l —	c 87	cirr.s 8	E —		
		q —	o 32	Str. 10	SE —		
		u —	g —	W-c —	S —		
		Hydrometeore	Zustand der Luft	Cum. 73	SW —		
		h —	v —	Cum. st 12	W 5		
		r —	w —	Nimb. 8	NW 4		
		s —	m 2		†See 3		
		d 8	f —		glatt —		

Bemerkungen

Ueber Wind.

Unter-☐	Jahr	Tag		
84.	68.	22.	4ʰ N.	Der frische W-Wind flaut ab, dreht sich allmählich durch NW und N nach NE und frischt als Passat wieder auf.
93.	78.	25.	4ʰ M.	Der frische N-Wind dreht sich auf kurze Zeit nach NW zurück, geht aber bald mit frischer Briese in den NE-Passat über.
94.	77.	8.	12ʰ M.	Der frische NNE-Wind erweist sich als der Passat.
94.	78.	8.	4ʰ N.	Stürmischer NE-Wind. Später holt der Wind nach ENE und steht als frische Briese bis in die Passatbreiten.

Sonstige Bemerkungen.

51.	79.	27.	8ʰ N.	Dünung aus NW.
64.	70.	24.	12ʰ N.	Hohe Dünung aus N.
83.	70.	23.	8ʰ N.	Hohe Dünung aus NW.
84.	78.	25.	4ʰ N.	Leichte Staubregenschauer. Der Seegang wird regelmässig.
93.	69.	9.	8ʰ N.	Hohe Dünung aus NW
94.	68.	21.	12ʰ N.	Eine Feuerkugel von N nach S.

Höchster Barometerstand: **774.8**mm am 1. Juli 1870 in 39° n. Br. und 14° w. L. bei frischem NNE-Winde und halb bedecktem Himmel.

Niedrigster „ „ : **758.0**mm am 23. Juli 1870 in 39° n. Br. und 13° w. L. bei leichtem WSW-Winde und halb bedecktem Himmel.

Höchste Lufttemperatur: **25.4°** Cels. am 25. Juli 1877 in 37° n. Br. und 11° w. L. bei leichtem NNE-Winde und heiterem Himmel.

Niedrigste „ „ : **14.8°** Cels. am 2. Juli 1875 in 39° n. Br. und 13° w. L. bei frischem N-Winde und heiterem Himmel.

Quadrat 110d. ......

Windbeobachtungen

Alle Winde, Variabeln und Stillen																		Stürme			
N	NNE	NE	ENE	E	ESE	SE	SSE	S	SSW	SW	WSW	W	WNW	NW	NNW	Var.	Stillen	N bis ENE	E bis SSE	S bis WSW	W bis NNW
1	4	6	2	2	—	—	—	—	—	—	1	3	2	6	2	—	—	—	—	—	—
14	26	11	8	3	1	—	—	1	—	1	2	5	13	11	11	—	—	—	—	—	—
11	29	16	1	2	—	1	—	—	—	—	—	1	—	1	4	—	—	—	—	—	—
10	15	12	3	—	—	—	—	—	1	—	1	1	3	3	4	7	—	—	—	—	—
10	6	5	—	—	—	—	—	—	—	—	—	1	3	2	4	—	—	—	—	—	—
13	10	5	—	—	1	1	2	—	2	1	3	13	2	—	4	—	1	—	—	—	—
12	31	14	—	1	—	—	—	1	1	—	—	2	6	14	7	—	—	—	—	—	—
17	18	12	—	—	—	—	—	—	—	—	—	1	4	3	1	—	—	—	—	—	—
8	14	9	2	3	—	—	—	1	2	3	3	—	3	4	4	—	1	—	—	—	—
2	2	1	—	—	—	—	—	—	—	—	—	—	3	4	1	—	—	—	—	—	—
17	20	11	—	—	—	—	—	—	—	3	3	8	6	7	5	1	3	—	—	—	—
9	20	8	2	1	—	—	—	—	—	3	8	4	4	9	7	—	1	1	—	—	—
6	13	8	—	—	—	—	—	—	—	—	—	1	6	6	1	—	—	2	—	—	—
11	9	4	6	—	—	—	—	—	—	3	—	—	—	2	—	—	—	—	—	—	—
—	3	1	1	3	—	—	—	—	—	2	1	1	1	2	—	—	—	—	—	—	—
10	20	12	—	—	—	1	—	—	—	1	2	5	7	9	14	—	—	—	—	—	—
8	12	6	—	—	—	1	1	—	2	3	1	2	2	7	3	—	1	—	—	—	—
3	10	2	2	—	—	—	1	1	—	1	2	3	4	3	4	—	—	—	—	—	—
6	2	3	—	—	—	1	—	—	—	—	—	2	—	—	—	1	—	—	—	—	—
2	2	7	2	1	—	—	—	—	—	3	—	—	1	2	—	—	—	—	—	—	—
3	17	2	—	—	—	—	—	—	—	—	10	8	2	2	5	—	1	—	—	—	—
4	19	1	2	1	—	—	—	—	—	—	—	2	2	4	3	—	—	—	—	—	—
3	19	1	—	—	—	—	—	—	1	1	3	2	4	—	1	—	1	—	—	—	—
—	1	3	—	—	—	—	—	—	—	—	—	1	—	—	—	—	—	—	—	—	—
—	1	—	—	—	—	—	—	—	1	1	2	—	1	4	1	—	—	—	—	—	—
180	**323**	**160**	31	17	2	5	4	4	10	26	**42**	**66**	**79**	**105**	**86**	9	9	**3**	—	—	—
3.5	4.2	4.1	3.1	2.8	3.5	3.6	2.5	1.5	1.6	3.0	3.0	3.3	3.2	3.1	3.4	1.4	0	8.0	—	—	—

Barometer 700mm+		Thermometer Cels. Gr. (Temperatur der Luft)					Relative Feuchtigkeit		Bedeckung des Himmels		Niederschläge					Meeresoberfläche			
				Anzahl und Mittel								Dauer in Stunden				Temperatur		Spezif. Gewicht	
Anzahl der Beob.	Mittel mm	Anzahl der Beob.	Reines Mittel	4h M.	4h N.	12h N.	Anzahl der Beob.	Prozente	Anzahl der Beob.	Mittel (0–10)	Anzahl der Beob.-wachen	Nebel	Regen	Schnee	Hagel	Anzahl der Beob.	Grade Celsius	Anzahl der Beob.	Mittel d. Aräom.-angaben
28	65.7	28	21.5	9 21.1	2 22.0	2 19.8	—	—	30	4.8	30	—	4.0	—	—	28	21.5	6	1.0277
88	65.9	97	21.7	24 21.1	7 23.6	12 20.9	7	89.3	103	4.6	107	—	6.0	—	—	93	21.4	13	1.0278
49	67.5	63	21.4	11 20.3	8 22.9	7 20.5	12	90.8	61	4.7	66	—	4.0	—	—	59	21.1	2	1.0272
32	68.3	46	22.2	8 22.0	8 22.5	5 21.8	3	91.3	52	5.4	60	—	1.5	—	—	42	21.9	3	1.0276
19	63.1	27	22.0	4 20.5	3 23.4	5 21.3	5	85.2	27	4.3	31	—	1.5	—	—	28	21.4	5	1.0281
52	66.8	58	21.8	13 21.0	4 22.5	8 20.1	3	85.3	54	4.0	59	—	11.0	—	—	49	21.7	9	1.0274
69	66.4	79	21.7	18 20.4	9 23.1	6 19.8	6	85.2	81	4.6	89	—	4.0	—	—	76	21.0	7	1.0274
39	67.8	50	21.1	11 20.0	6 22.3	6 19.7	11	84.2	54	5.7	56	—	1.0	—	—	47	21.0	2	1.0272
31	68.0	44	22.2	7 21.3	5 22.2	4 20.5	1	93.0	51	5.0	57	—	1.5	—	—	45	21.9	—	—
8	66.9	10	21.3	2 21.0	1 24.1	—	—	—	13	5.6	13	—	4.0	—	—	10	20.9	—	—
66	66.0	75	21.2	19 20.7	13 21.4	4 20.7	5	80.2	79	4.4	84	—	6.5	—	—	71	20.8	7	1.0275
56	66.2	71	20.7	17 20.1	9 21.2	8 20.6	10	93.2	70	5.4	76	7.0	2.5	—	—	67	20.5	2	1.0283
22	68.7	35	20.5	7 20.6	3 20.6	7 19.5	8	93.3	38	5.7	41	—	2.0	—	—	35	20.4	—	—
20	67.7	29	21.2	7 21.3	1 21.1	5 20.5	2	90.5	32	5.7	35	0.5	4.0	—	—	30	20.9	—	—
6	63.4	9	20.3	2 20.6	1 21.5	1 20.0	—	—	15	5.9	15	—	6.5	—	—	9	21.0	—	—
69	66.6	73	20.9	17 20.0	7 22.2	9 20.3	5	84.8	80	4.6	82	—	2.5	—	—	70	20.6	8	1.0278
32	67.1	45	20.2	6 18.5	4 20.0	3 18.5	9	92.0	41	5.9	50	2.0	8.0	—	—	42	20.0	—	—
29	67.1	30	20.7	5 19.5	5 21.7	4 19.4	2	92.5	35	5.4	36	0.5	7.5	—	—	31	20.6	—	—
3	69.3	11	20.4	4 19.7	—	4 19.4	—	—	15	6.5	15	—	2.5	—	—	10	20.4	—	—
12	68.7	17	20.8	2 19.0	2 22.4	2 19.0	—	—	19	6.7	20	—	1.5	—	—	17	20.7	—	—
39	66.8	44	19.7	10 19.0	2 21.7	6 18.7	9	96.8	46	6.1	50	—	2.5	—	—	41	19.8	1	1.0256
15	69.0	28	19.4	2 19.6	1 20.6	6 18.8	8	91.1	33	6.0	38	4.0	1.5	—	—	27	19.6	—	—
23	67.3	29	20.5	4 19.4	7 20.4	4 18.7	2	87.0	36	5.6	36	—	—	—	—	30	20.2	—	—
—	—	4	19.9	1 20.0	—	1 20.0	—	—	5	6.6	5	—	1.0	—	—	4	20.6	—	—
13	68.8	12	21.0	3 20.6	2 21.8	2 21.4	—	—	12	8.2	13	—	—	—	—	13	20.6	—	—
811	—	1014	—	218	113	106	108	—	1082	—	1164	14.0	87.0	—	—	974	—	65	—
—	66.82	—	21.1	20.4	22.1	20.1	—	89.6	—	5.2	—	—	—	—	—	—	20.9	—	1.0276

Monat

Quadrat 110d. ....

Position der Zone		Wetter nach Beaufort's Bezeichnung (Häufigkeit)		Häufigkeit der verschied. Wolkenformen	Häufigkeit von Seegang u. Dünung aus:	Mittel der Meeres-Temperatur	Bemerkungen über einzelne beobachtete Triftströmungen.
35°—36° N. Br.	15°—20° W. L.	Summe d. Beobacht.: 284		265	54		
		Böen	Himmelsansicht	cirr. 41	N 29		S 17° E 6; S 14° W 13; S 61° W 12; N 84° W 11
		t —	b 29	cirr.c. 6	NE 18		S 17° E 15; S 28° W 6; S 62° W 15; N 79° W 8
		l 1	c 182	cirr.s 8	E —		S 2° E 20; S 28° W 23; S 65° W 26; N 28° W 7
		q 4	o 64	Str. 16	SE —		S 31° W 15; S 76° W 13
		u —	g —	W-c 2	S —	21.4° C.	S 33° W 13; S 81° W 15
		Hydrometeore	Zustand der Luft	Cum. 162	SW —		S 42° W 15
		h —	v —	Cum.st 15	W 7		S 45° W 12
		r —	w 2	Nimb. 15	NW —		S 47° W 12
		s —	m —		†See —		S 48° W 14
		d 2	f —		glatt —		S 54° W 16
36°—37° N. Br.	15°—20° W. L.	Summe d. Beobacht.: 264		248	49		
		Böen	Himmelsansicht	cirr. 34	N 28		N 20; S 86° E 11; S 17° W 17; N 87° W 19
		t —	b 24	cirr.c. 1	NE 15		N 82° E 28; S 77° E 16; S 34° W [illegible]; N 84 W [illegible]
		l —	c 175	cirr.s 9	E —		S 71° E 17; S 39° W 20; N 81° W 13
		q —	o 52	Str. 15	SE —		S 62° E 8; S 56° W 11; N 77° W 15
		u —	g 5	W-c 1	S —	21.3° C.	S 34° E 7; S 60° W 16; N 61° W 10
		Hydrometeore	Zustand der Luft	Cum. 147	SW —		S 28° E 17; S 73° W 10
		h —	v 1	Cum.st 31	W 6		S 11° E 10; S 77° W 34
		r 3	w —	Nimb. 10	NW —		S 3° E 21; S 79° W 16
		s —	m 1		†See —		
		d 3	f —		glatt —		
37°—38° N. Br.	15°—20° W. L.	Summe d. Beobacht.: 246		234	50		
		Böen	Himmelsansicht	cirr. 32	N 25		N 28° E 37; E 6; S 10; W 10
		t —	b 20	cirr.c —	NE 17		N 74° E 30; E 11; S 10; N 28° W 21
		l —	c 147	cirr.s 7	E 1		N 85° E 19; S 74° E 10; S 17° W 18; N 3° W 12
		q —	o 63	Str. 11	SE —		S 16° E 10; S 68° W 7
		u —	g 2	W-c 3	S —	20.7° C.	
		Hydrometeore	Zustand der Luft	Cum. 126	SW —		
		h —	v —	Cum.st 24	W 4		
		r —	w 3	Nimb. 31	NW —		
		s —	m 4		†See 3		
		d 6	f 1		glatt —		
38°—39° N. Br.	15°—20° W. L.	Summe d. Beobacht.: 200		190	38		
		Böen	Himmelsansicht	cirr. 31	N 23		S 79° E 22; S 13° W 11; W 14
		t —	b 12	cirr.c 3	NE 7		S 51° E 27; S 51° W 16; N 76° W 11
		l 1	c 122	cirr.s 8	E —		S 13° E 32; S 54° W 15; N 51° W 8
		q 1	o 51	Str. 10	SE —		S 54° W 19; N 22° W 6
		u —	g 3	W-c 4	S —	20.5° C.	S 76° W 33; N 11° W 8
		Hydrometeore	Zustand der Luft	Cum. 102	SW —		S 70° W 9
		h —	v —	Cum.st 14	W 1		S 79° W 14
		r 3	w —	Nimb. 18	NW 7		S 85° W 15
		s —	m 3		†See —		
		d 3	f 1		glatt —		
39°—40° N. Br.	15°—20° W. L.	Summe d. Beobacht.: 140		130	29		
		Böen	Himmelsansicht	cirr. 19	N 18		N 56° E 6; S 17° E 8; S 10; N 48° W 11
		t —	b 8	cirr.c —	NE 1		S 31° W 14
		l —	c 71	cirr.s 2	E 2		S 34° W 10
		q 1	o 49	Str. 8	SE —		S 56° W 7
		u —	g 5	W-c 11	S —	20.0° C.	
		Hydrometeore	Zustand der Luft	Cum. 64	SW —		
		h —	v —	Cum.st 21	W 1		
		r 1	w 1	Nimb. 5	NW 6		
		s —	m 2		†See —		
		d 2	f —		glatt 1		

Bemerkungen

Ueber Wind.

Unter-☐	Jahr	Tag		
58.	77	22.	4h M.	Der mässige Wind springt plötzlich von NNE nach NW und bleibt hier einige Stunden stehen. Dann geht der Wind beim Segeln nach S wieder nördlich und wird zum NE-Passat.
85.	77.	9.	8h M.	Frischer NNE-Wind, der später abnehmend, doch ohne Unterbrechung in den NE-Passat übergeht.
97.	68.	25.	12h M.	Der stürmische NW-Wind geht beim Segeln nach S mit steigendem Barometer durch N und wird als frische Briese zum Passat.

Sonstige Bemerkungen.

55.	70.	25.	12h M.	Mehrere Schildkröten.
56.	70.	25.	12h N.	Häufiges Blitzen im WNW.
56.	78.	27.	4h M.	Meerleuchten.
57.	78.	28.	4h N.	Die ersten fliegenden Fische.
75.	70.	13.	4h N.	Hohe See aus ENE.
76.	69.	2.	4h N.	Hohe Dünung aus WNW.
76.	78.	27.	12h N.	Starker Thau.
87.	68.	25.	12h N.	Viele Sternschnuppen nach NW.
87.	70.	4.	12h N.	Wetterleuchten im ESE.
95.	77.	6.	12h N.	Sternschnuppen nach SSE; schwaches Meerleuchten.
96.	68.	18.	4h M.	Dünung aus NW.

Höchster Barometerstand: **780.2** mm am 2. Juli 1870 in 37° n. Br. und 16° w. L. bei stürmischem NE-Winde und halb bedecktem Himmel.

Niedrigster " " : **757.2** mm am 10. Juli 1868 in 37° n. Br. und 16° w. L. bei mässigem NNW-Winde und wolkigem Himmel.

Höchste Lufttemperatur: **28.4°** Cels. am 20. Juli 1868 in 36° n. Br. und 18° w. L. bei ganz flauem E-Winde und wolkigem Himmel.

Niedrigste " " : **15.3°** Cels. am 1. Juli 1876 in 39° n. Br. und 15° w. L. bei ganz flauem NE-Winde und wolkigem Himmel.

Quadrat 110a.

Position		Windbeobachtungen																					
Breite N	Länge W	Anzahl der Beob.	Alle Winde, Variabeln und Stillen																		Stürme		
			N	NNE	NE	ENE	E	ESE	SE	SSE	S	SSW	SW	WSW	W	WNW	NW	NNW	Var.	Stillen	N bis ENE	E bis SSE	S bis WSW
30°—31°	10°—11°	—	—	—	—	—	—	—	—	—	—	—	—	—	—	—	—	—	—	—	—	—	—
	11°—12°	—	—	—	—	—	—	—	—	—	—	—	—	—	—	—	—	—	—	—	—	—	—
	12°—13°	—	—	—	—	—	—	—	—	—	—	—	—	—	—	—	—	—	—	—	—	—	—
	13°—14°	—	—	—	—	—	—	—	—	—	—	—	—	—	—	—	—	—	—	—	—	—	—
	14°—15°	1	—	1	—	—	—	—	—	—	—	—	—	—	—	—	—	—	—	—	—	—	—
31°—32°	10°—11°	—	—	—	—	—	—	—	—	—	—	—	—	—	—	—	—	—	—	—	—	—	—
	11°—12°	—	—	—	—	—	—	—	—	—	—	—	—	—	—	—	—	—	—	—	—	—	
	12°—13°	—	—	—	—	—	—	—	—	—	—	—	—	—	—	—	—	—	—	—	—	—	—
	13°—14°	—	—	—	—	—	—	—	—	—	—	—	—	—	—	—	—	—	—	—	—	—	—
	14°—15°	4	—	4	—	—	—	—	—	—	—	—	—	—	—	—	—	—	—	—	—	—	—
32°—33°	10°—11°	—	—	—	—	—	—	—	—	—	—	—	—	—	—	—	—	—	—	—	—	—	—
	11°—12°	—	—	—	—	—	—	—	—	—	—	—	—	—	—	—	—	—	—	—	—	—	—
	12°—13°	—	—	—	—	—	—	—	—	—	—	—	—	—	—	—	—	—	—	—	—	—	—
	13°—14°	4	1	2	1	—	—	—	—	—	—	—	—	—	—	—	—	—	—	—	—	—	—
	14°—15°	3	—	1	2	—	—	—	—	—	—	—	—	—	—	—	—	—	—	—	—	—	—
33°—34°	10°—11°	—	—	—	—	—	—	—	—	—	—	—	—	—	—	—	—	—	—	—	—	—	—
	11°—12°	—	—	—	—	—	—	—	—	—	—	—	—	—	—	—	—	—	—	—	—	—	—
	12°—13°	3	—	2	—	—	—	—	—	—	—	—	—	—	—	—	—	1	—	—	—	—	—
	13°—14°	7	—	3	—	—	—	—	—	—	—	—	—	—	—	3	1	—	—	—	—	—	—
	14°—15°	8	2	5	1	—	—	—	—	—	—	—	—	—	—	—	—	—	—	—	—	—	—
34°—35°	10°—11°	3	—	—	—	—	—	—	—	—	—	—	—	—	—	1	—	2	—	—	—	—	—
	11°—12°	7	2	—	—	—	—	—	—	—	—	—	—	—	—	2	1	2	—	—	—	—	—
	12°—13°	6	4	1	—	—	—	—	—	—	—	—	—	—	—	—	—	1	—	—	—	—	—
	13°—14°	16	3	1	1	—	—	—	1	3	—	1	—	1	—	1	1	—	—	3	—	—	—
	14°—15°	15	4	5	2	—	1	1	—	—	—	—	1	—	—	—	—	1	—	—	—	—	—
Fünfgrad-Feld	Summen	77	**16**	**25**	**7**	—	**1**	1	1	3	—	1	1	**1**	—	**7**	**3**	**7**	—	3	—	—	—
	Mittlere Windstärke		4.4	4.1	3.3	—	7.0	3.0	2.0	4.0	—	2.0	4.0	2.0	—	3.0	3.0	5.0	—	0	—	—	—

August.

Barometer 700mm+		Thermometer Cels. Gr. (Temperatur der Luft)					Relative Feuchtigkeit		Bedeckung des Himmels		Niederschläge					Meeresoberfläche			
				Anzahl und Mittel								Dauer in Stunden				Temperatur		Spezif. Gewicht	
Anzahl der Beob.	Mittel mm	Anzahl der Beob.	Rohes Mittel	4h M.	4h N.	12h N.	Anzahl der Beob.	Prozente	Anzahl der Beob.	Mittel (0—10)	Anzahl der Beob.-wachen	Nebel	Regen	Schnee	Hagel	Anzahl der Beob.	Grade Celsius	Anzahl der Beob.	Mittel d. Aräom.-angaben
—	—	—	—	—	—	—	—	—	—	—	—	—	—	—	—	—	—	—	—
—	—	—	—	—	—	—	—	—	—	—	—	—	—	—	—	—	—	—	—
1	64.2	1	22.8	—	—	—	—	—	1	6.0	1	—	—	—	—	1	22.5	—	—
1	65.3	1	22.7	—	—	—	—	—	1	7.0	1	—	—	—	—	1	22.2	—	—
2	64.6	2	24.6	—	—	(2) 24.6	—	—	2	5.5	2	—	—	—	—	2	24.0	1	1.0278
—	—	—	—	—	—	—	—	—	—	—	—	—	—	—	—	—	—	—	—
—	—	—	—	—	—	—	—	—	—	—	—	—	—	—	—	—	—	—	—
1	63.6	1	23.0	—	(1) 23.0	—	—	—	1	4.0	1	—	—	—	—	1	22.2	—	—
—	—	—	—	—	—	—	—	—	—	—	—	—	—	—	—	—	—	—	—
8	65.2	8	24.2	—	(3) 24.4	—	2	76.0	8	4.4	8	—	—	—	—	8	23.7	2	1.0278
—	—	—	—	—	—	—	—	—	—	—	—	—	—	—	—	—	—	—	—
1	63.4	1	22.1	—	—	—	—	—	1	2.0	1	—	—	—	—	1	22.0	—	—
1	63.7	1	22.8	—	—	—	—	—	1	3.0	1	—	—	—	—	1	22.2	—	—
6	65.1	6	28.8	(2) 23.8	—	—	—	—	6	3.3	6	—	—	—	—	2	23.3	2	1.0276
5	65.3	5	23.6	—	(1) 24.8	(1) 22.9	3	72.3	5	5.0	5	—	—	—	—	4	23.6	—	—
—	—	—	—	—	—	—	—	—	—	—	—	—	—	—	—	—	—	—	—
2	62.9	2	22.5	(1) 22.0	—	—	—	—	2	3.0	2	—	—	—	—	2	22.5	—	—
3	65.2	3	23.4	—	(1) 25.1	—	—	—	3	1.7	3	—	—	—	—	1	23.5	—	—
9	65.3	9	23.0	(3) 22.3	—	(2) 23.0	1	71.0	9	4.7	9	—	—	—	—	8	23.1	2	1.0280
9	64.2	7	22.6	(2) 20.6	(1) 23.1	(1) 22.4	3	72.0	9	4.3	9	—	—	—	—	5	22.1	—	—
3	63.3	3	22.5	(1) 22.3	—	—	—	—	3	5.3	4	—	—	—	—	3	22.7	—	—
6	64.6	6	22.9	(1) 22.3	(1) 23.8	(1) 22.5	—	—	6	6.2	8	—	—	—	—	3	22.7	1	1.0273
7	65.0	7	22.7	(1) 22.2	(2) 22.7	(1) 22.7	—	—	7	3.9	8	—	—	—	—	6	22.7	2	1.0279
19	65.8	19	23.4	(3) 22.4	(4) 23.8	(2) 22.6	2	70.5	18	3.5	19	—	—	—	—	18	22.8	—	—
13	66.3	13	22.8	(2) 21.0	(2) 23.5	—	4	71.0	15	3.1	15	—	—	—	—	13	22.2	4	1.0282
97	—	95	—	(16) —	(16) —	(10) —	15	—	98	—	103	—	—	—	—	80	—	14	—
—	67 21	—	23 2	23.3	23.8	23.1	—	72.1	—	3.9	—	—	—	—	—	—	23.7	—	1.0279

Zone	Böen / Hydrometeore		Himmelsansicht / Zustand der Luft		Wolken		Wind		Temperatur	
10°—15° W. L.	t	—	h	1	cirr.c	—	NE	3		
	l	—	c	7	cirr.s	1	E	—		
	q	—	o	1	Str.	1	SE	—		
	u	—	g	—	W-c	2	S	—	23.6° C.	
	Hydrometeore		Zustand der Luft		Cum.	3	SW	—		
	h	—	v	—	Cum.st	1	W	—		
	r	—	w	—	Nimb.	1	NW	—		
	s	—	m	2			†See	—		
	d	—	f	–			glatt	—		
	Summe d. Beobacht.:			15		11		9		
10°—15° W. L.	Böen		Himmelsansicht		cirr.	—	N	5		
	t	—	h	2	cirr.c	—	NE	4		
	l	—	c	10	cirr.s	2	E	—		
	q	—	o	1	Str.	—	SE	—		
	u	—	g	1	W-c	—	S	—	23.3° C.	
	Hydrometeore		Zustand der Luft		Cum.	8	SW	—		
	h	—	v	—	Cum.st	—	W	—		
	r	—	w	1	Nimb.	1	NW	—		
	s	—	m	—			†See	—		
	d	—	f	—			glatt	—		
	Summe d. Beobacht.:			26		20		11		
10°—15° W. L.	Böen		Himmelsansicht		cirr.	3	N	7		N 20° E. 7
	t	—	h	1	cirr.c	1	NE	3		
	l	—	c	19	cirr.s	—	E	—		
	q	—	o	1	Str.	2	SE	—		
	u	—	g	1	W-c	1	S	—	22.7° C.	
	Hydrometeore		Zustand der Luft		Cum.	12	SW	—		
	h	—	v	—	Cum.st	—	W	1		
	r	—	w	1	Nimb.	1	NW	—		
	s	—	m	3			†See	—		
	d	—	f	—			glatt	—		

Bemerkungen

Ueber Wind.

Unter-□	Jahr	Tag		
03.	76.	20.	8h M.	Der stürmische Wind holt von NNE nach N und flaut ab, wird beim Segeln nach N aber bald wieder stürmischer.
32.	71.	29.	8h N.	Mässiger NNE-Wind, der allmählich auffrischend beim Segeln nach S in den NE-Passat übergeht.
34.	76.	7.	12h N.	Frischer NNE-Wind, der mit zunehmender Stärke (6—7) beim Segeln nach S zum NE-Passat wird.
44.	78.	29.	12h M.	Der mässige NNW-Wind holt, ohne die Stärke (4) zu verändern, nach NE und wird zum Passat.

Sonstige Bemerkungen.

14.	77.	30.	12h M.	Viele kleine Seeschwalben.
33.	78.	9.	4h M.	Dünung aus W.
42.	77.	29.	8h N.	Um 9½h N. eine Sternschnuppe von NW nach SE.

Höchster Barometerstand: **769.8** mm am 22. August 1875 in 34° n. Br. und 14° w. L. bei flauem NE-Winde und heiterem Himmel.

Niedrigster „ „ : **761.7** mm am 8. August 1876 in 33° n. Br. und 14° w. L. bei frischem N-Winde und klarem Himmel.

Höchste Lufttemperatur: **27.0°** Cels. am 8. August 1878 in 34° n. Br. und 13° w. L. bei flauem SW-Winde und halb bedecktem Himmel.

Niedrigste „ „ **19.2°** Cels. am 10. August 1875 in 34° n. Br. und 14° w. L. bei frischem N-Winde und halb bedecktem Himmel.

Quadrat 110b.

Position		Windbeobachtungen																						
			Alle Winde, Variabeln und Stillen																		Stürme			
Breite N	Länge W	Anzahl der Beob.	N	NNE	NE	ENE	E	ESE	SE	SSE	S	SSW	SW	WSW	W	WNW	NW	NNW	Var.	Stillen	N bis ENE	E bis SSE	S bis WSW	W bis NNW
30°—31°	15°—16°	4	—	4	—	—	—	—	—	—	—	—	—	—	—	—	—	—	—	—	—	—	—	
	16°—17°	9	—	3	3	1	1	—	—	—	—	—	—	—	—	—	—	—	—	1	—	—	—	—
	17°—18°	20	4	3	2	2	—	—	—	—	—	—	—	—	—	3	2	4	—	—	—	—	—	—
	18°—19°	28	9	6	8	2	2	—	—	—	—	—	—	—	—	—	—	—	1	—	—	—	—	—
	19°—20°	62	7	10	15	12	2	—	—	—	—	—	—	1	4	3	1	7	—	—	2	—	—	—
31°—32°	15°—16°	5	—	3	2	—	—	—	—	—	—	—	—	—	—	—	—	—	—	—	—	—	—	
	16°—17°	25	4	8	3	2	2	—	—	—	—	—	—	—	1	2	2	1	—	—	—	—	—	—
	17°—18°	23	1	6	6	2	1	—	—	—	—	—	—	—	1	2	2	1	—	1	—	—	—	—
	18°—19°	53	4	17	15	7	1	2	—	—	—	—	—	1	—	4	2	—	—	—	—	—	—	—
	19°—20°	63	6	18	13	7	2	4	1	—	—	—	—	2	3	—	1	6	—	—	—	—	—	—
32°—33°	15°—16°	9	1	4	1	—	—	—	—	—	—	—	—	2	—	1	—	—	—	—	—	—	—	—
	16°—17°	15	—	5	2	2	—	—	—	—	1	—	—	—	1	2	—	1	—	1	—	—	—	—
	17°—18°	37	—	13	8	4	3	—	1	—	—	—	3	2	1	1	1	—	—	—	—	—	—	—
	18°—19°	54	4	16	13	6	4	1	3	—	—	—	2	2	2	—	—	1	—	—	1	—	—	—
	19°—20°	61	7	19	17	4	5	2	1	—	—	—	5	—	—	—	—	—	1	—	1	—	—	—
33°—34°	15°—16°	12	—	—	2	4	—	—	—	—	—	—	2	2	2	—	—	—	—	—	—	—	—	—
	16°—17°	18	2	2	7	—	3	—	—	—	—	2	1	—	—	—	1	—	—	—	—	—	—	—
	17°—18°	60	8	19	6	7	2	2	2	—	—	—	7	2	—	1	2	—	2	—	—	—	—	—
	18°—19°	65	2	17	20	4	5	—	—	—	—	2	5	3	2	2	2	1	—	—	1	—	4	—
	19°—20°	35	3	9	6	4	4	1	3	1	—	—	1	—	—	1	2	—	—	—	—	1	—	—
34°—35°	15°—16°	20	1	2	6	4	1	—	—	—	—	1	3	1	—	—	1	—	—	—	—	—	—	—
	16°—17°	38	3	12	6	1	2	1	1	—	—	2	3	2	—	—	3	2	—	—	—	—	—	—
	17°—18°	56	10	11	10	1	4	—	1	—	—	—	1	4	4	5	—	5	—	—	—	—	—	—
	18°—19°	66	8	14	17	4	1	—	1	—	—	—	—	3	8	1	3	4	2	—	—	—	—	—
	19°—20°	37	1	8	6	3	6	4	1	1	2	1	2	—	2	—	2	2	—	1	—	—	—	—
Fünfgrad-feld	Summen .	875	**85**	**224**	**194**	**83**	**51**	17	15	2	3	8	35	27	31	**28**	**27**	**35**	6	4	**5**	1	4	—
	Mittlere Windstärke		3.0	3.8	3.9	4.2	3.8	4.1	4.3	4.5	2.7	2.4	3.0	3.5	3.2	2.4	3.5	2.9	2.3	0	8.0	8.0	8.0	—

Barometer 700mm+		Thermometer Cels. Gr. (Temperatur der Luft)					Relative Feuchtigkeit		Bedeckung des Himmels		Niederschläge					Meeresoberfläche			
				Anzahl und Mittel								Dauer in Stunden				Temperatur		Spezif. Gewicht	
Anzahl der Beob.	Mittel mm	Anzahl der Beob.	Rohes Mittel	4h M.	4h N.	12h N.	Anzahl der Beob.	Prozente	Anzahl der Beob.	Mittel (0—10)	Anzahl der Beob.-wachen	Nebel	Regen	Schnee	Hagel	Anzahl der Beob.	Grade Celsius	Anzahl der Beob.	Mittel d. Aräom.-angaben
6	63.8	4	23.9	(2) 24.0		—	2	85.5	6	4.5	6	—	—	—	—	4	23.6	—	
8	64.4	9	23.1	(2) 22.4	(1) 24.0	(1) 22.5	1	83.0	8	6.0	9	—	—	—	—	7	22.0	—	—
19	65.6	20	24.0	(2) 24.2	(4) 25.0	(4) 23.9	4	78.2	20	4.1	20	—	0.5	—	—	18	23.3	2	1.0282
16	63.4	22	23.4	(7) 23.0	(2) 23.8	(1) 23.8	1	91.0	24	4.8	28	—	0.5	—	—	20	22.7	2	1.0269
52	65.3	54	23.7	(13) 22.5	(7) 24.9	(7) 23.4	4	77.7	59	4.0	63	—	0.5	—	—	52	23.4	5	1.0276
5	62.4	3	22.5	(1) 22.5	—	(1) 22.6	—	—	5	5.4	5	—	—	—	—	1	23.1	—	—
22	65.0	25	22.9	(7) 22.2	(3) 24.6	(8) 23.1	2	78.0	25	3.6	25	—	0.5	—	—	23	21.5	1	1.0280
22	65.8	22	23.1	(4) 22.0	(2) 24.6	—	2	82.0	23	3.2	23	—	—	—	—	21	21.9	1	1.0280
41	65.4	40	23.8	(9) 22.4	(5) 24.9	(2) 23.9	2	90.5	51	4.3	53	—	—	—	—	41	23.0	5	1.0283
52	65.5	59	23.3	(13) 22.4	(4) 25.6	(10) 22.8	7	80.3	60	5.0	63	—	2.5	—	—	57	23.8	2	1.0273
8	65.7	8	23.3	(1) 22.6	(1) 24.6	(1) 23.6	3	70.3	9	4.1	9	—	—	—	—	8	22.5	2	1.0280
15	65.7	16	22.5	(4) 21.2	—	—	3	84.0	16	3.9	16	—	—	—	—	16	21.9	2	1.0273
29	65.6	29	23.3	(8) 22.4	(2) 24.3	(3) 23.3	1	90.0	35	4.6	37	—	4.5	—	—	29	22.9	5	1.0266
47	67.9	48	23.4	(6) 22.4	(5) 23.6	(2) 23.9	6	75.2	55	5.5	55	—	12.5	—	—	40	23.0	6	1.0283
42	66.0	55	23.4	(8) 21.9	(10) 24.2	(9) 22.6	11	86.2	54	3.4	61	—	1.0	—	—	59	23.1	—	—
10	66.0	12	23.8	(4) 22.8	(1) 27.4	—	—	—	12	1.8	12	—	—	—	—	12	22.5	2	1.0280
14	66.3	19	23.6	(4) 22.2	(3) 25.7	(3) 22.3	5	83.4	18	4.2	19	—	—	—	—	19	22.9	4	1.0263
45	66.4	49	23.3	(11) 22.7	(5) 24.2	(6) 23.2	2	85.5	57	4.4	61	—	10.5	—	—	49	23.3	5	1.0274
48	65.3	63	23.1	(17) 22.3	(8) 24.4	(10) 22.8	12	85.7	65	3.9	65	—	14.8	—	—	64	23.1	1	1.0276
21	65.7	30	23.2	(8) 22.8	(5) 24.0	(5) 22.1	5	85.2	30	3.5	35	—	4.5	—	—	33	22.9	2	1.0280
18	65.8	20	22.6	(7) 22.1	(4) 22.4	(2) 22.9	4	76.5	19	3.8	20	—	—		—	20	22.5	8	1.0271
32	65.9	33	23.5	(7) 22.1	(3) 25.1	(3) 22.6	—	—	37	4.1	38	—	—	—	—	32	23.0	2	1.0265
43	65.2	51	23.1	(7) 22.3	(8) 23.8	(4) 22.2	14	86.2	50	4.0	56	2.0	0.5	—	—	51	22.8	6	1.0278
57	64.3	61	24.0	(8) 21.9	(9) 23.5	(10) 22.1	9	86.4	64	4.5	66	—	2.0	—	—	64	23.0	1	1.0282
27	64.7	31	22.5	(5) 21.9	(5) 23.8	(5) 22.1	8	80.1	32	5.4	37	—	2.5	—	—	33	22.6	—	—
699	—	781	—	165	91	92	108	—	834	—	882	2.0	57.3	—	—	779	—	64	—
—	65.52	—	23.3	22.4	24.4	23.0	—	82.9	—	4.2	—	—	—	—	—	—	22.9	—	1.0277

Quadrat 110b. ....

Position der Zone		Wetter nach Beaufort's Bezeichnung. (Häufigkeit.)				Häufigkeit der verschied. Wolkenformen		Häufigkeit von Seegang, Dünung aus:		Mittel der Meeres-Temperatur	Bemerkungen über einzelne beobachtete Triftströmungen.
30°—31° N. Br.	15°—20° W. L.	Summe d. Beobacht.:	125			112		30		23,1° C.	
		Böen		Himmelsansicht		cirr.	5	N	17		S 17° E 8 S 9 W 7
		t	—	b	25	cirr.c	2	NE	4		S 15 N 29° W 11
		l	—	c	76	cirr.s	2	E	—		S 6° W 12 N 51° W 12
		q	1	o	18	Str.	7	SE	—		S 11° W 15
		u	—	g	2	W-e	—	S	—		S 45° W 30
		Hydrometeore		Zustand der Luft		Cum.	77	SW	—		S 46° W 22
		h	—	v	—	Cum.st	18	W	1		
		r	—	w	2	Nimb.	6	NW	8		
		s	—	m	1			†See	—		
		d	—	f	-			glatt	—		
31°—32° N. Br.	15°—20° W. L.	Summe d. Beobacht.:	173			151		42		22,7° C.	
		Böen		Himmelsansicht		cirr.	5	N	16		N 65° E 19 S 73° E 26 S 20 W 13
		t	—	b	24	cirr.c	4	NE	7		S 11° E 7 S 17° W 20 N 84° W 16
		l	—	c	113	cirr.s	5	E	—		S 28° W 10 N 79° W 8
		q	—	o	30	Str.	12	SE	—		S 40° W 16 N 79° W 10
		u	—	g	2	W-e	—	S	—		S 51° W 10 N 79° W 11
		Hydrometeore		Zustand der Luft		Cum.	102	SW	—		S 70° W 9
		h	—	v	1	Cum.st	18	W	7		
		r	—	w	3	Nimb.	5	NW	12		
		s	—	m	—			†See	—		
		d	—	f	—			glatt	—		
32°—33° N. Br.	15°—20° W. L.	Summe d. Beobacht.:	187			141		35		22,8° C.	
		Böen		Himmelsansicht		cirr.	14	N	18		N 57° E 14 S 30° E 9 S 10° W 12 W 10
		t	—	b	27	cirr.c	4	NE	9		S 28° E 8 S 30° W 10 N 40° W 10
		l	—	c	117	cirr.s	3	E	1		S 20° W 18 N 43° W 13
		q	2	o	33	Str.	19	SE	1		S 28° W 12 N 51° W 19
		u	—	g	8	W-e	—	S	—		S 58° W 9 N 52° W 16
		Hydrometeore		Zustand der Luft		Cum.	107	SW	2		
		h	—	v	—	Cum.st	15	W	12		
		r	1	w	—	Nimb.	9	NW	5		
		s	—	m	4			†See	7		
		d	—	f	—			glatt	—		
33°—34° N. Br.	15°—20° W. L.	Summe d. Beobacht.:	198			185		73		23,1° C.	
		Böen		Himmelsansicht		cirr.	20	N	25		N 6 E 9 S 21° W 7 N 53° W 8
		t	—	b	24	cirr.c	1	NE	15		N 61° E 10 S 56° E 7 S 58° W 14 N 43° W 6
		l	1	c	132	cirr.s	15	E	8		S 52° E 8
		q	6	o	24	Str.	22	SE	1		S 31° E 13
		u	—	g	5	W-e	1	S	—		S 67° E 7
		Hydrometeore		Zustand der Luft		Cum.	96	SW	2		
		h	—	v	—	Cum.st	19	W	15		
		r	4	w	2	Nimb.	11	NW	6		
		s	—	m	—			†See	1		
		d	—	f	—			glatt	—		
34°—35° N. Br.	15°—20° W. L.	Summe d. Beobacht.:	218			196		92		22,8° C.	
		Böen		Himmelsansicht		cirr.	21	N	42		N 9 S 31° E 18 S 45° W 6 W 11
		t	—	b	23	cirr.c	7	NE	12		N 17° E 9 S 62° W 17 N 79° W 10
		l	—	c	160	cirr.s	11	E	10		N 76° E 12 S 66° W 21 N 62° W 15
		q	2	o	30	Str.	14	SE	—		N 80° E 8 S 68° W 8
		u	—	g	3	W-e	2	S	6		S 73° W 22
		Hydrometeore		Zustand der Luft		Cum.	112	SW	1		S 70° W 15
		h	—	v	—	Cum.st	21	W	18		
		r	—	w	—	Nimb.	8	NW	3		
		s	—	m	—			†See	—		
		d	—	f	—			glatt	—		

Bemerkungen

Ueber Wind.

Unter-□	Jahr	Tag		
07.	77.	8.	8^h N.	Der flaue NW-Wind geht Nachts in einem Regenschauer durch N nach NE und wird zum stetigen Passat.
09.	77.	8.	12^h N.	Der leichte NNW-Wind geht mit Stärke 3 in den NE-Passat über.
18.	78.	27.	4^h N.	Der mässige W-Wind dreht sich beim Segeln nach S allmählich durch N nach der NE-Passat-Richtung.
28.	70.	17.	12^h N.	Der stürmische WSW-Wind wird flau, geht durch NW und N allmählich nach NE und frischt als Passat wieder auf.
38.	78.	13.	4^h M.	Der flaue WNW-Wind geht, beim Segeln nach S, durch N in den NE-Passat über und frischt auf.
47.	77.	24.	8^h N.	Der mässige NW-Wind geht, beim Segeln nach S, mit allmählicher Drehung durch N in den NE-Passat über.
48.	77.	26.	12^h M.	Flauer E-Wind; derselbe geht am nächsten Tage nach NE, bleibt aber flau und unbeständig.

Sonstige Bemerkungen.

Unter-□	Jahr	Tag		
19.	70.	2.	4^h M.	Viele Sternschnuppen nach allen Richtungen.
19.	74.	30.	4^h M.	Zunehmende Dünung aus SE und E.
19.	77	28.	4^h M.	Zunehmende Dünung aus NW.
25.	78.	31.	12^h N.	Viele Bonitos.
29.	77.	5.	12^h N.	Um $10^h\ 20^m$ N. 8 Sternschnuppen von bläulicher und röthlicher Farbe aus verschiedenen Sternbildern nach allen Richtungen schiessend.
39.	78.	14.	8^h N.	Viele Stromkabbelungen.
46.	74.	28.	4^h M.	Stromkabbelung.

Höchster Barometerstand: **771.0** mm am 25. August 1868 in 34° n. Br. und 19° w. L. bei massigem NNE-Winde und heiterem Himmel.

Niedrigster „ „ : **757.0** mm am 31. August 1871 in 34° n. Br. und 18° w. L. bei leichtem N-Winde und wolkigem Himmel.

Höchste Lufttemperatur: **29.1**° Cels. am 14. August 1878 in 31° n. Br. und 18° w. L. bei massigem NNE-Winde und klarem Himmel.

Niedrigste „ „ : **17.0**° Cels. am 20. August 1868 in 31° n. Br. und 17° w. L. bei massigem NNW-Winde und halb bedecktem Himmel.

Position Breite N	Position Länge W	Anzahl der Beob.	N	NNE	NE	ENE	E	ESE	SE	SSE	S	SSW	SW	WSW	W	WNW	NW	NNW
			Windbeobachtungen. Alle Winde, Variabeln und Stillen															
35°—36°	10°—11°	5	1	—	—	—	—	—	—	—	—	—	—	—	—	—	3	1
	11°—12°	1	—	—	—	—	—	—	—	—	—	—	—	—	—	—	1	—
	12°—13°	2	1	—	1	—	—	—	—	—	—	—	—	—	—	—	—	—
	13°—14°	10	1	1	1	—	—	—	—	—	—	—	—	—	3	1	1	1
	14°—15°	10	2	4	—	—	3	—	—	—	—	—	—	—	—	—	—	1
36°—37°	10°—11°	2	—	1	1	—	—	—	—	—	—	—	—	—	—	—	—	—
	11°—12°	2	2	—	—	—	—	—	—	—	—	—	—	—	—	—	—	—
	12°—13°	7	1	—	1	—	—	—	—	—	—	—	—	—	4	—	1	—
	13°—14°	13	1	3	—	—	3	—	—	—	—	—	—	1	—	—	4	1
	14°—15°	16	1	5	4	5	1	—	—	—	—	—		—	—	—	—	—
37°—38°	10°—11°	6	3	1	—	—	—	—	—	—	—	—		—	—	1	—	1
	11°—12°	14	4	1	4	—	—	—	—	—	—	—	1	—	2	—	—	1
	12°—13°	15	4	—	4	1	1	—	—	—	—	—	—	—	1	4	—	—
	13°—14°	18	4	3	5	—	—	—	—	—	—	—	—	1	—	2	1	2
	14°—15°	34	4	9	7	1	2	2	1	—	—	—	—	—	1	—	2	1
38°—39°	10°—11°	4	—	—	—	—	2	—	—	—	—	—	1	—	—	1	—	—
	11°—12°	3	—	—	—	—	—	—	—	—	—	—	2	—	—	1	—	—
	12°—13°	15	2	2	2	—	—	—	—	—	—	—	1	—	1	4	3	—
	13°—14°	32	6	5	2	1	3	—	—	1	—	2	—	1	2	3	1	1
	14°—15°	58	5	12	7	1	—	1	—	4	1	—	1	3	4	8	5	4
39°—40°	10°—11°	1	—	—	—	1	—	—	—	—	—	—		—	—		—	—
	11°—12°	17	2	1	1	1	2	—	—		1	—	2	2	1	1	1	—
	12°—13°	37	3	5	1	—	—	—	—	1	1	3	9	6	3	4	—	1
	13°—14°	38	4	6	8	1	—	—	—	2	—	—	—	3	4	5	2	6
	14°—15°	36	4	2	5	—	—	1	2	3	—	1	2	4	4	—	4	2
Fünfgrad-Feld	Summen	396	**55**	**61**	**40**	12	17	4	8	11	3	6	19	**21**	**30**	**35**	**29**	**23**
	Mittlere Windstärke		4.1	3.9	3.8	3.3	2.9	1.8	3.0	2.7	3.0	2.8	3.2	3.0	3.3	3.6	3.5	2.9

August.

35°—40° N. B. und 10°—15° W. L.

Barometer 700mm+		Thermometer Cels. Gr. (Temperatur der Luft)					Relative Feuchtigkeit		Bedeckung des Himmels		Niederschläge					Meeresoberfläche			
				Anzahl und Mittel								Dauer in Stunden				Temperatur		Spezif. Gewicht	
Anzahl der Beob.	Mittel mm	Anzahl der Beob.	Rohes Mittel	4h M.	4h N.	12h N.	Anzahl der Beob.	Procente	Anzahl der Beob.	Mittel (0–10)	Anzahl der Beob.-wachen	Nebel	Regen	Schnee	Hagel	Anzahl der Beob.	Grade Celsius	Anzahl der Beob.	Mittel d. Aräom.-angaben
7	62.7	7	22.1	(1) 21.1	(1) 22.8	(2) 21.8	—	—	7	3.7	7	—	—	—	—	4	23.0	—	—
5	63.6	5	23.4	—	(1) 25.5	—	—	—	5	5.8	5	—	—	—	—	5	23.2	4	1.0275
2	65.7	2	21.4	(1) 22.0	—	—	—	—	2	6.5	2	—	—	—	—	2	19.8	—	—
11	65.2	12	22.0	(2) 21.4	—	(3) 21.6	5	81.6	12	4.7	12	—	0.5	—	—	12	22.3	1	1.0273
8	66.3	6	23.4	(1) 21.5	(1) 25.1	—	2	79.5	9	2.8	10	—	—	—	—	6	25.0	1	1.0257
6	63.6	6	21.5	—	(2) 21.8	—	—	—	6	6.0	6	—	—	—	—	6	22.6	5	1.0278
2	66.8	2	21.0	—	—	—	—	—	2	3.5	2	—	—	—	—	2	19.9	—	—
9	63.6	9	22.4	(2) 21.6	(2) 23.6	—	5	82.6	9	2.9	9	—	·	—	—	9	22.4	2	1.0274
12	64.9	11	22.6	(3) 22.3	(1) 22.1	(2) 22.4	3	79.0	13	2.9	13	—	—	—	—	11	22.7	2	1.0270
12	66.8	12	21.7	(4) 21.8	—	(1) 20.0	2	90.5	16	4.1	16	—	0.5	—	—	12	22.2	6	1.0267
9	63.8	9	19.7	(3) 19.1	(1) 19.1	(2) 19.8	—	—	9	3.6	9	—	—	—	—	9	19.0	3	1.0273
14	64.2	14	21.9	(3) 21.7	(2) 23.2	(2) 20.4	5	85.2	14	0.8	14	—	—	—	—	14	21.3	5	1.0280
16	64.3	16	21.8	(4) 21.2	(3) 22.3	(1) 23.6	5	84.0	15	6.1	16	—	—	—	—	16	21.9	3	1.0287
16	66.4	15	21.8	(6) 21.3	—	(2) 20.6	1	87.0	19	4.5	19	—	0.5	—	—	15	21.9	8	1.0277
31	67.3	31	22.0	(8) 21.6	(2) 21.7	(1) 20.0	3	86.0	33	6.1	34	—	2.0	—	—	30	21.8	8	1.0270
4	61.0	4	22.2	(4) 21.1	—	—	—	—	4	7.2	4	—	—	—	—	4	21.3	—	—
3	62.8	3	23.0	—	—	(1) 22.6	2	90.5	3	5.0	3	—	—	—	—	3	22.5	—	—
16	64.3	15	22.1	(3) 21.4	(2) 23.0	(3) 21.3	7	77.6	16	2.9	17	—	—	—	—	15	21.5	3	1.0270
23	67.6	27	22.2	(6) 20.8	—	(2) 21.4	2	76.5	32	3.3	32	0.5	0.5	—	—	28	21.6	15	1.0267
51	65.6	55	21.2	(11) 20.2	(9) 21.5	(7) 21.2	5	80.2	53	5.7	59	—	11.0	—	—	54	21.3	11	1.0280
1	61.0	1	21.8	—	—	(1) 21.8	—	—	1	3.0	1	—	—	—	—	1	21.9	—	—
19	61.8	19	22.4	(4) 21.2	(3) 23.3	(2) 22.4	5	78.6	19	4.9	19	—	0.5	—	—	19	22.2	4	1.0272
29	64.4	33	21.6	(8) 20.9	(4) 21.9	(3) 21.3	6	92.3	38	5.4	38	0.5	0.5	—	—	33	21.1	5	1.0269
33	65.8	37	20.9	(6) 20.2	(5) 22.0	(4) 20.1	10	86.8	36	4.5	38	—	—	—	—	36	20.9	13	1.0268
32	64.2	32	21.4	(5) 20.7	(5) 21.8	(1) 19.5	4	87.8	34	5.8	36	1.5	5.0	—	—	32	20.9	2	1.0284
376	—	383	—	(82) —	(11) —	(40) —	72	—	407	—	421	2.5	21.0	—	—	378	—	101	—
—	66.98	—	21.7	21.0	22.2	21.2	—	84.2	—	4.8	—	—	—	—	—	—	21.5	—	1.0273

Position der Zone	Wetter nach Beaufort's Bezeichnung (Häufigkeit)		Häufigkeit der verschied. Wolkenformen	Häufigkeit von Vergang. Dünung aus:	Mittel der Meeres-Temperatur	Bemerkungen über einzelne beobachtete Triftströmungen
35°—36° N. Br. 10°—15° W. L.	Summe d. Beobacht.: 43		35	17		
	Böen	Himmelsansicht	cirr. 1	N 9		S 36° E 8
	t —	b 5	cirr. c 4	NE 2		
	l —	c 23	cirr. s 2	E —		
	q —	o 6	Str. 3	SE —		
	u —	g 2	W-c 1	S —	22.5° C.	
	Hydrometeore	Zustand der Luft	Cum. 20	SW —		
	h —	v —	Cum. st 2	W —		
	r —	w 2	Nimb. 2	NW 6		
	s —	m 5		†See —		
	d —	f —		glatt —		
36°—37° N. Br. 10°—15° W. L.	Summe d. Beobacht.: 49		46	19		
	Böen	Himmelsansicht	cirr. 4	N 9		S 41° E 17; S 10; N 29° W [illegible]
	t —	b 6	cirr. c —	NE 2		S 54° W 7
	l 1	c 34	cirr. s —	E —		
	q —	o 5	Str. 6	SE —		
	u —	g —	W-c 2	S —	22.6° C.	
	Hydrometeore	Zustand der Luft	Cum. 30	SW —		
	h —	v —	Cum. st 1	W —		
	r —	w —	Nimb. 3	NW 8		
	s —	m 3		†See —		
	d —	f —		glatt —		
37°—38° N. Br. 10°—15° W. L.	Summe d. Beobacht.: 110		74	48		
	Böen	Himmelsansicht	cirr. 1	N 18		N 28° E 8; S 25° E 21; S 65° W 11; N 62° W 17
	t —	b 13	cirr. c 1	NE 10		S 11° E 8; S 46° W 9
	l —	c 44	cirr. s 2	E 4		S 11° E 8; S 61° W 17
	q 8	o 25	Str. 9	SE 1		S 3° E 16
	u —	g 10	W-c 3	S —	21.5° C.	
	Hydrometeore	Zustand der Luft	Cum. 43	SW 1		
	h —	v —	Cum. st 7	W 11		
	r 1	w 3	Nimb. 8	NW 3		
	s —	m 6		†See —		
	d —	f —		glatt —		
38°—39° N. Br. 10°—15° W. L.	Summe d. Beobacht.: 129		88	52		
	Böen	Himmelsansicht	cirr. 6	N 13		S 73° E 6; S 47° W 16; W 12
	t —	b 14	cirr. c 2	NE 2		S 68° E 6; S 15° W 26; N 81° W [illegible]
	l 1	c 72	cirr. s 5	E —		S 62° E 7; S 51° W 7; N 79° W [illegible]
	q 6	o 15	Str. 9	SE —		S 58° E 9; S 60° W 22
	u —	g 12	W-c —	S 8	21.4° C.	S 87° W 23
	Hydrometeore	Zustand der Luft	Cum. 57	SW —		
	h —	v —	Cum. st 9	W 20		
	r 2	w 1	Nimb. 8	NW 9		
	s —	m 3		†See —		
	d 2	f 1		glatt —		
39°—40° N. Br. 10°—15° W. L.	Summe d. Beobacht.: 155		125	67		
	Böen	Himmelsansicht	cirr. 3	N 4		S 79° E 23; S 7; N 53° W 16
	t —	b 8	cirr. c 8	NE —		S 67° E 20; S 17° W 9; N 56° W 8
	l 3	c 90	cirr. s 2	E —		S 45° E 23; S 22° W 10
	q 3	o 27	Str. 13	SE —		S 31° E 27; S 36° W 15
	u —	g 11	W-c 4	S 4	21.2° C.	S 28° E 11; S 54° W 9
	Hydrometeore	Zustand der Luft	Cum. 68	SW 2		S 26° E 18; S 54° W 11
	h —	v —	Cum. st 11	W 38		S 67° W 10
	r —	w 1	Nimb. 16	NW 17		S 58° W 6
	s —	m 6		†See 2		
	d 3	f 3		glatt —		

Bemerkungen

Ueber Wind.

Unter-□	Jahr	Tag		
53.	78.	29.	4h M.	Der mässige NNW-Wind geht nach NNE und steht, mit derselben Stärke, bis in den NE-Passat.
80.	78.	28.	8h M.	Der Wind dreht sich in einer Windhose plötzlich von ESE durch S, W, N nach E zurück, dem Gefühle nach bei bedeutend steigender Temperatur. Hiernach veränderlicher frischer Wind, der nach kurzer Zeit ganz flau wird.
84.	78.	28.	12h M.	Der mässige SW-Wind geht plötzlich nach NW und frischt auf, flaut aber nach 24 Stunden wieder ab und geht durch N in den NE-Passat über.
84.	78.	29.	12h M.	Der frische NNW-Wind geht ohne Abnahme der Stärke mit Drehung durch N in den NE-Passat über.
91.	78	28.	8h N.	Der flaue Wind geht von SE nach W und wird still. Nach kurzer Zeit frischt der Wind wieder auf und geht nach NW, aus welcher Richtung er als frische Brise bis zum NE-Passat durchsteht.

Sonstige Bemerkungen.

71.	78.	27.	4h M.	Dünung aus NNW.
72.	78.	5.	4h N.	Seegang aus NW; hohe Dünung aus SW.
72.	78.	29.	8h N.	Mehrere Sternschnuppen.
82.	78.	4.	12h N.	Mässiger Seegang aus NW; hohe Dünung aus SW.
83.	78.	28	8h M.	Hohe Dünung aus NW.
92.	78.	28.	8h M.	Fische ziehen nach E.
93.	78.	29.	8h N.	Zwischen 8h und 12h fortwährendes Blitzen im E.
94.	69.	31.	8h M.	Hohe See aus SW und S.
94.	76.	24.	12h M.	Stromkabbelung.
94.	77.	25.	12h M	See aus SW und NW.

Höchster Barometerstand: **773.2** mm am 28. August 1873 in 39° n. Br. und 13° w. L. bei flauem N-Winde und halb bedecktem Himmel.

Niedrigster " " : **758.4** mm am 28. August 1878 in 39° n. Br. und 12° w. L. bei frischem SW-Winde und wolkigem Himmel.

Höchste Lufttemperatur: **26.0°** Cels. am 7. August 1878 in 39° n. Br. und 14° w. L. bei flauem SE-Winde und halb bedecktem Himmel.

Niedrigste " " **17.8°** Cels. am 30. August 1874 in 38° n. Br. und 14° w. L. bei mässigem NE-Winde und halb bedecktem Himmel.

Quadrat 110d. ....

Position			Windbeobachtungen																				
			Alle Winde, Variabeln und Stillen																		Stürme		
Breite N	Länge W	Anzahl der Beob.	N	NNE	NE	ENE	E	ESE	SE	SSE	S	SSW	SW	WSW	W	WNW	NW	NNW	Var.	Stillen	N bis ENE	E bis SSE	S bis WSW
35°–36°	15°–16°	32	1	5	3	4	2	2	2	1	—	—	1	4	2	—	—	1	3	1	—	—	—
	16°–17°	53	4	20	7	3	3	—	—	—	3	1	1	—	4	6	—	1	—	—	—	—	—
	17°–18°	71	1	23	9	1	3	1	3	—	1	4	3	2	1	9	—	6	1	3	—	—	—
	18°–19°	61	5	12	5	4	2	—	2	2	2	—	2	7	8	—	4	1	2	3	—	—	—
	19°–20°	15	1	4	6	2	—	—	1	—	—	—	—	—	—	—	1	—	—	—	—	—	—
36°–37°	15°–16°	31	4	8	2	3	2	1	1	—	—	—	—	2	4	—	—	3	1	—	—	—	—
	16°–17°	52	2	24	7	2	2	1	—	—	2	—	4	1	1	3	—	2	—	1	—	—	—
	17°–18°	71	8	14	9	3	—	4	1	2	1	—	3	4	6	4	7	1	2	2	—	—	—
	18°–19°	48	6	13	7	1	1	2	—	—	—	1	4	—	8	4	3	2	—	1	—	—	—
	19°–20°	14	3	4	3	—	—	—	—	—	1	—	—	—	—	—	1	—	—	2	—	—	—
37°–38°	15°–16°	58	5	8	7	5	—	1	—	2	3	1	1	6	3	4	5	6	1	—	—	—	—
	16°–17°	62	6	14	8	1	—	—	1	1	2	2	2	2	7	2	8	3	—	3	—	—	—
	17°–18°	52	9	10	8	—	1	—	—	—	—	—	—	5	3	—	4	5	2	5	—	—	—
	18°–19°	14	1	7	1	—	1	—	—	—	—	—	—	—	1	2	1	—	—	—	—	—	—
	19°–20°	14	—	5	2	2	—	—	—	—	—	2	3	—	—	—	—	—	—	—	—	—	2
38°–39°	15°–16°	74	5	16	5	4	—	—	—	1	3	3	5	5	2	3	12	4	3	3	—	—	—
	16°–17°	53	5	10	3	1	2	—	—	—	—	1	—	—	6	7	6	10	1	—	—	—	—
	17°–18°	40	8	8	5	1	—	—	—	—	—	2	4	—	2	1	2	5	2	—	—	—	—
	18°–19°	10	—	3	4	—	—	—	—	—	—	—	—	—	—	—	1	2	—	—	—	—	—
	19°–20°	9	1	5	3	—	—	—	—	—	—	—	—	—	—	—	—	—	—	—	—	—	—
39°–40°	15°–16°	56	3	18	4	—	—	1	—	1	—	3	3	2	4	5	6	2	3	—	1	—	—
	16°–17°	34	5	8	—	2	1	—	—	—	—	2	—	—	1	1	5	5	4	—	—	—	—
	17°–18°	35	3	15	5	1	—	—	—	—	—	—	1	2	1	2	2	2	—	1	—	—	—
	18°–19°	5	—	1	2	—	—	—	—	—	—	—	—	—	—	—	—	2	—	—	—	—	—
	19°–20°	11	1	5	—	1	1	—	—	—	—	—	—	—	—	2	1	—	—	—	—	—	—
Fünfgrad-Feld	Summen	974	88	200	115	41	21	13	11	10	18	22	37	42	30	55	60	63	25	25	1	—	2
	Mittlere Windstärke		3.2	3.9	3.6	4.0	3.5	2.9	5.1	3.2	3.8	3.0	4.0	2.8	3.3	3.3	3.4	3.3	2.2	0	8.0	—	8.0

Barometer 700mm+		Thermometer Cels. Gr. (Temperatur der Luft)					Relative Feuchtigkeit		Bedeckung des Himmels		Niederschläge					Meeresoberfläche			
				Anzahl und Mittel								Dauer in Stunden				Temperatur		Spezif. Gewicht	
Anzahl der Beob.	Mittel mm	Anzahl der Beob.	Rohes Mittel	8h M.	4h N.	12h N	Anzahl der Beob.	Prozente	Anzahl der Beob.	Mittel (0–10)	Anzahl der Beobachtungen	Nebel	Regen	Schnee	Hagel	Anzahl der Beob.	Grade Celsius	Anzahl der Beob.	Mittel d. Aräom.-angaben
35	66.2	29	22.3	7 / 21.7	3 / 23.1	3 / 22.6	10	82.8	32	4.1	32	—	1.0	—	—	29	22.8	6	1.0272
45	66.1	48	23.2	12 / 22.1	6 / 24.8	4 / 21.2	13	88.8	49	3.9	53	—	3.5	—	—	48	22.5	6	1.0279
59	65.1	62	22.5	15 / 21.5	5 / 23.3	10 / 22.6	10	85.5	70	4.7	71	—	7.5	—	—	65	22.6	5	1.0277
52	64.5	56	22.8	11 / 20.8	8 / 24.6	7 / 21.4	19	84.7	56	6.0	62	—	4.3	—	—	59	22.5	—	—
10	66.0	14	23.0	3 / 23.1	2 / 21.5	3 / 22.8	1	88.0	14	5.7	15	—	8.5	—	—	12	22.8	—	—
28	66.0	30	22.6	4 / 20.9	4 / 23.2	2 / 21.4	5	83.4	30	5.1	32	—	1.5	—	—	30	22.5	3	1.0276
43	66.7	46	22.1	8 / 21.5	5 / 23.3	8 / 21.0	11	84.5	50	5.4	52	—	3.0	—	—	47	22.0	6	1.0277
57	63.7	61	22.3	12 / 21.2	11 / 22.9	5 / 21.8	4	93.5	70	4.8	71	—	10.0	—	—	66	22.7	6	1.0277
35	65.3	42	22.2	9 / 21.4	6 / 22.6	5 / 21.7	6	81.3	43	5.7	48	—	9.5	—	—	40	22.3	—	—
11	65.4	14	23.7	3 / 23.5	2 / 24.2	1 / 19.5	—	—	14	3.1	14	—	—	—	—	14	23.4	—	—
49	65.4	54	21.9	13 / 21.4	7 / 22.7	8 / 20.5	11	82.0	53	5.1	58	—	1.5	—	—	52	21.5	4	1.0272
50	65.0	52	22.2	8 / 20.7	5 / 24.7	9 / 21.7	3	92.0	62	3.8	62	—	0.5	—	—	46	22.1	3	1.0283
40	65.6	51	22.5	13 / 21.8	5 / 23.7	6 / 22.0	3	84.3	49	4.8	53	—	4.5	—	—	50	22.3	7	1.0270
5	66.9	11	22.0	1 / 22.1	2 / 22.2	2 / 22.4	1	77.0	14	4.8	14	—	—	—	—	12	21.9	—	—
12	64.4	14	22.5	2 / 22.2	3 / 22.7	1 / 21.1	—	—	13	3.8	14	—	—	—	—	13	22.4	—	—
70	66.5	69	21.4	11 / 20.6	7 / 23.1	8 / 21.1	12	85.8	73	5.1	74	—	4.5	—	—	65	21.3	9	1.0286
4	64.5	46	21.4	8 / 20.7	10 / 22.5	5 / 21.2	4	91.8	52	4.7	53	—	2.0	—	—	46	21.9	4	1.0280
29	65.4	37	21.3	5 / 19.8	6 / 22.4	6 / 21.1	7	92.3	36	4.6	40	—	3.5	—	—	38	22.0	3	1.0271
5	64.2	10	21.2	3 / 19.8	—	2 / 21.4	—	—	10	3.8	10	—	—	—	—	10	21.6	—	—
4	60.4	8	21.5	3 / 20.8	—	1 / 21.2	—	—	9	5.2	9	—	4.0	—	—	8	21.5	—	—
42	65.8	44	20.6	10 / 19.9	3 / 22.7	5 / 19.2	7	80.4	55	4.1	56	—	2.0	—	—	46	20.8	3	1.0280
25	64.1	33	21.2	7 / 20.6	2 / 20.8	3 / 20.8	2	85.5	30	5.4	34	—	1.0	—	—	32	21.3	2	1.0268
17	64.7	30	20.8	7 / 20.1	4 / 21.8	5 / 20.1	8	88.9	34	5.0	35	10.0	2.0	—	—	33	21.4	—	—
2	60.3	5	20.5	—	2 / 22.3	1 / 18.8	—	—	5	6.2	5	—	—	—	—	5	21.6	—	—
3	69.5	6	21.5	1 / 21.5	1 / 21.2	—	—	—	10	5.7	11	—	1.0	—	—	8	22.0	—	—
[illegible]	—	874	—	176	111	110	137	—	933	—	978	10.0	70.3	—	—	874	—	67	—
	65.35	—	22.0	21.1	23.0	21.8	—	86.8	—	4.8	—	—	—	—	—	—	22.1	—	1.0278

Quadrat 110d. ....

Position der Zone	Wetter nach Beaufort's Bezeichnung. (Häufigkeit)		Häufigkeit der verschied. Wolkenformen	Häufigkeit vom Seegang u. Dünung aus:	Mittel der Meeres-Temperatur	Bemerkungen über einzelne beobachtete Triftströmungen.
35°—36° N. Br. 15°—20° W. L.	Summe d. Beobacht.: 243		241	75		
	Böen	Himmelsansicht	cirr. 24	N 22		W 10; S 67° E 17; S 14; S 68° W 25
	t —	b 20	cirr. c. 8	NE 10		N 70° W 13; S 58° E 6; S 9° W 10; S 71° W 1
	l —	c 105	cirr. s 21	E 3		S 28° W 7; S 58° E 21; S 11° W 10; S 72° W 10
	q 1	o 44	Str. 25	SE 1		S 56° E 10; S 17° W 13; S 85° W 9
	u 1	g 8	W-c 5	S 2	22.5° C.	N 8; S 31° E 12; S 37° W 15
	Hydrometeore	Zustand der Luft	Cum. 118	SW 4		N 26° E 6; S 42° W 31
	h —	v —	Cum. st 21	W 28		N 36° E 10; S 51° W 7
	r —	w 2	Nimb. 24	NW 3		S 58° W 6
	s —	m 2		† See 2		S 62° W 10
	d —	f —		glatt —		S 62° W 12
36°—37° N. Br. 15°—20° W. L.	Summe d. Beobacht.: 223		210	61		
	Böen	Himmelsansicht	cirr. 20	N 23		N 15° E 12; E 10; S 26° W 16; N 22° W 8
	t —	b 15	cirr. c. 7	NE 5		S 47° E 11; S 28° W 11; N 22° W 9
	l 1	c 141	cirr. s 14	E 2		S 35° E 29; S 28° W 17; N 27° W 10
	q 2	o 50	Str. 16	SE —		S 2° E 28; S 32° W 11; N 22° W 11
	u —	g 8	W-c 1	S	22.3° C.	S 56° W 9
	Hydrometeore	Zustand der Luft	Cum. 116	SW —		S 59° W 8
	h —	v —	Cum. st 26	W 24		S 68° W 10
	r 3	w —	Nimb. 10	NW 5		S 73° W 11
	s —	m 3		† See 2		
	d —	f —		glatt —		
37°—38° N. Br. 15°—20° W. L.	Summe d. Beobacht.: 206		182	173		
	Böen	Himmelsansicht	cirr. 22	N 12		N 17; S 28° E 29; S 13; N 81° W 12
	t —	b 35	cirr. c 6	NE 6		N 62° E 10; S 13° E 9; S 2° W 20; N 81° W 33
	l —	c 114	cirr. s 6	E —		N 81° E 16; S 15° W 15; N 62° W 11
	q 5	o 43	Str. 7	SE —		S 56° W 37; N 64° W 11
	u —	g 5	W-c 2	S 5	22.6° C.	S 68° W 15; N 2° W 11
	Hydrometeore	Zustand der Luft	Cum. 112	SW —		S 84° W 22
	h —	v —	Cum. st 17	W 21		S 84° W 8
	r —	w 1	Nimb. 8	NW 6		
	s —	m 3		† See —		
	d —	f —		glatt —		
38°—39° N. Br. 15°—20° W. L.	Summe d. Beobacht.: 202		190	62		
	Böen	Himmelsansicht	cirr. 25	N 16		N 7; S 74° E 14; S 9° W 6; N 81° W 1
	t —	b 21	cirr. c 6	NE 7		N 36° E 11; S 6° E 43; S 30° W 11; N 70° W 12
	l —	c 113	cirr. s 7	E 2		S 41° W 15; S 30° W
	q 6	o 39	Str. 12	SE —		S 13° W 14
	u —	g 9	W-c 7	S 9	21.7° C.	S 43° W 17
	Hydrometeore	Zustand der Luft	Cum. 97	SW —		S 47° W 20
	h —	v —	Cum. st 19	W 19		S 63° W 10
	r —	w 5	Nimb. 17	NW 9		S 74° W 17
	s —	m —		† See —		
	d 6	f —		glatt —		
39°—40° N. Br. 15°—20° W. L.	Summe d. Beobacht.: 143		128	26		
	Böen	Himmelsansicht	cirr. 20	N 3		N 81° E 7; S 22° E 9; S 11° W 20; W
	t —	b 16	cirr. c 1	NE —		N 81° E 20; S 11° W 24; N 50° W 26
	l —	c 81	cirr. s 5	E 1		S 43° W 21
	q 2	o 35	Str. 5	SE —		S 50° W 22
	u —	g 4	W-c —	S 4	21.9° C.	S 56° W 6
	Hydrometeore	Zustand der Luft	Cum. 71	SW —		S 62° W 11
	h —	v —	Cum. st 16	W 11		S 68° W 9
	r 1	w —	Nimb. 10	NW 6		S 80° W 12
	s —	m 1		† See 1		
	d —	f 3		glatt —		

Bemerkungen

Ueber Wind.

Unter-□	Jahr	Tag		
57.	77.	24.	4ʰ M.	Der frische SW-Wind springt plötzlich in einer steifen Regenböe nach W und geht dann allmählich durch N in den NE-Passat über.
67.	77.	2.	4ʰ M.	Der frische NE-Wind wird, indem er nach E geht, flau und still. Nach kurzer Zeit kommt SW-Wind durch, der sich nach einigen Tagen durch W nach N dreht und in den NE-Passat übergeht.
75.	77.	28.	4ʰ M.	Der flaue NNW-Wind geht durch N und wird zum Passat.
77.	76.	29.	4ʰ M.	Der frische NE-Wind geht allmählich östlicher und steht bis in den Passat.
85.	78.	29.	12ʰ M.	Der frische NNW-Wind geht ohne Veränderung der Stärke (5–6) in den NE-Passat über.
97.	78.	8.	4ʰ M.	Der flaue E-Wind geht durch S nach W und wird unbeständig.

Sonstige Bemerkungen.

55.	77.	22.	8ʰ N.	Mehrere Delphine und Haifische.
57.	78.	31.	4ʰ M.	Schaaren von fliegenden Fischen ziehen nach N.
66.	78.	30.	12ʰ M.	Schwärme von Vögeln ziehen nach W.
67.	77.	2.	4ʰ M.	Um 1ʰ M. Nordlicht.
75.	77.	23.	12ʰ M.	Die hohe Dünung aus NW nimmt noch zu.
78.	78.	4.	12ʰ N.	Mehrere Sternschnuppen und ein Meteor im NW.
85.	77.	27.	8ʰ N.	Von 8ʰ—9ʰ N. mehrere Sternschnuppen vom Zenith nach E.
96.	78.	4.	4ʰ M.	Nachts mehrere Sternschnuppen. Delphine nach NW.

Höchster Barometerstand: **774.9** mm am 22. August 1868 in 38° n. Br. und 15° w. L. bei frischem NW-Winde und heiterem Himmel.

Niedrigster „ „ : **753.9** mm am 24. August 1877 in 36° n. Br. und 17° w. L. bei starkem WSW-Winde und wolkigem Himmel.

Höchste Lufttemperatur: **28.1**° Cels. am 11. August 1878 in 35° n. Br. und 18° w. L. bei flauem WSW-Winde und heiterem Himmel.

Niedrigste „ „ : **17.1**° Cels. am 22. August 1878 in 38° n. Br. und 17° w. L. bei mässigem NW-Winde und bedecktem Himmel.

Monat

Quadrat 110a. ………………………………

Position: Breite N	Position: Länge W	Windbeobachtungen: Anzahl der Beob.	Alle Winde, Variabeln und Stillen: N	NNE	NE	ENE	E	ESE	SE	SSE	S	SSW	SW	WSW	W	WNW	NW	NNW	Var.	Stillen	Stürme: N bis ENE	E bis SSE	S bis WSW	W bis NNW
30°—31°	10°—11°	—	—	—	—	—	—	—	—	—	—	—	—	—	—	—	—	—	—	—	—	—	—	—
	11°—12°	—	—	—	—	—	—	—	—	—	—	—	—	—	—	—	—	—	—	—	—	—	—	—
	12°—13°	—	—	—	—	—	—	—	—	—	—	—	—	—	—	—	—	—	—	—	—	—	—	—
	13°—14°	—	—	—	—	—	—	—	—	—	—	—	—	—	—	—	—	—	—	—	—	—	—	—
	14°—15°	—	—	—	—	—	—	—	—	—	—	—	—	—	—	—	—	—	—	—	—	—	—	—
31°—32°	10°—11°	—	—	—	—	—	—	—	—	—	—	—	—	—	—	—	—	—	—	—	—	—	—	—
	11°—12°	—	—	—	—	—	—	—	—	—	—	—	—	—	—	—	—	—	—	—	—	—	—	—
	12°—13°	—	—	—	—	—	—	—	—	—	—	—	—	—	—	—	—	—	—	—	—	—	—	—
	13°—14°	2	—	—	—	—	—	—	—	—	—	1	1	—	—	—	—	—	—	—	—	—	—	—
	14°—15°	—	—	—	—	—	—	—	—	—	—	—	—	—	—	—	—	—	—	—	—	—	—	—
32°—33°	10°—11°	—	—	—	—	—	—	—	—	—	—	—	—	—	—	—	—	—	—	—	—	—	—	—
	11°—12°	—	—	—	—	—	—	—	—	—	—	—	—	—	—	—	—	—	—	—	—	—	—	—
	12°—13°	—	—	—	—	—	—	—	—	—	—	—	—	—	—	—	—	—	—	—	—	—	—	—
	13°—14°	3	—	—	—	—	—	—	—	—	—	—	—	1	1	1	—	—	—	—	—	—	—	—
	14°—15°	6	—		2	—	—	—	—	—	—	—	1	—	1	2	—	—	—	—	—	—	—	—
33°—34°	10°—11°	—	—	—	—	—	—	—	—	—	—	—	—	—	—	—	—	—	—	—	—	—	—	—
	11°—12°	—	—	—	—	—	—	—	—	—	—	—	—	—	—	—	—	—	—	—	—	—	—	—
	12°—13°	—	—	—	—	—	—	—	—	—	—	—	—	—	—	—	—	—	—	—	—	—	—	—
	13°—14°	7	1	—	—		—	—	—	—	—	—	—	1	1	2	-	2	—	—	—	—	—	—
	14°—15°	5	1	—	—	—	—	1	—	—	—	1	—	—	1	—	—	1	—	—	—	—	—	—
34°—35°	10°—11°	—	—	—	—	—	—	—	—	—	—	—	—	—	—	—	—	—	—	—	—	—	—	—
	11°—12°	1	—	—	—	—	—	—	—	—	—	—	—	—	—	1	—	—	—	—	—	—	—	—
	12°—13°	4	—	—	—	—	—	—	—	—	—	—	—	—	1	1	2	—	—	—	—	—	—	—
	13°—14°	7	1	1	1	1	—	—	—	—	—	—	1	1	—	1	—	—	—	—	—	—	—	—
	14°—15°	9	—	4	—	2	—	—	—	—	—	—	—	—	—	1	2	—	—	—	—	—	—	—
Fünfgrad-Feld	Summen	44	3	5	3	3	—	1	—	—	—	2	3	3	5	9	4	3	—	—	—	—	—	—
	Mittlere Windstärke		3.7	3.2	3.0	5.0	—	3.0	—	—	—	4.5	3.7	3.3	3.4	3.9	3.5	3.7	—	—	—	—	—	—

Barometer 700mm+		Thermometer Cels. Gr. (Temperatur der Luft)					Relative Feuchtigkeit		Bedeckung des Himmels		Niederschläge				
Anzahl der Beob.	Mittel mm	Anzahl der Beob.	Rohes Mittel	Anzahl und Mittel 4h M.	4h N.	12h N.	Anzahl der Beob.	Prozente	Anzahl der Beob.	Mittel (0–10)	Anzahl der Beob.-wachen	Dauer in Stunden: Nebel	Regen	Schnee	Hagel
—	—	—	—	—	—	—	—	—	—	—	—	—	—	—	—
—	—	—	—	—	—	—	—	—	—	—	—	—	—	—	—
—	—	—	—	—	—	—	—	—	—	—	—	—	—	—	—
—	—	—	—	—	—	—	—	—	—	—	—	—	—	—	—
—	—	—	—	—	—	—	—	—	—	—	—	—	—	—	—
—	—	—	—	—	—	—	—	—	—	—	—	—	—	—	—
—	—	—	—	—	—	—	—	—	—	—	—	—	—	—	—
—	—	—	—	—	—	—	—	—	—	—	—	—	—	—	—
2	64.0	2	24.6	—	—	—	2	90.5	2	2.5	2	—	—	—	—
—	—	—	—	—	—	—	—	—	—	—	—	—	—	—	—
—	—	—	—	—	—	—	—	—	—	—	—	—	—	—	—
—	—	—	—	—	—	—	—	—	—	—	—	—	—	—	—
—	—	—	—	—	—	—	—	—	—	—	—	—	—	—	—
3	62.1	3	22.7	(2) 22.3	—	—	2	92.0	3	1.3	3	—	—	—	—
5	64.4	5	21.8	(1) 21.6	—	(1) 21.4	—	—	5	5.0	6	—	—	—	—
—	—	—	—	—	—	—	—	—	—	—	—	—	—	—	—
—	—	—	—	—	—	—	—	—	—	—	—	—	—	—	—
—	—	—	—	—	—	—	—	—	—	—	—	—	—	—	—
6	64.0	3	22.0	—	—	—	1	91.0	7	4.5	7	—	—	—	—
5	64.8	4	22.1	(1) 21.8	(2) 22.2	(1) 22.2	—	—	5	4.4	5	—	—	—	—
—	—	—	—	—	—	—	—	—	—	—	—	—	—	—	—
1	59.9	1	21.2	—	—	—	—	—	1	8.0	1	—	1.0	—	—
3	63.3	2	20.8	(2) 20.8	—	—	—	—	4	7.5	4	—	4.0	—	—
6	65.3	5	22.7	(1) 22.8	(1) 24.6	—	3	92.3	7	4.0	7	—	—	—	—
9	65.7	9	21.9	—	(1) 21.5	(2) 21.4	3	78.7	9	2.8	9	—	—	—	—
39	—	34	—	7	4	4	11	—	43	—	44	—	5.0	—	—
—	64.48	—	22.2	21.8	22.6	21.6	—	88.1	—	4.2	—	—	—	—	—

Position der Zone		Wetter nach Beaufort's Bezeichnung. (Häufigkeit.)		Häufigkeit der verschied. Wolkenformen	Häufigkeit von Seegang u. Dünung aus:	Mittel der Meeres-Temperatur	Bemerkungen über einzelne beobachtete Triftströmungen.
30°—31° N. Br.	10°—15° W. L.	Summe d. Beobacht.: —		—	—	— ° C.	
		Böen	Himmelsansicht	cirr. —	N —		
		t —	b —	cirr. c —	NE —		
		l —	c —	cirr. s —	E —		
		q —	o —	Str. —	SE —		
		s —	g —	W-c —	S —		
		Hydrometeore	Zustand der Luft	Cum. —	SW —		
		h —	v —	Cum. st —	W —		
		r —	w —	Nimb. —	NW —		
		s —	m —		†See —		
		d —	f —		glatt —		
31°—32° N. Br.	10°—15° W. L.	Summe d. Beobacht.: 2		3	2	23.6° C.	
		Böen	Himmelsansicht	cirr. 1	N —		
		t —	b —	cirr. c —	NE —		
		l —	c 2	cirr. s —	E —		
		q —	o —	Str. —	SE —		
		s —	g —	W-c —	S —		
		Hydrometeore	Zustand der Luft	Cum. 2	SW —		
		h —	v —	Cum. st —	W —		
		r —	w —	Nimb. —	NW 2		
		s —	m —		†See —		
		d —	f —		glatt —		
32°—33° N. Br.	10°—15° W. L.	Summe d. Beobacht.: 9		7	3	22.6° C.	
		Böen	Himmelsansicht	cirr. —	N —		
		t —	b 4	cirr. c —	NE —		
		l —	c 3	cirr. s —	E 1		
		q —	o 2	Str. —	SE —		
		s —	g —	W-c —	S —		
		Hydrometeore	Zustand der Luft	Cum. 7	SW —		
		h —	v —	Cum. st —	W —		
		r —	w —	Nimb. —	NW 2		
		s —	m —		†See —		
		d —	f —		glatt —		
33°—34° N. Br.	10°—15° W. L.	Summe d. Beobacht.: 12		11	1	22.7° C.	
		Böen	Himmelsansicht	cirr. —	N —		
		t —	b 1	cirr. c. —	NE —		
		l —	c 10	cirr. s —	E —		
		q —	o 1	Str. —	SE —		
		s —	g —	W-c —	S —		
		Hydrometeore	Zustand der Luft	Cum. 11	SW —		
		h —	v —	Cum. st —	W —		
		r —	w —	Nimb. —	NW 1		
		s —	m —		†See —		
		d —	f —		glatt —		
34°—35° N. Br.	10°—15° W. L.	Summe d. Beobacht.: 21		19	4	21.6° C.	
		Böen	Himmelsansicht	cirr. 1	N —		S 31° E 14 S 62° W 6 N 45° W 8
		t —	b 3	cirr. c —	NE —		
		l —	c 15	cirr. s —	E 1		
		q —	o 3	Str. 2	SE —		
		s —	g —	W-c —	S —		
		Hydrometeore	Zustand der Luft	Cum. 15	SW —		
		h —	v —	Cum. st 1	W —		
		r —	w —	Nimb. —	NW 3		
		s —	m —		†See —		
		d —	f —		glatt —		

Bemerkungen

Ueber Wind.

Unter-□	Jahr	Tag		
33.	71.	11.	8h N.	Der mässige NNW-Wind geht in den NE-Passat über.
34.	71.	28.	8h N.	Stürmischer SW-Wind mit Böen.
44.	69.	14.	12h M.	Der mässige NE-Wind steht mit derselben Stärke (3—4) bis in das Gebiet des NE-Passats.
44.	77.	29.	12h M.	Der böige NW-Wind wird sehr veränderlich und nach einigen Stunden vermittelst Drehung durch N zum NE-Passat.

Sonstige Bemerkungen.

33.	71.	11.	8h N.	Hohe Dünung aus NW.

Höchster Barometerstand: **768.0** mm am 10. September 1874 in 34° n. Br. und 14° w. L. bei frischem ENE-Winde und klarer Luft.

Niedrigster „ „ : **757.8** mm am 20. September 1868 in 34° n. Br. und 12° w. L. bei flauem WNW-Winde und bedecktem Himmel.

Höchste Lufttemperatur: **25.1** ° Cels. am 30. September 1876 in 31° n. Br. und 13° w. L. bei flauem SSW-Winde und halb bedecktem Himmel.

Niedrigste „ „ **20.8**° Cels. am 20. September 1868 in 34° n. Br. und 12° w. L. bei flauem WNW-Winde und bedecktem Himmel.

Position		Anzahl der Beob.	Windbeobachtungen															
			Alle Winde, Variabeln und Stillen															
Breite N	Länge W		N	NNE	NE	ENE	E	ESE	SE	SSE	S	SSW	SW	WSW	W	WNW	NW	NN
30°–31°	15°–16°	2	—	—	—	—	—	—	—	—	—	—	1	1	—	—	—	—
	16°–17°	5	1	—	—	—	—	—	—	—	—	—	—	—	2	1	1	—
	17°–18°	18	5	1	1	—	1	—	—	—	—	—	2	3	—	1	3	1
	18°–19°	43	3	4	4	2	5	2	1	—	—	—	1	1	—	2	8	3
	19°–20°	106	7	21	21	10	3	3	—	—	2	3	5	5	2	5	9	4
31°–32°	15°–16°	4	—	—	1	—	—	—	—	—	—	—	1	1	—	1	—	—
	16°–17°	30	1	4	6	2	1	—	—	—	1	1	2	2	3	2	1	—
	17°–18°	27	1	—	—	—	3	1	1	1	—	2	2	5	5	1	4	—
	18°–19°	90	10	15	15	3	5	—	—	1	—	—	4	3	6	12	8	3
	19°–20°	109	6	17	21	4	5	7	2	1	—	4	2	2	11	5	13	6
32°–33°	15°–16°	19	2	2	2	—	—	—	—	—	—	—	5	1	1	2	4	—
	16°–17°	18	1	2	—	2	—	1	—	—	—	—	1	2	—	—	2	1
	17°–18°	26	—	1	7	3	1	—	—	—	—	1	4	4	2	1	1	—
	18°–19°	103	4	13	26	6	2	3	1	—	—	—	6	8	9	13	9	2
	19°–20°	67	3	9	16	7	6	3	2	—	—	—	—	—	1	11	5	4
33°–34°	15°–16°	11	—	—	2	1	—	—	—	—	—	1	1	3	1	1	1	—
	16°–17°	10	2	-	1	1		—	—	—	—	2	—	—	—	—	3	1
	17°–18°	90	3	12	13	6	—	2	1	—	—	—	9	12	10	9	4	4
	18°–19°	92	1	13	20	8	1	2	4	—	—	2	7	7	7	11	5	4
	19°–20°	44	1	6	8	8	1	1	—	—	—	1	2	1	4	7	2	2
34°–35°	15°–16°	19	6	3	1	—	—	—	—	—	—		1	—	—	1	7	—
	16°–17°	50	4	8	9	1	—	3	1	1	1	4	6	2	3	—	1	3
	17°–18°	73	3	5	20	1	—	—	4	—	—	1	5	5	12	7	6	8
	18°–19°	77	3	18	15	4	3	2	—	—	—	4	3	7	6	4	4	2
	19°–20°	33	1	4	10	5	2	1	—	—	—	—	2	1	3	1	2	1
Fünfgrad-Feld	Summen	1166	68	158	210	74	39	31	17	4	4	26	72	76	88	98	103	44
	Mittlere Windstärke		2.7	4.2	3.6	3.9	2.9	4.1	3.4	2.8	2.2	3.4	4.0	3.5	2.9	2.8	2.8	2.5

2	23.6	—	[1] 24.0		—	—	2	5.0	2	—	—	—	—	2	23.4	—	—
5	25.3	—	[1] 25.6	[1] 24.4	—	—	5	5.0	5	—	2.0	—	—	—	—	—	—
15	23.1	[5] 23.0	—	[1] 23.5	3	92.0	18	3.2	18	—	—	—	—	14	23.4	1	1.0283
42	23.9	[9] 22.8	[5] 25.6	[6] 22.7	7	84.3	40	3.6	43	—	0.5	—	—	41	23.3	4	1.0271
102	24.0	[20] 22.9	[17] 24.7	[18] 23.5	21	75.1	102	3.5	107	—	—	—	—	90	24.3	2	1.0278
4	22.5	[2] 21.4	—	—	—	—	4	3.2	4	—	—	—	—	4	22.5	—	—
23	23.0	[4] 21.5	[2] 26.2	[5] 22.1	1	72.0	29	1.4	30	—	—	—	—	20	23.0	—	—
23	22.9	[4] 21.4	[5] 24.1	[4] 22.7	4	93.0	27	3.3	28	—	—	—	—	23	23.0	1	1.0269
88	23.4	[18] 22.6	[7] 25.1	[11] 22.6	18	78.8	82	4.0	90	—	5.5	—	—	86	23.7	4	1.0280
107	23.7	[17] 22.6	[18] 25.2	[9] 22.5	20	76.2	103	3.1	107	—	4.0	—	—	100	23.8	5	1.0273
14	23.1	[2] 21.8	[2] 25.3	[1] 22.5	1	63.0	19	2.0	19	—	—	—	—	16	23.1	—	—
18	23.2	[2] 21.6	[3] 24.0	[2] 22.6	11	83.7	18	1.9	18	—	—	—	—	12	21.2	1	1.0273
26	22.4	[5] 21.7	[5] 22.8	[4] 21.7	8	87.5	24	3.9	26	—	3.0	—	—	26	23.0	2	1.0279
101	23.0	[20] 22.0	[13] 24.0	[16] 22.1	18	80.5	94	4.0	104	—	5.0	—	—	95	23.3	8	1.0282
65	23.2	[11] 22.0	[10] 24.6	[8] 22.2	9	77.8	61	4.0	69	—	3.8	—	—	63	23.4	1	1.0285
11	21.9	[3] 21.1	[1] 24.0	[2] 21.2	4	79.0	11	3.5	11	—	—	—	—	11	22.8	—	—
10	22.4	[2] 21.4	[1] 21.5	[1] 22.4	1	88.0	9	4.4	10	—	—	—	—	8	21.5	—	—
90	22.6	[19] 22.2	[11] 23.2	[11] 22.2	18	85.1	77	3.9	91	—	12.0	—	—	85	22.7	6	1.0298
85	22.8	[20] 22.4	[11] 24.1	[12] 22.7	24	81.5	85	4.7	92	—	12.0	—	—	82	23.1	3	1.0287
42	22.1	[9] 21.6	[4] 22.7	[12] 21.7	7	77.6	40	5.3	44	—	6.5	—	—	44	22.5	1	1.0273
19	21.1	[4] 20.2	[3] 22.3	[2] 20.8	2	66.0	19	5.6	19	—	9.3	—	—	19	21.8	—	—
49	22.3	[10] 21.3	[7] 22.4	[7] 21.8	6	79.8	47	4.1	50	—	4.0	—	—	49	22.6	10	1.0297
71	22.8	[11] 21.8	[9] 24.1	[10] 22.0	22	80.1	67	4.3	73	—	3.5	—	—	61	22.9	3	1.0268
71	22.5	[10] 21.5	[13] 22.0	[8] 21.4	12	79.8	72	5.1	77	—	6.3	—	—	73	23.0	4	1.0277
31	22.4	[5] 21.3	[7] 23.3	[2] 19.8	9	83.2	81	4.6	83	—	0.5	—	—	27	22.7	4	1.0284
1114	—	[213] —	[150] —	[156] —	226	—	1086	—	1170	—	77.9	—	—	1060	—	60	—
—	22.1	22.1	24.1	22.3	—	80.4	—	3.9	—	—	—	—	—	—	23.2	—	1.0282

Position der Zone		Wetter nach Beaufort's Bezeichnung (Häufigkeit.)				Häufigkeit der verschied. Wolkenformen	Häufigkeit von Seegangs-Dünung aus:	Mittel der Meeres-Temperatur	Bemerkungen über einzelne beobachtete Triftströmungen.			
30°—31° N. Br.	15°—20° W. L.	Summe d. Beobacht.: 172				158	59					
		Böen		Himmelsansicht		cirr. 22	N 27		S 11° E 21		S 15	N 79° W 9
		t	—	b	87	cirr.c 6	NE 6				S 17° W 14	N 68° W 11
		l	—	o	118	cirr.s 3	E 6				S 21° W 13	N 31° W 6
		q	2	u	12	Str. 12	SE —				S 34° W 15	
		u	—	g	2	W-c 1	S —	24.0° C.			S 72° W 10	
		Hydrometeore		Zustand der Luft		Cum. 100	SW —				S 79° W 21	
		h	—	v	—	Cum.st 11	W 8					
		r	—	w	—	Nimb. 3	NW 5					
		s	—	m	1		† See 5					
		d	—	f	—		glatt —					
31°—32° N. Br.	15°—20° W. L.	Summe d. Beobacht.: 252				224	77					
		Böen		Himmelsansicht		cirr. 25	N 29		N 68° E 9	E 6	S 9° W 14	W 13
		t	—	b	69	cirr.c 7	NE 7		N 34° E 18	S 19° E 10	S 31° W 26	N 82° W 16
		l	—	c	155	cirr.s 10	E 12			S 17° E 9	S 17° W 15	N 53° W 17
		q	3	o	18	Str. 11	SE —				S 74° W 6	N 36° W 15
		u	—	g	2	W-c —	S —	23.0° C.			S 71° W 27	N 17° W 9
		Hydrometeore		Zustand der Luft		Cum. 161	SW —				S 75° W 8	N 67° W 13
		h	—	v	—	Cum.st 8	W 17					
		r	1	w	—	Nimb. 2	NW 7					
		s	—	m	4		† See 5					
		d	—	f	—		glatt —					
32°—33° N. Br.	15°—20° W. L.	Summe d. Beobacht.: 222				200	60					
		Böen		Himmelsansicht		cirr. 32	N 25		N 45° E 11	S 70° E 13	S 17	W 7
		t	—	b	40	cirr.c 8	NE 5			S 51° E 10	S 17° W 11	W 17
		l	—	c	142	cirr.s 5	E 6			S 15° E 7	S 20° W 11	
		q	8	o	28	Str. 12	SE 1			S 15° E 21	S 22° W 11	
		u	—	g	5	W-c —	S –	23.8° C.		S 11° E 14	S 22° W 7	
		Hydrometeore		Zustand der Luft		Cum. 132	SW 5			S 11° E 15	S 47° W 16	
		h	—	v	—	Cum.st 12	W 18			S 6° E 18	S 51° W 10	
		r	1	w	—	Nimb. 4	NW 1				S 56° W 17	
		s	—	m	2		† See 4				S 59° W 15	
		d	1	f	—		glatt —				S 80° W 23	
33°—34° N. Br.	15°—20° W. L.	Summe d. Beobacht.: 250				219	68					
		Böen		Himmelsansicht		cirr. 22	N 20		N 10	E 17	S 10° W 7	W 8
		t	—	b	20	cirr.c 2	NE 10		N 45° E 11		S 17° W 17	N 48° W 11
		l	3	c	155	cirr.s 7	E 4		N 68° E 15		S 36° W 12	
		q	14	o	41	Str. 12	SE —				S 39° W 20	
		u	2	g	5	W-c 3	S —	22.8° C.			S 68° W 9	
		Hydrometeore		Zustand der Luft		Cum. 136	SW 3					
		h	—	v	3	Cum.st 21	W 26					
		r	1	w	—	Nimb. 16	NW 1					
		s	—	m	6		† See 4					
		d	—	f	—		glatt —					
34°—35° N. Br.	15°—20° W. L.	Summe d. Beobacht.: 262				242	76					
		Böen		Himmelsansicht		cirr. 30	N 29		N 53° W 8	S 52° E 10	S 5° W 21	S 64° W 44
		t	—	b	21	cirr.c 4	NE 15				S 16° W 18	S 68° W 17
		l	—	c	178	cirr.s 10	E 5				S 17° W 11	
		q	9	o	41	Str. 14	SE —		N 6		S 22° W 8	
		u	1	g	6	W-c 3	S —	22.7° C.	N 31° E 8		S 28° W 18	
		Hydrometeore		Zustand der Luft		Cum. 152	SW —		N 58° E 6		S 45° W 13	
		h	—	v	—	Cum.st 21	W 15				S 51° W 20	
		r	8	w	1	Nimb. 8	NW 5				S 56° W 9	
		s	—	m	1		† See 7				S 58° W 24	
		d	1	f	—		glatt —				S 64° W 10	

Bemerkungen

Ueber Wind.

Unter-☐	Jahr	Tag		
09.	77.	12.	8^h M.	Stillen und leichte, veränderliche östliche Winde mit Regen halten 36 Stunden an, worauf regelmässiger Passat einsetzt.
19.	77.	23.	8^h M.	Der flaue WSW-Wind springt um 10^h M. in einer heftigen Regenböe, die bis Mittag anhält, nach NE, worauf mit steigendem Barometer der Himmel abklärt und beständiger NE-Passat einsetzt.
26.	77.	30.	12^h M.	Der Wind geht bei hohem Barometerstande (771.0 mm) von N nach W, dann aber gleich wieder nach N und NE zurück.
27.	77.	6.	4^h N.	Stürmischer SW-Wind mit heftigen Regenböen (8). Mit rasch steigendem Barometer geht der Wind um Mitternacht durch NW und N in den NE-Passat über und wird mässig.
27.	77.	28.	12^h M.	Der mässige SW-Wind geht mit steigendem Barometer in den nächsten 24 Stunden durch W und N in den NE-Passat über, der dann etwas mehr auffrischt.
28.	77.	28.	12^h M.	Der mässige SW-Wind dreht sich mit steigendem Barometer durch NW und N und wird nach 30 Stunden zum NE-Passat.
47.	78.	24.	4^h N.	Der frische NE-Wind steht mit derselben Stärke (5—6) bis in den NE-Passat hinein.
48.	78.	23.	12^h M.	Der veränderliche NE-Wind mit stürmischen Regenböen (6—7) wird zum Passat.

Sonstige Bemerkungen.

08.	77	29.	4^h N.	Hohe Dünung aus NW.
09.	77.	21.	4^h N.	Einzelne Boniten; Stromabkühlung.
09.	77.	29.	12^h N.	Sehr viele Sternschnuppen nach verschiedenen Richtungen.
19.	71.	17.	12^h M.	Hoher Seegang aus N. Schönes Wetter, sehr feuchte Luft, so dass um Mittag im Schatten alles stark bethaut ist.
19.	78	24.	4^h N.	Der erste fliegende Fisch.
29.	77.	22.	12^h M.	Die ersten fliegenden Fische.
29.	77.	24.	8^h N.	Hohe Dünung aus NE.
47.	77.	19.	4^h M.	Bei mässigem ENE-Winde ziehen die hohen Cir.-Wolken aus W.

Höchster Barometerstand: **770.4** mm am 16. September 1878 in 34° n. Br. und 16° w. L. bei frischem NE-Winde und bedeckter Luft.

Niedrigster „ „ : **755.5** mm am 6. September 1877 in 32° n. Br. und 18° w. L. bei SW-Sturm und halb bedecktem Himmel.

Höchste Lufttemperatur: **31.8**° Cels. am 11. September 1877 in 30° n. Br. und 19° w. L. bei flauem NE-Winde und klarem Himmel.

Niedrigste „ „ : **18.7**° Cels. am 30. September 1871 in 34° n. Br. und 15° w. L. bei flauem NW-Winde und ganz bedecktem Himmel.

Quadrat 110c. ....

Windbeobachtungen

Alle Winde, Variabeln und Stillen																	Stürme			
NNE	NE	ENE	E	ESE	SE	SSE	S	SSW	SW	WSW	W	WNW	NW	NNW	Var.	Stillen	N bis ENE	E bis SSE	S bis WSW	W bis NNW
—	—	—	—	—	—	—	—	—	—	—	—	—	—	2	—	—	—	—	—	—
—	—	—	—	—	—	—	—	—	—	1	2	2	2	—	—	—	—	—	—	—
2	1	—	—	—	—	—	—	—	—	4	1	1	—	—	—	—	—	—	—	—
4	6	—	—	—	—	—	—	—	—	—	1	2	—	—	—	—	—	—	—	—
2	4	1	—	—	—	—	—	—	1	1	—	4	—	—	—	—	—	—	—	—
—	—	—	—	—	—	—	—	—	—	—	2	2	1	1	—	—	—	—	—	—
4	—	—	—	—	—	—	—	—	—	—	2	5	1	1	—	—	—	—	—	—
3	—	—	—	—	—	—	—	—	—	—	2	11	1	—	—	—	—	—	—	—
5	1	—	—	—	—	—	—	2	2	2	—	1	—	—	—	1	—	—	2	—
2	3	—	—	—	—	—	—	—	—	4	8	2	1	1	—	—	—	—	—	1
—	—	—	—	—	—	—	—	—	—	2	1	2	1	1	—	—	—	—	—	—
4	2	—	—	—	—	—	—	—	—	1	1	4	1	3	—	1	—	—	—	—
2	1	—	—	—	—	—	1	—	—	1	1	1	4	1	1	4	—	—	—	—
—	3	—	—	—	—	—	—	—	1	1	—	1	—	—	—	2	—	—	—	—
14	8	—	—	—	—	—	—	1	1	6	5	4	4	2	—	3	—	—	—	2
—	—	—	—	—	—	—	—	—	—	2	5	1	—	—	2	—	—	—	—	—
—	—	—	—	—	—	—	—	—	—	8	2	2	—	—	—	—	—	—	—	—
1	—	—	3	—	3	—	2	2	5	6	—	—	—	—	1	1	—	—	—	—
7	1	—	1	—	—	1	4	8	—	1	1	—	1	2	—	—	—	—	5	—
11	2	—	—	—	—	—	2	2	9	6	9	6	5	1	—	—	—	—	3	3
1	—	1	—	—	1	—	1	—	3	4	—	2	—	—	—	—	—	—	—	—
—	—	—	—	—	—	—	—	2	3	2	4	—	1	—	—	3	—	—	1	—
1	1	—	—	—	—	—	1	—	2	3	—	—	2	—	—	3	—	—	1	—
5	3	—	—	—	—	—	—	8	2	2	1	2	4	5	—	—	—	—	—	—
6	2	—	—	—	—	—	2	—	4	4	2	7	7	1	—	—	—	—	—	—
74	**33**	**2**	**4**	—	**4**	**1**	**13**	**15**	**33**	**50**	**45**	**62**	**34**	**21**	**4**	**18**	—	—	**12**	[illegible]
3.9	4.1	4.5	2.8	—	3.0	5.0	6.0	5.6	4.8	4.3	4.6	3.4	3.0	2.6	2.3	0	—	—	8.0	8.

Barometer 700 mm + Anzahl der Beob.	Barometer Mittel mm	Thermometer Cels. Gr. (Temperatur der Luft) Anzahl der Beob.	Rohes Mittel	Anzahl und Mittel 4h M.	4h N.	12h N.	Relative Feuchtigkeit Anzahl der Beob.	Prozente	Bedeckung des Himmels Anzahl der Beob.	Mittel (0—10)	Niederschläge Anzahl der Beob.-wachen	Dauer in Stunden Nebel	Regen	Schnee	Hagel	Meeresoberfläche Temperatur Anzahl der Beob.	Grade Celsius	Spezif. Gewicht Anzahl der Beob.	Mittel d. Aräom.-angaben
3	60.7	3	20.6	(1) 20.4	—	(1) 20.4	—	—	—	—	3	—	—	—	—	3	22.8	—	—
6	60.1	6	21.8	(1) 20.0	(1) 24.1	(1) 21.1	—	—	5	6.2	8	—	6.0	—	—	6	22.4	—	—
10	64.7	7	22.1	(2) 21.8	—	(1) 21.2	3	90.3	10	4.0	10	—	—	—	—	7	21.2	—	—
13	65.7	12	22.2	(4) 21.6	(1) 23.1	(1) 22.5	4	95.0	13	5.9	13	—	5.5	—	—	12	21.5	1	1.0274
14	64.5	14	21.4	(2) 21.4	(3) 21.3	(1) 21.1	—	—	14	6.6	14	—	9.0	—	—	14	21.7	—	—
10	61.8	10	21.9	(2) 20.4	(2) 22.8	(1) 20.6	—	—	10	2.6	10	—	—	—	—	10	21.9	—	—
14	63.4	11	21.1	(2) 20.7	(1) 22.2	(2) 20.8	2	91.5	15	4.9	15	—	—	—	—	11	20.5	—	—
15	64.9	17	22.8	(2) 21.9	(5) 23.4	(3) 23.1	4	92.0	17	3.8	17	2.0	—	—	—	17	21.9	1	1.0273
13	65.3	14	21.2	(4) 21.0	—	(3) 20.4	—	—	13	5.5	14	4.0	2.5	—	—	14	21.2	3	1.0270
15	64.4	16	21.2	(4) 20.5	(2) 22.6	(2) 20.3	1	74.0	15	4.4	18	—	—	—	—	16	21.5	1	1.0280
8	60.3	7	21.1	(2) 19.8	(1) 22.4	—	—	—	9	4.1	9	—	—	—	—	7	21.6	—	—
18	63.2	18	21.7	(3) 20.3	(2) 22.4	(2) 19.7	—	—	14	3.6	20	—	4.5	—	—	18	21.6	—	—
24	64.5	23	22.5	(6) 21.9	(3) 23.7	(2) 20.5	6	93.8	15	3.0	24	—	1.0	—	—	23	22.4	3	1.0275
7	63.5	7	23.0	—	(1) 24.9	—	—	—	4	4.0	8	—	—	—	—	7	22.3	1	1.0280
40	63.4	45	20.9	(8) 20.2	(5) 22.6	(5) 20.1	7	80.6	43	6.7	45	—	3.5	—	—	43	20.8	—	—
8	59.7	3	20.7	(1) 20.0	—	—	—	—	10	5.4	10	—	1.5	—	—	3	21.2	1	1.0270
8	62.3	8	21.8	(1) 22.6	(1) 21.9	(1) 21.2	—	—	8	3.8	8	—	—	—	—	8	21.2	2	1.0282
25	62.7	23	21.6	(4) 21.8	(3) 21.9	(3) 21.5	—	—	19	3.9	27	—	6.0	—	—	25	21.5	3	1.0278
24	61.2	25	20.2	(6) 19.6	(3) 19.6	(3) 19.4	5	76.8	24	6.2	25	—	2.0	—	—	25	20.8	—	—
49	62.4	50	20.7	(10) 20.4	(8) 21.1	(8) 20.1	7	80.9	54	5.5	55	—	20.0	—	—	49	21.0	—	—
12	58.2	8	20.8	(2) 20.0	(1) 21.9	(1) 21.0	—	—	13	4.8	13	—	1.5	—	—	8	20.2	—	—
16	60.8	14	21.7	(5) 20.8	—	(1) 21.2	—	—	15	3.8	16	—	0.5	—	—	14	20.4	4	1.0276
16	63.2	16	22.0	(3) 21.1	(4) 22.5	(1) 21.1	4	83.5	12	4.1	16	0.5	1.0	—	—	16	21.1	—	—
28	64.6	28	20.0	(6) 19.0	(3) 21.6	(5) 19.2	5	85.2	29	5.2	30	—	4.0	—	—	28	20.6	1	1.0265
19	64.7	33	20.6	(7) 20.1	(3) 21.7	(3) 19.9	1	78.0	32	5.4	35	—	5.5	—	—	28	20.6	1	1.0276
415	—	420	—	(88) —	(51) —	(51) —	49	—	413	—	463	6.5	74.0	—	—	412	—	22	—
—	63.28	—	21.3	20.7	22.1	20.5	—	84.0	—	5.0	—	—	—	—	—	—	21.2	—	1.0276

Position der Zone		Wetter nach Beaufort's Bezeichnung. (Häufigkeit)		Häufigkeit der verschied. Wolkenformen	Häufigkeit von Dünung aus:	Mittel der Meeres-Temperatur	Bemerkungen über einzelne beobachtete Triftströmungen.
35°—36° N. Br.	10°—15° W. L.	Summe d. Beobacht.: 46		48	4	21.1° C.	
		Böen	Himmelsansicht	cirr. 4	N —		N 86° W 12
		t —	b 3	cirr.c —	NE —		N 56° W 12
		l —	c 26	cirr.s —	E 1		
		q —	o 13	Str. 8	SE —		
		u —	g —	W-c —	S —		
		Hydrometeore	Zustand der Luft	Cum. 26	SW —		
		h —	v 2	Cum. st 5	W —		
		r 1	w —	Nimb. 5	NW 2		
		s —	m 1		†See —		
		d —	f —		glatt 1		
36°—37° N. Br.	10°—15° W. L.	Summe d. Beobacht.: 74		72	21	21.4° C.	
		Böen	Himmelsansicht	cirr. 4	N 6		S 45° E 20 S 22° W 15
		t —	b 6	cirr.c —	NE 9		S 16° E 9 S 42° W 11
		l —	c 58	cirr.s —	E 1		S 34° W 10
		q 1	o 6	Str. 5	SE —		S 56° W 6
		u —	g 2	W-c —	S —		
		Hydrometeore	Zustand der Luft	Cum. 54	SW —		
		h —	v —	Cum. st 6	W —		
		r —	w —	Nimb. 8	NW 5		
		s —	m —		†See —		
		d —	f 1		glatt —		
37°—38° N. Br.	10°—15° W. L.	Summe d. Beobacht.: 86		121	39	21.6° C.	
		Böen	Himmelsansicht	cirr. 19	N 2		N 12 S 45° E 10 S 19° W 12
		t —	b 6	cirr.c —	NE 20		S 22° E 12 S 22° W 19
		l —	c 62	cirr.s 12	E 2		S 34° W 25
		q 1	o 17	Str. 4	SE —		S 79° W 11
		u —	g —	W-c 1	S —		
		Hydrometeore	Zustand der Luft	Cum. 70	SW —		
		h —	v —	Cum. st 10	W 3		
		r —	w —	Nimb. 5	NW 12		
		s —	m —		†See —		
		d —	f —		glatt —		
38°—39° N. Br.	10°—15° W. L.	Summe d. Beobacht.: 122		107	37	21.0° C.	
		Böen	Himmelsansicht	cirr. 9	N 7		N 34° E 10 S 67° E 14 S 14° W 13
		t —	b 6	cirr.c 1	NE 8		N 45° E 7 S 69° E 7 S 22° W 7
		l 2	c 76	cirr.s 4	E 4		S 34° E 22 S 67° W 10
		q 1	o 32	Str. 8	SE —		S 6° E 12
		u —	g —	W-c 4	S —		S 3° E 30
		Hydrometeore	Zustand der Luft	Cum. 73	SW 1		
		h —	v —	Cum. st 2	W 8		
		r 1	w —	Nimb. 6	NW 7		
		s —	m 2		†See 7		
		d 1	f 1		glatt —		
39°—40° N. Br.	10°—13° W. L.	Summe d. Beobacht.: 110		104	24	20.8° C.	
		Böen	Himmelsansicht	cirr. 11	N 8		N 85° E 9 S 61° E 18 S 8° W 10
		t —	b 8	cirr.c 1	NE 4		S 45° E 8 S 11° W 10
		l —	c 73	cirr.s 4	E 3		S 22° W 11
		q 2	o 19	Str. 8	SE —		S 40° W 13
		u —	g 2	W-c 2	S —		S 53° W 9
		Hydrometeore	Zustand der Luft	Cum. 55	SW 1		
		h —	v —	Cum. st 15	W —		
		r 1	w —	Nimb. 8	NW 5		
		s —	m 2		†See 3		
		d 1	f 2		glatt —		

Bemerkungen

Ueber Wind.

Unter-☐	Jahr	Tag		
61.	71	9.	12ʰ N.	Bei flauem WNW-Winde lauft eine hohe NW-Dünung.
62.	69.	12.	8ʰ N.	Bei mehrere Tage anhaltendem flauem W- und NW-Winde lauft beständig eine hohe Dünung aus NW.
71.	70.	7.	12ʰ N.	Langanhaltende westliche Winde, wobei beständig eine hohe nördliche Dünung läuft, die auch, nachdem der Wind auf NE und später auf E gegangen ist und nur leicht weht, noch für mehrere Tage anhält.
74.	71.	30.	4ʰ N.	Steife SW- und W-Winde gehen später auf NE und flauen ab; beständig hohe NW-Dünung.

Sonstige Bemerkungen.

74.	71.	30.	8ʰ M	Eine Schildkröte und die ersten fliegenden Fische. Die vorherrschende NW-Dünung wird fast von allen Beobachtern wahrgenommen.

Höchster Barometerstand: **773.1** mm am 16. September 1874 in 39° n. Br. und 13° w. L. bei mässigem NNE-Winde und bewölkter Luft.

Niedrigster „ „ : **751.0** mm am 20. September 1877 in 39° n. Br. und 11° w. L. bei frischem SSW-Winde und klarem Himmel.

Höchste Lufttemperatur: **25.2°** Cels. am 3. September 1874 in 36° n. Br. und 12° w. L. bei flauem W-Winde und klarer Luft.

Niedrigste „ „ **17.8°** Cels. am 16. September 1874 in 39° n. Br. und 13° w. L. bei mässigem NNE-Winde und halb bewölkter Luft.

Quadrat 110d.

Position Breite N	Position Länge W	Anzahl der Beob.	N	NNE	NE	ENE	E	ESE	SE	SSE	S	SSW	SW	WSW	W	WNW	NW	NNW	Var.	Stillen	Stürme N bis ENE	Stürme E bis SSE	Stürme S bis WSW
			Windbeobachtungen – Alle Winde, Variabeln und Stillen																				
35°—36°	15°—16°	31	2	2	6	—	—	—	—	—	—	—	7	2	3	4	4	—	—	1	—	—	1
	16°—17°	39	1	7	12	2	1	1	—	—	—	1	—	1	3	5	4	1	—	—	—	—	—
	17°—18°	66	3	19	14	5	1	—	—	—	1	3	3	1	8	3	2	2	1	—	—	—	—
	18°—19°	67	3	23	11	3	1	1	1	—	1	4	—	4	6	2	5	1	—	1	—	—	—
	19°—20°	30	4	9	8	—	—	—	—	1	1	4	1	2	—	—	—	—	—	—	—	—	—
36°—37°	15°—16°	45	4	3	2	—	—	—	—	—	1	3	13	8	3	2	4	2	—	—	—	—	—
	16°—17°	54	2	17	7	—	2	—	—	—	3	8	4	2	3	1	1	4	—	—	—	—	—
	17°—18°	91	5	20	15	3	3	—	4	—	4	3	3	10	8	3	2	10	—	—	—	—	7
	18°—19°	49	6	19	5	4	—	—	1	1	2	8	1	7	2	1	1	1	—	1	—	—	—
	19°—20°	28	2	8	7	—	1	2	4	—	—	1	—	—	1	—	2	—	—	—	—	—	—
37°—38°	15°—16°	46	1	7	8	2	1	1	1	1	2	5	4	2	2	—	3	2	4	—	—	—	1
	16°—17°	76	4	21	8	4	—	—	—	—	7	7	9	2	1	1	8	4	—	—	—	—	6
	17°—18°	101	6	14	12	1	2	3	—	—	5	15	11	14	4	5	5	4	—	—	—	—	4
	18°—19°	42	2	5	5	4	—	1	—	1	2	1	5	1	—	1	2	9	2	1	—	—	2
	19°—20°	18	5	4	1	1	—	1	—	—	—	—	—	—	—	1	4	1	—	—	—	—	—
38°—39°	15°—16°	38	5	6	2	1	—	—	—	—	—	2	4	1	—	8	4	1	—	4	—	—	1
	16°—17°	76	7	17	12	6	—	4	—	—	1	1	4	4	3	7	5	4	—	1	—	—	—
	17°—18°	62	11	8	6	—	1	2	8	2	1	3	3	—	2	5	6	7	1	1	—	—	—
	18°—19°	39	11	2	6	1	—	—	—	—	1	2	1	2	3	4	8	3	—	—	—	—	—
	19°—20°	17	1	5	6	—	—	—	—	—	—	1	—	—	—	—	2	2	—	—	—	—	—
39°—40°	15°—16°	65	5	14	9	2	—	—	—	2	1	2	5	1	2	14	8	—	—	—	1	—	—
	16°—17°	89	6	9	12	1	—	4	—	1	1	2	8	10	1	9	18	6	—	1	1	—	—
	17°—18°	31	6	8	3	—	—	1	—	—	—	—	—	—	2	5	2	4	—	—	—	—	—
	18°—19°	20	5	1	2	1	2	—	—	—	—	—	—	—	1	3	4	—	1	—	—	—	—
	19°—20°	10	1	4	1	1	1	—	—	—	—	—	—	—	1	—	—	—	1	—	—	—	—
Fünfgrad-Feld	Summen	1230	**106**	**241**	**185**	42	16	21	14	9	34	71	86	**74**	**59**	**84**	**99**	**68**	10	11	2	—	**22**
	Mittlere Windstärke		3.4	3.7	4.2	3.2	4.8	4.0	3.4	3.2	5.4	4.6	4.2	4.0	3.8	3.9	3.9	3.2	1.9	0	8.0	—	8.8

September.

Barometer 700mm +		Thermometer Cels. Gr. (Temperatur der Luft)					Relative Feuchtigkeit		Bedeckung des Himmels		Niederschläge					Meeresoberfläche			
				Anzahl und Mittel								Dauer in Stunden				Temperatur		Spezif. Gewicht	
Anzahl der Beob.	Mittel mm	Anzahl der Beob.	Rohes Mittel	4h M.	4h N.	12h N.	Anzahl der Beob.	Prozente	Anzahl der Beob.	Mittel (0—10)	Anzahl der Beobachtungen	Nebel	Regen	Schnee	Hagel	Anzahl der Beob.	Grade Celsius	Anzahl der Beob.	Mittel d. Aräom.-angaben
25	68.0	29	21.6	7 21.0	5 21.6	2 20.7	6	88.8	30	5.4	32	—	5.0	—	—	29	21.8	3	1.0269
32	64.9	36	21.8	10 20.9	4 22.8	5 21.8	9	83.9	39	4.3	39	—	3.0	—	—	33	22.1	1	1.0299
49	66.0	64	22.2	10 21.5	10 22.8	8 21.7	17	88.1	62	4.9	59	—	6.5	—	—	58	22.6	—	—
52	66.2	67	21.7	12 21.2	8 22.3	9 21.5	12	79.3	59	4.9	68	—	7.3	—	—	61	22.4	—	—
35	66.5	30	21.9	8 21.3	4 23.0	4 21.4	6	83.5	25	5.4	30	—	2.0	—	—	29	22.1	4	1.0274
39	62.8	42	21.8	5 20.6	5 22.4	6 20.5	9	83.2	42	4.0	45	—	8.0	—	—	39	21.7	1	1.0295
42	63.3	51	21.8	10 21.6	7 22.9	10 21.2	11	88.7	51	3.7	54	—	10.0	—	—	45	21.8	3	1.0292
68	63.4	89	21.6	16 20.6	18 22.7	15 20.6	18	79.9	84	4.3	91	—	6.0	—	—	88	22.1	3	1.0272
37	66.2	48	21.6	11 21.1	4 22.8	8 21.0	9	79.8	47	4.1	49	—	0.5	—	—	43	21.9	3	1.0278
29	68.1	28	20.9	3 20.2	1 20.6	3 19.6	5	88.0	27	4.6	28	—	2.0	—	—	25	21.7	1	1.0283
39	63.5	36	20.8	10 20.3	5 21.1	4 20.0	3	78.0	45	5.7	47	—	15.5	—	—	34	21.5	1	1.0273
76	64.8	75	21.4	13 20.2	13 22.5	8 20.5	23	76.3	71	5.0	77	—	3.8	—	—	71	21.2	1	1.0289
70	65.5	87	21.2	15 20.5	12 21.7	12 20.7	16	78.9	96	4.4	104	—	9.5	—	—	97	21.6	6	1.0285
28	65.6	41	21.2	7 20.6	5 21.7	5 21.6	1	80.0	42	5.1	42	—	7.0	—	—	39	22.1	3	1.0281
15	66.4	17	20.1	3 19.6	2 20.8	4 19.9	6	86.2	18	5.2	18	—	—	—	—	18	21.3	—	—
83	62.3	37	20.4	8 20.0	3 20.8	6 20.0	4	77.0	38	6.1	40	—	6.0	—	—	35	21.0	—	—
63	65.6	74	20.0	14 19.5	10 20.6	16 19.8	19	80.3	67	5.3	76	—	6.8	—	—	70	21.0	3	1.0281
55	66.2	63	20.9	11 20.5	7 21.4	9 20.3	16	87.1	61	5.0	65	—	4.0	—	—	63	21.2	4	1.0269
28	66.3	37	20.6	7 19.7	6 21.7	8 19.8	9	86.6	39	5.7	39	—	3.5	—	—	33	21.2	2	1.0292
17	66.0	17	20.5	—	5 20.9	1 20.0	5	77.6	17	6.4	17	—	0.5	—	—	17	20.9	1	1.0267
51	64.9	59	20.2	5 19.6	15 20.7	9 19.3	12	78.2	61	5.7	66	—	11.0	—	—	51	20.6	4	1.0288
78	63.6	88	20.2	18 19.8	14 20.9	12 19.2	25	81.8	81	5.1	90	—	5.2	—	—	88	20.7	7	1.0285
27	67.4	30	19.8	2 18.3	5 20.7	3 18.7	11	83.5	31	5.9	31	—	0.5	—	—	30	20.5	1	1.0280
17	65.1	20	20.2	5 19.6	4 20.7	3 19.6	5	80.8	20	5.6	20	—	12.5	—	—	16	20.6	—	—
10	66.8	10	19.5	1 21.0	1 18.9	1 20.1	3	76.7	10	6.3	10	—	3.0	—	—	9	20.2	—	—
956	—	1170	—	217	176	171	260	—	1163	—	1232	—	139.1	—	—	1121	—	52	—
—	64.86	—	21.0	20.5	21.7	20.4	—	81.7	—	5.0	—	—	—	—	—	—	21.5	—	1.0280

Monat

Quadrat 110d. ....

Position der Zone	Wetter nach Beaufort's Bezeichnung. (Häufigkeit)				Häufigkeit der verschied. Wolkenformen	Häufigkeit von Seegang u. Dünung aus:	Mittel der Meeres-Temperatur	Bemerkungen über einzelne beobachtete Triftströmungen.			
35°—36° N. Br. 15°—20° W. L.	Summe d. Beobacht.: 235				216	78	22.3° C.				
	Böen		Himmelsansicht		cirr. 28	N 7		N 11° E 8	E 10	S 22° W 8	N 79° W 12
	t	1	b	13	cirr.c. 1	NE 48		N 26° E 15	S 56° E 9	S 45° W 9	N 77° W 17
	l	2	c	162	cirr.s 5	E 6		N 45° E 8	S 40° E 9	S 45° W 13	N 54° W 8
	q	6	o	40	Str. 20	SE 1			S 40° E 17	S 58° W 26	
	u	—	g	8	W-c 4	S —			S 34° E 16	S 84° W 13	
	Hydrometeore		Zustand der Luft		Cum. 128	SW —			S 22° E 13		
	h	—	v	—	Cum.st 24	W 11			S 14° E 9		
	r	1	w	—	Nimb. 6	NW 5					
	s	—	m	1		†See —					
	d	5	f	—		glatt —					
36°—37° N. Br. 15°—20° W. L.	Summe d. Beobacht.: 280				254	71	21.7° C.				
	Böen		Himmelsansicht		cirr. 34	N 23		N 10	S 61° E 7	S 8	N 64° W 8
	t	2	b	83	cirr.c. 5	NE 30		S 52° E 10	S 39° E 9	S 52° W 8	
	l	7	c	169	cirr.s 9	E 4			S 11° E 30	S 53° W 13	
	q	9	o	45	Str. 21	SE —				S 60° W 6	
	u	1	g	6	W-c 6	S —				S 67° W 10	
	Hydrometeore		Zustand der Luft		Cum. 136	SW 2				S 77° W 31	
	h	—	v	—	Cum.st 30	W 6				S 77° W 9	
	r	6	w	—	Nimb. 13	NW 9				S 84° W 12	
	s	—	m	2		†See 7					
	d	—	f	—		glatt —					
37°—38° N. Br. 15°—20° W. L.	Summe d. Beobacht.: 291				264	88	21.8° C.				
	Böen		Himmelsansicht		cirr. 34	N 14			S 22° E 11	S 11° W 7	N 85° W 7
	t	2	b	20	cirr.c 17	NE 30			S 20° E 9	S 16° W 13	N 53° W 15
	l	7	c	193	cirr.s 4	E 3				S 17° W 28	
	q	8	o	51	Str. 11	SE —				S 60° W 16	
	u	—	g	6	W-c 5	S —				S 65° W 7	
	Hydrometeore		Zustand der Luft		Cum. 149	SW 6					
	h	—	v	2	Cum.st 19	W 9					
	r	2	w	—	Nimb. 25	NW 21					
	s	—	m	4		†See 3					
	d	1	f	—		glatt —					
38°—39° N. Br. 15°—20° W. L.	Summe d. Beobacht.: 245				204	91	21.1° C.				
	Böen		Himmelsansicht		cirr. 22	N 25			S 79° E 9	S 8° W 11	
	t	—	b	8	cirr.c 4	NE 25			S 45° E 16	S 42° W 21	
	l	1	c	185	cirr.s 8	E 1			S 16° E 11	S 46° W 22	
	q	8	o	61	Str. 8	SE 5				S 51° W 8	
	u	—	g	12	W-c 1	S —				S 64° W 17	
	Hydrometeore		Zustand der Luft		Cum. 135	SW 1				S 72° W 16	
	h	—	v	—	Cum.st 12	W 9					
	r	1	w	—	Nimb. 14	NW 22					
	s	—	m	10		†See 3					
	d	9	f	—		glatt —					
39°—40° N. Br. 15°—20° W. L.	Summe d. Beobacht.: 217				190	94	20.8° C.				
	Böen		Himmelsansicht		cirr. 23	N 28		N 30° E 35	S 72° E 9	S 8	W [illegible]
	t	—	b	10	cirr.c 6	NE 23		N 30° E 13	S 56° E 15	S 22° W 19	N 82° W [illegible]
	l	—	c	118	cirr.s 10	E 5		N 68° W 8	S 31° E 11	S 28° W 10	N 81° W 20
	q	9	o	50	Str. 9	SE —		S 81° E 9	S 19° E 16	S 45° W 6	N 81° W 8
	u	—	g	17	W-c 1	S —		N 84° E 20		S 51° W 16	N 28° W 13
	Hydrometeore		Zustand der Luft		Cum. 108	SW 3				S 59° W 28	N 19° W 6
	h	—	v	—	Cum.st 20	W 17				S 61° W 17	N 3° W 23
	r	6	w	—	Nimb. 21	NW 15				S 61° W 11	
	s	—	m	7		†See 3				S 75° W 12	
	d	—	f	—		glatt —					

Bemerkungen

Ueber Wind.

Unter-□ Jahr Tag

55. 77. 28. 4^h M. Bei leichtem südlichem Winde, feinem Regen und leichten Böen zieht die obere Wolkenschicht aus NW. Der Wind frischt Nachmittags auf und geht um 10^h N., bei Wetterleuchten im NE, schnell nach W und später nach NW.

65. 77. 6. 8^h N. Der leichte SW-Wind geht bei Regen und dicht bedeckter Luft Mittags auf E und später bei starkem Gewitter und strömendem Regen auf N und NNW.

77. 77. 7. 8^h N. Bei starkem NW-Winde kommen um 6^h N. Wolken aus SW schnell herauf, doch verändert sich der Wind nicht weiter als bis W.

85. 78. 22. 8^h N. Mässiger N-Wind geht bei bewölkter Luft allmählich in den Passat über.

89. 78. 10. 8^h M. Ganz flaue umlaufende Winde von NE bis WSW halten für mehrere Tage an, bei bedeckter Luft und lebhafter Wolkenbewegung aus SSE.

98. 77. 10. 5^h N. Der frische Wind springt nach einer Regenböe von SW auf WNW und NW und geht bei abnehmender Stärke am folgenden Tage auf NE und E.

99. 69. 2. 8^h M. Der leichte N-Wind geht auf NE und bleibt mit nur kurzer Unterbrechung als Passat stehen.

Sonstige Bemerkungen.

77. 68. 22. 8^h M. Stromkabbelungen.

77. 78. 21. 12^h M. Eine langer anhaltende nördliche Dünung nimmt hier ab.

Höchster Barometerstand: **770.8** mm am 9. September 1875 auf 39° n. Br. und 17° w. L. bei mässigem NNE-Winde und ganz bedeckter Luft.

Niedrigster " " : **752.7** mm am 20. September 1877 auf 39° n. Br. und 18° w. L. bei steifem WNW-Winde und bewölkter Luft.

Höchste Lufttemperatur: **26.0°** Cels. am 6. September 1878 auf 35° n. Br. und 17° w. L. bei flauem E-Winde und klarer Luft.

Niedrigste " " : **15.2°** Cels. am 23. September 1874 auf 39° n. Br. und 16° w. L. bei stürmischem N-Winde und Regen.

Quadrat 110a.

Position		Anzahl der Beob.	Windbeobachtungen																					
			Alle Winde, Variabeln und Stillen																		Stürme			
Breite N	Länge W		N	NNE	NE	ENE	E	ESE	SE	SSE	S	SSW	SW	WSW	W	WNW	NW	NNW	Var.	Stille	N bis ENE	E bis SSE	S bis WSW	W bis N
30°—31°	10°—11°	—	—	—	—	—	—	—	—	—	—	—	—	—	—	—	—	—	—	—	—	—	—
	11°—12°	—	—	—	—	—	—	—	—	—	—	—	—	—	—	—	—	—	—	—	—	—	—	—
	12°—13°	—	—	—	—	—	—	—	—	—	—	—	—	—	—	—	—	—	—	—	—	—	—	—
	13°—14°	—	—	—	—	—	—	—	—	—	—	—	—	—	—	—	—	—	—	—	—	—	—	—
	14°—15°	1	—	—	—	—	—	—	—	—	—	—	—	—	—	1	—	—	—	—	—	—	—	—
31°—32°	10°—11°	—	—	—	—	—	—	—	—	—	—	—	—	—	—	—	—	—	—	—	—	—	—	—
	11°—12°	—	—	—	—	—	—	—	—	—	—	—	—	—	—	—	—	—	—	—	—	—	—	—
	12°—13°	—	—	—	—	—	—	—	—	—	—	—	—	—	—	—	—	—	—	—	—	—	—	—
	13°—14°	7	—	2	2	1	—	—	—	—	—	—	—	—	—	—	2	—	—	—	—	—	—	—
	14°—15°	11	—	1	4	1	—	—	—	—	—	—	—	2	—	—	2	1	—	—	—	—	—	—
32°—33°	10°—11°	—	—	—	—	—	—	—	—	—	—	—	—	—	—	—	—	—	—	—	—	—	—	—
	11°—12°	5	—	—	—	—	—	—	—	—	—	—	1	3	1	—	—	—	—	—	—	—	—	—
	12°—13°	13	2	—	—	—	—	—	—	—	—	1	2	1	—	4	1	2	—	—	—	—	—	—
	13°—14°	9	1	—	1	—	—	—	—	—	—	—	—	1	—	1	2	3	—	—	—	—	—	—
	14°—15°	12	2	—	—	—	—	—	—	—	—	—	4	5	1	—	—	—	—	—	—	—	—	—
33°—34°	10°—11°	—	—	—	—	—	—	—	—	—	—	—	—	—	—	—	—	—	—	—	—	—	—	—
	11°—12°	8	1	—	—	—	—	—	—	—	—	—	—	5	1	—	—	1	—	—	1	—	—	—
	12°—13°	6	1	—	—	—	—	—	—	—	—	1	—	—	1	1	—	2	—	—	—	—	—	—
	13°—14°	15	4	—	—	—	—	—	—	—	—	—	1	—	—	4	6	—	—	—	—	—	—	—
	14°—15°	5	1	1	—	1	—	—	—	—	—	1	—	—	—	—	1	—	—	—	—	—	—	—
34°—35°	10°—11°	9	—	—	—	—	—	—	—	—	—	2	—	1	4	1	1	—	—	—	—	—	—	—
	11°—12°	14	1	—	—	—	—	—	—	—	—	2	2	2	3	1	1	2	—	—	—	—	—	—
	12°—13°	8	—	—	—	—	—	—	—	—	—	3	1	—	—	—	4	—	—	—	—	—	—	—
	13°—14°	7	1	1	1	—	—	—	—	—	2	1	1	—	—	—	—	—	—	—	—	—	—	—
	14°—15°	20	2	1	—	—	—	—	—	1	3	1	1	1	1	2	1	—	6	—	—	—	—	—
Fünfgrad-Feld	Summen	150	16	6	8	3	—	—	—	1	5	12	13	21	12	15	21	11	6	—	1	—	—	
	Mittlere Windstärke		5.8	3.7	3.4	3.3	—	—	—	2.0	4.2	4.6	4.8	3.5	4.7	3.8	4.5	4.6	1.7	—	8.0	—	—	

Barometer 700mm +		Thermometer Cels. Gr. (Temperatur der Luft)					Relative Feuchtigkeit		Bedeckung des Himmels		Niederschläge					Meeresoberfläche			
				Anzahl und Mittel								Dauer in Stunden				Temperatur		Spezif. Gewicht	
Anzahl der Beob.	Mittel mm	Anzahl der Beob.	Rohes Mittel	4h M.	4h N.	12h N.	Anzahl der Beob.	Prozente	Anzahl der Beob.	Mittel (0–10)	Anzahl der Beob.-achtungen	Nebel	Regen	Schnee	Hagel	Anzahl der Beob.	Grade Celsius	Anzahl der Beob.	Mittel d. Aräom.-angaben
—	—	—	—	—	—	—	—	—	—	—	—	—	—	—	—	—	—	—	—
—	—	—	—	—	—	—	—	—	—	—	—	—	—	—	—	—	—	—	—
—	—	—	—	—	—	—	—	—	—	—	—	—	—	—	—	—	—	—	—
—	—	—	—	—	—	—	—	—	—	—	—	—	—	—	—	—	—	—	—
5	66.6	5	22.8	—	[1] 23.8	[1] 21.9	2	88.0	4	3.5	5	—	—	—	—	5	21.2	3	1.0272
—	—	—	—	—	—	—	—	—	—	—	—	—	—	—	—	—	—	—	—
—	—	—	—	—	—	—	—	—	—	—	—	—	—	—	—	—	—	—	—
—	—	—	—	—	—	—	—	—	—	—	—	—	—	—	—	—	—	—	—
8	65.5	7	22.3	—	[2] 22.6	[1] 22.1	1	74.0	8	6.6	8	—	—	—	—	8	22.4	1	1.0272
13	64.9	11	21.8	[1] 21.5	[2] 22.4	[2] 20.8	3	72.7	13	6.3	13	—	—	—	—	13	22.3	1	1.0271
—	—	—	—	—	—	—	—	—	—	—	—	—	—	—	—	—	—	—	—
5	61.6	4	20.7	[2] 20.4	—	[1] 20.9	2	91.5	5	5.2	5	—	0.5	—	—	5	21.6	—	—
13	62.8	8	22.2	[1] 21.5	[1] 24.7	[1] 21.4	2	82.5	13	5.6	13	—	1.0	—	—	13	22.1	—	—
11	65.9	10	21.5	[3] 21.2	[1] 23.0	[1] 21.8	1	99.0	13	5.8	11	—	0.5	—	—	11	21.9	3	1.0278
13	62.1	13	21.0	[4] 21.6	[1] 23.7	[2] 22.6	11	92.1	6	5.8	13	—	0.8	—	—	13	22.3	—	—
—	—	—	—	—	—	—	—	—	—	—	—	—	—	—	—	—	—	—	—
8	62.9	8	20.9	[1] 19.4	[2] 21.6	[1] 21.1	2	68.0	7	5.3	8	—	—	—	—	8	21.8	—	—
7	60.6	6	19.2	[1] 17.0	[2] 19.7	—	2	71.0	7	4.0	7	—	1.0	—	—	7	21.4	3	1.0282
18	58.8	17	19.1	[2] 17.7	[3] 19.0	[3] 17.9	12	81.8	18	5.3	18	—	7.0	—	—	18	21.6	13	1.0276
5	64.7	5	20.8	—	[1] 21.0	[1] 21.2	1	94.0	3	6.3	5	—	0.5	—	—	5	21.1	1	1.0280
9	58.9	9	20.8	[1] 20.3	[2] 21.5	[1] 20.3	—	—	9	7.2	9	—	—	—	—	9	21.7	—	—
14	60.4	14	20.1	[3] 19.9	[2] 20.0	[3] 19.9	6	80.3	14	6.9	14	—	2.5	—	—	14	21.5	5	1.0288
10	61.2	10	20.4	—	[1] 22.6	[3] 19.4	4	83.8	10	5.6	10	—	1.5	—	—	10	21.2	4	1.0281
8	64.1	6	20.9	[2] 20.6	[1] 22.6	[2] 20.6	1	65.0	7	6.4	8	—	—	—	—	8	21.4	—	—
20	64.1	19	21.1	[3] 20.1	[2] 22.3	[2] 20.4	—	—	18	5.8	20	—	4.5	—	—	20	21.5	4	1.0270
167	—	152	—	24	24	25	50	—	155	—	167	—	19.8	—	—	167	—	38	—
—	62.50	—	20.9	20.3	21.6	20.5	—	84.3	—	5.8	—	—	—	—	—	—	21.7	—	1.0281

Position der Zone		Wetter nach Beaufort's Bezeichnung. (Häufigkeit.)			Häufigkeit		Mittel der Meeres-Temperatur	Bemerkungen über einzelne beobachtete Triftströmungen.
					der verschied. Wolkenformen	von Seegang u. Dünung aus:		
30°—31° N. Br.	10°—15° W. L.	Summe d. Beobacht.: 7			8	4	21.9° C.	
		Böen		Himmelsansicht	cirr. —	N —		
		t —		b —	cirr. c 2	NE 4		
		l —		c 5	cirr. s 2	E —		
		q —		o 2	Str. —	SE —		
		u —		g —	W-c —	S —		
		Hydrometeore		Zustand der Luft	Cum. 2	SW —		
		h —		v —	Cum. st —	W —		
		r —		w —	Nimb. 2	NW —		
		s —		m —		† See —		
		d —		f —		glatt —		
31°—32° N. Br.	10°—15° W. L.	Summe d. Beobacht.: 23			25	11	22.3° C.	S 51° W 16
		Böen		Himmelsansicht	cirr. 1	N 1		
		t —		b —	cirr. c 2	NE 3		
		l —		c 13	cirr. s 1	E —		
		q 1		o 7	Str. 2	SE —		
		u —		g 1	W-c —	S —		
		Hydrometeore		Zustand der Luft	Cum. 5	SW 2		
		h —		v —	Cum. st 14	W 1		
		r —		w —	Nimb. —	NW 4		
		s —		m 1		† See —		
		d —		f —		glatt —		

Bemerkungen

Ueber Wind.

Unter-□	Jahr	Tag		
22.	78.	28.	4ʰ M.	Nach beständigen, aber leichten westlichen Winden und meist bedecktem Himmel springt der Wind in einer Regenböe nach N und später NE und bleibt mit geringer Unterbrechung als Passat stehen.
23.	75.	25.	12ʰ N.	Andauernde leichte westliche Winde gehen allmählich ohne wesentliche Veränderung der Stärke vermittelst Drehung durch N in den NE-Passat über.
24.	78.	18.	12ʰ M.	Mässige und flatternde westliche Winde halten für längere Zeit mit einzelnen stärkeren Böen (6) und häufigem Regen an, worauf ein beständiger frischer WSW-Wind folgt

Sonstige Bemerkungen.

23.	75.	25.	12ʰ N.	Hohe NW-Dünung hält mehrere Tage an und legt sich erst am 28. auf 29° n. Br. und 19° w. L.
32.	77.	31.	8ʰ N.	Anhaltend hohe NW-Dünung.

Höchster Barometerstand: **770.2** mm am 25. Oktober 1875 auf 32° n. Br. und 13° w. L. bei leichtem N-Winde und bedeckter Luft.

Niedrigster „ „ : **752.5** mm am 31. Oktober 1871 auf 33° n. Br. und 13° w. L. bei mässigem N-Winde, bedeckter Luft und Regen.

Höchste Lufttemperatur: **24.7**° Cels. am 24. Oktober 1875 auf 32° n. Br. und 12° w. L. bei leichtem W-Winde und klarer, mässig bewölkter Luft.

Niedrigste „ „ : **16.4**° Cels. am 31. Oktober 1871 auf 33° n. Br. und 13° w. L. bei frischem WNW-Winde, bewölkter Luft und Regen.

Quadrat 110b.

Windbeobachtungen

Alle Winde, Variabeln und Still

N	NNE	NE	ENE	E	ESE	SE	SSE	S	SSW	SW	WSW	W	WNW	NW
1	—	—	—	—	—	—	—	—	—	—	1	—	5	1
2	1	4	1	—	—	—	—	—	—	—	—	—	2	2
4	1	8	4	1	1	—	—	1	4	3	3	—	3	—
3	5	10	3	1	—	—	—	—	—	1	—	2	3	2
2	12	6	1	7	1	—	—	—	—	2	—	1	3	2
2	—	2	—	—	—	—	—	—	—	—	1	3	1	3
3	2	5	1	1	—	—	—	—	—	2	1	—	3	2
1	3	4	—	—	—	—	—	—	1	3	1	—	—	1
4	11	10	6	2	1	1	1	—	—	4	2	6	1	1
1	11	9	3	6	1	5	2	—	1	5	4	1	1	2
2	4	—	—	—	—	—	—	1	1	4	—	2	—	2
—	4	—	2	—	—	—	—	—	—	4	1	1	1	—
5	2	6	2	1	2	1	1	1	—	—	2	4	2	—
8	11	14	2	4	2	5	3	—	—	4	1	6	3	1
—	8	5	2	4	3	4	5	4	1	—	4	2	4	2
1	4	—	—	—	—	—	—	1	3	2	—	1	—	—
8	3	7	1	—	—	—	2	2	3	2	3	3	3	5
8	4	5	5	2	2	3	2	6	7	8	2	6	5	6
6	10	9	4	2	5	3	1	1	3	6	2	4	2	2
4	10	6	3	4	—	1	3	—	1	2	2	—	4	8
3	—	—	—	—	—	—	2	1	1	1	1	2	3	7
2	2	5	1	—	—	—	—	2	4	3	2	7	3	2
1	7	6	4	3	5	—	—	—	1	5	3	4	2	6
3	11	10	—	5	1	1	—	—	—	1	1	1	3	1
11	14	8	12	2	4	—	1	3	1	1	2	2	3	2
85	**140**	**130**	**57**	45	28	24	23	23	32	63	39	**58**	**60**	**55**
3.7	4.4	4.3	4.1	4.0	3.1	3.4	3.5	3.1	3.5	4.1	5.3	3.8	3.7	3.5

Barometer 700mm+		Thermometer Cels. Gr. (Temperatur der Luft)					Relative Feuchtigkeit		Bedeckung des Himmels		Niederschläge					Meeresoberfläche			
				Anzahl und Mittel								Dauer in Stunden				Temperatur		Spezif. Gewicht	
Anzahl der Beob.	Mittel mm	Anzahl der Beob.	Rohes Mittel	4h M.	4h N.	12h N.	Anzahl der Beob.	Prozente	Anzahl der Beob.	Mittel (0–10)	Anzahl der Beob.-wachen	Nebel	Regen	Schnee	Hagel	Anzahl der Beob.	Grade Celsius	Anzahl der Beob.	Mittel d. Aräom.-angaben
9	65.1	8	21.6	(2) 21.4	(1) 22.3	(2) 21.0	7	93.1	2	4.0	9	—	—	—	—	9	22.2	—	—
15	66.1	10	22.1	(1) 21.4	(2) 22.0	—	7	80.3	9	4.2	15	—	—	—	—	12	22.2	—	—
27	64.9	35	22.6	(5) 21.6	(7) 23.1	(4) 22.8	3	88.3	33	4.5	35	—	2.0	—	—	33	22.9	4	1.0276
25	65.4	28	21.9	(7) 21.3	(1) 23.3	(5) 21.7	5	80.4	25	4.7	31	—	4.5	—	—	27	22.8	—	—
37	65.2	35	21.9	(7) 20.9	(4) 22.1	(3) 22.3	11	82.3	36	5.7	39	—	6.5	—	—	34	22.6	3	1.0275
13	64.7	11	21.6	(2) 21.0	(2) 23.0	(1) 19.8	4	84.8	9	6.1	13	—	0.5	—	—	11	22.2	1	1.0280
24	65.0	24	21.8	(3) 21.4	(4) 22.2	(1) 21.5	3	87.7	21	3.4	24	—	0.5	—	—	23	22.3	1	1.0277
15	65.8	17	22.4	(5) 22.2	—	(1) 21.9	3	72.0	16	4.3	17	—	2.5	—	—	17	22.0	—	—
43	65.6	44	22.0	(7) 21.0	(7) 23.0	(3) 21.9	9	89.9	42	4.6	50	—	4.5	—	—	40	22.6	—	—
45	65.1	55	21.6	(8) 20.6	(8) 22.5	(7) 20.8	8	81.9	51	5.2	56	—	10.0	—	—	50	22.3	4	1.0270
17	62.2	17	21.4	(5) 21.0	(2) 21.2	(1) 18.9	8	93.4	13	5.1	17	—	4.5	—	—	17	22.2	4	1.0279
16	66.0	16	23.1	(3) 22.1	(1) 27.8	(3) 22.0	1	88.0	14	1.8	16	—	0.5	—	—	16	22.6	—	—
32	64.6	31	21.9	(8) 21.2	(4) 22.6	(4) 22.0	8	88.9	29	5.6	34	5.0	7.5	—	—	30	22.3	—	—
59	65.6	58	21.6	(13) 20.8	(6) 23.7	(7) 20.8	5	66.8	63	4.1	68	—	2.5	—	—	53	22.3	10	1.0275
50	62.6	53	21.8	(12) 21.4	(8) 22.6	(8) 20.9	14	79.6	53	4.8	54	—	7.5	—	—	49	22.2	2	1.0276
13	63.1	13	21.1	(1) 22.1	(3) 20.5	(3) 21.0	2	88.0	9	5.2	13	—	4.0	—	—	13	21.9	—	—
46	63.7	45	21.7	(7) 20.6	(7) 23.1	(7) 21.3	7	95.9	41	5.1	48	—	15.0	—	—	41	22.1	1	1.0260
72	63.7	67	21.7	(11) 20.6	(9) 23.3	(4) 21.0	8	89.9	69	4.2	77	—	9.0	—	—	62	22.0	7	1.0277
57	63.5	59	21.5	(9) 20.9	(9) 21.9	(8) 21.4	16	83.2	61	5.0	63	—	11.0	—	—	56	22.0	5	1.0270
45	63.9	51	21.3	(10) 20.4	(8) 21.1	(5) 20.9	20	80.9	52	5.8	52	—	11.8	—	—	44	22.1	2	1.0273
23	63.4	21	20.6	(5) 20.2	(3) 21.3	(1) 20.5	3	86.7	16	6.2	24	—	3.0	—	—	19	21.5	—	—
34	63.4	31	20.8	(7) 19.9	(4) 22.2	(3) 19.8	6	84.5	31	5.5	34	—	9.5	—	—	23	21.5	6	1.0272
43	63.5	45	20.8	(9) 20.3	(4) 22.7	(6) 20.0	—	—	48	5.8	50	—	9.5	—	—	45	21.4	—	—
34	65.6	36	20.5	(5) 19.5	(7) 20.5	(2) 20.4	—	—	38	5.5	38	—	6.5	—	—	32	21.5	4	1.0263
66	65.6	68	20.4	(15) 20.0	(6) 22.0	(14) 19.9	16	78.8	72	5.7	75	—	20.8	—	—	66	21.2	2	1.0278
860	—	878	—	170 —	117 —	106 —	176	—	863	—	952	5.0	153.6	—	—	822	—	56	—
—	64.40	—	21.5	20.8	22.4	21.0	—	84.5	—	5.0	—	—	—	—	—	—	22.1	—	1.0271

Quadrat 110b. ....

Position der Zone		Wetter nach Beaufort's Bezeichnung. (Häufigkeit.)				Häufigkeit der verschied. Wolkenformen	Häufigkeit von vergangn. Dünung aus:	Mittel der Meeres-Temperatur	Bemerkungen über einzelne beobachtete Triftströmungen.			
30°—31° N. Br.	15°—20° W. L.	Summe d. Beobacht.:	119			122	57		N 10° E 7	S 71° E 17	S 3° W 10	S 34° W 9
		Böen		Himmelsansicht		cirr. 15	N 10			S 52° E 9	S 50° W 13	
		t	—	b	7	cirr.c 1	NE 6				S 61° W 10	
		l	—	c	76	cirr.s 2	E 3					
		q	4	o	26	Str. 16	SE —					
		u	1	g	4	W-c 10	S —	22.7° C.				
		Hydrometeore		Zustand der Luft		Cum. 63	SW 1					
		h	—	v	—	Cum.st 6	W 11					
		r	—	w	—	Nimb. 9	NW 26					
		s	—	m	1		†See —					
		d	—	f	—		glatt —					
31°—32° N. Br.	15°—20° W. L.	Summe d. Beobacht.:	159			139	53		N 39° E 18	S 64° E 11	S 16	W 6
		Böen		Himmelsansicht		cirr. 14	N 2			S 27° E 23	S 16° W 18	W 8
		t	1	b	14	cirr.c 2	NE 10				S 22° W 9	N 86° W 28
		l	1	c	108	cirr.s 3	E 6				S 59° W 22	N 86° W 6
		q	4	o	27	Str. 11	SE —				S 80° W 6	N 28° W 15
		u	—	g	2	W-c 2	S —	22.5° C.				
		Hydrometeore		Zustand der Luft		Cum. 83	SW 1					
		h	—	v	1	Cum.st 11	W 15					
		r	1	w	—	Nimb. 13	NW 9					
		s	—	m	—		†See —					
		d	—	f	—		glatt —					
32°—33° N. Br.	15°—20° W. L.	Summe d. Beobacht.:	196			164	52		N 65° E 8	E 7	S 12	N 87° W 13
		Böen		Himmelsansicht		cirr. 22	N 6		N 67° E 8	S 20° E 14	S 25° W 20	N 75° W 21
		t	1	b	26	cirr.c 3	NE 8				S 54° W 7	N 45° W 8
		l	3	c	115	cirr.s 4	E —					
		q	9	o	24	Str. 6	SE —					
		u	2	g	4	W-c 3	S —	22.3° C.				
		Hydrometeore		Zustand der Luft		Cum. 103	SW 4					
		h	5	v	—	Cum.st 11	W 7					
		r	6	w	—	Nimb. 12	NW 27					
		s	—	m	—		†See —					
		d	1	f	—		glatt —					
33°—34° N. Br.	15°—20° W. L.	Summe d. Beobacht.:	261			223	84		N 16° E 13	E 6	S 9° W 11	
		Böen		Himmelsansicht		cirr. 37	N 4		N 87° E 15	S 33° E 12	S 19° W 12	
		t	3	b	20	cirr.c 11	NE 8			S 26° E 8	S 25° W 14	
		l	9	c	151	cirr.s 2	E 7			S 46° E 17	S 30° W 14	
		q	12	o	51	Str. 9	SE —				S 30° W 11	
		u	5	g	1	W-c 3	S —	22.1° C.			S 47° W 8	
		Hydrometeore		Zustand der Luft		Cum. 117	SW 2					
		h	—	v	—	Cum.st 21	W 15					
		r	6	w	—	Nimb. 23	NW 48					
		s	—	m	1		†See —					
		d	2	f	—		glatt —					
34°—35° N. Br.	15°—20° W. L.	Summe d. Beobacht.:	230			213	67		N 8° E 8	S 85° E 16	S 6° W 26	W 30
		Böen		Himmelsansicht		cirr. 24	N —		N 10° E 20	S 85° E 6	S 25° W 35	W 10
		t	—	b	8	cirr.c 9	NE 8		N 63° E 14	S 50° E 12	S 30° W 10	
		l	2	c	136	cirr.s 4	E —		N 59° E 6	S 2° E 53	S 41° W 10	
		q	10	o	58	Str. 7	SE —				S 51° W 6	
		u	—	g	10	W-c 4	S —	21.4° C.			S 53° W 18	
		Hydrometeore		Zustand der Luft		Cum. 129	SW 3				S 58° W 14	
		h	—	v	—	Cum.st 16	W 6				S 63° W 28	
		r	4	w	—	Nimb. 20	NW 47					
		s	—	m	1		†See 3					
		d	1	f	—		glatt —					

Bemerkungen

Ueber Wind.

Unter-□	Jahr	Tag		
15.	78.	20.	12^h M	Lebhafter SW-Wind geht um 4^h N. in einer heftigen Böe mit anhaltendem Regenschauer auf SW, dreht sich jedoch bald darauf nach W zurück, und nimmt bei klarer Luft und trockenem, nur durch einige Regenschauer unterbrochenem Wetter allmählich ab.
19.	77	11.	4^h N.	Der Wind (Stärke 4) springt plötzlich von NE auf SE, wird flauer und geht nach 24 Stunden nach S, SW und W.
38.	71.	9.	8^h N.	Leichte, zwischen SW und SE umlaufende Winde halten mehrere Tage bei fast unbewölkter Luft an. Nach 24 Stunden anhaltender Windstille setzt mit einer aus NW aufkommenden heftigen Böe der Passat ein
38.	78.	10.	12^h N.	Der beständige frische E-Wind steht ohne Unterbrechung in den Passat hinüber
39.	77.	26.	4^h N.	Flaue Winde, vorherrschend N und NE, abwechselnd mit Windstillen, halten fast 6 Tage an. Dann setzt allmählich auffrischend der Passat ein.

Sonstige Bemerkungen.

In diesem Fünfgradfelde haben fast sämmtliche Beobachter eine vorherrschende NW-Dünung wahrgenommen.

Höchster Barometerstand; **773.8** mm am 26. Oktober 1868 in 35° n. Br. und 19° w. L. bei mässigem NE-Winde und klarer Luft.

Niedrigster „ „ ; **747.4** mm am 31. Oktober 1876 in 33° n. Br. und 19° w. L. bei frischem SW-Winde, bewölkter Luft und Regen.

Höchste Lufttemperatur; **27.6°** Cels. am 11. Oktober 1871 in 32° n. Br. und 17° w. L. bei Windstille und klarer Luft.

Niedrigste „ „ ; **17.8°** Cels. am 26. Oktober 1872 in 32° n. Br. und 20° w. L. bei lebhaftem WSW-Winde, halb bedeckter Luft und böigem Wetter.

Position		Windbeobachtungen																
		Anzahl der Beob.	Alle Winde, Variabeln und Stillen															
reite N	Länge W		N	NNE	NE	ENE	E	ESE	SE	SSE	S	SSW	SW	WSW	W	WNW	NW	NNW
35°—36°	10°—11°	4	2	—	—	—	—	—	—	—	—	—	—	—	—	—	2	—
	11°—12°	10	—	—	—	—	—	—	—	—	—	2	1	3	1	—	3	—
	12°—13°	10	—	—	—	—	—	—	—	—	—	1	1	3	1	—	2	1
	13°—14°	4	2	—	—	—	—	—	—	—	—	—	1	—	—	—	1	—
	14°—15°	26	—	1	—	—	—	—	—	—	1	2	2	4	5	2	5	3
36°—37°	10°—11°	3	—	—	—	—	—	—	—	—	—	—	—	1	2	—	—	—
	11°—12°	4	—	—	—	—	—	—	—	—	—	—	—	1	—	1	1	1
	12°—13°	12	2	—	—	—	—	—	—	—	—	—	1	2	—	—	—	5
	13°—14°	6	—	—	—	—	—	—	—	—	—	—	2	—	1	—	—	3
	14°—15°	37	—	—	2	—	—	1	—	—	3	4	6	7	3	5	2	—
37°—38°	10°—11°	12	1	1	—	—	—	—	—	—	1	—	4	1	1	1	1	1
	11°—12°	5	—	2	—	—	—	—	—	—	—	—	2	—	—	—	—	1
	12°—13°	8	—	—	—	—	—	—	—	2	—	—	3	2	1	—	—	—
	13°—14°	25	—	1	2	—	—	—	—	1	—		5	5	5	2	1	3
	14°—15°	50	—	1	3	—	1	1	—	3	1	2	9	8	6	2	3	4
38°—39°	10°—11°	4	—	—	—	—	—	—	2	—	1	—	1	—	—	—	—	—
	11°—12°	11	—	—	—	—	—	—	—	2	—	—	8	1	—	—	—	—
	12°—13°	13	—	—	—	—	—	—		—	—	5	5	—	2	—	1	—
	13°—14°	42	3	4	1	—	—	—	—	—	1	2	5	6	6	1	3	7
	14°—15°	50	3	3	2	—	1	—	—	—	1	3	6	8	8	6	4	1
39°—40°	10°—11°	—	—	—	—	—	—	—	—	—	—	—	—	—	—	—	—	—
	11°—12°	13	—	—	—	—	3	1	1	—	1	1	1	2	1	—	2	—
	12°—13°	36	3	—	1	—	1	—	—	—	2	2	1	5	6	3	6	2
	13°—14°	45	2	1	1	—	—	—	—	—	7	3	4	7	9	3	2	4
	14°—15°	52	3	5	7	—	2	2	—	—	4	3	7	5	3	1	3	5
Fünfgrad-Feld	Summen	482	21	19	19	—	8	5	3	8	**23**	**30**	**73**	**71**	**61**	**27**	**42**	**41**
	Mittlere Windstärke		4.2	3.8	3.8	—	3.0	2.6	3.0	5.3	3.5	3.8	3.6	3.6	3.4	4.3	4.7	5.4

Oktober.

Barometer 700mm+		Thermometer Cels. Gr. (Temperatur der Luft)					Relative Feuchtigkeit		Bedeckung des Himmels		Niederschläge					Meeresoberfläche			
				Anzahl und Mittel								Dauer in Stunden				Temperatur		Spezif. Gewicht	
Anzahl der Beob.	Mittel mm	Anzahl der Beob.	Rohes Mittel	4h M.	4h N.	12h N.	Anzahl der Beob.	Procente	Anzahl der Beob.	Mittel (0–10)	Anzahl der Beobachtungen	Nebel	Regen	Schnee	Hagel	Anzahl der Beob.	Grade Celsius	Anzahl der Beob.	Mittel d. Aräom.-angaben
4	63.3	4	19.4	(1) 18.1	(1) 20.8	—	4	62.8	4	3.5	4	—	—	—	—	4	20.5	4	1.0286
10	59.8	10	20.4	(1) 20.2	(1) 20.3	(1) 20.6	1	70.0	10	6.2	10	—	5.0	—	—	10	21.2	6	1.0280
13	61.2	12	20.4	(3) 20.7	—	(2) 21.4	5	85.6	12	6.5	13	—	2.5	—	—	11	20.6	1	1.0264
4	65.5	4	20.2	(1) 20.6	(1) 19.6	—	—	—	1	10.0	4	—	0.5	—	—	3	20.4	—	—
26	64.4	22	21.1	(5) 20.2	(2) 21.9	(2) 19.8	1	88.0	28	5.4	26	—	2.0	—	—	23	21.1	6	1.0266
8	57.4	8	18.0	(1) 17.4	—	(1) 18.0	—	—	8	5.0	3	—	—	—	—	3	20.2	—	—
4	62.6	4	18.3	—	—	(1) 17.0	—	—	3	4.3	4	—	—	—	—	3	21.0	2	1.0271
13	64.5	8	20.1	(2) 19.0	(1) 20.8	—	1	88.0	9	5.1	13	—	1.5	—	—	9	20.5	1	1.0272
6	59.7	6	18.9	—	—	(3) 18.6	—	—	5	7.0	6	—	1.0	—	—	5	18.5	1	1.0281
36	62.1	35	20.5	(7) 20.0	(6) 21.4	(3) 20.9	2	73.0	35	5.8	37	—	16.5	—	—	35	21.0	3	1.0268
12	59.9	12	19.2	(3) 18.5	(3) 19.3	(2) 19.3	—	—	10	6.2	12	—	3.0	—	—	9	20.8	1	1.0262
7	66.1	7	22.3	—	(1) 25.5	—	2	64.5	4	8.2	7	—	—	—	—	4	22.2	—	—
8	59.2	6	20.4	(1) 19.1	(1) 21.5	—	—	—	8	7.8	8	—	0.5	—	—	8	20.8	1	1.0273
25	60.2	24	20.0	(3) 18.3	(4) 20.6	(2) 17.8	1	84.0	24	4.7	25	—	1.5	—	—	25	20.2	4	1.0278
48	61.6	46	19.9	(10) 19.2	(6) 20.5	(7) 19.9	4	83.8	47	5.5	51	—	8.5	—	—	42	20.3	3	1.0261
4	57.9	4	18.4	—	(1) 18.9	(1) 17.1	—	—	4	7.0	4	—	4.0	—	—	4	19.8	—	—
13	61.3	13	19.7	(3) 19.5	(1) 16.8	(3) 20.1	2	88.5	13	5.9	13	—	1.0	—	—	13	20.7	—	—
15	58.3	11	20.0	(2) 17.6	(2) 20.6	(3) 19.8	—	—	13	6.9	18	—	1.5	—	—	13	19.6	—	—
39	63.8	41	18.8	(14) 18.7	(3) 19.4	(3) 19.6	2	78.0	40	6.1	42	—	12.5	—	—	40	19.2	—	—
48	63.4	42	19.6	(12) 18.3	(4) 21.0	(1) 20.0	1	74.0	47	5.0	50	—	9.0	—	—	41	20.0	3	1.0267
—	—	—	—	—	—	—	—	—	—	—	—	—	—	—	—	—	—	—	—
14	59.7	10	17.0	(3) 17.7	—	(1) 15.2	5	80.2	14	4.4	14	—	4.5	—	—	14	18.9	—	—
35	61.9	34	18.6	(3) 18.3	(6) 19.0	(4) 17.2	—	—	33	6.7	36	4.0	33.0	—	—	35	19.5	4	1.0269
39	63.2	34	18.9	(7) 18.6	(4) 20.9	(5) 18.7	2	94.0	38	5.4	45	—	1.5	—	—	40	19.6	—	—
48	64.7	48	18.8	(12) 18.8	(5) 20.2	(6) 18.2	2	87.0	51	5.3	52	—	10.5	—	—	47	18.9	4	1.0267
467	—	438	—	94	53	51	35	—	451	—	492	4.0	120.0	—	—	441	—	44	—
—	62.30	—	20.0	18.8	20.8	18.7	—	79.7	—	5.6	—	—	—	—	—	—	20.0	—	1.0271

Position der Zone		Wetter nach Beaufort's Bezeichnung. (Häufigkeit.)				Häufigkeit der verschied. Wolkenformen	Häufigkeit von Seegang u. Dünung aus:	Mittel der Meeres-Temperatur	Bemerkungen über einzelne beobachtete Triftströmungen.
35°—36° N. Br.	10°—15° W. L.	Summe d. Beobacht.: 57				45	26		
		Böen		Himmelsansicht		cirr. 4	N 4		S 79° E 8 S 11
		t	—	b	4	cirr.c 2	NE —		S 34° E 20 S 79° W 14
		l	—	c	34	cirr.s 3	E —		S 22° E 6
		q	1	o	13	Str. 2	SE —		S 17° E 15
		u	1	g	1	W-c —	S —	20,8° C.	
		Hydrometeore		Zustand der Luft		Cum. 28	SW 2		
		h	—	v	—	Cum.st —	W 2		
		r	—	w	—	Nimb. 6	NW 18		
		s	—	m	1		†See —		
		d	1	f	1		glatt —		
36°—37° N. Br.	10°—15° W. L.	Summe d. Beobacht.: 66				65	29		
		Böen		Himmelsansicht		cirr. 15	N —		N 80° E 6 S 63° E 8 S 45° W 38 N 75° W 16
		t	—	b	4	cirr.c 1	NE —		S 38° E 9 S 63° W 12
		l	2	c	38	cirr.s 1	E —		
		q	2	o	15	Str. 9	SE —		
		u	—	g	—	W-c 3	S —	20,7° C.	
		Hydrometeore		Zustand der Luft		Cum. 29	SW 2		
		h	—	v	—	Cum.st 3	W 3		
		r	1	w	—	Nimb. 4	NW 24		
		s	—	m	2		†See —		
		d	2	f	—		glatt —		
37°—38° N. Br.	10°—15° W. L.	Summe d. Beobacht.: 109				90	48		
		Böen		Himmelsansicht		cirr. 11	N 2		N 45° E 6 S 45° E 9 S 3° W 11 W 17
		t	—	b	10	cirr.c 4	NE —		S 34° E 11 S 5° W 10
		l	4	c	67	cirr.s 2	E —		
		q	1	o	22	Str. 10	SE 2		
		u	—	g	8	W-c 1	S 3	20,4° C.	
		Hydrometeore		Zustand der Luft		Cum. 51	SW 5		
		h	—	v	—	Cum.st 6	W 5		
		r	1	w	—	Nimb. 5	NW 31		
		s	—	m	1		†See —		
		d	—	f	—		glatt —		
38°—39° N. Br.	10°—15° W. L.	Summe d. Beobacht.: 128				108	37		
		Böen		Himmelsansicht		cirr. 16	N —		S 67° E 9 S 1 N 40° W 7
		t	—	b	9	cirr.c 1	NE —		S 7 N 5° W 5
		l	1	c	80	cirr.s 3	E —		
		q	1	o	38	Str. 7	SE 1		
		u	—	g	1	W-c 1	S 3	19,8° C.	
		Hydrometeore		Zustand der Luft		Cum. 58	SW —		
		h	—	v	—	Cum.st 4	W 9		
		r	4	w	—	Nimb. 18	NW 23		
		s	—	m	—		†See —		
		d	—	f	—		glatt —		
39°—40° N. Br.	10°—15° W. L.	Summe d. Beobacht.: 161				122	34		
		Böen		Himmelsansicht		cirr. 10	N —		N 70° E 13 S 32° E 28 S 25° W 12
		t	—	b	13	cirr.c 3	NE —		N 32° E 7 S 27° E 11 S 50° W 17
		l	3	c	84	cirr.s 5	E —		
		q	2	o	35	Str. 19	SE 1		
		u	—	g	4	W-c —	S 1	19,1° C.	
		Hydrometeore		Zustand der Luft		Cum. 61	SW 7		
		h	—	v	—	Cum.st 9	W 4		
		r	9	w	—	Nimb. 15	NW 17		
		s	—	m	—		†See 4		
		d	5	f	6		glatt —		

Bemerkungen

Ueber Wind.

Unter-☐	Jahr	Tag		
54.	76.	9.	8h M.	Auf schwere SW-Stürme folgen mässige Winde aus derselben Richtung und halten mehrere Tage an
64.	71	5	4h M.	Leichte umlaufende Winde halten 9 Tage an, bei abwechselnd stark bewölkter und unbewölkter Luft. Auf 32° n. Br. und 16° w. L. setzt nach 24stündiger Windstille der NE-Passat ein.
64.	70.	7.	4h N.	Leichte SW- und NW-Winde halten für eine Reihe von Tagen an.
70.	75.	21.	4h M.	Leichte W- und NW-Winde halten 5 Tage bei meist schönem Wetter an. Dann folgt mit gleicher Stärke der Passat.
71.	77.	8.	8h M.	Der steife Wind aus NW bis N dreht sich in 33° n. Br. und 17° w. L. nach NE, doch erleidet der anscheinende Passat später eine mehrtägige Unterbrechung durch leichte SW-Winde.
73	76.	18.	4h M.	Stürmische SW- und darauf folgende NW-Winde. Aus letzterer Richtung nimmt der Wind allmählich ab und geht dann in einen frischen Passat über.
82.	78	24.	8h N.	Nach anhaltenden leichten SW-Winden frischt der Wind allmählich auf und springt in einer steifen Böe nach N. Dieser Wind geht in einen frischen Passat über.

Sonstige Bemerkungen.

Von allen Beobachtern wird eine vorherrschende NW-Dünung wahrgenommen.

Höchster Barometerstand: **772.8** mm am 29. Oktober 1872 in 40° n. Br. und 15° w. L. bei mässigem NE-Winde und schönem Wetter.

Niedrigster " " : **744.2** mm am 31. Oktober 1871 in 39° n. Br. und 18° w. L. bei starkem WSW-Winde, halb bewölktem Himmel und Regen.

Höchste Lufttemperatur: **28.8°** Cels. am 22. Oktober 1877 in 37° n. Br. und 12° w. L. bei leichtem NNW-Winde und klarem Himmel.

Niedrigste " " **13.9°** Cels. am 30. Oktober 1871 in 40° n. Br. und 18° w. L. bei leichtem NW-Winde und stark bewölkter Luft.

Quadrat 110d. ....

Windbeobachtungen

Alle Winde, Variabeln und Stillen

N	NNE	NE	ENE	E	ESE	SE	SSE	S	SSW	SW	WSW	W	WNW	NW	NNW
—	—	4	—	—	—	—	—	—	1	8	5	5	6	7	1
3	—	3	—	—	—	—	1	—	—	6	3	6	2	6	1
5	10	12	1	1	—	—	—	—	—	—	2	5	1	2	3
4	13	14	2	6	3	3	—	—	—	1	1	1	6	2	—
1	12	8	4	5	5	1	—	—	—	—	2	1	1	1	1
2	1	4	—	1	1	1	—	1	2	3	7	3	2	1	5
6	4	7	1	1	—	1	—	—	—	2	6	4	4	3	2
4	6	7	2	2	1	1	—	2	9	3	4	5	8	4	4
5	12	8	7	8	5	3	—	—	—	—	—	2	2	2	4
1	7	4	4	3	5	8	—	—	—	—	1	5	2	—	1
1	2	3	1	3	—	1	1	1	1	4	4	4	3	5	5
—	7	9	—	—	—	1	—	—	—	2	4	6	6	2	3
4	9	10	7	6	—	1	1	4	1	1	8	5	5	7	2
2	16	6	1	2	6	1	2	—	—	3	1	5	1	1	1
3	3	4	1	3	4	4	—	—	—	2	4	1	1	1	1
2	5	4	—	1	8	—	—	4	3	1	6	5	4	8	2
2	10	7	4	—	1	1	—	7	1	3	7	2	5	7	3
7	13	7	5	3	—	4	3	3	—	1	1	4	—	3	3
5	5	8	—	2	—	8	—	3	3	2	5	2	4	3	1
3	4	5	3	3	1	1	—	4	1	1	—	1	1	5	—
7	10	4	4	1	1	6	2	8	9	8	11	2	5	9	6
6	10	6	5	1	—	1	2	8	2	8	6	7	3	7	4
7	6	6	1	3	—	3	1	3	—	—	4	5	1	2	2
5	4	4	2	1	1	1	3	2	2	1	8	4	1	—	1

Oktober.

Barometer 700mm+		Thermometer Cels. Gr. (Temperatur der Luft)					Relative Feuchtigkeit		Bedeckung des Himmels		Niederschläge					Meeresoberfläche			
				Anzahl und Mittel								Dauer in Stunden				Temperatur		Specif. Gewicht	
Anzahl der Beob.	Mittel mm	Anzahl der Beob.	Mehrs. Mittel	6h M.	4h N.	12h N	Anzahl der Beob.	Procente	Anzahl der Beob.	Mittel 0—10	Anzahl der Beobachtungen	Nebel	Regen	Schnee	Hagel	Anzahl der Beob.	Grade Celsius	Anzahl der Beob.	Mittel d. Aräom.-angaben
31	64.0	27	20.8	1 21.1	6 21.8	4 20.0	4	80.5	29	4.1	32	—	2.0	—	—	25	21.4	5	1.0269
31	63.9	31	20.5	5 19.9	4 21.2	3 20.5	9	85.9	27	6.1	31	—	2.0	—	—	26	20.9	4	1.0272
32	64.2	39	19.8	8 19.1	5 20.3	6 19.3	—	—	41	5.5	42	—	7.5	—	—	38	20.7	3	1.0263
47	65.3	53	20.0	11 20.0	8 20.7	6 19.8	9	86.4	55	5.1	56	—	10.5	—	—	52	20.9	4	1.0279
35	66.3	39	18.8	3 17.4	6 19.4	8 18.7	7	76.9	41	6.2	42	—	12.0	—	—	39	20.0	—	.
35	64.6	27	20.5	8 19.4	5 22.1	2 19.3	1	75.0	34	5.2	35	—	8.0	—	—	30	20.7	3	1.0272
43	65.1	45	20.1	5 18.9	8 21.5	7 19.1	5	87.8	44	4.7	47	—	1.5	—	—	42	20.5	5	1.0269
47	64.2	56	19.7	15 18.9	5 20.9	5 19.3	—	—	59	4.9	60	—	6.5	—	—	48	20.6	7	1.0267
52	66.5	58	19.2	10 19.2	7 18.9	12 18.8	14	85.1	61	5.0	61	—	13.8	—	—	58	19.3	1	1.0274
30	65.9	35	19.1	9 18.7	4 20.4	3 17.8	8	80.4	32	5.2	36	—	5.5	—	—	35	19.7	2	1.0263
44	64.2	41	19.6	6 19.0	3 19.2	5 18.9	2	83.5	44	5.2	44	—	1.5	—	—	42	19.8	4	1.0267
38	60.5	43	19.3	8 19.0	5 19.6	8 18.8	5	86.4	40	4.6	45	2.0	1.3	—	—	39	19.5	—	—
49	66.0	63	18.7	12 18.5	10 19.1	6 18.1	8	89.8	69	5.8	69	—	20.0	—	—	58	19.4	3	1.0273
42	64.5	47	18.8	6 18.4	7 19.3	8 18.2	17	84.8	48	6.0	49	—	10.7	—	—	47	19.2	2	1.0270
25	66.2	32	18.9	7 18.6	5 19.4	4 18.8	4	92.2	32	7.1	36	—	14.0	—	—	32	19.9	4	1.0268
40	64.8	42	18.4	9 18.0	6 18.8	8 18.4	6	84.0	41	5.8	44	—	10.5	—	—	41	18.9	1	1.0261
45	64.6	56	18.7	12 18.2	7 18.7	7 18.5	3	90.7	59	5.3	63	—	30.5	—	—	53	19.1	1	1.0259
55	65.2	53	18.7	9 18.3	5 19.4	7 18.6	11	86.2	58	4.9	58	2.0	12.0	—	—	50	19.8	4	1.0270
35	63.0	41	18.6	7 17.2	7 17.6	6 17.9	9	86.8	41	6.0	41	—	9.5	—	—	41	19.3	2	1.0263
24	62.9	32	18.4	7 17.4	4 19.0	1 17.8	8	91.9	32	6.6	34	—	16.0	—	—	32	19.3	1	1.0262
75	63.1	86	18.3	14 18.3	12 18.8	8 18.2	5	82.6	92	6.9	97	4.0	21.5	—	—	85	18.8	1	1.0258
63	64.3	66	18.2	11 17.6	11 18.7	10 17.7	6	84.7	69	5.6	73	4.0	11.0	—	—	62	18.8	—	—
33	63.3	41	18.3	7 18.5	7 18.2	4 17.7	8	84.1	45	5.5	45	4.0	7.0	—	—	42	18.6	3	1.0269
31	61.8	35	18.6	7 17.9	6 19.5	4 18.7	7	89.9	38	6.4	41	—	4.5	—	—	36	18.8	—	—
31	62.3	32	18.3	5 18.4	5 18.7	5 17.5	15	88.4	34	6.7	36	—	15.5	—	—	32	19.0	2	1.0264
1013	—	1120	—	205	158	150	171	—	1165	—	1217	16.0	254.8	—	—	1085	—	62	—
—	64.30	—	19.1	18.6	19.6	18.6	—	85.7	—	5.6	—	—	—	—	—	—	19.6	—	1.0268

Monat

Quadrat 110d. ....

Position der Zone		Wetter nach Beaufort's Bezeichnung. (Häufigkeit.)				Häufigkeit der verschied. Wolkenformen	Häufigkeit von Seegang u. Dünung aus	Mittel der Meeres-Temperatur	Bemerkungen über einzelne beobachtete Triftströmungen.			
35°—36° N. Br.	15°—20° W. L.	Summe d. Beobacht.:	211			197	50					
		Böen		Himmelsansicht		cirr. 26	N —		N 4	S 80° E 17	S 8	W 16
		t	—	b	11	cirr.c. 4	NE 7		N 5° E 9		S 16° W 9	W 12
		l	2	c	143	cirr.s —	E —				S 46° W 11	N 87° W 16
		q	7	o	37	Str. 6	SE —				S 22° W 8	
		u	—	g	2	W-c 3	S —	20.7° C.			S 34° W 6	
		Hydrometeore		Zustand der Luft		Cum. 120	SW 7				S 72° W 15	
		h	—	v	1	Cum.st 13	W 3				S 88° W 25	
		r	6	w	—	Nimb. 25	NW 28					
		s	1	m	—		†See 5					
		d	1	f	—		glatt —					
36°—37° N. Br.	15°—20° W. L.	Summe d. Beobacht.:	259			231	64					
		Böen		Himmelsansicht		cirr. 22	N 1		N 7	S 56° E 15	S 26° W 22	W 20
		t	—	h	24	cirr.c. 2	NE 8		N 51° E 8	S 52° E 10	S 45° W 18	N 70° W 12
		l	3	e	169	cirr.s 9	E 3		N 67° E 9	S 17° E 11	S 18° W 14	N 53° W 22
		q	9	o	44	Str. 15	SE —			S 6° E 7	S 60° W 17	
		u	—	g	1	W-c 4	S —	20.1° C.				
		Hydrometeore		Zustand der Luft		Cum. 141	SW 7					
		h	4	v	—	Cum.st 11	W 4					
		r	4	w	—	Nimb. 27	NW 36					
		s	—	m	—		†See 5					
		d	1	f	—		glatt —					
37°—38° N. Br.	15°—20° W. L.	Summe d. Beobacht.:	250			243	54					
		Böen		Himmelsansicht		cirr. 20	N 7			S 67° E 8	S 16° W 21	W 6
		t	—	b	15	cirr.c 6	NE 7			S 64° E 8	S 42° W 22	
		l	—	c	158	cirr.s 11	E 3			S 50° E 12	S 45° W 9	
		q	7	o	68	Str. 9	SE 4			S 28° E 15	S 50° W 18	
		u	—	g	1	W-c 2	S 3	20.0° C.		S 27° E 22		
		Hydrometeore		Zustand der Luft		Cum. 150	SW 6			S 21° E 17		
		h	—	v	—	Cum.st 17	W 8					
		r	4	w	1	Nimb. 28	NW 15					
		s	—	m	—		†See 1					
		d	1	f	—		glatt —					
38°—39° N. Br.	15°—20° W. L.	Summe d. Beobacht.:	268			227	58					
		Böen		Himmelsansicht		cirr. 18	N 2		N 17° E 24	S 61° E 39	S 27° W 9	W 7
		t	1	b	9	cirr.c 7	NE 7		N 22° E 8		S 50° W 36	N 54° W 7
		l	1	c	149	cirr.s 6	E 2		N 22° E 9		S 51° W 16	N 14° W 9
		q	7	o	76	Str. 10	SE 8		N 40° E 11		S 62° W 14	
		u	—	g	7	W-c 4	S 5	19.9° C.	N 61° E 15		S 70° W 37	
		Hydrometeore		Zustand der Luft		Cum. 119	SW 4		N 67° E 13		S 81° W 14	
		h	—	v	—	Cum.st 35	W 5					
		r	11	w	—	Nimb. 28	NW 24					
		s	—	m	1		†See —					
		d	4	f	—		glatt 1					
39°—40° N. Br.	15°—20° W. L.	Summe d. Beobacht.:	311			272	71					
		Böen		Himmelsansicht		cirr. 31	N 5		N 3° E 15	S 87° E 12	S 3° W 31	
		t	—	b	15	cirr.c 8	NE 6		N 45° E 14	S 31° E 10	S 25° W 14	
		l	6	c	181	cirr.s 10	E 5		N 56° E 12	S 11° E 8	S 29° W 18	
		q	9	o	82	Str. 4	SE 3		N 61° E 9		S 37° W 21	
		u	—	g	8	W-c 1	S 9	18.8° C.	N 61° E 7		S 47° W 41	
		Hydrometeore		Zustand der Luft		Cum. 154	SW 11				S 51° W 18	
		h	—	v	—	Cum.st 41	W 9				S 73° W 20	
		r	5	w	1	Nimb. 23	NW 20					
		s	—	m	1		†See —					
		d	2	f	1		glatt 1					

Bemerkungen

Ueber Wind.

Unter-□	Jahr	Tag		
58.	74.	8.	12h N.	Der unstäte, vorherrschend westliche Wind, der bald leicht, bald frisch weht, springt plötzlich nach NE um. Dieser Wind hält als mässiger Passat an.
58.	74	4.	12h M.	Mässige W- und NW-Winde halten bei beständigem schönem Wetter mehrere Tage an.
58.	78.	27.	12h N.	Nach mässigen SW- und NW-Winden, die von einzelnen Regenböen begleitet sind, folgt ein regelmässiger Passat von gleicher Stärke.
65.	71.	6.	4h M.	Leichte SW- und W-Winde halten längere Zeit bei meist wolkiger Luft an.
67.	72.	14.	12h N.	Auf mässige NW- und SW-Winde folgt ein allmählich auffrischender Passat.
68.	76.	27.	8h M.	Leichte unbeständige Winde aus sehr verschiedenen Richtungen halten längere Zeit an.
68.	77	7.	12h N.	Der mehrere Tage frisch aus SE wehende Wind verändert abflauend seine Richtung nach NE und wird zum Passat.
76.	75.	30.	12h M.	Auf ganz leichte W- und SW-Winde folgt ein ebenfalls leichter Passat.
77.	69.	19.	12h M.	Der mässige SW-Wind springt in einer orkanartigen Böe auf NE und hält, allmählich abnehmend, aus dieser Richtung an.

Sonstige Bemerkungen.

Bei allen oben angeführten Beobachtungen wurde eine vorherrschende NW-Dünung wahrgenommen, die sich in der Regel bald nach Eintritt in den Passat verlor.

Höchster Barometerstand: **775.0** mm am 8. Oktober 1878 in 39° n. Br. und 17° w. L. bei mässigem NE-Winde, halb bewölktem Himmel und schönem Wetter.

Niedrigster „ „ : **743.0** mm am 27. Oktober 1872 in 39° n. Br. und 15° w. L. bei schwerem WSW-Sturm und schwach bewölktem Himmel.

Höchste Lufttemperatur: **24.2** ° Cels. am 8. Oktober 1878 in 36° n. Br. und 16° w. L. bei klarer, wolkenloser Luft und Windstille.

Niedrigste „ „ : **14.1** ° Cels. am 17. Oktober 1872 in 39° n. Br. und 15° w. L. bei steifem SSW-Winde und theilweise bewölkter Luft.

Monat ………… …………

Quadrat 110a.

Position: Breite N	Position: Länge W	Windbeobachtungen: Anzahl der Beob.	Alle Winde, Variabeln und Stillen: N	NNE	NE	ENE	E	ESE	SE	SSE	S	SSW	SW	WSW	W	WNW	NW	NNW	Var.	Stillen	Stürme: N bis ENE	E bis SSE	S bis WSW	W bis NNW
30°—31°	10°—11°	—	—	—	—	—	—	—	—	—	—	—	—	—	—	—	—	—	—	—	—	—	—	—
	11°—12°	—	—	—	—	—	—	—	—	—	—	—	—	—	—	—	—	—	—	—	—	—	—	—
	12°—13°	—	—	—	—	—	—	—	—	—	—	—	—	—	—	—	—	—	—	—	—	—	—	—
	13°—14°	—	—	—	—	—	—	—	—	—	—	—	—	—	—	—	—	—	—	—	—	—	—	—
	14°—15°	—	—	—	—	—	—	—	—	—	—	—	—	—	—	—	—	—	—	—	—	—	—	—
31°—32°	10°—11°	—	—	—	—	—	—	—	—	—	—	—	—	—	—	—	—	—	—	—	—	—	—	—
	11°—12°	—	—	—	—	—	—	—	—	—	—	—	—	—	—	—	—	—	—	—	—	—	—	—
	12°—13°	—	—	—	—	—	—	—	—	—	—	—	—	—	—	—	—	—	—	—	—	—	—	—
	13°—14°	—	—	—	—	—	—	—	—	—	—	—	—	—	—	—	—	—	—	—	—	—	—	—
	14°—15°	1	—	—	—	—	—	—	—	—	—	1	—	—	—	—	—	—	—	—	—	—	—	—
32°—33°	10°—11°	—	—	—	—	—	—	—	—	—	—	—	—	—	—	—	—	—	—	—	—	—	—	—
	11°—12°	—	—	—	—	—	—	—	—	—	—	—	—	—	—	—	—	—	—	—	—	—	—	—
	12°—13°	—	—	—	—	—	—	—	—	—	—	—	—	—	—	—	—	—	—	—	—	—	—	—
	13°—14°	—	—	—	—	—	—	—	—	—	—	—	—	—	—	—	—	—	—	—	—	—	—	—
	14°—15°	1	—	—	—	—	—	—	—	—	—	—	—	1	—	—	—	—	—	—	—	—	—	—
33°—34°	10°—11°	1	1	—	—	—	—	—	—	—	—	—	—	—	—	—	—	—	—	—	—	—	—	—
	11°—12°	3	—	1	—	—	—	—	—	—	1	—	1	—	—	—	—	—	—	—	—	—	—	—
	12°—13°	6	—	2	—	—	—	—	—	—	—	—	1	—	1	1	1	—	—	—	—	—	—	—
	13°—14°	1	—	1	—	—	—	—	—	—	—	—	—	—	—	—	—	—	—	—	—	—	—	—
	14°—15°	4	—	—	1	—	—	—	—	—	—	1	—	2	—	—	—	—	—	—	—	—	—	—
34°—35°	10°—11°	—	—	—	—	—	—	—	—	—	—	—	—	—	—	—	—	—	—	—	—	—	—	—
	11°—12°	8	—	—	—	—	—	—	—	—	—	3	1	3	—	1	—	—	—	—	—	—	—	—
	12°—13°	18	—	2	2	1	—	—	—	—	1	2	3	1	—	1	3	1	1	—	—	—	—	—
	13°—14°	6	—	—	—	—	—	—	—	—	1	—	2	3	—	—	—	—	—	—	—	—	—	—
	14°—15°	19	—	—	1	—	—	1	1	1	—	—	4	1	3	—	2	—	5	—	—	—	—	—
Fünfgrad-Feld	Summen	68	1	6	4	1	—	1	1	1	3	7	12	11	4	3	6	1	6	—	—	—	—	—
	Mittlere Windstärke		4.0	4.8	2.8	2.0	—	5.0	1.0	2.0	6.0	4.1	4.3	4.2	4.3	3.3	4.0	4.0	2.0	—	—	—	—	—

Barometer 700mm+ Anzahl der Beob.	Barometer Mittel mm	Thermometer Cels. Gr. (Temperatur der Luft) Anzahl der Beob.	Rohes Mittel	Anzahl und Mittel 8h M.	4h N.	12h N.	Relative Feuchtigkeit Anzahl der Beob.	Procente	Bedeckung des Himmels Anzahl der Beob.	Mittel (0—10)	Niederschläge Anzahl der Beob.-wachen	Dauer in Stunden Nebel	Regen	Schnee	Hagel	Meeresoberfläche Temperatur Anzahl der Beob.	Grade Celsius	Spezif. Gewicht Anzahl der Beob.	Mittel d. Aräom.-angaben
—	—	—	—	—	—	—	—	—	—	—	—	—	—	—	—	—	—	—	—
—	—	—	—	—	—	—	—	—	—	—	—	—	—	—	—	—	—	—	—
—	—	—	—	—	—	—	—	—	—	—	—	—	—	—	—	—	—	—	—
—	—	—	—	—	—	—	—	—	—	—	—	—	—	—	—	—	—	—	—
—	—	—	—	—	—	—	—	—	—	—	—	—	—	—	—	—	—	—	—
—	—	—	—	—	—	—	—	—	—	—	—	—	—	—	—	—	—	—	—
—	—	—	—	—	—	—	—	—	—	—	—	—	—	—	—	—	—	—	—
—	—	—	—	—	—	—	—	—	—	—	—	—	—	—	—	—	—	—	—
—	—	—	—	—	—	—	—	—	—	—	—	—	—	—	—	—	—	—	—
1	57.6	1	20.8	—	—	—	1	86.0	1	10.0	1	—	1.0	—	—	1	20.1	—	—
—	—	—	—	—	—	—	—	—	—	—	—	—	—	—	—	—	—	—	—
—	—	—	—	—	—	—	—	—	—	—	—	—	—	—	—	—	—	—	—
—	—	—	—	—	—	—	—	—	—	—	—	—	—	—	—	—	—	—	—
—	—	—	—	—	—	—	—	—	—	—	—	—	—	—	—	—	—	—	—
2	57.9	2	21.1	—	1 21.4	—	2	78.5	2	4.5	2	—	1.5	—	—	2	19.7	—	—
1	60.7	1	16.1	1 16.1	—	—	—	—	—	—	1	—	—	—	—	1	20.1	—	—
1	61.4	3	18.8	—	—	—	—	—	2	6.5	3	—	2.0	—	—	3	19.9	—	—
4	63.9	6	18.6	3 18.1	—	1 17.5	2	87.5	6	5.5	6	—	0.5	—	—	6	20.2	2	1.0286
1	64.0	1	17.8	—	—	—	—	—	1	6.0	1	—	—	—	—	1	20.8	—	—
6	62.6	6	19.6	1 18.8	—	—	2	82.0	6	8.8	6	—	4.0	—	—	4	19.6	—	—
—	—	—	—	—	—	—	—	—	—	—	—	—	—	—	—	—	—	—	—
1	65.2	9	19.8	4 19.8	—	—	—	—	9	6.0	9	—	4.5	—	—	9	19.6	1	1.0279
13	66.4	18	19.3	3 19.0	2 19.1	2 19.1	7	77.7	18	3.7	18	—	3.5	—	—	18	19.9	7	1.0287
6	65.4	6	19.8	1 20.2	1 21.0	2 18.6	6	89.2	6	6.5	6	—	2.0	—	—	6	19.8	5	1.0285
21	64.7	21	18.8	4 18.8	5 19.5	3 18.1	8	73.7	21	6.1	21	—	2.8	—	—	20	19.3	8	1.0288
57	—	74	—	17	9	8	24	—	72	—	74	—	21.8	—	—	71	—	18	—
—	64.10	—	19.2	18.9	19.8	18.4	—	78.4	—	5.7	—	—	—	—	—	—	19.7	—	1.0286

Quadrat 110a.

Position der Zone		Wetter nach Beaufort's Bezeichnung. (Häufigkeit.)		Häufigkeit der verschied. Wolkenformen	Häufigkeit von Seegang u. Dünung aus:	Mittel der Meeres-Temperatur	Bemerkungen über einzelne beobachtete Triftströmungen.
30° — 31° N. Br.	10° — 15° W. L.	Summe d. Beobacht.: —		—	—		
		Böen	Himmelsansicht	cirr. —	N —		
		t —	b —	cirr. c —	NE —		
		l —	c —	cirr. s —	E —		
		q —	o —	Str. —	SE —		
		u —	g —	W-c —	S —	— ° C.	
		Hydrometeore	Zustand der Luft	Cum. —	SW —		
		h —	v —	Cum. st —	W —		
		r —	w —	Nimb. —	NW —		
		s —	m —		†See —		
		d —	f —		glatt —		
31° — 32° N. Br.	10° — 15° W. L.	Summe d. Beobacht.: 2		2	1		
		Böen	Himmelsansicht	cirr. —	N —		
		t —	b 1	cirr. c —	NE —		
		l —	c —	cirr. s —	E —		
		q —	o —	Str. —	SE —		
		u —	g —	W-c —	S —	20,1° C.	
		Hydrometeore	Zustand der Luft	Cum. 1	SW —		
		h —	v —	Cum. st 1	W —		
		r —	w 1	Nimb. —	NW —		
		s —	m —		†See 1		
		d —	f —		glatt —		
32° — 33° N. Br.	10° — 15° W. L.	Summe d. Beobacht.: 2		2	2		
		Böen	Himmelsansicht	cirr. 2	N —		N 65° W 7
		t —	b —	cirr. c —	NE —		
		l —	c 2	cirr. s —	E —		
		q —	o —	Str. —	SE —		
		u —	g —	W-c —	S —	19,7° C.	
		Hydrometeore	Zustand der Luft	Cum. —	SW 1		
		h —	v —	Cum. st —	W —		
		r —	w —	Nimb. —	NW —		
		s —	m —		†See 1		
		d —	f —		glatt —		

Bemerkungen

Ueber Wind.

Unter-□	Jahr	Tag		
32.	72.	12.	4ʰ M.	Anhaltender frischer NE-Wind bei beständig schönem Wetter.
42.	69.	16.	8ʰ N.	Leichter NE-Wind, allmählich mehr und mehr auffrischend bei schönem Wetter.
44.	69.	13.	4ʰ N.	Ganz flaue umlaufende Winde und Windstillen, von häufigen Gewitterschauern begleitet.

Sonstige Bemerkungen.

32.	72.	12.	4ʰ M.	Anhaltend hohe NW-Dünung.
44.	69.	14.	4ʰ M.	Hohe E-Dünung, trotz länger andauernden Windstillen und leichten umlaufenden Winden.

Höchster Barometerstand: **772.8** mm am 16. November 1869 in 34° n. Br. und 12° w. L. bei flauem NE-Winde und klarem Himmel.

Niedrigster „ „ : **754.4** mm am 1. November 1871 in 33° n. Br. und 12° w. L. bei mässigem ENE-Winde und halb bewölkter Luft.

Höchste Lufttemperatur: **21.4**° Cels. am 22. November 1878 in 32° n. Br. und 14° w. L. bei leichtem SE-Winde und halb bewölkter Luft.

Niedrigste „ „ **10.1**° Cels. am 13. November 1872 in 33° n. Br. und 10° w. L. bei mässigem N-Winde und halb bewölktem Himmel.

Quadrat 110b.

Position: Breite N	Position: Länge W	Anzahl der Beob.	Windbeobachtungen — Alle Winde, Variabeln und Stillen: N	NNE	NE	ENE	E	ESE	SE	SSE	S	SSW	SW	WSW	W	WNW	NW	NNW	Var.	Stillen	Stürme: N bis ENE	E bis SSE	S bis WSW	W bis NNW
30°—31°	15°—16°	6	—	—	—	—	—	—	—	—	—	2	—	—	2	1	1	—	—	—	—	—	—	[illegible]
	16°—17°	10	—	1	1	—	3	—	—	—	—	1	—	—	—	—	—	—	—	4	—	—	—	—
	17°—18°	20	—	—	—	1	2	—	—	1	—	4	5	4	1	—	—	—	2	—	—	—	—	—
	18°—19°	41	—	—	1	3	3	4	2	—	1	8	8	6	1	1	2	1	—	—	—	—	4	—
	19°—20°	45	2	3	8	2	3	2	2	—	3	2	3	5	1	4	3	—	1	1	—	—	2	1
31°—32°	15°—16°	5	—	—	1	—	—	—	—	—	—	1	—	—	1	—	2	—	—	—	—	—	—	1
	16°—17°	6	1	3	1	—	—	—	—	—	—	—	—	—	—	—	—	1	—	—	—	—	—	—
	17°—18°	26	6	—	2	4	3	1	—	—	3	1	2	—	2	—	1	1	—	—	—	—	—	1
	18°—19°	36	2	5	2	1	3	4	—	1	—	1	3	5	5	2	2	—	—	—	—	1	—	—
	19°—20°	51	—	2	5	2	3	4	5	2	2	2	4	4	7	6	3	—	—	—	—	1	4	1
32°—33°	15°—16°	4	—	—	—	—	—	—	—	—	—	—	—	2	1	1	—	—	—	—	—	—		
	16°—17°	18	1	2	1	—	2	—	—	—	2	1	—	1	2	2	1	1	—	2	—	—	—	
	17°—18°	31	4	1	6	—	1	1	1	—	1	3	—	4	1	2	4	1	1	—	—	—	1	
	18°—19°	56	6	5	5	2	5	4	—	1	2	1	6	4	6	6	1	—	—	2	—	—	—	
	19°—20°	33	2	—	—	5	2	2	2	2	—	5	2	2	2	2	1	4	—	—	—	—		
33°—34°	15°—16°	9	—	1	—	—	—	—	1	—	2	—	2	—	—	—	1	2	—	—	—	—		
	16°—17°	34	—	2	2	—	2	—	1	1	—	—	3	5	6	3	6	1	2	—	—	—		
	17°—18°	54	1	17	7	5	8	1	2	1	—	—	3	3	3	2	1	—	—	—	—	—	—	
	18°—19°	27	—	1	2	3	1	1	2	3	—	1	4	1	3	2	3	—	—	—	—	—	—	
	19°—20°	59	1	6	8	6	—	6	5	1	1	2	3	5	3	4	5	3	—	—	—	—	—	
34°—35°	15°—16°	24	1	3	2	1	—	—	—	—	—	1	2	2	—	5	6	1	1	—	—	—	—	
	16°—17°	46	3	5	5	5	2	—	—	—	—	2	5	1	6	3	5	2	1	1	—	—	—	
	17°—18°	54	1	7	8	5	3	1	4	1	—	2	6	4	7	3	—	1	—	1	—	—	—	
	18°—19°	33	—	1	6	5	—	1	2	—	—	3	3	2	4	4	2	—	—	—	—	—		
	19°—20°	63	8	4	2	1	7	8	3	2	1	3	5	2	9	2	4	5	1	3	—	—	—	
Fünfgrad-Feld	Summen	791	**37**	**69**	**75**	51	53	35	32	16	18	46	69	**62**	**73**	**55**	**53**	**24**	9	14	—	2	11	[illegible]
	Mittlere Windstärke		3.1	3.7	4.0	3.9	4.2	4.3	3.7	3.7	2.9	4.6	4.3	4.2	4.2	4.9	5.2	4.4	2.4	0	—	8.0	8.3	[illegible]

November.

Barometer 700mm+		Thermometer Cels. Gr. (Temperatur der Luft)					Relative Feuchtigkeit		Bedeckung des Himmels		Niederschläge					Meeresoberfläche Temperatur		Meeresoberfläche Spezif. Gewicht	
Anzahl der Beob.	Mittel mm	Anzahl der Beob.	Rohes Mittel	Anzahl und Mittel 4h M.	Anzahl und Mittel 4h N.	Anzahl und Mittel 12h N.	Anzahl der Beob.	Prozente	Anzahl der Beob.	Mittel 10–10	Anzahl der Beobachtungen	Dauer in Stunden: Nebel	Regen	Schnee	Hagel	Anzahl der Beob.	Grade Celsius	Anzahl der Beob.	Mittel d. Aräom.-angaben
7	56.2	7	20.7	(2) 20.1	—	—	2	83.5	7	5.0	7	—	1.5	—	—	5	19.8	—	—
10	67.1	10	20.5	(1) 18.4	(1) 24.6	(1) 19.1	3	79.3	10	9.6	10	—	0.5	—	—	10	21.3	3	1.0289
20	67.4	20	20.8	(4) 20.9	(3) 21.1	(3) 21.3	2	71.5	20	6.2	20	—	2.0	—	—	20	21.0	2	1.0296
44	61.6	42	19.4	(10) 19.4	(6) 21.5	(6) 19.8	11	75.9	43	6.1	45	—	14.5	—	—	42	21.1	6	1.0292
41	62.0	43	20.7	(7) 20.5	(5) 20.7	(5) 20.8	7	90.3	42	4.9	43	0.5	8.0	—	—	41	21.6	2	1.0274
7	63.4	7	19.9	—	(2) 20.2	(2) 19.4	1	93.0	7	4.0	7	—	2.0	—	—	5	20.5	—	—
6	65.9	6	20.1	(3) 19.1	(1) 21.9	—	4	77.0	6	5.7	6	—	—	—	—	6	21.1	4	1.0289
24	64.6	24	20.6	(2) 20.4	(5) 21.2	(3) 18.7	10	80.7	21	4.1	26	—	1.1	—	—	23	21.1	4	1.0284
35	64.4	37	19.8	(6) 19.4	(3) 19.2	(6) 20.2	1	90.0	35	5.5	37	—	2.0	—	—	36	20.8	2	1.0288
47	60.0	47	20.7	(11) 20.2	(7) 21.1	(5) 20.3	14	88.1	39	6.1	52	—	19.0	—	—	41	21.4	4	1.0276
6	63.1	6	20.6	(2) 20.0	—	—	—	—	6	4.3	6	—	0.5	—	—	4	20.3	—	—
19	64.7	19	19.8	(2) 18.8	(2) 20.4	(3) 19.6	11	73.5	20	4.6	20	—	3.0	—	—	20	20.9	10	1.0279
27	63.3	28	19.9	(3) 19.5	(4) 20.1	(6) 19.7	5	87.0	29	5.0	32	—	2.8	—	—	30	21.0	1	1.0281
53	64.8	56	19.7	(11) 19.1	(10) 20.2	(5) 19.2	2	86.0	53	5.8	56	—	2.5	—	—	55	20.7	2	1.0284
26	61.4	28	20.4	(5) 20.8	(3) 20.6	(3) 19.4	7	85.1	29	6.8	33	—	2.0	—	—	25	20.6	2	1.0274
9	62.6	9	19.2	(4) 18.7	(1) 21.2	—	4	67.2	9	5.4	10	—	0.5	—	—	9	20.4	5	1.0287
28	63.9	31	19.4	(4) 19.2	(4) 20.2	(6) 18.6	9	77.7	35	5.3	37	—	2.3	—	—	31	20.3	6	1.0283
45	66.9	52	19.1	(12) 18.5	(7) 19.9	(8) 18.7	—	—	54	4.5	56	—	3.5	—	—	54	20.2	2	1.0291
25	63.9	27	19.7	(9) 19.2	(2) 20.7	(3) 19.5	1	83.0	24	5.5	28	—	1.0	—	—	27	20.3	1	1.0273
52	62.5	53	19.4	(14) 18.5	(4) 20.8	(7) 20.0	10	89.1	51	4.6	59	—	5.5	—	—	48	20.3	1	1.0281
19	67.0	26	16.9	(3) 18.7	(4) 19.0	(8) 19.0	3	68.3	26	5.8	26	—	3.3	—	—	26	19.6	3	1.0292
43	65.6	47	19.8	(8) 18.7	(9) 20.2	(5) 19.3	8	78.5	46	5.5	49	—	2.5	—	—	47	20.1	4	1.0278
47	64.6	51	19.2	(9) 18.7	(8) 19.4	(2) 19.5	—	—	50	4.8	54	—	0.5	—	—	54	20.3	3	1.0279
28	64.6	31	19.2	(5) 19.6	(3) 19.2	(4) 18.7	2	86.5	35	3.7	35	—	5.0	—	—	32	19.7	—	—
53	63.1	56	19.2	(6) 18.8	(12) 19.5	(10) 18.7	13	91.2	54	5.0	63	—	13.0	—	—	55	19.8	2	1.0271
716	—	758	—	143	106	104	180	—	751	—	819	0.5	89.0	—	—	746	—	69	—
—	64.20	—	19.9	19.2	20.3	19.5	—	82.2	—	5.3	—	—	—	—	—	—	20.6	—	1.0283

Quadrat 110b. ………………………………

Position der Zone		Wetter nach Beaufort's Bezeichnung. (Häufigkeit.)		Häufigkeit der verschied. Wolkenformen	Häufigkeit von Seegang. Dünung aus:	Mittel der Meeres-Temperatur	Bemerkungen über einzelne beobachtete Triftströmungen.
30°—31° N. Br.	15°—20° W. L.	Summe d. Beobacht.: 144		127	39	21.2° C.	
		Böen	Himmelsansicht	cirr. 9	N —		N 82° E 12, S 51° E 20, S 17° W 14
		t —	b 9	cirr.-c 2	NE 7		S 3° E 24
		l 5	c 82	cirr.-s 2	E 5		
		q 4	o 30	Str. 6	SE —		
		u —	g 4	W-c —	S 2		
		Hydrometeore	Zustand der Luft	Cum. 73	SW 14		
		h —	v —	Cum.-str 22	W 4		
		r 6	w 1	Nimb. 13	NW 5		
		s —	m 2		†See 2		
		d —	f 1		glatt —		
31°—32° N. Br.	15°—20° W. L.	Summe d. Beobacht.: 136		117	45	21.0° C.	
		Böen	Himmelsansicht	cirr. 9	N 2		S 8° W 11, N 85° W 11
		t —	b 16	cirr.-c —	NE 7		
		l 2	c 65	cirr.-s 7	E 4		
		q 6	o 32	Str. 10	SE 1		
		u 1	g 4	W-c —	S 9		
		Hydrometeore	Zustand der Luft	Cum. 65	SW 9		
		h —	v —	Cum.-str 10	W —		
		r 4	w —	Nimb. 16	NW 18		
		s —	m 6		†See 1		
		d —	f —		glatt —		
32°—33° N. Br.	15°—20° W. L.	Summe d. Beobacht.: 152		133	52	20.8° C.	
		Böen	Himmelsansicht	cirr. 14	N 5		N 22° E 9, S 79° E 11, S 6
		t 1	b 17	cirr.-c 1	NE 9		N 79° E 14, S 11° E 3, S 17° W 16
		l 2	c 90	cirr.-s 5	E 2		S 27° W 13
		q 8	o 30	Str. 5	SE 3		S 59° W 14
		u 1	g —	W-c —	S —		S 80° W 9
		Hydrometeore	Zustand der Luft	Cum. 85	SW 5		
		h —	v 1	Cum.-str 10	W 11		
		r —	w —	Nimb. 13	NW 16		
		s —	m 2		†See —		
		d —	f —		glatt 1		
33°—34° N. Br.	15°—20° W. L.	Summe d. Beobacht.: 191		167	48	20.8° C.	
		Böen	Himmelsansicht	cirr. 20	N 4		N 45° E 10, S 76° E 20, S 9
		t —	b 17	cirr.-c 2	NE 3		S 76° E 8
		l 2	c 121	cirr.-s 1	E 3		S 76° E 6
		q 8	o 34	Str. 7	SE 10		S 11° E 6
		u —	g 3	W-c —	S —		S 3° E 16
		Hydrometeore	Zustand der Luft	Cum. 114	SW 6		
		h —	v 2	Cum.-str 17	W 5		
		r —	w 1	Nimb. 6	NW 17		
		s —	m 3		†See —		
		d —	f —		glatt —		
34°—35° N. Br.	15°—20° W. L.	Summe d. Beobacht.: 228		225	55	20.6° C.	
		Böen	Himmelsansicht	cirr. 86	N 11		N 45° E 6, S 71° E 10, S 8° W 8, W 12
		t —	b 19	cirr.-c 2	NE 8		N 56° E 9, S 61° E 14, S 27° W 18, W 15
		l 4	c 147	cirr.-s 4	E —		S 57° E 7, S 22° E 6, S 42° W 11, N 87° W 15
		q 2	o 52	Str. 6	SE 7		N 67° E 11, S 45° W 19, N 20° W 16
		u —	g 2	W-c —	S —		S 51° W 11
		Hydrometeore	Zustand der Luft	Cum. 122	SW 9		
		h —	v 1	Cum.-str 36	W 10		
		r 1	w —	Nimb 19	NW 11		
		s —	m —		†See —		
		d —	f —		glatt 4		

Bemerkungen

Ueber Wind.

Unter-□	Jahr	Tag		
06.	72.	24.	8ʰ M.	Ganz flaue SW-Winde die für mehrere Tage anhalten und aus denen sich allmählich (in 29° n. Br.) der Passat entwickelt.
09.	75	10.	4ʰ N.	Frische SW- bis NW-Winde. Nach einigen Regenböen von mässiger Stärke geht der Wind nach N und bald darauf nach NE mit gleicher Stärke.
17.	72.	20.	12ʰ M.	Ein bereits seit 8 Tagen anhaltender frischer NE-Wind geht fast ohne Unterbrechung bei schönem Wetter in den Passat über.
17.	73.	6.	8ʰ M.	Frischer W-Wind mit heller Luft. Nach einigen Staubregenschauern holt der Wind nach NE und wird zum Passat.
19.	74.	8.	12ʰ N.	Nachdem der Wind anhaltend frisch aus der E-Richtung geweht hat, holt er südlich mit stürmischem Wetter, dann abnehmend mehr westlich und wird später in 27° n. Br. zum Passat
27.	76.	1.	8ʰ N.	Auf leichten NE-Wind folgt stürmisches Wetter von SW und W mit heftigen Böen, worauf der Wind allmählich abflauend mit schönem Wetter nach NW geht.
28.	76.	2	12ʰ M.	Die frischen NW- und SW-Winde nehmen bis zur Windstille ab, worauf ganz leichter ENE-Wind eintritt, der jedoch nicht zum Passat wird.
36.	72.	29.	8ʰ N.	Der steife NW-Wind wächst zu schwerem Sturme an; etwas abnehmend geht der Wind nach N.
36.	71.	29.	8ʰ M.	Frische unbeständige Winde von SW bis NW halten für eine Reihe von Tagen an.

Sonstige Bemerkungen.

19.	74.	3.	12ʰ M.	Hohe südliche Dünung, mehrere Tage anhaltend.
36.	73.	5.	4ʰ M.	Hohe NW-Dünung. (Diese ist auch bei den meisten obigen Beobachtungen angegeben.)

Höchster Barometerstand: **773.9** mm am 18. November 1875 in 30° n. Br. und 17° w. L. bei leichtem E-Winde und halb bewölkter Luft.

Niedrigster „ „ : **742.3** mm am 11. November 1876 in 31° n. Br. und 19° w. L. bei südlichem Sturm und bewölkter Luft.

Höchste Lufttemperatur: **24.6**° Cels. am 24. November 1872 in 30° n. Br. und 16° w. L. bei Windstille und leicht bewölkter Luft.

Niedrigste „ „ : **15.6**° Cels. am 30. November 1872 in 31° n. Br. und 17° w. L. bei starkem Sturm aus NNW und halb bewölkter Luft.

Quadrat 110°..

Position		Windbeobachtungen																							
		Alle Winde, Variabeln und Stillen																				Stürme			
Breite N	Länge W	Anzahl der Beob.	N	NNE	NE	ENE	E	ESE	SE	SSE	S	SSW	SW	WSW	W	WNW	NW	NNW	Var.	Stillen	N bis ENE	E bis SSE	S bis WSW	W bis NNW
35°—36°	10°—11°	12	—	2	6	4	—	—	—	—	—	—	—	—	—	—	—	—	—	—	—	—	—	—
	11°—12°	10	2	1	3	4	—	—	—	—	—	—	—	—	—	—	—	—	—	—	—	—	—	—
	12°—13°	3	—	—	—	—	—	—	—	—	—	1	1	1	—	—	—	—	—	—	—	—	—	—
	13°—14°	14	—	1	1	1	5	2	—	—	3	—	—	—	1	—	—	—	—	—	—	—	—	—
	14°—15°	26	—	3	2	—	4	—	—	—	2	—	2	5	4	2	—	—	1	1	—	—	—	—
36°—37°	10°—11°	—	—	—	—	—	—	—	—	—	—	—	—	—	—	—	—	—	—	—	—	—	—	—
	11°—12°	—	—	—	—	—	—	—	—	—	—	—	—	—	—	—	—	—	—	—	—	—	—	—
	12°—13°	13	1	7	—	—	—	—	—	—	—	—	2	3	—	—	—	—	—	—	—	—	—	—
	13°—14°	10	—	1	1	—	—	—	—	—	2	1	1	1	—	—	3	—	—	—	—	—	—	—
	14°—15°	16	—	—	—	—	—	—	—	—	—	—	2	3	4	4	3	—	—	—	—	—	—	—
37°—38°	10°—11°	1	—	1	—	—	—	—	—	—	—	—	—	—	—	—	—	—	—	—	—	—	—	—
	11°—12°	8	—	6	2	—	—	—	—	—	—	—	—	—	—	—	—	—	—	—	—	—	—	—
	12°—13°	8	3	2	—	—	—	—	—	—	—	1	—	1	—	—	—	—	—	1	—	—	—	—
	13°—14°	13	—	—	—	—	—	—	—	—	—	1	2	4	—	—	6	—	—	—	—	—	—	—
	14°—15°	36	9	1	—	—	—	—	—	—	—	2	3	5	4	5	6	—	1	—	—	—	1	[illegible]
38°—39°	10°—11°	2	—	—	1	—	—	—	—	—	—	—	—	—	—	—	—	1	—	—	—	—	—	—
	11°—12°	5	—	—	—	—	—	1	—	—	—	2	—	2	—	—	—	—	—	—	—	—	—	—
	12°—13°	—	—	—	—	—	—	—	—	—	—	—	—	—	—	—	—	—	—	—	—	—	—	—
	13°—14°	22	1	—	—	—	—	—	—	—	—	—	—	2	4	6	8	1	—	—	—	—	—	—
	14°—15°	34	3	3	—	—	—	—	—	—	—	—	4	10	7	1	3	8	—	—	1	—	1	[illegible]
39°—40°	10°—11°	1	—	—	—	—	—	—	—	—	—	—	—	—	—	—	1	—	—	—	—	—	—	—
	11°—12°	4	—	—	—	—	—	—	—	—	—	1	2	1	—	—	—	—	—	—	—	—	—	—
	12°—13°	14	—	1	—	—	—	—	—	—	1	—	1	2	7	—	2	—	—	—	—	—	2	—
	13°—14°	20	1	—	—	—	—	—	—	—	—	1	7	2	4	1	1	2	1	—	—	—	3	—
	14°—15°	57	—	3	4	—	—	—	—	—	—	1	10	8	9	7	9	4	1	1	—	—	—	[illegible]
Fünfgrad-Feld	Summen	329	**20**	**32**	20	9	9	3	—	—	8	11	**37**	**50**	**44**	**26**	**42**	**11**	4	3	1	—	**7**	[illegible]
	Mittlere Windstärke		3.8	3.8	4.3	5.1	3.0	2.7	—	—	3.5	3.6	5.0	4.4	4.7	5.0	4.0	5.3	1.0	0	9.0	—	8.3	[illegible]

November.

Barometer 700mm+		Thermometer Cels. Gr. (Temperatur der Luft)					Relative Feuchtigkeit		Bedeckung des Himmels		Niederschläge					Meeresoberfläche			
				Anzahl und Mittel								Dauer in Stunden				Temperatur		Spezif. Gewicht	
Anzahl der Beob.	Mittel mm	Anzahl der Beob.	Rohes Mittel	4h M.	4h N.	12h N.	Anzahl der Beob.	Prozente	Anzahl der Beob.	Mittel (0–10)	Anzahl der Beob.-wachen	Nebel	Regen	Schnee	Hagel	Anzahl der Beob.	Grade Celsius	Anzahl der Beob.	Mittel d. Aräom.-Angaben
13	64.9	13	17.8	(2) 16.9	(2) 17.5	(2) 17.5	—	—	13	4.5	13	—	2.0	—	—	13	19.0	1	1.0272
11	65.9	11	18.4	(2) 17.5	(1) 18.1	(2) 18.4	—	—	11	4.9	11	—	1.0	—	—	11	19.0	1	1.0272
1	50.3	3	18.0	(1) 18.9	—	—	—	—	3	4.7	—	—	—	—	—	3	17.8	—	—
13	67.4	14	18.9	(2) 18.1	(3) 19.1	(1) 18.8	2	76.5	14	3.5	14	—	—	—	—	14	18.9	—	—
23	65.6	29	18.6	(5) 17.8	(5) 19.2	(4) 18.2	7	82.4	28	6.3	29	—	1.3	—	—	27	19.1	7	1.0293
1	65.7	1	21.3	—	(1) 21.3	—	—	—	1	8.0	1	—	—	—	—	1	21.5	1	1.0271
—	—	—	—	—	—	—	—	—	—	—	—	—	—	—	—	—	—	—	—
6	49.8	13	17.9	(2) 18.0	(2) 17.9	(2) 17.6	—	—	12	4.9	13	—	1.0	—	—	13	18.2	—	—
6	65.9	12	18.4	(3) 18.3	—	(1) 17.8	2	75.5	10	3.4	12	—	—	—	—	9	18.2	—	—
15	64.8	17	17.7	(5) 17.4	(1) 17.2	(1) 16.9	4	78.0	16	6.3	17	—	1.8	—	—	16	18.6	4	1.0289
2	67.2	2	19.3	—	(1) 17.5	—	—	—	2	5.0	2	—	—	—	—	2	19.4	1	1.0271
2	64.9	8	17.4	(2) 17.2	—	(1) 17.5	—	—	8	2.6	8	—	—	—	—	8	17.9	—	—
8	61.7	8	16.7	(3) 16.7	(1) 16.2	(1) 15.4	1	64.0	8	5.3	8	—	—	—	—	8	17.6		—
14	66.0	15	17.1	(5) 15.3	(4) 17.6	(1) 15.6	2	90.5	15	5.5	15	—	0.5	—	—	13	17.7	2	1.0283
36	68.5	42	17.1	(6) 17.0	(9) 16.7	(3) 16.8	2	81.5	39	6.4	42	8.0	7.1	—	—	39	18.0	3	1.0270
1	70.2	2	16.8	(1) 16.9	—	—	—	—	2	0.0	2	—	—	—	—	2	17.3	—	—
4	60.7	4	16.5	(1) 16.7	—	(1) 16.6	—	—	3	7.3	5	—	—	—	—	4	17.5	—	—
2	64.2	2	15.0	—	—	(1) 15.6	2	69.0	2	2.5	2	—	—	—	—	2	15.6	—	—
21	69.2	24	15.3	(5) 16.2	(1) 15.4	(4) 15.2	2	91.5	24	6.3	24	2.0	7.5	—	—	19	17.3	3	1.0279
29	65.6	32	16.9	(9) 15.6	(2) 17.4	(5) 15.6	1	89.0	32	8.0	35	7.0	10.5	—	—	32	17.9	5	1.0267
1	64.5	1	15.7	(1) 16.7	—	—	—	—	1	9.0	1	—	—	—	—	1	18.0	—	—
4	62.8	4	17.6	—	(1) 16.8	—	—	—	4	6.2	4	—	—	—	—	4	17.4	1	1.0266
17	66.9	17	16.1	(2) 17.5	(4) 15.4	(1) 16.2	2	77.0	17	6.4	17	—	3.0	—	—	13	16.8	2	1.0278
20	63.6	21	16.5	(7) 16.5	(1) 15.0	(3) 16.4	2	88.5	21	6.6	24	—	13.0	—	—	21	16.7	5	1.0267
51	62.6	55	16.3	(11) 16.0	(8) 16.3	(7) 16.2	1	88.0	57	6.5	58	—	22.2	—	—	55	16.7	2	1.0268
299	—	350	—	73	47	41	30	—	343	—	357	17.0	70.9	—	—	330	—	38	—
—	65.70	—	17.2	16.7	17.2	16.6	—	80.6	—	6.0	—	—	—	—	—	—	17.8	—	1.0277

Quadrat 110°.

Position der Zone		Wetter nach Beaufort's Bezeichnung (Häufigkeit)		Häufigkeit der verschied. Wolkenformen	Häufigkeit von Dünung aus:	Mittel der Meeres-Temperatur	Bemerkungen über einzelne beobachtete Triftströmungen.		
35°—36° N. Br.	10°—15° W. L.	Summe d. Beobacht.: 83		73	13	19,6° C.			
		Böen	Himmelsansicht	cirr. 8	N —		S 32° E 7	S 33° E 9	S 65° W 7
		t 1	b 5	cirr.c 1	NE 4		N 43° E 12		S 65° W 7
		l 6	c 47	cirr.s 2	E 1				
		q 2	o 15	Str. 3	SE —				
		u —	g 2	W-c 1	S 2				
		Hydrometeore	Zustand der Luft	Cum. 47	SW —				
		h —	v 5	Cum. st 4	W —				
		r —	w 1	Nimb. 7	NW 6				
		s —	m —		†See —				
		d —	f —		glatt —				
36°—37° N. Br.	10°—15° W. L.	Summe d. Beobacht.: 44		42	9	18,6° C.			
		Böen	Himmelsansicht	cirr. 5	N —			S 19° W 6	N 51° W 7
		t —	b 5	cirr.c 1	NE 4			S 30° W 13	
		l —	c 22	cirr.s —	E —			S 51° W 13	
		q 1	o 11	Str. 4	SE —				
		u —	g —	W-c —	S —				
		Hydrometeore	Zustand der Luft	Cum. 19	SW 1				
		h —	v 4	Cum. st 8	W —				
		r —	w —	Nimb. 5	NW 4				
		s —	m 1		†See —				
		d —	f —		glatt —				
37°—38° N. Br.	10°—15° W. L.	Summe d. Beobacht.: 78		72	8	18,0° C.			
		Böen	Himmelsansicht	cirr. 3	N —		S 62° E 10	S 30° W 30	
		t —	b 8	cirr.c 2	NE 1		S 66° E 15	S 45° W 8	
		l —	c 39	cirr.s 3	E —			S 45° W 6	
		q 3	o 24	Str. 4	SE 1			S 71° W 10	
		u —	g 1	W-c —	S —				
		Hydrometeore	Zustand der Luft	Cum. 38	SW 4				
		h —	v 1	Cum. st 12	W 2				
		r —	w 1	Nimb. 10	NW 2				
		s —	m 1		†See —				
		d —	f —		glatt —				
38°—39° N. Br.	10°—15° W. L.	Summe d. Beobacht.: 72		58	8	17,6° C.			
		Böen	Himmelsansicht	cirr. 6	N —		N 9° E 16	S 70° E 7	S 15
		t —	b 3	cirr.c 1	NE 1		N 61° E 24	S 75° E 10	S 45° W 7
		l —	c 33	cirr.s 2	E —			S 27° E 12	S 65° W 23
		q 1	o 30	Str. 1	SE —			S 3° E 12	S 84° W 21
		u —	g 2	W-c —	S —				
		Hydrometeore	Zustand der Luft	Cum. 31	SW 1				
		h —	v —	Cum. st 13	W 2				
		r —	w —	Nimb. 4	NW 4				
		s —	m 2		†See —				
		d —	f 1		glatt —				
39°—40° N. Br.	10°—15° W. L.	Summe d. Beobacht.: 112		94	10	16,6° C.			
		Böen	Himmelsansicht	cirr. 12	N 1			S 60° E 10	S 65° W 10
		t —	b 7	cirr.c 1	NE 1			S 16° E 30	
		l 2	c 46	cirr.s 2	E —				
		q 5	o 47	Str. 2	SE —				
		u —	g 2	W-c 2	S —				
		Hydrometeore	Zustand der Luft	Cum. 56	SW 3				
		h —	v —	Cum. st 6	W 3				
		r 2	w —	Nimb. 13	NW 2				
		s —	m —		†See —				
		d —	f 1		glatt —				

Bemerkungen

Ueber Wind.

Unter-□	Jahr	Tag		
62.	68.	2.	12ʰ M.	Mässiger NNE-Wind bei schönem Wetter und zeitweise wolkenlosem Himmel; dabei unregelmässige See.
91.	72.	19.	12ʰ M.	Leichte veränderliche Winde, umlaufend von SSW bis NNE und zurück, worauf bei trüber Luft und heftigen Schauern stürmischer SW-Wind eintritt, der später in NW übergeht.
92	69.	28.	12ʰ M.	Leichter W-Wind mit feinem Regen geht allmählich durch N nach NE und hält mit gleicher Stärke an.
93.	68.	22.	4ʰ M.	Der starke SW-Wind mit Regen springt in einer Böe auf NW und nimmt an Stärke ab.
93.	69.	27.	4ʰ M.	Ganz leichte unregelmässige SW- bis NW-Winde gehen allmählich in leichten N-Wind und später, etwas zunehmend, in NE-Wind über, bei meist schönem Wetter.
94.	72.	21.	8ʰ N.	Der stürmische Wind dreht sich allmählich mit zunehmender Stärke von SE durch E nach NNE, NNW, W und WSW. Aus dieser Richtung nimmt der Wind für kurze Zeit an Stärke ab; darauf geht er wieder zurück nach W und WNW und nimmt an Stärke zu.

Sonstige Bemerkungen.

50.	69.	19.	12ʰ M.	Sehr hohe Dünung von NNE und E bei mässigem NE-Winde.
54.	72.	27.	12ʰ N.	Eine grosse Anzahl Sternschnuppen.
60.	77	1.	4ʰ N.	Hohe und lange Dünung aus NW; gleichzeitig eine schwächere aus NE.
74.	69.	28.	4ʰ N.	Bei Sonnenaufgang zieht dichter Nebel von NE auf, zuerst in Streifen, später jedoch den ganzen Himmel bedeckend. Der Nebel lagert nicht auf der Oberfläche des Wassers sondern bleibt in beträchtlicher Höhe. Er hält bis Sonnenuntergang an, um welche Zeit auf den leichten SW- frischer NE-Wind folgt

---

Höchster Barometerstand: **777.[illegible]** mm am 28. November 1869 in 39° n. Br. und 12° w. L. bei leichtem W-Winde und leicht bewölktem Himmel.

Niedrigster „ „ : **747.[illegible]** mm am 11. November 1878 in 39° n. Br. und 14° w. L. bei mässigem NE-Winde und bedecktem Himmel.

Höchste Lufttemperatur: **23.[illegible]°** Cels. am 1. November 1875 in 37° n. Br. und 14° w. L. bei leichtem SSW-Winde.

Niedrigste „ „ : **12.4°** Cels. am 27. November 1872 in 39° n. Br. und 14° w. L. bei leichtem WNW-Winde und klarem Himmel.

Quadrat 110d.

Position		Windbeobachtungen																				
		Anzahl der Beob.	Alle Winde, Variabeln und Stillen																	Stürme		
Breite N	Länge W		N	NNE	NE	ENE	E	ESE	SE	SSE	S	SSW	SW	WSW	W	WNW	NW	NNW	Var.	Stillen	N bis ENE	E bis SSE	S bis WSW
35°—36°	15°—16°	21	—	1	1	—	—	—	—	—	—	—	3	5	3	2	1	2	—	3	—	—	—
	16°—17°	46	2	11	7	2	2	1	1	1	—	1	5	2	1	7	2	1	—	—	—	—	2
	17°—18°	38	1	5	7	1	—	—	—	1	1	—	2	8	5	4	1	1	1	—	—	—	3
	18°—19°	41	2	—	2	3	3	6	7	3	2	1	4	2	—	2	1	3	—	—	—	—	1
	19°—20°	38	3	1	1	4	6	1	2	—	5	—	1	1	2	5	2	4	—	—	—	—	—
36°—37°	15°—16°	33	3	7	3	2	—	1	1	—	—	1	4	4	1	2	1	2	1	—	—	—	—
	16°—17°	24	3	5	4	—	—	—	1	1	—	4	2	1	—	1	—	1	1	—	1	—	—
	17°—18°	49	1	4	7	—	5	4	3	3	4	4	1	3	7	3	—	—	—	—	—	—	1
	18°—19°	41	3	3	3	—	—	3	2	3	3	1	4	2	5	3	1	2	—	3	1	—	—
	19°—20°	32	—	2	2	6	3	1	3	—	2	4	2	1	1	4	1	—	—	—	2	—	—
37°—38°	15°—16°	47	3	7	1	—	—	—	1	2	2	8	6	3	1	5	3	3	—	2	1	—	1
	16°—17°	44	1	3	2	2	—	1	2	6	3	7	4	—	2	5	3	—	1	2	—	1	—
	17°—18°	53	2	1	3	1	5	3	5	8	4	2	2	1	8	2	2	1	—	3	—	—	—
	18°—19°	38	2	5	—	1	1	3	1	7	7	2	1	1	2	2	2	1	—	—	—	—	—
	19°—20°	42	4	2	3	2	2	2	2	1	5	7	2	1	1	5	2	1	—	—	4	—	8
38°—39°	15°—16°	31	—	2	3	—	—	—	2	1	3	8	6	—	—	1	5	—	—	—	—	—	—
	16°—17°	60	—	3	9	4	4	2	5	9	1	2	2	7	3	6	2	1	—	—	—	—	1
	17°—18°	32	—	5	2	4	1	2	1	4	2	5	2	—	2	1	—	—	—	1	1	—	—
	18°—19°	38	4	4	1	3	2	1	—	7	4	—	6	1	—	—	3	1	—	1	3	—	—
	19°—20°	57	4	2	3	1	—	—	3	6	7	3	4	9	3	5	6	1	—	—	2	1	11
39°—40°	15°—16°	35	3	8	2	—	—	1	6	3	—	5	1	1	1	—	1	2	1	5	—	—	—
	16°—17°	47	1	4	2	2	1	3	1	2	1	1	7	3	5	7	3	2	1	1	—	2	1
	17°—18°	32	4	3	1	—	2	—	1	7	3	2	2	—	1	1	2	3	—	—	—	—	—
	18°—19°	34	5	5	2	4	2	—	3	3	—	1	—	—	—	4	4	—	—	1	4	1	—
	19°—20°	20	2	—	2	1	—	1	3	4	1	—	—	—	1	3	2	—	—	—	—	4	—
Fünfgrad-Feld	Summen.	973	53	**88**	73	43	39	36	**56**	**82**	**60**	69	73	**56**	**55**	**80**	50	32	6	22	19	9	24
	Mittlere Windstärke		4.9	4.3	4.0	4.6	4.4	4.5	4.6	4.6	4.5	3.9	5.2	5.7	5.1	5.0	5.5	4.7	1.2	0	8.3	8.6	8.9

November.

Barometer 700mm+		Thermometer Cels. Gr. (Temperatur der Luft)					Relative Feuchtigkeit		Bedeckung des Himmels		Niederschläge					Meeresoberfläche			
				Anzahl und Mittel								Dauer in Stunden				Temperatur		Spezif. Gewicht	
Anzahl der Beob.	Mittel mm	Anzahl der Beob.	Hohes Mittel	4h M.	4h N.	12h N	Anzahl der Beob.	Prozente	Anzahl der Beob.	Mittel (0—10)	Anzahl der Beob.-wachen	Nebel	Regen	Schnee	Hagel	Anzahl der Beob.	Grade Celsius	Anzahl der Beob.	Mittel d. Aräom.-angaben
15	65.6	22	17.9	9 18.0	6 19.3	3 18.6	1	93.0	22	4.7	22	—	1.5	—	—	22	19.2	1	1.0275
45	64.8	45	18.4	10 18.0	6 17.6	7 19.1	2	87.0	45	5.1	46	—	9.0	—	—	41	19.1	2	1.0276
36	64.4	34	18.0	6 17.6	5 18.6	6 18.2	7	86.3	32	6.0	38	—	4.5	—	—	26	19.1	1	1.0291
37	62.6	38	18.6	6 18.0	7 19.3	6 19.2	5	88.0	40	6.1	41	—	7.5	-	-	40	19.8	—	—
34	61.8	34	18.5	8 18.4	3 18.9	4 18.2	5	80.2	36	5.5	38	—	3.0	—	—	34	19.3	1	1.0264
29	66.6	35	17.7	10 17.8	4 17.2	3 16.2	2	93.0	34	4.9	33	2.0	3.5	—	—	32	18.7	3	1.0271
23	64.1	23	17.7	3 17.5	3 18.7	2 16.4	—	—	22	5.8	24	—	4.0	—	—	23	18.2	2	1.0280
49	65.0	46	17.9	9 17.4	5 18.5	4 18.8	9	85.8	44	5.5	49	—	3.0	—	—	44	18.9	1	1.0281
38	61.2	39	18.6	8 18.4	6 19.4	4 18.6	9	81.9	39	5.0	41	—	16.5	-	—	36	19.0	2	1.0272
28	60.7	28	18.6	9 18.1	2 19.0	4 18.4	6	96.6	31	5.9	32	0.5	9.5	—	—	28	18.0	—	—
55	65.0	49	17.3	8 18.0	10 17.0	8 16.7	1	96.0	45	5.7	49	1.0	9.3	—	—	47	18.4	3	1.0272
43	62.4	41	17.9	9 17.0	5 19.6	5 17.4	3	89.3	38	7.1	44	0.3	12.0	—	—	38	19.0	—	—
53	63.6	51	18.1	7 17.8	7 18.6	11 17.6	9	87.8	50	5.3	53	—	2.7	—	—	50	19.0	—	—
34	59.8	35	18.4	7 17.7	5 17.3	5 18.6	9	88.4	34	5.4	38	—	4.7	—	—	35	18.7	—	—
38	58.8	37	17.8	4 17.6	4 18.7	8 17.4	4	78.0	39	6.2	42	2.0	15.3	—	—	34	18.9	—	—
31	59.0	31	17.4	4 17.6	6 18.1	4 17.7	9	84.9	30	6.4	31	—	1.5	—	—	31	17.5	—	—
60	63.4	56	17.4	9 17.7	8 16.7	9 17.9	18	89.7	44	4.7	60	1.5	7.5	—	—	46	17.9	1	1.0283
36	67.9	31	17.0	5 16.5	6 18.5	4 16.4	11	91.8	28	5.4	32	—	8.5	—	—	29	18.0	—	—
30	58.7	31	16.9	6 16.3	4 16.4	5 16.1	7	88.7	31	5.7	38	—	22.0	—	—	28	17.8	—	—
46	60.8	48	17.6	10 17.3	9 17.7	4 16.2	11	86.8	45	6.3	57	—	16.6	—	—	39	18.1	—	-
36	63.9	33	17.0	7 16.9	5 17.5	2 17.1	6	86.5	30	4.4	36	7.0	0.5	—	—	30	17.5	—	—
46	64.2	43	17.2	12 17.0	3 18.8	7 16.3	17	88.0	32	6.0	47	—	4.0	—	—	35	17.7	—	—
25	60.6	26	16.7	2 16.4	4 17.0	2 15.8	6	93.0	27	4.5	32	—	6.0	--	—	26	17.0	—	—
28	61.4	32	16.3	7 15.5	5 16.4	4 15.9	2	69.5	32	4.4	34	—	4.5	—	0.6	30	17.6	—	—
12	58.4	19	16.3	3 16.1	3 16.4	2 16.6	—	—	17	7.9	20	—	23.5	—	0.5	13	17.0	—	—
[illegible]	—	907	—	171 —	151 —	123 —	159	—	867	—	979	14.3	200.1	—	1.0	837	—	17	—
[illegible]	63.20	—	17.7	17.4	18.0	17.6	—	87.5	—	5.8	—	—	—	—	—	—	18.5	—	1.0276

Position der Zone	Wetter nach Beaufort's Bezeichnung. (Häufigkeit.)		Häufigkeit der verschied. Wolkenformen	Häufigkeit von Seegang u. Dünung aus	Mittel der Meeres-Temperatur	Bemerkungen über einzelne beobachtete Triftströmungen.			
35°—36° N. Br. 15°—20° W. L.	Summe d. Beobacht.: 191		180	42					
	Böen	Himmelsansicht	cirr. 18	N 9		S 6° E 11	S 85° E 12	S 5° W 13	
	t —	b 19	cirr. c. —	NE —			S 75° E 12	S 83° W 7	
	l 3	c 114	cirr. s 2	E 1			S 50° E 12	S 79° W 20	
	q 7	o 42	Str. 4	SE 2					
	s 2	g 1	W.-c —	S 2	19.8° C.				
	Hydrometeore	Zustand der Luft	Cum. 127	SW 9					
	h —	v —	Cum. st 14	W 7					
	r 1	w —	Nimb. 15	NW 12					
	s —	m 2		†See —					
	d —	f —		glatt —					
36°—37° N. Br. 15°—20° W. L.	Summe d. Beobacht.: 184		162	49					
	Böen	Himmelsansicht	cirr. 18	N 8		N 61° E 8	S 86° E 22	S 11° W 21	S 87° W 15
	t —	b 11	cirr. c. 1	NE 2		N 80° E 24	S 85° E 8	S 31° W 7	N 67° W 13
	l 1	c 108	cirr. s 7	E 2			S 27° E 6	S 50° W 13	
	q 8	o 49	Str. 5	SE 10				S 53° W 10	
	s 2	g 7	W.-c 4	S 4	18.6° C.			S 71° W 22	
	Hydrometeore	Zustand der Luft	Cum. 91	SW 11					
	h —	v —	Cum. st 16	W 2					
	r 2	w —	Nimb. 20	NW 10					
	s —	m 1		†See —					
	d —	f —		glatt —					
37°—38° N. Br. 15°—20° W. L.	Summe d. Beobacht.: 228		200	43					
	Böen	Himmelsansicht	cirr. 19	N 7		N 13° E 19	S 70° E 6	S 9° W 14	W 14
	t —	b 12	cirr. c —	NE 9			S 66° E 11	S 16° W 12	N 45° W 9
	l 5	c 118	cirr. s 4	E 1			S 34° E 14	S 75° W 11	N 22° W 9
	q 8	o 72	Str. 14	SE 12			S 47° E 27		
	s —	g 9	W.-c 2	S 2	18.6° C.		S 27° E 9		
	Hydrometeore	Zustand der Luft	Cum. 108	SW 5			S 22° E 28		
	h —	v —	Cum. st 30	W 4					
	r 4	w —	Nimb. 23	NW 3					
	s —	m —		†See —					
	d —	f —		glatt —					
38°—39° N. Br. 15°—20° W. L.	Summe d. Beobacht.: 216		165	66					
	Böen	Himmelsansicht	cirr. 16	N 12			S 66° E 22	S 7	N 67° W 10
	t 1	b 15	cirr. c 2	NE 15			S 6° E 10	S 8° W 11	N 35° W 22
	l 1	c 102	cirr. s —	E 3				S 43° W 22	
	q 16	o 49	Str. 9	SE 8				S 51° W 39	
	s 2	g 7	W.-c 12	S 9	17.9° C.			S 56° W 8	
	Hydrometeore	Zustand der Luft	Cum. 90	SW 9				S 61° W 31	
	h —	v 7	Cum. st 28	W 3					
	r 12	w —	Nimb. 8	NW 8					
	s —	m 1		†See 4					
	d 1	f 2		glatt —					
39°—40° N. Br. 15°—20° W. L.	Summe d. Beobacht.: 169		138	45					
	Böen	Himmelsansicht	cirr. 20	N 6		N 11° E 22	S 87° E 18	S 33° W 12	N 66° W 31
	t —	b 12	cirr. c 4	NE 17			S 87° E 11	S 40° W 9	N 22° W 8
	l 2	c 84	cirr. s 1	E 1			S 27° E 11	S 61° W 45	
	q 12	o 38	Str. 4	SE —					
	s 2	g 4	W.-c —	S —	17.5° C.				
	Hydrometeore	Zustand der Luft	Cum. 67	SW —					
	h 2	v —	Cum. st 25	W 6					
	r 9	w —	Nimb. 12	NW 14					
	s —	m —		†See 2					
	d 2	f 2		glatt —					

Bemerkungen

Ueber Wind.

Unter-□	Jahr	Tag		
65.	69.	25.	12ʰ M.	Der mässige bis frische östliche Wind geht beim Segeln nach S ohne Unterbrechung in den NE-Passat über.
66.	69.	30.	12ʰ M.	Der mässige NNE-Wind steht bis 23° n. Br. beständig durch, worauf 3 Tage leichte südliche und westliche Winde wehen und dann der frische NE-Passat einsetzt.
75.	78.	27.	8ʰ N.	Der stürmische NNW-Wind geht beim Segeln nach S mit steigendem Barometer, schönem Wetter und allmählich abflauend durch NE nach E.
86.	76.	28.	4ʰ M.	Der mässige E-Wind geht beim Segeln nach S mit fallendem Barometer allmählich nach SW und wird stürmisch mit Böen.
95.	72.	16.	8ʰ N.	Der mässige NNE-Wind geht beim Segeln nach S, nach einer Unterbrechung von 16 Stunden durch leichte westliche Winde, in den NE-Passat über.
95.	78.	4.	8ʰ N.	Der mässige NE-Wind geht allmählich nach SE und frischt etwas auf. Nach 48 Stunden setzt leichter SW-Wind und Mallung ein.
98.	78.	26.	12ʰ N.	Harter Sturm aus NNE (10). Mit steigendem Barometer flaut der Wind allmählich ab und krimpt nach NW. Vier Stunden später setzt mässiger NE-Wind ein.
98.	78	27.	4ʰ M.	Der stürmische N-Wind mit schweren Regen- und Hagelböen geht bei steigendem Barometer und allmählich abnehmend mit schönem Wetter durch NE und E nach SE.
99.	78.	6.	12ʰ M.	Der flaue Wind holt mit wenig verändertem Barometerstande von NE nach SE und wird auf kurze Zeit stürmisch. Darauf flaut er wieder ab.

Sonstige Bemerkungen.

Unter-□	Jahr	Tag		
58.	76.	29.	12ʰ N.	Bei stürmischem WSW-Winde ziehen die oberen Cir.-c. aus WNW; Blitzen um den ganzen Horizont. Um 8ʰ M. am 30. fallen grosse Regentropfen aus klarer Luft.
59.	71.	17.	4ʰ N.	Eine Schildkröte.
65.	71.	11.	8ʰ N.	Fliegender Fisch.
98.	75.	25.	8ʰ N.	Bei stürmischem NW-Winde Elmsfeuer auf allen Nocken und Toppen. Gleich darauf eine schwere Böe aus NW.

Höchster Barometerstand: **770.3** mm am 19. November 1876 in 38° n. Br. und 17° w. L. bei leichtem südlichem Winde und bewölkter Luft.

Niedrigster „ „ : **745.6** mm am 25. November 1878 in 39° n. Br. und 19° w. L. bei stürmischem N-Winde und Regen.

Höchste Lufttemperatur: **21.9**° Cels. am 2. November 1872 in 36° n. Br. und 16° w. L. bei ganz flauem Zuge aus WSW und klarem Himmel.

Niedrigste „ „ : **10.8**° Cels. am 27. November 1878 in 39° n. Br. und 18° w. L. bei starkem N-Winde und Hagelböen.

Quadrat 110a.

Position		Windbeobachtungen																					
		Alle Winde, Variabeln und Stillen																			Stürme		
Breite N	Länge W	Anzahl der Beob.	N	NNE	NE	ENE	E	ESE	SE	SSE	S	SSW	SW	WSW	W	WNW	NW	NNW	Var.	Stillen	N bis ENE	E bis SSE	S bis WSW
30°—31°	10°—11°	—	—	—	—	—	—	—	—	—	—	—	—	—	—	—	—	—	—	—	—	—	—
	11°—12°	—	—	—	—	—	—	—	—	—	—	—	—	—	—	—	—	—	—	—	—	—	—
	12°—13°	—	—	—	—	—	—	—	—	—	—	—	—	—	—	—	—	—	—	—	—	—	—
	13°—14°	5	—	—	—	—	—	—	—	—	—	—	4	—	—	—	—	1	—	—	—	—	—
	14°—15°	6	3	2	—	—	—	—	—	—	—	—	—	—	—	—	—	1	—	—	—	—	—
31°—32°	10°—11°	—	—	—	—	—	—	—	—	—	—	—	—	—	—	—	—	—	—	—	—	—	—
	11°—12°	11	—	—	—	—	—	—	—	—	—	2	2	2	2	1	2	—	—	—	—	—	—
	12°—13°	3	—	—	—	—	—	—	—	—	—	—	—	—	—	—	3	—	—	—	—	—	—
	13°—14°	5	1	1	—	—	—	—	—	—	—	1	—	2	—	—	—	—	—	—	—	—	—
	14°—15°	—	—	—	—	—	—	—	—	—	—	—	—	—	—	—	—	—	—	—	—	—	—
32°—33°	10°—11°	—	—	—	—	—	—	—	—	—	—	—	—	—	—	—	—	—	—	—	—	—	—
	11°—12°	4	—	—	—	—	—	—	—	—	—	1	1	2	—	—	—	—	—	—	—	—	—
	12°—13°	2	—	—	—	1	—	1	—	—	—	—	—	—	—	—	—	—	—	—	—	—	—
	13°—14°	5	—	1	1	—	—	—	—	—	—	—	1	2	—	—	—	—	—	—	—	—	—
	14°—15°	6	—	—	—	—	—	3	1	—	2	—	—	—	—	—	—	—	—	—	—	—	—
33°—34°	10°—11°	3	—	—	—	—	—	—	—	1	2	—	—	—	—	—	—	—	—	—	—	—	—
	11°—12°	4	—	—	—	—	—	—	—	2	1	—	1	—	—	—	—	—	—	—	—	—	—
	12°—13°	8	1	1	—	—	—	—	1	1	—	2	—	2	—	—	—	—	—	—	—	—	—
	13°—14°	11	—	1	1	2	1	—	—	—	1	1	1	—	—	—	1	—	—	2	—	—	1
	14°—15°	—	—	—	—	—	—	—	—	—	—	—	—	—	—	—	—	—	—	—	—	—	—
34°—35°	10°—11°	5	—	—	—	—	—	—	—	—	—	—	—	—	—	—	2	3	—	—	—	—	—
	11°—12°	4	—	—	—	1	—	—	—	—	1	1	—	1	—	—	—	—	—	—	—	—	—
	12°—13°	7	1	—	—	—	—	—	—	—	—	—	1	2	—	2	—	—	1	—	—	—	—
	13°—14°	—	—	—	—	—	—	—	—	—	—	—	—	—	—	—	—	—	—	—	—	—	—
	14°—15°	—	—	—	—	—	—	—	—	—	—	—	—	—	—	—	—	—	—	—	—	—	—
Fünfgrad-Feld	Summen	89	6	6	2	4	1	4	2	4	7	8	11	13	2	3	8	5	1	2	—	—	1
	Mittlere Windstärke		3.5	3.8	2.5	3.0	4.0	3.5	4.0	5.8	4.6	4.1	4.3	2.8	3.0	2.0	4.8	3.8	3.0	0	—	—	10.0

Barometer 700mm+		Thermometer Cels. Gr. (Temperatur der Luft)					Relative Feuchtigkeit		Bedeckung des Himmels		Niederschläge					Meeresoberfläche			
				Anzahl und Mittel								Dauer in Stunden				Temperatur		Spezif. Gewicht	
Anzahl der Beob.	Mittel mm	Anzahl der Beob.	Rohes Mittel	4h M.	4h N.	12h N.	Anzahl der Beob.	Prozente	Anzahl der Beob.	Mittel (0–10)	Anzahl der Beob.-wachen	Nebel	Regen	Schnee	Hagel	Anzahl der Beob.	Grade Celsius	Anzahl der Beob.	Mittel d. Aräom.-angaben
—	—	—	—	—	—	—	—	—	—	—	—	—	—	—	—	—	—	—	—
—	—	—	—	—	—	—	—	—	—	—	—	—	—	—	—	—	—	—	—
—	—	—	—	—	—	—	—	—	—	—	—	—	—	—	—	—	—	—	—
—	—	5	19.5	2 18.1	—	—	—	—	5	4.8	5	—	—	—	—	5	20.5	—	—
6	66.3	8	18.2	—	2 18.4	—	—	—	8	4.6	8	—	—	—	—	8	19.2	2	1.0276
—	—	—	—	—	—	—	—	—	—	—	—	—	—	—	—	—	—	—	—
5	50.4	11	16.8	1 16.4	—	—	—	—	11	3.9	11	—	—	—	—	11	18.0	—	—
2	59.1	3	16.8	1 17.5	—	—	—	—	2	2.0	3	—	—	—	—	3	18.8	—	—
2	61.7	5	18.7	3 18.7	—	1 17.6	—	—	5	6.4	5	—	—	—	—	5	19.0	—	—
1	69.8	1	18.4	—	—	—	—	—	1	6.0	1	—	—	—	—	1	20.1	1	1.0275
—	—	—	—	—	—	—	—	—	—	—	—	—	—	—	—	—	—	—	—
3	48.0	4	16.8	1 15.8	—	—	—	—	4	4.2	4	—	—	—	—	4	18.0	—	—
2	58.1	2	17.3	—	—	—	—	—	2	6.0	2	—	—	—	—	2	18.2	—	—
3	63.1	1	18.1	1 18.9	1 17.1	—	—	—	6	4.7	6	—	—	—	—	6	19.1	1	1.0274
8	71.0	8	18.8	—	2 18.6	—	2	64.5	8	6.9	8	—	2.0	—	—	8	18.4	—	—
3	58.5	3	16.5	1 16.5	—	1 16.4	—	—	3	9.3	3	—	4.0	—	—	3	17.4	—	—
4	54.5	4	14.8	—	1 14.0	—	—	—	4	9.0	4	—	6.5	—	—	4	17.3	—	—
4	63.9	8	17.1	4 16.9	—	1 16.1	—	—	8	5.1	8	—	1.0	—	—	8	18.4	—	—
9	70.3	13	17.8	4 17.5	1 17.5	3 16.9	—	—	13	5.5	13	—	4.0	—	—	13	18.8	2	1.0276
1	71.2	1	20.8	—	—	—	1	61.0	1	7.0	1	—	—	—	—	1	18.8	—	—
5	68.0	5	15.8	1 15.0	1 16.2	—	—	—	5	4.4	5	—	0.5	—	—	5	17.3	—	—
4	68.4	4	15.0	1 14.9	—	1 14.9	—	—	4	7.5	4	—	—	—	—	4	17.6	—	—
6	60.9	8	16.6	2 16.6	1 17.2	1 16.2	—	—	8	5.1	8	—	0.5	—	—	8	17.9	1	1.0275
1	71.6	1	17.5	1 17.5	—	—	1	72.0	1	9.0	1	—	—	—	—	1	17.8	—	—
1	71.4	1	19.1	—	—	—	1	62.0	1	9.0	1	—	—	—	—	1	18.6	—	—
70	—	96	—	26 —	9 —	8 —	5	—	100	—	101	—	18.5	—	—	101	—	7	—
—	63.62	—	17.0	16.7	17.3	16.5	—	64.8	—	5.5	—	—	—	—	—	—	18.4	—	1.0275

Position der Zone		Wetter nach Beaufort's Bezeichnung. (Häufigkeit.)		Häufigkeit der verschied. Wolkenformen	Häufigkeit von Seegang u. Dünung aus:	Mittel der Meeres-Temperatur	Bemerkungen über einzelne beobachtete Triftströmungen.
30° — 31° N. Br.	10° — 15° W. L.	Summe d. Beobacht.: 13		13	2	19.7° C.	N 14° E 15
		Böen	Himmelsansicht	cirr. —	N —		
		t —	b 2	cirr. c —	NE 2		
		l —	c 8	cirr. s —	E —		
		q —	o 3	Str. 1	SE —		
		u —	g —	W-c 1	S —		
		Hydrometeore	Zustand der Luft	Cum. 8	SW —		
		h —	v —	Cum. st 3	W —		
		r —	w —	Nimb. —	NW —		
		s —	m —		† See —		
		d —	f —		glatt —		
31° — 32° N. Br.	10° — 15° W. L.	Summe d. Beobacht.: 21		14	1	18.6° C.	S 83° E 9 S 14° W 9
		Böen	Himmelsansicht	cirr. —	N —		S 24° E 7
		t —	b 2	cirr. c —	NE 1		
		l 1	c 13	cirr. s —	E —		
		q —	o 4	Str. 3	SE —		
		u —	g —	W-c —	S —		
		Hydrometeore	Zustand der Luft	Cum. 10	SW —		
		h —	v —	Cum. st —	W —		
		r —	w —	Nimb. 1	NW —		
		s —	m 1		† See —		
		d —	f —		glatt —		
32° — 33° N. Br.	10° — 15° W. L.	Summe d. Beobacht.: 21		21	5	18.4° C.	S 45° E 5
		Böen	Himmelsansicht	cirr. 2	N —		
		t —	b 1	cirr. c 1	NE 1		
		l —	c 14	cirr. s 2	E —		
		q 1	o 4	Str. 3	SE —		
		u —	g —	W-c 1	S 2		
		Hydrometeore	Zustand der Luft	Cum. 8	SW —		
		h —	v —	Cum. st 3	W —		
		r —	w —	Nimb. 1	NW 2		
		s —	m 1		† See —		
		d —	f —		glatt —		
33° — 34° N. Br.	10° — 15° W. L.	Summe d. Beobacht.: 37		30	5	18.8° C.	E 7 S 68° W 14
		Böen	Himmelsansicht	cirr. —	N 1		
		t —	b —	cirr. c. 1	NE 2		
		l —	c 17	cirr. s 6	E —		
		q 5	o 11	Str. 3	SE —		
		u 1	g —	W-c —	S —		
		Hydrometeore	Zustand der Luft	Cum. 11	SW —		
		h —	v —	Cum. st 1	W —		
		r —	w —	Nimb. 8	NW —		
		s —	m 2		† See —		
		d 1	f —		glatt 2		
34° — 35° N. Br.	10° — 15° W. L.	Summe d. Beobacht.: 22		18	9	17.7° C.	W16
		Böen	Himmelsansicht	cirr. 1	N 4		
		t —	b 2	cirr. c 1	NE —		
		l —	c 11	cirr. s 1	E —		
		q —	o 7	Str. —	SE —		
		u —	g —	W-c —	S 2		
		Hydrometeore	Zustand der Luft	Cum. 9	SW 2		
		h —	v —	Cum. st 4	W —		
		r —	w —	Nimb. 2	NW —		
		s —	m 1		† See 1		
		d 1	f —		glatt —		

Bemerkungen

Ueber Wind.

Unter-▢	Jahr	Tag		
30.	71.	7.	12ʰ N.	Frischer S-Wind mit Regenböen. Beim Segeln nach S folgt nach 24 Stunden der NE-Passat.
41.	69.	13.	12ʰ M.	Der mässige NNW-Wind geht beim Segeln nach S allmählich in den NE-Passat über. Hohe Dünung aus N
42.	77.	14.	8ʰ N.	Der stürmische NE-Passat nimmt beim Segeln nach S etwas ab; es bleibt aber eine stetige Briese. Die NNW-Dünung nimmt ab.
42.	78.	26.	4ʰ N.	Der leichte NW-Wind wird flau, worauf leichter SW-Wind mit einzelnen steifen Böen einsetzt.
44.	77.	26.	6ʰ M.	Der flau aus SE wehende Wind springt um 4ʰ N. nach NW und frischt für kurze Zeit auf, geht dann wieder nach SSE und wird still. Am 27. um 4ʰ M. setzt beim Segeln nach S leichter NE-Passat ein, der allmählich auffrischt.

Sonstige Bemerkungen.

04.	71.	10.	8ʰ N.	Zunehmende hohe SSW-See
30.	71.	8.	4ʰ M.	Mässiger Seegang aus NE.
41.	78.	15.	8ʰ N.	Zunehmende Dünung aus WSW.

Höchster Barometerstand: **774.[illegible]** mm am 15. Dezember 1869 in 32° n. Br. und 14° w. L. bei mässigem ESE-Winde und bewölktem Himmel.

Niedrigster „ „ : **747.[illegible]** mm am 2. Dezember 1874 in 32° n. Br. und 11° w. L. bei mässigem SSW-Winde und heiterem Himmel, und am 1. Dezember 1874 in 34° n. Br. und 12° w. L. bei frischem SW-Winde und wolkigem Himmel.

Höchste Lufttemperatur: **21.[illegible]°** Cels. am 6. Dezember 1876 in 30° n. Br. und 13° w. L. bei mässigem SW-Winde und halb bedecktem Himmel.

Niedrigste „ „ **14.9°** Cels. am 15. Dezember 1876 in 34° n. Br. und 11° w. L. bei leichtem ENE-Winde und wolkigem Himmel.

Quadrat 110b. ....

Position		Windbeobachtungen																						
Breite N	Länge W	Anzahl der Beob.	Alle Winde, Variabeln und Stillen																		Stürme			
			N	NNE	NE	ENE	E	ESE	SE	SSE	S	SSW	SW	WSW	W	WNW	NW	NNW	Var.	Stillen	N bis ENE	E bis SSE	S bis WSW	W bis NNW
30°—31°	15°—16°	2	1	—	—	—	—	—	—	—	—	—	1	—	—	—	—	—	—	—	—	—	—	—
	16°—17°	5	1	—	—	1	—	—	1	2	—	—	—	—	—	—	—	—	—	—	—	—	—	—
	17°—18°	13	1	2	2	2	—	—	—	2	—	—	—	2	2	—	—	—	—	—	—	—	—	—
	18°—19°	40	6	10	7	1	4	—	—	1	—	1	—	—	—	3	—	4	2	1	3	—	—	3
	19°—20°	70	9	14	4	1	10	4	1	—	—	—	6	8	4	1	1	3	4	—	2	2	—	1
31°—32°	15°—16°	5	—	—	—	—	—	—	3	—	—	—	1	—	1	—	—	—	—	—	—	—	—	—
	16°—17°	7	1	1	—	—	—	—	2	—	—	—	—	—	3	—	—	—	—	—	—	—	—	—
	17°—18°	17	3	3	4	—	—	—	—	—	—	—	1	3	—	1	—	2	—	—	—	—	—	—
	18°—19°	50	11	11	5	2	—	—	1	2	1	3	—	—	—	1	—	10	2	1	2	—	—	2
	19°—20°	48	4	11	2	6	1	—	—	2	1	—	1	5	3	1	3	3	4	1	1	—	—	2
32°—33°	15°—16°	2	—	—	—	—	—	—	1	—	—	—	—	—	—	—	—	1	—	—	—	—	—	—
	16°—17°	16	5	3	—	—	—	—	—	—	—	—	—	—	1	—	5	2	—	—	—	—	—	—
	17°—18°	17	1	1	4	2	1	—	—	—	—	—	—	—	1	1	1	2	3	—	—	—	—	1
	18°—19°	79	7	9	7	—	4	—	3	5	4	5	7	6	3	4	2	7	—	6	1	—	—	2
	19°—20°	41	1	9	2	6	2	3	1	3	—	—	—	3	2	2	5	2	—	—	—	—	—	—
33°—34°	15°—16°	7	—	—	—	—	—	—	—	—	—	—	2	—	1	—	3	1	—	—	—	—	—	—
	16°—17°	14	2	—	1	—	—	—	—	—	1	2	2	2	—	—	3	1	—	—	—	—	—	—
	17°—18°	59	6	7	6	—	1	—	—	—	1	7	11	9	4	3	1	3	—	—	—	—	—	1
	18°—19°	85	7	15	3	1	5	3	1	1	16	7	6	2	4	6	7	—	1	—	—	—	3	1
	19°—20°	39	—	2	2	4	—	4	2	—	2	4	2	1	5	3	1	6	—	1	1	—	—	1
34°—35°	15°—16°	18	—	—	1	—	—	—	—	—	—	—	2	3	1	3	3	5	—	—	—	—	—	5
	16°—17°	40	—	2	6	2	—	3	—	—	1	3	3	3	2	6	1	2	—	6	—	—	—	3
	17°—18°	58	8	10	6	2	—	1	—	3	6	3	2	—	4	2	2	2	3	4	—	—	—	—
	18°—19°	34	2	6	5	1	1	—	1	—	—	2	6	2	3	4	—	1	—	—	—	1	5	—
	19°—20°	47	3	5	3	3	1	4	1	—	2	4	4	5	1	1	2	5	1	2	—	—	—	—
Fünfgrad-Feld	Summen	813	**70**	**121**	**70**	34	30	22	18	21	35	41	57	**54**	**45**	**42**	**40**	**62**	20	22	10	3	8	**22**
	Mittlere Windstärke		4.6	4.6	3.9	4.3	4.6	4.2	4.4	3.0	3.8	4.0	4.8	4.1	4.2	5.4	5.0	5.5	2.8	0	8.4	8.0	8.4	8.1

4	19.5	1 21.0	—	1 19.1	2	64.5	4	5.2	4	—	—	—	—	4	19.0	—
6	18.1	3 18 4	—	1 18.8	—	—	6	4.5	6	—	1.0	—	—	6	17.3	—
13	18.5	3 16.6	3 19.6	2 18.2	5	95.6	13	5.9	13	—	—	—	—	11	19.7	—
41	18 4	7 17.3	5 18.9	9 17.9	10	77.4	42	5.3	42	—	19.6	—	—	34	20.6	—
68	18.5	17 18.6	9 18.2	7 18.3	6	79.6	68	5 5	72	—	15.9	—	—	62	20.0	3
6	19.0	1 17.5	1 21.6	1 20.5	1	62.0	6	6.3	6	—	—	—	—	6	19 2	—
7	18.5	—	3 18.8	—	1	96.0	7	6.3	7	—	3.5	—	—	4	18.8	—
15	18.6	4 18.4	1 19.0	2 18.6	4	90.8	17	4.8	17	—	1.5	—	—	11	20.1	—
52	17.7	9 18.3	10 17.7	8 17.7	8	79.8	51	5.1	53	—	15 0	—	—	50	19.3	2
46	18.3	10 18.1	6 18.8	6 18.1	10	81.8	47	5.9	49	—	7.5	—	—	40	19.8	3
2	17.6	—	—	1 18.1	—	—	2	4.5	2	—	—	—	—	2	18 8	—
16	17.9	3 17.4	1 20.0	4 17.7	4	86.0	16	4.4	16	—	2.0	—	—	9	18.7	—
15	17.1	4 15.8	3 18.8	2 16.3	1	94.0	17	5.4	19	—	8.8	—	—	11	18.1	—
81	18.3	11 18.4	13 18.8	10 18.5	19	86.7	82	5.3	82	—	27.0	—	—	79	19.2	4
38	18.1	6 18.5	6 16.9	5 18.1	6	94 2	42	5.6	43	—	15.8	—	—	39	19.4	1
7	18.0	3 18.0	—	1 16.6	1	83.0	7	4.0	7	—	—	—	—	5	19.1	1
12	18.3	—	3 18.7	—	1	85.0	14	4.2	14	—	1.5	—	—	11	18.4	1
61	18.7	13 18.3	10 18.8	12 18.0	19	86.4	60	5.8	62	0.5	13.5	—	—	48	18.9	1
80	18.1	14 17.4	11 18.5	13 18.0	24	89.9	85	6.1	86	2.5	22.0	—	—	72	18.7	3
38	17.7	9 17.5	4 17.4	7 17.3	—	—	38	7.0	39	—	25.8	—	—	33	19.2	4
18	17.3	3 16.2	1 18.1	4 17.2	3	84.7	18	5.6	18	—	4.0	—	—	13	19.3	1
40	17.3	7 17.0	4 17.1	7 16.4	17	84.3	40	5.3	41	—	13.0	—	—	38	18.0	2
60	17.2	12 17.1	10 17 2	7 17.0	14	83.9	61	5.3	62	—	10.0	—	—	55	18.0	1
34	18.4	4 18.7	7 18.2	4 18.2	13	85.7	35	6.5	35	—	4.5	—	—	25	18.4	4
46	17.3	8 17.1	6 16.6	8 16.6	5	97.0	46	5.5	47	—	8.3	—	—	35	18.7	—
805	—	152 —	117 —	122 —	174	—	824	—	842	3.0	220.2	—	—	708	—	31
—	18.0	17.8	18.5	17.6	—	85.7	—	5.5	—	—	—	—	—	—	19.0	—

Position der Zone		Wetter nach Beaufort's Bezeichnung. (Häufigkeit.)		Häufigkeit der verschied. Wolkenformen	Häufigkeit von Seegang u. Dünung aus:	Mittel der Meeres-Temperatur	Bemerkungen über einzelne beobachtete Triftströmungen.
30°—31° N. Br.	15°—20° W. L.	Summe d. Beobacht.: 141		143	35		
		Böen	Himmelsansicht	cirr. 11	N 9		N 81° E 12; S 22° E 9; S 36° W 19; N 65° W 17
		t —	b 4	cirr.c —	NE 2		S 45° W 22
		l 1	c 96	cirr.s 1	E —		S 68° W 32
		q 2	o 26	Str. 7	SE —		
		u —	g 6	W-c 8	S 1	19.8° C.	
		Hydrometeore	Zustand der Luft	Cum. 87	SW 2		
		h —	v 1	Cum.st 13	W 19		
		r 8	w —	Nimb. 21	NW 5		
		s —	m 2		†See 3		
		d —	f —		glatt —		
31°—32° N. Br.	15°—20° W. L.	Summe d. Beobacht.: 137		130	40		
		Böen	Himmelsansicht	cirr. 10	N 10		N 28° E 8; E 8; S 11
		t —	b 8	cirr.c —	NE —		N 71° E 8; S 43° E 28; S 3° W 15
		l 4	c 81	cirr.s 1	E 1		S 27° E 7; S 62° W 21
		q 8	o 35	Str. 5	SE —		S 68° W 9
		u 8	g —	W-c —	S 3	19.5° C.	
		Hydrometeore	Zustand der Luft	Cum. 86	SW 4		
		h —	v 1	Cum.st 12	W 13		
		r —	w —	Nimb. 16	NW 7		
		s —	m —		†See 2		
		d 2	f —		glatt —		
32°—33° N. Br.	15°—20° W. L.	Summe d. Beobacht.: 179		169	49		
		Böen	Himmelsansicht	cirr. 19	N 10		N 37° E 10; S 34° E 19; S 29° W 21; W 8
		t 2	b 7	cirr.c —	NE 4		N 68° E 11; S 7° E 13; S 56° W 16; N 84° W 13
		l 6	c 109	cirr.s 5	E 2		S 3° E 22; N 63° W 21
		q 4	o 36	Str. 3	SE —		N 62° W 22
		u —	g —	W-c —	S 4	19.1° C.	N 28° W 17
		Hydrometeore	Zustand der Luft	Cum. 106	SW 4		
		h —	v —	Cum.st 18	W 21		
		r 9	w —	Nimb. 18	NW 3		
		s —	m 1		†See 1		
		d 4	f 1		glatt —		
33°—34° N. Br.	15°—20° W. L.	Summe d. Beobacht.: 264		212	85		
		Böen	Himmelsansicht	cirr. 18	N 6		N 19° E 15; S 87° E 21; S 56° W 20; N 11° W 11
		t 2	b 7	cirr.c 1	NE 8		N 57° E 26; S 84° E 8; S 56° W 15
		l 6	c 113	cirr.s 8	E 4		N 68° E 10; S 12° E 25; S 57° W 8
		q 33	o 53	Str. 14	SE —		S 14° E 14; S 68° W 22
		u 1	g 14	W-c 2	S 7	18.9° C.	
		Hydrometeore	Zustand der Luft	Cum. 104	SW 12		
		h —	v —	Cum.st 30	W 30		
		r 20	w —	Nimb. 35	NW 15		
		s —	m 8		†See 8		
		d 2	f 5		glatt —		
34°—35° N. Br.	15°—20° W. L.	Summe d. Beobacht.: 231		220	67		
		Böen	Himmelsansicht	cirr. 26	N 8		N 11° E 9; S 81° E 13; S 43° W 21; W 22
		t —	b 22	cirr.c 3	NE 2		S 58° E 27; S 71° W 10
		l 3	c 118	cirr.s 5	E 12		S 48° E 16
		q 5	o 54	Str. 17	SE —		S 41° E 24
		u 5	g 0	W-c 5	S 9	18.2° C.	S 6° E 13
		Hydrometeore	Zustand der Luft	Cum. 120	SW 4		S 6° E 7
		h —	v 1	Cum.st 24	W 21		
		r 6	w —	Nimb. 14	NW 12		
		s —	m 6		†See 4		
		d 2	f —		glatt —		

Bemerkungen

Ueber Wind.

Unter-□	Jahr	Tag		
07.	69	17.	12ʰ M.	Der mässige SSE-Wind geht beim Segeln nach S vermittelst Drehung durch W und N in den stetigen NE-Passat über.
08.	78.	31.	8ʰ M.	Der frische ESE-Wind wird flau und veränderlich. Nach 24 Stunden setzt frischer SE-Wind ein. Beim Segeln nach S dreht sich der Wind allmählich in die NE-Passatrichtung.
09.	78.	1.	4ʰ M.	Der stürmische Wind geht beim Segeln nach S mit fallendem Barometer von ESE nach SW und wird flau.
16.	72.	4.	4ʰ N.	Der flaue bis frische W-Wind holt in einem heftigen Regenschauer durch N nach NE und wird stürmisch. Nach 12 Stunden nimmt derselbe bis zur stetigen frischen Passatbriese ab.
17.	75.	16.	12ʰ N.	Der mässige NNE-Wind wird beim Segeln nach S 24 Stunden lang durch flauen W-Wind unterbrochen. Darauf setzt der frühere Wind wieder ein und wird zum stetigen NE-Passat.
28.	78.	18.	8ʰ N.	Der flaue S-Wind geht nach SW und wird stürmisch. Beim Segeln nach S holt der Wind nach 8 Stunden nach NW, flaut ab und wird still.
36.	70.	17.	12ʰ M.	Der frische N-Wind geht beim Segeln nach S direkt in den NE-Passat über.
36.	74.	26.	12ʰ M.	Mässiger SW-Wind. Beim Segeln nach S dreht sich der Wind durch W und N nach NE und wird zum Passat.
37.	77.	7.	4ʰ N.	Flauer SSW-Wind und Stille. Um 12ʰ N. kommt frischer bis stürmischer N-Wind durch, der beim Segeln nach S in den NE-Passat übergeht. Hoher brechender Seegang aus N.

Sonstige Bemerkungen.

07.	78.	20.	8ʰ M.	Viel Seekraut.
38.	78.	28.	12ʰ M.	Seekraut.
47.	78.	27	12ʰ M.	Seekraut.

Höchster Barometerstand: **770.0** mm am 24. Dezember 1875 in 34° n. Br. und 19° w. L. bei frischem ENE-Winde und heiterem Himmel.

Niedrigster „ „: **740.5** mm am 9. Dezember 1878 in 31° n Br. und 19° w. L. bei flauem SSE-Winde mit Gewitter und Regenschauern.

Höchste Lufttemperatur: **22.0**° Cels. am 12. Dezember 1870 in 30° n. Br. und 18° w L. bei frischem SSW-Winde und heiterem Himmel und am 29. Dezember 1876 in 32° n. Br. und 18° w. L. bei hartem SSW-Sturm (10) und ganz bedecktem Himmel

Niedrigste „ „: **12.5**° Cels. am 2. Dezember 1871 in 34° n. Br. und 19° w. L. bei frischem N-Winde und halb bedecktem Himmel.

Quadrat 110°.

Position		Windbeobachtungen																				
		Anzahl der Beob.	Alle Winde, Variabeln und Stillen																	Stürme		
Breite N	Länge W		N	NNE	NE	ENE	E	ESE	SE	SSE	S	SSW	SW	WSW	W	WNW	NW	NNW	Var.	Stillen	N bis ENE	E bis SSE	S bis WSW
35°—36°	10°—11°	4	—	—	2	2	—	—	—	—	—	—	—	—	—	—	—	—	—	—	—	—	—
	11°—12°	4	—	—	—	1	—	—	—	—	—	—	1	1	1	—	—	—	—	—	—	—	—
	12°—13°	3	—	—	—	—	—	—	—	—	—	—	3	—	—	—	—	—	—	—	—	—	—
	13°—14°	1	—	—	—	—	—	—	—	—	—	—	1	—	—	—	—	—	—	—	—	—	—
	14°—15°	1	—	—	—	—	—	—	—	—	—	—	—	—	—	—	1	—	—	—	—	—	—
36°—37°	10°—11°	—	—	—	—	—	—	—	—	—	—	—	—	—	—	—	—	—	—	—	—	—	—
	11°—12°	2	—	—	—	—	—	—	—	—	—	—	1	1	—	—	—	—	—	—	—	—	—
	12°—13°	—	—	—	—	—	—	—	—	—	—	—	—	—	—	—	—	—	—	—	—	—	—
	13°—14°	2	—	—	—	—	—	—	—	—	—	—	2	—	—	—	—	—	—	—	—	—	—
	14°—15°	22	2	—	3	—	—	—	—	—	—	3	9	—	1	2	1	1	—	—	1	—	2
37°—38°	10°—11°	2	—	—	—	—	—	—	—	—	—	—	2	—	—	—	—	—	—	—	—	—	—
	11°—12°	—	—	—	—	—	—	—	—	—	—	—	—	—	—	—	—	—	—	—	—	—	—
	12°—13°	—	—	—	—	—	—	—	—	—	—	—	—	—	—	—	—	—	—	—	—	—	—
	13°—14°	5	1	1	—	—	—	—	—	—	—	—	3	—	—	—	—	—	—	—	—	—	3
	14°—15°	28	1	—	1	1	—	—	—	—	1	5	9	3	4	2	—	1	—	—	2	—	2
38°—39°	10°—11°	—	—	—	—	—	—	—	—	—	—	—	—	—	—	—	—	—	—	—	—	—	—
	11°—12°	—	—	—	—	—	—	—	—	—	—	—	—	—	—	—	—	—	—	—	—	—	—
	12°—13°	6	1	2	—	—	—	—	—	—	—	—	1	2	—	—	—	—	—	—	—	—	—
	13°—14°	8	—	—	—	—	1	—	—	—	—	1	6	—	—	—	—	—	—	—	—	1	—
	14°—15°	34	2	4	—	1	—	1	—	2	—	3	7	4	—	3	5	2	—	—	1	—	—
39°—40°	10°—11°	—	—	—	—	—	—	—	—	—	—	—	—	—	—	—	—	—	—	—	—	—	—
	11°—12°	3	—	1	2	—	—	—	—	—	—	—	—	—	—	—	—	—	—	—	1	—	—
	12°—13°	5	—	—	—	—	—	—	—	—	—	—	—	—	3	1	—	1	—	—	—	—	—
	13°—14°	18	—	2	1	1	—	—	—	—	1	1	7	1	1	—	2	—	—	1	—	—	2
	14°—15°	33	5	3	4	—	3	—	2	1	—	2	4	1	3	3	—	2	—	—	2	2	1
Fünfgrad-Feld	Summen	181	**12**	13	13	6	4	1	2	3	2	**15**	**56**	**13**	**13**	**11**	**9**	**7**	—	1	7	3	10
	Mittlere Windstärke		5.1	6.4	6.0	5.8	7.2	6.0	4.5	4.0	3.0	4.3	5.1	3.8	4.7	6.6	6.8	6.7	—	0	8.4	8.3	8.7

Barometer 700mm+		Thermometer Cels. Gr. (Temperatur der Luft)					Relative Feuchtigkeit		Bedeckung des Himmels		Niederschläge				
Anzahl der Beob.	Mittel mm	Anzahl der Beob.	Rohes Mittel	Anzahl und Mittel 4h M.	4h N.	12h N.	Anzahl der Beob.	Prozente	Anzahl der Beob.	Mittel (0–10)	Anzahl der Beob.-wachen	Dauer in Stunden: Nebel	Regen	Schnee	Hagel
4	68.6	4	14.6	(1) 14.1	(1) 15.0	—	—	—	4	7.0	4	—	—	—	—
5	66.8	5	16.8	—	(1) 18.0	—	—	—	5	5.8	5	—	—	—	—
4	65.1	4	17.8	(1) 18.7	(1) 16.4	(1) 18.1	—	—	4	7.2	4	—	0.5	—	—
2	67.9	2	19.0	—	—	(1) 19.4	1	69.0	2	8.0	2	—	0.5	—	—
1	52.3	1	15.0	—	(1) 15.0	—	—	—	1	5.0	1	—	—	—	—
—	—	—	—	—	—	—	—	—	—	—	—	—	—	—	—
3	63.4	3	15.2	(1) 14.8	—	—	—	—	3	4.0	3	—	—	—	—
—	—	—	—	—	—	—	—	—	—	—	—	—	—	—	—
4	66.8	4	18.2	—	(2) 18.4	—	2	72.0	4	7.0	4	—	0.5	—	—
22	63.1	22	16.6	(3) 16.2	(4) 16.9	(3) 16.1	1	94.0	21	6.4	22	—	3.0	—	—
3	63.0	3	16.1	(1) 14.4	—	(1) 17.2	—	—	3	3.0	3	—	0.5	—	—
—	—	—	—	—	—	—	—	—	—	—	—	—	—	—	—
2	70.2	2	16.8	—	—	—	2	77.0	2	5.0	2	—	—	—	—
5	61.0	5	16.8	—	—	—	—	—	5	6.8	5	—	0.5	—	—
29	60.8	28	16.3	(7) 16.0	(3) 15.2	(4) 17.0	3	97.3	27	7.2	29	—	13.5	—	—
—	—	—	—	—	—	—	—	—	—	—	—	—	—	—	—
—	—	—	—	—	—	—	—	—	—	—	—	—	—	—	—
7	68.6	7	16.1	(1) 18.3	(2) 16.0	(1) 14.4	1	79.0	7	5.0	7	—	—	—	—
9	63.6	8	15.8	(2) 15.4	(4) 18.0	(1) 17.0	—	—	9	7.3	9	—	9.0	—	—
31	62.3	29	14.6	(2) 13.4	(3) 15.1	(6) 14.4	8	96.8	33	6.7	35	4.0	24.5	—	5.0
—	—	—	—	—	—	—	—	—	—	—	—	—	—	—	—
4	68.5	5	14.6	(1) 13.4	—	(1) 13.6	2	84.0	5	4.2	5	—	—	—	—
5	61.4	5	15.1	(1) 16.6	(1) 12.5	(1) 16.4	2	92.0	5	7.0	5	—	0.5	—	—
18	64.7	17	13.9	(4) 12.4	(3) 15.0	(3) 14.2	11	89.4	18	7.0	20	—	10.0	—	1.0
27	65.5	31	14.7	(4) 14.6	(5) 14.8	(5) 14.3	12	88.7	30	6.1	33	—	20.0	—	0.5
[illegible]	—	185	—	(29) —	(27) —	(28) —	40	—	188	—	198	4.0	83.0	—	6.5
—	63.72	—	15.5	15.6	15.7	15.5	—	88.0	—	6.5	—	—	—	—	—

Quadrat 110°.

Wetter nach Beaufort's Bezeichnung. (Häufigkeit.)				Häufigkeit der verschied. Wolkenformen		Häufigkeit von Bewegung u. Dünung aus:		Mittel der Meeres-Temperatur	Bemerkungen über einzelne beobachtete Triftströmungen.
Summe d. Beobacht.:	18			26		17			
Böen		Himmelsansicht		cirr.	—	N	4		N 58° E 15 S 31° W 12
t	—	b	—	cirr. c	4	NE	—		
l	1	c	6	cirr. s	—	E	—		
q	1	o	6	Str.	—	SE	—		
u	—	g	—	W-c	2	S	—	17.4° C.	
Hydrometeore		Zustand der Luft		Cum.	11	SW	1		
b	—	s	—	Cum. st	—	W	5		

Bemerkungen

Ueber Wind.

Unter-□	Jahr	Tag		
54.	72.	2.	4h N.	Der stürmische NW-Wind krimpt nach W und wird flau. Nach 48 Stunden setzt frischer NE-Passat ein.
54.	75.	19.	12h N.	Der stürmische W-Wind geht beim Segeln nach S vermittelst Drehung durch N nach 24 Stunden in den NE-Passat über.
61.	77.	14.	8h M.	Der stürmische Wind aus N dreht sich beim Segeln nach S allmählich nach NE und wird zum mässig starken Passat.
64.	74	28	4h N.	Der massige Wind dreht sich von NW durch N nach NE und wird zum Passat. Dünung aus NW.
64.	77.	31.	8h N.	Flauer SW-Wind. Nach 48 Stunden folgt NE-Passat.
74.	70.	13.	12h N.	Der stürmische SW-Wind wird beim Segeln nach S mässig und geht nach 3 Tagen vermittelst Drehung durch N in den NE-Passat über.
74.	77.	8.	12h N.	Stürmischer W-Wind mit Gewitter und Regenböen. Beim Segeln nach S dreht sich der Wind durch N und wird zum NE-Passat.
84.	78.	13.	12h M.	Der E-Sturm (9) nimmt nach 12 Stunden bis zur frischen Briese ab; diese geht durch SE nach SW und wird flau.
91	77.	14	4h M.	Stürmischer NE-Wind, der abflauend in den NE-Passat übergeht.
93.	74.	18.	12h M.	Frischer NNE-Wind mit Gewitter und Hagelböen. Nach einer Unterbrechung von 24 Stunden durch leichte veränderliche Winde setzt in 31° n. Br. der NE-Passat ein.
94	74.	18.	4h M	Der stürmische NE-Wind wird beim Segeln nach S zum mässig starken NE-Passat. Hoher Seegang aus NE.

Sonstige Bemerkungen.

74	77.	31.	12h M.	Bei flauem SW-Winde ziehen die unteren Wolken aus S, die oberen aus SW.

---

chster Barometerstand: **772.8** mm am 15. Dezember 1877 in 37° n. Br. und 13° w. L. bei frischem NNE-Winde und halb bedecktem Himmel.

drigster „ „ : **745.2** mm am 1. Dezember 1872 in 38° n. Br. und 14° w. L. bei WNW-Sturm und abwechselnd wolkigem und heiterem Himmel.

chste Lufttemperatur: **19.4°** Cels. am 25. Dezember 1877 in 35° n. Br. und 13° w. L. bei mässigem NW-Winde und halb bedecktem Himmel, und am 13. Dezember 1870 in 37° n. Br. und 14° w. L. bei stürmischem SSW-Winde und bedecktem Himmel.

drigste „ „ **10.7°** Cels. am 13. Dezember 1878 in 38° n. Br. und 13° w. L. bei stürmischem E-Winde und bedecktem Himmel.

Monat

Quadrat 110d. ....

Position		Windbeobachtungen																					
		Anzahl der Beob.	Alle Winde, Variabeln und Stillen																	Stürme			
Breite N	Länge W		N	NNE	NE	ENE	E	ESE	SE	SSE	S	SSW	SW	WSW	W	WNW	NW	NNW	Var.	Stillen	N bis ENE	E bis SSE	S bis WSW	W bis NNW
35°—36°	15°—16°	21	1	—	3	—	2	—	—	—	—	1	3	3	2	1	1	4	—	—	—	—	—	1
	16°—17°	47	5	4	7	—	—	1	—	—	—	1	5	8	6	5	—	3	—	2	—	—	4	5
	17°—18°	40	1	12	7	—	3	—	—	—	—	2	2	2	1	6	1	1	2	—	—	3	1	1
	18°—19°	32	—	4	2	2	—	—	—	—	3	5	6	1	3	—	4	1	1	—	—	—	—	—
	19°—20°	39	2	6	4	1	2	5	—	—	—	2	1	3	1	—	2	6	—	4	—	—	—	1
36°—37°	15°—16°	24	—	8	2	—	—	—	—	—	1	6	1	4	1	2	2	2	—	—	—	—	—	—
	16°—17°	54	2	10	1	2	1	—	—	2	—	7	11	9	3	5	—	1	—	—	—	1	3	2
	17°—18°	52	2	10	3	1	—	—	—	3	1	16	9	2	2	—	—	2	—	1	1	—	2	—
	18°—19°	50	9	7	1	—	—	2	1	—	1	10	8	2	4	1	2	1	—	1	—	1	2	1
	19°—20°	30	2	6	3	—	—	—	5	—	—	2	5	1	—	3	—	3	—	—	—	2	1	—
37°—38°	15°—16°	54	—	8	2	1	1	—	—	—	5	14	11	6	1	1	1	1	1	1	—	1	2	—
	16°—17°	67	4	8	2	1	4	2	—	3	4	10	5	7	9	3	1	4	—	—	—	1	—	—
	17°—18°	51	8	2	8	—	—	4	1	—	8	6	12	4	4	4	2	1	1	1	1	—	—	—
	18°—19°	35	4	11	2	—	—	2	8	—	—	4	1	2	3	1	2	—	—	—	3	2	—	—
	19°—20°	22	—	6	—	1	1	1	4	—	—	—	—	1	—	—	3	4	—	1	—	—	—	—
38°—39°	15°—16°	51	3	8	1	1	1	—	—	1	2	6	11	6	6	—	—	3	2	—	—	1	2	—
	16°—17°	49	1	8	—	1	2	2	2	5	1	4	7	7	5	5	1	2	1	—	—	2	1	1
	17°—18°	42	3	7	4	—	—	2	2	—	1	4	15	1	2	—	—	—	—	1	3	—	2	—
	18°—19°	28	2	9	—	—	—	2	3	1	—	—	5	1	—	1	1	3	—	—	2	—	—	[illegible]
	19°—20°	11	2	—	—	1	1	1	1	—	—	—	1	—	—	—	2	—	—	2	—	1	—	—
39°—40°	15°—16°	41	5	6	—	—	1	3	1	3	—	3	3	2	7	3	2	1	1	—	—	—	—	1
	16°—17°	45	7	7	3	2	1	4	2	—	—	1	3	7	3	2	—	2	1	—	3	—	1	1
	17°—18°	33	6	8	1	2	2	1	1	—	2	1	2	1	1	3	—	2	—	—	6	—	—	[illegible]
	18°—19°	15	2	1	—	1	—	—	—	—	—	—	1	1	1	1	3	4	—	—	2	—	—	[illegible]
	19°—20°	4	—	1	—	—	1	1	1	—	—	—	—	—	—	—	—	—	—	—	—	1	—	—
Fünfgrad-Feld	Summen, 937		**66**	**147**	51	17	23	33	27	18	24	105	**128**	**81**	**65**	**47**	**30**	**51**	10	14	21	18	21	**24**
	Mittlere Windstärke		5.0	5.3	4.3	4.8	6.7	4.4	4.9	5.1	4.5	4.4	4.5	4.4	4.7	5.4	5.2	4.6	3.6	0	8.8	8.4	8.5	[illegible]

Barometer 700mm+ Anzahl der Beob.	Barometer Mittel mm	Thermometer Cels. Gr. (Temperatur der Luft) Anzahl der Beob.	Reines Mittel	Anzahl und Mittel 4h M.	Anzahl und Mittel 4h N.	Anzahl und Mittel 12h N	Relative Feuchtigkeit Anzahl der Beob.	Procente	Bedeckung des Himmels Anzahl der Beob.	Mittel (0—10)	Niederschläge Anzahl der Beob.-wachen	Dauer in Stunden Nebel	Regen	Schnee	Hagel	Meeresoberfläche Temperatur Anzahl der Beob.	Grade Celsius	Spezif. Gewicht Anzahl der Beob.	Mittel d. Aräom.-angaben
21	65.5	21	16.3	(5) 16.5	(4) 16.0	(4) 16.8	8	93.8	21	5.6	21	—	2.8	—	—	21	17.2	2	1.0270
42	63.5	50	17.3	(10) 16.6	(9) 17.9	(5) 15.0	15	88.6	48	6.5	51	—	23.5	—	—	41	17.5	—	—
33	65.7	37	16.7	(6) 16.0	(4) 17.3	(6) 17.0	14	84.8	38	6.3	40	—	9.8	—	—	29	17.5	1	1.0263
29	68.3	32	16.7	(8) 16.3	(4) 16.7	(4) 16.1	9	82.6	31	5.9	32	—	7.5	—	—	28	17.6	4	1.0275
37	65.9	38	16.8	(8) 15.7	(4) 16.6	(1) 17.5	9	93.0	38	4.9	39	—	2.3	—	—	31	18.3	5	1.0283
21	62.1	24	16.7	(4) 15.5	(3) 17.4	(2) 17.8	4	89.5	26	5.8	26	—	12.0	—	—	26	16.8	1	1.0287
52	60.5	49	16.4	(7) 16.2	(10) 16.2	(10) 16.9	11	91.9	50	5.6	58	1.5	15.6	—	—	48	17.1	2	1.0270
51	63.5	43	16.1	(10) 15.7	(5) 16.8	(7) 15.3	16	89.9	51	6.4	55	—	21.5	—	—	41	17.0	6	1.0276
48	63.4	47	16.0	(8) 15.8	(4) 16.2	(10) 16.2	17	88.8	49	5.8	50	—	6.0	—	—	39	16.8	1	1.0266
28	65.3	26	16.4	(5) 16.2	(4) 17.6	(5) 15.7	7	93.6	30	4.9	30	—	10.3	—	—	24	17.3	1	1.0275
42	65.0	41	16.6	(5) 16.0	(6) 17.4	(7) 17.1	5	90.8	52	6.3	56	—	17.8	—	—	53	16.3	5	1.0279
55	64.4	60	15.7	(11) 15.6	(10) 15.9	(9) 14.9	16	90.6	84	5.5	87	4.0	11.7	—	—	65	15.8	8	1.0280
52	66.1	50	16.4	(8) 16.8	(9) 16.3	(10) 16.2	13	90.8	50	5.5	52	—	8.5	—	—	47	16.6	6	1.0275
30	65.7	34	15.0	(7) 15.0	(6) 15.3	(2) 15.0	6	92.3	35	6.2	35	—	3.0	—	—	31	16.7	3	1.0275
16	64.6	21	15.3	(3) 15.2	(3) 15.2	(2) 15.6	8	98.3	22	5.5	22	—	—	—	—	20	16.5	—	—
41	65.4	49	15.4	(11) 15.0	(8) 15.5	(5) 15.0	6	90.5	51	6.8	52	—	20.5	—	1.0	50	16.0	—	—
46	64.8	48	15.6	(9) 15.1	(8) 16.2	(5) 15.7	19	84.2	49	6.0	51	—	6.5	—	—	41	16.3	7	1.0284
34	64.8	41	15.6	(8) 15.6	(10) 16.0	(5) 15.6	6	88.5	42	6.1	42	—	6.1	—	—	38	16.1	—	—
31	67.7	25	14.8	(8) 14.1	(2) 15.5	(4) 15.4	2	91.0	28	5.1	28	—	2.3	—	—	21	16.4	—	—
10	60.1	10	15.8	(1) 17.0	(2) 15.5	(1) 17.1	1	86.0	11	7.6	11	0.5	4.0	—	—	10	15.9	—	—
35	68.2	37	14.4	(8) 15.1	(4) 14.6	(11) 14.4	6	81.0	40	6.4	41	—	11.0	—	—	37	15.8	2	1.0284
37	67.7	46	14.9	(9) 14.5	(7) 15.8	(5) 14.7	14	87.6	46	5.5	46	—	16.5	—	4.0	45	15.9	2	1.0284
27	62.8	30	14.2	(4) 13.6	(1) 14.7	(4) 13.6	3	98.7	33	6.5	34	—	20.8	—	—	28	15.4	—	—
14	61.8	15	14.5	(2) 13.8	(2) 15.6	(2) 13.6	3	91.0	15	6.8	15	—	—	—	—	14	14.9	—	—
6	61.6	6	14.6	(3) 14.6	—	(1) 13.9	1	83.0	6	5.2	6	—	3.0	—	—	6	16.2	—	—
[illegible]	—	877	—	163	132	127	209	—	926	—	960	6.0	243.0	—	5.0	894	—	56	—
—	64.75	—	15.4	15.5	16.2	15.7	—	88.9	—	6.0	—	—	—	—	—	—	16.5	—	1.0278

Quadrat 110d. ....

Position der Zone		Wetter nach Beaufort's Bezeichnung. (Häufigkeit)				Häufigkeit der verschied. Wolkenformen	Häufigkeit von Seegang u. Dünung aus:	Mittel der Meeres-Temperatur	Bemerkungen über einzelne beobachtete Triftströmungen.			
35°—36° N. Br.	15°—20° W. L.	Summe d. Beobacht.:	213			175	80					
		Böen		Himmelsansicht		cirr. 14	N 14		N 19	E 19	S 28° W 12	N 79° W 16
		t	—	b	10	cirr. c. 6	NE 4		N 18° E 15	S 72° E 13	S 44° W 9	N 70° W 19
		l	1	c	104	cirr. s 9	E 13			S 26° E 9	S 62° W 25	N 60° W 12
		q	12	o	50	Str. 6	SE 2			S 11° E 7	S 69° W 17	
		u	6	g	1	W-c 5	S —	17.8° C.			S 74° W 6	
		Hydrometeore		Zustand der Luft		Cum. 87	SW 4					
		h	—	v	4	Cum. st 36	W 28					
		r	4	w	—	Nimb. 13	NW 13					
		s	—	m	12		†See 2					
		d	6	f	8		glatt —					
36°—37° N. Br.	13°—20° W. L.	Summe d. Beobacht.:	257			229	112					
		Böen		Himmelsansicht		cirr. 20	N 9		N 16	S 87° E 13	S 8	N 86° W 12
		t	1	b	15	cirr. c. 4	NE 2		N 34° E 32	S 65° E 10		N 13° W 20
		l	8	c	116	cirr. s 19	E 8		N 53° E 25	S 39° E 14		
		q	24	o	82	Str. 14	SE 3		N 70° E 10	S 6° E 30		
		u	1	g	11	W-c 1	S 16	17.0° C.	N 79° E 14			
		Hydrometeore		Zustand der Luft		Cum. 99	SW 26					
		h	—	v	—	Cum. st 29	W 24					
		r	23	w	—	Nimb. 44	NW 11					
		s	—	m	—		†See 13					
		d	4	f	2		glatt —					
37°—38° N. Br.	15°—20° W. L.	Summe d. Beobacht.:	272			243	88					
		Böen		Himmelsansicht		cirr. 16	N 18		N 61° E 11	S 22° E 6	S 13	S 81° W 13
		t	—	b	8	cirr. c 6	NE 1				S 17° W 15	
		l	4	c	152	cirr. s 13	E 4				S 17° W 15	
		q	7	o	82	Str. 19	SE 3				S 30° W 7	
		u	—	g	13	W-c 10	S 14	16.6° C.			S 22° W 16	
		Hydrometeore		Zustand der Luft		Cum. 111	SW 18				S 43° W 20	
		h	—	v	—	Cum. st 37	W 17				S 43° W 17	
		r	8	w	5	Nimb. 31	NW 3				S 51° W 18	
		s	—	m	3		†See 10				S 56° W 11	
		d	7	f	8		glatt —				S 70° W 11	
38°—39° N. Br.	15°—20° W. L.	Summe d. Beobacht.:	197			192	62					
		Böen		Himmelsansicht		cirr. 12	N 12		N 14° E 10	S 65° E 20	S 25	W 8
		t	—	b	10	cirr. c 6	NE —				S 64° W 30	N 79° W 11
		l	—	c	110	cirr. s 5	E 7				S 68° W 21	N 74° W 21
		q	4	o	60	Str. 13	SE —					
		u	1	g	5	W-c 2	S 2	16.1° C.				
		Hydrometeore		Zustand der Luft		Cum. 106	SW 5					
		h	—	v	—	Cum. st 14	W 10					
		r	8	w	1	Nimb. 32	NW 21					
		s	—	m	—		†See 5					
		d	8	f	—		glatt —					
39°—40° N. Br.	13°—20° W. L.	Summe d. Beobacht.:	163			149	47					
		Böen		Himmelsansicht		cirr. 12	N 14				S 8	N 84° W 19
		t	—	b	1	cirr. c 1	NE —				S 26° W 8	N 75° W [illegible]
		l	1	c	92	cirr. s 2	E 3				S 28° W 15	
		q	9	o	46	Str. 6	SE —					
		u	—	g	4	W-c —	S —	15.7° C.				
		Hydrometeore		Zustand der Luft		Cum. 66	SW —					
		h	1	v	—	Cum. st 18	W 13					
		r	8	w	—	Nimb. 24	NW 6					
		s	—	m	—		†See 5					
		d	1	f	—		glatt 6					

Bemerkungen

Ueber Wind.

Unter-□	Jahr	Tag		
55.	77.	15.	12h N.	Der mässige ENE-Wind geht beim Segeln nach S in den NE-Passat über.
55.	78.	14.	12h M.	Der frische ENE-Wind flaut beim Segeln nach S allmählich ab und geht nach SW. Wetterleuchten im ENE.
56.	78.	25.	4h M.	Starke Böe aus NW von 10 Minuten Dauer mit heftigem Blitzen, worauf mässiger, veränderlicher westlicher Wind eintritt.
57.	74.	27.	12h M.	Der mässige NNE-Wind wird beim Segeln nach S für kurze Zeit durch mässigen SE-Wind unterbrochen. Darauf folgt NE-Passat.
58.	78.	31.	12h N.	Der leichte Wind dreht sich beim Segeln nach S allmählich von SW nach NW und N. Nach 48 Stunden setzt frischer, durchstehender NE-Passat ein.
66.	71.	5.	8h N.	Der leichte NNE-Wind frischt beim Segeln nach S allmählich auf und wird zum NE-Passat.
66.	78.	19.	8h N.	Der mässige SW-Wind mit heftigen Böen aus NW und Blitzen im SW flaut nach Mitternacht ab. Dann geht der Wind nach WNW, bei heiterem Himmel und abnehmender See.
76.	70.	5.	4h N.	Der frische bis stürmische NE-Wind holt beim Segeln nach S allmählich durch SE nach W und wird flau.
85.	77.	21.	4h M.	Frischer ENE-Wind, der als NE-Passat durchsteht.
95.	74.	18.	8h M.	Der stürmische NNE-Wind wird mässig und geht in den NE-Passat über.
96.	76.	11.	8h N.	Die veränderlichen, mässigen westlichen Winde mit zeitweisen Regenböen stehen bis 26° n. Br. durch, wo leichter NE-Passat einsetzt.

Sonstige Bemerkungen.

68.	76.	30.	4h M.	1h M. eine grosse, kreisrunde helle Fläche um den Mond.
86.	75.	20.	12h M.	Meeresfarbe merkwürdig hellblau; unregelmässige See aus W und NW.

Höchster Barometerstand: **777.4** mm am 10. Dezember 1877 in 36° n. Br. und 18° w. L. bei frischem NNE-Winde und halb bedecktem Himmel.

Niedrigster „ „ : **742.9** mm am 25. Dezember 1870 in 37° n. Br. und 19° w. L. bei frischem NW-Winde und halb bedecktem Himmel.

Höchste Lufttemperatur: **22.8**° Cels. am 1. Dezember 1876 in 35° n. Br. und 17° w. L. bei hartem Sturm aus SW und wolkigem Himmel.

Niedrigste „ „ : **10.8**° Cels. am 5. Dezember 1869 in 37° n. Br. und 16° w. L. bei stürmischem NNE-Winde und heiterem Himmel, und am 18. Dezember 1874 in 39° n. Br. und 16° w. L. bei frischem NNE-Winde und wolkigem Himmel.

Berichtigungen.

Seite 23, in der Ueberschrift, statt Januar muss es heissen Februar.
" 82, erste Kolumne links, Zeile 13 von unten, statt 14°–14° " " " 14°–13°.
" 143, unter „Niederschläge“, Zeile 3 von oben, statt 59 " " " 67 Beobachtungswochen,
und daselbst, am Fusse, statt 1232 " " " 1240.
" 144, unter „Strömungen“, Zeile 8 von unten, statt N 68° W " " " N 68° E.
" 145, unter „Sonstige Bemerkungen“, statt Eine länger anhaltende " " " Eine vorher längere Zeit anhaltende.

Resultate Meteorologischer Beobachtungen

von

Deutschen und Holländischen Schiffen

für

Eingradfelder des Nordatlantischen Ozeans.

Quadrat 75.

Herausgegeben von der Direktion.

No. V.

HAMBURG, 1883.

Gedruckt bei Hammerich & Lesser in Altona.

Vorwort.

Die meteorologische Arbeit zur See hat in Folge der durch den Wiener Meteorologen-Kongress veranlassten und im September 1874 abgehaltenen Konferenz in London einen unverkennbaren Aufschwung genommen. Dieser Aufschwung zeigte sich weniger in der Errichtung neuer maritim-meteorologischer Zentralstellen in Staaten, wo solche vorher noch nicht bestanden, als vielmehr in der Vertiefung und Ausbreitung der Arbeiten an den vorhandenen älteren Instituten. Das Bestreben, welches auf jener Konferenz hervortrat, die Methoden der Arbeit, die Instruktionen für die Beobachtungen, die Instrumente für die einzelnen Institute einheitlich zu gestalten, war nicht ohne tiefgreifende Folgen für die Pflege der maritim-meteorologischen Forschung; denn wenn auch noch nicht nach allen Richtungen und in vollem Umfange jene Einheitlichkeit erzielt ist, so lässt sich doch nicht verkennen, dass ein erheblicher Fortschritt sich überall auf diesem Gebiete bemerkbar macht. Es bezieht sich dies in erster Linie auf die Art und Weise die Beobachtungen anzustellen, auf Konstruktion und Aufstellung der Instrumente an Bord und auf die Form und den Inhalt der meteorologischen Journale. Auch ist der Vergleichung der Instrumente und dadurch der Vergleichbarkeit der Beobachtungen eine Sorgfalt gewidmet worden, die nur wohlthätig auf die Resultate zurückwirken kann, auf Resultate, die schliesslich dazu berufen sein werden, die Gesetze der Bewegung der Atmosphäre, der Beziehung des Luftdruckes, der Temperatur und der Niederschläge zu dieser Bewegung festzustellen.

Mit Bezug auf die Verwerthung der gewonnenen Beobachtungen lässt sich heute ein gleich günstiges Ergebniss noch nicht erkennen. Zwar hat der Kongress in Wien den Grundsatz anerkannt, dass eine internationale Theilung der Arbeit unter den mit maritim-meteorologischen Aufgaben beschäftigten Zentralstellen den Interessen der Forschung entspräche, zwar ist es auch schon zu einer Uebereinkunft gekommen, wonach beispielsweise die Deutsche Seewarte die Zusammenstellung und Veröffentlichung der meteorologischen Beobachtungen für die Eingradfelder des Nordatlantischen Ozeans zwischen 50° und 20° Breite übernommen hat, wodurch, wenn zur Durchführung gelangt, ein Anschluss an die bereits von dem meteorologischen Amte in London veröffentlichten neun tropischen Quadrate erzielt werden wird; allein der Austausch des Beobachtungs-Materials, der in Wahrheit eine Konsequenz der Anerkennung jenes Grundsatzes ist, indem erst durch die Ueberweisung des gesammten vorhandenen Materials eines bestimmten Gebietes an eine Stelle zur Veröffentlichung derselbe seinem Geiste nach erfüllt wird, konnte bis heute nur zu einem kleinen Theile zur Ausführung gelangen.

Das meteorologische Institut in Utrecht, welches sich schon durch eine Anzahl der wichtigsten Veröffentlichungen über die meteorologischen Verhältnisse für das ganze Gebiet des Atlantischen Ozeans so grosse Verdienste erworben hat, und die Deutsche Seewarte haben ein Uebereinkommen getroffen, nach welchem die meteorologischen Beobachtungen, auf holländischen und deutschen Schiffen angestellt, in der Weise ausgetauscht werden, dass die Seewarte die holländischen Beobachtungen für die Quadrate des Nordatlantischen Ozeans zwischen 50° und 20° Breite, das Institut in Utrecht jene der deutschen in der China-See navigirenden Schiffe erhielt. In Folge dieses Uebereinkommens war es zunächst unerlässlich, dass man sich über den Modus der Bearbeitung und Veröffentlichung verständigte und ein Schema vereinbarte, nach welchem diese Veröffentlichung zu geschehen habe. Bei dem vollkommenen Einverständnisse, welches zwischen den Leitern der beiden Institute über die für die Zukunft zu befolgenden Maximen bestand, war es nicht schwierig eine Form zu finden, die den Anforderungen der Gegenwart entsprach, und so wurde im Februar 1878 zu Rheine zwischen Professor Buys-Ballot und Dr. Neumayer das Schema für die Veröffentlichung der maritim-meteorologischen Beobachtungen festgesetzt, welches den hier gegebenen Tabellen zu Grunde liegt.

Man wurde bei Aufstellung dieses Schema's von dem Gedanken geleitet, dass ein Abschluss der Resultate für die Eingradfelder von einigermaassen definitivem Charakter nicht erzielt werden könne, dass daher von einer Form der Tabellen, welche das Darstellen der Resultate in Diagrammen und Kurven ermöglichte, im gegenwärtigen Stadium maritim-meteorologischer Forschung abzusehen sei, dagegen darauf Bedacht genommen werden müsste, dass nach einiger Zeit weiteren Sammelns von Beobachtungen aufs Neue an die jetzt gewonnenen Zahlenwerthe angeschlossen werden könne. So erscheint diese Veröffentlichung von internationalem Charakter in der einfachen Form und mit dem bescheidenen Zwecke eines Beitrages, dessen Zahlenwerthe an die Beobachtungen anderer Institute jederzeit zu Zwecken der Ableitung mehr definitiver Ergebnisse angeschlossen werden können.

Ganz unabhängig davon bleibt es einem jeden Institute unbenommen, die gesammten vorhandenen Beobachtungen und Ergebnisse in einem zu bearbeitenden Gebiete des Ozeans, sei es im Interesse theoretischer Forschung oder zur Verwerthung in der praktischen Navigation, zu einer gewissermaassen nationalen Zwecken dienenden Darstellung der ozeanographischen und meteorologischen Elemente zu verwenden und sich dabei solcher Mittel der graphischen und tabellarischen Behandlung zu bedienen, wie dies gerade für die besonderen Zwecke erforderlich erscheint.

Es wird beabsichtigt, jedes der Quadrate für sich in einem Hefte gedruckt erscheinen zu lassen und dieses Heft mit einer laufenden Nummer zu versehen, in welcher Serie denn auch die eventuelle zweite Bearbeitung desselben Quadrates als eine besondere Nummer aufgeführt werden soll.

Was sonst noch zum Verständnisse der Tabellen und der denselben zu Grunde liegenden Gesichtspunkte erforderlich ist, findet sich in der vorgedruckten Einleitung und im ersten Jahresbericht der Deutschen Seewarte (1875—1878) Seite 72—78 niedergelegt, worauf hier verwiesen wird.*)

Hamburg, im Oktober 1883.

Die Direktion der Seewarte.

Dr. Neumayer.

*) „Aus dem Archiv der Deutschen Seewarte" No. 1, B., VII., III.

Inhalt des Heftes No. V.

Anmerkung: Die Resultate für die einzelnen Monate werden für die einzelnen Fünfgradfelder in der Reihenfolge a, b, c, d gegeben.

Wegen der Berichtigungen siehe die letzte Seite dieses Heftes.

Einleitung.

Einrichtung der Tabellen und Erklärung über die in denselben enthaltenen Zahlenwerthe und deren Ableitung.

1. Die meteorologischen Beobachtungen, aus welchen die Zahlenwerthe der Tabellen abgeleitet wurden, sind zum grössten Theile den auf deutschen Schiffen nach Vorschrift der Seewarte geführten Journalen entnommen. Ein anderer Theil der zur Verwendung gelangten Beobachtungen wurde auf holländischen Schiffen angestellt. Es wurden diese letzteren, nach einer mit dem holländischen Meteorologischen Institute getroffenen Vereinbarung, der Seewarte in einer solchen Form übergeben, dass sie sofort in die Extrahirbücher eingetragen werden konnten. Die Seewarte übergab dagegen jene Beobachtungen, welche nach ihrer Anleitung an Bord deutscher in der China-See segelnder Schiffe angestellt wurden, dem holländischen Institute zur Verwendung und zwar gemäss den gleichen, bei den hier folgenden Tabellen zur Anwendung gebrachten Grundsätzen.

Die Anzahl der von Utrecht für den vorliegenden Zweck erhaltenen Beobachtungssätze verhält sich zu jener der deutschen etwa wie 1 : 8, ein Verhältniss, welches beispielsweise sich für den Monat Januar des Quadrates 146 ergiebt. Dabei ist ferner noch zu bemerken, dass auf deutschen Schiffen jede vierte Stunde beobachtet wird, während von den holländischen Beobachtungen nur drei für den Tag mitgetheilt wurden.*)

2. Die deutschen Beobachtungen sind nach einem durch besonders Instruktionen geregelten Plane angestellt, und zwar ist die Mehrzahl derselben mittelst Instrumente erhalten, welche der Seewarte gehören und mit Beziehung auf ihre Korrektionen, ihre Aufstellungsart etc. in beständiger Kontrole gehalten werden. Man versteht unter einem vollständigen Beobachtungssatze: Angaben über Position des Schiffes, Richtung und Stärke des Windes, Luftdruck, Temperatur des Thermometers mit feuchter und mit nasser Kugel, Wolkenform und Bedeckung des Himmels, Wetter nach der Beaufort'schen Bezeichnung, Richtung und Stärke des Seeganges, Temperatur und spezifisches Gewicht des Wassers an der Oberfläche, die Stromversetzung in einem Etmale und sonstige auf Wind und Witterung Bezug habende Erscheinungen. Die durch die Instruktionen festgesetzten Beobachtungsstunden sind: 12 Uhr Mittags, 4 Uhr Nachmittags, 8 Uhr Nachmittags, 12 Uhr Mitternacht, 4 Uhr Morgens und 8 Uhr Morgens.

Die den holländischen Beobachtungen zu Grunde liegenden Instruktionen unterscheiden sich in keinem wesentlichen Punkte von den deutschen, gelten aber dem ganzen Umfange nach nur für die königl. Kriegsmarine. Für die Handelsmarine beschränken sich dieselben auf eine Anleitung zum Behandeln der Instrumente und zum Beobachten. In Anbetracht der Unsicherheit, welche den Beobachtungen mittelst des Psychrometers anhaftet, wenn dieselben von ungeübten Beobachtern angestellt werden, wird auf die Einsendung der Temperatur des Thermometers mit nasser Kugel kein Gewicht gelegt.

3. Richtung und Stärke des Windes. Die Richtungen des Windes sind fast immer nach 16 Strichen gegeben, und zwar sind dieselben in nicht seltenen Fällen ursprünglich missweisend in die Beobachtungsbücher eingetragen und mussten deshalb zur Verwendung in diesen Tabellen in rechtweisende Richtungen verwandelt werden. In den von der Norddeutschen Seewarte ausgegebenen Wetterbüchern ist die Windrichtung, den damals geltenden Instruktionen gemäss, fast nur rechtweisend eingetragen worden. In den von der Deutschen Seewarte seit 1875 ausgegebenen Büchern findet sich jedoch die Richtung des Windes vielfach missweisend eingetragen. So haben beispielsweise von den 175 Segelschiffen, welche im Jahre 1879 ein meteorologisches Journal einlieferten, 63 oder 36 Prozent die Windrichtung rechtweisend, 112 oder 64 Prozent missweisend verzeichnet. Es kann wohl angenommen werden, dass das gleiche, hier gegebene Verhältniss, von rechtweisend und missweisend verzeichneter Windrichtung auf alle meteorologischen Journale Anwendung findet, welche seit Anfang 1876 bei dem Zentral-Institute eingeliefert worden sind, und rührt dies daher, dass es nach den Instruktionen, welche die Deutsche Seewarte zur Führung des meteorologischen Journales erlassen hat, den Kapitänen frei steht, die Windrichtung rechtweisend oder missweisend zu notiren. In Fällen der letzteren Art muss die Missweisung des Kompasses angegeben werden, um damit die Reduktion auf die wahre Windrichtung ausführen zu können. Wo immer diese Angabe nicht gemacht wurde, ist zur Verwandlung der missweisenden Richtungen in rechtweisende die Missweisung (Variation des Kompasses) aus einer auf die betreffende Beobachtungsperiode Bezug habenden Karte entnommen worden. Es gilt dies zunächst nur für Beobachtungen, welche an Bord hölzener Schiffe angestellt wurden; für Beobachtungen an Bord eiserner Schiffe angestellt, war zur Reduktion auf wahre Richtungen die Kenntniss der Deviation des Kompasses, nach welchem die Notirungen stattfanden, erforderlich. In einzelnen Fällen der hier zur Verwendung gebrachten Beobachtungen fehlte bei der Richtung des Windes

*) Jene für 12 Uhr Mittags, 8 Uhr Abends und 4 Uhr Morgens.

die Bemerkung, ob dieselbe recht- oder missweisend zu verstehen sei. In diesen, glücklicherweise sehr seltenen Fällen wurde stets die im Journale notirte Windrichtung, wenn das Schiff beim Winde segelte, mit dem stets gegebenen wahren Kurse des Schiffes verglichen und auf diese Weise festgestellt, ob die Windrichtung rechtweisend oder missweisend in dem betreffenden Journale angegeben sei; es wurde dabei von der Annahme ausgegangen, dass in einem und demselben Journale durchgängig ein und dasselbe Verfahren zur Anwendung gebracht wurde.

War die Windrichtung in einem Wetterbuche nach 32 Strichen angegeben, was indess nur selten vorkommt, so wurde der Nebenstrich meistens zu dem nächstliegenden Hauptstriche hinzugenommen, so dass beispielsweise ein N z E-Wind zu Nord hinzugefügt wurde, nicht aber zu NNE. Nur wenn auf einer Seite des Journales sich solche Angaben der Windrichtung mehrere Male wiederholten, wurden diese Richtungen auf den Hauptstrich nach rechts und links vertheilt.

Da, wo die Stärke des Windes in den meteorologischen Jounalen fehlt, ist auch meistens die Richtung desselben nicht gegeben. Einzelne Angaben über Windrichtung, ohne dass die Stärke gegeben wurde, sind nicht zur Verwendung gelangt.

Die Stärke des Windes ist stets nach der Beaufort'schen Skala notirt und von 0 bis 12 geschätzt; alle Winde von der Stärke 8, oder darüber, sind als Stürme verzeichnet worden.

Wenn in den Wetterbüchern die Variabeln mit einem höheren Stärkegrade als 4 zusammen notirt sich fanden, so wurden solche Notirungen, namentlich wenn sie öfters hinter einander vorkamen, bei der Zählung der Variabeln gar nicht berücksichtigt.

Obwohl in den neueren Journalen vielfach zweistündige Aufzeichnungen über Richtung und Stärke des Windes vorliegen, so gelangten doch in dem Extrahirbuche nur die am Ende einer Wache gegebenen Beobachtungen zur Verwendung.

4. Die Barometerstände. Die Beobachtungen über Luftdruck sind in vielen Fällen mit Barometern angestellt, welche in englische Zoll getheilt und mit einem Thermometer nach Réaumur oder Fahrenheit versehen waren. Daraus erhellt, dass zur Ableitung der in diesen Tabellen enthaltenen Werthe erhebliche Reduktionen ausgeführt werden mussten: Alle Barometer-Angaben mussten in Millimetern, alle Temperatur-Angaben in Celsiusgraden gegeben werden. Bei den für die Ableitung der Werthe dieser Tafeln anzuwendenden Reduktionen wurde in der Weise verfahren, dass zunächst an die Ablesungen die Korrektion des betreffenden Instrumentes, wie sich dieselbe aus den Vergleichungen vor und nach der Reise mit den Normal-Instrumenten der Seewarte ergeben hatte, angebracht wurde; sodann wurden die so erhaltenen Barometerstände auf 0° Temperatur reduzirt. Es bedarf wohl kaum einer besonderen Erwähnung, dass bei dieser letzteren Reduktion strengstens darauf geachtet wurde, dass nur solche Reduktionsgrössen, wie sie durch die betreffenden Maasse und die dafür hergestellten Reduktionstabellen bedingt wurden, Anwendung fanden.

Es kommt nicht selten vor, dass in den meteorologischen Journalen der Luftdruck auf 0.001 englische Zoll, oder 0.01 Millimeter angegeben ist, allein in der Regel wurde die zweite Dezimalstelle der in den Tabellen enthaltenen Barometerstände durch Rechnung erhalten.

Von der Reduktion einer Barometerablesung auf den Meeresspiegel ist durchweg Abstand genommen worden. Es fehlten in den meisten Fällen die zu einer solchen Reduktion erforderlichen Angaben der Höhe des Barometers über dem Meeresspiegel. Man würde sich der Wahrheit ziemlich nähern, wenn man diese Höhe zu 2 bis 3 Metern annehmen würde, wofür eine Korrektion von 0.2 bis 0.3 Millimetern Anwendung zu finden hätte.

Barometer-Ablesungen, welche mittelst Aneroid-Barometer erhalten wurden, fanden in den Extrahirbüchern keine Aufnahme und haben demgemäss auch keinerlei Einfluss auf die in diesen Tafeln enthaltenen Werthe des Luftdrucks üben können.

5. Die Temperatur ist fast immer auf $^1/_{10}$ Grad Celsius abgelesen worden. Die Skala der meisten benutzten Thermometer ist in $^1/_2{}^\circ$ oder $^1/_1{}^\circ$ eingetheilt, die dazwischen liegenden Bruchtheile der ganzen Grade wurden durch Schätzung weiter ermittelt.

Bei der Berechnung der Mittelwerthe der Temperatur hat man sich auf $^1/_{10}{}^\circ$ beschränkt.

Es hat sich nicht selten ergeben, dass die aus den holländischen Journalen abgeleiteten Temperaturen anscheinend zu hoch sind. In Fällen, wo dies durch Vergleichungen mit gleichzeitig erhaltenen Beobachtungen der Seewarte festgestellt werden konnte, wurden solche zu hohe Temperaturangaben nicht berücksichtigt. Ein solches Verfahren war namentlich da geboten, wo die betreffenden Angaben die Mittelwerthe zu sehr beeinflusst haben würden.

6. Sobald die in den meteorologischen Journalen enthaltenen Beobachtungen in der oben erklärten Weise reduzirt worden waren, konnten dieselben, nach Zeit und Ort geordnet, in die Extrahirbücher übertragen werden. Es wurde hierbei für einen jeden einzelnen Monat ein besonderes Buch angewendet, welches 100 Blätter (oder Doppelseiten)*) enthält, so dass jedem Quadrat von 1 Grad Breite und 1 Grad Länge ein besonderes Blatt eingeräumt werden konnte.

Bei den einzelnen Beobachtungssätzen ist in den Journalen nicht immer zu jeder Beobachtungszeit die jeweilige Position des Schiffes angegeben. Gewöhnlich ist Letzteres nur der Fall bei den Beobachtungen um 12 Uhr Mittag, während für die folgenden Wachen in der Regel nur Kurs und Distanz angegeben sich befindet. In einzelnen Fällen

*) Siehe „Aus dem Archiv der Deutschen Seewarte“, Jahresbericht 1875—1878, Anlage No. 19.

ist indess die Schiffsposition für jede zweite Wache, sehr selten aber für jede Wache gegeben. Machte das Schiff von einer Positionsbestimmung zur andern eine gleichmässige Fahrt, so wurde für die dazwischen liegenden Wachen der Ort des Schiffes durch Interpolation bestimmt. Hatte das Schiff aber mit verschiedener Fahrt verschiedene Kurse gesteuert, so wurde, um die für die Eintragungen erforderlichen Positionsbestimmungen zu erhalten, ein Koppelkurs berechnet.

Es muss noch bemerkt werden, dass bei den Eintragungen in die Extrahirbücher zwar Jahr, Monatstag und Stunde der Beobachtungen notirt, aber bei den Ableitungen der Mittelwerthe eine Rücksicht auf diese Angaben nicht weiter genommen wurde (eine Ausnahme hiervon bildet nur die Temperatur der Luft, deren Mittelwerthe auch für einige bestimmte Stunden berechnet worden sind).

7. Da die meteorologischen Journale ohne Unterbrechung ausgegeben, ausgefüllt, und wieder zurückgeliefert werden, so musste bei den Zusammenstellungen, deren Resultate in der gegenwärtigen Veröffentlichung enthalten sind, mit einem bestimmten Zeitmomente abgeschlossen werden, weil es im Interesse der Sache unthunlich erscheinen musste, die später eintreffenden Beobachtungen nachträglich noch zu berücksichtigen. So wurde für die Zeit des Abschlusses der Eintragungen in das Quadrat 75 der 15. Juni 1882 festgesetzt, d. h. **alle Beobachtungen, enthalten in meteorologischen Journalen, welche nach dem 15. Juni 1882 bei der Seewarte einliefen, wurden nicht mehr in die für die gegenwärtige Veröffentlichung erforderlichen Extrahirbücher eingetragen und haben daher auf die veröffentlichten Werthe keinen Einfluss.***) Es besteht die Absicht, nach Ablauf einer bestimmten Anzahl von Jahren, etwa nach 7 Jahren, abermals einen Abschluss der mittlerweile eingegangenen Beobachtungen zu machen und die daraus abgeleiteten Werthe sowohl einzeln, als im Anschlusse an die hier zur Veröffentlichung gebrachten Zahlenwerthe dem Drucke zu übergeben. Für den Fall, dass dieser Plan zur Ausführung kommt, fiele der Termin für den zweiten Abschluss der Beobachtungen im Quadrate 75 auf den 15. Juni 1889. Es mag an dieser Stelle wieder erwähnt werden, dass für die früher veröffentlichten Quadrate 110 und 111 der 31. Dezember 1879, für die No. 146 und 147 der 30. April 1878 als Termin für den ersten Abschluss angenommen worden ist.

8. Bei den Zusammenstellungen wurde keine Rücksicht darauf genommen, ob an Bord eines und desselben Schiffes eine oder eine Reihe Beobachtungen ohne Unterbrechung angestellt, oder ob eine grössere Reihe gleichzeitig an Bord verschiedener Schiffe angestellter Beobachtungen vorlagen. Jede einzelne Beobachtung ist als eine unabhängige, für sich alleinstehende betrachtet. Es wird seiner Zeit festgestellt werden müssen, wie die nun veröffentlichten Zahlenwerthe bei einem eventuellen Anschlusse an andere, auf ähnlichem Wege erhaltene Reihen zu behandeln sind, damit aus der erwähnten Nichtberücksichtigung entspringende Unzukömmlichkeiten vermieden werden. Die weiter unten gegebenen Tafeln enthalten die dafür erforderlichen Angaben.

Durch Vergleichung gleichzeitiger und an Bord verschiedener, aber in derselben Position befindlicher Schiffe angestellter Beobachtungen konnte begreiflicherweise eine Kontrole über die Zuverlässigkeit der resp. Beobachtungen geübt werden. Von besonderer Wichtigkeit ist eine solche Kontrole für die Barometerangaben; augenscheinlich als fehlerhaft sich darstellende Beobachtungen konnten auf diesem Wege ganz ausgeschieden werden. In Fällen, wo nur zwei Beobachtungen vorlagen, die unter sich verschieden waren, wurden beide in die Extrahirbücher eingetragen. Die Berechnung der Resultate wurde vorgenommen, sobald die Eintragungen in die Extrahirbücher zum Abschlusse gekommen waren.

9. Ueber Eintheilung und Anordnung der Tabellen soll hier das Wesentliche gegeben werden. Da durch internationales Uebereinkommen festgestellt wurde, dass die meteorologischen Angaben für jedes Eingradfeld zur Veröffentlichung kommen sollten, so ist dieses auch in vorliegender Arbeit zur Durchführung gelangt. Mit Rücksicht auf die bereits für Fünfgradfelder herausgegebenen meteorologischen Angaben in älteren Werken und um einen Vergleich oder einen Anschluss an diese letzteren zu erleichtern, wurden in den nachstehenden Tabellen auch die meteorologischen Angaben für die 4, das ganze Quadrat 75 bildenden Fünfgradfelder hinzugefügt. Diese Fünfgradfelder sind in der, durch die englischen Veröffentlichungen bekannten Weise mit den Buchstaben a, b, c und d bezeichnet, während die Eingradfelder die Zahlen 00, 01, 02 . . . 10, 11 . . . 99 tragen.

Bezeichnungsweise und Anordnung derselben ergiebt sich aus dem hiernebenstehenden Schema:

Quadrat 75.

	30° W					25° W				20° W	
30° N	99	98	97	96	95	94	93	92	91	90	30° N
	89	88	87	86	85	84	83	82	81	80	
d.	79	78	77	76	75	74	73	72	71	70	c.
	69	68	67	66	65	64	63	62	61	60	
	59	58	57	56	55	54	53	52	51	50	
25° N											25° N
	49	48	47	46	45	44	43	42	41	40	
	39	38	37	36	35	34	33	32	31	30	
b.	29	28	27	26	25	24	23	22	21	20	a.
	19	18	17	16	15	14	13	12	11	10	
20° N	09	08	07	06	05	04	03	02	01	00	20° N
	30° W					25° W				20° W	

*) Für die holländischen Beobachtungen findet das hier Gesagte gleichfalls Anwendung.

Für die Fünfgradfelder, deren jedes in den nachfolgenden Tabellen in jedem Monate 4 Seiten umfasst, ergeben sich nach beistehendem Schema die folgenden Grenzen:

a	von	20°	bis	25°	n. Br. und	von	20°	bis	25° w. L.
b	»	20°	»	25°	» »	»	25°	»	30° »
c	»	25°	»	30°	» »	»	20°	»	25° »
d	»	25°	»	30°	» »	»	25°	»	30° »

10. Im Nachstehenden soll nunmehr angegeben werden, wie die Berechnung der einzelnen Werthe durchgeführt worden ist. Wir folgen hierbei der, auf den vier von einem Fünfgradfelde und einem Monate eingenommenen Seiten eingehaltenen Ordnung.

Auf der ersten Seite befindet sich die Häufigkeit der Windrichtung nach 16 Strichen, die Variablen, Stillen und die Stürme niedergelegt. Das Vorkommen der letzteren ist nach den 4 Quadranten unterschieden. In der ersten Kolumne nach den Positionen findet sich die Gesammtanzahl der Beobachtungen.

Bei der vergleichsweise geringen Anzahl von Beobachtungen, welche auf ein Eingradfeld fallen, erschien die Berechnung der mittleren Windstärke zwecklos und ist deshalb unterblieben; dagegen erschien es zweckmässig, die mittlere Windstärke für eine jede Windrichtung für jedes Fünfgradfeld abzuleiten. Diese mittlere Windstärke ist die Summe aller in dem betreffenden Fünfgradfelde für eine bestimmte Windrichtung notirten Stärken, dividirt durch die Anzahl der Notirungen.

Auf der zweiten Seite finden wir zuerst den mittleren Luftdruck; derselbe ist die Summe aller in einem Eingradfelde notirten Barometerstände (für Indexkorrektion und Temperatur reduzirt), dividirt durch die Anzahl der Notirungen, (welche in der daneben stehenden Kolumne enthalten ist). Es ist bei der Ableitung dieser Grösse keine Rücksicht darauf genommen worden, wie in den Mittelwerthen für die einzelnen Eingradfelder die verschiedenen Beobachtungsstunden vertreten waren.

Rohes Mittel der Lufttemperatur wird diejenige Grösse genannt, die sich ergiebt aus der Summe aller Wärmeangaben, welche in dem Zeitraume und an den Terminen beobachtet wurden, dividirt durch die Anzahl aller Beobachtungen.

Zur Bestimmung der Temperaturschwankungen innerhalb eines Etmals sind die Mittelwerthe der Temperaturen für 4 Uhr Morgens, 4 Uhr Nachmittags und 12 Uhr Nachts für sich berechnet. Alle Beobachtungen, welche zu einem der 3 Termine gehören, wurden zusammengestellt, und die daraus gefundene Summe durch die Anzahl der Beobachtungen dividirt.

Da von den holländischen Beobachtungen nur jene, welche an den Stunden 12 Uhr Mittags, 8 Uhr Abends und 4 Uhr Morgens angestellt worden sind, mitgetheilt wurden, so konnten nur die Mittelwerthe für eine der hier aufgeführten Beobachtungsstunden, nämlich für 4 Uhr Morgens durch dieselben vervollständigt werden. Daraus erklärt sich auch, weshalb die Anzahl Beobachtungen um 4 Uhr Morgens eine grössere ist, als um 4 Uhr Nachmittags und 12 Uhr Nachts. Es folgt daraus ferner, dass dem Resultate für 4 Uhr Morgens ein grösseres Gewicht beigelegt werden muss, als jenem für die übrigen Stunden, sofern es sich um deren Mittelwerthe handelt. Die Anzahl der Beobachtungen ist in kleineren Typen über den zugehörigen Temperaturen angegeben.

11. Bei der Berechnung der relativen Feuchtigkeit der Luft aus der Differenz der Temperatur des trockenen und jener des feuchten Thermometers wurden die Tafeln von Jelinek benutzt. Wenn bei hohen Temperaturen dieser Unterschied so gering war, dass sich die Feuchtigkeit nach Jelinek's Tafeln nicht unmittelbar berechnen liess, so sind die in „H. Mohn, Grundzüge der Meteorologie" gegebenen Tafeln benutzt worden. Die Ableitung der Werthe der relativen Feuchtigkeit innerhalb einer Genauigkeitsgrenze von $^1/_{10}$ Prozent wurde nicht angestrebt, d. h. die dafür berechneten Korrektionen vernachlässigt. Es wurden aus den Psychrometer-Tafeln einfach die vollen Zahlenwerthe entnommen; da, wo Bruchtheile der relativen Feuchtigkeit vorkommen, erklären sich dieselben aus der Ableitung von Mittelwerthen aus einer Anzahl von Beobachtungs-Resultaten. Die Anzahl der einzelnen Beobachtungen ist in der Kolumne neben den betreffenden Werthen der Feuchtigkeit gegeben.

Die Bedeckung des Himmels (Grad der Bewölkung) wird geschätzt von 0—10. Die mittlere Bedeckung ist erhalten durch die Division der Summe aller Angaben durch die Anzahl der gemachten Beobachtungen, welche in der danebenstehenden Kolumne enthalten ist.

Die Angaben über die Niederschläge betreffend ist Folgendes zu bemerken. Dem Plane gemäss, welcher der Führung des meteorologischen Journales zu Grunde liegt, müsste sich ergeben, wie viele Stunden mit Niederschlägen in einem Zeitraume von einer bestimmten Dauer gewesen sind. Es lässt sich aber aus den zur Ableitung der hier vorliegenden Tabellen benutzten meteorologischen Journalen nicht in allen Fällen die Dauer des Niederschlages entnehmen, weil vielfach nur der den Niederschlag bezeichnende Buchstabe notirt ist ohne die die Dauer bezeichnende Zahl. In Fällen, in welchen eine Angabe der Niederschlagsdauer stattgefunden hat, findet sie sich nicht selten auf eine Viertelstunde genau angegeben. Um die in dieser Weise verzeichneten Niederschläge bei den Zusammenstellungen verwerthen zu können, hat man die Annahme gemacht, dass, wenn eine bestimmte Notirung der Zeit nicht stattfand, der Niederschlag während der vorhergegangenen 4 Stunden (der Wache) eine halbe Stunde anhielt, welche Annahme auch in solchen Fällen gemacht wurde, wo sich ein *p* (Schauer) verzeichnet fand.

Aus diesen Darlegungen ergiebt sich, dass die in den nachfolgenden Tabellen enthaltenen Zahlenwerthe für die Dauer der Niederschläge nur näherungsweise richtig sein können. Die erste Spalte der mit „Niederschläge" überschriebenen Kolumne zeigt die Anzahl der Beobachtungs-Wachen oder, was dasselbe sagen will, aller Beobachtungen, denn, wenn in den holländischen Journalen auch nur jede zweite Wache notirt wird, so ist doch hierauf bei der Annahme der wahrscheinlichen Dauer des Niederschlages keine Rücksicht genommen worden; man hat, wie bei den deutschen Beobachtungen, für jede Notirung von Niederschlag die Dauer desselben zu einer halben Stunde angenommen und für die Beobachtungszeit, worauf sich diese Angabe bezieht, 4 Stunden. Multiplizirt man die Zahl der Beobachtungs-Wachen mit 4 und vergleicht die so erhaltene Zahl mit der Anzahl von Stunden des Regens, des Schnees etc. so ergiebt sich daraus das Verhältniss der Stunden mit Niederschlag zu der Beobachtungszeit in Stunden ausgedrückt.

12. Unter den verschiedenen, in die Tabelle aufgenommenen Elementen muss die Temperatur der Oberfläche des Meeres als dasjenige bezeichnet werden, dessen Ermittelung mit dem grössten Grade der Zuverlässigkeit ausgeführt werden kann. Es mag sich bei der Beobachtung der Temperatur des Wassers gelegentlich ereignet haben, dass dieselbe nicht rasch genug nach dem Schöpfen des Wassers gemessen wurde und sich die Temperatur-Differenzen zwischen Wasser- und Luftwärme schon theilweise ausgeglichen hatten; solche Fälle werden aber meistens ohne Schwierigkeit aus einer Vergleichung der fraglichen Beobachtung mit der vorhergehenden und nachfolgenden erkannt. Ergiebt sich aus dieser Vergleichung die Irrigkeit der Beobachtung, so ist letztere einfach zu verwerfen und wurde dementsprechend bei der Ableitung der Mittelwerthe der Temperatur der Oberfläche des Meeres auf dieselben keine Rücksicht genommen.

In der letzten Kolumne auf der 2. Seite ist noch unter „Meeresoberfläche" Anzahl und Werth der Beobachtungen des spezifischen Gewichtes des Meerwassers gegeben. Es muss bemerkt werden, dass es unter den an Bord gegebenen Verhältnissen kaum möglich erscheint, genaue Bestimmungen über das spezifische Gewicht des Meerwassers zu erhalten. Zum Mindesten spricht die Thatsache, dass Beobachtungen über dieses Element an Bord und die Ermittelung des spezifischen Gewichtes von Proben desselben Wassers im Laboratorium erhebliche Differenzen zeigen, sehr für diese Annahme. Die hier gegebenen Werthe können daher mit Rücksicht auf den Grad der Entwickelung unserer Kenntnisse über das spezifische Gewicht des Meerwassers keine besondere Zuverlässigkeit und dementsprechend keine besondere Bedeutung für die Studien über die Physik des Meeres beanspruchen. Ueberdies sind zunächst überhaupt nur wenige Beobachtungen über dieses Element gemacht worden. Es schien ferner nothwendig, unter den Beobachtungen von vorne herein eine Auswahl zu treffen, indem man augenscheinlich falsche Ablesungen verwarf. Als Grenzen der Zulässigkeit wurden bei diesem Ausscheiden die Werthe 1.030 und 1.024 angenommen: jede Beobachtung über dem ersteren und jede unter dem letzteren Werthe wurde einfach verworfen. Die zur Verwendung gelangten Aräometer sind nach dem Muster der Kieler Ministerial-Kommission zur Erforschung der deutschen Meere angefertigt und wurden mit Normal-Instrumenten derselben verglichen. Die Beobachtungen wurden sämmtlich nach den Tafeln von Professor Karsten auf 17.5° Celsius reduzirt.

13. Es schien sehr wünschenswerth, wie dies schon ausgeführt wurde, bei der vorliegenden, strenge nach Eingradfeldern durchgeführten Zusammenstellung durch entsprechende Anordnung der Resultate einen Vergleich, beziehungsweise Anschluss an die älteren Zusammenstellungen nach Fünfgradfeldern zu ermöglichen. Von diesem Gesichtspunkte ausgehend sind in diesen Tabellen die Resultate von je 25 Eingradfeldern auf einer Seite in Mitteln, beziehungsweise Summen zusammengefasst. Die Resultate dieser Zusammenstellung finden sich in den beiden, unten an den Tabellen befindlichen Zeilen. Auf der ersten Seite sind in der oberen Zeile die Summen der Wind-Beobachtungen gegeben, in der unteren befinden sich die dazu gehörigen mittleren Windstärken. Die Häufigkeit und Stärke der Variablen, Stillen und Stürme sind gleichfalls in derselben Weise angegeben. Bei der Berechnung der Mittelwerthe für Windstärke und der Summen für die Häufigkeit sind alle Winde, die Stürme eingerechnet, in Betracht gezogen worden.

Die in der Zeile für die Häufigkeit der einzelnen Windrichtungen fettgedruckten Zahlen bedeuten die Luvseite, d. h. diejenige Windrichtung, welche der ihr gerade entgegengesetzten an Häufigkeit überlegen ist. Die fettgedruckten Zahlen unter Kolumne „Stürme" bezeichnen denjenigen Quadranten, aus welchem die meisten Stürme geweht haben.

Auf der vorletzten Querzeile auf Seite 2 findet sich die Anzahl aller Beobachtungen eingetragen, welche in jeglichem Elemente und in dem ganzen Fünfgradfelde angestellt wurden, während die letzte Zeile die Mittelwerthe der einzelnen meteorologischen und physikalisch-ozeanographischen Elemente giebt.

Bei den Niederschlägen ist keine mittlere Dauer derselben in einer Zeiteinheit, sondern nur in der darüberstehenden Zeile die Summe aller Stunden mit Niederschlag gegeben worden.

14. Die dritte Seite der Tabelle ist nicht, wie die beiden ersten, in 25 Zeilen, wovon jede die Resultate von je einem Eingradfelde enthält, eingetheilt, sondern in fünf Theile, von welchen jeder einzelne eine Zone von einem Grad Breite darstellt; die auf dieser Seite befindliche Positions-Spalte erklärt dies zur Genüge.

Die in diesem Theile der Tabellen gegebenen Werthe betreffen die Angaben über das Wetter nach Beaufort's Bezeichnung, das Vorkommen der verschiedenen Wolkenformen, die Richtung des Seeganges, das Mittel der Temperatur an der Oberfläche für die Zone und die beobachteten Triftströmungen

Nach Beaufort wird der **Witterungs-Charakter** mit Buchstaben bezeichnet, und zwar sind dieselben fast stets die ersten Buchstaben desjenigen Wortes, mit welchem in der englischen Sprache das Wetter gekennzeichnet wird.

In denjenigen Journalen, welche von der Norddeutschen Seewarte vertheilt wurden, kommt diese Art der Bezeichnung des Wetters nicht vor, und zwar, weil sie nicht vorgesehen war. Aber auch in den Journalen, unter der Deutschen Seewarte geführt, bleibt bei den hierher gehörigen Angaben, obgleich die Instruktionen keinerlei Zweifel darüber lassen, Manches zu wünschen übrig. In den meisten Fällen fehlerhafter oder doch zweifelhafter Aufzeichnungen mit Rücksicht auf dieses Element sind mangelhafte Angaben nach den Bemerkungen in Spalte 25 des Journales (siehe Instruktion zur Führung des meteorologischen Journals) über die Bedeckung des Himmels und den Charakter des Wetters nachgetragen oder berichtigt worden und ist noch zu beachten, dass anstatt des Buchstaben *p* (Schauer) in die Tabellen stets *r* (Regen) eingetragen wurde. In der zweiten Spalte der Bezeichnung des Wetters sind diejenigen Beobachtungen eingetragen, welche in Folge ihrer grösseren Ausgeprägtheit durch Unterstreichung besonders hervorgehoben werden sollten.

Die Beobachtungen über die Wolkenformen sind gerade so wiedergegeben, wie sie in den Journalen enthalten waren.

Mit Bezug auf Richtung des Seegangs und der Dünung muss bemerkt werden, dass beide Ausdrücke als gleichbedeutend angesehen wurden; auch über diesen Gegenstand finden sich in den älteren Journalen keine regelmässigen Beobachtungen angegeben.

Alles das, was zur Vervollständigung der Tabellen wünschenswerth erschien, wurde aus den in den Journalen gegebenen Bemerkungen ausgezogen und den Tabellen einverleibt. Zum vollen Verständnisse für Angaben dieser Art sind noch nachfolgende Erklärungen unerlässlich.

Unter **Kreuzsee** sind die Angaben über zwei gleichzeitig und aus wesentlich verschiedenen Richtungen auftretende Wellenbewegungen aufgeführt worden, und zwar sowohl, wenn man sie beide als Seegang, als auch, wenn man die eine als Seegang, die andere als Dünung bezeichnet vorfand. Die Angaben über die Stärke des Seeganges sind in die vorliegenden Tabellen nicht aufgenommen worden. In den drei besprochenen Kolumnen wird also gezeigt, wie vielmal während einer Reihe von Beobachtungen, deren Anzahl am Kopf der Spalte sich verzeichnet befindet, erstens eine bestimmte Gattung von Wetter stattgefunden, zweitens jede der verschiedenen Wolkenformen beobachtet worden, und drittens, wie oft der Seegang, beziehungsweise die Dünung aus einer der acht Haupt-Himmelsgegenden gelaufen und wie oft eine glatte See oder aber eine Kreuzsee beobachtet worden.

Die folgende Spalte enthält die mittlere Oberflächen-Temperatur für Zonen-Abschnitte von 1° Breite und 5° Länge; sie ist berechnet aus den Summen der Temperatur-Angaben aller zugehörigen Beobachtungen, nicht aber aus den Mittelwerthen der den Abschnitt bildenden Eingradfelder.

15. Die letzte Kolumne der Seite 3 enthält die Richtung und die Anzahl der Seemeilen der einzelnen Stromversetzungen in 24 Stunden, welche von den Schiffern beobachtet wurden. Die Versetzung ergiebt sich aus der Vergleichung der Position, die das Schiff seinem durch das Wasser gemachten Wege gemäss hätte erreichen sollen, mit derjenigen, welche es astronomischen Beobachtungen zufolge wirklich erreicht hat. In der Regel wird die Position durch astronomische Beobachtungen nur am Mittage bestimmt, daher denn auch die 24 Stunden, in welchen die Versetzungen stattgefunden haben, die Zeit bedeuten von einem Mittage zum andern (Etmal). Die Versetzungen sind hier jedesmal demjenigen Zonenabschnitt zugetheilt worden, in welchem das Etmal endete, für das sie gelten. Hierbei ist auf die, während der 24 Stunden herrschende Witterung Rücksicht genommen worden und Versetzungen, die bei Stürmen stattgefunden haben oder bei welchen aus sonstigen Gründen die Annahme, als sei sie von Strömungen verursacht worden, unbegründet erschien, sind verworfen, sowie denn auch alle Versetzungen unter 6 Seemeilen unberücksichtigt blieben.

16. Auf Seite 4 der Tabellen finden sich Aufzeichnungen über auffällige und für das herrschende Wetter charakteristische Erscheinungen, welche in dem Fünfgradfeld beobachtet worden sind. Die Reihenfolge der Zeilen ist gleich derjenigen der ersten beiden Seiten, soweit überhaupt für die einzelnen Eingradfelder Beobachtungen vorliegen. Die unter der Ueberschrift „Unter-□" gesetzte erste Zahl einer jeden Zeile giebt an, in welchem Eingradfelde die angeführte Erscheinung stattgefunden hat. Mit Beziehung auf die Folge der Nummerirung der einzelnen Quadrate wird auf das auf Seite IX Gesagte verwiesen. Zur Ergänzung desselben wird noch bemerkt, dass die Nummer eines Eingradfeldes stets aus zwei Ziffern zusammengesetzt ist, von welchen die erste auf die Breite, die zweite auf die Länge sich bezieht, und zwar unter Vernachlässigung der Zehner; diese letzteren sind durch die Kenntniss des Quadrates im Voraus als gegeben zu betrachten. So bedeutet beispielsweise für das Quadrat 75, welches zwischen 20° und 30° n. Br. und 20° und 30° w. L. liegt, die Zahl 10 das Eingradfeld zwischen 21° und 22° n. Br. und 20° und 21° w. L., oder abgekürzt von 21° n. Br. und 20° w. L.

Im Quadrat 75 verfolgen die Schiffe, auf denen das vorliegende Material gewonnen wurde, in den allermeisten Fällen einen zwischen S und SW liegenden Kurs. Es ist wichtig dies zu beachten, um verschiedene auf Seite 4 der Tabelle für jedes Fünfgradfeld aufgeführte Bemerkungen, z. B. über das erste Antreffen von Seethieren, über Richtungs-Aenderungen des Windes u. s. w., richtig zu verstehen.

Die Bemerkungen zu den einzelnen Eingradfeldern können des beschränkten Raumes halber nur in beschränkter Zahl und im Auszuge gegeben werden.

Der untere Theil der vierten Seite oder das Ende der ganzen Tabelle für das Fünfgradfeld eines jeden Monats wird durch die Aufführungen der Extreme des Luftdrucks und der Temperatur, welche in dem ganzen Fünfgradfelde beobachtet worden sind, mit Angabe über die Zeit und den Ort der betreffenden Beobachtungen nebst den begleitenden Witterungsverhältnissen eingenommen.

---

2. *Kennzeichnung des Gewichtes der in den Tabellen enthaltenen Zahlenwerthe.*

17. Die Art des Gewinnens und Sammelns des durch das maritime meteorologische System der Seewarte erzielten Materials schliesst eine Verarbeitung desselben nach den verschiedenen, sonst üblichen Gesichtspunkten aus. Es würde beispielsweise eine zum guten Theile vergebliche Mühe verursachen, wollte man die Beobachtungen nach den einzelnen Jahren, in welchen sie gemacht worden, ordnen, da dieselben nicht ausreichen dürften, um daraus bestimmte, nur für die einzelnen Jahre geltende Resultate ziehen zu können. Ueberdies kommen auch stets, wenn ein Abschluss zu Zwecken einer Diskussion herbeigeführt wurde, weitere, in dieselbe Epoche gehörende Beobachtungen ein, die sofort, wenn verwerthet, die erhaltenen Resultate mehr oder minder erheblich umgestalten müssten. Dies kann zwar mit nahezu gleichem Rechte auch von den Resultaten gesagt werden, welche ohne Rücksicht auf die Jahre und für grössere Gebiete abgeleitet werden, allein, wenn es sich darum handelt, so kleine Gebiete, wie die Eingradfelder es sind, mit Rücksicht auf ihre meteorologischen Verhältnisse zu charakterisiren, so fallen die bezeichneten Schwierigkeiten in der Behandlung des Materials ungleich erheblicher in das Gewicht, und zwar zu einem solchen Grade, dass man mit Recht behaupten kann, es würde eine einigermaassen korrekte Darlegung der meteorologischen Verhältnisse überhaupt erst nach einer sehr langen Reihe von Jahren gegeben werden können. Schon die in diesen Tabellen enthaltenen Summen und Mittelwerthe für die Fünfgradfelder können, ganz abgesehen von den Schwankungen in den einzelnen Jahren, nicht als endgültig festgestellt erachtet werden, weil, wie schon eine oberflächliche Prüfung der Beobachtungsreihen, aus welchen sie abgeleitet, zeigt, einzelne Tage, ja Reihen von Tagen eines Monates gar nicht darin vertreten sind. Wenn dies schon von den Resultaten für die Fünfgradfelder gesagt werden kann, so muss es begreiflicherweise in ungleich höherem Grade Anwendung finden mit Bezug auf jene für die Eingradfelder. Solche Erwägungen erweisen zur Genüge die Fruchtlosigkeit des Bestrebens, welches darauf abzielt, unter Berücksichtigung der einzelnen Jahre für die nunmehr als Einheit für die Behandlung angenommenen Areale endgültig festgestellte Werthe zu gewinnen. Andererseits wird kein Modus der Berechnung und Interpolation, wie scharf derselbe auch ausgedacht sein möge, dazu dienen können, die bezeichneten Unsicherheiten in der Bestimmung der Mittelwerthe ganz zu entfernen. Es kann dies wohl mit ganz besonderer Berechtigung von den meteorologischen Verhältnissen derjenigen Gebiete des Nordatlantischen Ozeans gesagt werden, um welche es sich hier handelt, wie ein Jeder sofort zugeben wird, der sich mit der Klimatologie derselben überhaupt befasst hat.

Unter solchen Verhältnissen und bei den durch den gegenwärtigen Stand der meteorologischen Wissenschaft gegebenen Anforderungen bleibt überhaupt kein anderer Weg übrig, als entweder die Beobachtungen *in extenso* zu veröffentlichen, oder dieselben in der Veröffentlichung in einer Weise zu beschränken, welche einerseits eine Verwerthung in dem gegenwärtigen Augenblicke, andererseits einen Anschluss an Beobachtungsreihen, die jetzt oder in der Zukunft verfügbar werden, zulässt. Bei der grossen Anhäufung des Materials innerhalb der Seewarte, zu welchem noch die holländischen Beobachtungen hinzutreten, konnte an eine Veröffentlichung *in extenso* nicht gedacht werden und es wurde daher von vorne herein die zuletzt genannte Modalität in's Auge gefasst, indem es der Zukunft vorbehalten bleiben muss, den grossen Schatz werthvollen meteorologischen Materials, wie ihn die maritim-meteorologischen Institute jetzt schon besitzen und noch zusammentragen werden, nach den verschiedenen, durch den alsdann gewonnenen Entwickelungsgrund der Wissenschaft gebotenen Richtungen zu verwerthen.

18. Bei der Durchführung der Einschränkung der Beobachtungsresultate zu Zwecken der Veröffentlichung erschien es erforderlich, bestimmte Anhaltspunkte für die Beurtheilung des Gewichtes der einzelnen Zahlenwerthe zu geben, und überhaupt die Tabellen mit Rücksicht auf die einzelnen Zeitabschnitte und Gebiete, über welche sie sich erstrecken, zu charakterisiren. Hätte man die betreffenden Daten unmittelbar da in die Tabellen einfügen wollen, wohin sie ihrem Wesen nach gehören, so hätten jene dadurch einerseits über Gebühr an Umfang gewonnen und an Uebersichtlichkeit verloren, während andererseits eine Einschränkung der fraglichen Angaben unerlässlich gewesen wäre. Es erschien sonach zweckmässig, die hier in Rede stehenden Angaben in Tafeln zu bringen, welchen man das Erforderliche unmittelbar durch Inspektion entnehmen kann. Die hier folgenden Tafeln sollen zeigen, wie sich die Anzahl der Beobachtungssätze, welche in den meteorologischen Tabellen des Quadrates 75 für die einzelnen Eingradfelder und Monate verwerthet sind, in jedem Falle über verschiedene Jahre, einzelne Monatsabschnitte (Pentaden) und Tageszeiten vertheilt. Es wird durch diese Angaben ein Urtheil über den Werth der für die Eingradfelder gegebenen Mittelwerthe und Summen der Barometerstände, der Temperatur u. s. w. ermöglicht, wodurch wieder die Mittel geboten werden, die gegebenen Werthe bei der Ableitung definitiver Resultate mit einem erheblichen Grade von Sicherheit an später einlaufende Beobachtungsreihen oder an die Beobachtungen anderer Systeme anzuschliessen.

Die Einrichtung dieser Tafeln ist die folgende:

Die Eingradfehler des Quadrates 75 sind für einen jeden Monat des Jahres auf einer Seite in der Weise verzeichnet, dass das Unter-□ 00 links oben beginnt und das Unter-□ 99 rechts unten abschliesst. Damit die Fünfgradfelder *a*, *b*, *c* und *d* in der richtigen Reihenfolge zu erkennen sind, ist *a* links oben und *b* gleich daneben, *c* links und *d* rechts unten. Die Tafeln nehmen demnach 12 Seiten ein.

In der ersten Kolumne in jedem der Fünfgradfelder ist die Bezeichnung des Unter-□'s enthalten, die zweite Kolumne zeigt die Anzahl der Beobachtungssätze und die dritte die Anzahl der Jahre, über welche jene Beobachtungssätze vertheilt sind.

Die vierte, eine Gruppen-Kolumne, zeigt die einzelnen Pentaden und die Anzahl der Beobachtungssätze, welche auf eine jede derselben entfällt.

Die fünfte, eine Gruppen-Kolumne, giebt die Beobachtungsstunden und die Anzahl von Beobachtungssätzen für jede einzelne derselben.

Die sechste, eine Gruppen-Kolumne, giebt die Anzahl von Fällen, in welchen gleichzeitig von mehreren Schiffen beobachtet wurde; die als Exponent gegebene Zahl zeigt an, wie viele Schiffe in jedem einzelnen Falle gleichzeitig beobachteten.

Um dies durch ein Beispiel zu erläutern, betrachten wir die Verhältnisse für den Monat Januar und das Eingradfeld 24. Wir finden:

$$24 \ldots 29,\ 9 \ldots 2,\ 7,\ —,\ 6,\ 5,\ 9 \ldots\ldots 7,\ 5,\ 5,\ 3,\ 4,\ 5 \ldots\ldots 1^2 \ldots 1^3$$

Die Bedeutung dieser Zahlen ist der oben gegebenen Erklärung gemäss die folgende:

Im Eingradfeld 24 wurden 29 Beobachtungssätze gewonnen, welche sich über 9 Beobachtungs-Jahre vertheilen. Von dieser Anzahl Sätze entfallen auf die I. Pentade des Monats Januar 2, auf die II. 7, auf die III. keine, auf die IV. 6, auf die V. 5 und auf die VI. 9 und ferner auf die einzelnen Beobachtungsstunden 7 auf 4^h Morgens, 5 auf 8^h Morgens, 5 auf 12^h Morgens oder Mittags, 3 auf 4^h Nachmittags, 4 auf 8^h Nachmittags und 5 auf 12^h Nachmittags oder Mitternacht.*) In 1 Falle waren gleichzeitig 2 und in 1 Falle gleichzeitig 3 Beobachter in dem Quadrate anwesend, wurde also die Beobachtung doppelt beziehentlich dreifach notirt.

Es wäre unzweifelhaft wünschenswerth gewesen bei der Kennzeichnung der Beobachtungssätze mit Beziehung auf Zeit anstatt der Pentaden die einzelnen Tage zu wählen; allein es würde dies eine ungleich grössere Mühe- und Kosten-Verwendung involvirt haben, als durch den überhaupt auf diesem Wege zu erlangenden Grad von Genauigkeit gerechtfertigt gewesen wäre. Die Lage der einzelnen Termine für die Beobachtungssätze innerhalb der Pentaden genau zu bestimmen, muss, wie so Vieles Andere, zukünftigen Untersuchungen vorbehalten bleiben. Schon ein Blick auf die Anzahl der Beobachtungssätze und die Anzahl der Jahre, über welche sie sich vertheilen, ist höchst lehrreich und zeigt, dass man von einer, einigermaassen auf Gleichartigkeit Anspruch machenden Behandlung einzelner Jahre noch für eine lange Zeit, wenn der Grundsatz der Eintheilung in Eingradfelder festgehalten werden soll, nicht die Rede sein kann.

Das hier Gesagte wird durch folgende Beispiele aus der Juni-Tafel zur Genüge erläutert:

Wir finden in Unter-□ 61 20 Sätze in der I. Pentade, 4 in der VI., im Unter-□ 91 dagegen für die I. Pentade nur eine, für die VI. aber 10 Sätze.

Ferner treffen wir beispielsweise im Unter-□ 64 24 Beobachtungssätze auf 5 Jahre vertheilt gegen dieselbe Anzahl Sätze auf 11 Jahre im Unter-□ 22, oder in demselben Unter-□ 24 in 11 Jahren gegen 68 in der gleichen Anzahl Jahre im Unter-□ 62.

Mit Beziehung auf die einzelnen in den Sätzen vertretenen Stunden liegt der Fall etwas, wenn auch nicht sehr erheblich günstiger als in den beiden oben erwähnten Fällen.

Beim Ueberblicken der letzten Gruppen-Kolumne gewinnen wir die Ueberzeugung, dass die Fehler, die durch mehrfaches Notiren und Berücksichtigen von für dieselbe Zeit geltenden Beobachtungssätzen die Endergebnisse für das Quadrat 75 nicht so sehr beeinflusst werden können, wie dies auf den ersten Blick hin erscheint. Es würde dieser Umstand die Resultate nur in den zunächst der gewöhnlichen Route der Schiffe, welche von etwa 30° n. Br. und 20.5° w. L. über 25° n. Br. und 22.5° w. L. nach 20° n. Br. und 24.5° w. L. führt, gelegenen Quadraten in einigermaassen erheblichem Grade störend beeinflussen können.

Bei dem Ableiten von Endergebnissen für die einzelnen Elemente würde man einestheils durch die korrespondirenden Werthe für die beobachteten Eingradfelder, anderntheils durch die Werthe in der letzten Gruppen-Kolumne aufmerksam gemacht, beziehungsweise geleitet werden können.

Durch die gemäss der oben gegebenen Erklärung befolgte Anordnung der Quadrate wird auch hinsichtlich der Fünfgradfelder eine Beurtheilung möglich in wiefern die am Fusse der meteorologischen Tabellen gegebenen Endergebnisse für die meteorologischen Elemente auf Grund der zeitlichen, sowie räumlichen Vertheilung der zusammengestellten Beobachtungssätze als richtige Mittelwerthe, beziehungsweise Summen für das betreffende Fünfgradfeld und den Monat gelten können.

*) Mit Beziehung auf die Bezeichnung „Nachmittags und Morgens" wurde die vom permanenten meteorologischen Comité gemachte Stipulation befolgt. Utrechter Sitzungs-Berichte, Seite 81.

1	—	1
3	1	—
1	4	—
3	3	—
2	—	2
1	1	—
2	7	—
—	—	—
3	2	—

Februar.

Unter-□	Anzahl der Beobacht.	Jahre	I.	II.	III.	IV.	V.	VI.	Morgens 4h	8h	12h	Nachmittags 4h	8h	12h	Zur selben Zeit beobachtet			Unter-□	Anzahl der Beobacht.	Jahre	I.	II.	III.	IV.	V.	VI.	Morgens 4h	8h	12h	Nachmittags 4h	8h	12h	Zur selben Zeit beobachtet		
00	14	5	1	2	2	9	—	—	3	—	—	1	4	6	—	—	—	05	38	9	—	12	—	19	3	4	6	5	11	7	6	3	2^{3}	—	—
01	16	8	2	—	3	2	3	6	3	3	2	1	4	3	—	—	—	06	19	5	3	2	2	11	1	—	4	4	1	3	4	3	—	—	—
02	14	6	2	2	2	6	—	2	3	—	3	3	1	4	—	—	—	07	1	1	—	—	—	—	1	—	—	—	1	—	—	—	—	—	—
03	34	7	8	9	9	2	6	—	6	5	7	5	6	5	—	—	—	08	4	2	2	—	—	—	2	—	—	—	1	2	1	—	—	—	—
04	26	11	4	5	2	10	1	4	3	4	6	2	7	4	2^{2}	—	—	09	8	2	4	2	—	—	—	2	1	—	2	2	1	2	1^{3}	—	—
10	22	5	2	1	2	7	3	7	2	3	5	5	4	3	—	—	—	15	24	7	—	9	—	11	4	—	3	2	4	2	7	6	2^{3}	—	—
11	21	8	4	—	5	8	—	4	5	3	4	5	2	2	—	—	—	16	9	3	4	—	—	3	2	—	3	2	3	—	—	1	—	—	—
12	21	8	4	2	7	2	5	1	4	8	3	—	4	2	—	—	—	17	11	4	7	—	—	—	—	4	2	2	2	1	3	1	2^{3}	—	—
13	32	10	10	8	9	2	3	—	7	2	5	4	7	7	—	—	—	18	7	2	2	1	—	—	—	4	—	—	2	2	1	2	—	—	—
14	36	10	3	6	1	14	5	7	9	4	3	5	9	6	2^{2}	—	—	19	11	3	2	2	—	—	—	7	2	3	2	1	2	1	—	—	—
20	19	6	3	—	3	11	1	1	2	3	1	3	6	4	—	—	—	25	19	6	2	9	—	7	1	—	3	—	4	5	5	2	2^{2}	—	—
21	17	8	3	2	5	3	1	3	1	2	6	3	3	2	—	—	—	26	11	2	3	—	—	11	—	—	2	3	2	2	2	3	—	—	—
22	35	9	10	9	8	3	5	—	4	5	8	7	8	3	—	—	—	27	14	4	4	—	2	—	2	6	2	3	2	1	3	3	—	—	—
23	26	10	6	7	3	3	4	3	3	3	4	9	5	2	—	—	—	28	5	2	2	—	2	1	—	—	—	—	—	1	3	1	—	—	—
24	41	10	1	6	7	15	9	8	10	7	10	3	7	4	1^{2}	2^{3}	1^{3}	29	8	3	—	4	1	2	1	—	2	1	1	1	1	2	—	—	—
30	24	7	1	4	6	9	2	2	8	5	4	2	1	4	—	—	—	35	19	5	1	3	2	12	1	—	2	5	3	4	4	1	3^{2}	—	—
31	18	5	4	2	7	3	—	2	4	3	9	2	8	3	1^{2}	—	—	36	17	5	4	—	2	1	5	5	5	2	2	3	2	3	—	—	—
32	26	8	4	10	7	2	3	—	3	3	7	6	4	3	—	—	—	37	13	4	3	—	—	2	3	5	1	3	3	3	1	2	—	—	—
33	40	11	5	6	8	5	10	6	11	6	7	2	7	7	—	—	—	38	2	2	—	—	—	1	1	—	—	—	—	1	1	—	—	—	—
34	24	9	4	5	6	5	4	—	8	3	4	2	3	4	—	—	—	39	15	5	7	2	—	—	5	1	3	4	4	1	1	2	—	—	—
40	19	6	2	2	10	3	2	—	2	1	2	2	7	5	—	—	—	45	9	5	2	—	1	4	2	—	1	—	3	2	2	1	—	—	—
41	30	9	8	8	8	1	3	2	6	4	6	5	5	4	—	—	—	46	7	3	6	—	—	1	—	—	2	2	1	—	—	2	—	—	—
42	44	11	14	4	14	2	6	4	8	6	10	6	11	3	2^{2}	—	—	47	5	2	1	—	—	—	4	—	1	2	1	—	—	1	—	—	—
43	30	11	3	6	11	5	2	3	5	3	5	3	8	6	—	—	—	48	8	4	5	—	—	—	1	2	1	—	2	1	2	2	—	—	—
44	29	7	4	4	14	4	3	—	4	3	6	4	6	6	4^{2}	—	—	49	15	3	1	10	—	—	3	1	3	2	2	2	3	2	—	—	—
50	30	8	5	8	7	6	4	—	5	5	5	7	4	4	—	—	—	55	7	3	4	—	—	—	2	—	1	1	1	2	1	1	—	—	—
51	37	10	10	8	9	3	5	2	12	6	3	4	5	7	—	—	—	56	2	1	—	—	—	—	—	2	1	1	—	—	—	—	—	—	—
52	35	9	6	2	14	1	4	8	9	5	4	5	6	6	1^{1}	1^{3}	—	57	17	5	6	5	—	—	3	3	4	2	3	3	4	1	—	—	—
53	22	7	10	1	3	5	2	1	4	1	7	5	3	2	—	—	—	58	14	3	1	12	—	1	—	—	2	1	2	3	3	3	—	—	—
54	22	6	5	2	11	4	—	—	2	6	3	3	5	3	3^{2}	—	—	59	8	4	1	3	—	2	2	—	2	2	1	1	1	1	—	—	—
60	45	10	11	15	9	3	4	3	7	7	6	10	10	5	—	—	—	65	11	3	5	2	—	—	4	—	1	1	—	3	4	2	—	—	—
61	41	10	7	7	9	8	5	5	3	3	9	5	13	8	—	1^{2}	—	66	12	5	4	4	—	3	1	—	2	3	4	1	1	1	—	—	—
62	30	8	7	3	6	4	4	6	6	5	5	4	5	4	—	—	—	67	10	6	2	4	—	2	2	—	—	3	2	2	2	1	—	—	—
63	18	6	4	3	4	4	1	2	2	3	3	3	4	3	—	—	—	68	4	3	1	2	—	1	—	—	1	—	1	1	—	1	—	—	—
64	11	5	1	3	4	3	—	—	3	1	3	2	1	1	—	—	—	69	14	3	3	—	7	—	4	—	1	1	5	4	2	1	1^{2}	—	—
70	65	11	12	18	11	11	5	8	9	10	16	6	12	12	1^{1}	1^{2}	—	75	10	5	4	1	1	1	3	—	3	1	1	1	3	1	—	—	—
71	21	6	—	3	8	2	8	2	4	4	4	4	3	2	1^{2}	—	—	76	11	5	5	5	1	—	—	—	3	2	—	1	2	3	—	—	—
72	30	9	13	—	7	2	4	4	6	7	6	5	2	4	—	—	—	77	14	5	4	1	2	—	6	1	2	—	2	2	4	4	1^{2}	—	—
73	13	5	5	3	4	1	—	—	3	8	1	—	3	3	1^{2}	—	—	78	9	3	2	—	2	—	3	2	4	2	—	—	—	3	—	—	—
74	6	2	—	3	—	—	3	—	2	2	1	—	—	1	—	—	—	79	5	4	—	—	2	2	1	—	—	2	—	1	2	—	—	—	—
80	54	11	7	5	19	8	9	6	14	8	10	7	10	5	4^{2}	—	1^{4}	85	12	5	5	2	4	—	1	—	5	3	3	2	—	1	—	—	—
81	32	11	—	1	12	3	7	9	8	3	6	3	5	7	—	—	—	86	10	3	3	—	2	—	3	2	3	3	8	1	—	—	—	—	—
82	40	9	21	1	9	—	4	5	4	5	6	7	11	7	3^{2}	—	—	87	8	4	1	—	1	1	1	4	1	1	1	1	2	2	—	—	—
83	12	5	8	2	2	2	3	—	2	—	4	3	2	1	—	—	—	88	4	2	—	—	—	2	—	2	—	1	2	1	—	—	—	—	—
84	11	5	4	1	2	1	3	—	1	2	1	2	3	2	—	—	—	89	5	2	—	2	3	—	—	—	1	—	1	1	1	1	—	—	—
90	42	9	2	3	12	7	14	4	10	4	7	8	7	6	1^{1}	—	—	95	18	4	5	—	2	1	3	7	2	2	2	4	4	4	—	—	—
91	57	13	13	11	9	3	9	12	11	11	10	9	10	6	—	—	—	96	13	3	—	—	2	—	3	8	1	2	3	1	3	3	—	—	—
92	31	8	8	4	1	10	3	5	5	4	5	6	6	5	—	—	—	97	5	3	—	—	2	—	—	3	2	1	—	—	1	1	—	—	—
93	21	7	9	2	5	3	—	2	4	2	5	3	3	4	—	—	—	98	7	2	—	1	6	—	—	—	1	1	1	1	2	1	—	—	—
94	31	6	17	1	2	2	9	—	6	5	6	5	5	4	1^{1}	—	—	99	—	—							—	—	—	—	—	—	—	—	—

März.

Unter-□	Anzahl der Beobacht.	Jahre	Pentaden I.	II.	III.	IV.	V.	VI.	Tagesstunden Morgens 4h	8h	12h	Nachmittags 4h	8h	12h	Zur selben Zeit beobachtet		
00	7	4	3	2	—	—	—	2	2	2	—	—	1	2	—	—	—
01	19	7	5	3	5	—	5	1	6	4	3	2	2	2	—	—	—
02	16	4	5	—	1	—	2	8	—	2	2	4	3	5	—	—	—
03	36	6	3	9	7	9	1	7	5	5	4	5	11	6	1^2	—	—
04	40	13	6	6	3	5	9	11	7	7	5	5	10	6	—	—	—
10	13	7	6	3	—	—	1	3	3	1	3	3	2	1	—	—	—
11	20	6	8	1	3	—	4	9	4	5	4	1	2	4	—	—	—
12	23	4	3	6	6	4	1	3	5	5	2	3	5	3	1^2	—	—
13	24	9	2	5	3	4	4	6	7	4	3	5	1	4	—	—	—
14	53	13	4	12	5	10	6	16	8	7	16	10	5	7	2^2	—	—
20	21	7	6	2	—	—	3	10	2	2	4	6	4	3	1^2	—	—
21	9	3	—	1	4	—	3	1	1	2	3	2	1	—	—	—	—
22	45	8	5	13	8	9	2	8	7	4	8	9	7	10	2^2	—	—
23	24	9	3	3	1	4	2	11	6	2	2	3	6	5	1^2	—	—
24	49	13	3	16	6	7	6	11	8	7	7	8	13	6	1^2	—	—
30	19	6	3	5	2	1	3	5	4	3	3	2	2	5	1^2	—	—
31	21	5	2	5	4	7	2	1	7	4	2	4	2	2	—	—	—
32	37	10	4	11	2	6	2	12	7	6	5	6	7	6	—	—	—
33	46	10	10	8	4	6	8	10	7	8	7	7	12	5	—	—	—
34	27	9	3	8	—	3	5	8	5	3	7	3	2	7	—	—	—
40	14	5	2	3	4	3	—	2	1	1	3	3	4	2	—	—	—
41	43	8	6	4	4	7	7	15	4	10	8	7	8	6	1^2	—	—
42	32	6	1	11	—	5	3	12	5	6	7	3	6	5	—	—	—
43	47	12	14	3	5	6	5	14	5	5	8	10	12	7	2^2	—	—
44	25	7	3	5	4	2	5	6	3	3	5	5	7	2	—	—	—
50	21	7	4	3	4	5	—	5	4	3	2	2	3	7	—	—	—
51	53	11	11	6	6	10	6	14	9	8	11	10	10	5	2^2	—	—
52	45	10	3	8	9	11	8	6	9	4	5	8	8	11	—	—	—
53	34	9	7	3	4	—	5	15	8	8	8	3	4	3	—	—	—
54	29	7	6	—	5	8	5	5	6	7	6	4	3	3	—	—	—
60	47	9	11	6	4	7	7	12	13	6	3	6	8	11	—	—	—
61	34	8	—	6	5	4	2	17	4	4	9	6	7	4	—	—	—
62	52	12	14	9	9	5	3	12	11	11	10	5	7	8	1^2	—	—
63	26	6	5	2	4	4	6	5	6	3	4	5	5	3	1^2	—	—
64	16	7	4	—	1	5	4	2	1	2	3	1	5	4	—	—	—
70	54	9	7	7	5	6	8	21	8	9	15	9	6	7	—	—	—
71	50	12	3	8	10	10	7	12	9	8	7	8	10	8	1^2	—	—
72	29	10	9	4	4	3	1	8	7	4	6	4	5	3	1^2	—	—
73	39	8	8	4	11	5	6	5	5	7	7	3	10	7	1^2	—	—
74	16	5	3	4	—	3	6	—	3	2	3	5	2	1	—	—	—
80	54	12	3	9	5	8	10	19	7	7	7	13	11	9	—	—	—
81	44	11	3	11	4	6	9	11	6	3	11	10	8	6	—	—	—
82	21	8	2	2	8	3	1	5	3	4	6	3	4	1	—	—	—
83	31	8	5	3	9	5	9	—	7	4	4	5	5	6	—	—	—
84	5	4	1	2	2	—	—	—	—	—	2	1	2	—	—	—	—
90	53	10	3	8	8	7	11	16	12	9	7	5	10	10	1^2	—	—
91	24	10	3	6	1	—	9	5	7	5	2	2	3	5	—	—	—
92	34	7	6	6	5	5	7	5	9	7	5	5	4	4	—	—	—
93	30	8	7	2	9	2	10	—	6	5	5	4	4	6	—	—	—
94	23	7	2	1	7	3	9	1	7	5	4	2	3	2	—	—	—

Unter-□	Anzahl der Beobacht.	Jahre	Pentaden I.	II.	III.	IV.	V.	VI.	Tagesstunden Morgens 4h	8h	12h	Nachmittags 4h	8h	12h	Zur selben Zeit beobachtet		
05	42	11	1	5	3	15	6	12	10	6	8	6	7	5	1^2	—	—
06	7	5	—	1	1	—	2	3	1	1	2	2	—	1	—	—	—
07	7	4	3	3	—	—	—	1	—	1	2	1	3	—	—	—	—
08	2	2	—	—	—	1	—	1	1	—	—	—	—	1	—	—	—
09	7	3	1	—	2	3	—	1	2	1	1	—	2	1	—	—	—
15	23	9	—	2	4	6	6	5	3	4	2	4	6	4	—	—	—
16	10	6	—	1	—	—	5	4	2	2	3	1	2	—	—	—	—
17	8	4	2	3	1	2	—	—	3	2	2	—	1	—	—	—	—
18	8	2	3	—	3	2	—	—	1	2	2	2	1	—	—	—	—
19	4	2	1	—	—	3	—	—	1	1	—	1	—	1	—	—	—
25	14	6	—	—	1	2	6	5	3	1	6	1	1	2	—	—	—
26	8	4	1	—	2	3	—	2	—	1	3	3	1	—	—	—	—
27	12	5	2	2	4	2	—	2	1	1	2	1	4	3	—	—	—
28	11	3	—	—	4	5	—	2	2	2	1	2	2	2	—	—	—
29	19	5	—	—	2	—	1	16	2	4	5	3	2	3	—	—	—
35	18	7	—	—	4	5	4	5	6	3	1	1	3	4	—	—	—
36	13	7	2	1	3	1	—	6	3	4	5	1	—	—	—	—	—
37	16	6	—	—	10	—	3	3	2	1	3	2	5	3	—	—	—
38	12	6	—	1	1	3	2	5	3	1	2	1	3	2	—	—	—
39	14	4	—	2	—	4	1	7	2	3	1	2	2	4	—	—	—
45	17	8	5	—	3	5	2	4	3	1	2	2	7	2	—	—	—
46	10	5	—	1	—	4	3	2	3	1	2	1	2	1	—	—	—
47	16	5	—	2	4	3	3	4	4	4	3	2	1	2	—	—	—
48	3	2	—	1	—	1	—	1	—	1	—	2	—	—	—	—	—
49	6	3	—	2	1	2	—	1	—	—	—	2	4	—	—	—	—
55	14	8	1	2	—	5	2	4	3	2	3	3	2	1	—	—	—
56	11	5	—	3	1	6	1	—	—	2	2	2	3	2	—	—	—
57	4	2	—	2	2	—	—	—	2	—	—	—	1	1	—	—	—
58	13	5	—	5	—	2	1	5	2	4	4	1	2	—	—	—	—
59	13	6	2	4	1	1	2	3	4	1	2	—	2	4	—	—	—
65	15	6	7	2	—	2	3	1	4	2	3	2	2	2	—	—	—
66	9	4	—	2	3	2	—	2	2	1	1	2	2	1	—	—	—
67	11	4	—	4	—	2	1	4	—	1	1	2	3	4	—	—	—
68	13	6	2	—	—	2	5	4	3	2	4	3	1	—	—	—	—
69	20	6	3	3	1	4	9	—	4	3	2	3	4	4	1^2	—	—
75	16	6	6	6	1	—	—	3	3	2	3	2	4	2	—	—	—
76	14	4	—	3	—	7	—	4	2	2	3	2	3	2	—	—	—
77	12	6	—	—	—	6	1	5	2	3	2	2	2	1	—	—	—
78	16	5	5	—	—	3	7	1	3	3	2	3	3	2	1^2	—	—
79	6	4	—	2	1	1	2	—	1	—	—	1	2	2	—	—	—
85	19	9	4	1	3	3	5	3	3	—	3	2	4	7	—	—	—
86	11	4	—	—	3	3	5	—	2	4	3	2	—	—	—	—	—
87	21	4	1	—	4	3	1	12	5	3	3	2	4	4	3^3	—	—
88	5	1	—	5	—	—	—	—	1	1	—	1	1	1	—	—	—
89	5	3	—	1	—	1	3	—	1	—	2	1	1	—	—	—	—
95	15	5	—	2	6	—	6	1	2	1	3	5	3	1	—	—	—
96	8	2	6	—	2	—	—	—	2	1	1	1	1	2	—	—	—
97	11	5	—	6	3	—	—	2	2	2	3	2	—	1	—	—	—
98	10	1	—	7	1	2	—	—	1	1	4	2	1	1	—	—	—
99	9	3	—	—	—	8	3	—	1	1	2	1	2	2	—	—	—

April.

Unter-□	Anzahl der Beobacht.	Jahre	Pentaden I.	II.	III.	IV.	V.	VI.	Tagesstunden Morgens 4h	8h	12h	Nachmittags 4h	8h	12h	Zur selben Zeit beobachtet		
00	10	4	—	3	5	—	—	2	2	2	2	—	1	3	—	—	—
01	10	3	—	—	—	2	4	4	1	1	2	3	3	—	—	—	—
02	12	5	4	3	2	1	1	1	1	1	4	3	2	1	—	—	—
03	41	12	—	8	12	1	11	9	5	2	6	10	10	8	—	—	—
04	78	12	6	10	16	9	22	15	12	10	15	16	15	10	—	—	—
10	14	6	—	2	6	1	3	2	1	1	2	3	4	3	—	—	—
11	9	6	1	—	—	3	1	4	2	3	3	1	—	—	—	—	—
12	18	8	2	5	5	2	2	2	3	4	3	2	3	3	—	—	—
13	67	13	7	12	8	6	20	14	16	12	8	6	13	12	—	—	—
14	86	12	6	10	16	6	33	15	17	15	12	9	16	17	—	—	—
20	18	7	—	2	4	4	5	3	3	3	4	3	3	2	—	—	—
21	17	6	8	1	4	—	—	4	5	1	2	2	3	4	—	—	—
22	49	11	5	8	8	2	17	9	5	6	15	9	8	6	—	—	—
23	69	11	9	8	6	8	20	18	10	9	14	11	16	9	1^2	—	—
24	50	10	9	6	18	4	5	8	6	8	11	9	9	7	—	—	—
30	17	8	—	3	3	3	2	6	3	2	1	3	5	3	—	—	—
31	30	8	9	6	3	2	6	4	7	5	4	5	4	5	—	—	—
32	65	14	12	5	13	5	19	11	11	11	13	11	8	11	—	—	—
33	56	11	6	5	13	9	10	13	14	10	9	8	7	8	—	—	—
34	39	10	5	11	4	3	6	10	11	6	6	5	6	5	—	—	—
40	36	10	5	3	7	2	15	4	2	5	10	7	6	6	—	—	—
41	38	11	8	6	2	2	14	6	7	6	5	5	11	4	—	—	—
42	66	12	11	8	16	6	13	12	14	11	15	7	11	8	—	—	—
43	51	11	3	11	9	6	13	9	7	8	10	6	13	7	—	—	—
44	24	9	2	9	1	1	8	3	4	4	3	4	5	4	1^2	—	—
50	30	10	7	4	5	2	10	2	8	9	4	5	—	4	—	—	—
51	63	13	7	10	7	1	23	15	11	10	11	6	14	11	5^2	—	—
52	72	11	7	11	23	8	14	9	10	8	17	14	13	10	—	—	—
53	40	10	2	19	3	3	7	6	9	6	6	7	5	7	2^2	—	—
54	16	6	3	4	1	1	5	2	4	1	2	3	4	2	—	—	—
60	54	13	5	10	5	2	17	15	9	9	13	8	10	5	2^2	—	—
61	71	14	12	20	6	4	17	12	17	6	7	9	19	13	3^3	—	—
62	57	12	8	14	10	11	6	8	12	11	8	9	8	9	—	—	—
63	36	11	5	14	1	3	6	7	6	6	7	4	7	6	1^3	—	—
64	11	6	1	4	1	—	3	2	3	3	1	1	2	1	—	—	—
70	66	14	7	16	10	6	10	17	10	14	14	11	10	7	—	—	—
71	79	14	11	15	14	14	15	10	12	15	21	10	15	6	1^2	—	—
72	38	10	6	17	3	—	3	9	7	1	4	10	9	7	2^2	—	—
73	19	9	2	3	5	2	5	2	2	2	6	5	4	—	—	—	—
74	21	6	4	—	3	4	10	—	5	1	3	3	4	5	—	—	—
80	67	15	11	15	11	10	11	9	18	9	16	6	9	9	—	—	—
81	73	14	9	29	8	13	6	8	13	13	14	11	12	10	5^3	—	—
82	44	10	4	13	5	6	7	9	7	6	9	4	10	7	2^3	—	—
83	20	7	4	—	5	3	8	—	5	4	3	3	3	2	—	—	—
84	13	5	2	5	—	2	1	3	—	4	2	2	2	3	—	—	—
90	81	14	14	12	16	22	8	9	18	8	12	11	16	16	1^2	—	—
91	55	11	9	23	7	4	4	8	6	7	13	11	11	7	2^2	2^3	—
92	35	8	14	7	4	2	7	1	7	6	6	6	5	5	6^2	—	—
93	23	9	3	6	—	—	3	11	5	3	3	2	5	5	—	—	—
94	10	4	3	—	2	—	—	5	1	2	2	1	2	2	—	—	—

Unter-□	Anzahl der Beobacht.	Jahre	Pentaden I.	II.	III.	IV.	V.	VI.	Tagesstunden Morgens 4h	8h	12h	Nachmittags 4h	8h	12h	Zur selben Zeit beobachtet		
05	54	11	8	12	10	11	3	10	10	9	11	9	8	7	—	—	—
06	7	5	2	1	—	—	4	—	2	—	2	1	1	1	—	—	—
07	11	5	—	—	—	—	6	5	1	2	1	2	3	2	—	—	—
08	7	3	—	—	—	2	2	3	3	2	—	—	—	2	—	—	—
09	8	2	—	—	—	—	1	7	1	1	3	1	1	1	—	—	—
15	31	10	4	8	4	4	6	5	6	3	5	3	7	7	—	—	—
16	10	4	—	—	—	—	5	5	4	3	—	—	1	2	—	—	—
17	2	2	—	—	—	—	—	2	—	—	2	—	—	—	—	—	—
18	2	1	—	—	—	2	—	—	—	—	—	1	1	—	—	—	—
19	2	2	—	1	—	—	1	—	—	1	1	—	—	—	—	—	—
25	12	5	—	2	1	1	4	4	—	2	4	3	3	—	—	—	—
26	2	1	—	—	—	—	—	2	—	—	—	1	1	—	—	—	—
27	2	2	—	1	—	1	—	—	—	1	1	—	—	—	—	—	—
28	13	5	3	5	4	—	1	—	2	1	3	1	3	3	—	—	—
29	17	8	2	8	4	—	2	1	4	5	1	3	3	1	—	—	—
35	6	4	—	3	—	1	—	2	2	—	3	—	—	1	—	—	—
36	17	4	—	7	3	—	3	4	2	3	5	3	3	1	—	—	—
37	15	5	1	3	6	1	4	—	3	3	2	2	1	4	—	—	—
38	9	5	1	2	2	—	4	—	1	—	—	3	3	2	—	—	—
39	12	5	1	6	1	—	4	—	4	3	3	—	1	1	—	—	—
45	20	4	2	10	—	—	5	3	3	1	4	5	4	3	—	—	—
46	6	5	2	3	—	—	1	—	1	4	—	—	—	1	—	—	—
47	13	5	5	2	—	2	4	—	3	2	4	1	1	2	—	—	—
48	21	7	4	11	1	2	2	1	4	3	3	4	4	3	—	—	—
49	15	5	2	3	2	3	2	3	2	3	4	2	2	2	—	—	—
55	5	3	1	1	—	—	1	2	1	1	1	—	1	1	—	—	—
56	15	7	7	3	—	—	3	2	2	—	—	2	5	6	—	—	—
57	23	8	1	10	—	5	3	4	3	6	3	4	4	3	—	—	—
58	12	5	—	5	1	—	2	4	2	—	2	4	3	1	—	—	—
59	5	3	—	—	—	—	1	4	—	—	—	1	1	3	—	—	—
65	15	6	3	3	—	2	5	2	2	2	5	5	—	1	—	—	—
66	17	6	2	6	—	2	6	1	1	4	5	2	3	2	—	—	—
67	20	7	4	5	—	1	5	5	5	4	3	2	2	4	—	—	—
68	6	2	—	—	—	—	2	4	1	1	1	1	1	1	—	—	—
69	10	2	—	—	—	—	3	7	2	2	2	1	1	2	—	—	—
75	18	5	5	3	—	3	4	3	3	2	3	2	5	3	—	—	—
76	11	5	1	4	—	—	2	4	3	2	—	2	2	2	—	—	—
77	16	5	9	3	—	2	—	2	2	3	4	3	3	1	—	—	—
78	2	1	—	2	—	—	—	—	—	—	1	1	—	—	—	—	—
79	2	1	—	2	—	—	—	—	—	—	—	—	1	1	—	—	—
85	9	4	2	—	—	—	—	7	2	2	2	2	1	—	—	—	—
86	5	2	—	3	—	—	—	2	1	—	—	—	2	2	—	—	—
87	5	2	4	—	—	1	—	—	1	1	—	—	1	2	—	—	—
88	5	2	—	5	—	—	—	—	1	2	1	1	—	—	—	—	—
89	—	—	—	—	—	—	—	—	—	—	—	—	—	—	—	—	—
95	12	2	—	—	—	—	6	6	3	2	1	1	2	3	—	—	—
96	5	1	—	5	—	—	—	—	1	1	1	2	—	—	—	—	—
97	8	3	3	3	—	2	—	—	1	1	1	2	2	1	—	—	—
98	5	1	—	5	—	—	—	—	1	1	1	1	1	—	—	—	—
99	3	2	—	3	—	—	—	—	1	—	—	—	—	2	—	—	—

Mai.

Unter-□	Anzahl der Beobacht.	Jahre	Pentaden I.	II.	III.	IV.	V.	VI.	Tagesstunden Morgens 4h	8h	12h	Nachmittags 4h	8h	12h	Zur selben Zeit beobachtet		
00	14	5	1	—	4	5	3	1	2	2	2	3	3	2	—	—	—
01	6	3	4	—	2	—	—	—	—	2	2	1	1	—	—	—	—
02	9	5	1	—	8	—	—	—	1	1	2	3	1	1	—	—	—
03	25	8	4	6	4	9	—	2	6	3	6	5	2	3	—	—	—
04	74	13	14	11	11	14	5	19	18	8	12	9	15	12	1^2	—	—
10	13	6	1	2	4	2	4	—	3	2	2	1	3	2	—	—	—
11	15	6	5	—	10	—	—	—	3	3	4	2	2	1	—	—	—
12	8	4	4	—	4	—	—	—	—	2	2	2	2	—	—	—	—
13	47	12	9	9	9	12	1	7	10	5	12	6	10	4	—	—	—
14	80	12	9	18	14	11	14	14	12	8	16	13	19	12	1^2	2^3	—
20	28	8	7	2	14	3	2	—	7	5	4	2	3	7	—	—	—
21	4	3	—	—	3	—	—	1	1	—	—	1	—	2	—	—	—
22	26	7	7	2	7	3	5	2	7	2	4	2	6	5	—	—	—
23	75	12	15	18	9	11	5	17	17	10	13	9	11	15	2^2	—	—
24	48	10	3	10	12	8	14	1	6	12	11	6	8	5	2^2	1^3	—
30	23	8	3	2	13	1	3	1	5	3	3	5	5	2	—	—	—
31	6	4	3	1	1	—	1	—	1	1	1	—	3	—	—	—	—
32	52	13	12	10	7	7	5	11	7	7	9	9	13	7	—	—	—
33	71	12	11	13	9	12	11	15	11	11	10	12	16	11	1^2	—	—
34	22	9	2	2	7	5	6	—	4	4	6	5	2	1	2^2	—	—
40	9	5	1	3	1	1	2	1	1	1	2	1	2	2	—	—	—
41	27	9	9	3	5	3	4	3	6	4	7	2	4	4	—	—	—
42	60	12	13	11	10	8	4	14	14	9	13	8	8	8	1^2	—	—
43	54	11	6	14	6	11	13	4	8	10	12	8	7	9	2^3	—	—
44	23	6	1	6	11	2	—	3	4	2	3	4	5	5	—	—	—
50	18	7	4	3	2	5	2	2	4	3	4	3	4	—	—	—	—
51	54	13	14	9	8	8	4	11	10	3	9	9	14	9	—	—	—
52	69	12	15	10	11	12	5	16	11	10	13	12	14	9	—	—	—
53	39	11	1	10	12	9	6	1	10	3	6	5	6	7	2^7	—	—
54	16	5	2	4	8	—	—	2	4	6	4	1	—	1	—	—	—
60	50	11	17	8	5	8	5	7	11	6	11	6	9	7	1^2	—	—
61	61	11	15	12	8	5	6	15	16	8	8	7	10	12	2^2	—	—
62	45	11	6	8	11	9	5	6	8	8	10	7	7	5	2^2	—	—
63	25	7	—	7	5	7	4	2	1	6	6	6	3	3	3^2	—	—
64	4	3	—	2	—	1	1	—	1	1	1	—	—	1	—	—	—
70	68	12	22	14	8	9	6	9	10	8	17	11	15	7	1^2	—	—
71	62	13	11	6	11	9	10	15	8	9	11	10	17	7	2^1	—	—
72	31	8	2	7	9	7	5	1	5	4	4	4	7	7	1^2	—	—
73	20	5	—	15	2	1	—	2	3	2	4	4	4	3	6^2	—	—
74	9	4	4	1	—	2	2	—	2	1	—	2	3	1	1^3	—	—
80	76	13	16	15	13	6	13	13	16	8	16	9	15	12	1^3	—	—
81	44	12	5	5	16	8	4	6	7	8	14	6	6	3	1^2	—	—
82	28	8	1	7	5	9	—	3	5	5	4	4	4	3	—	—	—
83	10	4	1	8	—	—	—	1	1	3	2	1	1	2	1^2	—	—
84	6	3	2	—	—	—	2	2	—	1	4	—	1	—	1^2	—	—
90	88	13	14	16	19	13	14	12	20	14	19	10	16	9	6^2	—	—
91	22	8	—	6	8	5	—	3	5	3	6	2	3	3	—	—	—
92	18	5	1	10	2	3	—	2	2	2	3	3	5	3	3^2	—	—
93	5	2	2	1	—	—	—	2	2	—	—	—	2	1	—	—	—
94	4	2	1	—	—	—	3	—	2	—	—	—	1	1	—	—	—

Unter-□	Anzahl der Beobacht.	Jahre	Pentaden I.	II.	III.	IV.	V.	VI.	Tagesstunden Morgens 4h	8h	12h	Nachmittags 4h	8h	12h	Zur selben Zeit beobachtet		
05	43	10	8	7	8	7	8	5	8	7	10	8	5	5	2^1	—	—
06	10	4	1	2	—	7	—	—	—	2	2	2	3	1	—	—	—
07	3	1	3	—	—	—	—	—	1	1	—	—	—	1	—	—	—
08	—	—	—	—	—	—	—	—	—	—	—	—	—	—	—	—	—
09	—	—	—	—	—	—	—	—	—	—	—	—	—	—	—	—	—
15	17	7	—	3	3	8	1	2	5	5	3	2	2	—	2^1	—	—
16	5	3	—	2	—	3	—	—	2	1	1	—	—	1	—	—	—
17	1	1	1	—	—	—	—	—	—	—	—	—	1	—	—	—	—
18	3	2	—	2	1	—	—	—	1	—	—	1	—	1	—	—	—
19	9	3	1	3	5	—	—	—	1	1	1	2	3	1	—	—	—
25	12	5	1	3	2	5	—	1	2	—	2	2	2	4	1^2	—	—
26	10	4	—	2	7	1	—	—	2	2	2	—	2	2	—	—	—
27	10	4	2	2	6	—	—	—	2	1	—	3	2	2	—	—	—
28	7	3	3	—	4	—	—	—	2	2	3	—	—	—	—	—	—
29	3	2	1	—	2	—	—	—	—	1	1	1	—	—	—	—	—
35	18	7	—	2	13	1	2	—	3	4	3	2	3	3	—	—	—
36	4	1	3	—	1	—	—	—	—	1	1	1	—	1	—	—	—
37	5	3	3	—	2	—	—	—	—	1	2	1	1	—	—	—	—
38	2	1	—	—	2	—	—	—	—	—	—	—	1	1	—	—	—
39	—	—	—	—	—	—	—	—	—	—	—	—	—	—	—	—	—
45	9	5	3	—	5	—	1	—	—	—	1	4	3	1	—	—	—
46	8	3	3	—	5	—	—	—	3	1	—	1	1	2	—	—	—
47	3	1	—	—	—	3	—	—	—	—	1	1	1	—	—	—	—
48	—	—	—	—	—	—	—	—	—	—	—	—	—	—	—	—	—
49	3	2	2	—	—	—	—	1	1	1	—	—	1	—	—	—	—
55	3	2	—	—	1	—	2	—	—	1	2	—	—	—	—	—	—
56	3	2	2	—	—	1	—	—	—	1	—	1	1	—	—	—	—
57	3	1	—	—	—	3	—	—	—	—	1	1	1	—	—	—	—
58	9	3	3	—	—	3	—	3	1	2	2	2	1	1	—	—	—
58	4	2	2	—	2	—	—	—	—	—	—	1	2	1	—	—	—
65	6	4	3	—	—	2	1	—	2	1	1	1	1	—	—	—	—
66	8	4	4	—	—	2	—	2	1	1	3	2	—	1	—	—	—
67	4	2	3	—	—	—	—	1	1	—	—	—	2	1	—	—	—
68	2	1	—	1	1	—	—	—	1	—	—	—	—	1	—	—	—
69	4	2	—	—	2	2	—	—	—	1	1	1	1	—	—	—	—
75	4	3	2	—	—	—	—	2	2	1	—	—	—	1	—	—	—
76	—	—	—	—	—	—	—	—	—	—	—	—	—	—	—	—	—
77	1	1	—	1	—	—	—	—	—	—	1	—	—	—	—	—	—
78	3	2	—	3	—	—	—	—	1	—	—	1	1	—	—	—	—
79	6	2	—	2	2	2	—	—	—	1	2	—	2	1	—	—	—
85	—	—	—	—	—	—	—	—	—	—	—	—	—	—	—	—	—
86	—	—	—	—	—	—	—	—	—	—	—	—	—	—	—	—	—
87	6	3	2	2	2	—	—	—	2	2	1	—	1	—	—	—	—
88	6	2	—	—	6	—	—	—	—	1	2	2	1	—	—	—	—
89	4	1	—	—	—	—	—	4	—	—	1	1	1	1	—	—	—
95	3	2	1	2	—	—	—	—	—	1	—	1	1	—	—	—	—
96	6	2	1	4	—	—	—	1	1	—	1	1	1	2	—	—	—
97	12	3	—	2	5	—	—	5	2	1	2	2	3	2	—	—	—
98	3	1	—	—	—	—	—	3	1	1	—	—	—	1	—	—	—
99	—	—	—	—	—	—	—	—	—	—	—	—	—	—	—	—	—

Juni.

Unter-□	Anzahl der Beobacht.	Jahre	Pentaden I.	II.	III.	IV.	V.	VI.	Tagesstunden Morgens 4h	8h	12h	Nachmittags 4h	8h	12h	Zur selben Zeit beobachtet		
00	19	6	1	9	3	1	2	3	—	—	3	5	7	4	3^2	—	—
01	3	2	—	2	—	—	—	1	—	1	1	—	—	1	—	—	—
02	3	2	1	—	2	—	—	—	—	—	1	1	1	—	—	—	—
03	25	10	6	4	2	9	—	4	1	2	4	3	6	9	—	—	—
04	72	12	6	12	22	13	16	3	13	10	15	11	12	11	2^2	—	—
10	12	6	2	5	2	1	—	2	2	2	4	3	1	—	—	—	—
11	10	4	1	2	3	—	—	4	3	1	1	1	1	3	—	—	—
12	10	6	3	2	—	5	—	—	1	5	1	1	1	1	—	—	—
13	50	12	7	10	9	14	7	3	13	7	10	7	6	7	—	—	—
14	85	12	8	19	22	14	16	6	19	17	16	13	11	9	3^2	—	—
20	18	6	2	5	4	—	—	7	2	3	3	4	4	2	1^2	—	—
21	7	4	—	2	—	1	—	4	2	1	—	1	2	1	—	—	—
22	24	11	5	2	4	8	—	5	5	4	5	3	3	4	—	—	—
23	69	13	10	15	19	7	18	—	9	8	11	13	18	10	3^2	—	—
24	65	12	8	15	10	15	3	14	11	8	11	7	17	11	—	—	—
30	14	5	2	2	2	1	—	7	3	3	2	1	3	2	—	—	—
31	16	7	—	5	2	4	2	3	1	2	5	3	3	2	—	—	—
32	55	14	7	10	7	15	10	6	11	6	6	9	14	9	1^2	—	—
33	82	12	9	22	21	14	7	9	11	16	23	10	10	12	3^2	—	—
34	41	13	3	12	3	8	3	12	10	5	6	10	6	4	—	—	—
40	17	6	2	3	3	1	1	7	3	1	1	1	6	5	—	—	—
41	28	11	1	6	3	7	4	7	8	7	7	2	2	2	—	—	—
42	78	14	14	17	12	22	9	4	12	9	17	9	16	15	2^2	—	—
43	72	14	8	25	13	9	6	11	19	9	12	10	11	10	3^2	—	—
44	13	6	1	1	—	3	7	1	2	2	4	1	2	2	—	—	—
50	22	7	—	6	5	—	2	9	4	2	4	6	3	3	1^2	—	—
51	56	13	9	11	7	16	6	7	9	7	12	10	11	7	—	—	—
52	95	14	19	24	16	23	4	9	17	18	16	18	15	11	4^2	—	—
53	34	10	—	13	5	6	9	1	4	4	6	5	10	5	1^2	—	—
54	22	5	—	9	—	1	10	2	4	4	1	3	5	5	—	—	—
60	54	11	3	11	11	11	10	8	9	8	10	7	12	8		—	—
61	83	14	20	14	10	26	9	4	13	8	18	12	18	14	3^2	—	—
62	68	11	12	17	13	11	4	11	14	12	13	9	10	10	2^2	—	—
63	15	8	—	2	2	2	7	2	3	1	4	3	3	1	—	—	—
64	24	5	—	10	—	8	6	—	4	4	7	5	3	1	—	—	—
70	85	13	10	15	22	18	10	10	20	15	15	9	14	12	—	—	—
71	92	14	21	16	11	23	9	12	15	15	19	15	17	11	5^2	—	—
72	40	10	4	7	9	5	8	7	7	6	7	6	9	5			
73	17	7	1	3	—	8	3	2	4	2	2	1	2	6	—	—	—
74	10	4	—	4	—	5	—	1	2	2	1	1	1	3	—	—	—
80	111	14	34	21	24	18	3	14	17	11	17	21	30	18	5^2	—	—
81	82	12	17	16	6	16	6	21	16	10	14	10	16	16	3^2	—	—
82	18	6	—	1	5	5	2	5	5	1	2	1	6	3	—	—	—
83	23	4	2	6	3	8	4	—	3	4	4	6	5	1	—	—	—
84	9	3	—	—	1	5	—	3	1	1	1	3	2	1	—	—	—
90	130	14	36	15	17	22	7	33	22	22	24	19	26	17	5^2	—	—
91	53	9	1	9	8	20	5	10	10	7	14	8	9	5	5^2	1^2	—
92	15	5	2	1	1	6	4	1	3	1	5	2	2	2	—	—	—
93	15	3	2	5	7	—	—	1	5	3	2	1	1	3	—	—	—
94	3	2	—	—	2	—	—	1	—	2	1	—	—	—	—	—	—

Unter-□	Anzahl der Beobacht.	Jahre	Pentaden I.	II.	III.	IV.	V.	VI.	Tagesstunden Morgens 4h	8h	12h	Nachmittags 4h	8h	12h	Zur selben Zeit beobachtet		
05	40	12	5	14	8	7	2	4	5	5	11	8	8	3	1^2	—	—
06	13	5	3	4	2	3	1	—	—	1	4	4	2	2	—	—	—
07	5	2	—	—	4	—	—	1	1	1	1	1	—	1	—	—	—
08	7	2	—	—	3	1	—	3	2	—	—	1	2	2	—	—	—
09	10	5	—	—	2	1	4	3	3	3	3	1	—	—	—	—	—
15	28	11	5	8	4	6	1	4	6	5	5	2	5	5	—	—	—
16	15	4	2	5	3	1	1	3	1	3	3	4	2	2	—	—	—
17	10	5	—	—	—	2	3	5	1	1	2	1	3	2	—	—	—
18	16	5	1	3	—	3	9	—	2	3	3	4	2	2	—	—	—
19	10	4	—	2	—	5	3	—	3	1	2	1	2	1	—	—	—
25	18	5	3	10	2	1	1	1	4	—	1	4	5	4	—	—	—
26	14	6	—	2	—	4	5	3	3	2	4	2	2	1	—	—	—
27	7	2	—	3	—	1	3	—	4	1	—	—	1	1	—	—	—
28	4	2	—	—	—	4	—	—	—	1	2	1	—	—	—	—	—
29	2	2	—	—	—	1	1	—	—	—	—	—	1	1	—	—	—
35	20	7	3	6	3	2	4	2	4	4	4	2	4	2	—	—	—
36	6	2	—	2	—	2	2	—	—	1	2	1	2	—	—	—	—
37	3	3	1	—	—	1	1	—	1	—	—	1	—	1	—	—	—
38	6	4	—	—	—	5	1	—	1	2	2	—	1	—	—	—	—
39	6	3	—	—	—	5	1	—	2	—	1	1	2	—	—	—	—
45	16	5	—	9	—	1	4	2	3	1	2	4	3	3	—	—	—
46	3	3	—	—	—	1	1	1	—	—	2	—	—	1	—	—	—
47	4	2	—	—	—	4	—	—	—	—	—	1	2	1	—	—	—
48	3	2	—	—	—	3	—	—	1	—	1	1	—	—	—	—	—
49	2	1	—	—	—	2	—	—	—	—	—	—	1	1	—	—	—
55	11	4	—	4	—	6	1	—	3	2	3	—	1	2	—	—	—
56	6	3	—	—	—	3	—	3	1	1	2	1	1	—	—	—	—
57	—	—	—	—	—	—	—	—	—	—	—	—	—	—	—	—	—
58	1	1	—	—	—	1	—	—	—	1	—	—	—	—	—	—	—
59	6	2	—	—	4	2	—	—	—	—	2	2	1	1	—	—	—
65	7	3	—	—	—	2	—	5	1	1	1	1	2	1	—	—	—
66	—	—	—	—	—	—	—	—	—	—	—	—	—	—	—	—	—
67	9	1	—	—	—	—	9	—	1	1	1	2	2	2	—	—	—
68	11	4	—	4	1	2	4	—	2	1	2	2	2	2	—	—	—
69	14	4	—	—	3	3	8	—	4	3	1	1	2	3	—	—	—
75	8	2	—	—	—	4	1	3	2	1	2	1	1	1	—	—	—
76	8	1	—	—	—	—	8	—	1	2	2	1	1	1	—	—	—
77	6	2	—	4	2	—	—	—	1	—	2	1	1	1	—	—	—
78	4	3	—	2	—	1	—	1	1	1	1	—	1	—	—	—	—
79	1	1	—	—	—	—	—	1	—	—	—	—	1	—	—	—	—
85	—	—	—	—	—	—	—	—	—	—	—	—	—	—	—	—	—
86	2	2	—	2	—	—	—	—	1	—	1	—	—	—	—	—	—
87	4	3	—	2	—	—	—	2	—	1	1	—	2	—	—	—	—
88	3	2	—	—	—	2	—	1	1	—	1	1	—	—	—	—	—
89	5	2	—	—	—	—	5	—	—	1	2	1	1	—	—	—	—
95	2	2	—	2	—	—	—	—	—	—	—	1	1	—	—	—	—
96	3	2	—	3	—	—	—	—	1	—	—	—	1	1	—	—	—
97	3	1	—	—	—	—	—	3	1	—	1	—	1	—	—	—	—
98	5	3	—	—	—	1	4	—	2	2	—	—	1	—	—	—	—
99	5	1	—	—	—	—	5	—	1	—	1	1	1	1	—	—	—

2	4	3	1	2	5	4	—	—	—	05	70	11	16	5	18	9	11	11
1	2	1	2	1	—	1	—	—	—	06	17	5	2	2	6	—	4	3
3	—	1	2	3	2	2	—	—	—	07	7	5	1	3	—	3	—	—
3	3	1	6	7	8	2	1^{2}	—	—	08	7	2	2	—	—	1	—	4
22	19	12	21	20	21	18	2^{3}	—	—	09	—	—	—	—	—	—	—	—
3	1	3	5	6	5	5	—	—	—	15	50	10	9	4	19	4	9	5
4	4	1	2	3	2	3	1^{1}	—	—	16	8	3	—	3	2	—	3	—
2	4	2	—	—	1	2	—	—	—	17	13	4	2	3	2	2	—	4
11	11	12	14	5	10	5	—	—	—	18	—	—	—	—	—	—	—	—
20	19	15	18	15	19	11	2^{1}	—	—	19	1	1	—	—	—	1	—	—
3	4	4	3	2	2	2	—	—	—	25	27	8	5	4	10	—	3	5
6	—	3	3	2	1	1	—	—	—	26	7	4	—	2	2	1	2	—
4	5	2	3	4	3	5	—	—	—	27	7	2	2	—	3	—	—	2
19	22	8	14	13	15	15	1^{2}	—	—	28	4	3	2	—	—	1	1	—
15	12	14	17	12	15	13	1^{2}	—	—	29	7	4	2	—	—	1	3	1
9	2	2	5	6	4	2		—	—	35	20	6	10	4	4	1	—	1
2	1	1	—	—	1	—	—	—	—	36	14	7	3	2	3	—	3	3
10	8	8	13	11	13	4	—	—	—	37	5	3	2	—	1	—	2	—
22	18	17	17	12	19	11	1^{2}	—	—	38	4	2	—	—	—	—	1	3
4	7	9	10	7	6	7	—	—	—	39	6	3	—	2	—	—	2	2
5	4	4	1	1	2	5	—	—	—	45	9	6	1	3	1	1	2	1
5	6	4	4	1	5	6	—	—	—	46	8	3	2	—	3	—	2	1
26	23	15	19	10	11	11	—	—	—	47	2	1	—	—	—	—	—	2
10	17	10	13	11	17	14	1^{2}	—	—	48	9	5	3	—	1	—	3	2
2	8	4	7	5	9	6	—	—	—	49	12	5	4	4	3	—	1	—
8	2	1	5	7	6	2	—	—	—	55	8	4	—	2	2	—	—	4
12	13	9	7	8	14	7	—	—	—	56	6	4	1	—	—	—	2	3
18	11	11	13	15	25	14	—	—	—	57	13	5	4	4	1	—	3	1
4	7	8	11	9	9	10	—	—	—	58	9	4	3	4	1	—	—	1
4	2	3	6	8	6	1	—	—	—	59	4	3	—	1	1	—	1	1
10	7	9	11	6	5	2	—	—	—	65	13	6	4	—	2	—	4	3
19	11	10	25	8	13	13	—	—	—	66	13	5	4	6	1	—	1	1
17	18	15	15	12	11	11	3^{2}	—	—	67	7	3	2	2	2	—	1	—
1	9	7	8	4	7	2	—	—	—	68	4	2	—	—	3	—	1	—
6	2	3	5	2	2	4	1^{1}	—	—	69	2	1	—	—	1	—	—	1
14	15	7	12	9	12	11	—	—	—	75	9	8	1	5	—	—	3	—
22	18	14	14	17	19	13	3^{2}	—	—	76	8	3	2	1	3	—	2	—
4	12	6	10	6	12	8	1^{2}	—	—	77	6	3	—	2	1	—	—	3
4	5	5	5	2	7	7	—	—	—	78	7	3	—	—	—	—	—	7
4	3	5	5	5	4	1	1^{3}	—	—	79	5	4	—	—	—	—	1	4
27	21	13	25	11	28	17	6^{2}	—	—	85	10	4	2	—	2	2	3	1
8	21	13	10	9	12	11	2^{2}	—	—	86	8	4	2	2	—	—	—	4
5	8	5	14	10	10	5	—	—	—	87	6	3	—	—	—	—	—	6
4	5	1	4	6	7	6	—	—	—	88	6	2	—	—	—	1	—	5
—	2	1	1	1	2	1	—	—	—	89	8	4	—	3	1	1	1	2
18	19	14	23	18	23	14	5^{7}	—	—	95	14	3	4	5	—	—	1	4
9	13	9	10	7	16	9	1^{2}	—	—	96	9	4	1	2	—	1	—	5
5	7	4	8	2	4	5	—	—	—	97	8	3	2	1	—	1	—	4
2	4	6	5	4	2	1	—	—	—	98	11	4	1	6	2	—	—	2
—	2	—	2	1	2	1	—	—	—	99	6	3	—	4	2	—	—	—

August.

Unter□	Anzahl der Meteore	Tage	I	II	III	IV	V	VI	Morgens 4h	8h	12h	Nachmittags 4h	8h	12h	Zur selben Zeit beobachtet		
00	19	6	2	3	12		2	—	7	5	3	—	2	2	—	—	—
01	16	5	8	1	4	—	—	3	4	2	1	2	2	5	—	—	—
02	8	5	2	—	1	1	—	4	3	—	—	2	1	2	—	—	—
03	28	9	2	5	6	4	2	9	5	2	4	3	7	7	2^{1}	—	—
04	73	14	17	17	9	3	5	21	17	11	13	5	16	13	4^{2}	—	—
10	19	6	1	3	11	—	2	2	2	3	4	4	3	3	—	—	—
11	20	8	7	—	2	1	—	10	1	6	5	4	3	1	—	—	—
12	15	6	3	—	4	1	2	5	—	6	5	1	3	—	1^{4}	—	—
13	50	11	4	9	3	4	2	28	10	6	12	7	10	5	1^{2}	—	—
14	79	14	15	18	16	3	8	19	11	6	14	19	18	11	4^{2}	—	—
20	27	7	5	3	9	1	2	7	2	3	7	3	4	4	—	—	—
21	11	5	3	—	1	1	—	4	4		1	2	2	2	—	—	—
22	22	7	2	4	4	—	2	10	6	—	1	3	3	9	—	—	—
23	74	14	14	19	4	3	6	28	16	12	17	7	9	13	3^{1}	—	—
24	56	10	5	6	15	7	8	14	10	14	18	8	8	5	3^{1}	—	—
30	27	7	5	2	9	1	2	8	8	4	3	1	5	6	—	—	—
31	16	7	5	2	4		1	4	3	2	3	3	3	2	1^{1}	—	—
32	49	14	5	12	1	3	2	26	10	4	6	7	15	7	—	—	—
33	83	13	16	21	13	2	9	22	11	4	11	17	22	15	3^{2}	—	—
34	29	9	4	1	6	5	5	8	6	7	3	2	4	4	—	—	—
40	29	8	9	2	7	—	2	9	4	3	5	6	6	5	—	—	—
41	24	10	3	4	7	—	2	8	6	6	7	2	3	—	2^{1}	—	—
42	73	14	12	17	5	2	9	28	18	15	19	8	8	8	4^{2}	—	—
43	56	12	7	10	6	9	7	17	8	9	12	12	10	5	1^{2}	—	—
44	21	7	4	2	8	—	1	6	4	1	4	3	6	3	—	—	—
50	35	14	12	3	11	—	3	6	7	4	6	6	7	5	—	—	—
51	46	13	4	13	5	1	7	16	10	5	6	4	11	10	1^{2}	—	—
52	92	14	14	18	8	9	16	27	20	11	14	12	19	16	3^{2}	—	—
53	28	11	2	6	4	1	4	11	5	6	9	2	3	3	—	—	—
54	11	5	1	2	3	—	1	4	2	2	1	1	2	3	—	—	—
60	42	11	11	9	5	—	6	11	8	4	7	5	9	9	—	—	—
61	76	14	6	21	7	7	13	22	8	11	16	14	18	9	—	—	—
62	54	12	6	12	6	1	13	16	11	6	9	9	12	7	1^{2}	—	—
63	19	6	2	4	5	—	1	7	4	4	2	3	3	3	—	—	—
64	14	7	8	2	—	—	3	6	1	3	3	1	4	2	—	—	—
70	67	12	18	13	4	1	13	18	17	7	12	7	12	12	4^{2}	—	—
71	86	14	8	18	8	13	10	29	15	16	23	10	10	12	1^{2}	—	—
72	22	9	2	5	—	—	7	8	3	3	4	4	4	4	—	—	—
73	20	8	5	6	3	—	3	3	5	2	3	3	4	3	—	—	—
74	9	6	2	1	—	—	—	6	2	—	2	3	1	1	—	—	—
80	102	14	16	23	11	16	13	23	17	14	22	17	24	8	2^{2}	—	—
81	53	11	9	9	—	9	9	17	13	9	9	8	6	8	—	—	—
82	23	6	1	9	4	—	3	6	3	3	6	5	3	3	—	—	—
83	14	8	2	1	—	2	1	8	2	3	3	—	4	2	—	—	—
84	11	8	—	—	—	5	2	4	3	3	1	1	1	2	—	—	—
90	91	13	8	15	8	24	13	23	15	14	19	12	19	12	4^{2}	—	—
91	31	11	9	0	3	1	5	7	9	5	5	2	6	4	2^{2}	—	—
92	19	7	3	3	—	3	3	7	—	5	5	4	3	2	—	—	—
93	13	5	—	1	1	2	5	4	1	2	4	4	1	1	—	—	—
94	12	6	—	3	—	5	1	3	2	2	2	2	3	1	—	—	—

Unter□	Anzahl der Meteore	Tage	I	II	III	IV	V	VI	Morgens 4h	8h	12h	Nachmittags 4h	8h	12h	Zur selben Zeit beobachtet		
05	51	12	8	8	9	9	5	12	13	8	8	8	6	8	—	—	—
06	13	4	—	—	3	—	6	4	3	2	3	—	2	3	—	—	—
07	6	3	2	1	—	—	3	—	1	2	—	1	1	1	—	—	—
08	2	1	—	—	—	—	—	2	—	—	—	1	1	—	—	—	—
09	8	3	—	—	—	6	—	2	2	1	1	1	2	1	—	—	—
15	35	9	3	2	4	10	4	11	6	4	5	5	9	6	—	—	—
16	9	5	—	2	2	—	3	2	1	1	2	3	2	—	—	—	—
17	3	2	2	1	—	—	—	—	—	—	—	—	1	2	—	—	—
18	—	—	—	—	—	—	—	—	—	—	—	—	—	—	—	—	—
19	5	2	—	—	—	1	—	4	1	1	1	1	1	—	—	—	—
25	19	6	3	2	1	1	4	8	3	3	3	4	4	2	—	—	—
26	6	3	2	2	2	—	—	—	—	1	2	2	1	—	—	—	—
27	—	—	—	—	—	—	—	—	—	—	—	—	—	—	—	—	—
28	—	—	—	—	—	—	—	—	—	—	—	—	—	—	—	—	—
29	5	3	—	—	—	—	2	3	—	1	2	1	—	1	—	—	—
35	11	4	1	3	1	—	1	5	3	1	3	—	2	2	—	—	—
36	6	3	3	—	2	—	1	—	1	3	1	—	—	1	—	—	—
37	—	—	—	—	—	—	—	—	—	—	—	—	—	—	—	—	—
38	7	3	—	—	—	1	2	4	2	2	—	—	1	2	—	—	—
39	4	1	—	—	—	—	—	4	—	—	1	1	1	1	—	—	—
45	6	3	3	1	—	—	—	2	—	—	2	3	1	—	—	—	—
46	6	2	—	1	1	—	2	2	2	—	1	1	—	2	—	—	—
47	10	4	—	1	2	2	—	5	1	2	3	2	1	1	—	—	—
48	6	4	—	1	2	1	1	1	2	—	1	1	2	—	—	—	—
49	6	4	—	1	4	—	1	—	2	1	1	—	1	1	—	—	—
55	6	4	—	1	—	—	1	4	2	1	—	1	1	1	—	—	—
56	12	5	1	2	1	2	2	4	2	1	2	1	3	3	—	—	—
57	2	1	1	—	—	1	—	—	—	1	—	—	1	—	—	—	—
58	6	3	—	—	—	3	3	—	1	1	2	—	1	1	—	—	—
59	8	4	—	—	1	2	5	—	1	1	1	1	3	1	—	—	—
65	6	4	3	1	—	1	—	1	2	1	2	1	—	—	—	—	—
66	10	4	—	2	—	7	1	—	2	1	1	3	2	1	—	—	—
67	17	6	—	1	—	10	5	1	2	2	5	3	4	1	—	—	—
68	8	4	—	1	—	4	3	—	2	1	—	1	2	2	—	—	—
69	11	5	2	6	2	1	—	—	—	2	2	2	3	2	—	—	—
75	8	5	—	2	—	6	—	—	2	3	1	1	—	1	—	—	—
76	8	4	—	1	—	4	3	—	2	1	1	—	3	1	—	—	—
77	10	4	—	—	—	2	5	3	2	2	3	1	2	—	—	—	—
78	3	3	1	—	—	—	1	1	1	—	1	—	—	1	—	—	—
79	9	4	6	1	1	—	1	—	2	1	2	1	2	1	—	—	—
85	8	5	—	2	—	5	1	—	1	—	3	1	1	2	—	—	—
86	5	3	—	—	—	4	1	—	1	—	1	—	2	1	—	—	—
87	3	2	—	—	—	—	—	3	1	—	—	—	2	—	—	—	—
88	14	4	9	—	1	—	4	—	3	3	2	2	2	2	—	—	—
89	4	2	—	—	—	1	3	—	1	1	1	1	—	—	—	—	—
95	6	3	—	1	—	2	—	3	2	—	—	—	3	1	—	—	—
96	3	1	—	—	—	2	—	1	1	—	1	1	—	—	—	—	—
97	4	3	—	—	—	1	2	1	—	—	3	1	—	—	—	—	—
98	14	4	7	—	2	3	2	—	2	1	2	2	3	1	—	—	—
99	3	1	—	—	—	—	3	—	—	—	—	1	1	1	—	—	—

September.

□	Anzahl der Beobacht.	Jahre	Pentaden I.	II.	III.	IV.	V.	VI.	Tagesstunden Morgens 4h	8h	12h	Nachmittags 4h	8h	12h	Zur selben Zeit beobachtet		
00	19	6	2	7	6	2	1	1	3	1	3	4	5	3	—	—	
01	10	5	2	—	—	2	2	4	1	3	4	2	—	—		—	—
02	8	3	3	—	3	—	—	2	1	1	1	1	3	1		—	—
03	31	9	7	3	6	5	4	6	7	6	5	6	5	2	—	—	—
04	112	13	20	26	11	23	11	21	22	21	19	17	17	16	4^2	1^2	—
10	23	5	10	1	4	2	4	2	3	5	5	3	3	4	—	—	—
11	9	4	3	—	2	2		2	3	—	2	1	—	3	—	—	—
12	17	6	1	—	6	4	1	5	4	3	2	1	3	4	—	—	—
13	52	12	10	11	5	4	10	12	9	5	6	11	12	9	—	—	—
14	102	12	17	19	10	18	14	21	17	16	16	14	19	18	2^2	—	
20	22	5	11	—	6		5	—	6	3	2	2	4	5		—	—
21	11	7	2	—	3	2	1	3	—	2	1	4	4	—	—	—	—
22	27	8	3		2	3	12	7	4	2	9	6	2	4	—	—	—
23	98	13	23	17	12	7	15	24	15	20	27	13	11	12	4^2	—	—
24	87	11	6	17	8	20	13	23	15	13	14	15	16	11	2^2	—	—
30	21	8	6	—	10	2	3		3	4	5	4	2	3		—	—
31	21	7	1	—	3	2	8	7	3	3	4	2	7	2	—		
32	45	13	7	5	6	7	11	9	10	8	3	5	10	9	1^2	—	
33	119	14	13	25	12	20	20	29	28	18	13	18	22	20	5^2	—	—
34	48	11	6	8	7	8	4	15	9	7	6	7	11	8	1^2	—	—
40	17	8	2	—	8	2	4	1	8	3	—	1	2	3	—	—	
41	31	8	5	1	3	5	11	8	7	4	3	6	3	8	—	—	—
42	109	13	26	13	9	13	27	21	16	13	25	19	22	14	9^2	—	
43	77	10	14	14	11	10	9	19	14	10	17	11	13	12	2^2	—	
44	31	10	2	5	5	3	8	6	3	7	7	6	7	1	—		
50	19	7	4	—	7	3	5		1	2	6	3	5	2	—	—	—
51	85	12	14	5	2	18	24	22	15	14	16	13	14	13	2^2	—	—
52	117	14	20	17	16	21	21	22	22	24	20	17	18	16	4^2	—	—
53	42	11	5	3	7	6	8	13	8	6	8	6	9	5	—	—	—
54	22	8	2	4	1	6	1	3	7	4	5	—	1	5	—	—	—
60	44	9	7	2	10	7	8	10	7	5	11	7	7	7		—	—
61	113	14	22	11	12	23	23	22	18	18	18	19	23	17	8^2	—	—
62	74	13	18	6	14	11	11	14	11	9	15	17	11	11	—		—
63	38	7	9	2	5	15	-	7	7	5	6	5	7	8	2^2	—	—
64	36	9	7	6	2	9	1	11	7	4	5	7	9	4	1^2	—	—
70	86	13	21	8	12	18	11	16	13	15	17	11	15	15	1^2	—	—
71	119	14	24	11	20	28	16	20	24	17	20	13	21	22	11^2	—	—
72	58	12	9	7	10	9	-	23	12	14	11	7	7	7	1^2	—	—
73	33	9	6	4	2	10	2	9	7	3	8	7	5	2		—	—
74	23	7	3	3	1	8	4	4	2	5	4	3	4	5	—		—
80	115	14	19	10	19	37	16	14	23	15	20	18	21	18	11^2	—	1^2
81	87	12	19	7	10	6	13	23	14	10	16	14	19	14	4^2	1^2	—
82	47	8	2	5	8	21	1	10	8	8	6	6	11	8	3^2	—	—
83	25	8	6	4	2	9	1	3	5	4	3	3	4	6	—	—	—
84	17	6	5	3	8	-	1	—	3	4	5	4	1	—	—	—	—
90	125	11	20	18	21	19	23	26	24	17	23	21	23	17	6^2	—	—
91	78	12	3	4	20	21	5	25	15	14	17	12	9	11	2^2	1^2	—
92	32	9	4	6	6	14	—	2	5	7	6	7	3	4	1^2	—	—
93	20	7	4	2	8	—	3	3	2	1	3	3	6	5	—	—	—
94	9	6	1	6	1	—	—	1	2	1	2	1	2	1	—	—	—

□	Anzahl der Beobacht.	Jahre	Pentaden I.	II.	III.	IV.	V.	VI.	Tagesstunden Morgens 4h	8h	12h	Nachmittags 4h	8h	12h	Zur selben Zeit beobachtet		
05	78	12	16	10	10	10	18	14	17	11	11	7	12	17	4^2	—	—
06	13	8	2	4		3	3	1	4	3	2	2	—	2	—	—	—
07	5	3	3	—	—	—	2	—	2	—	—	—	1	2			—
08	3	1	—			-	3		—	-	—	1	1	1			—
09	6	3	—	—	—	—	4	2	1	1	1	1	1	1	—	—	—
15	49	12	8	6	9	6	10	10	6	3	8	11	13	8	1^2		—
16	8	3	—	5	1	2	—	—	1		1	1	3	2	—	—	—
17	2	1	2	—		—	—			—		1	1	—	-	—	—
18	11	3	2	—	—	—	7	2	1	2	3	2	2	1	—	—	—
19	6	4	—	—	1	—	4	1	1	..	1	1	3	—	—	—	—
25	30	7	11	3	3	4	4	5	4	6	8	5	1	3	1^2	—	—
26	10	4	2	5	—	1	2	—	1	2	1	3	2	1	—	—	—
27	12	4	1	—		2	6	3	2	1	2	1	3	3	—	—	—
28	6	5	—	1	1	—	3	1	2	2	—	—		2	—	—	—
29	13	5	8	4	1	—		—	3	2	3	3	2	—	—	—	—
35	21	6	3	3		8	6	1	6	3	3	1	2	6	—	—	—
36	18	5	4	1	—	6	5	2	4	5	4	3	—	2	—	—	—
37	6	4	4	—	1	—	—	1	2	2	—	—	2	—	—	—	—
38	11	4	4	4	—	—	—	3	2	2	2	1	1	3	—	—	—
39	8	4	4	—	—	—	2	2	—	1	4	2	1	—	—	—	—
45	13	5	1	3	—	8	5	1	3	3	3	3	5	3	3^2	—	—
46	12	5	2	—		4	3	3	2	1	3	3	2	1	—	—	—
47	16	5	4	5	3	2	—	2	1		5	5	2	3	—	—	—
48	9	4	—	2	2	3	1	1	3		—	3		3		—	—
49	4	1	2	—	—	2	—	—	—	1	2		1			—	—
55	22	6	3	2	1	6	3	7	3	4	3	3	5	4	—	—	—
56	18	5	2	3	5	8		-	5	4	1	1	3	4	—	—	—
57	9	5	2	2	2	1	—	2	—	2	4	3	—	—	—	—	—
58	5	3	1	—	3	—	—	1	2	—	—	—	2	1	—	—	—
59	8	2	—	—	4		4	—	1	2	2	2	1		—	—	—
65	14	4	2	2	2	4	2	2	1	2	2	4	3	2	—	—	—
66	15	5	3	1	5	2	—	4	2	1	3	4	3	2	—	—	—
67	4	3	1	—	2	—	—	1	1	3	—	—	—	—	—	—	—
68	8	2	3	—	—	—	5		1	1	2	1	2	1	—	—	—
69	3	2	1	—	2	—	—	—	1	1	—	—	1	—	—	—	—
75	14	5	4	2	5	3	—	—	3	2	2	1	3	3	—	—	—
76	4	3	1	—	—	2	—	1	—	1	2			1	—	—	—
77	4	3	1	—	1	—	2	—	2	—				2	—	—	—
78	11	6	2	3	3	2	1	—	4	2	2	1	1	1	—	—	—
79	11	5	—	5	1	4	1	—	—	1	4	2	2	2	—	—	—
85	6	3	3	—	3		—	—	1	1	—	—	2	2	—	—	—
86	11	4	2	2	3	—	2	—	1	2	3	3	1	1	—	—	—
87	11	5	—	5	3	1	1	1	2	1	2	2	3	1	—	—	—
88	3	3	—	2		—		1	1	—	—		2	—	—	—	—
89	—		—	—	—	—	—	—	—	—	—	—	—	—	—	—	—
95	7	4		3	2	—	—	2	1	—	1	2	2	1	—	—	—
96	9	5	2	2	1	—	5	1	3	2	1	—	1	2	—	—	—
97	3	2	—	1	2	—	—	—		1	—	—	1	1	—	—	—
98	—		—	—	—	—	—	—	—	—	—	—	—	—	—	—	—
99			—	—	—	—	—	—	—	—	—	—	—	—	—	—	—

Oktober.

Unter-□	Anzahl der Beobacht.	Jahre	Pentaden I.	II.	III.	IV.	V.	VI.	Tagesstunden Morgens 4h	8h	12h	Nachmittags 4h	8h	12h	Zur selben Zeit beobachtet		
00	25	10	9	3	3	3	2	5	5	4	5	2	3	6	—	—	—
01	18	7	—	1	2	8	6	1	2	4	4	4	4	—	—	—	—
02	12	4	1	1	4	4	—	2	1	—	—	3	6	2	—	—	—
03	27	7	5	8	3	1	1	9	7	3	3	3	6	5	—	—	—
04	106	11	15	18	13	25	21	14	22	17	23	14	14	16	8^{2}	—	—
10	28	11	5	4	2	5	5	7	8	2	5	4	5	4	—	—	—
11	22	7	—	2	4	6	4	6	6	3	5	—	2	6	—	—	—
12	15	7	—	5	—	4	—	6	1	2	8	3	1	—	—	—	—
13	69	10	14	7	6	11	12	19	14	9	11	12	15	8	6^{2}	—	—
14	95	11	13	13	13	28	14	14	18	18	20	15	13	11	2^{2}	—	—
20	37	11	5	5	5	5	3	14	4	6	7	5	9	6	—	—	—
21	23	8	3	3	—	5	5	7	8	1	3	4	5	2	—	—	—
22	44	8	7	6	4	4	2	21	6	6	8	5	12	7	2^{2}	—	—
23	102	11	15	7	10	39	23	8	19	14	18	14	17	20	11^{2}	—	—
24	83	11	17	2	17	21	10	6	13	10	16	13	15	16	5^{2}	—	—
30	45	10	8	3	2	12	8	12	9	8	13	5	5	5	—	—	—
31	27	9	1	3	2	2	6	13	3	3	5	4	8	4	1^{2}	—	—
32	71	11	11	10	10	20	4	16	14	11	15	14	9	8	2^{2}	—	—
33	80	10	14	2	22	20	7	15	14	12	14	15	17	8	6^{2}	—	—
34	75	12	8	9	7	20	18	13	14	15	11	11	13	11	6^{2}	1^{3}	—
40	39	8	7	1	2	12	3	14	7	6	9	5	8	4	1^{2}	—	—
41	67	8	6	14	8	9	4	26	15	11	8	11	14	8	—	—	—
42	74	11	12	2	17	30	2	11	15	11	11	9	13	15	4^{2}	—	—
43	82	11	10	13	13	17	9	20	12	14	14	13	15	14	4^{2}	—	—
44	56	12	6	4	3	13	13	17	11	7	9	10	9	10	1^{2}	1^{3}	—
50	78	11	22	2	4	11	5	34	17	8	16	12	18	12	2^{2}	—	—
51	66	11	8	8	13	20	2	15	12	8	12	12	11	11	2^{2}	—	—
52	81	12	10	9	12	20	4	26	13	13	15	13	16	11	5^{2}	—	—
53	86	13	8	16	11	18	15	18	12	15	19	12	15	13	3^{2}	1^{3}	—
54	33	11	—	3	8	9	7	6	8	6	4	5	7	3	—	—	—
60	87	11	18	7	4	23	5	30	12	15	17	15	16	12	5^{2}	—	—
61	70	11	12	8	22	15	2	11	11	10	10	9	18	12	1^{2}	—	—
62	80	11	6	20	18	10	7	19	13	12	14	13	15	13	5^{2}	—	—
63	90	12	12	11	16	14	13	24	18	15	14	14	14	15	5^{2}	—	—
64	23	9	1	2	5	5	4	6	3	3	3	2	6	6	—	—	—
70	75	11	9	12	15	16	3	20	15	14	19	8	9	10	1^{2}	—	—
71	91	9	8	11	30	17	9	16	15	15	18	16	16	11	9^{2}	—	—
72	66	11	4	9	10	12	14	17	11	5	14	11	16	9	2^{2}	—	—
73	61	12	1	14	14	9	4	19	12	10	12	10	9	8	3^{2}	1^{3}	—
74	24	8	1	5	8	4	5	1	5	5	4	4	4	2	—	—	—
80	72	11	5	14	22	19	5	7	19	14	12	8	12	7	1^{2}	—	—
81	82	10	6	12	23	15	7	19	15	11	15	12	12	17	8^{2}	—	—
82	67	10	7	15	14	4	11	16	16	11	12	7	14	7	5^{2}	—	—
83	35	11	—	10	6	8	7	4	5	6	5	4	7	8	1^{2}	—	—
84	23	9	3	4	5	2	4	5	4	4	5	4	2	4	—	—	—
90	83	11	7	20	20	9	11	16	16	7	12	11	22	15	2^{2}	—	—
91	61	11	7	14	17	4	5	14	10	11	9	12	10	9	—	—	—
92	67	12	1	11	16	7	14	18	8	9	14	13	14	9	4^{2}	2^{3}	—
93	33	9	9	11	2	1	6	4	3	5	7	7	5	6		—	—
94	32	9	11	4	8	3	5	1	5	4	6	6	7	4		—	—

Unter-□	Anzahl der Beobacht.	Jahre	Pentaden I.	II.	III.	IV.	V.	VI.	Tagesstunden Morgens 4h	8h	12h	Nachmittags 4h	8h	12h	Zur selben Zeit beobachtet		
05	85	12	8	6	17	26	13	15	11	13	15	15	18	13	5^{2}	1^{3}	—
06	12	6	3	—	5	2	2	—	—	—	5	2	3	2	—	—	—
07	23	6	—	—	3	10	4	6	5	3	4	5	3	3	—	—	—
08	14	4	—	—	—	—	5	9	2	2	3	2	2	3	—	—	—
09	10	2	—	3	2	—	1	4	2	2	2	2	1	1	—	—	—
15	60	11	10	4	11	23	8	4	13	10	10	5	10	12	1^{2}	2^{2}	1^{3}
16	8	5	2	1	2	—	1	2	1	1	3	2	1	—	—	—	—
17	23	6	—	—	4	6	3	10	3	5	4	4	3	4	—	—	—
18	25	5	2	6	5	—	4	8	4	3	3	4	7	4	2^{2}	—	—
19	16	5	2	6	4	—	1	3	4	2	2	1	3	4	2^{2}	—	—
25	35	8	—	2	8	16	2	7	4	4	6	8	8	5	3^{2}	—	—
26	38	9	5	1	7	2	10	13	10	7	6	6	5	4	—	—	—
27	17	3	8	—	1	—	7	1	4	2	2	2	5	2	—	—	—
28	24	5	14	5	—	2	1	2	5	4	4	3	3	5	5^{2}	—	—
29	15	5	2	4	—	4	—	5	2	1	4	3	3	2	—	—	—
35	38	10	4	1	6	9	11	7	5	7	10	5	6	5	1^{2}	—	—
36	24	7	5	—	—	1	4	14	7	3	2	4	2	6	—	—	—
37	24	4	8	4	—	3	4	5	2	4	6	6	5	1	3^{2}	—	—
38	8	3	—	2	—	2	—	4	1	2	1	—	2	2	—	—	—
39	17	7	1	6	1	1	1	7	3	3	2	4	2	3	—	—	—
45	26	9	2	3	7	6	3	5	6	4	3	2	4	7	—	—	—
46	26	6	6	4	—	3	3	10	5	5	6	3	5	2	—	—	—
47	10	3	6	3	—	1	—	—	3	2	2	1	1	1	—	—	—
48	14	6	2	5	—	3	1	3	2	3	3	3	2	1	—	—	—
49	25	6	1	3	2	11	7	1	3	2	5	6	7	2	2^{2}	—	—
55	25	6	8	5	4		4	4	3	5	5	5	5	2	—	—	—
56	29	5	10	4	—	2	2	11	6	2	3	5	7	6	1^{2}	—	—
57	23	8	8	1	3	6	1	4	1	3	4	5	6	4	—	—	—
58	27	6	—	5	4	7	10	1	7	7	3	1	4	5	3^{2}	—	—
59	7	4	2	1	2	1	—	1	—	1	3	1	1	1	—	—	—
65	37	7	4	4	16	4	4	5	6	4	8	8	5	6	—	—	—
66	16	5	—	1	5	7	3	—	4	3	3	1	3	2	—	—	—
67	27	6	6	2	4	1	14	—	4	6	6	5	3	3	3^{2}	—	—
68	5	2	2	—	—	—	—	3	1	2	1	—	—	1	—	—	—
69	11	5	3	1	—	1	1	5	3	1	2	2	2	1	—	—	—
75	25	8	1	2	8	3	8	3	5	6	6	3	2	3	—	—	—
76	21	8	7	1	3	3	7	—	3	1	2	3	6	6	—	—	—
77	11	6	2	2			3	4	3	1	3	—	2	2	—	—	—
78	9	4	1	2	—	1	2	3	2	2	1	1	3	—	—	—	—
79	17	4	7		—	9	1	—	2	4	3	3	2	3	—	—	—
85	21	8	4	2	5	3	7	—	5	5	4	2	4	1	1^{2}	—	—
86	14	5	4	4	—		5	1	2	1	4	4	2	1	1^{2}	—	—
87	8	2	6	—	—	1	1	—	1	1	2	1	1	2	—	—	—
88	17	4	4	—	2	10	1	—	2	3	4	3	3	2	—	—	—
89	3	2	—	—		3	—	—	1	—	—	1	1	—	—	—	—
95	15	7	2	2	—	1	5	5	4	2	—	3	2	4	—	—	—
96	14	5	2	—	—	4	3	5	1	3	3	3	2	2	—	—	—
97	10	3	—	—	3	6	1	—	2	1	1	—	4	2	—	—	—
98	3	3	—	—	1	1	—	1	2	1	—	—	—	—	—	—	—
99	1	1		—	—	—	—	1	—	1	—	—	—	—	—	—	—

November.

Pentaden						Tagesstunden Morgens			Tagesstunden Nachmittags			Zur selben Zeit beobachtet			Unter-□	Anzahl der	
I.	II.	III.	IV.	V.	VI.	4h	8h	12h	4h	8h	12h					Beobacht.	Jahre
3	13	9	3	2	2	9	4	8	3	6	2	1^{2}	1^{2}	—	05	66	1
8	4	4	3	4	3	7	6	3	5	4	1	—	—	—	06	22	9
4	12	6	5	7	2	6	4	4	7	8	7	6^{2}	—	—	07	3	1
15	3	15	11	5	3	9	6	10	11	8	8	—	—	—	08	26	5
12	13	21	23	12	9	11	10	12	18	23	22	1^{2}	—	—	09	19	8
5	6	—	6	2	1	5	3	4	3	4	1	—	—	—	15	57	1
7	12	14	4	6	6	13	7	8	3	8	10	—	1^{2}	—	16	22	6
8	9	5	4	3	2	5	4	5	7	6	4	2^{2}	—	—	17	20	5
4	4	14	17	4	8	6	8	16	7	9	5	—	—	—	18	16	5
21	30	19	15	11	14	17	18	18	22	16	19	1^{2}	—	—	19	13	5
4	8	8	7	—	8	8	7	5	4	5	6	—	—	—	25	42	1
5	13	5	2	1	3	5	6	5	4	4	5	5^{2}	—	—	26	22	7
10	12	11	19	3	6	12	10	15	8	12	4	1^{2}	1^{2}	—	27	18	4
13	12	18	7	6	14	18	11	9	8	10	14		—	—	28	6	3
6	22	15	7	7	16	11	14	15	9	11	12	3^{2}	—	—	29	14	4
10	7	11	5	2	6	5	8	7	8	8	5	—	—	—	35	21	9
4	15	4	5	1	5	4	6	6	7	5	6	2^{2}	—	—	36	16	4
4	13	20	5	1	10	10	6	10	8	9	10	—	1^{2}	—	37	14	6
13	22	13	7	7	19	14	12	11	12	20	12	1^{2}	—	—	38	4	3
10	16	15	20	3	8	12	9	10	10	16	15	3^{2}	—	—	39	16	6
7	9	8	3	3	3	5	2	6	6	8	6	3^{2}	—	—	45	27	9
2	12	18	7	6	14	12	10	11	8	9	9	—	—	—	46	14	6
11	24	13	3	7	9	18	10	14	6	12	7	—	2^{2}	—	47	6	4
6	33	19	14	4	13	15	14	19	12	14	15	2^{2}	—	—	48	16	5
14	19	7	8	4	8	10	11	11	11	10	7	1^{2}	—	—	49	20	6
14	27	20	11	10	10	15	14	14	14	17	18	—	—	—	55	22	6
14	37	12	2	12	8	14	9	19	13	17	13	1^{2}	1^{2}	—	56	14	4
18	29	9	11	1	7	12	15	11	13	13	9	2^{2}	—	—	57	12	5
14	11	11	8	2	8	7	10	13	10	9	5	2^{2}	—	—	58	20	5
3	4	9	5	4	12	8	5	4	8	5	5	—	—	—	58	11	4
8	9	17	4	6	13	8	6	13	11	13	8	2^{2}	—	—	65	18	5
11	22	10	7	8	8	15	12	13	10	15	10	—	—	—	66	21	5
20	31	11	8	4	5	13	18	12	11	10	10	3^{2}	—	—	67	31	8
10	26	7	10	—	8	10	8	10	12	14	7	5^{2}	—	—	68	26	6
1	18	5	5	4	12	8	6	10	7	6	8	—	—	—	69	4	1
13	12	9	21	9	14	18	15	13	9	12	11	2^{2}	—	—	75	15	4
18	32	11	8	8	10	17	9	16	13	16	16	1^{2}	1^{2}	—	76	37	7
18	23	5	1	2	4	14	7	6	5	11	10	1^{2}	—	—	77	43	8
8	24	4	16	2	11	13	13	13	7	9	10	—	—	—	78	21	4
1	28	3	3	7	5	6	6	8	9	10	8	9^{2}	—	—	79	6	4
27	17	10	4	5	10	11	7	16	13	15	11	7^{2}	—		85	16	5
23	24	11	2	7	17	12	15	19	16	15	7	3^{2}	1^{2}	—	86	22	6
11	18	3	8	1	11	8	4	10	8	10	12	—	—	—	87	37	6
7	16	5	13	7	10	12	10	8	6	10	12	—	—	—	88	11	5
6	2	5	7	3	3	2	6	4	6	3	5	—	—	—	89	5	3
13	17	13	2	3	8	12	13	7	6	8	10	1^{2}	—	—	95	14	5
26	18	19	—	12	14	18	13	14	13	17	14	6^{2}	1^{2}	—	96	29	7
16	20	5	10	2	5	8	7	11	13	11	8	2^{2}	—	—	97	21	4
14	12	6	2	17	10	10	10	9	11	11	10	1^{2}	—	—	98	3	2
5	4	3	12	5	2	5	4	5	6	7	4	—		—	99	9	1

Tagesstunden Morgens			Tagesstunden Nachmittags			Zur selben Zeit beobachtet			Unter-□	Anzahl der Beobacht.	Jahre	Pentaden						Tagesstunden Morgens			Tagesstunden Nachmittags		
4h	8h	12h	4h	8h	12h							I.	II.	III.	IV.	V.	VI.	4h	8h	12h	4h	8h	12h
4	1	3	3	5	2	—	—	—	05	62	8	10	35	10	1	—	6	10	14	11	8	8	11
3	1	1	2	3	2	—	—	—	06	28	6	11	12	1	—	4	—	4	4	6	6	5	3
8	6	5	2	3	2	—	—	—	07	10	3	1	8	—	—	1	—	2	2	1	1	1	3
6	8	8	10	14	11	—	—	—	08	16	6	2	9	—	1	2	2	2	1	5	3	4	1
9	10	11	12	16	14	5^2	—	—	09	13	4	2	5	1	5	—	—	5	2	2	1	—	3
4	4	2	2	2	3	—	—	—	15	47	9	11	26	2	1	4	3	11	5	10	8	6	7
5	1	2	2	4	4	—	—	—	16	32	5	22	10	—	—	—	—	5	5	5	6	6	5
6	5	8	5	6	8	—	—	—	17	15	5	1	7	2	4	1	—	3	3	4	2	2	1
12	8	14	16	10	8	7^2	—	—	18	15	4	3	—	4	3	3	2	2	2	3	3	3	2
12	17	15	12	12	12	5^2	—	—	19	14	4	6	2	3	8	—	—	8	2	3	1	4	1
3	3	8	6	5	3	—	—	—	25	34	7	7	18	1	2	4	2	4	4	4	5	10	7
2	6	6	3	3	6	1^3	—	—	26	20	7	10	2	6	2	—	—	6	2	3	3	4	2
13	7	10	7	12	12	1^2	1^3	—	27	15	4	3	2	8	—	2	—	1	4	3	3	1	3
14	14	14	10	14	11	11^3	—	—	28	19	6	5	3	2	—	8	1	4	2	5	2	4	2
13	4	4	8	11	9	4^7	—	—	29	18	9	6	—	4	5	1	2	1	1	4	5	4	3
7	6	5	5	6	6	1^3	—	—	35	23	4	6	5	11	—	—	1	4	4	4	4	4	3
12	6	6	7	9	5	1^3	—	—	36	23	7	10	7	6	—	—	—	5	2	4	5	3	4
12	12	11	11	10	12	2^1	—		37	18	7	2	2	8	1	3	1	6	3	1	2	2	4
11	12	10	8	10	10	3^2	—	—	38	19	7	3	—	2	2	8	4	5	4	2	1	4	3
5	9	11	7	6	6	—	—	—	39	10	4	4	—	1	1	2	2	3	2	1	1	1	2
3	2	9	12	12	8	2^2	1^3	—	45	26	6	6	8	9	—	—	3	4	5	7	4	3	3
13	14	11	11	14	8	4^3	—	—	46	17	8	9	3	2	1	—	2	3	3	2	3	4	2
9	7	11	12	12	10	3^2	—	—	47	18	8	9	—	—	3	5	1	1	4	4	3	4	2
13	8	8	6	6	9	2^2	—	—	48	17	6	8	—	8	1	4	1	—	2	4	5	4	2
3	4	4	5	4	4	—	—	—	49	9	5	1	—	1	4	—	3	1	1	3	2	1	1
13	8	12	11	12	11	1^2	—	—	55	17	6	12	1	—	1	1	2	5	4	4	2	1	1
10	10	13	4	12	7	1^2	—	—	56	16	7	10	2	1	2	—	1	1	2	3	1	5	4
9	12	17	15	17	9	6^2	—	—	57	21	7	6	2	3	4	3	3	5	3	5	3	2	3
6	5	2	7	5	5	—	—	—	58	22	6	7	2	—	3	4	6	8	4	4	1	1	4
5	2	4	4	4	4	—	—	—	59	10	5	2	1	—	5	—	2	2	1	2	2	1	2
16	10	14	10	12	15	—	—	—	65	19	6	13	1	1	2	1	1	2	4	4	2	4	3
10	4	7	7	10	8	—	—	—	66	20	6	10	2	2	3	—	3	2	2	4	6	4	2
10	11	10	5	10	11	2^2	—	-	67	15	7	2	1	—	4	2	6	4	4	1	1	3	2
5	5	7	6	3	2	—	—	—	68	9	4	1	—	—	2	2	4	2	2	1	1	2	1
3	2	2	1	3	1	—		-	69	10	5	8	—	2	4	—	1	1	3	2	1	1	2
18	14	17	17	20	11	4^4		—	75	24	5	7	1	5	4	6	1	6	4	8	4	3	4
14	16	14	15	15	11	6^3	—	—	76	25	5	—	3	—	6	9	7	4	4	5	4	4	4
6	8	5	7	5	7	1^2	—	—	77	13	5	—	—	1	9	—	5	2	1	2	3	4	3
3	3	6	6	7	6	—	—	—	78	11	5	3		2	4	2	—	2	1	2	2	2	2
2	2	1	3	4	3	-	—	—	79	9	4	—	—	—	8	—	1	2	—	1	2	1	3
15	14	12	7	11	9	1^2	—	—	85	17	5	6	1	1	2	5	2	5	3	3	2	1	3
10	6	13	10	9	9	2^2	—	—	86	14	5	1	3	1	5	—	4	3	2	2	1	4	2
11	4	4	5	3	3	—	—	—	87	9	4	—		1	5	3	—	2	3	2	1	1	—
3	6	4	3	1	3	—	—	—	88	12	5	4	—		7	—	1	2	3	4	3	—	—
1	3	5	4	5	3	—	—	—	89	3	3	—	—	—	2	—	1	—	—	—	—	3	—
11	7	6	4	10	10	3^2	—	—	95	13	4	2	2	—	5	2	2	4	1	1	2	4	1
8	7	10	6	5	4	2^2	—	—	96	13	3	—	3	—	5	1	4	—	3	4	3	2	1
7	10	8	9	11	8	4^3	—	—	97	15	2	—	—	1	14	—	—	3	2	2	2	2	4
4	4	5	3	4	3	2^2	—	—	98	7	3	—		—	5	—	2	3	1	—	—	1	2
4	4	6	3	4	3	—	—	—	99	1	1		—		—	—	1	—	—	1	—	—	—

QUADRAT 75.

20°—30° Nördliche Breite.
20°—30° Westl. Länge von Greenwich.

Monat

Quadrat 75a. ....

Position		Windbeobachtungen																						
		Alle Winde, Variabeln und Stillen																				Stürme			
Breite N	Länge W	Anzahl der Beob.	N	NNE	NE	ENE	E	ESE	SE	SSE	S	SSW	SW	WSW	W	WNW	NW	NNW	Var.	Stillen	N bis ENE	E bis SSE	S bis WSW	W bis NNW
20°—21°	20°—21°	35	3	7	10	6	2	4	—	—	—	—	—	—	2	—	—	1	—	—	4	—	—	—
	21°—22°	18	1	3	4	6	2	—	—	—	—	—	—	—	—	—	—	2	—	—	1	—	—	—
	22°—23°	20	—	5	3	2	4	—	1	—	—	—	2	—	1	—	—	—	1	1	—	—	—	—
	23°—24°	21	2	2	—	5	2	—	2	—	—	—	4	2	—	—	—	—	—	2	—	—	—	—
	24°—25°	31	—	5	12	7	—	1	—	—	—	2	3	1	—	—	—	—	—	—	1	—	—	—
21°—22°	20°—21°	21	3	6	4	2	4	—	—	—	—	—	—	—	—	2	—	—	—	—	2	—	—	—
	21°—22°	41	1	3	8	4	4	2	2	—	1	4	5	1	2	1	—	1	—	2	—	—	—	—
	22°—23°	22	1	2	1	6	2	1	2	—	3	1	2	2	—	—	—	—	—	—	—	—	—	—
	23°—24°	25	1	3	9	4	—	1	—	—	—	3	1	1	—	—	2	—	—	—	—	—	—	—
	24°—25°	33	—	4	10	12	3	1	1	—	—	1	1	—	—	—	—	—	—	—	—	—	—	—
22°—23°	20°—21°	33	4	7	9	3	6	—	2	—	—	—	—	—	1	1	—	—	—	—	—	—	—	—
	21°—22°	22	—	2	2	1	1	3	2	—	3	1	7	—	—	—	—	—	—	—	—	—	—	—
	22°—23°	37	3	3	10	4	4	2	—	—	—	2	4	3	—	—	—	2	—	—	—	—	—	—
	23°—24°	25	—	4	16	3	—	—	—	—	—	—	—	—	—	—	1	1	—	—	—	—	—	—
	24°—25°	27	—	—	13	9	2	2	—	—	—	—	—	—	1	—	—	—	—	—	1	—	—	—
23°—24°	20°—21°	34	5	4	10	3	2	—	2	—	1	1	—	—	1	—	1	—	1	3	—	—	—	—
	21°—22°	51	—	9	7	3	5	3	—	1	1	—	1	1	—	—	8	4	—	8	—	—	—	—
	22°—23°	40	3	7	5	7	2	1	—	—	1	2	3	—	—	—	1	6	1	1	—	—	—	—
	23°—24°	41	1	3	12	13	7	—	—	—	—	—	—	—	1	1	1	1	—	1	—	—	—	—
	24°—25°	13	—	—	1	8	1	1	—	—	—	—	—	—	1	1	—	—	—	—	—	—	—	—
24°—25°	20°—21°	37	2	1	5	2	2	—	—	—	—	4	1	11	—	—	—	2	—	7	—	—	—	—
	21°—22°	43	4	3	3	1	3	1	—	2	2	1	3	4	6	—	2	—	—	8	—	—	—	—
	22°—23°	24	—	4	5	4	3	1	—	—	—	—	5	—	—	1	—	—	1	—	—	—	—	—
	23°—24°	18	—	1	8	5	2	1	—	—	—	—	—	—	—	—	—	—	1	—	—	—	—	—
	24°—25°	11	—	1	2	2	3	—	—	—	1	—	—	—	1	1	—	—	—	—	—	—	1	—
Fünfgrad-Feld	Summen	723	**34**	**89**	**109**	**122**	**66**	**25**	13	3	13	22	42	26	17	8	**16**	**20**	5	33	**9**	—	1	—
	Mittlere Windstärke		3.5	3.6	4.7	4.8	4.6	5.0	3.5	1.0	4.5	3.1	3.5	2.9	2.9	4.1	2.1	3.4	3.4	0	8.0	—	9.0	—

Barometer 700mm+		Thermometer Cels. Gr. (Temperatur der Luft)					Relative Feuchtigkeit		Bedeckung des Himmels		Niederschläge					Meeresoberfläche			
				Anzahl und Mittel								Dauer in Stunden				Temperatur		Spezif. Gewicht	
Anzahl der Beob.	Mittel mm	Anzahl der Beob.	Reines Mittel	4h M.	4h N.	12h N.	Anzahl der Beob.	Prozente	Anzahl der Beob.	Mittel (0—10)	Anzahl der Beob.-wachen	Nebel	Regen	Schnee	Hagel	Anzahl der Beob.	Grade Celsius	Anzahl der Beob.	Mittel d. Aräom.-angaben
27	65.1	35	19.8	7 / 18.8	5 / 21.0	8 / 19.7	6	86.2	35	3.0	35	—	—	—	—	35	20.7	2	1.0273
13	65.2	16	20.2	2 / 19.0	2 / 20.4	4 / 19.6	3	72.7	18	4.0	18	—	—	—	—	17	20.7	—	—
18	62.3	21	20.8	4 / 20.2	4 / 21.8	7 / 20.5	2	77.5	17	3.8	21	—	1.0	—	—	19	21.1	—	—
23	63.9	23	22.1	4 / 19.7	3 / 21.6	3 / 20.0	3	86.0	21	4.2	23	—	—	—	—	23	21.5	1	1.0260
26	64.8	26	20.8	4 / 20.1	4 / 21.2	4 / 20.6	4	90.5	32	3.8	32	—	1.0	—	—	24	21.3	1	1.0262
20	64.6	20	19.6	2 / 19.0	8 / 19.7	1 / 19.5	3	86.3	21	4.3	21	—	—	—	—	21	20.1	—	—
30	64.0	34	21.7	6 / 20.0	7 / 23.3	3 / 19.9	7	76.9	37	3.1	41	—	—	—	—	33	21.1	1	1.0279
16	62.0	19	21.3	4 / 18.8	4 / 21.5	2 / 21.8	3	79.7	21	3.6	22	—	1.0	—	—	18	21.1	2	1.0268
27	64.2	26	20.9	7 / 20.8	4 / 22.5	6 / 20.5	4	81.8	27	3.9	28	—	0.5	—	—	27	21.3	1	1.0260
27	65.1	31	20.8	5 / 20.6	6 / 21.1	4 / 20.4	10	81.8	33	3.7	33	—	0.5	—	—	26	21.5	2	1.0288
30	65.1	32	20.0	6 / 19.4	1 / 20.6	5 / 19.5	4	79.0	31	4.5	33	—	—	—	—	33	20.2	—	—
14	64.9	20	21.2	3 / 20.1	4 / 22.8	4 / 20.8	6	76.2	23	3.6	23	—	—	—	—	17	21.5	—	—
31	64.0	38	20.7	4 / 19.8	5 / 21.8	6 / 20.2	6	87.8	36	4.1	38	—	3.0	—	—	38	21.0	2	1.0276
24	64.5	28	20.7	4 / 20.2	6 / 22.6	3 / 19.1	4	85.2	28	4.3	28	—	—	—	—	27	21.2	2	1.0265
24	64.5	29	20.6	7 / 19.7	3 / 21.4	5 / 20.5	9	80.2	28	4.4	29	—	1.0	—	—	25	21.6	1	1.0261
31	64.7	39	20.2	10 / 19.4	4 / 21.5	8 / 19.6	10	80.5	37	2.6	39	—	—	—	—	37	20.8	1	1.0288
40	65.0	49	20.5	8 / 19.6	7 / 20.9	10 / 20.1	22	87.4	49	2.5	51	—	—	—	—	40	21.0	—	—
31	63.5	39	20.1	3 / 19.4	6 / 20.2	6 / 19.0	10	94.4	41	5.2	41	—	7.5	—	—	38	20.7	—	—
31	65.4	42	20.1	9 / 18.7	6 / 20.6	5 / 19.8	9	80.3	42	3.9	42	—	4.8	—	—	36	21.0	1	1.0265
18	64.3	21	21.6	3 / 20.4	4 / 23.5	3 / 21.1	5	77.0	9	4.2	21	—	—	—	—	21	21.5	—	—
37	64.8	37	20.3	5 / 20.6	7 / 20.2	7 / 19.5	12	77.7	35	3.0	37	—	—	—	—	37	20.5	1	1.0270
34	65.0	43	20.5	10 / 19.6	5 / 22.5	8 / 19.5	14	85.1	42	3.4	45	—	0.5	—	—	44	21.0	—	—
25	64.2	26	20.0	7 / 19.1	7 / 20.5	1 / 19.1	2	77.5	28	4.7	29	—	4.0	—	—	25	20.9	—	—
18	64.5	21	19.9	3 / 20.0	3 / 20.3	2 / 20.4	7	75.4	18	4.7	21	—	1.5	—	—	17	21.1	3	1.0289
8	62.4	11	20.5	2 / 19.2	3 / 21.6	2 / 20.3	4	90.5	8	7.1	12	—	3.5	—	—	11	21.7	—	—
623	—	726	—	129	118	117	160	—	716	—	763	—	29.8	—	—	700	—	21	—
—	64.43	—	20.5	19.6	21.4	20.0	—	83.0	—	3.8	—	—	—	—	—	—	21.0	—	1.0279

Position der Zone		Wetter nach Beaufort's Bezeichnung. (Häufigkeit.)		Häufigkeit der verschied. Wolkenformen	Häufigkeit von Seegang u. Dünung aus:	Mittel der Meeres-Temperatur	Bemerkungen über einzelne beobachtete Triftströmungen.		
20°—21° N. Br.	20°—25° W. L.	Summe d. Beobacht.: 158		117	77	21.0° C.			
		Böen	Himmelsansicht	cirr. 10	N 19		N 25° E 22	S 82° E 21	S 4° W 17
		t —	b 34	cirr.c 6	NE 12		N 33° E 11	S 62° E 6	S 22° W 8
		l —	c 84	cirr.s 5	E 21				S 36° W 6
		q 2	o 8	Str. 7	SE 4				
		u 1	g 10	W-c 4	S 3				
		Hydrometeore	Zustand der Luft	Cum. 66	SW 6				
		h —	v 1	Cum.st 2	W 5				
		r —	w 8	Nimb. 8	NW 2				
		s —	m 10		†See 5				
		d —	f —		glatt —				
21°—22° N. Br.	20°—25° W. L.	Summe d. Beobacht.: 177		137	93	21.1° C.			
		Böen	Himmelsansicht	cirr. 21	N 23		S 68° E 8	S 18° W 7	W 7
		t 1	b 34	cirr.c 6	NE 15		S 23° E 22	S 33° W 17	N 16° W 7
		l 2	c 100	cirr.s 16	E 19		S 20° E 11	S 34° W 7	
		q 4	o 7	Str. 9	SE 3		S 12° E 12	S 47° W 20	
		u 2	g 7	W-c 5	S 10			S 62° W 8	
		Hydrometeore	Zustand der Luft	Cum. 72	SW 5			S 62° W 10	
		h —	v 3	Cum.st 2	W 11				
		r 1	w 3	Nimb. 6	NW 5				
		s —	m 13		†See 2				
		d —	f —		glatt —				
22°—23° N. Br.	20°—25° W. L.	Summe d. Beobacht.: 188		151	102	21.0° C.			
		Böen	Himmelsansicht	cirr. 22	N 26		N 75° E 8	S 34° E 10	S 12
		t 3	b 21	cirr.c 15	NE 16			S 7° E 7	S 11° W 8
		l 4	c 109	cirr.s 6	E 25				S 28° W 8
		q 2	o 16	Str. 11	SE 4				S 16° W 17
		u 2	g 6	W-c 9	S 2				S 67° W 13
		Hydrometeore	Zustand der Luft	Cum. 71	SW 3				S 73° W 14
		h —	v 2	Cum.st 9	W 13				
		r 4	w 7	Nimb. 8	NW 8				
		s —	m 11		†See 5				
		d —	f —		glatt —				
23°—24° N. Br.	20°—25° W. L.	Summe d. Beobacht.: 220		173	141	21.0° C.			
		Böen	Himmelsansicht	cirr. 11	N 40		N 51° E 8	S 56° E 12	S 8° W 7
		t 4	b 38	cirr.c. 10	NE 12			S 19° E 9	S 13° W 13
		l 4	c 134	cirr.s 7	E 22				S 22° W 24
		q 3	o 8	Str. 7	SE 2				S 28° W 10
		u 2	g 9	W-c 6	S 7				S 33° W 12
		Hydrometeore	Zustand der Luft	Cum. 104	SW 8				S 57° W 15
		h —	v 5	Cum.st 16	W 28				S 56° W 22
		r 4	w 8	Nimb. 12	NW 22				S 66° W 8
		s —	m 1		†See 4				S 68° W 18
		d —	f —		glatt 4				S 81° W 13
24°—25° N. Br.	20°—25° W. L.	Summe d. Beobacht.: 159		113	102	20.9° C.			
		Böen	Himmelsansicht	cirr. 12	N 25		N 34° E 7	S 26° W 15	W 8
		t —	b 22	cirr.c 9	NE 14			S 31° W 14	W 18
		l —	c 107	cirr.s 0	E 16			S 34° W 7	N 83° W 31
		q 1	o 11	Str. 12	SE —			S 25° W 15	
		u 1	g 4	W-c 1	S 2			S 42° W 29	
		Hydrometeore	Zustand der Luft	Cum. 62	SW 5				
		h —	v 3	Cum.st 14	W 14				
		r 2	w 3	Nimb. 7	NW 13				
		s —	m 4		†See 7				
		d 1	f —		glatt 6				

Bemerkungen

Ueber Wind.

Unter-□	Jahr	Tag		
02.	81.	2.	12ʰ N.	Der stürmische W-Wind flaut ab und dreht durch NW nach N. Am 17. in 17° n. Br. und 22° w. L. setzt mässiger Passat ein.
03.	77.	12.	4ʰ M.	Der stürmisch wehende Passatwind flaut ab und dreht nach W. Nach 4 Stunden setzt der Passat wieder stürmisch ein. Blitzen und Donnern im S-Horizonte.
10.	73.	28.	4ʰ N.	Der stürmische Passatwind flaut nach 2 Tagen zur gewöhnlichen Passatbriese (5) ab. Cir.-Wolken ziehen aus SW.
11.	74.	13.	8ʰ M.	Der mässige W-Wind dreht sich durch NW nach N. Nach 12 Stunden setzt mässiger Passatwind ein.
21.	81.	14.	4ʰ M.	Der mässige W-Wind flaut allmählich zur Windstille ab. Am 15. Mittags setzt flauer Passatwind ein, der allmählich stärker wird.
22.	77.	11.	4ʰ N.	Der flaue Passatwind geht in einer Regenböe mit Donner und Blitzen nach W. Nach 6 Stunden setzt der Passatwind wieder ein und frischt auf.
22.	81.	23.	12ʰ N.	Der flaue NNW-Wind geht durch N in den NE-Passat über, bleibt aber flau.
30.	80.	21.	12ʰ N.	Der flaue W-Wind dreht durch NW und N. Nach 24 Stunden setzt flauer Passatwind ein, der allmählich auffrischt.
33.	81.	28.	4ʰ N.	Der flaue veränderliche Wind geht nach 12 Stunden durch N in den stetigen Passat über.
40.	81.	26.	4ʰ M.	Der flaue W-Wind wird still. Am 27. in 23° n. Br. und 20° w. L. setzt leichter Passatwind ein, der nach 24 Stunden auffrischt.
40.	81.	26.	4ʰ N.	Der flaue W-Wind wird still. Nach 24 Stunden setzt mässiger Passat ein.

Sonstige Bemerkungen.

Unter-□	Jahr	Tag		
04.	76.	17.	12ʰ M.	Bei frischem E-Wind zieht das Cir.-Gewölk aus S. Walfische.
14.	78.	19.	12ʰ N.	Kugelblitze aus zwei Wolken im NW. Um 1ʰ M. Gewitterböe ohne Windänderung. Bis 6ʰ M. Wetterleuchten in SW und NW.
21.	81.	18.	8ʰ N.	Sehr starker Thau.
22.	81.	13.	8ʰ M.	Starkes Blitzen von SE bis NW.
23.	76.	16.	8ʰ N.	Walfisch.
30.	81.	27.	4ʰ N.	Viele kleine weisse Muscheln. Das Wasser sehr schmutzig und voll kleiner Quallen.
33.	81.	28.	8ʰ M.	Goldkarpfen und Lootsenfische.
40.	81.	26.	12ʰ M.	Zwei weisse Tauben. Viele Delphine.

Höchster Barometerstand: **773.9** mm am 20. Januar 1877 in 24° n. Br. und 21° w. L. bei starkem E-Winde und heiterem Himmel.

Niedrigster „ „ : **754.5** mm am 2. Januar 1881 in 21° n. Br. und 22° w. L. bei starkem WSW-Winde, halb bedecktem Himmel und trüber Luft.

Höchste Lufttemperatur: **30.4°** Cels. am 25. Januar 1881 in 23° n. Br. und 22° w. L. bei flauem NW-Winde und halb bedecktem Himmel.

Niedrigste „ „ : **10.2°** Cels. am 5. Januar 1870 in 23° n. Br. und 22° w. L. bei starkem NNE-Winde und wolkigem Himmel.

Monat

Quadrat 75b. ....

Position		Anzahl der Beob.	Windbeobachtungen																					
			Alle Winde, Variabeln und Stillen																		Stürme			
Breite N	Länge W		N	NNE	NE	ENE	E	ESE	SE	SSE	S	SSW	SW	WSW	W	WNW	NW	NNW	Var.	Stillen	N bis ENE	E bis SSE	S bis WSW	W bis NNW
20°–21°	25°–26°	26	1	2	7	5	1	4	3	—	—	—	1	1	—	—	—	—	—	1	1	—	—	—
	26°–27°	3	—	—	—	—	—	1	2	—	—	—	—	—	—	—	—	—	—	—	—	—	—	—
	27°–28°	5	—	—	—	—	—	—	—	—	—	2	3	—	—	—	—	—	—	—	—	—	—	—
	28°–29°	6	—	—	1	—	—	—	—	—	—	1	2	2	—	—	—	—	—	—	—	—	—	—
	29°–30°	8	1	—	2	—	—	1	2	—	—	—	—	—	—	—	1	1	—	—	—	—	—	—
21°–22°	25°–26°	21	—	—	1	7	4	3	2	—	—	—	—	2	1	1	—	—	—	—	—	—	—	—
	26°–27°	12	—	—	—	8	—	2	1	1	—	—	—	—	—	—	—	—	—	—	—	1	—	—
	27°–28°	8	—	—	3	3	—	—	—	—	—	—	2	—	—	—	—	—	—	—	—	—	—	—
	28°–29°	8	—	—	1	—	—	3	1	—	—	—	1	—	—	—	1	1	—	—	—	—	—	—
	29°–30°	1	—	—	—	1	—	—	—	—	—	—	—	—	—	—	—	—	—	—	1	—	—	—
22°–23°	25°–26°	12	—	—	1	4	4	1	1	—	—	—	—	—	—	1	—	—	—	—	—	—	—	—
	26°–27°	4	—	—	—	3	—	—	1	—	—	—	—	—	—	—	—	—	—	—	—	1	—	—
	27°–28°	6	—	—	—	2	1	1	—	—	—	—	—	—	1	—	1	—	—	—	—	—	—	—
	28°–29°	9	—	—	—	3	2	—	—	—	—	—	3	—	—	—	1	—	—	—	2	—	—	—
	29°–30°	8	—	—	4	2	—	—	—	—	—	—	—	—	—	—	—	—	—	—	1	—	—	—
23°–24°	25°–26°	10	—	—	—	3	5	2	—	—	—	—	—	—	—	—	—	—	—	—	—	—	—	—
	26°–27°	5	—	—	—	4	—	—	—	—	—	—	—	—	—	—	1	—	—	—	1	—	—	—
	27°–28°	6	—	—	—	3	1	—	—	—	—	—	—	—	—	1	1	—	—	—	3	—	—	—
	28°–29°	11	—	2	4	3	1	1	—	—	—	—	—	—	—	—	—	—	—	—	—	—	—	—
	29°–30°	9	—	2	2	3	—	—	—	—	—	—	2	—	—	—	—	—	—	—	—	—	—	—
24°–25°	25°–26°	4	—	—	—	1	1	1	1	—	—	—	—	—	—	—	—	—	—	—	—	—	—	—
	26°–27°	6	1	—	1	2	—	—	—	—	—	—	—	—	—	—	—	2	—	—	2	—	—	—
	27°–28°	18	2	2	6	6	1	—	1	—	—	—	—	—	—	—	—	—	—	—	—	—	—	—
	28°–29°	—	—	—	—	—	—	—	—	—	—	—	—	—	—	—	—	—	—	—	—	—	—	—
	29°–30°	5	—	—	—	—	—	—	—	—	—	—	—	3	—	—	2	—	—	—	—	—	—	—
Fünfgrad-Feld	Summen, 200		5	8	33	63	21	20	15	1	—	8	14	8	2	3	8	4	—	1	11	2	—	—
	Mittlere Windstärke		5.2	6.2	4.8	5.0	4.8	4.5	4.3	3.0	—	5.3	4.6	4.0	5.5	3.9	5.6	5.2	—	0	8.8	9.5	—	—

Thermometer Cels. Gr. (Temperatur der Luft)					Relative Feuchtigkeit		Bedeckung des Himmels		Niederschläge				
Anzahl der Beob.	Rohes Mittel	Anzahl und Mittel 4h M.	Anzahl und Mittel 1h N.	Anzahl und Mittel 12h N.	Anzahl der Beob.	Prozente	Anzahl der Beob.	Mittel (0–10)	Anzahl der Beobachtungen	Dauer in Stunden Nebel	Dauer in Stunden Regen	Dauer in Stunden Schnee	Dauer in Stunden Hagel
26	21.4	3 20.8	4 21.7	2 20.7	11	85.9	19	4.3	27	—	4.8	—	—
3	21.7	1 21.6	—	1 21.7	—	—	2	2.5	3	—	—	—	—
5	23.1	1 23.3	—	1 23.2	—	—	5	4.8	5	—	—	—	—
6	22.7	1 22.9	—	1 23.4	—	—	6	4.3	6	—	4.0	—	—
7	22.2	1 23.8	2 22.3	1 21.1	8	73.3	6	5.7	8	—	—	—	—
20	21.3	3 20.3	4 22.7	4 20.8	9	87.1	14	5.2	21	—	1.0	—	—
12	21.2	1 20.4	2 22.2	2 21.0	5	96.8	12	4.2	12	—	—	—	—
8	22.2	—	1 22.1	1 21.2	1	100.0	8	4.6	8	—	—	—	—
6	21.5	2 21.3	1 21.4	2 21.2	2	76.0	6	3.3	8	—	1.0	—	—
1	23.0	—	—	—	—	—	1	7.0	1	—	—	—	—
12	21.0	2 20.9	1 19.5	2 20.8	6	95.8	11	5.9	12	—	6.0	—	—
3	20.4	1 20.9	—	1 20.5	—	—	3	4.3	4	—	—	—	—
5	20.3	—	2 20.3	—	2	75.5	5	6.0	6	—	0.5	—	—
9	21.4	2 21.4	1 22.9	3 20.7	1	75.0	9	5.6	9	—	2.0	—	—
2	21.4	1 21.1	—	—	—	—	6	4.0	6	—	—	—	—
9	21.4	—	2 21.4	2 20.0	2	96.0	8	5.0	10	—	0.2	—	—
5	19.6	1 18.8	—	1 18.6	1	76.0	5	4.8	5	—	0.3	—	—
6	21.2	1 19.0	2 22.0	1 22.4	2	79.0	6	4.8	6	—	1.0	—	—
7	20.5	1 20.5	—	1 19.4	—	—	9	4.0	11	—	3.0	—	—
9	20.1	2 19.5	—	1 20.0	—	—	8	3.4	9	—	0.5	—	—
4	20.2	2 19.8	—	—	—	—	4	5.2	4	—	—	—	—
6	19.4	2 20.4	1 18.8	1 20.5	3	69.3	6	6.0	6	—	1.0	—	—
12	20.1	3 19.0	1 20.0	1 21.7	—	—	17	4.6	18	—	3.5	—	—
—	—	—	—	—	—	—	—	—	—	—	—	—	—
3	19.3	2 19.0	—	1 20.3	—	—	5	3.8	5	—	0.3	—	—
186	—	33 —	24 —	30 —	48	—	181	—	210	—	29.1	—	—
—	21.3	20.5	21.6	20.9	—	85.8	—	4.7	—	—	—	—	—

Position der Zone (Br.)	Position der Zone (L.)	Wetter nach Beaufort's Bezeichnung (Häufigkeit)		Häufigkeit der verschied. Wolkenformen	Häufigkeit von Seegang u. Dünung aus:	Mittel der Meeres-Temperatur	Bemerkungen über einzelne beobachtete Triftströmungen.
20°—21° N. Br.	25°—30° W. L.	Summe d. Beobacht.: 47		42	29		
		Böen	Himmelsansicht	cirr. 6	N 5		
		t —	b 7	cirr.c —	NE 6		S 13° E 10 S 31° W 16 N 47° W 7
		l 5	c 24	cirr.s —	E 6		S 36° E 22 S 45° W 15
		q 2	o 3	Str. 3	SE —		S 81° W 15
		u 2	g —	W-c 1	S —	22.3° C.	
		Hydrometeore	Zustand der Luft	Cum. 21	SW —		
		h —	v 1	Cum.st 5	W 8		
		r 2	w —	Nimb. 6	NW 2		
		s —	m 1		† See 2		
		d —	f —		glatt —		
21°—22° N. Br.	25°—30° W. L.	Summe d. Beobacht.: 56		48	34		
		Böen	Himmelsansicht	cirr. 4	N 5		N 11° W 8
		t 1	b —	cirr.c 4	NE 14		S 78° W 31
		l 4	c 34	cirr.s 2	E 11		
		q 2	o 7	Str. 9	SE 1		
		u —	g 1	W-c —	S —	22.6° C.	
		Hydrometeore	Zustand der Luft	Cum. 25	SW —		
		h —	v 1	Cum.st —	W 9		
		r —	w —	Nimb. 4	NW —		
		s —	m —		† See —		
		d —	f —		glatt —		
22°—23° N. Br.	25°—30° W. L.	Summe d. Beobacht.: 36		37	20		
		Böen	Himmelsansicht	cirr. 4	N 2		
		t —	b 1	cirr.c 1	NE 1		
		l 1	c 28	cirr.s 1	E 10		
		q 1	o 4	Str. 10	SE —		
		u —	g —	W-c —	S —	22.1° C.	
		Hydrometeore	Zustand der Luft	Cum. 16	SW —		
		h —	v —	Cum.st 4	W 2		
		r 1	w —	Nimb. 1	NW 2		
		s —	m —		† See 3		
		d —	f —		glatt —		
23°—24° N. Br.	25°—30° W. L.	Summe d. Beobacht.: 44		42	19		
		Böen	Himmelsansicht	cirr. 4	N 1		N 79° E 8 S 45° W 18
		t —	b 4	cirr.c 2	NE 3		N 60° W 30
		l —	c 33	cirr.s 1	E 3		
		q 6	o —	Str. 9	SE —		
		u —	g —	W-c —	S —	21.5° C.	
		Hydrometeore	Zustand der Luft	Cum. 19	SW —		
		h —	v —	Cum.st 5	W 1		
		r 1	w —	Nimb. 2	NW 3		
		s —	m —		† See 5		
		d —	f —		glatt —		
24°—25° N. Br.	25°—30° W. L.	Summe d. Beobacht.: 35		38	9		
		Böen	Himmelsansicht	cirr. 6	N 4		S 43° E 17
		t —	b —	cirr.c 1	NE 1		
		l 1	c 32	cirr.s —	E —		
		q —	o —	Str. 2	SE —		
		u —	g —	W-c —	S —	21.8° C.	
		Hydrometeore	Zustand der Luft	Cum. 16	SW —		
		h —	v 2	Cum.st 13	W 2		
		r —	w —	Nimb. —	NW —		
		s —	m —		† See 2		
		d —	f —		glatt —		

Bemerkungen

Ueber Wind.

Unter-☐	Jahr	Tag		
15.	76.	9.	8ʰ N.	Der mässige W-Wind wird flau und still. Nach 24 Stunden setzt mässiger Passat ein.
15.	77.	27.	8ʰ M.	Der stürmische SE-Wind (8) wird flauer. Beständiges Blitzen in SE bei drohend aussehender Luft. Nach 24 Stunden wird das Wetter schön, und es setzt mässiger Passat ein.
19.	77.	21.	8ʰ M.	Der frische NW-Wind geht nach 24 Stunden beim Segeln nach S, mit derselben Stärke direkt in den Passat über.
35.	78.	18.	12ʰ N.	Der stürmische N-Wind flaut ab und geht in den Passat über.
47.	73.	11.	12ʰ M.	Der starke N-Wind geht mit derselben Stärke in den Passat über.
49.	74.	11.	12ʰ M.	Der frische NW-Wind flaut ab und geht nach 24 Stunden, allmählich durch N holend, in den NE-Passat über.

Sonstige Bemerkungen.

05.	76.	10.	12ʰ M.	Ein grosser Finnwal. Abends Mondhof.
05.	78.	7.	4ʰ M.	Bei mässigem NE-Winde ziehn die Wolken aus E.
18.	77.	24.	4ʰ M.	Schwaches Zodiakallicht.

Höchster Barometerstand: **771.1** mm am 11. Januar 1873 in 23° n. Br. und 28° w. L. bei stürmischem NNE-Winde und wolkigem Himmel.

Niedrigster „ „ : **757.4** mm am 10. Januar 1881 in 21° n. Br. und 28° w. L. bei frischem SW-Winde mit Regenschauern und halb bedecktem Himmel.

Höchste Lufttemperatur: **24.0**° Cels. am 10. Januar 1881 in 21° n. Br. und 27° w. L. bei frischem SW-Winde und halb bedecktem Himmel.

Niedrigste „ „ : **17.9**° Cels. am 22. Januar 1877 in 24° n. Br. und 26° w. L. bei frischem NSW-Winde und halb bedecktem Himmel.

Quadrat 75c. ....

Windbeobachtungen

Alle Winde, Variabeln und Stillen

N	NNE	NE	ENE	E	ESE	SE	SSE	S	SSW	SW	WSW	W	WNW	NW	NNW	Var.	Stillen
1	3	1	2	3	2	—	—	—	—	11	6	2	2	—	—	—	1
3	5	10	—	5	3	1	—	1	—	5	2	1	1	2	1	—	—
—	6	1	6	—	2	—	—	—	—	—	1	—	—	1	—	1	—
—	1	1	1	3	1	1	—	—	—	—	—	—	—	—	—	1	—
—	—	4	6	1	—	1	—	—	—	—	—	1	1	—	—	—	—
3	9	7	1	4	2	—	—	4	3	2	2	2	11	—	1	—	3
—	3	2	8	3	2	1	—	—	2	3	4	2	2	3	—	1	4
1	4	5	3	1	1	—	—	—	—	1	1	1	2	—	—	—	—
2	1	1	5	2	—	—	—	8	—	—	—	—	—	—	2	—	2
—	—	1	5	2	1	2	—	3	—	2	1	—	1	2	—	—	1
1	11	2	3	3	4	5	3	—	—	1	1	5	12	4	1	—	6
—	—	6	1	1	2	—	—	4	2	3	1	1	—	2	—	—	—
—	—	6	7	1	2	1	—	2	2	1	—	—	—	—	1	—	—
2	5	1	4	1	2	—	—	—	—	1	—	1	—	—	—	—	—
—	—	5	4	—	—	6	3	—	—	1	—	1	2	—	—	—	6
—	5	4	3	3	2	1	—	2	2	6	7	3	3	2	4	—	4
—	—	8	7	3	1	—	—	1	—	—	2	—	2	1	—	—	—
—	1	2	3	2	3	—	—	—	—	3	—	—	—	—	1	—	—
1	1	2	6	2	2	3	2	1	—	3	—	—	—	1	—	—	—
—	—	3	3	—	—	1	2	5	1	—	—	—	—	2	—	—	—
4	5	2	10	1	2	2	—	—	3	9	10	2	1	—	1	—	—
1	6	3	4	2	—	—	—	10	12	3	5	1	2	—	—	—	—
1	1	2	7	3	2	1	1	3	—	—	—	—	—	—	—	—	—
1	2	8	1	—	5	—	1	—	6	—	1	—	3	—	—	1	—
—	—	1	—	—	—	—	—	—	—	1	1	1	—	—	—	—	—
21	**69**	**88**	**95**	**46**	**41**	**20**	**12**	**39**	**35**	**56**	**45**	**24**	**45**	**20**	**12**	**4**	**27**
4.1	4.2	3.9	4.8	4.6	4.9	3.9	3.6	5.1	5.8	3.9	4.0	4.2	5.2	3.8	2.8	2.6	0

Thermometer Cels. Gr. (Temperatur der Luft)					Relative Feuchtigkeit		Bedeckung des Himmels		Niederschläge					Meeresoberfläche			
		Anzahl und Mittel								Dauer in Stunden				Temperatur		Spezif. Gewicht	
Anzahl der Beob.	Rohes Mittel	4h M.	4h N.	12h N.	Anzahl der Beob.	Prozente	Anzahl der Beob.	Mittel (0–10)	Anzahl der Beob.-wachen	Nebel	Regen	Schnee	Hagel	Anzahl der Beob.	Grade Celsius	Anzahl der Beob.	Mittel d. Aräom.-angaben
34	19.4	(4) 18.7	(7) 19.8	(3) 19.1	6	75.8	33	4.6	34	—	0.5	—	—	34	20.1	—	—
44	19.9	(4) 19.0	(8) 19.6	(6) 19.4	12	86.0	41	4.8	44	4.0	7.0	—	—	39	20.6	1	1.0277
22	19.3	(4) 19.5	(2) 19.4	(4) 19.8	4	78.5	20	4.2	24	—	4.0	—	—	21	20.3	3	1.0272
9	19.5	(2) 18.0	(2) 19.7	(1) 19.1	—	—	9	6.1	9	—	1.0	—	—	9	20.8	—	—
13	19.7	(3) 19.5	(2) 20.0	(2) 19.2	4	91.2	11	7.4	14	—	2.0	—	—	13	21.2	—	—
51	19.2	(11) 18.4	(7) 20.4	(10) 18.9	12	80.5	54	5.0	54	16.0	3.0	—	—	53	20.2	—	—
33	19.2	(4) 18.4	(5) 19.8	(6) 18.7	9	87.6	35	4.4	37	—	8.7	—	—	32	20.2	1	1.0269
16	18.6	(3) 16.9	(4) 19.2	(4) 18.9	3	76.7	21	4.8	21	—	3.0	—	—	16	20.0	—	—
18	19.4	(1) 19.0	(1) 20.2	(1) 19.2	—	—	18	6.3	18	—	2.5	—	—	18	20.6	1	1.0270
20	20.0	(3) 19.1	(4) 20.2	(2) 19.0	9	88.1	17	6.5	21	—	3.5	—	—	20	20.6	1	1.0260
61	19.5	(9) 19.0	(10) 19.9	(7) 19.1	12	87.2	62	4.8	62	24.5	5.0	—	—	62	20.1	1	1.0269
25	18.6	(6) 17.7	(2) 18.6	(3) 19.0	6	66.7	25	3.5	25	—	5.0	—	—	22	19.4	2	1.0265
22	18.8	(3) 18.3	(4) 19.6	(2) 18.0	4	78.0	23	6.0	23	—	2.5	—	—	21	20.0	2	1.0284
14	19.1	(5) 18.2	(2) 20.0	(3) 18.3	3	77.0	16	6.4	17	—	3.0	—	—	14	20.8	—	—
25	19.7	(4) 19.1	(3) 20.7	(4) 19.2	19	76.7	25	4.0	28	—	—	—	—	27	20.7	—	—
51	19.0	(13) 18.4	(8) 20.0	(7) 18.6	7	90.9	49	3.1	51	—	10.5	—	—	48	19.7	1	1.0270
27	18.2	(5) 17.5	(4) 19.4	(5) 17.5	9	86.6	27	4.7	27	—	2.5	—	—	25	19.4	1	1.0286
15	18.3	(3) 18.0	(3) 18.3	(4) 19.0	1	89.0	15	5.7	15	—	0.5	—	—	15	19.7	—	—
20	19.2	(2) 19.1	(6) 19.6	(4) 18.8	10	86.6	20	7.1	24	—	4.0	—	—	20	20.1	—	—
16	19.0	(2) 18.3	(2) 19.8	(3) 18.9	2	93.5	13	6.0	17	—	—	—	—	15	19.3	—	—
51	18.8	(8) 18.2	(8) 19.0	(6) 18.8	12	87.3	48	3.8	52	—	2.0	—	—	49	19.5	3	1.0261
50	19.0	(8) 18.2	(8) 19.5	(8) 18.8	24	86.2	50	5.8	51	—	9.5	—	—	47	19.7	—	—
20	18.5	(3) 18.0	(4) 19.2	(2) 18.0	6	86.5	10	7.8	21	—	4.5	—	—	19	19.6	—	—
19	18.3	(3) 17.7	(2) 16.6	(1) 17.5	3	89.7	24	5.5	31	—	5.0	—	—	19	19.3	—	—
4	17.4	(1) 18.5	—	(1) 17.5	—	—	—	—	4	—	—	—	—	4	19.0	—	—
680	—	116 —	108 —	101 —	177	—	675	—	724	44.5	82.2	—	—	662	—	17	—
—	19.1	19.3	19.6	18.8	—	84.6	—	5.0	—	—	—	—	—	—	20.0	—	1.0270

Monat

Quadrat 75c. ....

Position der Zone		Wetter nach Beaufort's Bezeichnung. (Häufigkeit.)				Häufigkeit der verschied. Wolkenformen	Häufigkeit [illegible] Übergang aus:	Mittel der Meeres-Temperatur	Bemerkungen über einzelne beobachtete Triftströmungen.		
25°—26° N. Br.	20°—25° W. L.	Summe d. Beobacht.: 198				114	80	20,6° C.			
		Böen		Himmelsansicht		cirr. 11	N 21		S 11° E 10	S 41° W 27	N 8?° W ?
		t	—	b	10	cirr.c 3	NE 11			S 60° W 10	
		l	—	c	92	cirr.s 6	E 14			S 68° W 22	
		q	8	o	21	Str. 7	SE —				
		s	3	g	2	W.-c 1	S 1				
		Hydrometeore		Zustand der Luft		Cum. 55	SW 2				
		h	—	v	3	Cum. st 21	W 19				
		r	1	w	—	Nimb. 10	NW 7				
		s	—	m	1		†See 4				
		d	1	f	1		glatt 1				
26°—27° N. Br.	20°—25° W. L.	Summe d. Beobacht.: 173				143	93	20,3° C.			
		Böen		Himmelsansicht		cirr. 14	N 16		S 32° E 15	S 13° W 16	N 62° W 4
		t	—	b	12	cirr.c 9	NE 16		S 8° E 15	S 27° W 8	
		l	—	c	105	cirr.s 7	E 15			S 68° W 11	
		q	6	o	27	Str. 11	SE 6			S 77° W 14	
		s	1	g	3	W.-c —	S 2			S 83° W 9	
		Hydrometeore		Zustand der Luft		Cum. 72	SW 5				
		h	—	v	5	Cum. st 16	W 12				
		r	1	w	2	Nimb. 14	NW 11				
		s	—	m	5		†See 7				
		d	2	f	4		glatt 3				

Bemerkungen

Ueber Wind.

Unter-□	Jahr	Tag		
60.	70.	10.	8^h N.	Der stürmische Passat wird beim Segeln nach S durch leichten S-Wind mit Gewitter unterbrochen. Nach 16 Stunden setzt wieder mässiger Passat ein.
60.	74.	11.	12^h M.	Der mässige W-Wind mit leichten Regenböen geht beim Segeln nach S allmählich durch N in den NE-Passat über.
60.	80.	20.	4^h M.	Der leichte W-Wind geht beim Segeln nach S allmählich durch N in den NE-Passat über.
61.	79.	31.	12^h M.	Der mässige W-Wind dreht beim Segeln nach S durch SW nach N. Nach 12 Stunden setzt frischer NE-Passat ein.
71.	70.	23.	8^h N.	Der starke NW-Wind mit heftigen Regenböen flaut nach 24 Stunden ab und holt nach SW.
81.	76.	17.	12^h M.	Der stürmische NE-Passat steht, beim Segeln nach S, stetig durch.
90.	79.	3.	4^h N.	Der stürmische NE-Passat steht stetig durch.
92.	78.	14.	4^h N.	Der mässige E-Wind wird flau und dreht nach SW. Nach 12 Stunden setzt mässiger Passat ein.
92.	78.	17.	12^h M.	Der frische E-Wind steht von 43° n. Br. ohne Unterbrechung in den Passat hinein.
93.	81.	6.	4^h M.	Der stürmische SW-Wind mit heftigen Gewitterböen und starkem Regen geht nach NW und wird flau, dann still. Am 7. um 4^h M. setzt leichter W-Wind ein, der allmählich auffrischt. Abends heftige Böen (9) mit Donner und Blitz. Am nächsten Tage mässiger W-Wind, der für längere Zeit anhält.

Sonstige Bemerkungen.

64.	76.	7.	8^h N.	Grosser Mondhof.
70.	81.	3.	12^h N.	Bei leichtem NNE-Winde ziehen die Wolken aus S.
70.	81.	24.	4^h N.	Bei mässigem NW-Winde zieht das Cum.st.-Gewölk aus SW.
71.	79.	30.	4^h M.	Sternschnuppen. 8^h N. Mondring.
81.	79.	3.	12^h N.	Meerleuchten. Sternschnuppen.
90.	81.	22.	12^h M.	Boniten.

Höchster Barometerstand: **773.8** mm am 14. Januar 1876 in 27° n. Br. und 20° w. L. bei mässigem NE-Winde und wolkigem Himmel.

Niedrigster „ „ : **752.6** mm am 10. Januar 1881 in 28° n. Br. und 20° w. L. bei starkem SSW-Winde und heiterem Himmel.

Höchste Lufttemperatur: **20.1**° Cels. am 3. Januar 1881 in 27° n. Br. und 20° w. L. bei ganz leichtem NNE-Winde, dunstiger Luft, aber heiterem Himmel.

Niedrigste „ „ **13.9**° Cels. am 27. Januar 1870 in 27° n. Br. und 22° w. L. bei starkem NNW-Winde mit Regenböen und halb bedecktem Himmel.

Quadrat 75d. ……………………………………

Position		Windbeobachtungen																							
		Alle Winde, Variabeln und Stillen																				Stürme			
Breite N	Länge W	Anzahl der Beob.	N	NNE	NE	ENE	E	ESE	SE	SSE	S	SSW	SW	WSW	W	WNW	NW	NNW	Var.	Stillen	N bis ENE	E bis SSE	S bis WSW	W bis NNW
25°–26°	25°–26°	9	1	—	—	2	—	4	—	—	—	—	—	—	—	—	—	2	—	—	2	—	—	—
	26°–27°	10	3	—	1	5	—	—	—	—	—	—	—	—	—	—	—	1	—	—	—	—	—	—
	27°–28°	2	—	—	—	2	—	—	—	—	—	—	—	—	—	—	—	—	—	—	—	—	—	—
	28°–29°	1	—	—	—	—	—	—	—	—	—	—	—	—	—	—	1	—	—	—	—	—	—	—
	29°–30°	10	—	—	1	4	2	—	—	—	—	—	—	—	1	2	—	—	—	—	—	—	—	—
26°–27°	25°–26°	10	—	—	4	1	—	—	—	—	—	—	—	1	1	2	—	1	—	—	2	—	—	—
	26°–27°	7	—	—	1	3	—	—	—	—	—	—	—	—	2	—	1	—	—	—	—	—	—	—
	27°–28°	6	—	—	2	3	—	—	—	—	—	—	—	—	—	1	—	—	—	—	—	—	—	—
	28°–29°	5	—	—	3	1	1	—	—	—	—	—	—	—	—	—	—	—	—	—	—	—	—	—
	29°–30°	2	—	—	—	—	—	—	—	—	—	—	—	—	—	2	—	—	—	—	—	—	—	—
27°–28°	25°–26°	19	—	1	3	2	4	—	—	1	4	—	—	—	2	—	1	—	1	—	—	—	—	—
	26°–27°	15	—	—	1	1	—	—	—	3	3	5	2	—	—	—	—	—	—	—	—	2	4	—
	27°–28°	6	—	—	1	4	—	—	—	—	—	—	—	—	—	—	1	—	—	—	—	—	—	1
	28°–29°	1	—	—	1	—	—	—	—	—	—	—	—	—	—	—	—	—	—	—	—	—	—	—
	29°–30°	5	—	—	1	—	—	—	—	—	1	—	—	—	2	—	—	—	—	1	—	—	—	—
28°–29°	25°–26°	11	1	—	4	1	1	—	—	—	1	—	—	2	1	—	—	—	—	—	—	—	—	—
	26°–27°	3	—	—	—	—	1	1	1	—	—	—	—	—	—	—	—	—	—	—	—	—	—	—
	27°–28°	—	—	—	—	—	—	—	—	—	—	—	—	—	—	—	—	—	—	—	—	—	—	—
	28°–29°	6	—	—	3	1	—	—	1	1	—	—	—	—	—	—	—	—	—	—	—	—	—	—
	29°–30°	10	—	—	3	—	—	1	1	2	1	—	—	1	1	—	—	—	—	—	—	—	—	—
29°–30°	25°–26°	8	—	—	—	—	3	1	2	—	—	—	1	1	—	—	—	—	—	—	—	—	—	—
	26°–27°	2	—	—	—	—	—	—	—	—	—	—	—	—	—	1	1	—	—	—	—	—	—	1
	27°–28°	7	—	—	6	—	—	—	4	—	—	—	—	—	—	—	—	—	—	—	—	—	—	—
	28°–29°	8	—	—	4	2	—	—	2	—	—	—	—	—	—	—	—	—	—	—	—	—	—	—
	29°–30°	2	—	—	—	—	—	—	—	—	—	—	—	2	—	—	—	—	—	—	—	—	—	—
Fünfgrad-Feld	Summen.	165	5	1	**36**	**32**	**12**	7	**11**	**7**	**10**	5	3	7	10	**8**	5	4	1	1	4	2	4	2
	Mittlere Windstärke		5.8	3.0	4.1	4.4	4.2	4.3	4.7	6.0	4.7	8.0	5.7	5.2	4.9	5.6	5.4	6.0	2.0	0	8.2	8.0	8.2	8.5

9	19.7	2 18.6	1 21.1	1 20.3	2	74.5	9	3.8	9	—	0.5	—
6	19.0	1 18.6	—	1 18.9	—	—	9	6.0	10	—	2.5	—
2	21.2	1 21.1	—	—	—	—	2	5.0	2	—	—	—
1	18.4	—	—	—	—	—	1	2.0	1	—	0.3	—
10	19.8	1 19.3	2 19.8	—	—	—	8	2.9	10	—	—	—
7	19.2	—	1 20.1	1 17.0	2	89.0	10	6.8	10	—	0.5	—
6	18.9	1 19.2	1 18.7	1 18.5	—	—	4	9.2	7	—	—	—
6	19.8	—	3 20.0	—	—	—	6	4.2	6	—	0.5	—
5	18.7	1 18.1	—	2 18.7	—	—	3	2.3	5	—	0.5	—
2	17.2	1 17.7	—	1 16.8	—	—	2	6.0	2	—	4.0	—
16	19.2	4 18.4	1 21.2	2 18.8	—	—	14	7.4	19	—	1.5	—
15	20.1	3 18.8	2 20.8	3 20.5	—	—	7	4.4	15	—	1.5	—
6	18.9	2 17.7	—	1 19.3	—	—	4	4.8	6	—	0.8	—
1	18.7	1 18.7	—	—	—	—	1	4.0	1	—	0.3	—
5	19.7	—	1 19.1	2 19.2	—	—	5	1.0	5	—	1.0	—
11	18.4	2 18.3	3 18.9	1 15.6	—	—	9	4.9	11	—	—	—
8	18.8	—	1 16.9	1 20.2	—	—	8	6.0	8	—	—	—
—	—	—	—	—	—	—	—	—	—	—	—	—
6	19.2	1 17.7	1 19.8	1 20.0	—	—	6	5.2	6	—	—	—
10	20.0	1 19.0	2 20.9	—	2	78.5	10	4.6	10	—	1.0	—
8	18.9	3 18.3	—	1 18.8	—	—	7	7.0	8	—	—	—
2	17.6	—	—	—	—	—	2	4.5	2	—	1.3	—
7	19.4	1 18.1	2 19.9	—	2	74.6	7	4.0	7	—	—	—
8	18.8	—	2 19.5	3 18.6	2	78.0	8	4.2	8	—	—	—
2	18.1	1 18.5	—	1 17.7	—	—	2	6.5	2	—	—	—
154	—	27 —	23 —	23 —	10	—	139	—	165	—	16.2	—
—	19.2	18.6	19.8	18.9	—	78.9	—	5.3	—	—	—	—

Quadrat 75d. ....

Position der Zone		Wetter nach Beaufort's Bezeichnung. (Häufigkeit.)				Häufigkeit der verschied. Wolkenformen		Häufigkeit von Seegang u. Dünung aus:		Mittel der Meeres-Temperatur	Bemerkungen über einzelne beobachtete Triftströmungen.
25°—26° N. Br.	25°—30° W. L.	Summe d. Beobacht.:	29			29		7		20.8° C.	
		Böe		Himmelsansicht		cirr.	1	N	2		
		l	—	b	3	cirr. c.	1	NE	—		
		i	—	c	20	cirr. s	—	E	—		
		q	—	o	5	Str.	2	SE	—		
		u	—	g	1	W-c	1	S	—		
		Hydrometeore		Zustand der Luft		Cum.	17	SW	—		
		h	—	s	—	Cum. st	6	W	3		
		r	—	w	—	Nimb.	1	NW	—		
		s	—	m	—			†See	2		
		d	—	f	—			glatt	—		
26°—27° N. Br.	25°—30° W. L.	Summe d. Beobacht.:	26			25		5		20.6° C.	
		Böe		Himmelsansicht		cirr.	2	N	2		S 84° E 8 8 20
		l	—	b	—	cirr. c.	—	NE	—		
		i	—	c	19	cirr. s	—	E	—		
		q	1	o	5	Str.	—	SE	—		
		u	—	g	—	W-c	—	S	—		
		Hydrometeore		Zustand der Luft		Cum.	15	SW	—		
		h	—	r	—	Cum. st	6	W	2		
		r	1	w	—	Nimb.	2	NW	1		
		s	—	m	—			†See	—		

Bemerkungen

Ueber Wind.

Unter-□	Jahr	Tag		
65.	73.	10.	4h N.	Der mässige W-Wind dreht nach N und wird frisch. Nach 24 Stunden setzt stürmischer Passat ein (7—8).
65.	77.	21.	12h N.	Bei frischem N-Winde und klarer Luft um 10½h N. eine heftige Böe aus NW, bei stark abnehmender Temperatur.
75.	80.	29.	8h N.	Der mässige SSW-Wind wird frisch und stürmisch. Bei wenig fallendem Barometer wächst derselbe zum Sturm an (9). Nach 24 Stunden wird der Wind flau und krimpt nach SE, worauf mehrere Tage Mallung folgen. Am 6. Februar in 20° n. Br. und 25° w. L. setzt mässiger NE-Passat ein.
92.	70.	28.	8h M.	Der leichte N-Wind dreht beim Segeln nach S allmählich nach E und wird zum Passat.
93.	76.	17.	4h N.	Frischer NE-Passat, der von 49° n. Br. und 6° w. L. mit abwechselnder Stärke durchsteht.
95.	76.	13.	4h M.	Der frische SE-Wind dreht nach E und wird beim Segeln nach W zum stetigen Passat.
97.	78.	6.	8h N.	Der frische SSW-Wind wird allmählich flau und still. Nach 24 Stunden setzt leichter Passat ein, der beim Segeln nach W auffrischt.
98.	74.	9.	8h N.	Der stürmische NW-Wind mit starken Regenböen (9) wird allmählich flauer. Nach 36 Stunden setzt bei schnell steigendem Barometer der NE-Passat ein.

Sonstige Bemerkungen.

Unter-□	Jahr	Tag		
55.	80.	5.	8h N.	Bei frischem ENE-Winde ziehen die Cir.-Wolken aus SW.
77.	76.	14.	12h M.	Bei frischem ENE-Winde zieht die obere Wolkenschicht aus W.
89.	80.	27.	8h M.	Sargasso-Kraut.
89.	78.	16.	12h M.	Sermöven.

Höchster Barometerstand: **773.2** mm am 31. Januar 1870 in 27° n. Br. und 25° w. L. bei leichtem E-Winde und halb bewölktem Himmel.

Niedrigster „ „ : **753.9** mm am 8. Januar 1881 in 26° n. Br. und 20° w. L. bei starkem WNW-Winde und heiterem Himmel.

Höchste Lufttemperatur: **22.7** ° Cels. am 15. Januar 1876 in 23° n. Br. und 29° w. L. bei frischem E-Winde und heiterem Himmel.

Niedrigste „ „ **15.8** ° Cels. am 17. Januar 1876 in 28° n. Br. und 25° w. L. bei frischem NE-Winde und heiterem Himmel.

Quadrat 75a

Windbeobachtungen

Winde, Variabeln und Stillen

E	ESE	SE	SSE	S	SSW	SW	WSW	W	WNW	NW	NNW
3	—	—	—	—	—	—	—	—	1	—	1
1	—	—	—	—	—	—	1	—	—	—	—
1	—	—	—	—	—	—	—	—	—	—	—
1	1	—	—	—	—	—	—	—	—	2	2
4	1	—	—	—	—	—	—	—	1	—	2
4	—	—	—	—	—	—	—	—	—	2	1
1	—	—	—	—	—	—	—	—	—	—	—
1	—	—	—	—	—	—	1	1	1	1	—
1	1	1	—	—	—	—	—	—	—	—	—
6	1	4	—	—	—	—	1	—	2	3	1
5	1	—	—	—	—	—	—	—	—	—	—
2	—	—	—	—	—	—	—	—	1	—	—
1	—	1	—	—	—	1	—	—	—	1	—
3	1	—	—	—	—	—	—	—	3	—	—
8	2	2	4	—	—	—	—	—	8	1	—
—	—	—	—	—	—	—	—	—	—	—	—
2	—	—	—	—	—	—	—	1	1	1	—
—	1	1	—	—	—	—	—	—	—	1	—
4	7	4	—	—	—	2	—	1	5	—	2
7	4	-	1	2	—	—	—	—	—	—	—
6	5	—	—	—	—	—	—	1	—	—	—
—	—	2	—	—	—	—	—	—	—	2	—
—	6	2	1	—	—	—	—	2	7	—	—
3	5	4	1	—	—	—	—	—	1	—	1
5	5	5	2	1	—	—	1	2	—	—	—
60	**30**	**20**	9	3	—	3	4	8	26	14	**10**
5.4	3.8	3.0	3.2	2.3	—	4.3	3.2	4.0	3.4	4.4	3.1

Februar.

Barometer 700mm+		Thermometer Cels. Gr. (Temperatur der Luft)					Relative Feuchtigkeit		Bedeckung des Himmels		Niederschläge					Meeresoberfläche			
				Anzahl und Mittel								Dauer in Stunden				Temperatur		Spezif. Gewicht	
Anzahl der Beob.	Mittel mm	Anzahl der Beob.	Rohes Mittel	4h M.	4h N.	12h N.	Anzahl der Beob.	Prozente	Anzahl der Beob.	Mittel (0—10)	Anzahl der Beob.-wachen	Nebel	Regen	Schnee	Hagel	Anzahl der Beob.	Grade Celsius	Anzahl der Beob.	Mittel d. Aräom.-angaben
12	64.0	14	19.5	3 / 19.4	1 / 19.9	6 / 19.5	4	88.5	14	2.6	14	—	—	—	—	14	19.5	—	—
14	63.6	15	19.9	3 / 18.8	1 / 20.4	3 / 19.4	1	78.0	12	2.9	16	—	—	—	—	14	20.2	1	1.0272
12	64.5	14	20.5	3 / 20.5	3 / 20.4	3 / 20.7	4	88.5	11	5.4	14	0.5	—	—	—	13	20.8	1	1.0273
34	64.4	32	20.7	6 / 19.6	5 / 21.1	3 / 19.7	—	—	31	4.1	34	—	—	—	—	32	21.8	—	—
24	64.6	26	20.5	3 / 19.5	2 / 21.8	4 / 20.3	—	—	26	2.8	26	—	—	—	—	20	21.1	1	1.0280
20	63.6	21	20.1	2 / 18.2	6 / 20.9	4 / 18.6	3	82.0	22	3.0	22	—	—	—	—	19	19.9	1	1.0275
17	63.8	21	20.4	5 / 19.1	5 / 21.1	2 / 19.8	5	79.4	19	4.0	21	1.0	-	—	—	20	20.6	1	1.0272
20	65.1	21	20.1	5 / 19.5	—	1 / 20.2	2	86.5	19	4.7	21	—	—	—	—	21	20.5	1	1.0272
32	64.6	30	20.3	8 / 19.6	3 / 21.0	7 / 20.2	—	—	30	3.5	32	—	1.0	—	—	30	20.9	1	1.0265
28	64.6	36	20.3	9 / 19.5	6 / 21.2	5 / 20.3	—	—	36	3.9	36	—	2.0	—	—	32	20.7	2	1.0275
17	65.1	18	19.3	2 / 19.4	1 / 21.2	4 / 19.5	3	89.0	18	3.3	19	0.5	0.5	—	—	17	19.7	1	1.0279
12	65.0	17	20.3	1 / 19.9	3 / 20.4	2 / 19.1	2	86.5	16	3.8	17	0.5	—	—	—	17	20.3	1	1.0270
35	65.9	34	20.2	4 / 19.4	8 / 20.7	1 / 18.8	—	—	33	3.6	35	—		—	—	34	20.6	—	—
20	65.0	26	20.8	3 / 19.5	9 / 20.6	2 / 19.4	3	77.0	25	2.9	26	—	—	—	—	25	20.7	1	1.0280
30	65.5	41	20.0	10 / 19.6	3 / 20.7	4 / 19.4	—	—	41	2.1	41	—	—	—	—	33	20.4	2	1.0276
18	66.0	23	19.4	8 / 19.1	2 / 20.0	1 / 19.1	8	89.0	24	4.0	24	—	1.0	—	—	22	19.8	1	1.0281
16	66.1	18	20.2	4 / 18.4	2 / 20.1	3 / 19.5	—	—	18	3.4	18	-	1.0	—	—	18	20.3	—	—
26	65.6	22	20.0	3 / 20.2	4 / 20.0	3 / 19.9	—	—	24	3.7	26	—	1.0	—	—	24	20.2	—	—
30	65.3	40	19.6	11 / 19.0	2 / 19.8	7 / 19.3	2	77.0	38	4.2	40	—	—	—	—	35	20.0	2	1.0276
21	65.0	22	20.0	8 / 18.8	2 / 19.2	5 / 19.6	—	—	22	6.1	24	—	1.0	—	—	20	20.1	1	1.0268
16	65.8	18	19.2	2 / 18.4	2 / 19.6	4 / 19.0	—	—	19	3.2	19	—	0.5	—	—	18	19.5	—	—
28	65.7	26	19.6	6 / 18.4	4 / 20.6	2 / 19.9	—	—	30	4.9	30	—	1.0	—	—	27	20.2	1	1.0273
37	64.7	43	19.5	8 / 18.9	6 / 21.4	3 / 18.4	3	73.3	42	2.4	44	—	2.0	—	—	40	19.5	1	1.0267
27	65.8	29	19.3	4 / 18.4	3 / 19.9	6 / 18.8	—	—	30	5.1	30	—	0.5	—	—	25	20.0	3	1.0270
21	65.0	26	19.9	4 / 19.2	3 / 19.4	5 / 19.0	2	80.0	26	4.5	29	—	8.5	—	—	27	20.2	—	—
567	—	633	—	125	86	88	42	—	626	—	658	2.5	20.0	—	—	597	—	23	—
—	64.85	—	20.0	19.1	20.6	19.5	—	79.4	—	3.6	—	—	—	—	—	—	20.3	—	1.0275

Quadrat 75a. ....

Position der Zone	Wetter nach Beaufort's Bezeichnung. (Häufigkeit.)		Häufigkeit der verschied. Wolkenformen	Häufigkeit von Seegang u. Strömung aus:	Mittel der Meeres-Temperatur	Bemerkungen über einzelne beobachtete Triftströmungen.
20°–21° N. Br. / 20°–25° W. L.	Summe d. Beobacht.: 115		91	56		
	Böen	Himmelsansicht	cirr 8	N 19		N 11 — S 29° W 9 — W 10
	t —	b 27	cirr.c 8	NE 19		W 20
	l —	c 58	cirr.s 4	E 16		
	q 2	o 6	Str. 11	SE —		
	u —	g 5	W-c 3	S —	20.9° C.	
	Hydrometeore	Zustand der Luft	Cum 49	SW —		
	h —	v —	Cum.st 5	W —		
	r —	w 3	Nimb. 3	NW 2		
	s —	m 13		†See —		
	d —	f 1		glatt —		
21°–22° N. Br. / 20°–25° W. L.	Summe d. Beobacht.: 144		108	62		
	Böen	Himmelsansicht	cirr. 12	N 6		S 17° W 10 — N 88° W 7
	t —	b 25	cirr.c 8	NE 39		S 42° W 19 — N 73° W 10
	l —	c 89	cirr.s 2	E 10		S 62° W 18 — N 48° W 17
	q —	o 9	Str. 9	SE —		S 72° W 16 — N 5° W 10
	u —	g 4	W-c 2	S —	20.6° C.	S 82° W 14
	Hydrometeore	Zustand der Luft	Cum. 68	SW —		S 85° W 11
	h —	v 1	Cum.st 5	W 2		S 87° W 21
	r —	w 4	Nimb. 4	NW 5		
	s —	m 10		†See —		
	d —	f 2		glatt —		
22°–23° N. Br. / 20°–25° W. L.	Summe d. Beobacht.: 150		124	61		
	Böen	Himmelsansicht	cirr. 17	N 21		N 30° E 21 — S 65° W 19 — N 72° W 10
	t —	b 27	cirr.c 6	NE 30		S 68° W 11
	l —	c 94	cirr.s 4	E 5		S 79° W 11
	q 2	o 8	Str. 10	SE —		
	u —	g 1	W-c 3	S —	20.4° C.	
	Hydrometeore	Zustand der Luft	Cum. 70	SW —		
	h —	v 4	Cum.st 9	W 5		
	r —	w 1	Nimb. 5	NW —		
	s —	m 11		†See —		
	d —	f 2		glatt —		
23°–24° N. Br. / 20°–25° W. L.	Summe d. Beobacht.: 140		116	55		
	Böen	Himmelsansicht	cirr. 9	N 16		N 56° E 9 — S 72° W 14 — W 14
	t —	b 17	cirr.c. 7	NE 25		N 60° W 15
	l —	c 95	cirr.s 5	E 6		N 70° W 9
	q 4	o 12	Str. 4	SE —		
	u —	g 1	W-c 1	S —	20.1° C.	
	Hydrometeore	Zustand der Luft	Cum. 70	SW —		
	h —	v 4	Cum.st 9	W 3		
	r 4	w —	Nimb. 11	NW 4		
	s —	m 3		†See 1		
	d —	f —		glatt —		
24°–25° N. Br. / 20°–25° W. L.	Summe d. Beobacht.: 149		144	47		
	Böen	Himmelsansicht	cirr. 18	N 14		N 68° E 10 — S 81° E 13 — S 15 — N 86° W 10
	t —	b 20	cirr.c 7	NE 11		S 21 — N 51° W 16
	l —	c 114	cirr.s 4	E 15		S 37° W 19 — N 45° W 18
	q 3	o 11	Str. 3	SE —		S 41° W 31
	u —	g —	W-c —	S —	19.5° C.	
	Hydrometeore	Zustand der Luft	Cum. 90	SW —		
	h —	v —	Cum.st 9	W 5		
	r —	w 1	Nimb. 13	NW 2		
	s —	m —		†See —		
	d —	f —		glatt —		

Bemerkungen

Ueber Wind.

Unter-☐	Jahr	Tag		
00.	82.	2.	8^h N.	Der frische NW-Wind geht beim Segeln nach S allmählich in den NE-Passat über.
01.	70.	26.	4^h M.	Der flaue NW-Wind geht beim Segeln nach S durch N in den NE-Passat über und frischt auf.
10.	72.	17.	12^h N.	Der mässige NW-Wind dreht beim Segeln nach S durch N in die NE-Passat-Richtung.
12.	75.	23.	4^h M.	Der mässige W-Wind mit heftigen Böen von kurzer Dauer wird flau und still. In 16° n. Br. und 22° w. L. setzt nach 2 Tagen mässiger NE-Passat ein.
14.	80.	29.	12^h M.	Der mässige NW-Wind geht beim Segeln nach W in den NE-Passat über.
33.	72.	16.	8^h M.	Der mässige NNW-Wind dreht sich beim Segeln nach S allmählich durch N, geht in den NE-Passat über und frischt auf.
33.	73.	15.	12^h M.	Der leichte SE-Wind wird still. Nach 24 Stunden setzt leichter Passat ein.

Sonstige Bemerkungen.

03.	80.	13.	8^h M.	Die Luft von feinem röthlichgelben Staube angefüllt.
10.	70.	28.	8^h M.	Viele Quallen.
14.	80.	29.	8^h M.	Kleine Quallen.
20.	79.	17.	12^h N.	Sternschnuppen.
40.	80.	13.	8^h N.	Sternschnuppen.
42.	79.	1.	8^h N.	Drei Mondringe in Regenbogenfarben.

Höchster Barometerstand: **771.4** mm am 13. Februar 1874 in 24° n. Br. und 22° w. L. bei starkem ENE-Winde und halb bewölktem Himmel.

Niedrigster „ „ : **753.4** mm am 20. Februar 1874 in 20° n. Br. und 21° w. L. bei starkem NE-Winde und heiterem Himmel.

Höchste Lufttemperatur: **25.1** ° Cels. am 24. Februar 1882 in 21° n. Br. und 20° w. L. bei flauem NE-Winde und klarem Himmel.

Niedrigste „ „ : **16.8** ° Cels. am 8. Februar 1882 in 23° n. Br. und 21° w. L. bei mässigem NE-Winde und heiterem Himmel.

Position		Windbeobachtungen																						
			Alle Winde, Variabeln und Stillen																		Stürme			
Breite N	Länge W	Anzahl der Beob.	N	NNE	NE	ENE	E	ESE	SE	SSE	S	SSW	SW	WSW	W	WNW	NW	NNW	Var.	Stillen	N bis ENE	E bis SSE	S bis WSW	W bis NNW
20° — 21°	25°—26°	38	—	2	6	6	3	9	5	—	1	—	—	—	—	1	3	—	—	2	—	—	—	—
	26°—27°	19	—	1	6	6	—	1	1	2	2	—	—	—	—	—	—	—	—	—	—	—	—	—
	27°—28°	1	—	—	1	—	—	—	—	—	—	—	—	—	—	—	—	—	—	—	—	—	—	—
	28°—29°	4	—	—	3	1	—	—	—	—	—	—	—	—	—	—	—	—	—	—	—	—	—	—
	29°—30°	8	—	—	2	3	1	—	—	—	—	—	—	—	—	—	—	—	—	2	—	—	—	—
21° — 22°	25°—26°	24	—	—	5	7	3	6	3	—	—	—	—	—	—	—	—	—	—	—	—	—	—	—
	26°—27°	9	—	2	—	3	—	—	—	—	1	2	1	—	—	—	—	—	—	—	—	—	—	—
	27°—28°	11	—	—	3	3	—	1	—	—	1	—	—	2	1	—	—	—	—	—	—	—	—	—
	28°—29°	6	—	—	—	2	—	—	—	—	—	—	—	—	—	2	2	—	—	—	—	—	—	—
	29°—30°	11	—	—	—	4	—	—	—	—	—	—	2	3	—	—	2	—	—	—	—	—	—	—
22° — 23°	25°—26°	19	—	—	2	7	3	3	3	1	—	—	—	—	—	—	—	—	—	—	—	—	—	—
	26°—27°	14	—	—	1	—	—	3	1	1	1	—	1	1	—	—	—	—	—	5	—	—	—	—
	27°—28°	14	—	—	—	—	2	—	—	1	1	2	1	2	2	3	—	—	—	—	—	—	—	—
	28°—29°	5	—	—	—	1	2	2	—	—	—	—	—	—	—	—	—	—	—	—	—	—	—	—
	29°—30°	8	—	—	2	2	3	1	—	—	—	—	—	—	—	—	—	—	—	—	—	—	—	—
23° — 24°	25°—26°	19	—	—	—	2	5	4	2	2	—	—	—	—	1	—	—	—	3	—	—	—	—	—
	26°—27°	17	1	—	1	1	5	—	—	—	—	4	1	—	1	2	1	—	—	—	—	—	—	—
	27°—28°	13	—	—	2	—	—	2	1	—	—	4	3	1	—	—	—	—	—	—	—	—	—	—
	28°—29°	2	—	—	1	—	1	—	—	—	—	—	—	—	—	—	—	—	—	—	—	—	—	—
	29°—30°	15	—	1	2	1	1	4	2	—	1	—	—	—	—	—	2	1	—	—	—	—	—	—
24° — 25°	25°—26°	9	—	—	3	1	—	1	1	—	1	—	—	2	—	—	—	—	—	—	—	—	—	—
	26°—27°	7	—	—	1	—	3	1	—	—	—	—	—	—	—	—	—	—	2	—	—	—	—	—
	27°—28°	5	—	—	—	—	1	—	—	—	—	1	—	—	1	2	—	—	—	—	—	—	—	—
	28°—29°	8	—	—	2	3	—	—	3	—	—	—	—	—	—	—	—	—	—	—	—	—	—	—
	29°—30°	15	1	3	1	2	4	1	—	—	—	—	—	—	—	—	1	1	—	1	—	—	—	—
Fünfgrad-Feld	Summen	301	2	9	**44**	**55**	**37**	**39**	**22**	**7**	**9**	**13**	9	11	6	10	11	2	5	10	—	—	—	—
	Mittlere Windstärke		2.5	2.4	4.2	5.3	5.0	3.8	3.3	3.0	3.3	4.2	3.9	3.4	3.2	4.3	2.2	2.5	3.2	0	—	—	—	—

Barometer 700mm+ Anzahl der Beob.	Barometer Mittel mm	Thermometer Cels. Gr. (Temperatur der Luft) Anzahl der Beob.	Rohes Mittel	Anzahl und Mittel 4h M.	4h N.	12h N.	Relative Feuchtigkeit Anzahl der Beob.	Prozente	Bedeckung des Himmels Anzahl der Beob.	Mittel (0—10)	Niederschläge Anzahl der Beobachtungen	Dauer in Stunden Nebel	Regen	Schnee	Hagel	Meeresoberfläche Temperatur Anzahl der Beob.	Grade Celsius	Spezif. Gewicht Anzahl der Beob.	Mittel d. Aräom.-angaben
24	64.0	37	21.1	(5) 20.6	(7) 21.1	(3) 21.3	3	74.3	37	3.0	38	—	1.0	—	—	36	21.1	—	—
16	63.1	19	21.3	(4) 20.1	(3) 23.1	(3) 20.6	2	83.5	17	3.7	19	—	0.5	—	—	19	21.5	—	—
1	64.9	1	22.3	—	—	—	—	—	1	3.0	1	—	—	—	—	1	22.5	—	—
4	65.2	4	24.2	—	(2) 22.2	—	2	87.0	4	4.5	4	—	—	—	—	4	22.5	—	—
2	65.4	7	20.9	—	(2) 20.0	(2) 21.9	3	88.7	8	4.0	8	—	—	—	—	8	21.8	—	—
21	65.0	23	20.4	(3) 20.0	(2) 21.0	(5) 20.5	2	86.5	23	5.0	24	1.0	0.3	—	—	21	21.1	—	—
6	61.0	9	21.1	(3) 20.6	—	(1) 20.6	—	—	7	5.9	9	—	—	—	—	9	21.1	1	1.0264
7	64.3	11	21.3	(3) 21.4	—	(1) 21.5	4	94.5	11	3.3	11	—	—	—	—	11	21.7	—	—
—	—	7	20.3	(1) 20.1	(1) 20.6	(2) 19.4	1	95.0	7	3.4	7	—	—	—	—	7	21.5	—	—
1	67.5	11	20.0	(2) 17.8	(1) 22.9	(1) 18.1	3	91.7	11	4.9	11	—	—	—	—	11	21.6	—	—
13	62.1	18	20.1	(3) 18.5	(1) 21.0	(2) 18.8	3	81.7	18	3.4	19	—	—	—	—	18	21.0	1	1.0276
—	—	14	21.4	(2) 20.0	(2) 23.4	(3) 20.3	—	—	13	5.0	14	—	1.0	—	—	14	21.5	—	—
9	61.6	14	20.1	(2) 18.5	(1) 21.2	(3) 19.5	—	—	11	4.2	14	—	1.0	—	—	14	21.3	—	—
5	67.9	5	21.1	—	(1) 21.3	(1) 21.4	2	82.5	5	6.8	5	—	1.0	—	—	5	22.8	—	—
7	65.1	8	21.4	(2) 21.2	(1) 22.6	(2) 20.8	4	78.2	8	5.1	8	—	0.5	—	—	6	21.7	—	—
9	65.2	19	19.8	(2) 19.4	(4) 20.3	(1) 18.8	2	81.0	19	9.0	19	—	0.5	—	—	19	20.8	—	—
11	62.7	16	20.1	(5) 19.9	(2) 20.2	(3) 19.6	—	—	17	7.4	17	—	1.0	—	—	16	20.8	—	—
13	63.8	13	21.1	(1) 21.2	(3) 20.5	(2) 20.8	2	81.0	13	6.0	13	—	1.0	—	—	13	21.3	—	—
1	70.6	2	20.0	—	(1) 20.8	—	—	—	2	6.0	2	—	—	—	—	2	21.2	—	—
10	68.6	15	21.1	(3) 19.8	(1) 23.1	(2) 21.4	6	85.8	15	5.0	15	—	5.0	—	—	10	21.5	—	—
6	66.9	9	20.2	(4) 18.4	(2) 19.4	(1) 20.0	—	—	9	6.1	9	—	0.5	—	—	9	20.4	—	—
7	65.8	7	21.0	(2) 21.2	—	(2) 20.6	3	80.7	5	5.2	7	—	1.5	—	—	7	21.0	—	—
5	60.5	5	19.0	(1) 18.7	—	(1) 18.9	—	—	5	4.6	5	—	—	—	—	5	20.5	—	—
7	65.0	8	19.5	(1) 18.5	(1) 20.0	(2) 18.6	—	—	8	5.6	8	—	0.5	—	—	7	20.7	—	—
9	67.6	15	21.1	(3) 20.5	(3) 21.5	(2) 20.2	10	85.9	15	5.3	15	—	—	—	—	7	21.1	—	—
194	—	297	—	49	41	45	52	—	289	—	302	1.0	15.3	—	—	279	—	2	—
—	65.11	—	20.9	20.0	21.2	20.2	—	84.9	—	4.7	—	—	—	—	—	—	20.9	—	1.0270

Position der Zone		Wetter nach Beaufort's Bezeichnung. (Häufigkeit.)				Häufigkeit der verschied. Wolkenformen		von Seegang u. Dünung aus:		Mittel der Meeres-Temperatur	Bemerkungen über einzelne beobachtete Triftströmungen.
20°—21° N. Br.	25°—30° W. L.	Summe d. Beobacht.: 80				61		19			
		Böen		Himmelsansicht		cirr.	11	N	—		E 10 S 39° W 9 N 88° W 16
		t	2	b	15	cirr.-c	2	NE	13		S 31° E 5 S 63° W 14
		l	2	c	44	cirr.-s	1	E	6		
		q	—	o	7	Str.	3	SE	—		
		u	—	g	2	W-c	—	S	—	21.4°C.	
		Hydrometeore		Zustand der Luft		Cum.	38	SW	—		
		h	—	v	—	Cum.-st	2	W	—		
		r	3	w	1	Nimb.	4	NW	—		
		s	—	m	3			†See	—		
		d	1	f	—			glatt	—		
21°—22° N. Br.	25°—30° W. L.	Summe d. Beobacht.: 64				60		18			
		Böen		Himmelsansicht		cirr.	3	N	—		S 73° W 14 N 56° W 12
		t	—	b	3	cirr.-c	—	NE	8		
		l	—	c	50	cirr.-s	3	E	10		
		q	1	o	6	Str.	1	SE	—		
		u	—	g	4	W-c	—	S	—	21.4°C.	
		Hydrometeore		Zustand der Luft		Cum.	41	SW	—		
		h	—	v	—	Cum.-st	8	W	—		
		r	—	w	—	Nimb.	4	NW	—		
		s	—	m	—			†See	—		
		d	—	f	—			glatt	—		
22°—23° N. Br.	25°—30° W. L.	Summe d. Beobacht.: 57				54		17			
		Böen		Himmelsansicht		cirr.	4	N	—		S 15° E 14 S 7 N 68° W 24
		t	—	b	5	cirr.-c	—	NE	8		N 22° W 14
		l	—	c	45	cirr.-s	—	E	14		
		q	1	o	4	Str.	1	SE	—		
		u	—	g	1	W-c	—	S	—	21.4°C.	
		Hydrometeore		Zustand der Luft		Cum.	42	SW	—		
		h	—	v	—	Cum.-st	5	W	—		
		r	—	w	—	Nimb.	2	NW	—		
		s	—	m	1			†See	—		
		d	—	f	—			glatt	—		
23°—24° N. Br.	25°—30° W. L.	Summe d. Beobacht.: 78				63		23			
		Böen		Himmelsansicht		cirr.	6	N	—		N 26° E 12 S 51° W 14 W 19
		t	—	b	10	cirr.-c	1	NE	4		N 56° E 19 S 72° W 7
		l	3	c	47	cirr.-s	—	E	17		N 62° E 14
		q	4	o	11	Str.	3	SE	—		
		u	—	g	1	W-c	—	S	—	21.0°C.	
		Hydrometeore		Zustand der Luft		Cum.	40	SW	—		
		h	—	v	—	Cum.-st	6	W	—		
		r	2	w	—	Nimb.	7	NW	1		
		s	—	m	—			†See	1		
		d	—	f	—			glatt	—		
24°—25° N. Br.	25°—30° W. L.	Summe d. Beobacht.: 54				41		21			
		Böen		Himmelsansicht		cirr.	8	N	—		E 8 N 6° W [illegible]
		t	3	b	8	cirr.-c	4	NE	6		
		l	4	c	28	cirr.-s	—	E	6		
		q	—	o	10	Str.	3	SE	—		
		u	—	g	—	W-c	—	S	—	20.8°C.	
		Hydrometeore		Zustand der Luft		Cum.	21	SW	—		
		h	—	v	2	Cum.-st	2	W	—		
		r	1 8	w	—	Nimb.	5	NW	7		
		s	—	m	—			†See	2		
		d	—	f	—			glatt	—		

Bemerkungen

Ueber Wind.

Unter-☐	Jahr	Tag		
05.	73.	18.	8^h M.	Der leichte SE-Wind wird ganz flau. Nach 24 Stunden setzt frischer NE-Passat ein.
05.	80.	6.	4^h M.	Der mässige S-Wind mit zeitweisen Gewittern wird still. Um 4^h N. setzt leichter NE-Passat ein, der bei mässig steigendem Barometer allmählich auffrischt.
26.	73.	19.	12^h M.	Der flaue, veränderliche Wind wird still. Nach 12 Stunden setzt leichter Passat ein, der beim Segeln nach S allmählich auffrischt.
39.	80.	4.	4^h M.	Der mässige SSE-Wind geht in einem leichten Regenschauer nach NW. Drohend aussehendes Gewölk im SE, in welchem es blitzt. Um 9^h M. geht der Wind nach NE, krimpt aber bald wieder durch N und W nach S zurück. Am 7. Februar in 18° n. Br. und 33° w. L. setzt mässiger Passat ein, der beim Segeln nach W auffrischt.
49.	79.	9.	4^h N.	Der flaue NW-Wind wird still. Um 4^h N. setzt leichter NE-Passat ein, der allmählich stärker wird.

Sonstige Bemerkungen.

06.	80.	5.	12^h N.	Gewitter. Elmsfeuer.
29.	68.	16.	8^h M.	Rother Staub.
29.	74.	20.	4^h M.	Sternschnuppen.
48.	80.	3.	8^h N.	Starkes Blitzen rundum im Horizont.
49.	79.	9.	4^h N.	Delphine.
49.	79.	9.	8^h N.	Dicht besternter Himmel.

Höchster Barometerstand: **771.8** mm am 18. Februar 1874 in 24° n. Br. und 26° w. L. bei frischem NE-Winde und halb bewölktem Himmel.

Niedrigster „ „ : **750.8** mm am 5. Februar 1880 in 21° n. Br. und 26° w. L. bei mässigem SW-Winde und ganz bedecktem Himmel.

Höchste Lufttemperatur: **24.6°** Cels. am 10. Februar 1874 in 23° n. Br. und 27° w. L. bei frischem NE-Winde und halb bewölktem Himmel.

Niedrigste „ „ **17.8°** Cels. am 28. Februar 1870 in 21° n. Br. und 29° w. L. bei leichtem WSW-Winde und halb bewölktem Himmel, und am 17. Februar 1873 in 22° n. Br. und 25° w. L. bei mässigem SE-Winde und heiterem Himmel.

Quadrat 75c.

Position Breite N	Position Länge W	Anzahl der Beob.	Windbeobachtungen: Alle Winde, Variabeln und Stillen: N	NNE	NE	ENE	E	ESE	SE	SSE	S	SSW	SW	WSW	W	WNW	NW	NNW	Var.	Stillen	Stürme: N bis ENE	E bis SSE	S bis WSW
25°—26°	20°—21°	30	1	6	2	4	9	3	—	—	—	—	—	—	—	—	2	2	1	—	—	—	—
	21°—22°	37	3	9	8	6	1	2	2	—	—	—	—	—	1	—	3	2	—	—	—	—	—
	22°—23°	35	—	2	8	6	4	2	2	3	—	—	1	—	4	2	—	1	—	—	—	—	—
	23°—24°	22	—	—	8	—	2	6	2	3	1	—	—	—	—	—	—	—	—	—	—	1	—
	24°—25°	22	—	—	2	3	1	3	2	1	1	—	—	2	1	—	—	—	5	1	—	—	—
26°—27°	20°—21°	45	1	11	7	6	9	3	1	—	—	—	—	1	2	—	1	3	—	—	—	—	—
	21°—22°	40	—	13	7	3	2	4	2	3	—	—	2	3	—	—	—	1	—	—	—	—	—
	22°—23°	30	1	3	3	8	4	3	1	—	—	—	—	—	1	3	2	—	—	1	—	—	—
	23°—24°	18	2	2	6	1	3	3	1	—	—	—	—	—	—	—	—	—	—	—	—	—	—
	24°—25°	11	—	—	—	—	2	3	2	—	1	—	—	—	1	—	—	—	1	1	—	—	—
27°—28°	20°—21°	64	3	11	14	7	5	5	2	—	3	2	—	3	1	2	1	5	—	—	—	—	—
	21°—22°	21	2	4	3	2	4	3	1	—	—	—	1	—	—	—	1	—	—	—	—	—	—
	22°—23°	30	1	2	8	3	3	5	1	—	—	—	1	2	—	1	1	1	1	—	—	—	—
	23°—24°	13	1	2	2	1	1	3	3	—	—	—	—	—	—	—	—	—	—	—	1	—	—
	24°—25°	6	—	—	3	—	2	—	1	—	—	—	—	—	—	—	—	—	—	—	—	—	—
28°—29°	20°—21°	54	1	5	12	2	3	6	7	3	3	2	2	—	4	1	1	1	—	1	—	—	—
	21°—22°	29	5	5	6	2	—	2	3	1	—	1	3	1	—	—	—	—	—	—	—	—	—
	22°—23°	38	4	4	8	2	1	5	4	—	—	2	3	1	1	—	—	—	—	3	3	—	—
	23°—24°	12	2	—	3	2	2	3	—	—	—	—	—	—	—	—	—	—	—	—	—	—	—
	24°—25°	11	—	—	1	1	1	3	—	1	—	—	—	—	2	2	—	—	—	—	—	—	—
29°—30°	20°—21°	42	2	6	9	4	1	1	3	—	3	—	1	1	9	—	1	—	—	1	—	—	—
	21°—22°	56	4	12	5	1	2	2	1	6	8	5	3	4	1	—	—	—	2	—	1	—	—
	22°—23°	30	1	—	2	—	—	—	2	4	5	12	3	—	—	1	—	—	—	—	—	—	—
	23°—24°	20	—	—	1	3	4	—	2	—	4	4	—	—	1	1	—	—	—	—	—	—	—
	24°—25°	30	—	3	1	2	1	1	—	—	1	4	1	6	2	5	—	—	3	—	—	—	3
Fünfgrad-Feld	Summen	746	**34**	**100**	**129**	**69**	**67**	**71**	**45**	**25**	30	32	21	24	31	18	13	16	13	8	**5**	1	3
	Mittlere Windstärke		3.6	3.8	4.7	4.4	4.3	4.7	4.1	3.7	3.9	4.6	3.6	4.5	4.1	4.0	4.2	4.2	3.0	0	8.6	8.0	8.0

Februar.

25°—30° N. B. und 20°—25° W. L.

Barometer 700mm+		Thermometer Cels. Gr. (Temperatur der Luft)					Relative Feuchtigkeit		Bedeckung des Himmels		Niederschläge				
Anzahl der Beob.	Mittel mm	Anzahl der Beob.	Rohes Mittel	Anzahl und Mittel 4h M.	4h N.	12h N.	Anzahl der Beob.	Prozente	Anzahl der Beob.	Mittel (0—10)	Anzahl der Beob.-wachen	Dauer in Stunden: Nebel	Regen	Schnee	Hagel
27	66.8	28	19.4	5 18.8	5 20.8	1 18.4	—	—	28	3.9	30	—	0.5	—	—
35	64.5	39	19.2	12 18.9	4 20.0	6 18.8	5	84.0	38	4.4	40	—	—	—	—
28	65.2	35	19.1	9 18.7	5 19.8	6 18.6	—	—	35	4.8	35	—	1.5	—	—
22	65.8	18	19.1	4 18.8	1 19.1	—	—	—	18	5.4	22	—	0.5	—	—
12	65.9	20	19.5	2 18.6	3 20.8	2 18.5	4	89.8	19	5.6	22	—	19.0	—	—
40	66.8	41	18.9	8 18.2	7 19.9	4 18.9	—	—	44	4.6	45	—	—	—	—
34	65.3	40	18.9	3 18.1	6 18.0	7 19.5	—	—	38	5.1	41	—	2.0	—	—
26	66.5	26	18.6	6 17.5	1 19.4	1 18.4	—	—	28	5.1	30	—	—	—	—
16	67.4	18	21.4	2 19.0	3 19.8	3 18.6	7	88.6	17	5.6	18	—	0.5	—	—
6	67.2	11	18.9	3 18.8	2 17.8	1 17.0	8	88.0	8	6.4	11	—	4.0	—	—
51	66.3	64	18.6	9 17.3	6 20.5	12 17.8	2	74.0	62	5.6	65	—	6.5	—	—
20	66.4	21	17.9	1 17.8	4 18.8	2 16.9	—	—	21	5.5	21	—	1.6	—	—
25	66.0	27	18.0	6 18.9	4 18.5	3 19.0	7	82.6	27	4.9	30	—	0.5	—	—
7	68.2	18	18.7	4 19.1	—	2 19.9	5	94.6	12	5.2	13	—	0.5	—	—
8	67.3	6	17.2	2 16.4	—	1 17.0	—	—	6	7.2	6	—	—	—	—
39	64.7	52	18.0	14 17.6	7 18.3	5 17.4	—	—	52	4.8	54	—	1.0	—	—
26	66.2	28	17.8	7 17.0	3 18.3	5 17.8	2	81.5	31	6.2	32	—	1.0	—	—
32	66.9	38	19.2	4 17.7	6 20.4	6 18.8	7	90.7	38	3.8	40	—	3.5	—	—
8	68.4	12	18.5	2 17.9	3 18.7	1 18.0	3	94.3	10	6.5	12	—	1.0	—	—
7	69.9	11	18.3	1 19.2	2 19.0	2 17.2	3	80.0	11	4.1	11	—	1.3	—	—
35	64.0	42	17.9	10 17.1	8 19.4	6 17.2	6	95.8	41	5.0	42	—	4.5	—	—

Position der Zone	Wetter nach Beaufort's Bezeichnung. (Häufigkeit.)		Häufigkeit der verschied. Wolkenformen	Häufigkeit von Seegang u. Dünung aus:	Mittel der Meeres-Temperatur	Bemerkungen über einzelne beobachtete Triftströmungen.
23°—26° N. Br. 20°—25° W. L.	Summe d. Beobacht.: 150		125	44	19.8° C.	
	Böen	Himmelsansicht	cirr. 11	N 2		N 7° E 15 S 48° W 7 W 8
	t —	b 15	cirr.c 6	NE 29		S 68° W 15 N 88° W 11
	l 1	c 119	cirr.s 1	E 5		N 17° W 14
	q 1	o 12	Str. 6	SE —		
	u —	g 1	W-o —	S —		
	Hydrometeore	Zustand der Luft	Cum. 81	SW —		
	b —	v —	Cum. st 12	W 3		
	r 4	w —	Nimb. 8	NW 4		
	s —	m 3		†See 1		
	d —	f —		glatt —		
26°—27° N. Br. 20°—25° W. L.	Summe d. Beobacht.: 150		125	50	19.7° C.	
	Böen	Himmelsansicht	cirr. 10	N 20		N 58° E 8 S 70° E 15 S 42° W 18 N 70° W 20
	t 1	b 10	cirr.c 3	NE 16		S 54° E 14 S 47° W 15 N 68° W 10
	l 8	c 110	cirr.s 5	E 8		S 73° W 21 N 24° W 7
	q 2	o 16	Str. 7	SE —		S 81° W 6
	u 1	g 2	W-c 1	S —		S 81° W 7
	Hydrometeore	Zustand der Luft	Cum. 78	SW —		
	b —	v —	Cum. st 17	W —		
	r 2	w —	Nimb. 4	NW 3		
	s —	m 8		†See 3		
	d —	f —		glatt —		
27°—28° N. Br. 20°—25° W. L.	Summe d. Beobacht.: 143		131	37	19.6° C.	
	Böen	Himmelsansicht	cirr. 17	N 17		S 84° E 10 S 38° W 13 N 34° W 15
	t —	b 7	cirr.c 1	NE 10		S 12° E 18 S 45° W 8
	l 1	c 99	cirr.s 1	E 6		S 58° W 13
	q 6	o 24	Str. 4	SE —		S 60° W 32
	u —	g 5	W-c 5	S —		S 68° W 6
	Hydrometeore	Zustand der Luft	Cum. 82	SW —		S 62° W 6
	b —	v —	Cum. st 13	W —		S 70° W 9
	r —	w 1	Nimb. 8	NW 2		
	s —	m —		†See 2		
	d —	f —		glatt —		
28°—29° N. Br. 20°—25° W. L.	Summe d. Beobacht.: 148		137	31	18.6° C.	
	Böen	Himmelsansicht	cirr. 4	N 12		N 82° E 7 S 88° E 26 S 41° W 8 N 73° W 10
	t —	b 15	cirr.c 4	NE 9		S 68° W 13 N 22° W 8
	l —	c 116	cirr.s 5	E 7		
	q 4	o 18	Str. 7	SE —		
	u —	g —	W-o 2	S 1		
	Hydrometeore	Zustand der Luft	Cum. 97	SW —		
	b —	v —	Cum. st 7	W —		
	r 1	w —	Nimb. 11	NW 2		
	s —	m —		†See —		
	d —	f —		glatt —		
29°—30° N. Br. 20°—25° W. L.	Summe d. Beobacht.: 185		179	36	18.7° C.	
	Böen	Himmelsansicht	cirr. 12	N 15		S 36° E 8 S 26° W 13 N 43° W 13
	t —	b 19	cirr.c 2	NE 8		S 51° E 8 S 43° W 7 N 9° W 21
	l 3	c 139	cirr.s 11	E 1		S 22° E 11 S 54° W 18
	q 4	o 16	Str. 0	SE 1		S 17° E 14 S 57° W 7
	u —	g —	W-o 3	S 1		S 64° W 41
	Hydrometeore	Zustand der Luft	Cum. 107	SW —		
	b —	v 1	Cum. st 20	W 4		
	r —	w —	Nimb. 17	NW 5		
	s —	m 3		†See 1		
	d —	f —		glatt —		

Bemerkungen

Ueber Wind.

Unter-□	Jahr	Tag		
50.	78.	18.	8ʰ M.	Der frische Passat steht von 34° n. Br. und 13° w. L. stetig durch.
52.	72.	6.	8ʰ N.	Der starke NW-Wind geht beim Segeln nach S in den NE-Passat über.
54.	74.	5.	12ʰ M.	Der leichte WSW-Wind springt in einer leichten Regenbö nach N. Nach 6 Stunden setzt mässiger Passat ein.
60.	75.	28.	4ʰ N.	Der flaue W-Wind dreht allmählich nach N. Nach 8 Stunden setzt mässiger NE-Passat ein, der allmählich auffrischt.
64.	75.	19.	12ʰ M.	Der mässige E-Wind wird still. Nach 12 Stunden setzt leichter westlicher Wind ein, der allmählich auffrischt und nach SW krimpt. Zeitweise heftige Böen von kurzer Dauer. Am 26. Februar in 16° n. Br. und 22° w. L. setzt mässiger NE-Passat ein
70.	74.	26.	8ʰ N.	Der mässige WNW-Wind geht nach NW und N. Nach 8 Stunden setzt, beim Segeln nach S, mässiger NE-Passat ein.
70.	79.	9.	12ʰ N.	Der leichte W-Wind geht nach NNW und wird ganz flau. Nach 20 Stunden setzt in 26° n. Br. und 21° w. L. frischer Passat ein.
82.	69.	4.	4ʰ N.	Der leichte SSW-Wind geht mit schnell steigendem Barometer durch W nach NW und frischt auf. Nach 20 Stunden setzt, beim Segeln nach S, frischer NE-Passat ein.

Sonstige Bemerkungen.

50.	78.	18.	8ʰ M.	Ein Landvogel. Das Meerwasser hat eine hellblaue Farbe.
52.	72.	6.	8ʰ N.	Starkes Nordlicht.
61.	75.	28.	8ʰ N.	Sternschnuppen.
74.	79.	25.	8ʰ M.	Seegras. Um 9ʰ N. viele Sternschnuppen.
83.	79.	24.	4ʰ N.	Delphine.

Höchster Barometerstand: **775.2** mm am 20. Februar 1878 in 29° n. Br. und 20° w. L. bei starkem NE-Winde und heiterem Himmel.

Niedrigster " " : **751.8** mm am 12. Februar 1873 in 28° n. Br. und 20° w. L. bei stürmischem SW-Winde und bedecktem Himmel.

Höchste Lufttemperatur: **23.1** ° Cels. am 11. Februar 1874 in 28° n. Br. und 22° w. L. bei flauem N-Winde und klarem Himmel.

Niedrigste " **13.8** ° Cels. am 21. Februar 1870 in 29° n. Br. und 21° w. L. bei stürmischem WSW-Winde und halb bedecktem Himmel.

Monat

Quadrat 75d. ....

Position		Windbeobachtungen																					
		Anzahl der Beob.	Alle Winde, Variabeln und Stillen																		Stürme		
Breite N	Länge W		N	NNE	NE	ENE	E	ESE	SE	SSE	S	SSW	SW	WSW	W	WNW	NW	NNW	Var.	Stillen	N bis ENE	E bis SSE	S bis WSW
25°—26°	25°—26°	7	—	—	—	—	2	—	2	—	—	—	—	2	—	1	—	—	—	—	—	—	—
	26°—27°	2	—	—	2	—	—	—	—	—	—	—	—	—	—	—	—	—	—	—	—	—	—
	27°—28°	17	—	—	3	2	5	4	1	—	—	—	—	—	—	2	—	—	—	—	—	—	—
	28°—29°	14	—	—	1	1	2	3	1	1	1	—	—	—	—	—	1	—	—	3	—	—	—
	29°—30°	8	—	—	—	3	4	1	—	—	—	—	—	—	—	—	—	—	—	—	—	—	—
26°—27°	25°—26°	11	—	—	2	1	—	3	2	1	—	—	—	2	—	—	—	—	—	—	—	—	—
	26°—27°	12	—	1	2	1	3	1	2	—	2	—	—	—	—	—	—	—	—	—	—	—	—
	27°—28°	10	—	—	4	1	1	—	2	—	—	—	1	1	—	—	—	—	—	—	—	—	—
	28°—29°	4	—	—	1	3	—	—	—	—	—	—	—	—	—	—	—	—	—	—	—	—	—
	29°—30°	12	—	—	—	3	3	—	4	—	1	—	—	—	—	—	1	—	—	—	—	—	—
27°—28°	25°—26°	10	1	—	—	1	3	—	1	1	—	—	—	1	1	1	—	—	—	—	—	—	—
	26°—27°	11	—	1	1	1	1	—	2	—	—	—	1	—	—	—	—	4	—	—	—	—	—
	27°—28°	14	1	1	5	1	—	1	3	—	—	1	—	—	—	—	—	1	—	—	—	—	—
	28°—29°	9	—	—	—	2	3	3	1	—	—	—	—	—	—	—	—	—	—	—	—	—	—
	29°—30°	5	—	—	1	—	2	1	1	—	—	—	—	—	—	—	—	—	—	—	—	—	—
28°—29°	25°—26°	12	1	2	3	—	1	1	—	—	2	—	—	—	—	2	—	—	—	—	—	—	—
	26°—27°	10	1	—	5	—	—	4	—	—	—	—	—	—	—	—	—	—	—	—	—	—	—
	27°—28°	8	1	—	3	1	—	2	1	—	—	—	—	—	—	—	—	—	—	—	—	—	—
	28°—29°	4	—	—	—	2	—	1	1	—	—	—	—	—	—	—	—	—	—	—	—	—	—
	29°—30°	5	1	—	1	—	—	—	—	1	—	1	—	—	—	—	—	1	—	—	—	—	—
29°—30°	25°—26°	17	—	1	4	—	1	1	—	2	3	3	2	—	—	—	—	—	—	—	—	—	—
	26°—27°	13	5	—	—	—	—	1	1	—	1	1	1	1	1	1	—	—	—	—	—	—	—
	27°—28°	5	—	1	1	—	—	1	1	1	—	—	—	—	—	—	—	—	—	—	—	—	—
	28°—29°	7	—	—	—	—	—	—	—	—	—	2	3	—	1	1	—	—	—	—	—	—	—
	29°—30°	—	—	—	—	—	—	—	—	—	—	—	—	—	—	—	—	—	—	—	—	—	—
Fünfgrad-Feld	Summen.	227	11	7	30	23	21	28	20	7	10	8	8	7	3	8	2	6	—	3	—	—	—
	Mittlere Windstärke		4.5	3.7	4.5	5.2	4.3	4.0	3.7	3.4	4.0	4.0	3.6	5.1	3.7	4.8	1.5	3.8	—	0	—	—	—

Februar.

25°—30° N. B. und 25°—30° W. L.

Barometer 700mm +		Thermometer Cels. Gr. (Temperatur der Luft)					Relative Feuchtigkeit		Bedeckung des Himmels		Niederschläge				
Anzahl der Beob.	Mittel mm	Anzahl der Beob.	Rohes Mittel	Anzahl und Mittel 4ʰ M.	4ʰ N.	12ʰ N.	Anzahl der Beob.	Prozente	Anzahl der Beob.	Mittel (0—10)	Anzahl der Beob.-wachen	Dauer in Stunden: Nebel	Regen	Schnee	Hagel
4	64.5	7	19.5	(1) 16.2	(2) 21.4	—	2	91.5	7	5.7	7	—	—	—	—
2	66.2	2	19.5	(1) 19.0	—	—	—	—	2	5.0	2	—	—	—	—
12	65.4	16	19.9	(1) 18.8	(2) 19.5	(1) 19.0	2	85.0	17	6.3	17	—	2.5	—	—
12	68.1	14	20.1	(2) 19.2	(3) 20.7	(3) 19.6	10	88.6	14	4.1	14	—	0.5	—	—
6	68.6	8	20.6	(2) 19.7	(1) 22.2	(1) 19.4	2	81.0	8	4.2	8	—	1.0	—	—
7	62.6	11	19.5	(1) 21.0	(3) 19.2	(2) 20.6	—	—	6	6.5	11	—	—	—	—
8	65.9	12	19.4	(2) 17.7	(1) 20.2	(1) 18.0	2	91.0	10	7.1	12	—	0.5	—	—
10	66.9	10	20.0	—	(2) 21.2	(1) 20.4	2	85.5	10	6.2	10	—	3.3	—	—
4	69.3	4	20.4	(1) 20.9	(1) 19.4	—	—	—	4	3.5	4	—	—	—	—
9	68.4	14	20.9	(1) 19.1	(4) 20.5	(1) 19.6	3	79.0	9	4.2	14	—	2.0	—	—
6	68.7	10	18.6	(3) 17.4	(1) 23.0	(1) 19.4	3	86.3	10	2.8	10	—	0.5	—	—
11	68.5	11	19.1	(3) 19.5	(1) 18.8	(3) 19.2	1	87.0	10	5.2	11	—	0.5	—	—
12	65.2	14	19.1	(2) 18.9	(2) 19.6	(1) 18.1	—	—	14	4.9	14	—	1.0	—	—
4	70.2	9	19.1	(4) 19.0	—	(3) 19.7	3	83.0	9	6.0	9	—	—	—	—
5	70.0	5	18.6	—	(1) 17.5	—	—	—	5	5.6	5	—	—	—	—
12	69.9	12	19.5	(3) 18.4	(2) 19.8	—	—	—	11	4.2	12	—	1.0	—	—
6	67.3	9	18.4	(2) 17.9	(1) 19.9	—	—	—	10	4.5	10	—	1.0	—	—
5	66.4	8	18.6	(1) 17.5	(1) 19.0	(2) 16.7	2	80.5	8	3.6	8	—	—	—	—
2	69.9	4	18.8	—	(1) 20.2	—	2	80.5	4	4.0	4	—	1.0	—	—
5	68.3	5	17.2	(1) 15.1	(1) 17.2	(1) 17.2	—	—	5	5.6	5	—	3.0	—	—
12	59.6	18	18.0	(2) 17.8	(4) 18.2	(4) 17.9	—	—	18	5.8	18	—	1.5	—	—
12	59.9	13	18.2	(1) 17.7	(1) 18.9	(3) 17.9	1	81.0	12	3.2	13	—	3.5	—	—
3	70.0	5	17.3	(2) 18.2	—	(1) 17.5	2	85.0	5	5.0	5	—	—	—	—
7	68.9	7	18.6	(1) 18.4	(1) 19.3	(1) 18.7	—	—	7	5.6	7	—	1.0	—	—
—	—	—	—	—	—	—	—	—	—	—	—	—	—	—	—
176	—	228	—	(40) —	(36) —	(33) —	37	—	215	—	230	—	23.8	—	—
—	66.44	—	19.2	18.5	19.8	18.1	—	79.0	—	5.0	—	—	—	—	—

Monat

Quadrat 75d. ....

Position der Zone		Wetter nach Beaufort's Bezeichnung. (Häufigkeit)		Häufigkeit der verschied. Wolkenformen	Häufigkeit von Seegang u. Dünung aus	Mittel der Meeres-Temperatur	Bemerkungen über einzelne beobachtete Triftströmungen.
25°—26° N. Br.	25°—30° W. L.	Summe d. Beobacht.: 50		53	24		
		Böen	Himmelsansicht	cirr. 6	N —		S 45° W 6 N 22° W 5
		t 2	b 1	cirr. c. 6	NE 16		S 10° W 7
		l 8	c 41	cirr. s 1	E 2		
		q 2 1	o 3	Str 3	SE —		
		u —	g 1	W-c 2	S —	20.7° C.	
		Hydrometeore	Zustand der Luft	Cum. 27	SW —		
		h —	v —	Cum. st 1	W —		
		r 2	w —	Nimb. 5	NW 3		
		s —	m 1	—	†See 8		
		d 2	f —		glatt —		
26°—27° N. Br.	25°—30° W. L.	Summe d. Beobacht.: 43		43	14		
		Böen	Himmelsansicht	cirr. 3	N —		S 66° W 20 N 30° W 6
		t —	b 6	cirr. c. 2	NE 5		S 80° W 23
		l —	c 25	cirr. s 4	E 2		
		q —	o 8	Str. 1	SE 1		
		u —	g 1	W-c —	S —	20.1° C.	
		Hydrometeore	Zustand der Luft	Cum. 29	SW —		
		h —	v —	Cum. st 3	W —		
		r —	w —	Nimb. 1	NW —		
		s —	m 1		†See 6		
		d 2	f —		glatt —		
27°—28° N. Br.	25°—30° W. L.	Summe d. Beobacht.: 49		62	17		
		Böen	Himmelsansicht	cirr. 7	N —		S 51° E 6 S 68° W 15
		t —	b 4	cirr. c 2	NE 2		
		l —	c 39	cirr. s 1	E 9		
		q 1	o 5	Str. 3	SE 5		
		u —	g —	W-c —	S 1	19.6° C.	
		Hydrometeore	Zustand der Luft	Cum. 32	SW —		
		h —	v —	Cum. st 8	W —		
		r —	w —	Nimb. 4	NW —		
		s —	m —		†See —		
		d —	f —		glatt —		
28°—29° N. Br.	25°—30° W. L.	Summe d. Beobacht.: 39		40	12		
		Böen	Himmelsansicht	cirr. 4	N 1		S 20° W 6
		t —	b 5	cirr. c —	NE 3		S 60° W 22
		l —	c 30	cirr. s 1	E 4		
		q —	o 3	Str. 1	SE 2		
		u —	g —	W-c —	S 2	18.7° C.	
		Hydrometeore	Zustand der Luft	Cum. 29	SW —		
		h —	v —	Cum. st 4	W —		
		r —	w —	Nimb. 1	NW		
		s —	m 1		†See —		
		d —	f —		glatt —		
29°—30° N. Br.	25°—30° W. L.	Summe d. Beobacht.: 42		38	9		
		Böen	Himmelsansicht	cirr. 2	N 2		S 45° W 6
		t —	b 6	cirr. c —	NE —		
		l —	c 28	cirr. s —	E 4		
		q —	o 8	Str. —	SE 2		
		u —	g —	W-c —	S —	18.2° C.	
		Hydrometeore	Zustand der Luft	Cum. 25	SW —		
		h —	v —	Cum. st 5	W —		
		r —	w —	Nimb. 6	NW 1		
		s —	m —		†See —		
		d —	f —		glatt —		

Bemerkungen

Ueber Wind.

Unter-☐	Jahr	Tag		
57.	80.	2.	12ʰ N.	Der gleichmässige E-Wind wird durch eine starke Gewitterböe aus ENE (8) mit heftigem Regen unterbrochen, worauf veränderliche Winde folgen. Nach einer Stunde setzt der gleichmässige E-Wind wieder ein.
58.	79.	8.	12ʰ N.	Der flaue S-Wind wird still. Nach 24 Stunden setzt leichter NE-Passat ein, der allmählich auffrischt.
97.	74.	15.	12ʰ N.	Der frische W-Wind dreht in einer Regenböe durch N nach NE und wird zum stetigen Passat.
98.	75.	12.	4ʰ N.	Der mässige SW-Wind geht mit steigendem Barometer allmählich durch W nach N. Nach 24 Stunden setzt beim Segeln nach S der frische NE-Passat ein.

Sonstige Bemerkungen.

57.	79.	7.	8ʰ M.	Viel Seekraut.
57.	80.	3.	4ʰ M.	Starkes Meerleuchten.
65.	79.	25.	12ʰ N.	Sternschnuppen.
79.	77.	13.	12ʰ M.	Seekraut.

Höchster Barometerstand: **770.8** mm am 21. Februar 1877 in 26° n. Br. und 26° w. L. bei mässigem ESE-Winde und heiterem Himmel.

Niedrigster „ „ : **751.8** mm am 22. Februar 1875 in 29° n. Br. und 26° w. L. bei stürmischem N-Winde und halb bedecktem Himmel.

Höchste Lufttemperatur: **24.4°** Cels. am 13. Februar 1877 in 26° n. Br. und 29° w. L. bei leichtem SE-Winde und heiterem Himmel.

Niedrigste „ „ : **14.8°** Cels. am 28. Februar 1875 in 29° n. Br. und 27° w. L. bei starkem NE-Winde und halb bedecktem Himmel.

Quadrat 75a. ....

Windbeobachtungen

Alle Winde, Variabeln und Stillen

N	NNE	NE	ENE	E	ESE	SE	SSE	S	SSW	SW	WSW	W	WNW	NW	NNW
—	3	4	—	—	—	—	—	—	—	—	—	—	—	—	—
2	3	7	3	—	—	—	1	—	—	—	—	—	—	2	1
—	6	6	2	—	—	—	—	—	—	—	—	—	—	1	1
2	16	11	4	—	—	—	—	—	—	—	1	2	—	—	—
2	10	10	8	4	—	—	—	—	—	—	—	1	2	—	1
—	3	5	1	—	—	—	—	—	—	—	—	—	—	4	—
5	5	8	1	—	—	—	—	—	—	—	—	—	—	1	—
2	6	4	4	—	—	—	—	—	—	—	1	—	1	1	3
—	8	10	2	1	—	—	—	—	—	—	1	—	—	1	—
3	13	15	13	3	1	—	—	—	—	—	—	—	2	2	1
2	3	9	1	—	—	—	—	—	—	—	—	1	3	1	1
1	3	1	2	—	—	—	—	—	—	—	—	—	1	—	—
2	8	14	3	—	1	1	—	—	—	6	3	2	2	1	1
—	6	8	6	—	—	—	—	—	—	—	—	—	2	2	—
4	18	12	5	2	2	—	—	—	—	—	—	—	1	5	—
2	9	5	2	1	—	—	—	—	—	2	2	—	2	—	—
1	6	6	1	—	1	—	—	—	1	2	—	—	1	—	1
1	9	11	4	1	—	—	—	—	3	1	—	3	4	—	—
2	16	11	3	1	—	1	1	—	—	5	2	1	—	—	1
1	8	6	4	1	—	1	—	—	—	1	—	2	—	1	1
—	8	2	—	2	—	—	—	—	—	—	—	—	—	1	—
2	8	12	2	3	1	1	1	3	4	4	—	—	—	—	1
4	6	5	3	1	2	—	1	—	2	—	2	3	—	1	1
5	13	14	3	1	2	1	—	2	2	1	1	—	—	—	1
1	5	7	3	2	—	—	—	—	—	3	2	—	1	—	1
44	**193**	**203**	**80**	**23**	10	5	4	5	12	25	15	15	**22**	**24**	**16**
3.5	4.0	4.7	4.6	4.8	3.9	3.0	2.0	1.8	3.2	3.0	2.7	3.5	3.5	3.4	3.4

Barometer 700mm+		Thermometer Cels. Gr. (Temperatur der Luft)					Relative Feuchtigkeit		Bedeckung des Himmels		Niederschläge					Meeresoberfläche			
				Anzahl und Mittel								Dauer in Stunden				Temperatur		Spezif. Gewicht	
Anzahl der Beob.	Mittel mm	Anzahl der Beob.	Rohes Mittel	4h M.	4h N.	12h N.	Anzahl der Beob.	Prozente	Anzahl der Beob.	Mittel 0—10	Anzahl der Beobachtungen	Nebel	Regen	Schnee	Hagel	Anzahl der Beob.	Grade Celsius	Anzahl der Beob.	Mittel d. Aräom.-angaben
8	66.0	7	19.6	2 19.4	—	1 20.6	1	88.0	7	3.7	7	—	—	—	—	7	19.6	—	—
14	62.6	19	20.6	6 19.8	2 22.2	2 20.0	10	81.8	18	4.0	19	—	0.5	—	—	18	20.9	—	—
15	63.7	16	21.2	—	1 22.3	5 20.2	6	83.0	15	4.5	16	—	—	—	—	15	21.4	1	1.0263
34	64.7	36	20.9	5 20.3	5 21.7	6 20.8	12	85.8	36	4.5	36	—	1.5	—	—	33	21.4	2	1.0287
28	65.4	37	20.7	6 19.7	5 21.6	5 20.2	1	92.0	37	4.3	40	—	1.0	—	—	39	20.8	—	—
6	65.1	13	20.7	3 19.2	3 21.5	1 19.7	3	88.0	13	3.0	13	—	—	—	—	13	20.1	—	—
17	64.6	20	20.6	4 19.7	1 20.5	1 20.4	11	79.4	19	4.1	20	—	—	—	—	18	20.7	—	—
22	64.7	23	20.8	5 20.2	3 21.8	3 21.0	8	85.5	20	3.5	23	—	1.0	—	—	23	21.3	1	1.0285
19	65.0	24	20.5	7 19.7	3 21.1	4 19.6	5	85.2	24	4.2	24	—	1.0	—	—	22	21.0	—	—
42	64.4	50	20.8	8 19.6	9 21.2	7 19.8	5	83.4	51	4.4	53	—	1.0	—	—	49	21.1	1	1.0275
16	64.8	21	21.0	2 18.5	6 22.1	3 20.3	8	78.1	19	2.8	21	—	—	—	—	19	20.4	1	1.0260
6	63.8	9	20.6	1 21.0	2 20.5	—	2	86.5	8	4.0	9	—	—	—	—	9	20.7	—	—
41	64.7	45	20.6	7 20.4	9 21.0	10 20.4	15	85.9	45	3.5	45	—	—	—	—	43	20.9	2	1.0286
17	66.3	20	20.1	4 19.5	3 20.8	4 20.0	1	75.0	24	4.8	24	—	1.1	—	—	24	20.6	1	1.0270
41	64.3	48	20.3	8 20.1	7 20.4	6 20.0	6	74.3	47	5.1	49	—	0.5	—	—	45	20.8	5	1.0273
14	64.4	19	20.6	4 19.1	2 23.1	5 19.2	8	81.6	19	3.6	19	—	0.5	—	—	18	20.4	—	—
19	67.3	19	21.7	7 19.7	4 21.3	1 19.3	9	89.0	19	4.3	21	—	1.0	—	—	20	20.8	1	1.0288
30	65.1	36	20.2	7 19.5	5 20.4	6 19.7	7	83.9	37	5.0	37	—	0.5	—	—	36	20.6	1	1.0287
28	65.5	45	20.2	7 19.2	7 21.2	5 19.5	9	80.3	44	4.4	46	—	5.0	—	—	46	20.5	4	1.0278
21	63.7	26	20.5	5 19.4	3 22.0	7 19.4	1	85.0	26	5.0	27	—	1.0	—	—	24	20.6	1	1.0280
7	66.9	13	20.1	1 19.5	3 20.9	2 19.5	5	87.0	13	3.3	14	—	—	—	—	13	20.0	—	—
38	64.5	42	20.6	3 18.7	7 22.4	6 19.4	12	85.2	42	4.5	43	—	1.0	—	—	42	20.2	1	1.0281
22	65.0	29	19.5	4 18.4	3 19.6	5 19.2	9	79.9	32	4.4	32	—	1.0	—	—	30	20.2	—	—
11	65.7	45	20.2	5 18.8	9 21.2	6 19.2	6	76.7	44	4.0	47	—	—	—	—	41	20.5	—	—
10	64.1	25	19.7	3 20.3	3 19.8	2 19.6	—	—	25	4.8	25	—	3.0	—	—	24	20.5	—	—
71	—	687	—	114 —	110 —	108 —	160	—	684	—	710	—	20.6	—	—	671	—	22	—
—	64.86	—	20.5	19.6	21.3	19.9	—	83.1	—	4.3	—	—	—	—	—	—	20.7	—	1.0278

Monat

Quadrat 75a.

Position der Zone		Wetter nach Beaufort's Bezeichnung. (Häufigkeit.)				Häufigkeit der verschied. Wolkenformen		Häufigkeit von Seegang u. Dünung aus:		Mittel der Meeres-Temperatur	Bemerkungen über einzelne beobachtete Triftströmungen.
20°—21° N. Br.	20°—25° W. L.	Summe d. Beobacht.:	127				127		71		
		Böen		Himmelsansicht		cirr.	20	N	36		S 62° E 16 S 12 W 13
		s	—	b	14	cirr. c	5	NE	20		N 12° W 14
		l	—	c	96	cirr. s	5	E	5		
		q	—	o	5	Str.	5	SE	—		
		u	—	g	2	W-c	2	S	—	21,0° C.	
		Hydrometeore		Zustand der Luft		Cum.	75	SW	—		
		h	—	v	2	Cum. st	10	W	9		
		r	1	w	2	Nimb.	5	NW	1		
		s	—	m	5			†See	—		
		d	—	f	—			glatt	—		
21°—22° N. Br.	20°—25° W. L.	Summe d. Beobacht.:	147				132		83		
		Böen		Himmelsansicht		cirr.	18	N	40		N 84° E 9 S 40° E 25 S 19 W 7
		s	—	b	21	cirr. c	4	NE	21		N 86° E 14 S 23 N 88° W 11
		l	—	c	100	cirr. s	5	E	6		S 11° W 10 N 41° W 12
		q	1	o	4	Str.	9	SE	—		S 16° W 17
		u	—	g	7	W-c	3	S	—	21,0° C.	S 17° W 10
		Hydrometeore		Zustand der Luft		Cum.	72	SW	2		S 22° W 10
		h	—	v	—	Cum. st	13	W	12		S 26° W 10
		r	—	w	7	Nimb.	6	NW	2		S 28° W 12
		s	—	m	7			†See	—		S 58° W 8
		d	—	f	—			glatt	—		S 76° W 21
22°—23° N. Br.	20°—25° W. L.	Summe d. Beobacht.:	164				147		85		
		Böen		Himmelsansicht		cirr.	21	N	29		E 18 S 38° W 12 W 8
		s	—	b	19	cirr. c	7	NE	26		S 29° E 6 S 37° W 6 W 10
		l	2	c	119	cirr. s	4	E	3		S 66° W 12 W 15
		q	1	o	10	Str.	13	SE	—		S 72° W 10 N 72° W 13
		u	—	g	5	W-c	7	S	—	20,7° C.	S 73° W 14 N 21° W 18
		Hydrometeore		Zustand der Luft		Cum.	74	SW	3		N 21° W 21
		h	—	v	3	Cum. st	15	W	8		
		r	—	w	3	Nimb.	6	NW	8		
		s	—	m	8			†See	8		
		d	—	f	—			glatt	—		
23°—24° N. Br.	20°—25° W. L.	Summe d. Beobacht.:	165				158		94		
		Böen		Himmelsansicht		cirr.	13	N	27		N 67° E 12 E 8 S 19° W 10 N 50° W 14
		s	—	b	18	cirr. c	8	NE	25		E 14 S 32° W 25
		l	—	c	118	cirr. s	10	E	10		E 14 S 12° W 8
		q	2	o	11	Str.	10	SE	—		S 59° E 15 S 45° W 9
		u	—	g	2	W-c	1	S	—	20,8° C.	S 50° W 11
		Hydrometeore		Zustand der Luft		Cum.	89	SW	1		S 54° W 11
		h	—	v	3	Cum. st	15	W	12		S 79° W 16
		r	—	w	3	Nimb.	12	NW	5		
		s	—	m	4			†See	13		
		d	3	f	—			glatt	1		
24°—25° N. Br.	20°—25° W. L.	Summe d. Beobacht.:	173				167		85		
		Böen		Himmelsansicht		cirr.	26	N	29		N 12° E 13 S 25° E 10 S 2° W 21 N 66° W 15
		s	—	b	14	cirr. c	2	NE	20		N 51° E 10 S 15° E 7 S 6° W 18
		l	—	c	133	cirr. s	6	E	7		S 14° W 7
		q	—	o	11	Str.	7	SE	—		S 42° W 13
		u	—	g	3	W-c	1	S	8	20,3° C.	S 47° W 15
		Hydrometeore		Zustand der Luft		Cum.	96	SW	3		S 73° W 13
		h	—	v	4	Cum. st	16	W	15		S 79° W 14
		r	1	w	4	Nimb.	19	NW	8		
		s	—	m	3			†See	4		
		d	—	f	—			glatt	1		

Bemerkungen

Ueber Wind.

Unter-□	Jahr	Tag		
01.	77.	12.	8h M.	Der flaue Wind geht von E durch S nach W und wird nach 24 Stunden still. Am 14. in 19° n. Br. und 22° w. L. setzt leichter NE-Passat ein.
04.	69.	10.	8h N.	Der flaue, veranderliche Wind geht durch N nach E. Nach 24 Stunden frischt derselbe, beim Segeln nach S, auf und steht als beständiger Passat durch.
04.	70.	11.	4h N.	Der mässige W-Wind geht beim Segeln nach S in einem Regenschauer nach N. Nach 20 Stunden setzt mässiger NE-Passat ein.
10.	70.	2.	4h M.	Der mässige NW-Wind geht beim Segeln nach S allmählich durch N in den NE-Passat über.
22.	72.	28.	4h N.	Der mässige W-Wind geht nach N. Am 29. um 4h N setzt mässiger NE-Passat ein, der beim Segeln nach S allmählich auffrischt.
22.	81.	6.	12h M.	Der flaue W-Wind geht Abends nach N und bleibt flau. Am 7. Morgens setzt leichter NE-Passat ein, der beim Segeln nach S bald auffrischt.
24.	72.	22.	4h N.	Der mässige W-Wind geht beim Segeln nach S durch N nach NE und wird zum stetigen Passat.
30.	81.	28.	8h M.	Der mässige NW-Wind geht beim Segeln nach S allmählich durch N in den NE-Passat über.

Sonstige Bemerkungen.

Unter-□	Jahr	Tag		
04.	78.	31.	12h M.	Die ersten fliegenden Fische.
04.	80.	28.	12h N.	Schwaches Meerleuchten.
10.	70.	27.	6h M.	Viele Quallen.
10.	81.	24.	4h M.	Starkes Meerleuchten.
14.	81.	18.	12h N.	Stromkabbelung.
22.	81.	7.	12h M.	Von 12h M. bis 4h N. hat das Meer eine schmutzig grüne Farbe, dann wieder eine blaue. Um 5h N. grosse Schaaren Delphine.
23.	78.	30.	4h N.	Delphine.
24.	81.	7.	8h M.	Eine Wasserhose.
42.	78.	29.	4h N.	Quallen.

Höchster Barometerstand: **771.8** mm am 23. März 1879 in 24° n. Br. und 22° w. L. bei starkem ENE-Winde und heiterem Himmel.

Niedrigster „ „ : **757.1** mm am 8. März 1881 in 20° n. Br. und 21° w. L. bei frischem NNE-Winde und heiterem Himmel.

Höchste Lufttemperatur: **28.0**° Cels. am 16. März 1882 in 24° n. Br. und 21° w. L. bei leichtem NE-Winde und heiterem Himmel.

Niedrigste „ „ : **17.1**° Cels. am 21. März 1874 in 23° n. Br. und 20° w. L. bei mässigem NNE-Winde und klarer Luft.

Monat

Quadrat 75b. ....

Windbeobachtungen

Winde, Variabeln und Stillen														Stürme		
E	ESE	SE	SSE	S	SSW	SW	WSW	W	WNW	NW	NNW	Var.	Stillen	N bis ENE	E bis SSE	S bis WSW
6	4	5	—	—	—	—	—	—	1	—	2	—	—	—	—	—
1	—	—	—	—	—	—	—	—	—	—	1	—	—	—	—	—
—	—	—	—	—	—	—	—	—	—	—	—	—	—	—	—	—
—	—	—	—	—	—	—	—	—	—	—	—	—	—	—	—	—
1	—	—	—	—	—	—	—	—	—	—	—	—	—	—	—	—
2	4	—	—	—	—	—	—	—	1	—	—	—	—	—	—	—
—	—	—	—	—	—	—	—	—	1	—	1	—	—	—	—	—
—	—	—	—	—	—	—	—	—	—	1	—	—	—	—	—	—
2	—	—	—	—	—	—	—	—	—	—	—	—	—	—	—	—
1	—	—	—	—	—	—	—	—	—	3	—	—	—	—	—	—
1	—	—	—	—	—	—	—	—	—	—	—	—	—	—	—	—
—	—	—	—	—	1	—	—	—	—	—	2	—	—	—	—	—
—	—	—	—	2	—	—	—	—	1	—	—	1	—	—	—	—
—	1	—	—	3	1	1	2	—	1	—	—	—	—	—	—	—
—	1	1	4	—	3	1	—	2	—	—	—	1	1	—	—	—
3	—	—	—	—	—	—	—	—	1	1	—	—	—	—	—	—
—	1	—	—	—	—	1	—	—	—	1	—	—	—	—	—	—
2	1	—	—	—	1	3	2	—	—	—	—	—	3	—	—	—
—	—	2	—	1	3	—	—	—	—	—	—	—	—	—	—	—
—	1	—	2	1	—	1	—	1	1	1	—	—	—	—	—	—
1	—	—	—	—	—	—	—	—	1	—	—	—	—	—	—	—
—	3	1	—	—	—	—	—	—	—	—		—	—	—	—	—
—	2	—	—	—	1	1	1	3	—	—	—	—	—	—	—	—
2	1	—	—	—	—	—	—	—	—	—	—	—	—	—	—	—
2	1	1	—	—	—	—	—	—	—	—	—	—	—	—	—	—
24	**20**	**10**	6	**7**	10	8	5	6	8	7	6	2	4	—	—	—
4.6	4.2	3.1	2.5	4.0	2.8	3.2	2.6	2.8	4.1	2.4	4.8	1.5	0	—	—	—

20°—25° N. B. und 25°—30° W. L.

Barometer 700mm+ Anzahl der Beob.	Mittel mm	Thermometer Cels. Gr. (Temperatur der Luft) Anzahl der Beob.	Rohes Mittel	Anzahl und Mittel 4h M.	4h N.	12h N.	Relative Feuchtigkeit Anzahl der Beob.	Prozente	Bedeckung des Himmels Anzahl der Beob.	Mittel (0—10)	Niederschläge Anzahl der Beob.-wachen	Dauer in Stunden Nebel	Regen	Schnee	Hagel	Meeresoberfläche Temperatur Anzahl der Beob.	Grade Celsius	Spezif. Gewicht Anzahl der Beob.	Mittel d. Aräom.-angaben
36	63.9	40	21.0	(10) 20.5	(5) 21.7	(5) 20.3	8	81.5	42	5.6	42	—	8.0	—	—	36	21.5	4	1.0274
7	63.6	7	20.9	(1) 21.2	(2) 20.6	(1) 20.0	—	—	7	5.1	7	—	—	—	—	7	21.7	—	—
6	64.5	7	22.2	—	(1) 21.6	—	—	—	7	2.4	7	—	0.3	—	—	7	21.8	—	—
1	66.3	2	19.8	(1) 20.2	—	(1) 19.5	—	—	2	6.5	2	—	—	—	—	2	21.4	—	—
6	65.6	7	20.6	(2) 19.8	—	(1) 21.1	1	87.0	7	4.4	7	—	—	—	—	7	21.5	—	—
20	64.9	21	21.0	(3) 19.0	(1) 22.9	(3) 19.9	4	75.8	23	5.0	23	—	—	—	—	19	21.1	2	1.0274
7	64.6	10	21.0	(2) 20.2	(1) 21.8	—	—	—	10	4.2	10	—	0.5	—	—	10	21.3	—	—
8	63.8	8	21.0	(3) 20.6	—	—	—	—	8	2.8	8	—	—	—	—	8	21.2	—	—
8	65.1	8	21.1	(1) 20.0	(2) 21.2	—	3	83.3	8	5.9	8	—	0.5	—	—	8	21.2	—	—
4	64.5	4	21.1	(1) 20.6	(1) 21.5	(1) 21.1	1	85.0	4	4.0	4	—	2.0	—	—	4	22.0	—	—
11	65.7	14	20.4	(3) 20.6	(1) 18.8	(2) 20.8	1	67.0	14	5.1	14	—	0.5	—	—	13	20.9	—	—
7	64.9	8	21.1	—	(3) 21.3	—	1	75.0	8	3.9	8	—	—	—	—	8	20.8	1	1.0268
12	65.5	12	21.0	(1) 21.2	(1) 21.2	(3) 20.4	2	78.5	11	5.2	12	—	2.5	—	—	11	21.4	—	—
10	64.2	9	21.6	(1) 20.8	(2) 23.6	(1) 21.3	—	—	11	6.3	11	—	5.5	—	—	9	22.1	—	—
18	63.4	19	23.4	(2) 22.8	(3) 24.3	(2) 23.8	15	69.9	19	4.4	19	—	—	—	—	19	21.3	1	1.0271
18	65.9	17	19.5	(6) 18.8	(1) 20.6	(3) 19.8	2	69.5	18	6.2	18	—	2.5	—	—	15	20.7	—	—
12	66.0	12	20.6	(2) 20.3	(1) 19.8	—	2	79.5	12	5.4	13	—	—	—	—	10	21.4	—	—
15	65.8	16	21.7	(2) 20.6	(2) 25.1	(3) 19.9	3	66.7	16	3.4	16	—	—	—	—	16	21.3	1	1.0279
12	65.3	12	20.4	(3) 19.8	(1) 20.0	(2) 19.6	7	69.0	12	5.0	12	—	—	—	—	12	21.8	—	—
11	64.6	14	21.2	(2) 20.0	(2) 22.3	(4) 20.0	4	81.0	14	6.0	14	—	5.5	—	—	11	21.0	—	—
17	66.1	17	19.6	(3) 16.7	(2) 20.5	(2) 19.0	5	77.4	16	5.2	17	—	1.5	—	—	15	20.4	—	—
10	66.0	10	20.6	(3) 19.0	(1) 22.4	(1) 19.5	4	67.4	10	4.7	10	—	—	—	—	10	20.4	—	—
14	65.8	16	20.5	(1) 20.2	(2) 22.6	(2) 20.2	6	67.7	16	5.0	16	—	—	—	—	16	20.8	1	1.0268
2	66.2	3	21.3	—	(2) 21.6	—	—	—	3	5.7	3	—	—	—	—	2	21.0	—	—
3	60.9	6	19.6	—	(2) 17.2	—	—	—	6	4.3	6	—	—	—	—	6	20.4	—	—
275	—	299	—	56	42	37	69	—	304	—	307	—	29.3	—	—	281	—	10	—
—	64.95	—	20.9	20.1	21.8	20.4	—	73.8	—	5.0	—	—	—	—	—	—	21.2	—	1.0273

Position der Zone		Wetter nach Beaufort's Bezeichnung. (Häufigkeit.)				Häufigkeit der verschied. Wolkenformen	Häufigkeit von Seegang u. Dünung aus:	Mittel der Meeres-Temperatur	Bemerkungen über einzelne beobachtete Triftströmungen.
20°—21° N. Br.	25°—30° W. L.	Summe d. Beobacht.: 72				70	36	21.8° C.	S 34° E 7 S 53° W 10 W 18
		Böen		Himmelsansicht		cirr. 18	N 10		S 60° W 7 N 68° W 9
		t	—	b	1	cirr.c 3	NE 6		N 67° W 13
		l	1	c	55	cirr.s —	E 2		
		q	2	o	8	Str. 1	SE —		
		u	—	g	3	W-c 1	S —		
		Hydrometeore		Zustand der Luft		Cum. 36	SW —		
		h	—	v	—	Cum.st 12	W —		
		r	—	w	—	Nimb. 4	NW 3		
		s	—	m	2		†See 6		
		d	—	f	—		glatt —		

Position der Zone		Wetter nach Beaufort's Bezeichnung. (Häufigkeit.)				Häufigkeit der verschied. Wolkenformen	Häufigkeit von Seegang u. Dünung aus:	Mittel der Meeres-Temperatur	Bemerkungen über einzelne beobachtete Triftströmungen.
21°—22° N. Br.	25°—30° W. L.	Summe d. Beobacht.: 59				57	25	21.8° C.	S 76° W 9 N 68° W 11
		Böen		Himmelsansicht		cirr. 9	N 5		
		t	—	b	1	cirr.c 3	NE 2		
		l	—	c	49	cirr.s 2	E 4		
		q	1	o	2	Str. 3	SE —		
		u	—	g	1	W-c —	S —		
		Hydrometeore		Zustand der Luft		Cum. 32	SW —		
		h	—	v	3	Cum.st 5	W 5		
		r	2	w	—	Nimb. 3	NW 4		
		s	—	m	—		†See 5		
		d	—	f	—		glatt —		

Position der Zone		Wetter nach Beaufort's Bezeichnung. (Häufigkeit.)				Häufigkeit der verschied. Wolkenformen	Häufigkeit von Seegang u. Dünung aus:	Mittel der Meeres-Temperatur	Bemerkungen über einzelne beobachtete Triftströmungen.
22°—23° N. Br.	25°—30° W. L.	Summe d. Beobacht.: 80				72	34	21.8° C.	S 75° W 11 N 51° W 14
		Böen		Himmelsansicht		cirr. 6	N 4		N 35° W 8
		t	—	b	1	cirr.c 12	NE —		N 8° W 11
		l	1	c	58	cirr.s 7	E 4		
		q	5	o	5	Str. 2	SE 1		
		u	—	g	—	W-c —	S —		
		Hydrometeore		Zustand der Luft		Cum. 36	SW —		
		h	—	v	1	Cum.st 4	W 19		
		r	8	w	—	Nimb. 5	NW 2		
		s	—	m	5		†See 4		
		d	—	f	—		glatt —		

Position der Zone		Wetter nach Beaufort's Bezeichnung. (Häufigkeit.)				Häufigkeit der verschied. Wolkenformen	Häufigkeit von Seegang u. Dünung aus:	Mittel der Meeres-Temperatur	Bemerkungen über einzelne beobachtete Triftströmungen.
23°—24° N. Br.	25°—30° W. L.	Summe d. Beobacht.: 84				80	38	21.1° C.	S 10° E 16 S 6° W 12 W 8
		Böen		Himmelsansicht		cirr. 16	N 7		S 56° W 15
		t	—	b	8	cirr.c —	NE 4		S 78° W 14
		l	—	c	56	cirr.s 2	E 12		S 82° W 15
		q	4	o	9	Str. 8	SE —		
		u	—	g	—	W-c 2	S —		
		Hydrometeore		Zustand der Luft		Cum. 47	SW —		
		h	—	v	3	Cum.st —	W 9		
		r	1	w	—	Nimb. 5	NW —		
		s	—	m	2		†See 6		
		d	1	f	—		glatt —		

Position der Zone		Wetter nach Beaufort's Bezeichnung. (Häufigkeit.)				Häufigkeit der verschied. Wolkenformen	Häufigkeit von Seegang u. Dünung aus:	Mittel der Meeres-Temperatur	Bemerkungen über einzelne beobachtete Triftströmungen.
24°—25° N. Br.	25°—30° W. L.	Summe d. Beobacht.: 56				66	31	20.6° C.	S … 14 W 8
		Böen		Himmelsansicht		cirr. 8	N 8		S 2° W 11
		t	—	b	10	cirr.c —	NE 3		S 61° W 16
		l	—	c	35	cirr.s 4	E 10		
		q	3	o	6	Str. 8	SE —		
		u	—	g	1	W-c —	S —		
		Hydrometeore		Zustand der Luft		Cum. 34	SW —		
		h	—	v	—	Cum.st 1	W 1		
		r	—	w	—	Nimb. 1	NW 4		
		s	—	m	1		†See 5		
		d	—	f	—		glatt —		

Bemerkungen

Ueber Wind.

Unter-□	Jahr	Tag		
05.	69.	7.	12h M.	Der von 40° n. Br. durchstehende NE-Wind wird flau und krimpt durch S nach W. Am 11. in 14° n. Br. und 26° w. L. setzt mässiger NE-Passat ein, der allmählich auffrischt.
16.	72.	28.	8h N.	Der mässige WNW-Wind dreht allmählich durch NW nach N und wird flau. Nach 8 Stunden setzt beim Segeln nach SW mässiger NE-Passat ein.
17.	75.	1.	4h M.	Der flaue W-Wind geht beim Segeln nach S durch N in den NE-Passat über und frischt allmählich auf.
45.	75.	30.	4h N.	Der flaue SW-Wind wird still. Um 8h N. setzt leichter NE-Passat ein, der ohne stärker zu werden bis zu seiner äquatorialen Grenze durchsteht.

Sonstige Bemerkungen.

05.	77.	24.	4h N.	Die ersten fliegenden Fische.
15.	75.	28.	4h M.	Bei leichtem NNE-Winde zieht das obere Gewölk aus SE. Sternschnuppen.
18.	80.	19.	4h N.	Die ersten fliegenden Fische.
29.	69.	14.	4h N.	Sonnenring.
35.	79.	18.	4h M.	Sternschnuppen.
39.	79.	7.	4h N.	Kleine Haufen Seegras.

Höchster Barometerstand: **770.0** mm am 23. März 1877 in 23° n. Br. und 25° w. L. bei starkem E-Winde und bewölktem Himmel.

Niedrigster „ „ : **758.2** mm am 9. März 1869 in 21° n. Br. und 27° w. L. bei leichtem N-Winde und heiterem Himmel.

Höchste Lufttemperatur: **28.2°** Cels. am 14. März 1877 in 23° n. Br. und 27° w. L. bei leichtem SSW-Winde und heiterem Himmel.

Niedrigste „ „ **17.3°** Cels. am 15. März 1869 in 23° n. Br. und 25° w. L. bei stürmischem ENE-Winde und halb bedecktem Himmel.

Monat

Quadrat 75c. ....

Position		Windbeobachtungen																							
			Alle Winde, Variabeln und Stillen																			Stürme			
Breite N	Länge W	Anzahl der Beob.	N	NNE	NE	ENE	E	ESE	SE	SSE	S	SSW	SW	WSW	W	WNW	NW	NNW	Var.	Stillen	N bis ENE	E bis SSE	S bis WSW	W bis NNW
25°—26°	20°—21°	21	3	8	1	1	3	—	—	—	—	—	1	—	1	—	1	1	1	—	—	—	—	—
	21°—22°	53	4	16	15	3	1	—	—	—	2	4	2	—	—	1	1	4	—	—	—	—	—	—
	22°—23°	45	3	14	13	1	3	2	—	—	2	1	—	2	—	—	2	2	—	—	—	—	—	—
	23°—24°	38	—	12	8	1	2	3	—	—	1	—	1	2	—	1	2	—	—	—	1	—	—	—
	24°—25°	29	1	5	5	8	2	—	1	—	—	—	4	1	—	—	—	—	1	1	1	—	—	—
26°—27°	20°—21°	47	3	16	8	2	2	3	—	—	—	3	2	1	—	4	2	—	1	—	—	—	—	—
	21°—22°	34	2	9	11	4	1	2	—	—	—	—	—	—	—	2	1	1	—	1	—	—	—	—
	22°—23°	51	12	12	10	5	1	3	—	—	1	1	1	1	1	—	2	—	—	1	—	—	—	—
	23°—24°	25	1	—	5	2	4	3	—	1	4	3	—	—	—	1	—	1	—	—	—	1	—	—
	24°—25°	16	—	5	5	1	1	1	—	—	—	—	1	2	—	—	—	—	—	—	—	—	—	—
27°—28°	20°—21°	54	1	16	11	7	1	4	—	—	—	3	3	1	1	2	4	—	—	—	—	—	—	—
	21°—22°	50	3	14	6	3	5	5	3	—	1	—	—	—	—	—	5	4	—	1	—	—	—	—
	22°—23°	29	2	3	5	4	1	6	—	2	4	—	2	—	—	—	—	—	—	—	—	—	—	—
	23°—24°	35	3	4	12	3	6	—	—	—	4	—	1	—	—	2	—	—	—	—	—	2	—	—
	24°—25°	16	—	2	2	2	4	2	1	—	—	1	—	—	—	—	—	—	1	1	—	—	—	—
28°—29°	20°—21°	54	5	16	7	2	4	4	—	1	—	—	—	1	1	1	9	1	—	2	—	—	—	—
	21°—22°	44	4	8	5	6	1	1	1	1	—	—	7	1	—	1	1	7	—	—	—	—	—	—
	22°—23°	21	2	2	6	—	5	1	1	—	—	—	2	1	—	1	—	—	—	—	—	1	—	—
	23°—24°	31	—	7	8	1	4	4	—	—	—	—	2	2	1	2	—	—	—	—	—	1	—	—
	24°—25°	5	—	—	—	3	—	—	—	—	—	—	1	—	—	—	—	1	—	—	—	—	—	—
29°—30°	20°—21°	53	6	13	3	8	1	1	1	—	—	—	3	1	3	1	6	8	3	—	—	—	—	—
	21°—22°	24	5	4	3	1	1	1	—	—	—	—	4	3	—	—	1	1	—	—	—	—	—	—
	22°—23°	34	3	3	6	6	4	1	4	—	4	—	—	—	1	—	2	—	—	—	—	4	—	—
	23°—24°	30	3	2	5	3	1	1	2	—	5	1	—	5	—	—	—	2	—	—	—	—	—	—
	24°—25°	23	1	1	3	1	3	5	2	—	—	1	—	—	—	—	1	3	1	1	—	—	—	—
Fünfgrad-Feld	Summen	857	**67**	**192**	**163**	**78**	**61**	**53**	16	5	28	18	37	24	9	19	**40**	**31**	8	8	2	9	—	—
	Mittlere Windstärke		4.1	4.2	4.5	4.1	4.1	3.1	3.4	4.2	3.9	2.9	3.8	3.5	4.7	4.0	4.0	4.7	2.0	0	8.0	8.1	—	—

März.

.... 25° 30° N. B. und 20° 25° W. L.

Barometer 700mm+		Thermometer Cels. Gr. (Temperatur der Luft)					Relative Feuchtigkeit		Bedeckung des Himmels		Niederschläge					Meeresoberfläche			
				Anzahl und Mittel								Dauer in Stunden				Temperatur		Spezif. Gewicht	
Anzahl der Beob.	Mittel mm	Anzahl der Beob.	Rohes Mittel	4h M.	4h N.	12h N	Anzahl der Beob.	Prozente	Anzahl der Beob.	Mittel (0–10)	Anzahl der Beobachtungen	Nebel	Regen	Schnee	Hagel	Anzahl der Beob.	Grade Celsius	Anzahl der Beob.	Mittel d. Aräom.-angaben
13	66.3	21	19.3	4 18.7	2 20.4	7 18.9	7	86.9	21	3.8	21	—	1.0	—	—	20	19.7	—	—
42	64.9	52	19.9	9 19.2	10 20.1	5 19.8	15	78.9	53	4.2	53	—	1.5	—	—	50	20.1	1	1.0270
38	65.3	44	19.5	9 19.2	8 20.1	10 19.3	13	85.8	44	4.7	45	—	4.5	—	—	44	20.0	6	1.0279
29	65.7	31	19.9	7 19.0	3 20.4	2 20.1	4	77.5	33	4.4	34	—	1.0	—	—	27	20.5	—	—
27	64.9	28	19.2	6 18.5	4 20.0	3 18.1	2	73.0	28	5.8	29	—	5.5	—	—	27	20.2	—	—
33	65.3	47	19.2	13 18.5	6 20.8	11 19.1	12	83.8	47	3.8	47	—	1.0	—	—	47	19.5	—	—
26	66.2	29	19.3	3 17.9	5 19.8	5 18.8	5	77.0	33	3.7	34	—	1.0	—	—	28	19.7	1	1.0271
17	64.9	51	19.4	11 18.7	5 20.6	5 19.3	19	84.4	50	4.3	52	—	1.0	—	—	51	20.1	3	1.0279
23	65.1	25	20.0	2 18.8	5 21.3	3 19.4	6	74.3	26	5.8	26	—	—	—	—	21	19.9	—	—
15	66.2	16	19.3	1 18.9	1 21.4	4 18.4	3	64.0	16	4.1	16	—	1.5	—	—	16	19.7	1	1.0271
40	65.4	50	19.4	7 18.4	9 19.8	6 18.5	10	78.7	54	4.1	54	—	1.5	—	—	49	19.3	2	1.0270
44	66.3	49	18.7	8 17.0	7 20.3	8 17.8	12	82.1	49	4.9	50	—	1.3	—	—	49	19.2	7	1.0280
27	65.5	29	19.2	7 19.1	4 20.0	3 18.3	10	80.1	28	4.4	29	—	0.5	—	—	25	19.8	—	—
33	65.9	38	19.3	5 18.9	3 20.1	8 18.8	4	79.5	39	5.6	39	—	3.5	—	—	35	19.3	1	1.0274
16	67.4	16	19.5	3 18.8	5 19.5	1 19.4	5	69.0	16	4.6	16	—	2.0	—	—	15	18.1	—	—
40	65.7	53	18.6	7 17.1	12 19.5	9 17.9	6	86.5	54	3.8	54	—	1.8	—	—	53	18.8	2	1.0281
46	66.1	43	18.7	6 18.5	10 19.2	5 17.8	9	89.0	41	4.8	44	—	3.0	—	—	43	19.4	7	1.0280
15	65.7	15	18.5	2 17.6	2 18.3	1 18.2	5	76.4	21	4.2	21	—	1.5	—	—	16	18.8	—	—
28	66.7	31	18.9	7 18.2	5 19.9	6 18.7	5	77.0	31	4.8	31	—	0.5	—	—	31	18.7	—	—
5	67.8	5	18.9	—	1 20.0	—	1	92.0	5	7.0	5	—	0.5	—	—	5	19.1	—	—
8	66.5	52	17.7	11 17.4	5 17.4	10 17.4	5	90.0	49	4.5	53	—	3.5	—	—	47	18.7	3	1.0276
9	66.6	22	18.2	7 17.2	2 21.4	4 18.2	9	83.3	22	4.4	24	—	2.0	—	—	19	18.6	6	1.0279
8	65.6	38	17.7	9 17.0	5 18.0	8 17.0	10	80.2	34	5.6	34	—	13.4	—	—	30	18.3	1	1.0268
7	65.6	29	18.5	6 17.8	4 19.5	6 18.2	12	82.1	30	4.9	30	—	6.0	—	—	30	18.2	—	—
9	66.2	23	18.4	7 17.0	2 21.6	2 19.0	1	88.0	21	5.5	28	—	4.5	—	—	20	19.1	2	1.0286
8	—	832	—	157 —	125 —	125 —	190	—	845	—	864	—	63.5	—	—	798	—	43	—
—	65.76	—	19.0	18.1	19.8	18.5	—	81.5	—	4.6	—	—	—	—	—	—	19.4	—	1.0278

Monat

Quadrat 75c. ....

Position der Zone		Wetter nach Beaufort's Bezeichnung. (Häufigkeit.)		Häufigkeit der verschied. Wolkenformen	Häufigkeit von Seegang u. Dünung aus:	Mittel der Meeres-Temperatur	Bemerkungen über einzelne beobachtete Triftströmungen.			
25°—26° N. Br.	20°—23° W. L.	Summe d. Beobacht.: 188		202	104	20.1° C.				
		Böen	Himmelsansicht	cirr. 20	N 84		N 14	S 73° E 19	S 36° W 21	W 8
		t —	b 17	cirr.c 10	NE 23		N 79° E 13	S 71° E 19	S 49° W 7	N 39° W 18
		l —	c 147	cirr.s 10	E 9			S 54° E 10	S 55° W 21	N 22° W 6
		q 8	o 16	Str. 13	SE —				S 57° W 11	N 40° W 12
		u —	z 1	W-c 2	S 7				S 89° W 19	
		Hydrometeore	Zustand der Luft	Cum. 115	SW 1					
		h —	v 1	Cum-st 15	W 21					
		r —	w 2	Nimb. 17	NW 1					
		s —	m 1		†See 8					
		d —	f —		glatt —					
26°—27° N. Br.	20°—25° W. L.	Summe d. Beobacht.: 189		192	104	19.8° C.				
		Böen	Himmelsansicht	cirr. 25	N 38		N 13	S 62° E 8	S 13	N 14° W 11
		t —	b 19	cirr.c 8	NE 12				S 6° W 8	
		l —	c 142	cirr.s 8	E 17				S 56° W 16	
		q 4 1	o 14	Str. 12	SE —				S 56° W 22	
		u —	g 2	W-c —	S 11				S 62° W 7	
		Hydrometeore	Zustand der Luft	Cum. 115	SW —				S 63° W 28	
		h —	v 1	Cum.st 16	W 8				S 68° W 8	
		r —	w 5	Nimb. 8	NW 3				S 72° W 6	
		s —	m 1		†See 15					
		d —	f —		glatt —					
27°—28° N. Br.	20°—25° W. L.	Summe d. Beobacht.: 209		199	107	19.3° C.				
		Böen	Himmelsansicht	cirr. 23	N 40		N 8	S 81° E 10	S 62° W 9	W 17
		t —	b 25	cirr.c 7	NE 6		N 12	S 74° E 7	S 63° W 10	N 81° W 6
		l 1	c 138	cirr.s 14	E 21		N 32° E 11	S 71° E 22	S 69° W 6	N 86° W 6
		q 11 1	o 22	Str. 10	SE —				S 84° W 7	
		u —	g 8	W-c 1	S 9					
		Hydrometeore	Zustand der Luft	Cum. 123	SW —					
		h —	v 5	Cum. st 9	W 19					
		r 1	w 1	Nimb. 12	NW 3					
		s —	m 3		†See 9					
		d —	f —		glatt —					
28°—29° N. Br.	20°—25° W. L.	Summe d. Beobacht.: 167		182	70	18.9° C.				
		Böen	Himmelsansicht	cirr. 29	N 20		N 27° E 8		S 30° W 10	N 79° W 11
		t —	b 17	cirr.c 4	NE 6		N 28° E 11		S 54° W 14	
		l —	c 129	cirr.s 6	E 15				S 55° W 19	
		q 6	o 8	Str. 18	SE 2				S 72° W 6	
		u —	g 4	W-c 2	S 3					
		Hydrometeore	Zustand der Luft	Cum. 100	SW —					
		h —	v —	Cum. st 9	W 17					
		r —	w 1	Nimb. 16	NW 6					
		s —	m 2		†See 1					
		d —	f —		glatt —					
29°—30° N. Br.	20°—23° W. L.	Summe d. Beobacht.: 182		190	81	18.6° C.				
		Böen	Himmelsansicht	cirr. 21	N 29		N 27° E 6		S 9	W 11
		t —	b 8	cirr.c 11	NE 9		N 45° E 6		S 6° W 19	N 52° W [illegible]
		l 3	c 137	cirr.s 9	E 8				S 22° W 18	
		q 9	o 12	Str. 10	SE —				S 33° W 10	
		u —	g 3	W-c —	S 6				S 42° W 8	
		Hydrometeore	Zustand der Luft	Cum. 105	SW 1				S 62° W 12	
		h —	v 2	Cum.st 15	W 18				S 70° W 21	
		r 5	w —	Nimb. 19	NW 13				S 83° W 9	
		s —	m 2		†See 3					
		d 1	f —		glatt —					

Bemerkungen

Ueber Wind.

Unter-□	Jahr	Tag		
71.	72.	20.	4ʰ M.	Der starke WNW-Wind mit heftigen Regenböen dreht nach N, das Wetter wird klar und der Wind geht, beim Segeln nach S, allmählich in den NE-Passat über.
89.	80.	14.	12ʰ N.	Der mässige W-Wind geht, beim Segeln nach S, allmählich durch N in den NE-Passat über.
90.	71.	25.	4ʰ N.	Der flaue NW-Wind geht, beim Segeln nach S, allmählich in den NE-Passat über und frischt auf.
90.	72.	29.	4ʰ M.	Der stürmische W-Wind geht nach 12 Stunden bei schnell steigendem Barometer nach NW und bleibt stark. Am 30. in 27° n. Br. und 21° w. L. setzt mässiger NE-Passat ein, der bald auffrischt.
90.	73.	11.	8ʰ M.	Der flaue WNW-Wind frischt auf und geht beim Segeln nach S allmählich durch N in den NE-Passat über.
90.	76.	13.	8ʰ N.	Der veränderliche, mässige NW-Wind geht, beim Segeln nach S, allmählich in den NE-Passat über und frischt auf.
90.	80.	28.	4ʰ M.	Der frische NW-Wind geht, beim Segeln nach SW, nach 24 Stunden in den NE-Passat über und bleibt stetig.
91.	80.	8.	4ʰ N.	Der flaue, veränderliche Wind hält mehrere Tage an. Am 11. in 27° n. Br. und 21° w. L. setzt leichter NE-Passat ein, der in 22° n. Br. und 24° w. L. frischer wird.
92.	77.	18.	4ʰ M.	Der flaue WNW-Wind geht, beim Segeln nach S, mit heftigen Gewittern und bei langsam steigendem Barometer durch N in den NE-Passat über und frischt auf.

Sonstige Bemerkungen.

70.	78.	27.	8ʰ M.	Delphine.
70.	81.	26.	8ʰ M.	Meeresfarbe sehr dunkelblau.
73.	69.	20.	12ʰ N.	Viele Sternschnuppen.
80.	78.	26.	4ʰ N.	Viele Quallen.
81.	79.	23.	4ʰ N.	Viel Seekraut.
81.	79.	24.	4ʰ N.	Seekraut.
90.	72.	23.	12ʰ M.	Eine Windhose.

Höchster Barometerstand: **773.8** mm am 12. März 1874 in 29° n. Br. und 23° w. L. bei starkem NE-Winde und bedecktem Himmel.

Niedrigster „ „ : **753.7** mm am 25. März 1881 in 28° n. Br. und 21° w. L. bei mässigem WSW-Winde mit starken Böen und bei bewölktem Himmel.

Höchste Lufttemperatur: **28.8°** Cels. am 17. März 1882 in 27° n. Br. und 20° w. L. bei flauem NE-Winde und halb bewölktem Himmel.

Niedrigste „ **14.8°** Cels. am 11. März 1869 in 27° n. Br. und 21° w. L. bei mässigem NE-Winde und halb bewölktem Himmel.

Quadrat 75d.

Position Breite N	Position Länge W	Anzahl der Beob.	N	NNE	NE	ENE	E	ESE	SE	SSE	S	SSW	SW	WSW	W	WNW	NW	NNW	Var.	Stillen	Stürme N bis ENE	Stürme E bis SSE	Stürme S bis WSW
25°—26°	25°—26°	14	1	2	5	2	1	1	—	—	—	—	2	—	—	—	—	—	—	—	—	—	—
	26°—27°	11	2	1	4	1	2	—	—	—	—	—	—	—	1	—	—	—	—	—	—	—	—
	27°—28°	4	—	—	—	—	1	1	—	—	—	—	—	1	—	1	—	—	—	—	—	—	—
	28°—29°	13	—	—	3	1	1	1	5	—	—	1	1	—	—	—	—	—	—	—	—	—	—
	29°—30°	13	—	1	3	—	2	1	4	1	1	—	—	—	—	—	—	—	—	—	—	—	—
26°—27°	25°—26°	15	—	—	2	4	2	—	—	—	1	2	4	—	—	—	—	—	—	—	—	—	—
	26°—27°	7	2	—	—	—	1	1	—	—	—	—	—	—	2	—	1	—	—	—	—	—	—
	27°—28°	11	2	2	2	1	—	1	2	1	—	—	—	—	—	—	—	—	—	—	—	—	—
	28°—29°	13	1	1	3	1	1	—	3	—	—	—	1	—	—	—	—	—	2	—	—	—	—
	29°—30°	20	6	5	2	2	2	1	—	—	—	—	—	—	—	—	—	1	—	1	—	—	—
27°—28°	25°—26°	16	1	—	—	1	2	—	1	3	—	—	2	1	1	1	1	—	2	—	—	—	—
	26°—27°	14	2	5	—	3	1	—	1	1	—	—	—	—	—	—	—	—	1	—	—	—	—
	27°—28°	12	1	2	4	1	—	—	2	1	—	—	—	—	—	—	—	—	1	—	—	—	—
	28°—29°	16	4	—	4	2	—	—	—	—	—	—	—	—	—	—	2	4	—	—	—	—	—
	29°—30°	6	—	3	—	—	1	—	—	—	—	—	—	—	—	2	—	—	—	—	—	—	—
28°—29°	25°—26°	19	1	1	1	2	3	—	—	3	—	—	—	2	2	—	4	—	—	—	—	—	—
	26°—27°	11	2	—	3	—	—	—	2	3	—	—	—	—	—	—	—	—	—	1	—	—	—
	27°—28°	21	4	1	5	1	1	1	1	—	2	—	1	1	—	—	—	—	—	3	—	—	—
	28°—29°	5	—	2	—	—	3	—	—	—	—	—	—	—	—	—	—	—	—	—	—	—	—
	29°—30°	5	—	1	—	—	—	—	—	—	—	—	1	2	—	—	—	1	—	—	—	—	—
29°—30°	25°—26°	15	1	1	1	—	7	—	1	3	—	—	—	—	1	—	—	—	—	—	—	—	—
	26°—27°	8	—	—	—	—	—	—	2	—	—	—	1	5	—	—	—	—	—	—	—	—	—
	27°—28°	11	—	—	—	—	1	2	—	1	1	—	1	1	—	—	1	2	—	1	—	—	—
	28°—29°	10	—	4	—	—	—	2	—	—	—	2	—	1	—	—	—	—	—	1	—	—	—
	29°—30°	9	—	1	2	1	—	1	—	—	1	—	2	—	—	—	—	1	—	—	—	—	—
Fünfgrad-Feld	Summen	299	30	33	44	23	32	12	24	17	6	5	16	14	7	4	9	9	6	7	—	—	—
	Mittlere Windstärke		3.4	3.9	4.6	4.4	4.1	4.5	4.2	3.9	3.2	3.0	3.6	5.0	5.0	4.5	4.1	2.6	2.3	0	—	—	—

März.

…………………………25°—30° N. B. und 25°—30° W. L.

Barometer 700mm+		Thermometer Cels. Gr. (Temperatur der Luft)					Relative Feuchtigkeit		Bedeckung des Himmels		Niederschläge				
Anzahl der Beob.	Mittel mm	Anzahl der Beob.	Rohes Mittel	Anzahl und Mittel 4h M.	4h N.	12h N.	Anzahl der Beob.	Prozente	Anzahl der Beob.	Mittel (0—10)	Anzahl der Beob.-Wachen	Dauer in Stunden Nebel	Regen	Schnee	Hagel
14	66.1	14	20.0	(3) 19.8	(3) 19.9	(1) 19.8	5	66.4	14	5.2	14	—	1.0	—	—
11	66.4	11	19.6	—	(3) 19.6	(2) 19.1	4	62.5	11	4.2	11	—	0.5	—	—
4	63.2	4	19.0	(2) 19.0	—	(1) 18.1	—	—	4	5.2	4	—	—	—	—
6	66.0	13	20.9	(2) 18.6	(1) 22.2	—	—	—	11	5.4	13	—	—	—	—
12	65.1	13	20.0	(4) 19.5	—	(4) 20.3	—	—	13	4.7	13	—	—	—	—
14	64.4	14	20.3	(3) 19.1	(2) 21.4	(2) 19.6	3	65.7	14	3.5	15	—	1.0	—	—
9	63.8	9	19.3	(2) 18.7	(2) 20.6	(1) 18.8	2	74.5	9	5.4	9	—	—	—	—
5	65.1	11	20.1	—	(2) 22.8	(3) 19.7	—	—	8	4.4	11	—	—	—	—
10	64.7	13	19.6	(3) 19.4	(3) 18.9	—	—	—	13	4.7	13	—	0.3	—	—
20	67.2	20	18.9	(4) 19.0	(3) 20.2	(4) 18.0	2	69.0	20	4.4	20	—	0.7	—	—
16	64.3	16	20.2	(3) 18.0	(2) 23.4	(2) 20.8	—	—	14	6.4	16	—	1.0	—	—
8	66.0	14	20.0	(2) 21.8	(2) 20.8	(2) 20.1	3	77.3	14	4.7	14	—	0.6	—	—
10	64.5	10	19.0	(2) 18.4	(1) 17.5	(1) 19.5	2	80.0	12	4.2	12	—	0.5	—	—
14	68.5	16	18.5	(3) 18.2	(3) 19.1	(2) 18.6	2	73.5	16	3.4	16	—	0.3	—	—
6	66.3	6	18.6	(1) 16.4	(1) 20.7	(2) 17.6	1	86.0	6	1.8	6	—	—	—	—
13	62.8	18	19.0	(3) 19.5	(2) 19.8	(5) 18.6	—	—	19	4.0	19	—	0.5	—	—
8	64.0	11	19.2	(2) 16.8	(2) 19.6	—	3	83.3	11	4.8	11	—	3.5	—	—
20	66.2	21	18.1	(5) 17.1	(2) 19.3	(4) 17.8	7	86.3	21	2.8	21	—	6.0	—	—
5	61.5	5	19.2	(1) 18.7	(1) 19.7	(1) 18.4	—	—	5	1.0	5	—	—	—	—
5	66.8	5	19.4	(1) 16.2	(1) 19.9	—	—	—	5	5.0	5	—	1.0	—	—
8	66.2	15	18.9	(2) 18.4	(5) 19.3	(1) 19.9	4	80.5	15	4.7	15	—	1.7	—	—
8	57.2	8	18.8	(2) 18.1	(1) 20.3	(2) 18.4	2	87.5	8	7.2	8	—	5.0	—	—
10	63.4	11	18.7	(2) 18.0	(2) 19.0	(1) 18.1	3	85.0	11	3.4	11	—	3.5	—	—
10	63.4	10	18.8	(1) 18.2	(2) 18.5	(1) 18.7	—	—	10	3.8	10	—	1.5	—	—
9	66.9	9	18.2	(4) 15.9	(1) 19.7	(3) 17.6	—	—	9	5.4	9	—	—	—	—
255	—	297	—	(54) —	(47) —	(45) —	43	—	293	—	301	—	28.6	—	—
—	65.09	—	19.3	18.6	19.6	18.9	—	76.7	—	4.4	—	—	—	—	—

Position der Zone		Wetter nach Beaufort's Bezeichnung. (Häufigkeit)		Häufigkeit der verschied. Wolkenformen	Häufigkeit von Seegang u. Dünung aus:	Mittel der Meeres-Temperatur	Bemerkungen über einzelne beobachtete Triftströmungen.
25°—26° N. Br.	25°—30° W. L.	Summe d. Beobacht.: 62		64	28	20.3° C.	W 8
		See	Himmelsansicht	cirr. 8	N 6		N [illegible] W 15
		t —	b —	cirr. c. —	NE 2		N 52° W [illegible]
		l —	c 52	cirr. s 1	E 4		
		q 3	o 1	Str. 8	SE 1		
		u —	g 5	W-c 2	S 4		
		Hydrometeore	Zustand der Luft	Cum. 42	SW 3		
		h —	v 1	Cum. st 1	W —		
		r —	w —	Nimb. 2	NW 3		
		s —	m —		† See 5		
		d —	f —		glatt —		
26°—27° N. Br.	25°—30° W. L.	Summe d. Beobacht.: 65		79	28	19.6° C.	S 56° E 6
		See	Himmelsansicht	cirr. 17	N 7		S 36° E 15
		t —	b 1	cirr. c. 2	NE –		S 25° E 8
		l —	c 63	cirr. s 2	E 5		S 73° W 11
		q 1	o —	Str. 7	SE —		S 70° W 14
		u —	g —	W-c 2	S [illegible]		N 79° W 6
		Hydrometeore	Zustand der Luft	Cum. 38	SW 3		N 75° W 13
		h —	v —	Cum. st 10	W —		
		r —	w —	Nimb. 1	NW 5		
		s —	m —		† See 8		
		d —	f —		glatt —		
27°—28° N. Br.	25°—30° W. L.	Summe d. Beobacht.: 67		81	29	19.7° C.	S 37° W 11
		See	Himmelsansicht	cirr. 19	N 6		S 62° W 8
		t —	b 2	cirr. c —	NE 3		S 68° W 12
		l 1	c 57	cirr. s 4	E 2		N 70° W 11
		q 1	o 3	Str. 2	SE —		N 69° W 8
		u —	g 1	W-c 3	S —		N 22° W 11
		Hydrometeore	Zustand der Luft	Cum. 40	SW —		
		h —	v —	Cum. st 5	W —		
		r —	w —	Nimb. 2	NW 1		
		s —	m —		† See 8		
		d 2	f —		glatt —		
28°—29° N. Br.	25°—30° W. L.	Summe d. Beobacht.: 69		79	28	19.4° C.	N 68° E 12
		See	Himmelsansicht	cirr. 25	N 4		N 19° E 12
		t —	b 12	cirr. c —	NE 2		S 51° W 6
		l —	c 45	cirr. s —	E 7		S 81° W 15
		q 2	o 1	Str. 2	SE —		S 84° W 6
		u 3	g 1	W-c 1	S —		N 76° W 2
		Hydrometeore	Zustand der Luft	Cum. 39	SW —		N 39° W 11
		h —	v —	Cum. st 5	W 1		
		r 4	w —	Nimb. 7	NW 6		
		s —	m —		† See 8		
		d 1	f —		glatt —		
29°—30° N. Br.	25°—30° W. L.	Summe d. Beobacht.: 64		67	29	18.7° C.	E 10
		See	Himmelsansicht	cirr. 17	N 2		W 8
		t —	b 3	cirr. c —	NE —		N 78° W 18
		l 3	c 40	cirr. s 2	E 2		N 75° W 13
		q 2	o 11	Str. 3	SE —		N 67° W 12
		u 1	g 1	W-c —	S 14		
		Hydrometeore	Zustand der Luft	Cum. 27	SW 1		
		h —	v 1	Cum. st 6	W —		
		r 2	w —	Nimb. 12	NW 1		
		s —	m —		† See 9		
		d —	f —		glatt —		

Bemerkungen

Ueber Wind.

Unter-□	Jahr	Tag		
55.	81.	5.	4ʰ M.	Der starke SW-Wind dreht nach NW und wird flau. Am 7. in 22° n. Br. und 24° w. L. setzt leichter NE-Passat ein, der beim Segeln nach SW allmählich auffrischt.
65.	75.	29.	12ʰ M.	Der mässige SSW-Wind wird flau. Nach 24 Stunden setzt leichter NE-Passat ein, der beim Segeln nach SW allmählich auffrischt.
85.	71.	5.	4ʰ M.	Der mässige NW-Wind geht beim Segeln nach SW allmählich durch N in den NE-Passat über und frischt auf.
89.	75.	21.	4ʰ N.	Der frische SW-Wind geht allmählich durch W nach NW und wird flau. Am 23. in 23° n. Br. und 33° w. L. setzt frischer NE-Passat ein.
97.	79.	15.	8ʰ M.	Der frische SE-Wind mit Regenböen dreht beim Segeln nach S allmählich nach NE, worauf schönes heiteres Wetter eintritt.
98.	77.	8.	8ʰ M.	Der veränderliche flaue südliche Wind geht nach E und bleibt flau. Nach 20 Stunden setzt, beim Segeln nach S, leichter NE-Passat ein, der allmählich auffrischt.

Sonstige Bemerkungen.

77.	79.	16.	8ʰ M.	Die ersten fliegenden Fische. Meeres-Temperatur 18° Celsius.
85.	78.	25.	4ʰ N.	Delphine.
87.	79.	15.	12ʰ N.	Sternschnuppen.
88.	77.	9.	8ʰ M.	Sargasso.
95.	79.	14.	8ʰ M.	Quallen.
99.	75.	20.	12ʰ N.	Mondhof.

Höchster Barometerstand: **772.4** mm am 1. März 1875 in 26° n. Br. und 29° w. L. bei frischem NE-Winde und wolkigem Himmel.

Niedrigster „ „ : **753.3** mm am 2. März 1881 in 29° n. Br. und 26° w. L. bei stürmischem WSW-Winde und wolkigem Himmel.

Höchste Lufttemperatur: **25.1** ° Cels. am 8. März 1874 in 26° n. Br. und 27° w. L. bei leichtem SE-Winde und halb bewölktem Himmel.

Niedrigste „ „ : **14.2** ° Cels. am 1. März 1875 in 28° n. Br. und 27° w. L. bei starkem NE-Winde und halb bewölktem Himmel.

Position		Windbeobachtungen																						
			Alle Winde, Variabeln und Stillen																		Stürme			
Breite N	Länge W	Anzahl der Beob.	N	NNE	NE	ENE	E	ESE	SE	SSE	S	SSW	SW	WSW	W	WNW	NW	NNW	Var.	Stille	N bis ENE	E bis SSE	S bis WSW	W bis NNW
20° — 21°	20°—21°	9	—	6	1	1	1	—	—	—	—	—	—	—	—	—	—	—	—	—	—	—	—	—
	21°—22°	10	1	1	3	—	2	—	—	—	—	—	—	—	—	2	—	1	—	—	—	—	—	—
	22°—23°	11	1	1	6	—	—	—	—	—	—	—	—	—	—	2	—	1	—	—	—	—	—	—
	23°—24°	38	3	14	15	2	1	—	—	—	—	—	—	—	1	—	1	1	—	—	—	—	—	—
	24°—25°	77	6	30	27	4	3	—	—	—	—	—	1	—	1	1	3	1	—	—	—	—	—	—
21° — 22°	20°—21°	12	2	2	4	2	1	—	—	—	—	—	—	—	1	—	—	—	—	—	—	—	—	—
	21°—22°	7	—	—	5	—	1	—	—	—	—	—	—	—	—	1	—	—	—	—	—	—	—	—
	22°—23°	16	1	3	3	2	1	—	—	—	—	—	—	—	—	3	—	3	—	—	—	—	—	—
	23°—24°	64	1	26	19	6	1	—	—	—	—	—	2	2	2	1	2	2	—	—	—	—	—	—
	24°—25°	85	7	19	16	14	5	2	1	—	—	1	1	3	1	—	5	8	—	2	—	—	—	—
22° — 23°	20°—21°	17	—	4	3	4	2	—	—	—	—	—	—	1	2	1	—	—	—	—	—	—	—	—
	21°—22°	16	3	3	5	—	1	—	—	—	—	—	—	—	1	—	—	1	1	1	—	—	—	—
	22°—23°	46	6	11	15	7	3	—	—	—	—	—	1	—	1	—	—	2	—	—	—	—	—	—
	23°—24°	67	5	19	15	11	5	—	—	—	—	—	1	3	2	3	2	1	—	—	—	—	—	—
	24°—25°	50	5	16	13	8	—	2	—	—	—	—	—	2	1	2	1	—	—	—	—	—	—	—
23° — 24°	20°—21°	17	3	1	9	—	1	1	—	—	—	—	1	1	—	—	—	—	—	—	—	—	—	—
	21°—22°	29	8	6	3	5	—	—	—	—	—	—	—	1	1	2	—	3	—	—	—	—	—	—
	22°—23°	62	3	15	22	11	3	—	—	—	—	—	—	—	—	1	4	—	—	3	—	—	—	—
	23°—24°	56	—	16	18	5	—	—	—	—	—	—	1	5	5	3	—	3	—	—	—	—	—	—
	24°—25°	39	5	9	14	4	—	2	—	—	—	—	1	1	2	1	—	—	—	—	—	—	—	—
24° — 25°	20°—21°	36	5	6	8	4	1	1	—	1	—	1	1	3	1	—	—	3	—	1	—	—	—	—
	21°—22°	35	3	8	11	3	—	—	—	—	—	1	2	—	2	3	1	1	—	—	—	—	—	—
	22°—23°	64	4	12	22	12	4	1	1	—	2	—	1	—	2	2	1	—	—	—	—	—	—	—
	23°—24°	51	3	8	18	6	3	—	—	—	—	—	5	—	5	2	—	—	—	1	1	—	—	—
	24°—25°	24	—	4	9	4	1	3	—	—	—	—	—	—	—	1	—	—	—	2	—	—	—	—
Fünfgrad-Feld	Summen	938	**75**	**240**	**284**	**115**	**40**	12	2	1	2	3	18	22	31	**31**	**20**	**31**	1	10	**1**	—	—	—
	Mittlere Windstärke		2.9	3.7	4.4	4.6	4.4	3.7	1.5	3.0	1.5	1.3	2.6	2.9	2.6	3.1	3.2	2.9	1.0	0	8.0	—	—	—

Barometer 700 mm +		Thermometer Cels. Gr. (Temperatur der Luft)					Relative Feuchtigkeit		Bedeckung des Himmels		Niederschläge					Meeresoberfläche			
				Anzahl und Mittel								Dauer in Stunden				Temperatur		Spezif. Gewicht	
Anzahl der Beob.	Mittel mm	Anzahl der Beob.	Rohes Mittel	4h M.	4h N.	12h N.	Anzahl der Beob.	Procente	Anzahl der Beob.	Mittel (0—10)	Anzahl der Beob.-wachen	Nebel	Regen	Schnee	Hagel	Anzahl der Beob.	Grade Celsius	Anzahl der Beob.	Mittel d. Aräom.-angaben
10	65.8	10	20.9	2 21.0	—	2 20.8	2	83.5	10	2.3	10	—	—	—	—	10	21.4	—	—
9	63.6	8	21.3	1 19.6	2 22.1	—	—	—	8	2.6	10	—	—	—	—	10	21.1	—	—
12	64.4	12	21.9	1 21.9	8 21.5	1 20.9	2	65.5	12	3.5	12	—	—	—	—	12	21.6	2	1.0287
33	64.4	33	21.8	3 20.9	9 22.4	7 21.6	16	80.2	41	4.7	41	3.0	—	—	—	39	21.5	—	—
66	63.6	78	21.6	12 20.8	16 22.5	10 21.0	15	84.3	78	4.4	78	—	2.0	—	—	78	21.5	3	1.0258
13	65.4	14	20.8	1 18.5	3 21.9	3 20.2	2	74.5	13	2.8	14	—	—	—	—	14	20.6	—	—
8	65.0	9	21.4	2 20.2	1 21.0	—	1	70.0	7	4.4	9	—	—	—	—	9	20.7	1	1.0292
16	64.9	15	22.0	2 20.0	2 25.8	2 21.3	3	74.7	18	5.0	18	—	—	—	—	17	21.5	—	—
54	64.2	66	21.3	15 20.6	8 22.6	12 20.7	12	84.7	67	4.5	67	—	—	—	—	66	21.3	3	1.0265
78	63.5	86	21.5	17 20.4	9 23.5	17 21.0	20	85.6	86	4.4	86	—	3.0	—	—	81	21.5	2	1.0264
17	64.9	17	20.8	3 18.8	3 21.4	1 18.8	—	—	18	3.9	18	—	—	—	—	18	20.5	—	—
17	64.8	15	21.7	5 20.5	1 24.6	4 20.3	1	64.0	17	3.8	17	—	—	—	—	17	21.0	—	—
42	65.1	46	22.3	5 20.1	9 21.7	6 20.4	12	75.9	49	5.1	49	—	0.5	—	—	45	21.0	2	1.0269
58	63.4	69	21.7	10 20.7	11 23.1	9 21.1	10	89.5	69	4.4	69	—	0.2	—	—	69	21.2	2	1.0258
45	64.3	49	21.4	6 20.8	9 21.6	6 20.9	0	86.3	49	4.7	50	—	0.8	—	—	40	21.4	3	1.0251
17	65.4	16	20.8	2 19.7	3 20.5	3 19.8	2	74.0	17	3.4	17	—	—	—	—	17	20.1	—	—
27	64.3	28	21.5	6 20.3	5 22.8	4 19.9	8	71.0	30	4.2	30	—	—	—	—	29	21.4	—	—
55	64.4	64	21.0	11 20.2	11 21.8	9 19.9	8	86.1	65	4.5	65	—	1.0	—	—	64	20.8	2	1.0269
54	63.3	55	21.2	14 20.0	7 22.6	8 20.4	5	85.6	56	3.9	56	—	0.5	—	—	51	21.0	4	1.0269
36	64.6	39	21.1	11 20.6	5 22.1	5 20.3	10	84.5	39	5.2	39	—	0.5	—	—	34	21.4	—	—
35	62.8	34	20.7	2 19.6	7 21.3	6 19.9	5	81.2	36	3.3	36	—	—	—	—	35	20.5	1	1.0268
36	64.8	36	21.1	7 19.7	5 22.8	3 21.4	8	82.0	38	4.6	38	—	2.0	—	—	36	20.7	—	—
56	64.4	66	20.8	14 20.0	7 21.4	8 20.5	7	89.9	63	4.5	66	—	1.0	—	—	64	20.5	6	1.0274
51	64.5	49	20.9	7 20.1	6 21.9	7 20.1	6	88.0	51	4.8	51	—	1.0	—	—	48	21.0	1	1.0275
21	64.5	24	21.1	4 20.4	4 21.3	4 20.5	8	81.8	24	5.0	24	—	—	—	—	22	21.2	1	1.0270
866	—	943	—	165	144	137	172	—	961	—	970	3.0	12.5	—	—	925	—	33	—
—	64.15	—	21.3	20.3	22.2	20.6	—	82.6	—	4.4	—	—	—	—	—	—	21.1	—	1.0268

Quadrat 75a. ....

Position der Zone		Wetter nach Beaufort's Bezeichnung. (Häufigkeit.)		Häufigkeit der verschied. Wolkenformen	Häufigkeit von Seegang u. Dünung aus:	Mittel der Meeres-Temperatur	Bemerkungen über einzelne beobachtete Triftströmungen.			
20°—21° N. Br.	20°—25° W. L.	Summe d. Beobacht.: 166		153	82					
		Böen	Himmelsansicht	cirr. 23	N 37			S 68° E 8	S 27° W 10	N 87° W 22
		t —	b 23	cirr.c 10	NE 30			S 56° E 16	S 34° W 15	N 45° W 8
		l —	c 102	cirr.s 8	E 4			S 15° E 22	S 47° W 20	
		q —	o 18	Str. 7	SE —			S 11° E 13	S 81° W 34	
		u —	g 6	W-c 10	S —	21.8° C.			S 82° W 14	
		Hydrometeore	Zustand der Luft	Cum. 79	SW —				S 84° W 11	
		h —	v 1	Cum.st 5	W 6					
		r —	w 2	Nimb. 11	NW 2					
		s —	m 18		†See —					
		d 1	f —		glatt 3					
21°—22° N. Br.	20°—25° W. L.	Summe d. Beobacht.: 223		201	103					
		Böen	Himmelsansicht	cirr. 23	N 46		N 17° E 9		S 23	N 85° W 12
		t —	b 29	cirr.c 17	NE 27		N 22° E 19		S 11° W 7	
		l —	c 138	cirr.s 8	E 13				S 48° W 8	
		q —	o 22	Str. 14	SE —				S 51° W 17	
		u —	g 5	W-c 10	S —	21.3° C.			S 59° W 17	
		Hydrometeore	Zustand der Luft	Cum. 103	SW —				S 68° W 10	
		h —	v 2	Cum.st 18	W 9				S 76° W 16	
		r —	w 4	Nimb. 8	NW —				S 80° W 15	
		s —	m 21		†See 5					
		d 2	f —		glatt 3					
22°—23° N. Br.	20°—25° W. L.	Summe d. Beobacht.: 227		213	106					
		Böen	Himmelsansicht	cirr. 30	N 33		N 36° E 6	E 8	S 22° W 7	N 83° W 25
		t —	b 27	cirr.c 9	NE 29		N 42° E 8	S 46° E 11	S 39° W 13	N 68° W 15
		l —	c 148	cirr.s 6	E 16		N 79° E 16	S 27° E 22	S 51° W 22	N 58° W 9
		q 3	o 27	Str. 14	SE —				S 57° W 12	N 38° W 11
		u —	g 2	W-c 13	S —	21.2° C.			S 79° W 15	
		Hydrometeore	Zustand der Luft	Cum. 117	SW —				S 81° W 14	
		h —	v 2	Cum.st 17	W 6				S 82° W 22	
		r —	w 2	Nimb. 7	NW 6					
		s —	m 16		†See 8					
		d —	f —		glatt 8					
23°—24° N. Br.	20°—25° W. L.	Summe d. Beobacht.: 235		216	98					
		Böen	Himmelsansicht	cirr. 24	N 26		N 2° E 7	S 37° E 8	S 11° W 8	W 13
		t —	b 35	cirr.c. 8	NE 27			S 14° E 23	S 29° W 8	W 16
		l —	c 154	cirr.s 11	E 15				S 38° W 18	N 86° W 7
		q 2	o 21	Str. 18	SE —				S 16° W 9	N 28° W 8
		u —	g 9	W-c 6	S —	21.0° C.			S 67° W 8	
		Hydrometeore	Zustand der Luft	Cum. 128	SW —				S 68° W 11	
		h —	v 1	Cum.st 15	W 9				S 69° W 6	
		r —	w 1	Nimb. 6	NW 4				S 73° W 24	
		s —	m 11		†See 9				S 76° W 8	
		d 1	f —		glatt 8				S 81° W 6	
24°—25° N. Br.	20°—25° W. L.	Summe d. Beobacht.: 236		215	105					
		Böen	Himmelsansicht	cirr. 25	N 40		N 47° E 7	S 20	S 71° W 10	W 9
		t —	b 38	cirr.c 12	NE 24		N 84° E 13	S 11° W 9	S 84° W 25	N 84° W 8
		l —	c 153	cirr.s 7	E 16			S 17° W 8	S 86° W 18	N 45° W 13
		q 4	o 24	Str. 17	SE —		S 2° E 20	S 20° W 16		
		u 1	g 3	W-c 7	S 4	20.7° C.		S 23° W 18		
		Hydrometeore	Zustand der Luft	Cum. 111	SW —			S 22° W 7		
		h —	v 1	Cum.st 26	W 9			S 37° W 7		
		r 2	w 2	Nimb. 10	NW 2			S 45° W 10		
		s —	m 8		†See 7			S 54° W 22		
		d —	f —		glatt 3			S 79° W 6		

Bemerkungen

Ueber Wind.

Unter-□	Jahr	Tag		
01.	78.	24.	12ʰ M.	Der flaue WNW-Wind geht beim Südwarts-Segeln durch N in den NE-Passat über und frischt allmählich auf.
04.	77.	22.	4ʰ M.	Der leichte N-Wind wird flau und still. Mittags kommt leichte Briese aus WNW durch, die beim Segeln nach S auffrischt und allmählich durch N in den NE-Passat übergeht.
14.	78.	27.	12ʰ N.	Der flaue W-Wind wird still. Nach 12 Stunden kommt leichter SW-Wind durch, der allmählich nach NW geht. Am 29. in 19° n. Br. und 25° w. L. setzt leichter NE-Passat ein, der beim Segeln nach S allmählich auffrischt.
20.	73.	25.	12ʰ M.	Der mässige N-Wind geht beim Segeln nach S in den NE-Passat über und frischt auf.
23.	72.	16.	4ʰ N.	Der leichte W-Wind geht durch N in den NE-Passat über und frischt beim Segeln nach S auf.
23.	81.	16.	12ʰ N.	Der flaue NW-Wind geht beim Segeln nach S in den NE-Passat über und frischt auf.
31.	72.	26.	12ʰ M.	Der leichte W-Wind geht beim Segeln nach S durch N in den NE-Passat über und frischt auf.
40.	80.	13.	8ʰ M.	Der flaue N-Wind geht beim Segeln nach S in den NE-Passat über und frischt auf.
42.	69.	20.	4ʰ N.	Der frisch durchstehende NE-Wind wird flau und krimpt nach NW. Am 24. in 19° n. Br. und 25° w. L. setzt mässiger NE-Passat ein.

Sonstige Bemerkungen.

01.	81.	27.	8ʰ N.	Starkes Meerleuchten.
03.	80.	23.	4ʰ N.	Zwei Landschwalben.
04.	76.	6.	4ʰ N.	Die ersten fliegenden Fische. Meeres-Temperatur 22.5° Celsius.
04.	78.	30.	12ʰ M.	Die ersten fliegenden Fische. Meeres-Temperatur 21.4° Celsius.
10.	81.	27.	8ʰ N.	Starker Thau. Dunkle Farbe des Meerwassers.
13.	79.	24.	4ʰ N.	Eine Landschwalbe.
14.	74.	16.	4ʰ M.	Stromkabbelung.
14.	74.	24.	4ʰ M.	Mondhof.
14.	81.	18.	12ʰ N.	Stromkabbelung.
20.	76.	17.	8ʰ M.	Delphine.
21.	81.	27.	8ʰ N.	Sternschnuppen.
32.	80.	22.	4ʰ N.	Schaaren fliegender Fische. Meeres-Temperatur 20.2° Celsius.
32.	81.	11.	8ʰ M.	Schaaren fliegender Fische und Delphine. Meeres-Temperatur 20.5° Celsius.
44.	79.	9.	4ʰ N.	Die ersten fliegenden Fische. Meeres-Temperatur 20.5° Celsius.

Höchster Barometerstand: **770.4** mm am 22. April 1878 in 24° n. Br. und 22° w. L. bei frischem NE-Winde und heiterem Himmel.

Niedrigster „ „ : **757.3** mm am 22. April 1873 in 23° n. Br. und 23° w. L. bei mässigem SW-Winde und heiterem Himmel.

Höchste Lufttemperatur: **29.0**° Cels. am 24. April 1881 in 24° n. Br. und 21° w. L. bei starkem ENE-Winde und wolkigem Himmel.

Niedrigste „ „ : **18.2**° Cels. am 6. April 1879 in 22° n. Br. und 24° w. L. bei mässigem NE-Winde und wolkigem Himmel.

Quadrat 75b. ....

Position		Anzahl der Beob.	Windbeobachtungen																					
			Alle Winde, Variabeln und Stillen																		Stürme			
Breite N	Länge W		N	NNE	NE	ENE	E	ESE	SE	SSE	S	SSW	SW	WSW	W	WNW	NW	NNW	Var.	Stillen	N bis ENE	E bis SSE	S bis WSW	W bis NNW
20°—21°	25°—26°	54	4	11	24	9	2	1	1	—	—	—	—	—	—	—	—	2	—	—	—	—	—	—
	26°—27°	7	—	1	5	1	—	—	—	—	—	—	—	—	—	—	—	—	—	—	—	—	—	—
	27°—28°	11	1	4	4	2	—	—	—	—	—	—	—	—	—	—	—	—	—	—	2	—	—	—
	28°—29°	7	1	5	—	1	—	—	—	—	—	—	—	—	—	—	—	—	—	—	—	—	—	—
	29°—30°	8	1	4	—	1	1	—	—	—	—	—	—	—	—	—	—	—	1	—	—	—	—	—
21°—22°	25°—26°	31	2	9	7	8	—	—	1	—	—	—	—	—	—	—	1	3	—	—	—	—	—	—
	26°—27°	10	1	3	4	1	1	—	—	—	—	—	—	—	—	—	—	—	—	—	1	—	—	—
	27°—28°	1	—	—	1	—	—	—	—	—	—	—	—	—	—	—	—	—	—	—	—	—	—	—
	28°—29°	2	2	—	—	—	—	—	—	—	—	—	—	—	—	—	—	—	—	—	—	—	—	—
	29°—30°	2	—	—	2	—	—	—	—	—	—	—	—	—	—	—	—	—	—	—	—	—	—	—
22°—23°	25°—26°	12	—	1	5	4	—	1	—	—	—	—	—	—	—	1	—	—	—	—	—	—	—	—
	26°—27°	2	—	—	2	—	—	—	—	—	—	—	—	—	—	—	—	—	—	—	—	—	—	—
	27°—28°	2	—	1	—	1	—	—	—	—	—	—	—	—	—	—	—	—	—	—	—	—	—	—
	28°—29°	13	—	1	6	3	3	—	—	—	—	—	—	—	—	—	—	—	—	—	—	—	—	—
	29°—30°	17	—	2	2	4	7	1	—	—	—	—	—	—	—	—	—	1	—	—	—	—	—	—
23°—24°	25°—26°	6	—	—	1	3	1	—	—	—	—	—	—	—	—	—	—	—	1	—	—	—	—	—
	26°—27°	17	—	2	5	3	—	—	—	—	2	1	—	—	1	2	—	1	—	—	—	—	—	—
	27°—28°	15	1	2	6	1	—	—	—	—	—	1	—	—	—	1	3	—	—	—	—	—	—	—
	28°—29°	9	—	2	3	2	1	1	—	—	—	—	—	—	—	—	—	—	—	—	—	—	—	—
	29°—30°	12	1	—	7	3	—	—	—	—	—	—	—	—	—	—	—	1	—	—	—	—	—	—
24°—25°	25°—26°	20	—	—	6	7	—	3	1	1	2	—	—	—	—	—	—	—	—	—	—	—	—	—
	26°—27°	6	—	1	1	—	1	—	—	—	1	—	—	—	2	—	—	—	—	—	—	—	—	—
	27°—28°	13	—	1	3	1	3	—	3	—	—	—	—	—	—	—	2	—	—	—	—	—	—	—
	28°—29°	21	1	2	11	6	1	—	—	—	—	—	—	—	—	—	—	—	—	—	—	—	—	—
	29°—30°	15	—	2	6	5	1	1	—	—	—	—	—	—	—	—	—	—	—	—	—	—	—	—
Fünfgrad-Feld	Summen	313	**15**	**54**	**111**	**66**	**22**	**8**	6	1	5	2	—	—	3	4	6	**8**	2	—	**3**	—	—	—
	Mittlere Windstärke		3.4	3.9	4.1	4.2	4.1	4.4	3.8	3.0	2.8	2.0	—	—	4.0	4.2	3.8	2.9	3.0	—	8.0	—	—	—

April.

Barometer 700mm+		Thermometer Cels. Gr. (Temperatur der Luft)					Relative Feuchtigkeit		Bedeckung des Himmels		Niederschläge					Meeresoberfläche			
				Anzahl und Mittel								Dauer in Stunden				Temperatur		Spezif. Gewicht	
Anzahl der Beob.	Mittel mm	Anzahl der Beob.	Rohes Mittel	4h M.	4h N.	12h N.	Anzahl der Beob.	Prozente	Anzahl der Beob.	Mittel (0—10)	Anzahl der Beob.-wachen	Nebel	Regen	Schnee	Hagel	Anzahl der Beob.	Grade Celsius	Anzahl der Beob.	Mittel d. Aräom.-angaben
48	63.7	52	21.7	[10] 20.9	[8] 23.0	[6] 21.0	8	86.8	53	5.4	54	—	—	—	—	40	21.8	3	1.0246
5	63.0	7	21.7	[2] 20.0	[1] 21.8	[1] 22.5	—	—	6	2.5	7	—	—	—	—	7	21.7	—	—
11	64.5	10	22.6	[1] 22.5	[1] 22.4	[2] 21.9	—	—	10	4.3	11	—	0.5	—	—	10	22.8	—	—
7	64.3	7	21.6	[3] 21.4	—	[2] 21.6	—	—	5	8.6	7	—	—	—	—	7	21.8	—	—
8	62.8	8	23.1	[1] 21.2	[1] 23.8	[1] 21.8	—	—	3	6.3	8	—	—	—	—	8	22.2	—	—
24	63.7	30	21.5	[6] 20.7	[3] 23.1	[7] 20.8	3	89.0	20	4.7	31	—	0.5	—	—	25	21.5	1	1.0280
10	64.2	9	22.0	[4] 21.4	—	[2] 22.9	—	—	10	3.7	10	—	—	—	—	10	22.6	—	—
2	64.3	2	22.5	—	—	—	—	—	2	4.0	2	—	—	—	—	2	22.0	—	—
2	65.5	2	22.4	—	[1] 22.9	—	—	—	—	—	2	—	—	—	—	2	22.4	—	—
2	66.8	2	22.6	—	—	—	—	—	2	7.0	2	—	—	—	—	2	22.4	—	—
11	65.3	12	22.4	—	[3] 22.8	—	1	93.0	12	3.8	12	—	—	—	—	13	22.4	1	1.0287
2	64.1	2	21.8	—	[1] 21.5	—	—	—	2	4.0	2	—	—	—	—	2	21.8	—	—
2	65.4	2	23.6	—	—	—	1	91.0	1	2.0	2	—	—	—	—	2	22.4	—	—
13	66.6	13	22.0	[2] 19.2	[1] 23.8	[3] 21.2	6	85.8	13	4.8	13	—	0.5	—	—	13	22.2	—	—
15	65.9	13	21.8	[3] 21.3	[1] 23.2	—	6	83.3	17	4.9	17	—	1.0	—	—	13	22.6	—	—
6	64.4	6	21.1	[2] 19.9	—	[1] 19.7	2	80.5	6	3.5	6	—	—	—	—	6	21.4	2	1.0272
17	65.7	17	22.2	[2] 20.5	[5] 23.0	[1] 20.8	7	70.3	17	3.4	17	—	—	—	—	16	21.7	—	—
15	66.7	13	21.3	[2] 20.4	[1] 21.1	[3] 20.9	6	79.7	14	3.2	15	—	—	—	—	13	21.9	—	—
6	67.0	8	20.4	[1] 21.0	[2] 21.6	[2] 19.6	1	68.0	9	6.6	9	—	—	—	—	9	21.8	—	—
6	66.8	11	21.4	[4] 20.2	—	[1] 20.8	—	—	12	6.2	12	—	1.0	—	—	11	21.5	—	—
6	65.6	17	22.0	[2] 19.2	[4] 22.5	[2] 20.6	2	72.0	20	4.3	20	—	0.5	—	—	17	21.3	—	—
6	65.5	6	21.6	[1] 21.8	—	[1] 21.0	2	96.0	6	4.5	6	—	—	—	—	6	21.8	—	—
0	66.6	13	21.0	[3] 19.0	[1] 23.8	[2] 22.0	—	—	11	5.1	13	—	—	—	—	13	21.6	—	—
15	66.7	18	21.5	[3] 19.9	[4] 22.5	[2] 20.4	—	—	21	5.9	21	—	0.5	—	—	17	21.4	—	—
10	65.7	15	21.6	[2] 21.1	[2] 21.6	[2] 22.0	2	87.0	15	6.0	15	—	—	—	—	12	21.2	—	—
34	—	295	—	51	38	41	47	—	296	—	314	—	4.5	—	—	275	—	7	—
—	65.13	—	21.7	20.6	22.7	21.1	—	83.6	—	4.9	—	—	—	—	—	—	21.8	—	1.0264

Position der Zone		Wetter nach Beaufort's Bezeichnung. (Häufigkeit.)			Häufigkeit der verschied. Wolkenformen	Häufigkeit vom Seegang u. Dünung aus:	Mittel der Meeres-Temperatur	Bemerkungen über einzelne beobachtete Triftströmungen.
20°—21° N. Br.	25°—30° W. L.	Summe d. Beobacht.: 92			85	27	21.[illegible]° C.	
		Böen		Himmelsansicht	cirr. 10	N 6		S 79° E 10 S 15 W 10
		t —		b 8	cirr.c 1	NE 14		S 51° E 11 S 31° W 22 W 12
		l —		c 60	cirr.s 1	E 4		S 68° W 18
		q 1		o 13	Str. 2	SE —		
		u —		g 2	W-c 7	S —		
		Hydrometeore		Zustand der Luft	Cum. 60	SW —		
		h —		v —	Cum.st 8	W —		
		r —		w 1	Nimb. 1	NW —		
		s —		m 6		†See 2		
		d 1		f —		glatt 1		
21°—22° N. Br.	25°—30° W. L.	Summe d. Beobacht.: 47			42	13	21.[illegible]° C.	
		Böen		Himmelsansicht	cirr. 8	N 3		S 57° W 82 N 88° W 11
		t —		b 3	cirr.c —	NE 5		N 69° W 11
		l —		c 55	cirr.s 1	E 4		N 58° W 15
		q —		o 7	Str. 1	SE —		N 28° W 12
		u —		g —	W-c 8	S —		
		Hydrometeore		Zustand der Luft	Cum. 31	SW —		
		h —		v —	Cum.st 3	W —		
		r —		w —	Nimb. —	NW —		
		s —		m 2		†See 1		
		d —		f —		glatt —		
22°—23° N. Br.	25°—30° W. L.	Summe d. Beobacht.: 46			45	27	22.[illegible]° C.	
		Böen		Himmelsansicht	cirr. 6	N 11		N 10 S 36° E 14 S 50° W 12
		t —		b 4	cirr.c —	NE 6		N 63° E 14 S 30° E 15 S 81° W 22
		l —		c 41	cirr.s 4	E 8		
		q —		o 1	Str. 1	SE —		
		u —		g —	W-c —	S —		
		Hydrometeore		Zustand der Luft	Cum. 26	SW —		
		h —		v —	Cum.st 7	W —		
		r —		w —	Nimb. 1	NW 2		
		s —		m —		†See —		
		d —		f —		glatt —		
23°—24° N. Br.	25°—30° W. L.	Summe d. Beobacht.: 66			54	39	21.7° C.	
		Böen		Himmelsansicht	cirr. 8	N 13		N 45° E 7 S 52° W 9 N 63° W 11
		t —		b 10	cirr.c —	NE 16		N 48° E 6 S 52° W 16
		l —		c 46	cirr.s 9	E 5		S 60° W 20
		q 8		o 4	Str. 6	SE —		S 79° W 18
		u —		g —	W-c —	S —		
		Hydrometeore		Zustand der Luft	Cum. 30	SW —		
		h —		v 3	Cum.st 5	W —		
		r —		w —	Nimb. 2	NW 5		
		s —		m —		†See —		
		d —		f —		glatt —		
24°—25° N. Br.	23°—30° W. L.	Summe d. Beobacht.: 80			79	32	21.4° C.	
		Böen		Himmelsansicht	cirr. 9	N 7		N 56° E 12 S 75° E 18 S 14 N 84° W 10
		t —		b 4	cirr.c 1	NE 15		S 54° E 7 S 40° W 21
		l —		c 60	cirr.s 8	E 7		S 54° W 22
		q 1		o 11	Str. 5	SE —		
		u —		g —	W-c —	S —		
		Hydrometeore		Zustand der Luft	Cum. 42	SW —		
		h —		v —	Cum.st 15	W —		
		r —		w —	Nimb. 4	NW 3		
		s —		m 4		†See —		
		d —		f —		glatt —		

Bemerkungen

Ueber Wind.

Unter-□	Jahr	Tag		
06.	68.	10.	12h M.	Der frische N-Wind wird flau und geht nach NE. Nach 48 Stunden wird, beim Segeln nach S, der NE-Passat frisch und beständig.
09.	73.	15.	8h M.	Der frische N-Wind geht beim Segeln nach WSW allmählich in den NE-Passat über und wird flauer.
15.	73.	24.	12h N.	Der leichte NNW-Wind geht beim Segeln nach W allmählich in den NE-Passat über und frischt auf.
36.	78.	6.	8h N.	Der mässige WNW-Wind geht beim Segeln nach SW durch N nach NE und wird flau.
49.	77.	23.	4h M.	Der frische NE-Wind wird beim Segeln nach W allmählich flauer.

Sonstige Bemerkungen.

06.	81.	18.	8h M.	Viele Boniten.
07.	78.	16.	8h M.	Schwärme fliegender Fische.
09.	73.	15.	12h M.	Die ersten fliegenden Fische und mehrere grosse Seevögel.
25.	76.	7.	12h N.	Viele Sternschnuppen.
37.	79.	5.	4h N.	Die ersten fliegenden Fische. Meeres-Temperatur 21.4° Celsius.
39.	80.	25.	8h M.	Die ersten fliegenden Fische. Meeres-Temperatur 21.6° Celsius.

Höchster Barometerstand: **770.4** mm am 11. April 1877 in 23° n. Br. und 27° w. L. bei frischem NE-Winde und heiterem Himmel.

Niedrigster „ „ : **760.6** mm am 6. April 1876 in 20° n. Br. und 25° w. L. bei leichtem NE-Winde und halb bewölktem Himmel.

Höchste Lufttemperatur: **27.0°** Cels. am 8. April 1876 in 20° n. Br. und 25° w. L. bei mässigem N-Winde, dunstiger Luft und halb bewölktem Himmel.

Niedrigste „ „ **17.4°** Cels. am 6. April 1871 in 24° n. Br. und 27° w. L. bei frischem NE-Winde und wolkigem Himmel.

Position			Windbeobachtungen																				
			Alle Winde, Variabeln und Stillen																		Stürme		
Breite N	Länge W	Anzahl der Beob.	N	NNE	NE	ENE	E	ESE	SE	SSE	S	SSW	SW	WSW	W	WNW	NW	NNW	Var.	Stillen	N bis ENE	E bis SSE	S bis WSW
25°—26°	20°—21°	30	5	1	3	6	1	1	1	—	—	—	1	3	2	1	3	2	—	—	—	—	—
	21°—22°	59	1	13	21	11	3	1	—	—	—	1	2	—	1	—	2	1	1	1	—	—	—
	22°—23°	72	4	18	22	11	4	2	2	1	—	—	—	1	3	—	1	1	—	2	—	—	—
	23°—24°	40	4	6	8	8	3	—	—	—	—	—	—	2	1	—	1	7	—	—	—	—	—
	24°—25°	16	1	4	3	—	5	2	1	—	—	—	—	—	—	—	—	—	—	—	—	—	—
26°—27°	20°—21°	49	5	10	9	4	6	—	—	—	—	—	—	3	6	1	3	2	—	—	—	—	—
	21°—22°	70	4	17	27	11	5	2	1	—	—	—	1	—	1	1	—	—	—	—	—	—	—
	22°—23°	57	2	10	21	5	4	3	—	—	—	1	—	—	1	2	4	—	—	—	—	—	—
	23°—24°	36	4	6	8	8	3	—	—	—	—	—	—	1	1	2	2	1	—	—	—	—	—
	24°—25°	11	—	2	4	4	—	1	—	—	—	—	—	—	—	—	—	—	—	—	—	—	—
27°—28°	20°—21°	63	7	12	17	8	4	—	—	—	—	—	3	2	2	4	2	2	—	—	2	—	2
	21°—22°	79	1	33	28	7	2	1	—	2	—	1	1	—	—	—	—	2	—	1	—	—	—
	22°—23°	38	1	11	10	5	2	—	—	—	—	—	—	4	2	3	—	—	—	—	—	—	—
	23°—24°	19	3	4	4	3	1	—	—	—	—	—	—	—	2	—	1	1	—	—	—	—	—
	24°—25°	21	3	4	6	4	3	1	—	—	—	—	—	—	—	—	—	—	—	—	—	—	—
28°—29°	20°—21°	65	7	15	16	8	3	3	2	—	—	—	—	1	3	2	2	3	—	—	—	—	—
	21°—22°	73	5	20	19	9	1	—	2	—	1	2	3	3	—	2	—	5	—	1	—	—	—
	22°—23°	44	5	6	9	4	2	2	—	—	—	—	—	7	1	2	2	3	—	1	—	—	—
	23°—24°	20	1	5	6	4	—	1	—	—	—	—	—	1	—	1	—	1	—	—	—	—	—
	24°—25°	13	—	—	—	4	4	—	—	—	—	—	1	—	—	—	1	3	—	—	—	—	—
29°—30°	20°—21°	81	12	19	20	5	9	2	1	—	—	—	3	—	2	—	1	5	—	2	—	—	—
	21°—22°	55	—	4	6	7	3	—	—	4	3	2	5	2	5	6	3	4	—	1	—	—	—
	22°—23°	33	—	4	6	1	—	1	1	2	3	2	4	4	1	2	1	1	—	—	—	—	—
	23°—24°	23	—	3	5	2	1	—	—	—	—	2	1	4	2	—	2	—	—	1	—	—	—
	24°—25°	10	1	—	1	—	2	—	—	—	—	2	1	1	—	—	1	1	—	—	—	—	—
Fünfgrad-Feld	Summen	1077	**76**	**227**	**279**	**143**	**71**	23	11	9	7	13	26	39	36	**29**	**32**	**45**	1	10	**2**	—	**2**
	Mittlere Windstärke		3.6	3.7	4.3	4.2	4.3	3.6	3.1	3.1	2.9	3.2	3.2	3.2	3.4	3.5	3.7	3.4	1.0	0	8.5	—	9.0

April.

25°—30° N. B. und 20°—25° W. L.

Barometer 700mm+		Thermometer Cels. Gr. (Temperatur der Luft)					Relative Feuchtigkeit		Bedeckung des Himmels		Niederschläge				
				Anzahl und Mittel								Dauer in Stunden			
Anzahl der Beob.	Mittel mm	Anzahl der Beob.	Rohes Mittel	4h M.	4h N.	12h N.	Anzahl der Beob.	Prozente	Anzahl der Beob.	Mittel (0—10)	Anzahl der Beob.-wachen	Nebel	Regen	Schnee	Hagel
30	63.9	29	19.6	8 16.6	4 22.8	4 17.9	8	82.8	30	5.1	30	—	2.0	—	—
56	64.8	62	20.5	11 19.9	6 21.7	11 19.7	6	91.5	68	4.1	68	—	0.5	—	—
68	64.8	70	20.4	10 19.4	14 21.1	9 19.8	7	86.4	70	4.4	72	—	0.5	—	—
38	65.9	40	20.6	9 19.8	7 21.9	7 20.0	6	88.7	40	4.1	40	—	0.5	—	—
15	64.9	13	20.6	3 19.1	3 21.1	—	3	79.0	16	5.1	16	—	0.5	—	—
52	64.5	53	20.0	8 18.7	8 20.5	5 19.4	9	85.8	52	4.0	54	—	1.5	—	—
66	65.2	69	19.7	11 19.1	9 20.8	11 19.4	4	88.2	69	4.1	71	0.5	1.0	—	—
55	64.1	55	20.2	11 19.2	8 21.0	9 19.8	9	85.0	56	3.9	57	—	—	—	—
27	65.4	36	20.1	6 19.2	4 21.1	6 19.4	4	87.5	36	4.3	36	—	1.0	—	—
7	66.8	11	19.3	3 18.6	1 21.8	1 18.0	—	—	11	6.0	11	—	0.5	—	—
57	64.4	64	19.7	9 18.2	11 20.9	7 19.0	5	89.8	65	4.2	66	—	11.0	—	—
74	63.8	78	19.9	12 18.4	10 20.8	6 19.5	14	87.1	77	4.8	79	—	1.7	—	—
30	66.2	38	19.5	7 18.5	10 20.0	7 18.5	2	83.0	38	4.0	38	—	—	—	—
14	65.4	17	20.1	2 19.2	4 19.6	—	2	79.0	17	3.9	19	—	—	—	—
12	68.4	18	19.0	4 18.6	3 18.9	5 18.9	2	70.0	18	5.8	21	—	3.0	—	—
62	65.0	66	19.1	13 18.8	6 20.1	8 18.6	9	85.0	67	4.9	67	0.5	1.1	—	—
57	65.4	71	19.5	13 18.4	11 20.6	10 18.3	11	88.1	70	5.0	78	—	10.0	—	—
31	66.4	40	19.5	7 18.1	3 21.3	6 19.2	7	86.9	39	4.1	44	—	3.5	—	—
15	67.8	18	18.4	4 17.8	3 19.8	2 16.2	1	89.0	18	5.1	20	—	—	—	—
7	67.2	13	19.0	—	2 19.6	3 19.4	1	87.0	13	6.2	13	—	5.5	—	—
65	66.9	77	18.9	17 17.7	11 20.0	15 18.1	21	88.7	75	4.3	81	—	1.0	—	—
44	65.1	50	18.9	5 16.7	15 19.6	6 18.3	4	76.2	49	4.4	55	—	12.8	—	—
27	65.7	34	19.1	6 18.8	6 19.9	5 18.6	—	—	35	4.1	35	—	2.0	—	—
14	65.4	23	19.8	5 18.3	2 22.8	5 18.8	8	82.0	23	6.3	23	—	2.0	—	—
8	68.0	10	19.2	1 18.2	1 21.6	2 18.1	3	81.0	10	5.3	10	—	2.5	—	—
930	—	1055	—	190 —	137 —	150 —	141	—	1057	—	1094	1.0	64.1	—	—
—	65.40	—	19.7	18.7	20.7	19.0	—	85.1	—	4.5	—	—	—	—	—

Quadrat 75°.

Position der Zone		Wetter nach Beaufort's Bezeichnung. (Häufigkeit.)			Häufigkeit der verschied. Wolkenformen	Häufigkeit von Seegang u. Dünung aus:	Mittel der Meeres-Temperatur	Bemerkungen über einzelne beobachtete Triftströmungen			
25°—26° N. Br.	20°—25° W. L.	Summe d. Beobacht.: 248			224	106					
		Böen		Himmelsansicht	cirr. 24	N 51			S 83° E 12	S 25° W 14	W 10
		t —		b 82	cirr.c 14	NE 14			S 81° E 6	S 51° W 17	W 18
		l 1		c 172	cirr.s 15	E 20			S 46° E 20	S 56° W 9	N 77° W 8
		q 2	1	o 17	Str. 12	SE 2			S 2° E 18	S 54° W 18	N 74° W 15
		u —		g 5	W.-c 6	S —	20.6° C.			S 58° W 15	N 70° W 11
		Hydrometeore		Zustand der Luft	Cum. 127	SW —				S 70° W 8	N 57° W 21
		h —		v —	Cum.-st 19	W 9				S 73° W 20	N 39° W 10
		r —	1	w 6	Nimb. 7	NW 6					
		s —		m 10		†See 4					
		d 1		f —		glatt —					
26°—27° N. Br.	20°—25° W. L.	Summe d. Beobacht.: 268			227	110					
		Böen		Himmelsansicht	cirr. 19	N 49			S 58° E 12	S 35° W 6	W 20
		t —		b 35	cirr.c 5	NE 26			S 56° E 9	S 37° W 15	N 88° W 17
		l —		c 170	cirr.s 17	E 15			S 6° E 11	S 40° W 12	N 25° W 11
		q 3	1	o 19	Str. 13	SE —				S 63° W 13	
		u —		g 6	W.-c 6	S —	20.2° C.			S 66° W 10	
		Hydrometeore		Zustand der Luft	Cum. 137	SW —				S 72° W 13	
		h —		v 1	Cum.-st 22	W 4				S 73° W 13	
		r —		w 8	Nimb. 9	NW 8				S 83° W 8	
		s —		m 17		†See 6					
		d 2		f 1		glatt 2					
27°—28° N. Br.	20°—25° W. L.	Summe d. Beobacht.: 249			220	105					
		Böen		Himmelsansicht	cirr. 24	N 57		N 18	S 70° E 15	S 45° W 11	W 8
		t —		b 27	cirr.c 5	NE 16		N 45° E 9	S 6° E 7	S 62° W 11	W 18
		l 1		c 170	cirr.s 7	E 17			S 6° E 19		N 84° W 6
		q 3	2	o 22	Str. 13	SE —					N 67° W 8
		u 1		g 5	W.-c 7	S —	19.9° C.				N 66° W 1
		Hydrometeore		Zustand der Luft	Cum. 125	SW —					N 39° W 17
		h —		v —	Cum.-st 24	W 8					
		r 1		w 4	Nimb. 15	NW 6					
		s —		m 10		†See 1					
		d 3		f —		glatt —					
28°—29° N. Br.	20°—25° W. L.	Summe d. Beobacht.: 236			203	91					
		Böen		Himmelsansicht	cirr. 16	N 32			S 75° E 15	S 3° W 8	N 22° W 12
		t 1		b 24	cirr.c 4	NE 15			S 62° E 30	S 8° W 14	
		l 2		c 154	cirr.s 6	E 14				S 12° W 8	
		q 1	1	o 31	Str. 7	SE —				S 24° W 11	
		u —		g 9	W.-c 5	S —	19.4° C.			S 45° W 17	
		Hydrometeore		Zustand der Luft	Cum. 128	SW —				S 54° W 10	
		h —		v 2	Cum.-st 20	W 10				S 56° W 20	
		r 1		w 3	Nimb. 17	NW 13				N 76° W 26	
		s —		m 8		†See 7				S 80° W 12	
		d —		f 1		glatt —					
29°—30° N. Br.	20°—25° W. L.	Summe d. Beobacht.: 213			185	81					
		Böen		Himmelsansicht	cirr. 21	N 35		N 68° E 12	S 65° E 10	S 25	N 79° W 11
		t 1		b 22	cirr.c 14	NE 8			S 41° E 41	S 22° W 6	N 51° W [illegible]
		l 2		c 143	cirr.s 5	E 11			S 34° E 7	S 22° W 6	N 45° W [illegible]
		q 3	3	o 27	Str. 9	SE —				S 27° W 8	
		u —		g 6	W.-c 2	S —	19.1° C.			S 28° W 12	
		Hydrometeore		Zustand der Luft	Cum. 105	SW —				S 48° W 15	
		h —		v 2	Cum.-st 9	W 16				S 79° W 15	
		r —		w 2	Nimb. 20	NW 4				S 81° W 31	
		s —		m 2		†See 7				S 84° W 13	
		d 1		f —		glatt —					

Bemerkungen

Ueber Wind.

Unter-□	Jahr	Tag		
52.	72.	21.	12ʰ M.	Der leichte NE-Wind wird still. Nach 12 Stunden setzt leichter W-Wind ein, der einige Zeit veränderlich bleibt. Am 26. in 20° n. Br. und 24° w. L. setzt leichter NE-Passat ein, der beim Segeln nach S auffrischt.
52.	78.	26.	4ʰ M.	Der starke NE-Wind krimpt allmählich nach S und wird still. Hierauf kommen leichte westliche Winde durch, die einige Tage anhalten. Am 29. in 20° n. Br. und 24° w. L. setzt leichter NE-Passat ein, der beim Segeln nach S auffrischt.
53.	77.	8.	4ʰ M.	Der frische W-Wind geht, beim Segeln nach S, allmählich durch N in den NE-Passat über.
70.	08.	9.	4ʰ M.	Der Sturm von Stärke 9 springt Mittags plötzlich von SW nach NE und weht mit derselben Stärke. Nach 4 Stunden flaut der Wind ab und krimpt nach WNW. Am 10. Abends geht der mässige WNW-Wind beim Segeln nach S allmählich in den NE-Passat über und frischt auf.
70.	70.	7.	12ʰ M.	Der flaue W-Wind geht mit starkem Blitzen nach N und wird ganz leicht. Nach 12 Stunden setzt beim Segeln nach S frischer NE-Passat ein.
80.	81.	6.	12ʰ N.	Der leichte, veränderliche N-Wind geht beim Segeln nach S in den NE-Passat über und frischt auf.
81.	70.	7.	8ʰ N.	Der leichte veränderliche W-Wind geht mit starkem Blitzen und Regen allmählich durch N in den NE-Passat über.

Sonstige Bemerkungen.

Unter-□	Jahr	Tag		
54.	77.	8.	8ʰ N.	Um 6½ʰ N. ein heller Meteor aus etwa 30° Höhe, dessen zickzackförmige Bahn erst nach 4 Minuten verschwand.
60.	73.	21	4ʰ N.	Kleine blaue Schneckenmuscheln. Viele Quallen.
60.	81.	25.	4ʰ N.	Delphine.
80.	69.	18.	12ʰ N.	Sternschnuppen
91.	70.	7.	4ʰ M.	Schweres Gewitter. Elmsfeuer.

Höchster Barometerstand: **773.9** mm am 29. April 1874 in 29° n. Br. und 20° w. L. bei mässigem NNE-Winde und halb bewölktem Himmel.

Niedrigster „ „ : **740.[illegible]** mm am 9. April 1868 in 27° n. Br. und 20° w. L. bei SW-Sturm mit Regen und bewölktem Himmel.

Höchste Lufttemperatur: **25.2** ° Cels. am 17. April 1879 in 29° n. Br. und 20° w. L. bei leichtem NNE-Winde und heiterem Himmel.

Niedrigste „ „ : **14.5** ° Cels. am 3. April 1879 in 28° n. Br. und 23° w. L. bei leichtem NNE-Winde und heiterem Himmel.

Quadrat 75d.

Position		Windbeobachtungen																						
		Anzahl der Beob.	Alle Winde, Variabeln und Stillen																	Stürme				
Breite N	Länge W		N	NNE	NE	ENE	E	ESE	SE	SSE	S	SSW	SW	WSW	W	WNW	NW	NNW	Var.	Stillen	N bis ENE	E bis SSE	S bis WSW	W…
25°—26°	25°—26°	5	—	1	1	3	—	—	—	—	—	—	—	—	—	—	—	—	—	—	—	—	—	—
	26°—27°	15	—	3	4	5	—	—	—	—	—	—	—	3	—	—	—	—	—	—	—	—	—	—
	27°—28°	23	—	3	8	6	2	1	—	—	—	—	—	—	—	1	2	—	—	—	—	—	—	—
	28°—29°	12	—	2	3	5	—	—	—	—	—	—	—	—	—	—	1	1	—	—	—	—	—	—
	29°—30°	5	1	2	1	1	—	—	—	—	—	—	—	—	—	—	—	—	—	—	—	—	—	—
26°—27°	25°—26°	15	—	3	5	5	2	—	—	—	—	—	—	—	—	—	—	—	—	—	—	—	—	—
	26°—27°	17	—	5	4	4	3	1	—	—	—	—	—	—	—	—	—	—	—	—	—	—	—	—
	27°—28°	20	2	4	7	2	—	—	—	1	—	—	—	4	—	—	—	—	—	—	—	—	—	—
	28°—29°	6	—	—	—	1	1	—	—	2	2	—	—	—	—	—	—	—	—	—	—	—	—	—
	29°—30°	10	—	1	—	—	3	—	—	—	—	1	1	—	—	—	—	1	—	3	—	—	—	—
27°—28°	25°—26°	18	3	4	3	3	4	1	—	—	—	—	—	—	—	—	—	—	—	—	—	—	—	—
	26°—27°	9	1	4	2	1	—	—	1	—	—	—	—	—	—	—	—	—	—	—	—	—	—	—
	27°—28°	16	1	1	—	—	—	—	1	1	—	—	2	5	3	—	—	2	—	—	—	—	—	—
	28°—29°	2	—	—	—	—	—	—	—	—	—	1	1	—	—	—	—	—	—	—	—	—	—	—
	29°—30°	2	—	—	—	—	—	—	—	—	—	—	—	—	—	—	1	1	—	—	—	—	—	—
28°—29°	25°—26°	9	1	3	—	1	1	2	—	—	—	—	—	—	—	—	—	1	—	—	—	—	—	—
	26°—27°	5	1	2	—	—	1	—	1	—	—	—	—	—	—	—	—	—	—	—	—	—	—	—
	27°—28°	5	—	—	—	—	—	—	—	—	—	—	—	2	2	—	—	1	—	—	—	—	—	—
	28°—29°	5	2	—	—	—	—	—	—	—	—	—	1	—	1	—	1	—	—	—	—	—	—	—
	29°—30°	—	—	—	—	—	—	—	—	—	—	—	—	—	—	—	—	—	—	—	—	—	—	—
29°—30°	25°—26°	12	1	2	—	1	—	—	—	—	—	2	3	1	—	1	1	—	—	—	—	—	—	—
	26°—27°	5	1	—	1	—	—	—	—	—	—	—	—	—	—	—	1	2	—	—	—	—	—	—
	27°—28°	8	—	2	1	—	—	—	—	—	—	—	—	—	1	2	2	—	—	—	—	—	—	—
	28°—29°	5	—	—	—	—	—	—	—	—	—	3	—	2	—	—	—	—	—	—	—	—	—	—
	29°—30°	3	2	—	—	—	—	—	—	—	—	1	—	—	—	—	—	—	—	—	—	—	—	—
Fünfgrad-Feld	Summen	232	**16**	**42**	**40**	**38**	**17**	**5**	3	4	2	8	8	17	7	4	**9**	**9**	—	3	—	—	—	—
	Mittlere Windstärke		3.2	3.9	4.2	4.0	3.8	3.6	5.7	3.5	3.0	4.8	5.5	4.5	3.1	3.5	4.3	4.1	—	0	—	—	—	—

April.

25°—30° N. B. und 25°—30° W. L.

Barometer 700mm+		Thermometer Cels. Gr. (Temperatur der Luft)					Relative Feuchtigkeit		Bedeckung des Himmels		Niederschläge				
Anzahl der Beob.	Mittel mm	Anzahl der Beob.	Rohes Mittel	Anzahl und Mittel 4h M.	4h N.	12h N.	Anzahl der Beob.	Prozente	Anzahl der Beob.	Mittel (0–10)	Anzahl der Beob.-wachen	Dauer in Stunden: Nebel	Regen	Schnee	Hagel
4	67.1	5	20.0	(1) 20.2	—	(1) 20.8	—	—	5	4.8	5	—	1.0	—	—
9	64.9	15	19.6	(2) 18.4	(2) 20.8	(6) 19.6	3	97.3	15	0.7	15	—	0.5	—	—
15	66.4	23	20.7	(3) 19.9	(4) 21.2	(3) 19.2	1	83.0	21	7.0	23	—	—	—	—
5	66.0	12	21.1	(2) 19.2	(4) 22.6	(1) 18.9	2	86.0	12	4.8	12	—	—	—	—
8	67.9	8	22.2	—	(1) 23.5	(3) 21.6	1	90.0	5	2.4	5	—	—	—	—
7	67.9	14	20.0	(1) 16.1	(5) 20.6	(1) 19.0	—	—	14	5.6	15	—	3.5	—	—
8	66.8	17	20.8	(1) 19.0	(2) 21.8	(2) 19.0	4	83.5	16	7.6	17	—	—	—	—
13	66.8	17	21.1	(4) 20.3	(2) 22.6	(3) 21.2	7	92.6	19	6.1	20	—	—	—	—
6	67.2	6	22.2	(1) 22.5	(1) 20.3	(1) 22.7	—	—	6	4.0	6	—	—	—	—
10	67.6	10	22.9	(2) 21.4	(1) 24.0	(2) 21.7	—	—	10	2.2	10	—	1.0	—	—
11	68.9	18	19.3	(3) 18.7	(2) 20.6	(3) 18.6	4	86.5	18	6.7	18	—	1.0	—	—
8	67.1	10	20.0	(3) 19.7	(2) 20.8	(2) 19.5	—	—	11	5.6	11	—	0.6	—	—
15	63.8	15	21.1	(2) 20.2	(2) 22.0	(1) 20.6	9	94.7	14	3.8	16	—	—	—	—
—	—	2	19.4	—	(1) 19.4	—	—	—	2	4.0	2	—	—	—	—
—	—	2	19.4	—	—	(1) 19.4	—	—	2	4.5	2	—	—	—	—
6	68.5	9	19.7	(2) 19.1	(2) 19.8	—	3	85.7	9	5.3	9	—	0.5	—	—
5	67.3	2	20.7	—	—	(1) 20.9	—	—	5	3.6	5	—	—	—	—
5	62.1	5	19.8	(1) 19.6	—	(2) 19.6	4	98.2	4	3.8	5	—	2.0	—	—
—	—	5	19.4	(1) 18.1	(1) 20.0	—	—	—	5	3.0	5	—	—	—	—
—	—	—	—	—	—	—	—	—	—	—	—	—	—	—	—
7	58.3	10	19.2	(3) 16.8	(1) 21.2	(2) 19.4	—	—	11	4.6	12	—	2.0	—	—
4	69.2	2	17.2	—	(1) 18.3	—	—	—	5	3.0	5	—	—	—	—
5	61.3	8	18.7	(1) 17.8	(2) 19.8	(1) 17.2	3	90.0	6	2.8	8	—	—	—	—
—	[illegible]	5	18.8	(1) 17.5	(1) 19.4	—	—	—	5	7.8	5	—	2.0	—	—
3	62.1	3	18.1	(1) 18.2	—	(2) 18.0	—	—	3	5.5	3	—	0.5	—	—
[illegible]49	—	220	—	35 / —	37 / —	38 / —	41	—	223	—	234	—	14.6	—	—
—	65.84	—	20.3	19.2	21.1	19.8	—	88.6	—	5.3	—	—	—	—	—

Position der Zone		Wetter nach Beaufort's Bezeichnung. (Häufigkeit)			Häufigkeit der verschied. Wolkenformen	Häufigkeit von Seegang u. Dünung aus:	Mittel der Meeres-Temperatur	Bemerkungen über einzelne beobachtete Triftströmungen.
25°—26° N. Br.	25°—30° W. L.	Summe d. Beobacht.:		68	57	24		
		Böen		Himmelsansicht	cirr. 5	N 6		N 33° E 8 S 68° E 8 N 65° W 19
		t —		b 2	cirr. c. —	NE 12		
		l —		c 45	cirr. s 4	E 3		
		q —		o 13	Str. 6	SE —		
		u —		g —	W-c —	S —	20,8° C.	
		Hydrometeore		Zustand der Luft	Cum. 32	SW —		
		h —		v —	Cum. st 5	W 2		
		r —		w 2	Nimb. 4	NW 1		
		s —		m 6		†See —		
		d —		f —		glatt —		
26°—27° N. Br.	25°—30° W. L.	Summe d. Beobacht.:		74	61	29		
		Böen		Himmelsansicht	cirr. 5	N 3		S 28° E 6 S 8 N 62° W 6
		t —		b 5	cirr. c. —	NE 4		S 2° W 12 N 41° W 15
		l —		c 50	cirr. s 7	E 10		S 7° W 7 N 38° W 10
		q —		o 11	Str. 2	SE —		S 67° W 26
		u —		g 4	W-c 8	S —	21,4° C.	
		Hydrometeore		Zustand der Luft	Cum. 30	SW —		
		h —		v —	Cum. st 10	W 4		
		r —		w —	Nimb. 4	NW —		
		s —		m 4		†See 8		
		d —		f —		glatt —		
27°—28° N. Br.	25°—30° W. L.	Summe d. Beobacht.:		54	40	19		
		Böen		Himmelsansicht	cirr. —	N 1		S 24° E 11 W 19
		t —		b 3	cirr. c —	NE —		N 84° W 12
		l —		c 33	cirr. s 7	E 4		N 42° W 8
		q —		o 13	Str. 2	SE —		N 20° W 11
		u —		g 2	W-c 4	S 2	20,5° C.	
		Hydrometeore		Zustand der Luft	Cum. 25	SW 3		
		h —		v —	Cum. st 1	W 4		
		r —		w —	Nimb. 1	NW —		
		s —		m 3		†See 5		
		d —		f —		glatt —		
28°—29° N. Br.	25°—30° W. L.	Summe d. Beobacht.:		25	21	7		
		Böen		Himmelsansicht	cirr. 1	N —		S 31° W 16
		t —		b 1	cirr. c 1	NE —		
		l —		c 20	cirr. s 2	E 3		
		q —		o 3	Str. 1	SE —		
		u —		g —	W-c —	S 4	19,2° C.	
		Hydrometeore		Zustand der Luft	Cum. 15	SW —		
		h —		v —	Cum. st 1	W —		
		r 1		w —	Nimb. —	NW —		
		s —		m —		†See —		
		d —		f —		glatt —		
29°—30° N. Br.	25°—30° W. L.	Summe d. Beobacht.:		32	32	3		
		Böen		Himmelsansicht	cirr. 5	N —		S 51° W 14 N 34° W 6
		t —		b 5	cirr. c —	NE —		S 78° W 15
		l —		c 22	cirr. s 3	E —		
		q —		o 5	Str. 3	SE —		
		u —		g —	W-c —	S 3	19,6° C.	
		Hydrometeore		Zustand der Luft	Cum. 15	SW —		
		h —		v —	Cum. st 2	W —		
		r —		w —	Nimb. 4	NW —		
		s —		m —		†See —		
		d —		f —		glatt —		

Bemerkungen

Ueber Wind.

Unter-□	Jahr	Tag		
58.	77.	22.	4ʰ N.	Der mässige NW-Wind geht beim Segeln nach SW allmählich durch N in den NE-Passat über und frischt auf.
67.	73.	12.	4ʰ M.	Der stürmische SW-Wind (7) mit hoher wilder See aus W wird beim Segeln nach SE mässiger und geht nach W. Am 15. in 20° n. Br. und 29° w. L. geht beim Segeln nach SW der mässige W-Wind allmählich durch N in den NE-Passat über.
69.	72.	28.	4ʰ N.	Der flaue SW-Wind wird still. Nach 20 Stunden setzt leichter NE-Passat ein, der beim Segeln nach SW auffrischt.
75.	71.	4.	8ʰ N.	Der frische N-Wind geht beim Segeln nach SW allmählich in einen frischen NE-Passat über.
85.	71.	5.	4ʰ M.	Der mässige NNW-Wind geht beim Segeln nach W allmählich in den NE-Passat über.
85.	70.	30.	4ʰ N.	Der flaue SE-Wind geht beim Segeln nach S allmählich nach E und NE. Viele Quallen.
95.	75.	27.	4ʰ M.	Der mässige SW-Wind wird flau und geht nach NW. Nach 24 Stunden setzt leichter NE-Passat ein, der beim Segeln nach SW allmählich auffrischt.
96.	68.	6.	4ʰ M.	Der mässige W-Wind geht nach N und wird flau. Um 12ʰ N. setzt mässiger NE-Passat ein, der beim Segeln nach S auffrischt.

Sonstige Bemerkungen.

59.	77.	22.	12ʰ N.	Mondring.
66.	60.	23.	8ʰ N.	Bei mässigem NE-Winde zieht das Cir.-Gewölk aus W.

Höchster Barometerstand: **772.8** mm am 30. April 1876 in 27° n. Br. und 25° w. L. bei mässigem ESE-Winde und halb bewölktem Himmel.

Niedrigster " " : **755.6** mm am 25. April 1872 in 29° n. Br. und 25° w. L. bei mässigem WNW-Winde und halb bewölktem Himmel.

Höchste Lufttemperatur: **23.1**° Cels. am 27. April 1879 in 25° n. Br. und 27° w. L. bei leichtem ENE-Winde und heiterem Himmel.

Niedrigste " " **16.0**° Cels. am 6. April 1868 in 29° n. Br. und 26° w. L. bei leichtem N-Winde und heiterem Himmel.

Position		Anzahl der Beob.	Windbeobachtungen														
			Alle Winde, Variabeln und Stille														
Breite N	Länge W		N	NNE	NE	ENE	E	ESE	SE	SSE	S	SSW	SW	WSW	W	WNW	NW
20°—21°	20°—21°	14	6	4	—	3	1	—	—	—	—	—	—	—	—	—	—
	21°—22°	4	—	2	2	—	—	—	—	—	—	—	—	—	—	—	—
	22°—23°	9	—	3	2	—	1	—	—	—	—	—	—	—	—	—	—
	23°—24°	23	8	4	6	1	—	1	—	—	—	1	1	—	1	—	—
	24°—25°	71	6	21	27	9	7	—	—	—	—	—	—	—	—	—	—
21°—22°	20°—21°	10	4	2	—	2	2	—	—	—	—	—	—	—	—	—	—
	21°—22°	15	5	6	2	—	—	—	—	—	—	—	—	—	—	—	—
	22°—23°	8	—	5	3	—	—	—	—	—	—	—	—	—	—	—	—
	23°—24°	42	1	12	18	6	1	—	—	—	—	1	1	—	1	—	—
	24°—25°	80	10	26	28	14	4	—	—	—	—	—	—	—	—	—	—
22°—23°	20°—21°	28	5	8	8	3	—	—	—	—	—	—	—	—	—	1	2
	21°—22°	3	2	1	—	—	—	—	—	—	—	—	—	—	—	—	—
	22°—23°	20	6	4	8	1	—	—	—	—	—	—	—	—	—	—	1
	23°—24°	75	4	19	28	11	6	1	2	—	—	—	—	—	1	—	1
	24°—25°	48	5	21	13	7	1	—	—	—	—	—	—	—	—	—	—
23°—24°	20°—21°	22	—	9	5	3	—	—	—	—	—	—	—	—	—	2	2
	21°—22°	5	1	—	2	—	—	—	—	—	—	—	—	—	—	—	2
	22°—23°	48	1	12	29	1	—	—	—	—	—	—	—	—	—	2	3
	23°—24°	71	7	19	22	13	3	3	—	—	—	—	—	—	—	—	1
	24°—25°	22	1	9	7	2	—	—	—	—	—	—	—	—	—	—	2
24°—25°	20°—21°	8	—	5	2	—	—	—	—	—	—	—	—	1	—	—	—
	21°—22°	22	4	6	5	2	—	—	—	—	—	—	—	—	1	2	1
	22°—23°	59	1	8	20	10	4	—	—	—	—	—	—	3	5	—	1
	23°—24°	54	3	19	15	2	6	2	—	—	—	—	—	—	—	1	1
	24°—25°	23	—	5	10	1	—	—	—	—	—	—	—	—	1	1	3
Fünfgrad-Feld	Summen .	784	**80**	**230**	**260**	**91**	**36**	7	2	—	—	2	2	4	8	**9**	**20**
	Mittlere Windstärke		3.3	3.8	4.4	4.5	3.8	4.0	1.0	—	—	3.5	4.0	4.0	2.9	4.0	2.6

Mai

Barometer 700mm+		Thermometer Cels. Gr. (Temperatur der Luft)					Relative Feuchtigkeit		Bedeckung des Himmels		Niederschläge					Meeresoberfläche			
				Anzahl und Mittel								Dauer in Stunden				Temperatur		Spezif. Gewicht	
Anzahl der Beob.	Mittel mm	Anzahl der Beob.	Rohes Mittel	4h M.	4h N.	12h N.	Anzahl der Beob.	Prozente	Anzahl der Beob.	Mittel (0–10)	Anzahl der Beob.-wachen	Nebel	Regen	Schnee	Hagel	Anzahl der Beob.	Grade Celsius	Anzahl der Beob.	Mittel d. Aräom.-Angaben
12	64.0	14	21.5	(2) 20.3	(3) 22.9	(2) 20.7	4	89.8	13	4.8	14	0.5	—	—	—	14	20.9	—	—
4	63.8	4	22.2	—	(1) 21.5	—	1	84.0	4	5.5	6	—	0.5	—	—	6	21.0	—	—
9	64.1	9	22.7	(1) 22.4	(3) 23.7	(1) 21.0	2	83.0	9	5.7	9	—	1.0	—	—	9	21.7	—	—
23	62.9	23	22.5	(5) 20.9	(5) 22.9	(3) 21.9	5	82.2	22	3.0	25	—	—	—	—	23	21.9	—	—
68	64.5	73	21.9	(18) 21.2	(8) 23.0	(12) 21.8	8	91.4	67	5.3	74	—	4.0	—	—	72	21.7	5	1.0267
10	63.3	12	21.7	(3) 20.8	(1) 24.8	(1) 21.1	—	—	12	4.5	13	—	—	—	—	13	21.3	2	1.0260
14	63.5	14	22.6	(2) 21.0	(2) 24.8	(1) 21.4	3	87.3	13	4.5	15	0.5	0.5	—	—	15	21.4	1	1.0282
8	64.5	7	22.0	—	(2) 22.5	—	3	82.3	8	3.1	8	—	—	—	—	7	21.5	—	—
41	64.1	46	21.9	(10) 21.1	(6) 23.1	(4) 21.1	2	93.0	41	4.1	47	—	1.0	—	—	47	21.6	5	1.0272
72	64.1	69	21.9	(10) 20.6	(12) 22.4	(9) 21.1	11	85.8	74	4.8	80	—	2.0	—	—	70	21.6	5	1.0269
23	63.7	25	21.1	(7) 20.2	(1) 22.6	(7) 21.1	2	86.5	24	3.9	28	—	1.5	—	—	28	21.1	2	1.0260
4	62.6	4	21.3	(1) 20.5	(1) 22.6	(2) 21.0	2	88.0	4	4.2	4	—	—	—	—	4	21.2	1	1.0278
25	64.7	24	21.5	(6) 20.7	(2) 22.6	(5) 21.3	2	93.0	23	4.6	26	—	—	—	—	24	21.4	3	1.0267
59	64.7	69	21.8	(16) 20.6	(7) 23.2	(11) 21.1	7	85.6	67	4.5	75	—	—	—	—	67	22.1	7	1.0271
46	65.5	40	21.8	(6) 21.0	(4) 22.8	(3) 21.8	7	86.0	43	4.4	48	—	0.5	—	—	45	21.7	1	1.0272
15	64.9	17	21.4	(4) 20.4	(4) 22.0	(1) 21.6	3	85.7	17	4.6	23	—	—	—	—	22	21.0	2	1.0279
6	63.2	5	22.1	(1) 21.8	—	—	—	—	6	5.8	6	—	—	—	—	5	21.8	2	1.0265
46	64.8	50	21.7	(7) 20.8	(9) 22.8	(7) 21.0	3	93.7	48	5.0	54	—	—	—	—	49	21.4	2	1.0282
58	65.6	64	21.4	(11) 20.5	(9) 22.2	(9) 20.7	15	85.1	65	5.3	71	—	0.5	—	—	66	21.6	2	1.0275
19	65.2	18	22.3	(3) 20.5	(5) 22.9	(1) 19.8	1	80.0	19	3.6	22	—	0.5	—	—	21	21.8	—	—
6	65.5	9	21.8	(1) 19.5	(1) 22.4	(2) 20.7	—	—	9	7.8	9	—	1.5	—	—	9	21.1	—	—
24	65.0	26	21.1	(6) 20.6	(2) 21.4	(4) 20.5	1	91.0	24	5.2	27	—	—	—	—	26	21.1	1	1.0275
53	65.0	58	21.1	(14) 20.1	(7) 21.6	(7) 20.3	10	81.8	57	4.6	60	—	—	—	—	58	21.0	7	1.0271
49	65.9	44	21.4	(6) 20.1	(6) 23.1	(8) 20.7	6	81.0	48	4.7	54	—	1.0	—	—	45	21.3	2	1.0261
21	65.4	22	22.1	(4) 22.0	(3) 22.7	(5) 21.3	—	—	23	4.6	23	—	0.5	—	—	21	21.8	—	—
714	—	746	—	(141) —	(104) —	(105) —	98	—	740	—	821	1.0	15.0	—	—	766	—	50	—
—	64.79	—	21.7	20.7	22.7	20.0	—	85.1	—	4.8	—	—	—	—	—	—	21.5	—	1.0270

Quadrat 75a. ……………………………………

Position der Zone		Wetter nach Beaufort's Bezeichnung. (Häufigkeit.)		Häufigkeit der verschied. Wolkenformen	Häufigkeit von Seegang u. Dünung aus:	Mittel der Meeres-Temperatur	Bemerkungen über einzelne beobachtete Triftströmungen.			
20°—21° N. Br.	20°—25° W. L.	Summe d. Beobacht.: 143		125	59					
		Böen	Himmelsansicht	cirr. 14	N 33		N 89° E 7		S 29° W 7	W 12
		t —	b 14	cirr.c 8	NE 17				S 65° W 14	W 19
		l —	c 92	cirr.s 8	E 6					N 28° W 11
		q 2	o 15	Str. 5	SE —					
		u —	g 5	W-c 2	S —	21.6° C.				
		Hydrometeore	Zustand der Luft	Cum. 85	SW —					
		h —	v —	Cum.st 5	W —					
		r 6	w 4	Nimb. 8	NW —					
		s —	m 4		†See 9					
		d —	f 1		glatt —					
21°—22° N. Br.	20°—25° W. L.	Summe d. Beobacht.: 176		160	66					
		Böen	Himmelsansicht	cirr. 16	N 30		N 12	S 28° E 6	S 11	W 17
		t —	b 19	cirr.c 5	NE 21		N 12	S 21° E 7	S 8° W 12	N 71° W 22
		l —	c 125	cirr.s 10	E 10				S 8° W 22	N 36° W 9
		q —	o 14	Str. 7	SE —				S 11° W 15	N 5° W 9
		u —	g 5	W-c 3	S —	21.6° C.			S 56° W 9	
		Hydrometeore	Zustand der Luft	Cum. 104	SW —				S 45° W 10	
		h —	v —	Cum.st 8	W —				S 62° W 11	
		r 1	w —	Nimb. 7	NW —					
		s —	m 10		†See 5					
		d 2	f —		glatt —					
22°—23° N. Br.	20°—25° W. L.	Summe d. Beobacht.: 179		177	80					
		Böen	Himmelsansicht	cirr. 22	N 44				S 33° W 11	N 70° W 11
		t —	b 16	cirr.c 17	NE 21				S 34° W 18	N 79° W 15
		l 1	c 142	cirr.s 16	E 11				S 45° W 13	N 24° W 7
		q —	o 15	Str. 7	SE —				S 51° W 15	N 22° W 6
		u —	g 1	W-c 4	S —	21.7° C.			S 59° W 8	
		Hydrometeore	Zustand der Luft	Cum. 89	SW —				S 62° W 23	
		h —	v —	Cum.st 18	W 1				S 73° W 16	
		r —	w —	Nimb. 5	NW —				S 76° W 9	
		s —	m 4		†See 3				S 83° W 16	
		d —	f —		glatt —					
23°—24° N. Br.	20°—25° W. L.	Summe d. Beobacht.: 176		172	74					
		Böen	Himmelsansicht	cirr. 15	N 30		N 39° E 8	S 34° E 6	S 9	W 8
		t —	b 20	cirr.c 9	NE 20			S 8° E 13	S 6° W 10	N 61° W 6
		l —	c 125	cirr.s 15	E 10				S 11° W 6	N 42° W 12
		q 1	o 28	Str. 11	SE —				S 20° W 16	N 28° W 8
		u —	g 6	W-c 1	S —	21.6° C.			S 21° W 13	N 14° W 6
		Hydrometeore	Zustand der Luft	Cum. 111	SW —				S 31° W 19	N 11° W 9
		h —	v —	Cum.st 5	W 6				S 39° W 28	
		r —	w —	Nimb. 5	NW 1				S 56° W 12	
		s —	m 1		†See 7					
		d —	f —		glatt —					
24°—25° N. Br.	20°—25° W. L.	Summe d. Beobacht.: 173		177	64					
		Böen	Himmelsansicht	cirr. 21	N 14			S 61° E 6	S 34° W 23	N 70° W 12
		t —	b 16	cirr.c 15	NE 20				S 38° W 9	N 47° W 7
		l —	c 128	cirr.s 9	E 12				S 60° W 12	N 46° W 9
		q —	o 22	Str 9	SE —				S 70° W 18	
		u —	g 4	W-c 2	S —	21.9° C.			S 88° W 11	
		Hydrometeore	Zustand der Luft	Cum. 102	SW —					
		h —	v —	Cum.st 13	W 11					
		r —	w —	Nimb. 6	NW 5					
		s —	m 3		†See 2					
		d —	f —		glatt —					

Bemerkungen

Ueber Wind.

Unter-□	Jahr	Tag		
20.	71.	11.	12^h N.	Der flaue NW-Wind geht beim Segeln nach S durch N in den NE-Passat über und frischt bis zur mässigen Briese auf.
30.	80.	14.	8^h M.	Der mässige NW-Wind geht nach N und wird frisch. Nach 24 Stunden setzt, beim Segeln nach S, leichter NE-Passat ein.
31.	68.	1.	12^h N.	Der flaue NW-Wind geht beim Segeln nach S in den NE-Passat über.
40.	68.	1.	12^h N.	Der mässige W-Wind geht durch NW nach N und frischt auf. Nach 36 Stunden setzt, beim Segeln nach S, frischer NE-Passat ein, der allmählich nach NNW zurückdreht.
43.	68.	1.	12^h M.	Der frische WNW-Wind geht beim Segeln nach S allmählich in den NE-Passat über.
43.	78.	10.	4^h N.	Der leichte NW-Wind geht nach N. Nach 24 Stunden setzt leichter NE-Passat ein, der beim Segeln nach S allmählich auffrischt.

Sonstige Bemerkungen.

00.	70.	12.	4^h M.	Sternschnuppen.
00.	78.	21.	8^h N.	Sternschnuppen.
00.	80.	17.	12^h N.	Mondhof.
02.	77.	1.	4^h M.	Delphine.
04.	81.	20.	8^h M.	Grosse Schwärme fliegender Fische. Meeres-Temperatur 21.9° Celsius.
13.	72.	26.	12^h M.	Die ersten fliegenden Fische. Meeres-Temperatur 21.0° Celsius.
14.	73.	29.	12^h N.	Sternschnuppen. Starker Thau.
14.	74.	29.	8^h N.	Bei frischem ENE-Winde ziehn die Cir.c.-Wolken schnell aus SW.
14.	79.	12.	4^h N.	Schaaren fliegender Fische. Meeres-Temperatur 22.3° Celsius.
20.	70.	11.	4^h N.	Das Meerwasser hat eine dunkelgrüne Farbe.
23.	71.	18.	4^h M.	Viele Tintenfische. Die ersten fliegenden Fische. Meeres-Temperatur 20.6° Celsius.
23.	73.	28.	12^h N.	Sternschnuppen. Sehr starker Thau.
24.	78.	11.	12^h N.	Grosser Mondhof. Die ersten fliegenden Fische. Meeres-Temperatur 22.2° Celsius.
30.	68.	2.	8^h M.	Meeresfarbe hellgrün.
30.	80.	14.	4^h N.	Die ersten fliegenden Fische. Meeres-Temperatur 20.2° Celsius.
33.	73.	23.	12^h N.	Sternschnuppen.
33.	80.	27.	4^h M.	Viele Sternschnuppen.
40.	81.	21.	8^h M.	Bei mässigem NNE-Winde ziehn die oberen Wolkenschichten aus WSW und SSW.

Höchster Barometerstand: **770.2** mm am 13. Mai 1877 in 24° n. Br. und 21° w. L. bei mässigem ENE-Winde und bedecktem Himmel.

Niedrigster „ „ : **758.0** mm am 18. Mai 1873 in 20° n. Br. und 23° w. L. bei mässigem NNE-Winde und klarem Himmel.

Höchste Lufttemperatur: **27.4**° Cels. am 17. Mai 1877 in 20° n. Br. und 23° w. L. bei leichtem N-Winde und heiterem Himmel.

Niedrigste „ „ : **18.4**° Cels. am 6. Mai 1868 in 24° n. Br. und 22° w. L. bei starkem NE-Winde und wolkigem Himmel.

Position		Windbeobachtungen																						
			Alle Winde, Variabeln und Stillen																		Stürme			
Breite N	Länge W	Anzahl der Beob.	N	NNE	NE	ENE	E	ESE	SE	SSE	S	SSW	SW	WSW	W	WNW	NW	NNW	Var.	Stillen	N bis ENE	E bis SSE	S bis WSW	W bis NNW
20° — 21°	25°—26°	43	1	11	22	6	2	—	—	—	—	—	—	—	—	—	1	—	—	—	—	—	—	—
	26°—27°	10	—	—	8	2	—	—	—	—	—	—	—	—	—	—	—	—	—	—	—	—	—	—
	27°—28°	3	—	—	—	1	2	—	—	—	—	—	—	—	—	—	—	—	—	—	—	—	—	—
	28°—29°	—	—	—	—	—	—	—	—	—	—	—	—	—	—	—	—	—	—	—	—	—	—	—
	29°—30°	—	—	—	—	—	—	—	—	—	—	—	—	—	—	—	—	—	—	—	—	—	—	—
21° — 22°	25°—26°	17	—	6	5	4	2	—	—	—	—	—	—	—	—	—	—	—	—	—	—	—	—	—
	26°—27°	5	—	1	3	1	—	—	—	—	—	—	—	—	—	—	—	—	—	—	—	—	—	—
	27°—28°	1	—	—	—	1	—	—	—	—	—	—	—	—	—	—	—	—	—	—	—	—	—	—
	28°—29°	3	—	—	—	3	—	—	—	—	—	—	—	—	—	—	—	—	—	—	—	—	—	—
	29°—30°	9	—	1	2	6	—	—	—	—	—	—	—	—	—	—	—	—	—	—	—	—	—	—
22° — 23°	25°—26°	12	—	3	3	4	2	—	—	—	—	—	—	—	—	—	—	—	—	—	—	—	—	—
	26°—27°	10	—	2	8	—	—	—	—	—	—	—	—	—	—	—	—	—	—	—	—	—	—	—
	27°—28°	10	—	—	6	4	—	—	—	—	—	—	—	—	—	—	—	—	—	—	—	—	—	—
	28°—29°	7	—	—	2	5	—	—	—	—	—	—	—	—	—	—	—	—	—	—	—	—	—	—
	29°—30°	3	—	—	1	2	—	—	—	—	—	—	—	—	—	—	—	—	—	—	—	—	—	—
23° — 24°	25°—26°	18	2	—	7	5	3	—	—	—	—	—	—	—	—	—	1	—	—	—	—	—	—	—
	26°—27°	4	—	—	2	1	—	—	—	—	—	—	—	—	—	—	—	1	—	—	—	—	—	—
	27°—28°	5	—	—	1	3	1	—	—	—	—	—	—	—	—	—	—	—	—	—	—	—	—	—
	28°—29°	2	—	—	1	1	—	—	—	—	—	—	—	—	—	—	—	—	—	—	—	—	—	—
	29°—30°	—	—	—	—	—	—	—	—	—	—	—	—	—	—	—	—	—	—	—	—	—	—	—
24° — 25°	25°—26°	9	—	1	1	5	2	—	—	—	—	—	—	—	—	—	—	—	—	—	—	—	—	—
	26°—27°	8	—	—	3	3	2	—	—	—	—	—	—	—	—	—	—	—	—	—	—	—	—	—
	27°—28°	3	—	—	1	2	—	—	—	—	—	—	—	—	—	—	—	—	—	—	—	—	—	—
	28°—29°	—	—	—	—	—	—	—	—	—	—	—	—	—	—	—	—	—	—	—	—	—	—	—
	29°—30°	3	—	1	—	2	—	—	—	—	—	—	—	—	—	—	—	—	—	—	—	—	—	—
Fünfgrad-Feld	Summen .	185	**3**	**26**	**76**	**61**	**16**	—	—	—	—	—	—	—	—	—	**2**	**1**	—	—	—	—	—	—
	Mittlere Windstärke		3.0	4.3	4.1	4.8	5.0	—	—	—	—	—	—	—	—	—	3.0	3.0	—	—	—	—	—	—

Barometer 700mm+		Thermometer Cels. Gr. (Temperatur der Luft)					Relative Feuchtigkeit		Bedeckung des Himmels		Niederschläge					Meeresoberfläche			
				Anzahl und Mittel								Dauer in Stunden				Temperatur		Spezif. Gewicht	
Anzahl der Beob.	Mittel mm	Anzahl der Beob.	Rohes Mittel	4h M.	4h N.	12h N.	Anzahl der Beob.	Procente	Anzahl der Beob.	Mittel (0–10)	Anzahl der Beobachtungen	Nebel	Regen	Schnee	Hagel	Anzahl der Beob.	Grade Celsius	Anzahl der Beob.	Mittel d. Aräom.-angaben
39	64.7	37	21.8	[8] 20.9	[6] 22.4	[4] 21.5	7	87.6	39	5.3	43	—	8.0	—	—	37	22.1	2	1.0272
9	64.4	10	22.2	—	[2] 22.9	[1] 21.0	1	89.0	10	4.6	10	—	—	—	—	9	22.2	—	—
3	70.3	8	21.8	[1] 21.6	—	[1] 20.9	3	77.7	3	9.0	3	—	1.0	—	—	8	21.7	—	—
—	—	—	—	—	—	—	—	—	—	—	—	—	—	—	—	—	—	—	—
—	—	—	—	—	—	—	—	—	—	—	—	—	—	—	—	—	—	—	—
14	65.5	15	21.9	[4] 20.8	[2] 21.9	—	—	—	16	5.1	17	—	2.5	—	—	15	22.0	—	—
5	64.3	5	21.4	[2] 20.8	—	[1] 20.6	—	—	5	3.8	5	—	—	—	—	3	21.4	—	—
1	69.6	1	21.8	—	—	—	1	85.0	1	9.0	1	—	0.5	—	—	1	22.6	—	—
3	68.6	3	22.6	[1] 21.1	[1] 25.6	[1] 21.0	2	76.5	3	5.0	3	—	—	—	—	3	22.8	—	—
9	68.0	9	23.4	[1] 23.0	[2] 23.0	[1] 23.7	2	72.0	9	4.7	9	—	—	—	—	9	22.5	—	—
10	65.2	12	22.0	[2] 20.9	[2] 24.0	[4] 20.8	2	80.0	12	4.1	12	—	—	—	—	10	22.1	—	—
10	67.3	10	22.4	[2] 22.0	—	[2] 21.6	2	73.0	10	3.7	10	—	—	—	—	10	22.1	—	—
10	68.2	10	23.3	[2] 22.8	[3] 23.0	[2] 24.1	3	74.3	10	4.2	10	—	—	—	—	10	22.8	—	—
6	68.0	7	23.6	[2] 21.9	—	—	—	—	7	2.9	7	—	0.5	—	—	7	22.7	—	—
1	66.6	3	23.4	—	[1] 24.4	—	—	—	3	6.7	3	—	0.5	—	—	3	23.5	—	—
18	66.3	17	22.2	[3] 20.3	[2] 23.4	[2] 21.0	—	—	18	4.2	18	—	0.5	—	—	17	22.4	—	—
4	67.6	4	23.3	—	[1] 23.5	[1] 23.8	—	—	4	4.2	4	—	—	—	—	4	22.9	—	—
3	69.5	5	22.6	—	[1] 25.8	—	2	81.0	5	5.6	5	—	0.5	—	—	5	22.4	—	—
—	—	2	22.4	—	—	[1] 22.0	—	—	2	4.5	2	—	0.5	—	—	2	22.5	—	—
—	—	—	—	—	—	—	—	—	—	—	—	—	—	—	—	—	—	—	—
9	65.7	7	23.4	—	[3] 24.0	—	—	—	9	5.1	9	—	—	—	—	9	21.9	—	—
3	69.1	6	21.8	[3] 21.3	[1] 20.5	[2] 21.2	2	75.0	8	7.8	8	—	0.5	—	—	8	21.8	—	—
—	—	3	24.2	—	[1] 24.3	—	—	—	3	2.0	3	—	—	—	—	3	22.5	—	—
—	—	—	—	—	—	—	—	—	—	—	—	—	—	—	—	—	—	—	—
1	68.6	3	20.8	[1] 20.6	—	—	—	—	3	4.0	3	—	—	—	—	3	20.9	—	—
158	—	174	—	32	28	23	27	—	180	—	185	—	15.0	—	—	171	—	2	—
—	66.85	—	22.4	21.2	23.3	21.6	—	79.9	—	4.8	—	—	—	—	—	—	22.2	—	1.0272

Quadrat 75b. ....

Position der Zone		Wetter nach Beaufort's Bezeichnung. (Häufigkeit.)				Häufigkeit der verschied. Wolkenformen	Häufigkeit von Seegang u. Dünung aus:	Mittel der Meeres-Temperatur	Bemerkungen über einzelne beobachtete Triftströmungen.
20°—21° N. Br.	25°—30° W. L.	Summe d. Beobacht.:	61			63	27	22.1° C.	
		Böen		Himmelsansicht		cirr. 4	N 7		S 45° W 8 W …
		t	—	b	1	cirr.c 4	NE 16		S 45° W 10 N 8[illegible]° W …
		l	—	c	48	cirr.s 2	E 4		S 72° W 16 N 68° W …
		q	3	o	5	Str. 5	SE —		N 6[illegible]° W …
		u	—	g	1	W-c 1	S —		
		Hydrometeore		Zustand der Luft		Cum. 45	SW —		
		h	—	v	—	Cum.st —	W —		
		r	3	w	—	Nimb. 2	NW —		
		s	—	m	—		†See —		
		d	—	f	—		glatt —		
21°—22° N. Br.	25°—30° W. L.	Summe d. Beobacht.:	37			41	20	22.2° C.	
		Böen		Himmelsansicht		cirr. 10	N 3		N 68° E 11 S 27° E 12
		t	—	b	2	cirr.c 2	NE 5		
		l	—	c	25	cirr.s 2	E 12		
		q	1	o	5	Str. —	SE —		
		u	—	g	—	W-c 4	S —		
		Hydrometeore		Zustand der Luft		Cum. 22	SW —		
		h	—	v	—	Cum.st —	W —		
		r	1	w	—	Nimb. 1	NW —		
		s	—	m	—		†See —		
		d	—	f	—		glatt —		
22°—23° N. Br.	25°—30° W. L.	Summe d. Beobacht.:	42			45	28	22.5° C.	
		Böen		Himmelsansicht		cirr. 12	N 12		S 19° W 12 W …
		t	—	b	7	cirr.c 7	NE 6		
		l	—	c	32	cirr.s 4	E 6		
		q	—	o	3	Str. —	SE —		
		u	—	g	—	W-c —	S —		
		Hydrometeore		Zustand der Luft		Cum. 19	SW —		
		h	—	v	—	Cum.st 1	W 4		
		r	—	w	—	Nimb. 2	NW —		
		s	—	m	—		†See —		
		d	—	f	—		glatt —		
23°—24° N. Br.	25°—30° W. L.	Summe d. Beobacht.:	32			31	19	22.1° C.	
		Böen		Himmelsansicht		cirr. 4	N 1		S 22° E 8
		t	—	b	4	cirr.c 3	NE 6		
		l	—	c	24	cirr.s 4	E 7		
		q	—	o	1	Str. 1	SE —		
		u	—	g	1	W-c —	S —		
		Hydrometeore		Zustand der Luft		Cum. 12	SW —		
		h	—	v	—	Cum.st 5	W 5		
		r	—	w	—	Nimb. 2	NW —		
		s	—	m	1		†See —		
		d	1	f	—		glatt —		
24°—25° N. Br.	25°—30° W. L.	Summe d. Beobacht.:	28			25	14	21.8° C.	
		Böen		Himmelsansicht		cirr. 4	N 4		
		t	—	b	—	cirr.c —	NE 6		
		l	—	c	19	cirr.s 2	E 4		
		q	—	o	4	Str. 1	SE —		
		u	—	g	8	W-c —	S —		
		Hydrometeore		Zustand der Luft		Cum. 16	SW —		
		h	—	v	—	Cum.st 2	W —		
		r	—	w	—	Nimb. —	NW —		
		s	—	m	2		†See —		
		d	—	f	—		glatt —		

Bemerkungen

Ueber Wind.

Unter-□	Jahr	Tag		
05.	77.	1.	8h M.	Der leichte NNW-Wind geht allmählich in den NE-Passat über und frischt, beim Segeln nach S, zur mässigen Briese an.
05.	79.	13.	4h N.	Der NE-Wind steht ununterbrochen, mit abwechselnder Stärke (3–6) und nur zeitweilig bis SE schwankend, von 51° n. Br. und 6° w. L. durch.
35.	76.	11.	8h M.	Der leichte NW-Wind geht durch N in den NE-Passat über und frischt, beim Segeln nach WSW, allmählich auf.

Sonstige Bemerkungen.

05.	81.	22.	12h N.	Sternschnuppen.
18.	77.	6.	12h N.	Sternschnuppen.
25.	77.	5.	12h N.	Meerleuchten.
27.	78.	12.	8h N.	Sternschnuppen.

Höchster Barometerstand: **771.3** mm am 2. Mai 1876 in 20° n. Br. und 27° w. L. bei starkem, böigem E-Winde und bedecktem Himmel.

Niedrigster " " : **761.9** mm am 16. Mai 1877 in 22° n. Br. und 25° w. L. bei mässigem NE-Winde und halb bewölktem Himmel.

Höchste Lufttemperatur: **28.2°** Cels. am 2. Mai 1878 in 23° n. Br. und 26° w. L. bei mässigem NE-Winde und heiterem Himmel, und am 14. Mai 1875 in 24° n. Br. und 25° w. L. bei leichtem NE-Winde und heiterem Himmel.

Niedrigste " " **19.6°** Cels. am 10. Mai 1880 in 20° n. Br. und 23° w. L. bei mässigem NE-Winde und bedecktem Himmel mit Regen.

Quadrat 75°. ....

Position		Windbeobachtungen																							
		Anzahl der Beob.	Alle Winde, Variabeln und Stillen																			Stürme			
Breite N	Länge W		N	NNE	NE	ENE	E	ESE	SE	SSE	S	SSW	SW	WSW	W	WNW	NW	NNW	Var.	Stillen	N bis ENE	E bis SSE	S bis WSW	W bis NNW
25°—26°	20°—21°	15	—	7	2	1	—	—	—	—	—	—	—	1	1	1	2	—	—	—	—	—	—	—
	21°—22°	51	4	16	17	4	—	—	—	—	—	—	—	1	—	1	7	—	1	—	—	—	—	—
	22°—23°	69	—	21	27	11	2	2	—	—	—	1	—	1	1	—	2	1	—	—	—	—	—	—
	23°—24°	39	6	2	13	4	4	2	—	—	—	—	—	—	5	2	1	—	—	—	—	—	—	—
	24°—25°	16	—	2	10	1	1	—	—	—	—	—	—	—	2	—	—	—	—	—	—	—	—	—
26°—27°	20°—21°	46	4	13	17	1	—	—	—	—	—	—	1	—	—	2	4	2	—	2	—	—	—	—
	21°—22°	60	7	23	15	6	—	1	—	—	—	—	—	—	—	—	6	2	—	—	—	—	—	—
	22°—23°	45	6	11	11	9	3	5	—	—	—	—	—	—	—	—	—	—	—	—	—	—	—	—
	23°—24°	25	—	4	10	2	—	1	—	—	—	—	—	—	6	—	—	2	—	—	—	—	—	—
	24°—25°	4	—	—	2	2	—	—	—	—	—	—	—	—	—	—	—	—	—	—	—	—	—	—
27°—28°	20°—21°	66	12	24	13	1	2	—	—	—	—	—	—	4	—	1	1	7	1	—	—	—	—	—
	21°—22°	62	4	20	14	7	2	4	—	—	—	—	—	—	2	—	6	2	1	—	—	—	—	—
	22°—23°	28	8	4	7	3	—	3	—	—	—	—	—	—	—	—	—	3	—	—	—	—	—	—
	23°—24°	20	1	1	4	2	—	—	—	—	—	—	—	—	6	1	—	4	1	—	—	—	—	—
	24°—25°	9	—	1	3	3	—	—	—	—	—	—	—	—	—	1	1	—	—	—	—	—	—	—
28°—29°	20°—21°	74	5	19	15	4	5	3	—	—	—	—	—	3	3	7	3	7	—	—	—	—	—	—
	21°—22°	44	3	19	10	5	—	2	—	—	—	—	—	—	—	1	2	2	—	—	—	—	—	—
	22°—23°	25	1	4	4	5	3	2	—	—	—	—	—	3	1	—	2	—	—	—	—	—	—	—
	23°—24°	10	—	1	1	—	—	1	—	—	—	—	—	3	1	1	—	2	—	—	—	—	—	—
	24°—25°	6	—	1	1	3	—	—	—	—	—	—	—	—	—	1	—	—	—	—	—	—	—	—
29°—30°	20°—21°	87	9	20	19	9	8	2	—	—	—	—	1	—	1	6	8	1	3	—	—	—	—	—
	21°—22°	22	3	6	1	2	3	2	—	—	—	—	—	—	—	—	3	2	—	—	—	—	—	—
	22°—23°	18	1	4	3	—	—	—	—	—	—	—	—	5	5	—	—	—	—	—	—	—	—	—
	23°—24°	5	2	—	1	—	—	1	1	—	—	—	—	—	—	—	—	—	—	—	—	—	—	—
	24°—25°	4	—	—	1	3	—	—	—	—	—	—	—	—	—	—	—	—	—	—	—	—	—	—
Fünfgrad-Feld	Summen	850	**76**	**223**	**221**	**88**	33	**31**	1	—	—	1	2	21	**34**	25	**48**	**37**	7	2	—	—	—	—
	Mittlere Windstärke		3.7	3.8	4.0	4.2	4.0	4.6	3.0	—	—	1.0	4.5	2.9	2.6	3.5	4.1	3.8	2.0	0	—	—	—	—

Mai.

25°—30° N. B. und 20°—25° W. L.

Barometer 700mm+		Thermometer Cels. Gr. (Temperatur der Luft)					Relative Feuchtigkeit		Bedeckung des Himmels		Niederschläge					Meeresoberfläche			
				Anzahl und Mittel								Dauer in Stunden				Temperatur		Spezif. Gewicht	
Anzahl der Beob.	Mittel mm	Anzahl der Beob.	Rohes Mittel	1h M.	4h N.	12h N	Anzahl der Beob.	Procente	Anzahl der Beob.	Mittel (0–10)	Anzahl der Beob.-wachen	Nebel	Regen	Schnee	Hagel	Anzahl der Beob.	Grade Celsius	Anzahl der Beob.	Mittel d. Aräom.-angaben
16	64.6	18	20.5	[4] 20.1	[3] 20.8	—	—	—	16	6.6	18	—	1.0	—	—	18	20.8	1	1.0272
49	65.1	49	21.1	[8] 20.3	[8] 22.7	[8] 20.2	7	85.7	48	4.6	54	—	0.8	—	—	50	20.6	3	1.0284
58	66.1	61	21.1	[11] 19.8	[9] 22.8	[7] 20.2	14	81.9	63	5.3	69	—	0.5	—	—	61	21.0	3	1.0277
36	65.1	36	21.2	[9] 19.8	[5] 22.2	[7] 20.8	2	90.5	39	4.6	39	—	1.2	—	—	39	21.2	—	—
13	65.8	16	22.0	[4] 21.6	[1] 21.2	[1] 21.5	—	—	16	6.9	16	—	0.5	—	—	14	21.5	—	—
43	64.8	50	20.7	[11] 19.9	[6] 21.2	[7] 20.3	3	95.0	47	5.9	50	—	1.0	—	—	48	20.6	1	1.0283
53	65.3	56	20.7	[16] 19.6	[6] 23.1	[9] 20.0	10	79.7	58	4.9	61	—	0.5	—	—	54	20.7	2	1.0266
38	66.2	40	20.7	[7] 19.2	[6] 21.2	[4] 19.7	3	81.3	40	5.3	45	—	2.7	—	—	41	20.8	1	1.0275
20	65.8	24	21.5	[1] 19.5	[6] 22.1	[2] 19.6	2	93.0	25	4.9	25	—	—	—	—	25	21.0	—	—
3	68.5	4	20.0	[1] 18.2	[1] 20.2	—	—	—	4	3.8	4	—	—	—	—	3	20.4	—	—
59	63.8	65	20.5	[9] 19.2	[10] 22.3	[7] 19.4	6	77.5	61	5.1	68	—	2.0	—	—	63	20.4	4	1.0281
47	66.2	56	20.5	[6] 19.4	[7] 22.0	[7] 19.8	8	71.4	57	4.4	62	—	2.0	—	—	50	20.4	1	1.0288
27	66.3	28	20.0	[5] 19.1	[3] 21.5	[6] 19.7	—	—	30	4.6	31	—	1.5	—	—	30	20.2	1	1.0260
18	64.9	20	22.0	[3] 22.7	[4] 22.1	[3] 22.3	1	94.0	20	4.8	20	—	2.0	—	—	18	21.2	—	—
5	67.5	9	19.8	[2] 19.0	[2] 21.1	[1] 18.5	—	—	9	4.3	9	—	—	—	—	8	19.7	—	—
67	64.7	70	20.1	[16] 19.0	[9] 21.2	[9] 19.1	7	84.9	71	4.5	76	—	2.0	—	—	71	20.0	8	1.0286
34	66.3	41	20.6	[7] 19.6	[6] 21.0	[2] 19.6	1	58.0	40	4.2	44	—	1.0	—	—	40	20.1	6	1.0276
21	66.5	23	20.4	[4] 18.6	[4] 21.9	[3] 18.8	2	95.0	25	4.8	25	—	0.5	—	—	25	20.0	—	—
9	65.4	10	20.8	[1] 20.6	[1] 22.1	[2] 21.2	—	—	10	5.2	10	—	1.5	—	—	9	20.6	—	—
5	66.8	6	19.7	—	—	—	—	—	6	4.0	6	—	—	—	—	6	21.8	—	—
77	66.2	82	19.6	[19] 18.5	[8] 20.6	[8] 19.2	9	77.8	84	4.8	88	—	7.0	—	—	81	19.6	7	1.0281
17	65.4	19	20.1	[5] 18.7	[2] 20.8	[2] 18.2	—	—	22	2.8	22	—	0.5	—	—	21	19.9	—	—
17	66.9	18	19.8	[2] 20.2	[3] 19.9	[3] 19.7	2	93.0	18	5.8	18	—	—	—	—	18	19.4	—	—
5	66.3	5	18.6	[2] 18.6	—	[1] 17.6	—	—	5	5.0	5	—	—	—	—	2	20.2	—	—
4	67.7	4	18.2	[2] 18.0	—	[1] 18.4	—	—	4	4.2	4	—	—	—	—	4	19.3	—	—
741	—	810	—	[155] —	[110] —	[100] —	77	—	818	—	869	—	28.2	—	—	805	—	38	—
—	65.55	—	20.5	19.4	21.8	19.7	—	80.6	—	4.9	—	—	—	—	—	—	20.4	—	1.0280

Position der Zone		Wetter nach Beaufort's Bezeichnung. (Häufigkeit.)			Häufigkeit der verschied. Wolkenformen	Häufigkeit von Seegang u. Dünung etc.	Mittel der Meeres-Temperatur	Bemerkungen über einzelne beobachtete Triftströmungen.		
25°—26° N. Br.	20°—25° W. L.	Summe d. Beobacht.: 205			208	72	20.9° C.			
		Böen		Himmelsansicht	cirr. 27	N 17			S 5° W 15	W 21
		t —		b 14	cirr.c 10	NE 25			S 28° W 14	N 88° W 9
		l —		c 148	cirr.s 20	E 13			S 56° W 11	N 56° W 23
		q 2		o 31	Str. 12	SE —			S 74° W 10	N 53° W 7
		u —		g 4	W-c 1	S —			S 76° W 14	N 28° W 8
		Hydrometeore		Zustand der Luft	Cum. 118	SW —			S 79° W 6	N 6° W 9
		h —		v 1	Cum.st 15	W 13				
		r 2		w 1	Nimb. 5	NW 2				
		s —		m 7		†See 2				
		d —		f —		glatt —				
26°—27° N. Br.	20°—25° W. L.	Summe d. Beobacht.: 189			194	76	20.7° C.			
		Böen		Himmelsansicht	cirr. 21	N 37		S 56° E 11	S 31° W 12	W 10
		t —		b 13	cirr.c 7	NE 19			S 56° W 6	N 77° W 17
		l —		c 187	cirr.s 12	E 11			S 68° W 10	N 76° W 22
		q —		o 25	Str. 8	SE —			S 73° W 18	N 68° W 11
		u —		g 2	W-c 2	S —			S 88° W 7	N 41° W [illegible]
		Hydrometeore		Zustand der Luft	Cum. 108	SW —				
		h —		v 4	Cum.st 29	W 8				
		r —		w 2	Nimb. 7	NW 1				
		s —		m 5		†See —				
		d 1		f —		glatt —				
27°—28° N. Br.	20°—25° W. L.	Summe d. Beobacht.: 198			189	71	20.4° C.			
		Böen		Himmelsansicht	cirr. 20	N 36		N 22° E 13	S 40° W 8	N 82° W 7
		t —		b 15	cirr.c 7	NE 10		N 48° E 6	S 65° W 14	N 68° W 9
		l —		c 147	cirr.s 16	E 10			S 81° W 14	N 63° W 16
		q 2	1	o 16	Str. 8	SE —				N 20° W [illegible]
		u 2		g 4	W-c —	S —				
		Hydrometeore		Zustand der Luft	Cum. 105	SW —				
		h —		v 8	Cum.st 27	W 9				
		r 2		w —	Nimb. 6	NW 5				
		s —		m —		†See 1				
		d 1		f —		glatt —				
28°—29° N. Br.	20°—25° W. L.	Summe d. Beobacht.: 164			172	57	20.1° C.			
		Böen		Himmelsansicht	cirr. 24	N 22		S 27° E 8	S 30° W 8	W 10
		t —		b 19	cirr.c 5	NE 8		S 2° E 16	S 36° W 18	N 74° W 9
		l —		c 123	cirr.s 6	E 13			S 81° W 13	N 45° W 6
		q —	3	o 15	Str. 10	SE 3			S 84° W 11	N 39° W 5
		u —		g 1	W-c 2	S —				
		Hydrometeore		Zustand der Luft	Cum. 98	SW —				
		h —		v 4	Cum.st 14	W 5				
		r 3		w —	Nimb. 12	NW 5				
		s —		m —		†See 1				
		d —		f —		glatt —				
29°—30° N. Br.	20°—25° W. L.	Summe d. Beobacht.: 143			133	60	19.7° C.			
		Böen		Himmelsansicht	cirr. 12	N 31			S 13° W 10	W 11
		t —		b 12	cirr.c 2	NE 6			S 43° W 6	N 81° W 16
		l —		c 104	cirr.s 7	E 8			S 54° W 17	N 45° W 16
		q 4		o 15	Str. 5	SE 2			S 68° W 20	
		u —		g 1	W-c 3	S —			S 84° W 12	
		Hydrometeore		Zustand der Luft	Cum. 89	SW —				
		h —		v 7	Cum.st 11	W 1				
		r —		w —	Nimb. 4	NW 1				
		s —		m —		†See —				
		d —		f —		glatt 1				

Bemerkungen

Ueber Wind.

Unter-□	Jahr	Tag		
51.	68.	1.	8^h N.	Der mässige NW-Wind geht beim Segeln nach S nach 12 Stunden in den NE-Passat über und frischt auf.
70.	69.	27.	12^h M.	Der frische WNW-Wind geht nach N. Nach 24 Stunden setzt, beim Segeln nach S, leichter NE-Passat ein, der allmählich auffrischt.
70.	71.	3.	12^h M.	Der leichte N-Wind geht beim Segeln nach S nach NE und frischt auf. Am 6. in 22° n. Br. und 23° w. L. läuft der Wind von NE nach SE um und wird still. Hierauf setzt leichter westlicher Wind ein, der allmählich nach NW dreht. Am 11. in 17° n. Br. und 26° w. L. setzt leichter NE-Passat ein, der allmählich auffrischt.
71.	71.	15.	8^h N.	Der frische NW-Wind geht allmählich nach N. Nach 24 Stunden setzt, beim Segeln nach S, mässiger NE-Passat ein, der später auffrischt.
80.	69.	27.	4^h N.	Der frische W-Wind mit leichten Regenböen dreht allmählich nach N. Nach 12 Stunden setzt, beim Segeln nach S, mässiger NE-Passat ein.
80.	74.	2.	4^h M.	Der mässige Wind geht nach N und wird flau. Nach 30 Stunden setzt, beim Segeln nach S, mässiger NE-Passat ein.
80.	80.	25.	12^h M.	Der leichte NW-Wind geht beim Segeln nach S allmählich in den NE-Passat über und frischt auf.
82.	71.	16.	12^h N.	Der frische NW-Wind geht beim Segeln nach S in den NE-Passat über.
90.	68.	3.	8^h N.	Der mässige N-Wind geht beim Segeln nach S allmählich in den NE-Passat über und frischt auf. Hohe Dünung von N.
90.	71.	17.	12^h M.	Der frische N-Wind geht beim Segeln nach S nach 12 Stunden in den NE-Passat über.
90.	77.	10.	8^h N.	Der mässige W-Wind geht nach N. Am 12. in 26° n. Br. und 23° w. L. setzt leichter NE-Passat ein.
90.	80.	23.	12^h M.	Der leichte NE-Wind wird ganz flau und dreht zurück nach NW. Am 25. in 27° n. Br. und 21° w. L. setzt leichter Passat ein, der beim Segeln nach S zur mässigen Briese auffrischt.

Sonstige Bemerkungen.

Unter-□	Jahr	Tag		
52.	73.	27.	8^h N.	Ungewöhnlich starker Thau.
60.	68.	1.	4^h M.	Sehr starker Thau. Meeresfarbe dunkelgrün, Mittags hellblau.
61.	69.	27.	12^h N.	Sternschnuppen.
61.	74.	3.	4^h M.	Die ersten fliegenden Fische. Meeres-Temperatur 20.6° Celsius.
61.	79.	6.	12^h M.	Sonnenring. Grosse Schaaren Delphine.
61.	80.	25.	12^h N.	Mondhof.
71.	80.	24.	12^h N.	Bei leichtem N-Winde ziehen die Wolken aus W.
80.	80.	24.	12^h M.	Boniten. Wasser sehr unrein.
90.	73.	26.	8^h M.	Abends sehr starker Thau.

Höchster Barometerstand: **772.8** mm am 18. Mai 1881 in 29° n. Br. und 20° w. L. bei starkem, böigem ENE-Winde und bedecktem Himmel.

Niedrigster „ „ : **757.5** mm am 9. Mai 1871 in 27° n. Br. und 20° w. L. bei mässigem WSW-Winde mit Regenschauern und halb bewölktem Himmel.

Höchste Lufttemperatur: **27.1** ° Cels. am 3. Mai 1877 in 25° n. Br. und 22° w. L. bei leichtem NW-Winde und heiterem Himmel.

Niedrigste „ „ : **16.2** ° Cels. am 30. Mai 1873 in 29° n. Br. und 20° w. L. bei frischem NNE-Winde und halb bewölktem Himmel.

Position		Windbeobachtungen																						
		Anzahl der Beob.	Alle Winde, Variabeln und Stillen																		Stürme			
Breite N	Länge W		N	NNE	NE	ENE	E	ESE	SE	SSE	S	SSW	SW	WSW	W	WNW	NW	NNW	Var.	Stillen	N bis ENE	E bis SSE	S bis WbW	W…
25°—26°	25°—26°	3	—	—	3	—	—	—	—	—	—	—	—	—	—	—	—	—	—	—	—	—	—	—
	26°—27°	3	—	—	1	1	—	—	—	—	—	—	—	—	—	—	—	—	1	—	—	—	—	—
	27°—28°	3	—	—	—	—	3	—	—	—	—	—	—	—	—	—	—	—	—	—	—	—	—	—
	28°—29°	9	—	3	3	3	—	—	—	—	—	—	—	—	—	—	—	—	—	—	—	—	—	—
	29°—30°	4	—	—	2	—	—	—	—	—	—	—	—	1	—	1	—	—	—	—	—	—	—	—
26°—27°	25°—26°	6	—	1	—	2	—	2	—	—	—	—	—	—	—	—	1	—	—	—	—	—	—	—
	26°—27°	8	1	—	2	2	—	1	—	—	—	—	—	—	—	—	1	1	—	—	—	—	—	—
	27°—28°	4	1	2	1	—	—	—	—	—	—	—	—	—	—	—	—	—	—	—	—	—	—	—
	28°—29°	2	—	—	—	—	—	—	—	—	—	—	—	—	—	1	1	—	—	—	—	—	—	—
	29°—3 °	4	—	2	—	—	—	—	—	—	—	—	—	1	—	1	—	—	—	—	—	—	—	—
27°—28°	25°—26°	4	—	—	2	—	—	1	—	—	—	—	—	—	—	—	1	—	—	—	—	—	—	
	26°—27°	—	—	—	—	—	—	—	—	—	—	—	—	—	—	—	—	—	—	—	—	—	—	—
	27°—28°	1	—	—	—	—	—	—	—	—	—	—	—	—	—	1	—	—	—	—	—	—	—	—
	28°—29°	3	—	—	1	—	—	—	—	—	—	—	—	—	—	1	1	—	—	—	—	—	—	—
	29°—30°	6	—	2	4	—	—	—	—	—	—	—	—	—	—	—	—	—	—	—	—	—	—	—
28°—29°	25°—26°	—	—	—	—	—	—	—	—	—	—	—	—	—	—	—	—	—	—	—	—	—	—	—
	26°—27°	—	—	—	—	—	—	—	—	—	—	—	—	—	—	—	—	—	—	—	—	—	—	—
	27°—28°	6	—	2	2	—	—	—	—	—	—	—	—	—	—	1	1	—	—	—	—	—	—	—
	28°—29°	6	—	1	5	—	—	—	—	—	—	—	—	—	—	—	—	—	—	—	—	—	—	—
	29°—30°	3	—	1	1	1	—	—	—	—	—	—	—	—	—	—	—	—	—	—	—	—	—	—
29°—30°	25°—26°	3	—	—	2	—	—	—	—	—	—	—	—	—	—	1	—	—	—	—	—	—	—	—
	26°—27°	6	—	1	2	—	—	—	—	—	—	—	—	—	—	1	1	1	—	—	—	—	—	—
	27°—28°	9	—	—	2	1	3	1	—	—	—	—	—	—	—	—	—	—	2	—	—	—	—	
	28°—29°	3	—	—	—	—	—	—	—	—	—	—	—	—	—	—	—	—	3	—	—	—	—	—
	29°—30°	—	—	—	—	—	—	—	—	—	—	—	—	—	—	—	—	—	—	—	—	—	—	—
Fünfgrad-Feld	Summen.	96	**2**	**15**	**33**	**10**	**6**	5	—	—	—	—	—	2	—	**8**	**7**	**2**	6	—	—	—	—	—
	Mittlere Windstärke		2.5	3.7	4.2	3.6	3.0	4.4	—	—	—	—	—	2.5	—	4.9	4.7	2.0	2.8	—	—	—	—	—

Thermometer Cels. Gr. (Temperatur der Luft)					Relative Feuchtigkeit		Bedeckung des Himmels		Niederschläge					Meeresoberfläche			
		Anzahl und Mittel								Dauer in Stunden				Temperatur		Spezif. Gewicht	
Anzahl der Beob.	Rohes Mittel	4h M.	4h N.	12h N.	Anzahl der Beob.	Prozente	Anzahl der Beob.	Mittel (0–10)	Anzahl der Beob.-wachen	Nebel	Regen	Schnee	Hagel	Anzahl der Beob.	Grade Celsius	Anzahl der Beob.	Mittel d. Aräom.-angaben
3	22.2	—	—	—	—	—	3	6.7	3	—	—	—	—	3	21.5	—	—
3	20.3	—	(1) 20.4	—	2	85.0	3	6.0	3	—	5.0	—	—	3	21.2	—	—
3	23.0	—	(1) 23.0	—	—	—	3	4.7	3	—	—	—	—	3	21.6	—	—
9	22.5	(1) 21.8	(2) 23.0	(1) 22.5	—	—	9	3.1	9	—	—	—	—	9	22.0	—	—
4	21.5	—	(1) 22.1	(1) 20.6	—	—	4	4.0	4	—	—	—	—	4	21.2	—	—
6	20.2	(2) 19.9	(1) 21.4	—	1	82.0	6	5.1	6	—	1.0	—	—	6	19.9	—	—
7	20.9	(1) 21.2	(1) 21.2	(1) 21.2	1	76.0	8	5.4	8	—	—	—	—	7	21.0	—	—
4	20.2	(1) 20.0	—	(1) 20.2	—	—	4	4.5	4	—	—	—	—	4	20.6	—	—
2	19.6	(1) 19.4	—	(1) 19.7	—	—	2	3.0	2	—	—	—	—	2	20.0	—	—
4	21.4	—	(1) 23.8	—	—	—	4	5.8	4	—	—	—	—	4	20.6	—	—
4	20.0	(2) 19.5	—	(1) 20.0	1	87.0	4	5.0	4	—	1.5	—	—	4	20.0	—	—
—	—	—	—	—	—	—	—	—	—	—	—	—	—	—	—	—	—
1	19.9	—	—	—	—	—	1	2.0	1	—	—	—	—	1	20.0	—	—
3	19.6	(1) 19.3	(1) 19.9	—	—	—	3	2.3	3	—	—	—	—	3	20.0	—	—
6	22.0	—	—	(1) 21.0	—	—	6	5.5	6	—	—	—	—	6	20.5	—	—
—	—	—	—	—	—	—	—	—	—	—	—	—	—	—	—	—	—
—	—	—	—	—	—	—	—	—	—	—	—	—	—	—	—	—	—
6	19.4	(2) 18.0	—	—	—	—	6	4.8	6	—	—	—	—	0	19.8	—	—
6	21.4	—	(2) 21.6	—	—	—	6	4.8	6	—	—	—	—	6	20.2	—	—
4	20.9	—	(1) 21.0	(1) 20.2	—	—	4	3.8	4	—	—	—	—	4	21.2	—	—
3	17.9	—	(1) 17.5	—	—	—	3	5.3	3	—	—	—	—	3	19.1	—	—
6	19.1	(1) 16.9	(1) 21.5	(2) 18.3	—	—	6	5.5	6	—	—	—	—	6	19.1	—	—
12	21.1	(2) 20.2	(2) 23.0	(2) 20.4	—	—	12	6.5	12	—	1.0	—	—	12	20.3	—	—
3	19.2	(1) 18.1	—	(1) 18.7	—	—	3	7.0	3	—	0.5	—	—	3	20.5	—	—

Position der Zone		Wetter nach Beaufort's Bezeichnung. (Häufigkeit.)		Häufigkeit der verschied. Wolkenformen	Häufigkeit von Seegang u. Dünung aus:	Mittel der Meeres-Temperatur	Bemerkungen über einzelne beobachtete Triftströmungen.
25°—26° N. Br.	25°—30° W. L.	Summe d. Beobacht.: 23		27	3	21.6° C.	
		Böen	Himmelsansicht	cirr. 7	N —		S 36° W 3
		t —	b —	cirr. c. —	NE 1		
		l —	c 20	cirr. s 1	E 2		
		q 1	o 1	Str. —	SE —		
		u —	g —	W-c —	S —		
		Hydrometeore	Zustand der Luft	Cum. 16	SW —		
		h —	v —	Cum. st 3	W —		
		r 1	w —	Nimb. —	NW —		
		s —	m —		†See —		
		d —	f —		glatt —		

Position der Zone		Wetter nach Beaufort's Bezeichnung. (Häufigkeit.)		Häufigkeit der verschied. Wolkenformen	Häufigkeit von Seegang u. Dünung aus:	Mittel der Meeres-Temperatur	Bemerkungen über einzelne beobachtete Triftströmungen.
26°—27° N. Br.	25°—30° W. L.	Summe d. Beobacht.: 25		27	2	20.8° C.	
		Böen	Himmelsansicht	cirr. 10	N —		
		t —	b —	cirr. c. —	NE —		
		l —	c 21	cirr. s 1	E 2		
		q 1	o 3	Str. 1	SE —		
		u —	g —	W-c —	S —		
		Hydrometeore	Zustand der Luft	Cum. 12	SW —		
		h —	v —	Cum. st 3	W —		
		r —	w —	Nimb. —	NW —		
		s —	m —		†See —		
		d —	f —		glatt —		

Position der Zone		Wetter nach Beaufort's Bezeichnung. (Häufigkeit.)		Häufigkeit der verschied. Wolkenformen	Häufigkeit von Seegang u. Dünung aus:	Mittel der Meeres-Temperatur	Bemerkungen über einzelne beobachtete Triftströmungen.
27°—28° N. Br.	25°—30° W. L.	Summe d. Beobacht.: 15		14	1	20.3° C.	
		Böen	Himmelsansicht	cirr. 2	N —		
		t —	b —	cirr. c —	NE —		
		l —	c 12	cirr. s —	E 1		
		q 1	o 2	Str. 1	SE —		
		u —	g —	W-c —	S —		
		Hydrometeore	Zustand der Luft	Cum. 11	SW —		
		h —	v —	Cum. st —	W —		
		r —	w —	Nimb. —	NW —		
		s —	m —		†See —		
		d —	f —		glatt —		

Position der Zone		Wetter nach Beaufort's Bezeichnung. (Häufigkeit.)		Häufigkeit der verschied. Wolkenformen	Häufigkeit von Seegang u. Dünung aus:	Mittel der Meeres-Temperatur	Bemerkungen über einzelne beobachtete Triftströmungen.
28°—29° N. Br.	25°—30° W. L.	Summe d. Beobacht.: 16		19	—	20.3° C.	
		Böen	Himmelsansicht	cirr. 4	N —		
		t —	b —	cirr. c —	NE —		
		l —	c 15	cirr. s —	E —		
		q —	o 1	Str. 1	SE —		
		u —	g —	W-c —	S —		
		Hydrometeore	Zustand der Luft	Cum. 14	SW —		
		h —	v —	Cum. st —	W —		
		r —	w —	Nimb. —	NW —		
		s —	m —		†See —		
		d —	f —		glatt —		

Position der Zone		Wetter nach Beaufort's Bezeichnung. (Häufigkeit.)		Häufigkeit der verschied. Wolkenformen	Häufigkeit von Seegang u. Dünung aus:	Mittel der Meeres-Temperatur	Bemerkungen über einzelne beobachtete Triftströmungen.
29°—30° N. Br.	25°—30° W. L.	Summe d. Beobacht.: 25		29	1	19.9° C.	
		Böen	Himmelsansicht	cirr. 5	N —		S 81° E 12
		t —	b —	cirr. c —	NE —		
		l —	c 21	cirr. s —	E 1		
		q 1	o 3	Str. 1	SE —		
		u —	g —	W-c —	S —		
		Hydrometeore	Zustand der Luft	Cum. 18	SW —		
		h —	v —	Cum. st —	W —		
		r —	w —	Nimb. 5	NW —		
		s —	m —		†See —		
		d —	f —		glatt —		

Bemerkungen

Ueber Wind.

Unter-□	Jahr	Tag		
75.	74.	2.	12ʰ M.	Der mässige NW-Wind wird flau und still. Nach 8 Stunden setzt leichter N-Wind ein, der beim Segeln nach SW in den NE-Passat übergeht und allmählich auffrischt.
85.	75.	27.	4ʰ N.	Der leichte SW-Wind geht durch W nach N und frischt etwas auf. Nach 16 Stunden setzt leichter NE-Passat ein, der beim Segeln nach S allmählich bis zu starker Briese auffrischt.
87.	71.	10.	8ʰ M.	Der frische W-Wind wird beim Segeln nach S flau. Am 12. in 24° n. Br. und 31° w. L. setzt leichter Passat ein, der beim Segeln nach WSW allmählich auffrischt.

Sonstige Bemerkungen.

55.	77.	13.	12ʰ M.	Fliegende Fische. Meeres-Temperatur 22.1° Celsius.
56.	76.	1.	4ʰ N.	Stromkabbelung.
75.	75.	28.	12ʰ N.	Sternschnuppen.

Höchster Barometerstand: **773.8** mm am 1. Mai 1876 in 27° n. Br. und 25° w. L. bei starkem ESE-Winde, leichten Regenböen und wolkigem Himmel.

Niedrigster „ „ : **756.3** mm am 0. Mai 1871 in 29° n. Br. und 26° w. L. bei stürmischem WNW-Winde und halb bewölktem Himmel.

Höchste Lufttemperatur: **25.6**° Cels. am 16. Mai 1874 in 27° n. Br. und 29° w. L. bei leichtem NNE-Winde und bedecktem Himmel.

Niedrigste „ „ : **16.8**° Cels. am 2. Mai 1870 in 29° n. Br. und 26° w. L. bei mässigem NNE-Winde und halb bewölktem Himmel.

Position		Windbeobachtungen																							
		Anzahl der Beob.	Alle Winde, Variabeln und Stillen																			Stürme			
Breite N	Länge W		N	NNE	NE	ENE	E	ESE	SE	SSE	S	SSW	SW	WSW	W	WNW	NW	NNW	Var.	Stillen	N bis ENE	E bis SSE	S bis WSW	W bis NNW
20°—21°	20°—21°	18	2	9	5	1	1	—	—	—	—	—	—	—	—	—	—	—	—	—	—	1	—	—
	21°—22°	3	—	—	3	—	—	—	—	—	—	—	—	—	—	—	—	—	—	—	—	—	—	—
	22°—23°	2	—	2	—	—	—	—	—	—	—	—	—	—	—	—	—	—	—	—	—	—	—	—
	23°—24°	24	—	7	13	4	—	—	—	—	—	—	—	—	—	—	—	—	—	—	—	—	—	—
	24°—25°	72	4	28	27	9	1	—	—	—	—	—	—	—	—	—	2	1	—	—	—	—	—	—
21°—22°	20°—21°	12	1	2	6	3	—	—	—	—	—	—	—	—	—	—	—	—	—	—	—	—	—	—
	21°—22°	9	—	4	5	—	—	—	—	—	—	—	—	—	—	—	—	—	—	—	—	—	—	—
	22°—23°	9	—	4	3	1	1	—	—	—	—	—	—	—	—	—	—	—	—	—	—	—	—	—
	23°—24°	50	2	20	21	7	—	—	—	—	—	—	—	—	—	—	—	—	—	—	—	—	—	—
	24°—25°	82	1	23	41	11	—	—	—	—	—	—	—	—	3	3	—	—	—	—	—	—	—	—
22°—23°	20°—21°	18	1	6	5	3	3	—	—	—	—	—	—	—	—	—	—	—	—	—	—	—	—	—
	21°—22°	7	1	3	3	—	—	—	—	—	—	—	—	—	—	—	—	—	—	—	—	—	—	—
	22°—23°	23	—	5	16	7	—	—	—	—	—	—	—	—	—	—	—	—	—	—	—	—	—	—
	23°—24°	69	7	23	28	8	—	—	—	—	—	—	—	—	—	1	1	1	—	—	—	—	—	—
	24°—25°	64	—	22	21	12	1	—	—	—	—	—	—	—	2	1	2	3	—	—	—	—	—	—
23°—24°	20°—21°	14	—	6	2	4	1	—	—	—	—	—	—	—	—	1	—	—	—	—	—	—	—	—
	21°—22°	16	3	4	6	1	—	—	—	—	—	—	—	—	—	2	—	—	—	—	—	—	—	—
	22°—23°	56	2	15	28	8	—	—	—	—	—	—	—	—	—	1	1	—	—	—	—	—	—	—
	23°—24°	70	2	22	30	11	1	—	—	—	—	—	—	—	—	—	1	3	—	—	—	—	—	—
	24°—25°	40	—	9	14	5	—	1	—	—	—	1	2	2	1	1	2	1	—	1	—	—	—	—
24°—25°	20°—21°	17	—	5	4	5	—	—	—	—	—	—	—	—	2	—	—	—	—	1	1	—	—	—
	21°—22°	28	—	12	14	1	—	—	—	—	—	—	—	—	—	—	—	1	—	—	—	—	—	—
	22°—23°	78	5	29	41	2	—	—	—	—	—	—	—	—	1	—	—	—	—	—	—	—	—	—
	23°—24°	70	—	23	31	14	—	—	—	—	—	—	—	—	—	—	—	2	—	—	—	—	—	—
	24°—25°	13	—	1	5	1	—	2	—	—	—	—	—	2	1	—	—	1	—	—	—	—	—	—
Fünfgrad-Feld	Summen	872	31	284	281	113	9	3	—	—	—	1	2	4	10	10	9	13	—	2	1	1	—	—
	Mittlere Windstärke		3.4	4.4	4.5	4.7	5.4	4.0	—	—	—	2.0	1.5	2.5	2.5	3.2	2.1	2.9	—	0	8.0	8.0	—	—

Juni.

..................................20°–25° N. B. und 20°–25° W. L.

Barometer 700mm+		Thermometer Cels. Gr. (Temperatur der Luft)					Relative Feuchtigkeit		Bedeckung des Himmels		Niederschläge				
Anzahl der Beob.	Mittel mm	Anzahl der Beob.	Rohes Mittel	Anzahl und Mittel 4h M.	Anzahl und Mittel 4h N.	Anzahl und Mittel 12h N.	Anzahl der Beob.	Procente	Anzahl der Beob.	Mittel (0–10)	Anzahl der Beobachtungen	Dauer in Stunden: Nebel	Regen	Schnee	Hagel
19	63.5	19	23.4	—	5 23.5	4 21.3	14	81.6	19	4.4	19	—	—	—	—
3	66.0	3	21.9	—	—	1 22.3	—	—	3	5.3	3	—	—	—	—
3	60.6	3	23.7	—	1 24.3	—	—	—	3	1.7	3	—	—	—	—
25	65.6	24	22.4	1 22.1	3 24.2	9 21.6	6	84.3	24	5.5	25	—	—	—	—
62	65.1	70	22.7	15 22.0	11 23.1	11 22.2	10	87.0	68	4.9	72	—	1.0	—	—
12	64.5	12	22.5	2 21.0	3 22.1	—	6	65.0	12	4.7	12	—	—	—	—
10	64.0	10	22.1	3 21.2	1 23.1	3 21.6	—	—	10	3.3	10	—	—	—	—
10	65.6	10	22.3	1 21.2	1 23.8	1 21.6	1	85.0	10	4.0	10	—	—	—	—
46	65.7	49	22.3	13 21.3	7 22.7	6 21.7	10	86.0	45	5.2	50	—	0.5	—	—
72	65.3	79	22.9	18 21.9	13 24.0	6 21.5	10	89.5	85	4.6	85	—	0.5	—	—
18	64.7	18	22.1	2 20.6	4 23.0	2 21.6	6	83.8	18	4.8	18	—	—	—	—
7	65.0	7	22.2	2 22.0	1 22.0	1 22.0	—	—	7	2.9	7	—	—	—	—

Monat

Quadrat 75a. ....

Position der Zone		Wetter nach Beaufort's Bezeichnung. (Häufigkeit.)		Häufigkeit der verschied. Wolkenformen	Häufigkeit vom Seegang u. Dünung aus:	Mittel der Meeres-Temperatur	Bemerkungen über einzelne beobachtete Triftströmungen.			
20°—21° N. Br.	20°—25° W. L.	Summe d. Beobacht.: 148		151	70	22.0° C.				
		Böen	Himmelsansicht	cirr. 10	N 36		N 51° E 10		S 26° W 19	W 12
		t —	b 18	cirr.c 12	NE 30				S 29° W 25	W 12
		l —	c 83	cirr.s 13	E 2				S 43° W 15	N 59° W [illegible]
		q —	o 18	Str. 12	SE —				S 65° W 22	N 59° W 17
		u —	g 4	W-c 1	S —				S 58° W 20	N 22° W 9
		Hydrometeore	Zustand der Luft	Cum. 59	SW —					
		h —	v 3	Cum.st 10	W —					
		r 1	w 8	Nimb. 5	NW 2					
		s —	m 17		†See —					
		d 1	f —		glatt —					
21°—22° N. Br.	20°—25° W. L.	Summe d. Beobacht.: 185		166	83	22.1° C.				
		Böen	Himmelsansicht	cirr. 10	N 38		N 13° E 11	S 75° E 7	S 25° W 13	N 68° W 13
		t —	b 17	cirr.c 12	NE 38		N 28° E 15		S 25° W 16	N 63° W 9
		l —	c 129	cirr.s 9	E 3		N 68° E 10		S 33° W 16	N 47° W 10
		q —	o 18	Str. 13	SE —				S 35° W 13	N 8° W 13
		u —	g 1	W-c 2	S —				S 43° W 14	
		Hydrometeore	Zustand der Luft	Cum. 89	SW —				S 61° W 6	
		h —	v 8	Cum.st 25	W —				S 68° W 11	
		r 1	w 4	Nimb. 6	NW 4					
		s —	m 11		†See —					
		d 1	f —		glatt —					
22°—23° N. Br.	20°—25° W. L.	Summe d. Beobacht.: 201		180	86	21.9° C.				
		Böen	Himmelsansicht	cirr. 21	N 39		N 28° E 10		S 31° W 13	W 7
		t —	b 18	cirr.c 11	NE 42				S 38° W 16	W 10
		l —	c 132	cirr.s 12	E 2				S 42° W 12	W 17
		q —	o 27	Str. 9	SE —					N 68° W 18
		u —	g 4	W-c 4	S —					N 51° W 11
		Hydrometeore	Zustand der Luft	Cum. 101	SW —					
		h —	v 2	Cum.st 19	W —					
		r —	w 1	Nimb. 3	NW 3					
		s —	m 17		†See —					
		d —	f —		glatt —					
23°—24° N. Br.	20°—25° W. L.	Summe d. Beobacht.: 229		214	95	21.9° C.				
		Böen	Himmelsansicht	cirr. 29	N 50				S 7	W 20
		t —	b 22	cirr.c 7	NE 37				S 23	N 79° W 21
		l 1	c 157	cirr.s 16	E 4				S 15° W 10	N 69° W 15
		q —	o 21	Str. 18	SE —				S 40° W 10	N 32° W 16
		u —	g 8	W-c 8	S —				S 49° W 15	
		Hydrometeore	Zustand der Luft	Cum. 117	SW —				S 73° W 17	
		h —	v 4	Cum.st 15	W —					
		r —	w 2	Nimb. 6	NW 4					
		s —	m 14		†See —					
		d —	f —		glatt —					
24°—25° N. Br.	20°—25° W. L.	Summe d. Beobacht.: 221		193	95	21.8° C.				
		Böen	Himmelsansicht	cirr. 15	N 48		N 31° E 7	S 56° E 13	S 54° W 7	W [illegible]
		t —	b 21	cirr.c 5	NE 36		N 71° E 12	S 5° E 15	S 42° W 13	N 79° W 12
		l —	c 147	cirr.s 12	E 6					N 68° W 11
		q 1	o 33	Str. 12	SE —					
		u —	g 8	W-c 6	S —					
		Hydrometeore	Zustand der Luft	Cum. 114	SW —					
		h —	v 2	Cum.st 24	W —					
		r —	w 3	Nimb. 5	NW 5					
		s —	m 6		†See —					
		d —	f —		glatt —					

Bemerkungen

Ueber Wind.

Unter-□	Jahr	Tag		
31.	74.	16.	4h N.	Der leichte WNW-Wind geht durch N in den NE-Passat über, der beim Segeln nach S mehr auffrischt.
42.	77.	12.	4h N.	Der leichte N-Wind krimpt nach W und frischt bis zu mässiger Briese auf. Am 14. in 21° n. Br. und 24° w. L. geht der leichte W-Wind nach N und wird ganz flau. Nach 24 Stunden setzt leichter NE-Passat ein, der beim Segeln nach S bald auffrischt.

Sonstige Bemerkungen.

00.	77.	8.	12h M.	Morgens bis Mittags die Meeresfarbe schmutzig grün. Meeres-Temperatur 20.0° Celsius. Mittags Meeresfarbe tiefblau. Meeres-Temperatur 22.2° Celsius.
00.	77.	8.	4h N.	Meeresfarbe grün.
03	79.	11.	12h N.	Sternschnuppen.
04.	79.	22.	8h M.	Grosse Schaaren fliegender Fische. Meeres-Temperatur 22.5° Celsius.
10.	69.	20.	12h M.	Meeresfarbe hellgrün. Meeres-Temperatur 20.1° Celsius.
14.	80.	18.	9h M.	Landschwalben.
22.	79.	11.	8h M.	Die ersten fliegenden Fische. Meeres-Temperatur 21.7° Celsius.
22.	79.	11.	12h N.	Sternschnuppen.
31.	70.	15.	12h M.	Die ersten fliegenden Fische. Meeres-Temperatur 22.5° Celsius.
31.	71.	9.	12h N.	Sternschnuppen.
32.	79	20.	8h N.	Starker Thau. Nachts Sternschnuppen.
42.	80.	5	8h M.	Delphine.
42.	71.	9.	12h N.	Sternschnuppen.
43.	80.	5.	8h M.	Kleine Landschwalben.

Höchster Barometerstand: **770.6** mm am 22. Juni 1879 in 24° n. Br. und 22° w. L. bei stürmischem NE-Winde und heiterem Himmel.

Niedrigster „ „ : **758.9** mm am 14. Juni 1879 in 20° n. Br. und 22° w. L. bei frischem NNE-Winde und klarem Himmel.

Höchste Lufttemperatur: **28.2**° Cels. am 21. Juni 1878 in 25° n. Br. und 22° w. L. bei leichtem NNE-Winde und halb bewölktem Himmel.

Niedrigste „ „ : **19.9**° Cels. am 1. Juni 1873 in 22° n. Br. und 23° w. L. bei leichtem NNE-Winde und bedecktem Himmel.

Windbeobachtungen

Alle Winde, Variabeln und Stillen

N	NNE	NE	ENE	E	ESE	SE	SSE	S	SSW	SW	WSW	W	WNW	NW	NNW
1	10	16	11	—	—	—	—	—	—	—	—	1	—	1	—

Juni.

.... 20°—25° N. B. und 25°—30° W. L.

Barometer 700 mm +		Thermometer Cels. Gr. (Temperatur der Luft)					Relative Feuchtigkeit		Bedeckung des Himmels		Niederschläge				
Anzahl der Beob.	Mittel mm	Anzahl der Beob.	Sebes Mittel	Anzahl und Mittel 4h M.	Anzahl und Mittel 4h N.	Anzahl und Mittel 12h N.	Anzahl der Beob.	Procente	Anzahl der Beob.	Mittel (0—10)	Anzahl der Beob.-wachen	Dauer in Stunden: Nebel	Dauer in Stunden: Regen	Dauer in Stunden: Schnee	Dauer in Stunden: Hagel
33	65.1	37	23.2	(5) 22.0	(7) 23.0	(2) 22.3	8	80.9	40	4.5	40	—	—	—	—
11	64.8	18	28.5	—	(4) 23.2	(2) 22.4	2	76.0	13	4.4	13	—	—	—	—
1	66.8	4	25.6	(1) 21.5	—	(1) 22.4	—	—	5	5.4	5	—	—	—	—
4	67.6	7	22.5	(2) 22.1	(1) 23.6	(2) 22.4	3	82.7	7	4.0	7	—	—	—	—
7	67.1	7	23.8	(2) 23.9	(1) 24.7	—	3	81.3	10	5.8	10	—	—	—	—
26	65.6	28	22.6	(6) 21.9	(2) 24.3	(5) 21.6	8	77.0	28	4.9	28	—	0.5	—	—
12	66.8	14	22.6	(1) 21.3	(3) 22.7	(2) 22.0	6	86.8	15	5.0	15	—	—	—	—
10	66.9	9	22.7	(1) 21.7	(1) 23.6	(2) 23.0	8	78.7	10	5.5	10	—	—	—	—

Monat

Quadrat 75b. ....

Position der Zone	Wetter nach Beaufort's Bezeichnung. (Häufigkeit.)		Häufigkeit der verschied. Wolkenformen	Häufigkeit von Seegang u. Dünung aus:	Mittel der Meeres-Temperatur	Bemerkungen über einzelne beobachtete Triftströmungen.
20°—21° N. Br. 25°—30° W. L.	Summe d. Beobacht.: 79		78	31		
	Böen	Himmelsansicht	cirr. 7	N 8		S 45° E 6 S 23° W 9
	t —	b 4	cirr.c 4	NE 14		S 2° E 24 S 25° W 9
	l —	c 57	cirr.s 3	E 3		S 68° W 18
	q —	o 14	Str. 3	SE —		S 84° W 18
	u —	g —	W-c —	S —	22.8° C.	
	Hydrometeore	Zustand der Luft	Cum. 63	SW —		
	h —	v —	Cum.st 7	W 4		
	r —	w —	Nimb. 1	NW 2		
	s —	m 4		†See —		
	d —	f —		glatt —		
21°—22° N. Br. 25°—30° W. L.	Summe d. Beobacht.: 81		80	38		
	Böen	Himmelsansicht	cirr. 5	N 2		N 6° E 6 S 67° W 12 N 43° W 27
	t —	b 2	cirr.c 4	NE 23		S 88° W 9
	l —	c 64	cirr.s 4	E 5		
	q 1	o 8	Str. 5	SE —		
	u —	g 2	W-c 2	S —	22.9° C.	
	Hydrometeore	Zustand der Luft	Cum. 51	SW —		
	h —	v —	Cum.st 9	W —		
	r —	w —	Nimb. —	NW 8		
	s —	m 4		†See —		
	d —	f —		glatt —		
22°—23° N. Br. 25°—30° W. L.	Summe d. Beobacht.: 47		50	23		
	Böen	Himmelsansicht	cirr. 8	N 1		
	t —	b 7	cirr.c 1	NE 15		
	l —	c 32	cirr.s 1	E 7		
	q —	o 6	Str. 7	SE —		
	u —	g 2	W-c 2	S —	22.6° C.	
	Hydrometeore	Zustand der Luft	Cum. 25	SW —		
	h —	v —	Cum.st 6	W —		
	r —	w —	Nimb. —	NW —		
	s —	m —		†See —		
	d —	f —		glatt —		
23°—24° N. Br. 25°—30° W. L.	Summe d. Beobacht.: 45		46	21		
	Böen	Himmelsansicht	cirr. 4	N —		S 73° W 14 N 73° W 22
	t —	b 6	cirr.c 1	NE 16		S 87° W 21
	l —	c 28	cirr.s 2	E 5		
	q 1	o 7	Str. 4	SE —		
	u —	g 2	W-c —	S —	22.5° C.	
	Hydrometeore	Zustand der Luft	Cum. 24	SW —		
	h —	v —	Cum.st 9	W —		
	r —	w 1	Nimb. 1	NW —		
	s —	m —		†See —		
	d —	f —		glatt —		
24°—25° N. Br. 25°—30° W. L.	Summe d. Beobacht.: 55		54	19		
	Böen	Himmelsansicht	cirr. 3	N 1		S 14° W 8 N 73° W 11
	t —	b 4	cirr.c 8	NE 13		
	l —	c 21	cirr.s 1	E 5		
	q 3	o 3	Str. 3	SE —		
	u —	g 8	W-c 1	S —	22.8° C.	
	Hydrometeore	Zustand der Luft	Cum. 16	SW —		
	h —	v —	Cum.st 4	W —		
	r —	w —	Nimb. 3	NW —		
	s —	m —		†See —		
	d 1	f —		glatt —		

Bemerkungen

Ueber Wind.

Unter-☐	Jahr	Tag		
26.	68.	20.	4h M.	Der frische NE-Passat steht beim Segeln nach W stetig durch.
45.	68.	21.	4h M.	Der mässige NE-Passat steht beim Segeln nach WSW stetig durch.
45.	78.	22.	8h N.	Der mässige SE-Wind geht allmählich nach E. Beim Segeln nach W frischt derselbe mehr auf.
45.	81.	10.	12h N.	Der flaue veränderliche Wind geht nach E und frischt beim Segeln nach S allmählich auf.

Sonstige Bemerkungen.

09.	78.	25.	6h M.	Dünung aus S.
35.	81.	7.	8h N.	Bei frischem ENE-Winde ziehen die Cir.-Wolken aus SW.

Höchster Barometerstand: **770.0** mm am 30. Juni 1881 in 24° n. Br. und 26° w. L. bei mässigem NE-Winde und halb bewölktem Himmel.

Niedrigster „ „ : **758.7** mm am 16. Juni 1880 in 21° n. Br. und 25° w. L. bei frischem ENE-Winde und bedecktem Himmel.

Höchste Lufttemperatur: **27.8°** Cels. am 24. Juni 1878 in 26° n. Br. und 26° w. L. bei leichtem ENE-Winde und heiterem Himmel.

Niedrigste „ „ **19.7°** Cels. am 1. Juni 1870 in 23° n. Br. und 25° w. L. bei mässigem NE-Winde und heiterem Himmel.

Quadrat 75c.

Position		Windbeobachtungen																						
			Alle Winde, Variabeln und Stillen																		Stürme			
Breite N	Länge W	Anzahl der Beob.	N	NNE	NE	ENE	E	ESE	SE	SSE	S	SSW	SW	WSW	W	WNW	NW	NNW	Var.	Stillen	N bis ENE	E bis SSE	S bis WSW	W bis NNW
25°—26°	20°—21°	22	—	8	5	5	—	—	—	—	—	1	2	—	1	—	—	—	—	—	—	—	—	—
	21°—22°	56	1	21	30	2	1	—	—	—	—	—	—	—	—	—	—	1	—	—	—	—	—	—
	22°—23°	95	6	40	42	5	—	—	1	—	—	—	—	—	—	—	—	—	1	—	—	—	—	—
	23°—24°	34	1	9	11	7	4	1	—	—	—	—	—	—	—	—	—	1	—	—	—	—	—	—
	24°—25°	22	—	1	9	5	—	—	—	—	—	—	—	—	—	—	3	—	—	4	—	—	—	—
26°—27°	20°—21°	54	2	21	16	1	2	—	1	—	1	—	2	1	—	1	—	1	2	3	—	—	—	—
	21°—22°	83	10	41	25	6	1	—	—	—	—	—	—	—	—	—	—	—	—	—	2	—	—	—
	22°—23°	68	4	23	27	4	4	—	1	—	—	—	—	—	—	1	2	2	—	—	—	—	—	—
	23°—24°	15	1	2	5	—	3	—	—	—	—	—	—	—	1	2	1	—	—	—	—	—	—	—
	24°—25°	24	—	—	10	4	2	4	1	—	—	—	—	—	2	—	1	—	—	—	—	—	—	—
27°—28°	20°—21°	85	5	39	22	3	2	1	1	—	—	—	1	—	1	3	2	4	1	—	1	—	—	—
	21°—22°	92	6	38	32	10	1	—	—	—	—	—	—	—	1	1	1	1	—	1	4	—	—	—
	22°—23°	39	3	13	15	3	1	—	—	—	—	—	—	—	—	—	2	2	—	—	—	—	—	—
	23°—24°	17	—	—	9	4	1	—	—	—	—	—	—	1	2	—	—	—	—	—	—	—	—	—
	24°—25°	10	1	—	4	2	—	1	—	—	—	—	—	—	—	—	1	1	—	—	—	—	—	—
28°—29°	20°—21°	112	9	50	37	8	1	1	—	—	—	—	—	—	1	—	—	5	—	—	2	—	—	—
	21°—22°	81	5	24	32	9	1	—	—	—	—	—	—	1	—	2	3	4	—	—	2	—	—	—
	22°—23°	18	1	5	9	—	1	—	—	—	—	—	1	—	—	1	—	—	—	—	—	—	—	—
	23°—24°	23	—	1	14	4	—	—	—	—	—	—	—	4	—	—	—	—	—	—	—	—	—	—
	24°—25°	9	—	5	3	—	—	—	—	—	—	—	—	—	—	—	—	1	—	—	—	—	—	—
29°—30°	20°—21°	130	4	50	45	13	3	2	2	—	1	1	1	—	2	2	1	3	—	—	2	—	—	—
	21°—22°	53	4	23	9	6	—	—	—	—	—	—	—	—	—	3	3	5	—	—	—	—	—	—
	22°—23°	15	—	6	1	3	—	—	—	—	—	—	—	2	2	—	1	—	—	—	—	—	—	—
	23°—24°	15	2	6	6	1	—	—	—	—	—	—	—	—	—	—	—	—	—	—	—	—	—	—
	24°—25°	3	—	2	1	—	—	—	—	—	—	—	—	—	—	—	—	—	—	—	—	—	—	—
Fünfgrad-Feld	Summen	1175	**65**	**428**	**419**	**105**	**28**	10	7	—	2	2	7	9	13	**16**	**21**	**31**	4	8	**13**	—	—	—
	Mittlere Windstärke		3.5	3.9	4.2	3.9	4.0	3.1	2.9	—	1.0	2.5	2.6	2.2	2.3	2.5	2.4	2.9	2.2	0	8.0	—	—	—

66.3	91	21.9	17 20.8	17 22.8	11 20.9	15	75.9	92	5.0	95
66.4	33	21.9	4 22.4	4 22.4	5 21.5	3	82.0	34	4.1	34
68.1	19	21.4	3 21.1	3 22.6	4 21.0	6	74.0	22	4.0	22
66.5	54	22.5	9 21.2	7 23.9	8 22.0	10	82.8	54	3.5	54
66.6	77	21.7	12 20.8	10 22.6	12 20.7	16	78.2	81	4.4	83
66.8	65	21.6	14 20.6	8 22.4	10 20.8	10	76.1	68	4.8	68
67.1	15	22.0	3 21.1	3 23.1	1 19.7	—	—	14	5.1	15
67.9	19	21.4	3 19.7	4 21.4	1 20.5	5	79.8	24	5.5	24
66.8	81	21.5	21 20.7	8 22.7	12 20.8	12	77.9	81	4.2	85
66.9	86	21.7	15 20.0	13 23.1	10 20.8	13	75.6	90	4.6	92
67.6	89	21.6	7 21.8	6 23.8	4 20.4	3	80.7	38	4.2	40
67.8	12	20.7	4 20.2	—	5 20.7	3	84.0	17	4.7	17
66.8	10	20.6	2 19.4	1 21.4	3 20.1	4	86.0	10	6.5	10
67.2	106	21.5	15 19.9	20 23.0	16 20.6	15	78.1	106	4.6	114
67.2	78	21.4	15 20.7	9 22.7	14 21.0	13	81.9	78	4.5	82
67.2	14	21.9	4 20.8	—	2 21.7	—	—	18	5.1	18
67.2	22	20.8	2 20.7	6 21.4	1 19.0	7	80.0	22	5.1	23
66.6	8	22.5	1 22.0	2 23.1	1 22.9	3	93.7	8	5.8	9
67.4	125	21.4	22 20.4	17 22.3	16 20.6	19	78.9	127	3.9	130
67.6	47	21.8	9 20.6	5 22.2	4 21.0	4	87.5	53	4.3	53
68.1	14	20.6	3 19.4	2 21.8	2 18.8	4	84.8	15	4.2	15
67.7	15	22.2	5 21.0	1 33.1	3 22.1	4	85.0	15	4.2	15
68.8	3	27.4	—	—	—	1	91.0	3	3.0	3
—	1108	—	202 —	164 —	154 —	188	—	1144	—	1179
7.10	—	21.7	20.6	22.8	20.8	—	79.6	—	4.5	—

Quadrat 75c. ....

Position der Zone		Wetter nach Beaufort's Bezeichnung (Häufigkeit.)				Häufigkeit der verschied. Wolkenformen		Häufigkeit von Seegang u. Dünung aus:		Mittel der Meeres-Temperatur	Bemerkungen über einzelne beobachtete Triftströmungen.			
25°—26° N. Br.	20°—25° W. L.	Summe d. Beobacht.: 238				224		111		21.7° C.				
		Böen		Himmelsansicht		cirr.	26	N	64		N 9	S 34° E 6	S 26° W 19	N 88° W 15
		t	—	b	26	cirr.c	10	NE	49		N 47° E 7		S 78° W 10	N 16° W 11
		l	—	c	168	cirr.s	10	E	5				S 84° W 7	N 15° W 7
		q	—	o	27	Str.	21	SE	—					
		u	—	g	7	W-c	4	S	—					
		Hydrometeore		Zustand der Luft		Cum.	131	SW	—					
		h	—	v	2	Cum. st	18	W	—					
		r	—	w	3	Nimb.	4	NW	8					
		s	—	m	4			†See	1					
		d	1	f	—			glatt	—					
26°—27° N. Br.	20°—25° W. L.	Summe d. Beobacht.: 255				236		124		21.7° C.				
		Böen		Himmelsansicht		cirr.	26	N	53		N 51° E 12		S 18° W 6	W 16
		t	—	b	28	cirr.c	20	NE	43		N 73° E 11		S 53° W 13	N 85° W 22
		l	—	c	181	cirr.s	10	E	13				S 53° W 15	N 81° W 12
		q	1	o	33	Str.	13	SE	—				S 59° W 20	N 73° W 10
		u	—	g	4	W-c	8	S	—				S 73° W 11	N 35° W 13
		Hydrometeore		Zustand der Luft		Cum.	126	SW	—				S 70° W 12	
		h	—	v	4	Cum. st	20	W	8				S 81° W 7	
		r	—	w	—	Nimb.	7	NW	7					
		s	—	m	4			†See	3					
		d	—	f	—			glatt	—					
27°—28° N. Br.	20°—25° W. L.	Summe d. Beobacht.: 255				240		117		21.3° C.				
		Böen		Himmelsansicht		cirr.	29	N	68		N 51° E 10	S 11° W 7	S 55° W 7	N 9° W 12
		t	—	b	26	cirr.c	18	NE	90				S 73° W 7	
		l	—	c	186	cirr.s	14	E	12				S 79° W 27	
		q	4	o	22	Str.	6	SE	—				S 81° W 12	
		u	—	g	4	W-c	1	S	—					
		Hydrometeore		Zustand der Luft		Cum.	140	SW	—					
		h	—	v	2	Cum. st	29	W	8					
		r	—	w	3	Nimb.	3	NW	4					
		s	—	m	7			†See	—					
		d	1	f	—			glatt	—					
28°—29° N. Br.	20°—25° W. L.	Summe d. Beobacht.: 252				239		133		21.3° C.				
		Böen		Himmelsansicht		cirr.	33	N	64				S 11° W 12	W 15
		t	—	b	22	cirr.c	16	NE	45				S 28° W 14	N 19° W 10
		l	—	c	176	cirr.s	18	E	14				S 37° W 8	
		q	2	o	32	Str.	7	SE	3				S 61° W 10	
		u	—	g	6	W-c	4	S	—				S 76° W 13	
		Hydrometeore		Zustand der Luft		Cum.	141	SW	—				S 79° W 14	
		h	—	v	2	Cum. st	23	W	—					
		r	—	w	2	Nimb.	2	NW	4					
		s	—	m	9			†See	6					
		d	1	f	—			glatt	—					
29°—30° N. Br.	20°—25° W. L.	Summe d. Beobacht.: 231				219		101		21.4° C.				
		Böen		Himmelsansicht		cirr.	40	N	56		N 12	S 76° E 16	S 31° W 7	W 6
		t	—	b	37	cirr.c	13	NE	24		N 2° E 10		S 37° W 6	W [illegible]
		l	—	c	146	cirr.s	7	E	7		N 41° E 8		S 51° W 9	W 10
		q	5	o	28	Str.	15	SE	—				S 57° W 9	W 18
		u	—	g	8	W-c	6	S	1				S 68° W 12	N 84° W 11
		Hydrometeore		Zustand der Luft		Cum.	96	SW	1				S 70° W 13	N 63° W 13
		h	—	v	1	Cum. st	35	W	3				S 70° W 7	N 36° W 8
		r	1	w	1	Nimb.	7	NW	—				S 79° W 12	N 32° W 9
		s	—	m	2			†See	6				S 85° W 13	N 17° W 8
		d	2	f	—			glatt	3					

Bemerkungen

Ueber Wind.

Unter-□	Jahr	Tag		
60.	77.	23.	12ʰ N.	Der flaue veränderliche südliche Wind wird still. Nach 8 Stunden setzt leichter NE-Passat ein, der beim Segeln nach S allmählich auffrischt.
62.	73.	13.	4ʰ N.	Der leichte SE-Wind wird flau und veränderlich. Nach 12 Stunden setzt leichter N-Wind ein, der beim Segeln nach S in den NE-Passat übergeht und allmählich auffrischt.
70.	73.	16.	8ʰ M.	Der leichte N-Wind geht allmählich in den NE-Passat über, der beim Segeln nach S bald auffrischt
70.	74.	17.	4ʰ M.	Der mässige WNW-Wind geht allmählich nach N und wird flau. Nach 24 Stunden setzt leichter NE-Passat ein, der beim Segeln nach S allmählich auffrischt.
80.	68.	14.	12ʰ M.	Der leichte E-Wind krimpt nach N und wird still. Am 17. in 26° n. Br. und 21° w. L. setzt leichter NE-Passat ein, der beim Segeln nach S allmählich auffrischt.
81.	79.	3.	8ʰ M.	Der flaue ENE-Wind krimpt durch N nach WNW und frischt bis zu mässiger Briese auf. Am 5. in 26° n. Br. und 23° w. L. setzt leichter NE-Passat ein, der bald zu frischer Briese auffrischt.
91.	68.	16.	4ʰ M.	Der leichte WNW-Wind geht durch N in den NE-Passat über, der beim Segeln nach S allmählich auffrischt.
91.	68.	16.	12ʰ M.	Der leichte NW-Wind geht in den NE-Passat über, der beim Segeln nach S allmählich auffrischt.

Sonstige Bemerkungen.

51.	68.	17.	8ʰ M.	Die ersten fliegenden Fische. Meeres-Temperatur 21.0° Celsius.
51.	79.	19.	12ʰ N.	Meerleuchten.
61	71.	5.	12ʰ N.	Starkes Meerleuchten.
61.	79.	16.	8ʰ M.	Die ersten fliegenden Fische. Meeres-Temperatur 21.6° Celsius. Boniten. Nachmittags ein Falke und eine Landschwalbe.
62.	77.	29.	8ʰ N.	Viele Tintenfische.
63.	70.	23.	12ʰ M.	Delphine.
71.	70.	9.	12ʰ M.	Die ersten fliegenden Fische. Meeres-Temperatur 21.9° Celsius.
80.	70.	4	12ʰ N.	Starker Thau.
80.	77.	29.	4ʰ M.	Bei frischem NE-Winde ziehen die Cir.-Wolken aus NNW.
80.	80.	3.	4ʰ N.	Eine Landschwalbe.

Höchster Barometerstand: **772.0** mm am 6. Juni 1876 in 26° n. Br. und 22° w. L. bei frischem NNE-Winde und bedecktem Himmel.

Niedrigster „ „ : **759.8** mm am 5. Juni 1881 in 29° n. Br. und 20° w. L. bei mässigem NNE-Winde und bewölktem Himmel.

Höchste Lufttemperatur: **33.1** ° Cels. am 13. Juni 1871 in 29° n. Br. und 23° w. L. bei leichtem NNE-Winde und klarem Himmel.

Niedrigste „ „ : **17.5** ° Cels. am 8. Juni 1871 in 28° n. Br. und 20° w. L. bei mässigem NNE-Winde und bedecktem Himmel.

Quadrat 75d. ....

Position		Windbeobachtungen																						
		Anzahl der Beob.	Alle Winde, Variabeln und Stillen																		Stürme			
Breite N	Länge W		N	NNE	NE	ENE	E	ESE	SE	SSE	S	SSW	SW	WSW	W	WNW	NW	NNW	Var.	Stillen	N bis ENE	E bis SSE	S bis WSW	W bis NNW
25°—26°	25°—26°	11	—	1	2	3	3	1	—	—	—	—	—	—	—	—	—	1	—	—	—	—	—	—
	26°—27°	6	—	—	1	1	—	—	2	—	—	—	—	—	—	—	1	1	—	—	—	—	—	—
	27°—28°	—	—	—	—	—	—	—	—	—	—	—	—	—	—	—	—	—	—	—	—	—	—	—
	28°—29°	1	—	—	1	—	—	—	—	—	—	—	—	—	—	—	—	—	—	—	—	—	—	—
	29°—30°	6	—	2	2	2	—	—	—	—	—	—	—	—	—	—	—	—	—	—	—	—	—	—
26°—27°	25°—26°	7	—	2	3	—	1	1	—	—	—	—	—	—	—	—	—	—	—	—	—	—	—	—
	26°—27°	—	—	—	—	—	—	—	—	—	—	—	—	—	—	—	—	—	—	—	—	—	—	—
	27°—28°	9	—	—	—	—	5	2	2	—	—	—	—	—	—	—	—	—	—	—	—	—	—	—
	28°—29°	11	—	2	2	2	3	—	—	—	—	—	—	—	—	—	—	—	—	2	—	—	—	—
	29°—3 °	14	—	1	2	2	6	—	3	—	—	—	—	—	—	—	—	—	—	—	—	—	—	—
27°—28°	25°—26°	8	—	6	1	1	—	—	—	—	—	—	—	—	—	—	—	—	—	—	—	—	—	—
	26°—27°	8	—	3	—	1	—	1	—	3	—	—	—	—	—	—	—	—	—	—	—	—	—	—
	27°—28°	6	—	2	2	1	1	—	—	—	—	—	—	—	—	—	—	—	—	—	—	—	—	—
	28°—29°	4	—	1	2	—	—	—	—	—	—	—	—	—	—	—	—	—	—	1	—	—	—	—
	29°—30°	1	—	—	—	1	—	—	—	—	—	—	—	—	—	—	—	—	—	—	—	—	—	—
28°—29°	25°—26°	—	—	—	—	—	—	—	—	—	—	—	—	—	—	—	—	—	—	—	—	—	—	—
	26°—27°	2	—	—	1	—	—	1	—	—	—	—	—	—	—	—	—	—	—	—	—	—	—	—
	27°—28°	4	—	1	2	1	—	—	—	—	—	—	—	—	—	—	—	—	—	—	—	—	—	—
	28°—29°	3	—	—	1	—	—	—	—	—	—	—	—	—	1	—	—	—	—	1	—	—	—	—
	29°—30°	5	—	—	—	1	1	3	—	—	—	—	—	—	—	—	—	—	—	—	—	—	—	—
29°—30°	25°—26°	2	—	1	—	1	—	—	—	—	—	—	—	—	—	—	—	—	—	—	—	—	—	—
	26°—27°	3	—	1	1	1	—	—	—	—	—	—	—	—	—	—	—	—	—	—	—	—	—	—
	27°—28°	3	—	—	2	—	—	—	—	—	—	1	—	—	—	—	—	—	—	—	—	—	—	—
	28°—29°	5	—	2	—	1	1	—	—	—	—	—	—	—	1	—	—	—	—	—	—	—	—	—
	29°—30°	5	—	—	—	—	—	3	1	1	—	—	—	—	—	—	—	—	—	—	—	—	—	—
Fünfgrad-Feld	Summen.	124	—	**25**	**25**	**10**	**21**	**12**	**8**	**4**	—	1	—	—	2	—	1	2	—	4	—	—	—	—
	Mittlere Windstärke		—	2.6	3.1	3.4	3.0	2.8	2.5	1.2	—	2.0	—	—	2.5	—	4.0	3.0	—	0	—	—	—	—

22.0	3 20.9	—	2 21.3	8	76.0	10	5.7	11	—	1.0
22.3	1 20.4	1 23.6	—	8	94.0	5	5.4	6	—	2.3
—	—	—	—	—	—	—	—	—	—	—
22.5	—	—	—	—	—	1	2.0	1	—	—
23.3	—	2 24.2	1 21.1	—	—	6	2.7	6	—	—
22.1	1 21.8	1 23.6	1 22.4	5	94.4	7	5.7	7	—	0.5
—	—	—	—	—	—	—	—	—	—	—
26.0	1 24.0	2 27.9	2 24.4	—	—	9	2.7	9	—	0.5
23.7	2 23.5	2 25.0	2 21.8	—	—	11	2.0	11	—	1.0
24.1	4 22.4	1 25.9	3 24.5	—	—	14	3.4	14	—	1.0
23.1	2 21.4	1 25.4	1 22.9	3	90.7	8	4.0	8	—	0.5
25.2	1 22.9	1 26.9	1 23.9	—	—	8	1.9	8	—	—
20.8	1 20.9	1 20.8	1 20.0	—	—	6	5.3	6	—	—
22.3	1 20.5	—	—	—	—	4	3.8	4	—	—
23.1	—	—	—	—	—	1	2.0	1	—	—
—	—	—	—	—	—	—	—	—	—	—
20.4	1 19.4	—	—	—	—	2	5.5	2	—	—
22.6	—	—	—	—	—	4	4.2	4	—	—
23.5	1 23.0	1 25.0	—	—	—	3	2.3	3	—	—
24.4	—	1 24.5	—	4	76.0	5	7.2	5	—	—
20.8	—	1 21.0	—	—	—	2	6.5	2	—	—
20.4	1 20.0	—	1 20.6	—	—	3	8.0	3	—	1.0
23.3	1 22.8	—	—	—	—	2	3.0	3	—	—
22.0	2 21.6	—	—	2	77.0	5	6.0	5	—	2.0
23.3	1 21.7	1 23.9	1 22.2	5	77.2	5	6.8	5	—	—
—	21 —	16 —	16 —	26	—	121	—	124	—	9.8
23.2	21.8	24.7	22.6	—	83.9	—	4.2	—	—	—

Monat

Quadrat 75d. ....

Position der Zone		Wetter nach Beaufort's Bezeichnung. (Häufigkeit.)		Häufigkeit der verschied. Wolkenformen	Häufigkeit von Seegang u. Dünung aus:	Mittel der Meeres-Temperatur	Bemerkungen über einzelne beobachtete Triftströmungen.
25°—26° N. Br.	25°—30° W. L.	Summe d. Beobacht.: 24		31	12	22.8° C.	
		Böen	Himmelsansicht	cirr. 7	N 1		S 49° W 12
		t —	b 2	cirr. c. 2	NE 8		
		l —	c 17	cirr. s 1	E 3		
		q 1	o 3	Str. 2	SE —		
		u —	g —	W-c —	S —		
		Hydrometeore	Zustand der Luft	Cum. 14	SW —		
		h —	v —	Cum. st 4	W —		
		r —	w —	Nimb. 1	NW —		
		s —	m 1		†See —		
		d —	f —		glatt —		
26°—27° N. Br.	25°—30° W. L.	Summe d. Beobacht.: 46		44	31	24.0° C.	
		Böen	Himmelsansicht	cirr. 6	N 1		N 64° E 14 S 75° W 10
		t —	b 5	cirr. c. 3	NE 12		N 70° E 16
		l —	c 34	cirr. s 2	E 12		
		q 2	o 1	Str. 5	SE —		
		u —	g —	W-c 1	S —		
		Hydrometeore	Zustand der Luft	Cum. 17	SW —		
		h —	v —	Cum. st 8	W —		
		r —	w —	Nimb. 2	NW —		
		s —	m 2		†See 6		
		d 1	f —		glatt —		
27°—28° N. Br.	25°—30° W. L.	Summe d. Beobacht.: 26		29	17	23.8° C.	
		Böen	Himmelsansicht	cirr. 6	N 3		S 6
		t —	b —	cirr. c —	NE 10		S 73° W 10
		l —	c 24	cirr. s 1	E 3		
		q —	o 2	Str. —	SE —		
		u —	g —	W-c —	S —		
		Hydrometeore	Zustand der Luft	Cum. 16	SW —		
		h —	v —	Cum. st 5	W —		
		r —	w —	Nimb. 1	NW —		
		s —	m —		†See —		
		d —	f —		glatt 1		
28°—29° N. Br.	25°—30° W. L.	Summe d. Beobacht.: 14		16	6	22.4° C.	
		Böen	Himmelsansicht	cirr. 4	N —		S 16° W 6
		t —	b —	cirr. c —	NE —		S 22° W 6
		l —	c 12	cirr. s —	E 4		
		q —	o 2	Str. —	SE —		
		u —	g —	W-c —	S —		
		Hydrometeore	Zustand der Luft	Cum. 8	SW —		
		h —	v —	Cum. st 4	W —		
		r —	w —	Nimb. —	NW —		
		s —	m —		†See —		
		d —	f —		glatt 2		
29°—30° N. Br.	25°—30° W. L.	Summe d. Beobacht.: 17		19	8	22.1° C.	
		Böen	Himmelsansicht	cirr. 1	N —		N 9° E 11
		t —	b —	cirr. c —	NE —		
		l —	c 14	cirr. s 2	E —		
		q —	o 8	Str. 1	SE —		
		u —	g —	W-c —	S —		
		Hydrometeore	Zustand der Luft	Cum. 5	SW —		
		h —	v —	Cum. st 9	W 3		
		r —	w —	Nimb. 1	NW 4		
		s —	m —		†See —		
		d —	f —		glatt 1		

Bemerkungen

Ueber Wind.

Unter-☐	Jahr	Tag		
65.	78.	17.	8ʰ N.	Der leichte SE-Wind geht in den NE-Passat über, der beim Segeln nach WSW zur starken Briese auffrischt.
65.	81.	29.	12ʰ N.	Der leichte NE-Wind mit steifen Böen und Staubregen wird veränderlich zwischen NE und SE. Nach 20 Stunden setzt wieder mässiger NE-Passat ein, der beim Segeln nach S allmählich auffrischt.
97.	70.	27.	12ʰ M.	Der leichte SSW-Wind wird veränderlich und still. Nach 12 Stunden setzt leichter NE-Passat ein, der beim Segeln nach SW allmählich auffrischt.
99.	80.	25.	4ʰ M.	Der flaue S-Wind geht nach E; beim Segeln nach SW frischt derselbe zur frischen Briese auf.

Sonstige Bemerkungen.

56.	81.	30.	9ʰ N.	Ein Komet.
68.	78.	24.	4ʰ N.	Sargasso.

Höchster Barometerstand: **771.8** mm am 25. Juni 1880 in 28° n. Br. und 29° w. L. bei leichtem ESE-Winde und bewölktem Himmel.

Niedrigster „ „ : **765.2** mm am 20. Juni 1878 in 27° n. Br. und 25° w. L. bei leichtem NNE-Winde und heiterem Himmel.

Höchste Lufttemperatur: **29.0**° Cels. am 23. Juni 1878 in 26° n. Br. und 27° w. L. bei leichtem E-Winde und heiterem Himmel.

Niedrigste „ „ **19.4**° Cels. am 9. Juni 1875 in 28° n. Br. und 26° w. L. bei mässigem NE-Winde und bewölktem Himmel.

Monat

Quadrat 75a.

Position		Windbeobachtungen																							
		Anzahl der Beob.	Alle Winde, Variabeln und Stillen																			Stürme			
Breite N	Länge W		N	NNE	NE	ENE	E	ESE	SE	SSE	S	SSW	SW	WSW	W	WNW	NW	NNW	Var.	Stillen	N bis ENE	E bis SSE	S bis WSW	W bis NNW
20° — 21°	20°—21°	19	1	8	3	4	1	—	—	—	—	—	—	—	—	—	—	2	—	—	—	—	—	—
	21°—22°	7	—	4	—	3	—	—	—	—	—	—	—	—	—	—	—	—	—	—	—	—	—	—
	22°—23°	8	—	2	6	—	—	—	—	—	—	—	—	—	—	—	—	—	—	—	—	—	—	—
	23°—24°	27	1	16	7	1	2	—	—	—	—	—	—	—	—	—	—	—	—	—	—	—	—	—
	24°—25°	111	1	37	38	25	7	3	—	—	—	—	—	—	—	—	—	—	—	—	—	—	—	—
21° — 22°	20°—21°	25	2	6	6	7	—	—	—	—	—	—	—	1	—	—	—	—	3	—	2	—	—	—
	21°—22°	14	—	2	8	4	—	—	—	—	—	—	—	—	—	—	—	—	—	—	—	—	—	—
	22°—23°	8	—	1	7	—	—	—	—	—	—	—	—	—	—	—	—	—	—	—	—	—	—	—
	23°—24°	57	1	17	28	7	3	1	—	—	—	—	—	—	—	—	—	—	—	—	—	2	—	—
	24°—25°	97	4	39	31	15	5	2	1	—	—	—	—	—	—	—	—	—	—	—	—	—	—	—
22° — 23°	20°—21°	17	—	5	4	8	—	—	—	—	—	—	—	—	—	—	—	—	—	—	1	—	—	—
	21°—22°	6	1	2	2	1	—	—	—	—	—	—	—	—	—	—	—	—	—	—	—	—	—	—
	22°—23°	22	—	6	12	4	—	—	—	—	—	—	—	—	—	—	—	—	—	—	—	—	—	—
	23°—24°	87	—	36	38	10	6	2	—	—	—	—	—	—	—	—	—	—	—	—	—	1	—	—
	24°—25°	79	3	18	36	16	1	1	—	—	—	—	—	—	—	1	3	—	—	—	—	—	—	—
23° — 24°	20°—21°	19	3	4	7	5	—	—	—	—	—	—	—	—	—	—	—	—	—	—	1	—	—	—
	21°—22°	3	—	1	1	1	—	—	—	—	—	—	—	—	—	—	—	—	—	—	—	—	—	—
	22°—23°	56	1	22	26	4	3	—	—	—	—	—	—	—	—	—	—	—	—	—	1	1	—	—
	23°—24°	93	3	33	40	12	1	1	—	—	—	—	—	—	—	—	3	—	—	—	2	—	—	—
	24°—25°	45	1	6	26	11	—	—	—	—	—	—	—	—	—	—	1	—	—	—	1	—	—	—
24° — 25°	20°—21°	17	3	4	2	8	—	—	—	—	—	—	—	—	—	—	—	—	—	—	—	—	—	—
	21°—22°	26	—	16	9	1	—	—	—	—	—	—	—	—	—	—	—	—	—	—	1	—	—	—
	22°—23°	89	1	34	41	7	4	2	—	—	—	—	—	—	—	—	—	—	—	—	—	3	—	—
	23°—24°	82	7	25	31	14	3	1	—	—	—	—	—	—	—	1	—	—	—	—	—	—	—	—
	24°—25°	37	2	2	21	11	1	—	—	—	—	—	—	—	—	—	—	—	—	—	—	—	—	—
Fünfgrad-Feld	Summen	1051	**35**	**340**	**425**	**179**	**37**	**13**	1	—	—	—	—	1	—	2	**7**	**2**	3	—	**9**	7	—	—
	Mittlere Windstärke		4.5	4.7	4.6	4.6	5.1	4.1	4.0	—	—	—	—	2.0	—	4.0	2.6	3.0	1.0	—	8.0	8.0	—	—

Barometer 700mm+		Thermometer Cels. Gr. (Temperatur der Luft)					Relative Feuchtigkeit		Bedeckung des Himmels		Niederschläge					Meeresoberfläche			
				Anzahl und Mittel								Dauer in Stunden				Temperatur		Spezif. Gewicht	
Anzahl der Beob.	Mittel mm	Anzahl der Beob.	Rohes Mittel	4h M.	4h N.	12h N.	Anzahl der Beob.	Procente	Anzahl der Beob.	Mittel (0–10)	Anzahl der Beob.-wachen	Nebel	Regen	Schnee	Hagel	Anzahl der Beob.	Grade Celsius	Anzahl der Beob.	Mittel d. Aräom.-angaben
15	64.4	19	22.7	4 22.2	2 23.8	4 22.7	4	97.0	18	6.6	19	—	—	—	—	19	22.2	—	—
7	63.9	7	22.4	2 22.4	1 22.6	1 22.1	—	—	6	7.5	7	—	—	—	—	7	22.0	—	—
10	63.5	10	23.7	—	3 24.1	2 23.2	—	—	10	7.8	10	—	—	—	—	9	22.8	2	1.0275
26	63.5	23	24.0	3 23.0	5 24.6	1 24.1	4	89.2	26	5.3	27	—	—	—	—	22	23.3	3	1.0271
102	63.6	99	23.8	16 22.8	19 24.9	11 22.6	10	79.4	108	6.3	111	—	1.0	—	—	91	23.0	6	1.0261
25	63.4	25	23.3	1 22.5	6 23.8	5 23.2	2	80.5	24	6.0	25	—	—	—	—	25	22.2	—	—
15	64.2	15	22.7	3 21.4	3 24.3	3 22.9	2	100.0	15	7.5	18	—	—	—	—	15	22.4	—	—
9	63.3	9	23.4	4 23.2	—	2 23.6	1	83.0	9	6.8	9	—	—	—	—	7	23.3	—	—
54	64.3	51	23.5	11 22.7	4 24.2	5 22.8	6	69.5	56	5.4	57	—	0.5	—	—	42	23.1	7	1.0262
83	64.9	90	23.6	10 23.1	13 24.2	9 22.9	10	90.5	97	6.1	98	—	0.5	—	—	80	23.1	5	1.0276
17	63.4	17	22.7	4 21.6	2 23.7	2 22.0	3	79.0	17	6.4	17	—	—	—	—	17	22.2	—	—
10	63.2	10	22.8	—	2 22.5	1 18.3	1	100.0	10	7.9	10	—	0.1	—	—	9	22.6	2	1.0274
21	64.6	19	23.5	5 22.7	4 24.6	3 22.7	7	90.3	22	5.2	22	—	—	—	—	18	23.3	2	1.0265
79	64.4	76	23.6	18 22.8	11 25.1	13 22.6	6	91.7	86	5.9	87	—	—	—	—	74	23.0	4	1.0260
63	64.4	78	23.6	12 22.9	11 24.3	13 23.2	15	89.7	82	5.2	83	—	1.8	—	—	67	23.1	7	1.0284
21	63.3	21	22.9	2 22.6	5 23.6	2 22.3	1	81.0	21	6.1	21	—	—	—	—	21	22.6	3	1.0276
3	64.2	3	22.2	1 22.0	—	—	—	—	3	6.3	3	—	—	—	—	2	22.6	—	—
54	64.8	51	23.3	7 22.0	9 23.4	4 21.9	8	89.4	56	5.5	57	—	—	—	—	47	22.7	2	1.0276
80	64.6	88	23.4	17 22.4	12 24.6	9 22.5	11	85.9	98	5.6	94	—	1.0	—	—	83	22.8	6	1.0274
35	65.3	44	23.6	6 22.5	7 24.5	6 22.2	11	91.0	46	4.4	46	—	—	—	—	42	22.9	2	1.0278
17	64.4	17	21.6	4 20.9	1 22.7	3 21.4	—	—	17	7.7	17	—	—	—	—	17	22.1	—	—
24	65.8	22	22.9	5 22.0	1 23.8	4 22.2	8	86.0	23	4.6	26	—	—	—	—	18	22.7	1	1.0270
78	65.6	85	23.3	23 22.4	8 24.6	10 22.4	10	84.8	88	5.4	80	—	6.0	—	—	74	22.5	8	1.0270
64	65.3	80	22.9	10 22.4	11 23.4	13 22.7	15	88.7	81	4.9	82	—	2.0	—	—	69	22.6	7	1.0283
34	65.1	37	23.2	8 22.6	4 24.2	6 22.8	7	93.6	38	4.9	39	—	—	—	—	37	23.1	3	1.0282
946	—	996	—	191 —	145 —	137 —	139	—	1052	—	1071	—	12.9	—	—	918	—	70	—
—	64.45	—	23.5	22.5	24.2	22.6	—	88.5	—	5.7	—	—	—	—	—	—	22.8	—	1.0273

Position der Zone		Wetter nach Beaufort's Bezeichnung. (Häufigkeit.)				Häufigkeit der verschied. Wolkenformen	Häufigkeit von Seegang u. Dünung aus:	Mittel der Meeres-Temperatur	Bemerkungen über einzelne beobachtete Triftströmungen.			
20°—21° N. Br.	20°—25° W. L.	Summe d. Beobacht.: 215				166	93	22.9° C.				
		Böen		Himmelsansicht		cirr. 15	N 45				S 13° W 6	W 7
		t	—	b	9	cirr. c 2	NE 42				S 13° W 8	N 50° W 12
		l	—	c	106	cirr. s 2	E 5				S 43° W 7	N 28° W 11
		q	2	o	54	Str. 10	SE —				S 64° W 7	
		u	—	g	13	W-c 9	S —				S 74° W 8	
		Hydrometeore		Zustand der Luft		Cum. 105	SW —				S 79° W 16	
		h	—	v	8	Cum. st 13	W —				S 81° W 19	
		r	1	w	3	Nimb. 10	NW —				S 87° W 11	
		s	—	m	24		†See —					
		d	—	f	—		glatt 1					
21°—22° N. Br.	20°—25° W. L.	Summe d. Beobacht.: 249				199	116	22.9° C.				
		Böen		Himmelsansicht		cirr. 12	N 50			S 67° E 18	S 25° W 15	N 68° W 8
		t	—	b	7	cirr. c 3	NE 59				S 39° W 12	
		l	—	c	133	cirr. s 5	E 7				S 47° W 8	
		q	4	o	58	Str. 11	SE —				S 56° W 9	
		u	—	g	15	W-c 9	S —					
		Hydrometeore		Zustand der Luft		Cum. 127	SW —					
		h	—	v	1	Cum. st 13	W —					
		r	—	w	2	Nimb. 19	NW —					
		s	—	m	27		†See —					
		d	1	f	—		glatt —					
22°—23° N. Br.	20°—25° W. L.	Summe d. Beobacht.: 262				208	116	23.0° C.				
		Böen		Himmelsansicht		cirr. 21	N 48		N 86° E 14	S 30° E 14	S 64° W 9	W 7
		t	—	b	15	cirr. c 3	NE 53				S 72° W 7	W 8
		l	—	c	140	cirr. s 5	E 15				S 74° W 17	W 13
		q	3	o	61	Str. 8	SE —					N 84° W 10
		u	—	g	17	W-c 5	S —					N 65° W 35
		Hydrometeore		Zustand der Luft		Cum. 134	SW —					N 62° W 13
		h	—	v	3	Cum. st 17	W —					N 61° W 8
		r	—	w	3	Nimb. 15	NW —					N 49° W 7
		s	—	m	16		†See —					N 30° W 22
		d	4	f	—		glatt —					N 22° W 11
23°—24° N. Br.	20°—25° W. L.	Summe d. Beobacht.: 264				218	121	22.6° C.				
		Böen		Himmelsansicht		cirr. 24	N 49			S 34° E 8	S 20° W 7	N 88° W 14
		t	—	b	18	cirr. c 7	NE 54				S 37° W 8	N 70° W 8
		l	—	c	150	cirr. s 6	E 11				S 40° W 23	N 72° W 16
		q	3	o	45	Str. 8	SE —				S 48° W 12	N 34° W 9
		u	—	g	11	W-c 5	S —				S 65° W 7	
		Hydrometeore		Zustand der Luft		Cum. 139	SW —				S 73° W 13	
		h	—	v	5	Cum. st 13	W 4				S 77° W 9	
		r	—	w	7	Nimb. 16	NW —				S 80° W 17	
		s	—	m	24		†See 3				S 84° W 10	
		d	1	f	—		glatt —					
24°—25° N. Br.	20°—25° W. L.	Summe d. Beobacht.: 283				238	130	22.6° C.				
		Böen		Himmelsansicht		cirr. 30	N 61			S 22° E 12	S 8° W 8	W 7
		t	—	b	24	cirr. c 9	NE 52			S 3° W 16	S 32° W 12	N 74° W 7
		l	—	c	175	cirr. s 5	E 13				S 48° W 19	N 72° W 16
		q	—	o	47	Str. 10	SE —				S 56° W 23	N 72° W 20
		u	—	g	0	W-c 8	S —				S 59° W 15	N 70° W 11
		Hydrometeore		Zustand der Luft		Cum. 144	SW —				S 65° W 19	N 68° W 8
		h	—	v	8	Cum. st 18	W 1				S 68° W 12	N 64° W 9
		r	3	w	1	Nimb. 14	NW —					
		s	—	m	16		†See 3					
		d	—	f	—		glatt —					

Bemerkungen

Ueber Wind.

Unter-□	Jahr	Tag		
42.	76.	12.	8h M.	Der mässige NNE-Wind krimpt nach NW und wird nach 24 Stunden flau und still. Am 14. in 22° n. Br. und 25° w. L. setzt leichter NE-Passat ein, der beim Segeln nach S auffrischt.

Sonstige Bemerkungen.

Unter-□	Jahr	Tag		
00.	80.	24.	12h N.	Dünung aus S und W.
00.	81.	4.	12h N.	Starkes Meerleuchten.
03.	77.	17.	12h M.	Viele kleine Fische. Nachmittags Boniten.
04.	81.	4.	8h M.	Bei mässigem ENE-Winde zieht die höhere Wolkenschicht aus SE.
04.	81.	16.	12h N.	Starkes Meerleuchten.
10.	77.	8.	12h M.	Meeresfarbe grün.
10.	78.	3.	4h N.	Meeresfarbe dunkel. Die Meeres-Temperatur sinkt um 2.4° Cels. Abends starkes Meerleuchten.
14.	78.	4.	4h N.	Grosse Schaaren Boniten. Meeres-Temperatur 24.0° Celsius.
14.	79.	15.	4h M.	Starker Thau. Viele Boniten.
22.	69.	15.	8h N.	Starker Thau. Sternschnuppen. Nebel im Horizont.
22.	69.	1.	4h M.	Mondhof.
23.	78.	17.	8h N.	Hohe Dünung aus S.
23.	79.	28.	4h M.	Meeresfarbe dunkelgrün. Meeres-Temperatur 21.0° Celsius. Um 4h N. Meeresfarbe dunkelblau, Meeres-Temperatur 23.0° Celsius.
24.	79.	2.	4h N.	Im Horizont röthlicher Nebel.
30.	74.	29.	4h N.	Meeresfarbe hellgrün. Abends dunkelgrün.
32.	81.	15.	8h M.	Schaaren fliegender Fische. Meeres-Temperatur 22.7° Celsius.
41.	77.	16.	8h M.	Fliegende Fische. Nachmittags Seeschwalben.
42.	74.	30.	12h M.	Ein Stück Holz mit Muscheln bewachsen.
42.	80.	12.	8h N.	Bei starkem NE-Winde zieht die obere Wolkenschicht aus SW.
44.	75.	11.	4h M.	Schaaren fliegender Fische. Meeres-Temperatur 22.8° Celsius.

Höchster Barometerstand: **770.2** mm am 6. Juli 1881 in 24° n. Br. und 23° w. L. bei mässigem NNE-Winde und bedecktem Himmel.

Niedrigster „ „ : **758.8** mm am 24. Juli 1873 in 20° n. Br. und 24° w. L. bei frischem NNE-Winde und halb bedecktem Himmel.

Höchste Lufttemperatur: **29.4**° Cels. am 28. Juli 1877 in 23° n. Br. und 23° w. L. bei mässigem NNE-Winde und klarem Himmel.

Niedrigste „ „ : **18.2**° Cels. am 31. Juli 1880 in 22° n. Br. und 21° w. L. bei mässigem N-Winde und bewölktem Himmel.

Monat

Quadrat 75ᵇ.

Position		Windbeobachtungen																							
Breite N	Länge W	Anzahl der Beob.	Alle Winde, Variabeln und Stillen																			Stürme			
			N	NNE	NE	ENE	E	ESE	SE	SSE	S	SSW	SW	WSW	W	WNW	NW	NNW	Var.	Stillen	N bis ENE	E bis SSE	S bis WSW	W bis NNW
20°—21°	25°—26°	67	3	19	30	12	1	2	—	—	—	—	—	—	—	—	—	—	—	—	2	—	—	—
	26°—27°	17	—	1	11	2	1	2	—	—	—	—	—	—	—	—	—	—	—	—	—	—	—	—
	27°—28°	7	—	1	—	2	4	—	—	—	—	—	—	—	—	—	—	—	—	—	—	—	—	—
	28°—29°	7	—	—	2	1	1	3	—	—	—	—	—	—	—	—	—	—	—	—	—	—	—	—
	29°—30°	—	—	—	—	—	—	—	—	—	—	—	—	—	—	—	—	—	—	—	—	—	—	—
21°—22°	25°—26°	48	4	7	27	5	5	—	—	—	—	—	—	—	—	—	—	—	—	—	2	—	—	—
	26°—27°	8	—	4	2	1	1	—	—	—	—	—	—	—	—	—	—	—	—	—	—	—	—	—
	27°—28°	13	—	—	5	2	4	2	—	—	—	—	—	—	—	—	—	—	—	—	—	—	—	—
	28°—29°	—	—	—	—	—	—	—	—	—	—	—	—	—	—	—	—	—	—	—	—	—	—	—
	29°—30°	1	—	—	—	1	—	—	—	—	—	—	—	—	—	—	—	—	—	—	—	—	—	—
22°—23°	25°—26°	25	2	3	13	5	1	1	—	—	—	—	—	—	—	—	—	—	—	—	—	—	—	—
	26°—27°	7	1	3	3	—	—	—	—	—	—	—	—	—	—	—	—	—	—	—	—	—	—	—
	27°—28°	7	—	—	2	2	2	1	—	—	—	—	—	—	—	—	—	—	—	—	—	—	—	—
	28°—29°	4	—	—	3	1	—	—	—	—	—	—	—	—	—	—	—	—	—	—	—	—	—	—
	29°—30°	7	—	—	3	2	2	—	—	—	—	—	—	—	—	—	—	—	—	—	—	—	—	—
23°—24°	25°—26°	20	1	3	8	8	—	—	—	—	—	—	—	—	—	—	—	—	—	—	—	—	—	—
	26°—27°	14	1	2	6	4	—	1	—	—	—	—	—	—	—	—	—	—	—	—	—	—	—	—
	27°—28°	5	—	—	4	1	—	—	—	—	—	—	—	—	—	—	—	—	—	—	—	—	—	—
	28°—29°	4	—	—	4	—	—	—	—	—	—	—	—	—	—	—	—	—	—	—	—	—	—	—
	29°—30°	6	—	—	4	1	1	—	—	—	—	—	—	—	—	—	—	—	—	—	—	—	—	—
24°—25°	25°—26°	9	1	3	4	1	—	—	—	—	—	—	—	—	—	—	—	—	—	—	—	—	—	—
	26°—27°	8	2	—	5	—	—	1	—	—	—	—	—	—	—	—	—	—	—	—	—	—	—	—
	27°—28	2	—	—	2	—	—	—	—	—	—	—	—	—	—	—	—	—	—	—	—	—	—	—
	28°—29°	9	—	—	7	2	—	—	—	—	—	—	—	—	—	—	—	—	—	—	—	—	—	—
	29°—30°	12	—	1	5	3	3	—	—	—	—	—	—	—	—	—	—	—	—	—	—	—	—	—
Fünfgrad-Feld	Summen .	307	**15**	**47**	**150**	**56**	**26**	**13**	—	—	—	—	—	—	—	—	—	—	—	—	**4**	—	—	—
	Mittlere Windstärke		3.9	4.3	4.8	4.8	4.1	4.2	—	—	—	—	—	—	—	—	—	—	—	—	8.0	—	—	—

Barometer 700mm+		Thermometer Cels. Gr. (Temperatur der Luft)					Relative Feuchtigkeit		Bedeckung des Himmels		Niederschläge					Meeresoberfläche			
				Anzahl und Mittel								Dauer in Stunden				Temperatur		Spezif. Gewicht	
Anzahl der Beob.	Mittel mm	Anzahl der Beob.	Rohes Mittel	4h M.	4h N.	12h N.	Anzahl der Beob.	Procente	Anzahl der Beob.	Mittel (0—10)	Anzahl der Beob.-wachen	Nebel	Regen	Schnee	Hagel	Anzahl der Beob.	Grade Celsius	Anzahl der Beob.	Mittel d. Aräom.-angaben
60	64.1	67	23.9	11 22.7	16 24.6	7 22.9	7	98.1	70	6.1	70	—	0.5	—	—	63	23.3	6	1.0281
16	64.9	17	23.9	7 22.8	3 25.5	2 23.0	3	88.3	17	7.6	17	—	—	—	—	17	23.5	2	1.0284
7	63.6	7	24.8	2 23.2	—	1 24.5	—	—	7	6.0	7	—	0.5	—	—	7	23.9	2	1.0290
7	64.3	8	24.2	—	2 24.9	—	2	97.0	7	5.9	7	—	—	—	—	7	23.9	—	—
—	—	—	—	—	—	—	—	—	—	—	—	—	—	—	—	—	—	—	—
42	64.2	50	23.8	11 23.0	6 25.2	9 23.3	11	91.9	48	6.2	50	—	1.0	—	—	40	23.4	5	1.0275
5	64.8	8	23.6	2 22.8	1 24.6	1 22.0	—	—	8	5.5	8	—	—	—	—	8	23.2	1	1.0296
13	63.9	9	24.4	2 23.2	1 24.9	1 24.4	2	97.5	13	6.5	13	—	0.5	—	—	13	23.4	—	—
—	—	—	—	—	—	—	—	—	—	—	—	—	—	—	—	—	—	—	—
—	—	1	23.2	—	—	—	—	—	1	5.0	1	—	—	—	—	1	23.5	—	—
25	64.0	27	23.5	2 22.0	8 23.8	3 23.1	3	92.7	27	6.1	27	—	—	—	—	26	23.2	1	1.0292
7	64.0	7	23.9	3 23.0	1 24.3	—	—	—	7	6.1	7	—	—	—	—	7	23.8	1	1.0290
7	65.8	5	24.5	—	1 25.9	1 22.8	2	99.0	7	7.2	7	—	0.5	—	—	7	23.6	—	—
1	68.0	4	23.0	2 22.4	—	—	—	—	4	4.8	4	—	—	—	—	4	23.2	—	—
4	63.6	7	24.2	—	3 24.5	1 23.8	—	—	7	6.1	7	—	—	—	—	7	24.1	—	—
18	64.3	20	23.7	4 22.9	1 23.6	2 23.4	—	—	20	6.4	20	—	1.0	—	—	20	23.3	2	1.0290
11	65.2	11	23.6	1 24.0	2 23.6	3 23.2	1	95.0	14	6.4	14	—	—	—	—	12	23.2	—	—
2	62.8	5	23.2	1 23.8	—	2 23.2	—	—	5	5.6	5	—	—	—	—	5	22.9	—	—
4	64.8	4	24.6	1 24.4	1 24.8	—	—	—	4	7.2	4	—	—	—	—	4	23.1	—	—
6	66.2	6	22.3	1 22.6	1 24.1	—	—	—	6	6.5	6	—	—	—	—	6	23.4	—	—
8	64.3	8	24.3	2 21.3	1 23.6	1 20.8	—	—	9	6.0	9	—	0.5	—	—	9	22.7	—	—
6	67.3	7	24.0	1 22.2	2 24.6	—	2	94.0	8	5.9	8	—	—	—	—	8	23.4	—	—
2	64.9	2	23.8	1 23.7	—	—	—	—	2	0.0	2	—	—	—	—	2	22.8	—	—
8	65.5	9	24.9	1 23.8	3 25.8	1 23.9	—	—	7	3.1	9	—	—	—	—	9	23.8	—	—
6	67.0	11	24.6	1 22.1	2 25.6	1 22.8	—	—	12	3.9	12	—	—	—	—	11	23.6	—	—
270	—	295	—	52 —	55 —	36 —	33	—	310	—	314	—	4.5	—	—	298	—	20	—
—	64.49	—	24.3	22.8	24.7	23.2	—	93.6	—	6.0	—	—	—	—	—	—	23.4	—	1.0282

Position der Zone		Wetter nach Beaufort's Bezeichnung. (Häufigkeit.)			Häufigkeit der verschied. Wolkenformen	Häufigkeit von Seegang u. Dünung aus:	Mittel der Meeres-Temperatur	Bemerkungen über einzelne beobachtete Triftströmungen.
20°—21° N. Br.	25°—30° W. L.	Summe d. Beobacht.: 129			101	68		
		Böen		Himmelsansicht	cirr. 10	N 21		N 70° E 6 S 22° W 10 W 7
		t —		b 5	cirr.c —	NE 32		S 58° W 9 N 67° W 10
		l —		c 53	cirr.s 1	E 15		S 73° W 24 N 44° W 1?
		q 8	1	o 40	Str. 2	SE —		
		u —		g 10	W-c 7	S —	23.4° C.	
		Hydrometeore		Zustand der Luft	Cum. 66	SW —		
		h —		v 2	Cum.st 13	W —		
		r 1		w —	Nimb. 2	NW —		
		s —		m 14		†See —		
		d —		f —		glatt —		
21°—22° N. Br.	25°—30° W. L.	Summe d. Beobacht.: 98			71	44		
		Böen		Himmelsansicht	cirr. 6	N 14		S 11° W 12
		t —		b 5	cirr.c 5	NE 18		S 67° W 10
		l —		c 42	cirr.s 1	E 12		S 86° W 11
		q 5	2	o 15	Str. 5	SE —		
		u 3		g 7	W-c 5	S —	23.4° C.	
		Hydrometeore		Zustand der Luft	Cum. 37	SW —		
		h —		v 2	Cum.st 10	W —		
		r 2		w 1	Nimb. 2	NW —		
		s —		m 13		†See —		
		d 1		f —		glatt —		
22°—23° N. Br.	25°—30° W. L.	Summe d. Beobacht.: 65			57	30		
		Böen		Himmelsansicht	cirr. 1	N 6		S 84° W 11 N 75° W 23
		t —		b 3	cirr.c 1	NE 19		N 73° W 23
		l —		c 41	cirr.s —	E 5		
		q 1		o 8	Str. —	SE —		
		u 2		g 7	W-c 4	S —	23.4° C.	
		Hydrometeore		Zustand der Luft	Cum. 38	SW —		
		h —		v 1	Cum.st 7	W —		
		r —		w —	Nimb. 6	NW —		
		s —		m 1		†See —		
		d 1		f —		glatt —		
23°—24° N. Br.	25°—30° W. L.	Summe d. Beobacht.: 58			63	22		
		Böen		Himmelsansicht	cirr. 2	N 3		S 34° W 6
		t —		b 3	cirr.c 1	NE 8		S 56° W 20
		l —		c 32	cirr.s —	E 11		
		q —		o 14	Str. 2	SE —		
		u —		g 4	W-c —	S —	23.9° C.	
		Hydrometeore		Zustand der Luft	Cum. 37	SW —		
		h —		v 3	Cum.st 8	W —		
		r —		w —	Nimb. 8	NW —		
		s —		m 2		†See —		
		d —		f —		glatt —		
24°—25° N. Br.	25°—30° W. L.	Summe d. Beobacht.: 42			85	15		
		Böen		Himmelsansicht	cirr. 6	N 4		N 67° W 10
		t —		b 7	cirr.c —	NE 6		N 85° W 8
		l —		c 26	cirr.s —	E 5		
		q 1		o 5	Str. —	SE —		
		u —		g 1	W-c —	S —	23.4° C.	
		Hydrometeore		Zustand der Luft	Cum. 28	SW —		
		h —		v —	Cum.st 6	W —		
		r —		w —	Nimb. —	NW —		
		s —		m 2		†See —		
		d —		f —		glatt —		

Bemerkungen

Ueber Wind.

Unter-☐ Jahr Tag

Sonstige Bemerkungen.

05.	69.	19.	12h M.	Schaaren fliegender Fische. Meeres-Temperatur 23.6° Celsius.
07.	71.	9.	4h M.	Stromkabbelung.
07.	78.	16.	8h M.	Dünung aus S. Schaaren fliegender Fische. Meeres-Temperatur 24.4° Celsius.
23.	75.	6.	8h M.	Schaaren fliegender Fische. Meeres-Temperatur 22.6° Celsius.
25.	80.	27.	8h N.	Schaaren fliegender Fische. Meeres-Temperatur 23.9° Celsius.
26.	71.	8.	4h M.	Schwärme fliegender Fische. Meeres-Temperatur 23.1° Celsius.

Höchster Barometerstand: **771.3** mm am 1. Juli 1881 in 24° n. Br. und 26° w. L. bei mässigem NE-Winde und bedecktem Himmel.

Niedrigster " " : **758.2** mm am 13. Juli 1878 in 20° n. Br. und 26° w. L. bei starkem NE-Winde und bewölktem Himmel.

Höchste Lufttemperatur: **28.6°** Cels. am 30. Juli 1877 in 20° n. Br. und 25° w. L. bei leichtem ESE-Winde und klarem Himmel.

Niedrigste " " **20.2°** Cels. am 6. Juli 1875 in 24° n. Br. und 25° w. L. bei leichtem ENE-Winde und bedecktem Himmel und am 7. Juli 1880 in 20° n. Br. und 25° w. L. bei starkem NE-Winde und halb bewölktem Himmel.

Quadrat 75°. ……………………………………

Position: Breite N	Position: Länge W	Windbeobachtungen: Anzahl der Beob.	Alle Winde, Variabeln und Stillen: N	NNE	NE	ENE	E	ESE	SE	SSE	S	SSW	SW	WSW	W	WNW	NW	NNW	Var.	Stillen	Stürme: N zu ENE	E zu SSE	S zu WSW	W zu N…
25°—26°	20°—21°	23	2	11	6	4	—	—	—	—	—	—	—	—	—	—	—	—	—	—	—	—	—	—
	21°—22°	57	1	29	25	—	2	—	—	—	—	—	—	—	—	—	—	—	—	—	—	1	—	—
	22°—23°	89	7	36	38	7	1	—	—	—	—	—	—	—	—	—	—	—	—	—	—	1	—	—
	23°—24°	49	3	8	31	8	—	—	—	—	—	—	—	—	—	—	—	—	—	—	—	—	—	—
	24°—25°	26	1	2	12	9	2	—	—	—	—	—	—	—	—	—	—	—	—	—	—	—	—	—
26°—27°	20°—21°	40	7	13	12	3	—	—	—	—	—	—	—	—	—	1	1	1	1	1	—	—	—	—
	21°—22°	79	2	36	30	9	1	—	—	—	—	—	—	—	—	—	—	—	1	—	1	—	—	—
	22°—23°	82	6	29	38	4	1	—	—	—	—	—	—	—	1	2	1	—	—	—	—	—	—	—
	23°—24°	37	3	10	16	7	1	—	—	—	—	—	—	—	—	—	—	—	—	—	—	—	—	—
	24°—25°	18	—	—	10	8	—	—	—	—	—	—	—	—	—	—	—	—	—	—	—	—	—	—
27°—28°	20°—21°	66	2	34	17	8	1	—	—	—	—	—	—	—	—	1	1	1	1	—	1	—	—	—
	21°—22°	95	7	40	35	10	2	—	—	—	—	—	—	—	—	—	1	—	—	—	1	—	—	—
	22°—23°	54	1	14	28	8	1	—	—	—	—	—	—	—	—	—	—	2	—	—	—	—	—	—
	23°—24°	31	3	8	14	6	—	—	—	—	—	—	—	—	—	—	—	—	—	—	—	—	—	—
	24°—25°	23	5	—	11	7	—	—	—	—	—	—	—	—	—	—	—	—	—	—	—	—	—	—
28°—29°	20°—21°	115	7	60	34	10	2	—	—	—	—	—	—	—	—	2	—	—	—	—	—	—	—	—
	21°—22°	76	5	30	31	5	3	—	—	—	—	—	—	—	—	—	1	1	—	—	—	—	—	—
	22°—23°	51	—	19	19	3	5	—	—	1	2	—	—	—	1	—	—	1	—	—	—	—	—	—
	23°—24°	29	4	3	17	5	—	—	—	—	—	—	—	—	—	—	—	—	—	—	—	—	—	—
	24°—25°	8	1	3	3	1	—	—	—	—	—	—	—	—	—	—	—	—	—	—	—	—	—	—
29°—30°	20°—21°	111	4	41	48	10	7	—	1	—	—	—	—	—	—	—	—	—	—	—	1	—	—	—
	21°—22°	64	6	28	20	7	3	—	—	—	—	—	—	—	—	—	—	—	—	—	1	—	—	—
	22°—23°	30	—	10	12	4	—	—	—	—	1	—	1	—	1	—	—	—	—	1	—	—	—	—
	23°—24°	21	—	1	16	—	1	—	—	—	—	—	1	—	1	—	—	1	—	—	—	—	—	—
	24°—25°	8	—	2	3	3	—	—	—	—	—	—	—	—	—	—	—	—	—	—	—	—	—	—
Fünfgrad-Feld	Summen	1282	**76**	**467**	**526**	**146**	**33**	—	1	1	3	—	2	—	4	**6**	**5**	**7**	3	2	**5**	2	—	—
	Mittlere Windstärke		4.0	4.6	4.6	4.8	4.3	—	3.0	2.0	1.0	—	1.5	—	1.5	1.2	2.0	2.4	2.3	0	8.0	8.0	—	—

Barometer 700mm+		Thermometer Cels. Gr. (Temperatur der Luft)					Relative Feuchtigkeit		Bedeckung des Himmels		Niederschläge					Meeresoberfläche			
				Anzahl und Mittel								Dauer in Stunden				Temperatur		Spezif. Gewicht	
Anzahl der Beob.	Mittel mm	Anzahl der Beob.	Höchst. Mittel	4h M.	4h N.	12h N.	Anzahl der Beob.	Prozente	Anzahl der Beob.	Mittel (0—10)	Anzahl der Beob.-wachen	Nebel	Regen	Schnee	Hagel	Anzahl der Beob.	Grade Celsius	Anzahl der Beob.	Mittel d. Aräom.-angaben
23	64.3	22	25.6	2 22.6	6 22.9	2 22.6	—	—	23	6.6	23	—	—	—	—	20	22.6	—	—
55	65.2	53	22.8	14 21.8	7 24.0	6 22.2	7	86.9	57	5.0	58	—	—	—	—	50	22.4	4	1.0268
75	65.8	84	22.9	11 21.6	15 23.9	12 22.3	13	90.4	87	5.0	89	—	0.5	—	—	78	22.4	3	1.0283
87	66.6	47	23.1	7 21.9	8 23.8	9 22.5	9	91.7	49	4.9	49	—	0.8	—	—	43	22.6	5	1.0284
28	65.5	21	23.3	2 22.4	6 23.2	1 22.5	—	—	26	5.6	26	—	—	—	—	25	23.3	1	1.0260
40	64.9	37	23.0	7 22.3	5 23.0	1 21.1	5	86.2	40	5.4	40	—	—	—	—	35	22.4	3	1.0264
70	66.3	76	22.8	10 22.4	8 23.6	10 21.7	7	92.1	80	4.9	80	—	1.0	—	—	73	22.3	11	1.0270
66	66.1	77	23.0	17 21.9	11 23.9	9 22.1	22	84.2	80	4.5	82	—	0.5	—	—	69	22.6	4	1.0271
28	65.5	85	23.1	8 22.0	4 23.4	1 22.6	2	96.5	87	4.4	87	—	—	—	—	84	22.8	2	1.0290
14	66.6	14	22.8	2 21.8	1 23.1	4 22.8	—	—	18	5.9	18	—	—	—	—	18	22.9	—	—
63	65.9	62	22.7	15 22.0	9 24.3	10 21.7	3	88.3	65	5.5	66	—	0.9	—	—	57	22.2	4	1.0278
79	66.3	90	22.7	18 21.8	15 23.6	13 21.9	17	89.5	94	4.9	95	—	4.5	—	—	83	22.3	7	1.0272
44	66.6	52	22.9	12 22.1	5 24.6	7 23.2	14	89.1	53	4.3	54	—	0.5	—	—	45	22.4	1	1.0285
27	67.2	29	22.7	5 22.2	1 25.3	7 22.2	—	—	30	5.5	31	—	0.5	—	—	30	22.8	1	1.0260
20	67.5	18	23.6	1 21.5	4 23.8	—	—	—	23	5.5	23	—	—	—	—	23	23.0	—	—
101	66.2	108	22.5	20 21.5	9 22.9	14 21.6	8	90.0	112	5.0	115	—	2.0	—	—	108	22.0	10	1.0278
61	67.0	74	22.2	20 21.6	9 22.6	11 21.8	17	89.5	71	4.8	76	0.5	1.0	—	—	71	22.1	2	1.0274
45	65.9	49	23.2	8 22.1	10 23.6	5 22.0	8	90.0	52	4.8	52	—	—	—	—	47	22.5	5	1.0290
18	67.8	28	22.5	5 22.9	4 21.9	5 22.2	—	—	29	5.6	29	—	—	—	—	28	22.5	—	—
6	67.5	7	23.3	2 22.4	1 23.1	1 25.0	2	83.0	8	4.0	8	—	—	—	—	7	22.8	—	—
88	64.1	109	22.7	19 22.0	16 23.2	12 21.8	17	87.8	108	5.2	111	—	2.5	—	—	99	22.2	8	1.0266
44	66.2	59	22.7	12 22.3	6 24.2	7 22.1	10	87.5	63	4.6	64	—	1.5	—	—	55	22.3	2	1.0276
24	66.0	25	23.2	6 21.5	2 24.0	3 23.0	1	87.0	27	4.5	30	—	—	—	—	30	22.6	2	1.0260
18	67.4	17	23.0	3 22.0	3 23.7	1 23.4	2	82.5	21	5.7	21	—	—	—	—	21	22.7	2	1.0292
2	67.2	7	25.5	2 22.2	1 29.4	—	—	—	8	2.9	8	—	—	—	—	7	23.8	—	—
1071	—	1198	—	227	166	151	164	—	1261	—	1285	0.5	16.2	—	—	1156	—	77	—
—	66.00	—	22.8	21.9	23.6	22.1	—	88.5	—	4.9	—	—	—	—	—	—	22.4	—	1.0275

Quadrat 75c. ....

Position der Zone	Wetter nach Beaufort's Bezeichnung. (Häufigkeit.)		Häufigkeit der verschied. Wolkenformen	Häufigkeit von Strömung aus:	Mittel der Meeres-Temperatur	Bemerkungen über einzelne beobachtete Triftströmungen.			
25°—26° N. Br. 20°—25° W. L.	Summe d. Beobacht.: 280		231	113					
	Böen	Himmelsansicht	cirr. 26	N 69			S 13° E 5	S 48° W 6	W
	t —	b 26	cirr.c 2	NE 32				S 48° W 12	N 72° W
	l 1	c 165	cirr.s 11	E 11				S 67° W 15	N 68° W
	q 1	o 49	Str. 12	SE —				S 75° W 8	N 65° W
	u —	g 12	W-c 4	S —	22.6° C.				N 62° W
	Hydrometeore	Zustand der Luft	Cum. 143	SW —					N 56° W
	h —	v 4	Cum. st 20	W —					N 47° W
	r —	w 2	Nimb. 13	NW —					N 42° W
	s —	m 19		† See 1					N 18° W
	d 1	f —		glatt —					N 9° W
26°—27° N. Br. 20°—25° W. L.	Summe d. Beobacht.: 286		242	111					
	Böen	Himmelsansicht	cirr. 23	N 74		N 81° E 26		S 20° W 15	W 18
	t —	b 29	cirr.c 4	NE 22				S 30° W 6	N 83° W
	l —	c 174	cirr.s 15	E 11				S 44° W 17	N 29° W
	q —	o 47	Str. 6	SE —				S 45° W 6	N 79° W
	u 2	g 11	W-c 7	S —	22.5° C.			S 45° W 8	N 68° W
	Hydrometeore	Zustand der Luft	Cum. 144	SW —				S 43° W 12	N 67° W
	h —	v 5	Cum. st 30	W —				S 51° W 13	N 22° W
	r 1	w 1	Nimb. 13	NW 4				S 72° W 15	
	s —	m 16		† See —				S 84° W 6	
	d —	f —		glatt —				S 88° W 16	
27°—28° N. Br. 20°—25° W. L.	Summe d. Beobacht.: 293		255	119					
	Böen	Himmelsansicht	cirr. 26	N 75		N 47	S 21° E 8	S 0° W 6	N 59° W
	t —	b 22	cirr.c 3	NE 29		N 32° E 8		S 27° W 11	N 2° W
	l —	c 190	cirr.s 10	E 11		N 77° E 9		S 67° W 10	
	q — 1	o 45	Str. 8	SE —				S 45° W 27	
	u —	g 10	W-c 10	S —	22.4° C.			S 46° W 9	
	Hydrometeore	Zustand der Luft	Cum. 163	SW —				S 51° W 12	
	h —	v 3	Cum. st 27	W —				S 58° W 9	
	r 1	w —	Nimb. 8	NW 1				S 86° W 14	
	s —	m 19		† See 8				S 88° W 26	
	d 2	f —		glatt —					
28°—29° N. Br. 20°—25° W. L.	Summe d. Beobacht.: 290		271	115					
	Böen	Himmelsansicht	cirr. 35	N 78		N 44° E 15	S 6° E 8	S 6	W
	t —	b 34	cirr.c 6	NE 23				S 18° W 8	N 73° W
	l —	c 186	cirr.s 12	E 13				S 28° W 6	N 60° W
	q —	o 50	Str. 10	SE —				S 28° W 11	N 68° W
	u —	g 9	W-c 10	S —	22.9° C.			S 31° W 12	N 47° W
	Hydrometeore	Zustand der Luft	Cum. 171	SW —				S 38° W 11	N 20° W
	h —	v 3	Cum. st 16	W 1				S 56° W 16	
	r —	w 4	Nimb. 11	NW —				S 63° W 13	
	s —	m 6		† See —					
	d 3	f 1		glatt —					
29°—30° N. Br. 20°—25° W. L.	Summe d. Beobacht.: 237		221	92					
	Böen	Himmelsansicht	cirr. 33	N 67		N 9° E 6	S 68° E 8	S 41° W 7	W [illegible]
	t —	b 30	cirr.c 6	NE 22			S 42° E 11	S 55° W 14	W [illegible]
	l —	c 156	cirr.s 18	E 11			S 30° E 24	S 56° W 11	N 41° W [illegible]
	q —	o 35	Str. 10	SE —				S 65° W 12	N 67° W
	u 1	g 8	W-c 7	S —	22.4° C.			S 80° W 14	N [illegible]
	Hydrometeore	Zustand der Luft	Cum. 128	SW —					N 56° W [illegible]
	h —	v 1	Cum. st 20	W 1					N 53° W [illegible]
	r —	w 2	Nimb. 4	NW 1					N 26° W [illegible]
	s —	m 3		† See —					
	d 1	f —		glatt —					

Bemerkungen

Ueber Wind.

Unter-□	Jahr	Tag		
71.	78.	30.	8ʰ N.	Der leichte NNE-Wind wird flau und krimpt nach W. Nach 24 Stunden setzt leichter NE-Passat ein, der erst am 5. in 22° n. Br. und 24° w. L. zur mässigen Briese auffrischt.
71	80.	3.	8ʰ M.	Der leichte NW-Wind geht allmählich in den NE-Passat über, der beim Segeln nach S auffrischt.
72	69.	3.	12ʰ N.	Der leichte N-Wind geht nach E und frischt, beim Segeln nach S, zur starken Briese auf.
82.	80.	10.	8ʰ M.	Der leichte NE-Wind geht nach S und wird still. Nach 12 Stunden setzt leichter E-Wind ein, der allmählich nach NE geht und beim Segeln nach S auffrischt.
90.	68.	12.	12ʰ M.	Der leichte N-Wind geht in den NE-Passat über und frischt, beim Segeln nach SW, allmählich zur Briese an.
92.	80.	19.	8ʰ M.	Der flaue veränderliche südliche und westliche Wind wird still. Abends setzt leichter NE-Passat ein, der beim Segeln nach S zur starken Briese auffrischt.

Sonstige Bemerkungen.

Unter-□	Jahr	Tag		
50.	74.	28.	4ʰ M.	Meeresfarbe hellgrün.
51.	80.	19.	4ʰ M.	Sternschnuppen.
61.	77.	15.	4ʰ M.	Fliegende Fische. Meeres-Temperatur 22.2° Celsius.
62.	77.	1.	4ʰ N.	Viele fliegende Fische. Meeres-Temperatur 23.5° Celsius.
70.	79.	14.	8ʰ M.	Die ersten fliegenden Fische. Meeres-Temperatur 21.2° Celsius.
71.	78.	24.	4ʰ N.	Fliegende Fische und Delphine. Meeres-Temperatur 23.0° Celsius.
71.	80.	11.	8ʰ N.	Bei starkem NE-Winde ziehen die Cir.-Wolken aus SW.
80.	72.	5.	8ʰ N.	Tintenfische.
80.	78.	12.	4ʰ M.	Bei leichtem NE-Winde ziehen die Cirri-Wolken aus SW.
81.	72.	23.	4ʰ M.	Die ersten fliegenden Fische. Meeres-Temperatur 22.7° Celsius.
81.	80.	22.	4ʰ M.	Sternschnuppen. Nachmittags fliegende Fische.
81.	80.	24.	4ʰ M.	Walfische.
90.	72.	22.	4ʰ M.	Starker Thau.
90.	79.	6.	8ʰ M.	Boniten.

Höchster Barometerstand: **772.9** mm am 5. Juli 1881 in 25° n. Br. und 22° w. L. bei leichtem NE-Winde und bewölktem Himmel.

Niedrigster „ „ : **757.2** mm am 11. Juli 1878 in 25° n. Br. und 24° w. L. bei starkem ENE-Winde und halb bewölktem Himmel.

Höchste Lufttemperatur: **29.0**° Cels. am 26. Juli 1877 in 27° n. Br. und 20° w. L. bei mässigem NNE-Winde und klarem Himmel.

Niedrigste „ „ : **19.9**° Cels. am 9. Juli 1881 in 25° n. Br. und 22° w. L. bei mässigem NE-Winde und heiterem Himmel.

Position		Windbeobachtungen																							
			Alle Winde, Variabeln und Stillen																			Stürme			
Breite N	Länge W	Anzahl der Beob.	N	NNE	NE	ENE	E	ESE	SE	SSE	S	SSW	SW	WSW	W	WNW	NW	NNW	Var.	Stillen	N bis ENE	E bis SSE	S bis WSW	W bis NNW
25°—26°	25°—26°	8	—	1	6	1	—	—	—	—	—	—	—	—	—	—	—	—	—	—	—	—	—	—
	26°—27°	6	1	1	3	1	—	—	—	—	—	—	—	—	—	—	—	—	—	—	—	—	—	—
	27°—28°	13	—	2	5	4	1	—	1	—	—	—	—	—	—	—	—	—	—	—	—	—	—	—
	28°—29°	9	—	1	2	5	1	—	—	—	—	—	—	—	—	—	—	—	—	—	—	—	—	—
	29°—30°	4	—	—	3	1	—	—	—	—	—	—	—	—	—	—	—	—	—	—	—	—	—	—
26°—27°	25°—26°	13	3	1	7	2	—	—	—	—	—	—	—	—	—	—	—	—	—	—	—	—	—	—
	26°—27°	13	—	1	8	3	—	—	—	—	1	—	—	—	—	—	—	—	—	—	—	—	—	—
	27°—28°	7	—	—	4	1	2	—	—	—	—	—	—	—	—	—	—	—	—	—	—	—	—	—
	28°—29°	4	—	—	4	—	—	—	—	—	—	—	—	—	—	—	—	—	—	—	—	—	—	—
	29°—3 °	2	—	—	2	—	—	—	—	—	—	—	—	—	—	—	—	—	—	—	—	—	—	—
27°—28°	25°—26°	9	—	2	5	1	1	—	—	—	—	—	—	—	—	—	—	—	—	—	—	—	—	—
	26°—27°	8	—	—	5	2	—	—	—	—	—	—	—	—	—	—	—	—	1	—	—	—	—	—
	27°—28°	6	—	—	3	3	—	—	—	—	—	—	—	—	—	—	—	—	—	—	—	—	—	—
	28°—29°	7	—	—	5	2	—	—	—	—	—	—	—	—	—	—	—	—	—	—	—	—	—	—
	29°—30°	5	—	—	1	3	—	—	—	—	—	—	—	—	—	—	—	—	1	—	—	—	—	—
28°—29°	25°—26°	10	—	—	5	5	—	—	—	—	—	—	—	—	—	—	—	—	—	—	—	—	—	—
	26°—27°	8	—	—	4	4	—	—	—	—	—	—	—	—	—	—	—	—	—	—	—	—	—	—
	27°—28°	6	—	1	4	1	—	—	—	—	—	—	—	—	—	—	—	—	—	—	—	—	—	—
	28°—29°	6	—	1	2	3	—	—	—	—	—	—	—	—	—	—	—	—	—	—	—	—	—	—
	29°—30°	8	—	2	2	4	—	—	—	—	—	—	—	—	—	—	—	—	—	—	—	—	—	—
29°—30°	25°—26°	14	—	4	7	3	—	—	—	—	—	—	—	—	—	—	—	—	—	—	—	—	—	—
	26°—27°	9	1	1	5	2	—	—	—	—	—	—	—	—	—	—	—	—	—	—	—	—	—	—
	27°—28°	8	—	1	3	4	—	—	—	—	—	—	—	—	—	—	—	—	—	—	—	—	—	—
	28°—29°	11	1	5	2	3	—	—	—	—	—	—	—	—	—	—	—	—	—	—	—	—	—	—
	29°—30°	6	—	3	2	1	—	—	—	—	—	—	—	—	—	—	—	—	—	—	—	—	—	—
Fünfgrad-Feld	Summen.	200	**6**	**27**	**99**	**59**	**5**	—	**1**	—	1	—	—	—	—	—	—	—	2	—	—	—	—	—
	Mittlere Windstärke		5.3	3.7	4.5	4.4	4.0	—	2.0	—	1.0	—	—	—	—	—	—	—	2.5	—	—	—	—	—

Barometer 700mm+		Thermometer Cels. Gr. (Temperatur der Luft)					Relative Feuchtigkeit		Bedeckung des Himmels		Niederschläge					Meeresoberfläche Temperatur		Spezif. Gewicht	
Anzahl der Beob.	Mittel mm	Anzahl der Beob.	Rohes Mittel	Anzahl und Mittel 4h M.	Anzahl und Mittel 4h N.	Anzahl und Mittel 12h N.	Anzahl der Beob.	Procente	Anzahl der Beob.	Mittel (0—10)	Anzahl der Beob.-wachen	Dauer in Stunden: Nebel	Regen	Schnee	Hagel	Anzahl der Beob.	Grade Celsius	Anzahl der Beob.	Mittel d. Aräom.-angaben
8	65.2	8	23.4	(2) 22.6	—	—	—	—	8	7.0	8	—	—	—	—	8	22.9	—	—
6	65.9	6	23.9	(1) 23.0	(1) 25.2	(2) 23.7	—	—	5	3.8	6	—	—	—	—	6	23.3	—	—
10	66.2	13	24.4	(2) 22.5	(1) 26.6	—	—	—	13	3.2	13	—	—	—	—	13	23.7	—	—
5	66.8	9	23.5	(2) 22.4	—	(2) 23.0	—	—	9	5.3	9	—	—	—	—	9	23.2	—	—
—	—	4	24.8	(1) 23.9	—	(1) 24.0	—	—	4	5.0	4	—	—	—	—	4	24.2	—	—
12	67.4	11	23.8	(3) 23.1	(1) 27.5	(1) 23.0	—	—	13	5.9	13	—	—	—	—	13	23.2	—	—
9	66.3	13	23.4	(3) 22.2	(1) 25.0	(1) 23.3	—	—	13	2.8	13	—	1.5	—	—	13	23.0	—	—
2	66.9	7	23.8	(1) 22.4	(1) 24.0	(1) 22.4	—	—	7	2.9	7	—	—	—	—	7	23.8	—	—
—	—	4	24.4	(1) 22.5	(1) 24.5	—	—	—	4	2.5	4	—	—	—	—	4	23.7	—	—
—	—	2	24.4	—	(1) 25.6	—	—	—	2	4.5	2	—	—	—	—	2	24.4	—	—
5	66.4	9	23.6	(1) 21.5	(1) 23.9	—	—	—	9	3.2	9	—	—	—	—	8	22.8	—	—
2	67.8	8	23.1	(2) 22.4	(1) 23.7	—	—	—	8	2.9	8	—	—	—	—	8	21.7	—	—
2	67.7	6	23.2	(1) 22.5	(1) 24.5	(1) 22.4	2	70.0	6	6.5	6	—	—	—	—	6	23.4	—	—
2	67.4	7	23.1	(2) 23.2	(1) 23.2	(2) 22.8	2	60.5	7	4.7	7	—	—	—	—	7	23.8	—	—
4	68.0	5	26.1	—	—	—	2	75.5	5	4.8	5	—	—	—	—	5	24.1	—	—
4	67.8	10	24.3	(2) 22.4	—	(2) 21.8	2	85.0	10	4.7	10	—	2.0	—	—	10	23.6	—	—
4	67.9	8	23.6	(1) 21.5	(1) 24.5	(1) 22.6	2	80.5	8	4.6	8	—	0.5	—	—	8	23.2	—	—
1	65.5	5	24.0	(1) 22.3	(1) 25.9	(1) 23.8	—	—	6	3.7	6	—	—	—	—	5	24.0	—	—
6	66.5	6	24.6	(1) 23.8	—	(2) 24.9	—	—	6	2.8	6	—	—	—	—	6	24.0	—	—
8	68.1	8	23.8	(1) 23.7	(1) 24.1	—	—	—	8	3.8	8	—	—	—	—	8	23.4	—	—
4	67.2	14	22.8	(3) 21.5	(2) 24.3	(2) 22.5	—	—	14	4.5	14	—	—	—	—	14	22.9	—	—
4	67.1	9	23.7	(2) 23.3	(1) 24.1	(1) 24.0	—	—	9	3.1	9	—	—	—	—	9	23.6	—	—
8	68.4	8	23.9	—	(1) 22.9	(1) 22.8	—	—	8	3.1	8	—	—	—	—	8	23.0	—	—
11	68.9	11	23.1	(4) 22.4	(1) 25.2	(2) 22.6	—	—	11	4.3	11	—	—	—	—	11	22.7	—	—
6	69.4	6	23.6	—	(2) 23.8	—	—	—	6	3.3	6	—	—	—	—	6	23.8	—	—
123	—	194	—	30	21	25	10	—	199	—	200	—	4.0	—	—	198	—	—	—
—	67.25	—	22.7	22.6	24.6	23.1	—	80.1	—	4.1	—	—	—	—	—	—	23.0	—	—

Position der Zone		Wetter nach Beaufort's Bezeichnung. (Häufigkeit)		Häufigkeit der verschied. Wolkenformen	Häufigkeit von Seegang u. Dünung aus:	Mittel der Meeres-Temperatur	Bemerkungen über einzelne beobachtete Triftströmungen.
25°—26° N. Br.	25°—30° W. L.	Summe d. Beobacht.: 43		40	12	23.4° C.	
		Böen	Himmelsansicht	cirr. 3	N 1		N 15 S 45° W 21 N 45° W 16
		t —	b 6	cirr.c. —	NE 5		N 30° W 12
		l —	c 28	cirr.s —	E 6		
		q —	o 5	Str. —	SE —		
		u —	g 1	W-c —	S —		
		Hydrometeore	Zustand der Luft	Cum. 31	SW —		
		h —	v —	Cum.st 5	W —		
		r —	w —	Nimb. 1	NW —		
		s —	m 3		†See —		
		d —	f —		glatt —		
26°—27° N. Br.	25°—30° W. L.	Summe d. Beobacht.: 39		37	11	23.3° C.	
		Böen	Himmelsansicht	cirr. 5	N 5		S 17
		t —	b 6	cirr.c. —	NE —		
		l —	c 27	cirr.s —	E 6		
		q —	o 1	Str. 2	SE —		
		u —	g 4	W-c —	S —		
		Hydrometeore	Zustand der Luft	Cum. 21	SW —		
		h —	v —	Cum.st 9	W —		
		r —	w —	Nimb. —	NW —		
		s —	m 1		†See —		
		d —	f —		glatt —		
27°—28° N. Br.	25°—30° W. L.	Summe d. Beobacht.: 35		39	6	23.3° C.	
		Böen	Himmelsansicht	cirr. 10	N —		S 6° W 20 N 68° W 20
		t —	b 4	cirr.c —	NE 1		S 36° W 10
		l —	c 27	cirr.s —	E 4		
		q —	o 4	Str. 1	SE —		
		u —	g —	W-c 2	S —		
		Hydrometeore	Zustand der Luft	Cum. 16	SW —		
		h —	v —	Cum.st 10	W —		
		r —	w —	Nimb. —	NW —		
		s —	m —		†See 1		
		d —	f —		glatt —		
28°—29° N. Br.	25°—30° W. L.	Summe d. Beobacht.: 39		43	5	23.6° C.	
		Böen	Himmelsansicht	cirr. 11	N 1		S 79° E 17 S 76° W 13 N 15° W 8
		t —	b 3	cirr.c —	NE 3		
		l —	c 32	cirr.s —	E 1		
		q —	o 3	Str. 1	SE —		
		u —	g —	W-c 1	S —		
		Hydrometeore	Zustand der Luft	Cum. 25	SW —		
		h —	v —	Cum.st 4	W —		
		r 1	w —	Nimb. 1	NW —		
		s —	m —		†See —		
		d —	f —		glatt —		
29°—30° N. Br.	25°—30° W. L.	Summe d. Beobacht.: 48		52	—	23.1° C.	
		Böen	Himmelsansicht	cirr. 12	N —		S 30° W 7 N 68° W 11
		t —	b 4	cirr.c —	NE —		S 64° W 8
		l —	c 42	cirr.s —	E —		S 84° W 6
		q —	o 2	Str. —	SE —		
		u —	g —	W-c —	S —		
		Hydrometeore	Zustand der Luft	Cum. 40	SW —		
		h —	v —	Cum.st —	W —		
		r —	w —	Nimb. —	NW —		
		s —	m —		†See —		
		d —	f —		glatt —		

Bemerkungen.

Ueber Wind.

Unter-□	Jahr	Tag		
75.	72.	12.	4^h M.	Der leichte NE-Wind wird veränderlich und flau. Nach 24 Stunden kommt leichter NE-Passat durch, der beim Segeln nach SW allmählich auffrischt.
77.	79.	25.	4^h N.	Der bis jetzt stetig durchstehende NE-Passat wird beim Segeln nach W flau und veränderlich.
86.	68.	21.	4^h N.	Der leichte NE-Passat frischt beim Segeln nach S zur starken Briese an.

Sonstige Bemerkungen.

Höchster Barometerstand: **771.8** mm am 29. Juli 1874 in 29° n. Br. und 27° w. L. bei leichtem NNE-Winde und halb bewölktem Himmel.

Niedrigster „ „ : **762.6** mm am 27. Juli 1881 in 25° n. Br. und 25° w. L. bei starkem NE-Winde und halb bewölktem Himmel.

Höchste Lufttemperatur: **26.4°** Cels. am 21. Juli 1868 in 28° n. Br. und 25° w. L. bei leichtem ENE-Winde und heiterem Himmel.

Niedrigste „ „ **20.6°** Cels. am 8. Juli 1873 in 29° n. Br. und 25° w. L. bei leichtem NE-Winde und bedecktem Himmel.

Position		Windbeobachtungen																						
		Anzahl der Beob.	Alle Winde, Variabeln und Stillen																		Stürme			
Breite N	Länge W		N	NNE	NE	ENE	E	ESE	SE	SSE	S	SSW	SW	WSW	W	WNW	NW	NNW	Var.	Stillen	N bis ENE	E bis SSE	S bis WSW	W bis NNW
20°—21°	20°—21°	19	3	7	8	2	2	1	—	—	—	—	—	—	—	—	—	1	—	—	—	—	—	—
	21°—22°	16	1	6	5	2	1	1	—	—	—	—	—	—	—	—	—	—	—	—	—	—	—	—
	22°—23°	7	—	1	4	—	—	1	—	—	—	—	—	—	—	—	1	—	—	—	—	—	—	—
	23°—24°	26	—	14	10	1	—	—	1	—	—	—	—	—	—	—	—	—	—	—	—	—	—	—
	24°—25°	75	8	31	29	8	2	1	—	—	—	—	—	—	—	—	—	—	—	1	—	—	—	—
21°—22°	20°—21°	19	1	9	3	1	1	2	1	—	—	—	—	—	—	—	1	—	—	—	—	—	—	—
	21°—22°	20	3	7	3	4	2	1	—	—	—	—	—	—	—	—	—	—	—	—	—	—	—	—
	22°—23°	14	2	1	7	3	—	1	—	—	—	—	—	—	—	—	—	—	—	—	—	—	—	—
	23°—24°	49	—	26	21	2	—	—	—	—	—	—	—	—	—	—	—	—	—	—	—	—	—	—
	24°—25°	79	1	28	40	6	4	—	—	—	—	—	—	—	—	—	—	—	—	—	2	—	—	—
22°—23°	20°—21°	27	2	12	3	3	5	—	—	—	—	—	—	—	—	—	—	1	—	1	—	—	—	—
	21°—22°	11	2	3	3	1	2	—	—	—	—	—	—	—	—	—	—	—	—	—	—	—	—	—
	22°—23°	21	—	6	13	2	—	—	—	—	—	—	—	—	—	—	—	—	—	—	—	—	—	—
	23°—24°	74	2	25	40	6	1	—	—	—	—	—	—	—	—	—	—	—	—	—	—	—	—	—
	24°—25°	55	1	18	20	8	6	1	1	—	—	—	—	—	—	—	—	—	—	—	—	—	—	—
23°—24°	20°—21°	27	6	6	10	2	1	1	—	—	—	—	—	—	—	—	—	1	—	—	—	—	—	—
	21°—22°	16	—	2	14	—	—	—	—	—	—	—	—	—	—	—	—	—	—	—	—	—	—	—
	22°—23°	40	3	20	22	4	—	—	—	—	—	—	—	—	—	—	—	—	—	—	—	—	—	—
	23°—24°	82	—	28	29	17	5	1	2	—	—	—	—	—	—	—	—	—	—	—	—	—	—	—
	24°—25°	28	—	12	9	4	3	—	—	—	—	—	—	—	—	—	—	—	—	—	—	—	—	—
24°—25°	20°—21°	29	2	13	7	4	3	—	—	—	—	—	—	—	—	—	—	—	—	—	—	—	—	—
	21°—22°	24	1	10	11	2	—	—	—	—	—	—	—	—	—	—	—	—	—	—	—	—	—	—
	22°—23°	78	8	26	33	7	—	4	—	—	—	—	—	—	—	—	—	—	—	—	—	—	—	—
	23°—24°	56	3	15	18	8	4	4	1	—	—	—	—	—	—	—	—	—	—	—	1	—	—	—
	24°—25°	21	1	10	8	2	—	—	—	—	—	—	—	—	—	—	—	—	—	—	—	—	—	—
Fünfgrad-Feld	Summen	917	**40**	**330**	**365**	**99**	**42**	**19**	**0**	—	—	—	—	—	—	—	2	3	—	2	3	—	—	—
	Mittlere Windstärke		3.7	4.4	4.4	4.8	3.7	4.1	3.8	—	—	—	—	—	—	—	2.0	4.0	—	0	8.0	—	—	—

)

24.2	7 23.9	—	2 24.3	8	80.3	18	6.2	19	0.5	—	—	—	17	24.0	—
22.9	4 22.0	2 23.6	5 23.8	2	88.5	15	7.4	16	—	1.5	—	—	16	23.0	—
25.2	3 23.9	2 27.1	1 25.1	1	95.0	8	7.4	8	—	0.5	—	—	7	24.2	1
25.1	4 24.6	3 25.5	7 24.5	9	91.6	27	6.1	28	—	—	—	—	25	24.4	1
24.7	10 24.0	4 25.6	12 23.0	0	86.8	72	6.2	75	—	11.5	—	—	68	25.0	5
24.5	2 23.0	4 25.3	3 23.7	3	89.8	17	6.5	19	—	2.0	—	—	19	24.2	—
24.0	—	3 25.1	1 23.1	4	81.0	20	5.4	20	—	0.5	—	—	19	24.4	2
25.5	—	1 27.9	—	5	88.4	15	6.2	15	—	0.5	—	—	15	24.2	—
25.0	10 24.1	7 25.5	3 24.0	7	88.4	46	5.1	50	—	3.0	—	—	43	24.3	7
24.6	11 23.7	17 25.2	11 24.0	12	78.5	77	4.6	79	—	1.0	—	—	75	24.2	3
24.5	2 24.6	5 24.2	4 24.2	5	84.6	26	3.8	28	—	1.0	—	—	27	24.0	1
22.9	4 21.8	2 24.9	1 23.0	—	—	11	4.4	11	—	—	—	—	9	23.4	1
24.6	5 24.0	3 25.6	6 24.2	5	86.6	20	6.3	22	—	—	—	—	19	24.0	—
24.5	15 23.7	5 25.5	13 23.6	10	83.1	71	5.4	74	—	1.5	—	—	65	23.8	7
24.7	9 23.5	7 25.6	4 23.8	11	85.7	53	5.8	56	—	8.8	—	—	51	24.3	1
23.7	7 22.8	1 26.0	5 23.7	7	86.6	27	4.6	27	—	—	—	—	27	23.5	1
24.4	3 23.5	3 25.0	2 23.4	5	88.8	16	6.4	16	—	—	—	—	15	23.4	1
24.2	9 23.7	6 24.9	5 23.3	7	87.7	43	5.8	49	—	—	—	—	44	23.9	6
24.6	7 23.6	13 25.2	8 24.0	17	82.3	82	5.3	83	—	2.0	—	—	77	24.0	4
24.5	9 23.7	2 25.2	3 24.6	2	97.0	28	5.4	29	—	2.7	—	—	28	24.0	1
24.0	3 22.8	5 24.8	4 23.3	6	85.0	26	4.2	29	—	—	—	—	23	23.5	1
24.2	5 23.5	1 24.3	—	9	87.5	23	6.7	24	—	—	—	—	22	23.4	1
24.3	13 23.4	7 24.7	5 23.3	16	82.3	68	4.6	73	—	2.5	—	—	63	23.8	8
24.4	8 23.7	10 24.2	5 24.1	8	84.4	56	4.3	56	—	5.5	—	—	52	24.8	4
24.4	4 23.4	2 26.4	3 24.2	—	—	19	4.1	21	—	—	—	—	19	23.8	1
—	154 —	115 —	113 —	163	—	884	—	927	0.5	44.5	—	—	845	—	57
24.5	23.6	25.2	23.8	—	82.7	—	5.8	—	—	—	—	—	—	24.1	—

Quadrat 75a.

Position der Zone		Wetter nach Beaufort's Bezeichnung. (Häufigkeit.)		Häufigkeit der verschied. Wolkenformen	Häufigkeit von Seegang u. Dünung aus:	Mittel der Meeres-Temperatur	Bemerkungen über einzelne beobachtete Triftströmungen.		
20°—21° N. Br.	20°—25° W. L.	Summe d. Beobacht.: 174		140	63	24.6° C.			
		Böen	Himmelsansicht	cirr. 17	N 32			S 35° W 10	N 82° W […]
		t 1	b 6	cirr. c 7	NE 16				N 76° W […]
		l 4	c 94	cirr. s 4	E 7				
		q —	o 40	Str. 10	SE 2				
		u 2	g 14	W-c 3	S —				
		Hydrometeore	Zustand der Luft	Cum. 84	SW —				
		h —	v 1	Cum. st 4	W —				
		r 4	w 1	Nimb. 11	NW 1				
		s —	m 7		†See 5				
		d —	f —		glatt —				
21°—22° N. Br.	20°—25° W. L.	Summe d. Beobacht.: 200		186	83	24.3° C.			
		Böen	Himmelsansicht	cirr. 21	N 38		N 43° E 7	S 22° W 13	W […]
		t —	b 10	cirr. c 8	NE 26			S 43° W 14	W […]
		l —	c 139	cirr. s 6	E 9			S 45° W 14	W […]
		q 3	o 23	Str. 10	SE —			S 58° W 10	W […]
		u —	g 7	W-c 4	S —			S 68° W 6	N 79° W […]
		Hydrometeore	Zustand der Luft	Cum. 115	SW —			S 72° W 10	N 77° W […]
		h —	v 1	Cum. st 9	W —			S 76° W 10	N 65° W […]
		r 1	w 4	Nimb. 13	NW 3			S 81° W 12	N 38° W […]
		s —	m 21		†See 7			S 88° W 10	
		d —	f —		glatt —				
22°—23° N. Br.	20°—25° W. L.	Summe d. Beobacht.: 219		181	90	24.1° C.			
		Böen	Himmelsansicht	cirr. 22	N 37		S 11° E 7	S 46° W 11	N 73° W […]
		t —	b 14	cirr. c 15	NE 34			S 62° W 17	N 68° W […]
		l —	c 125	cirr. s 4	E 12			S 65° W 26	N 45° W […]
		q 3	o 29	Str. 9	SE —			S 67° W 8	N 7° W […]
		u —	g 13	W-c 2	S —			S 79° W 10	
		Hydrometeore	Zustand der Luft	Cum. 102	SW —				
		h —	v 1	Cum. st 17	W —				
		r —	w 6	Nimb. 10	NW 2				
		s —	m 25		†See 9				
		d 3	f —		glatt 5				
23°—24° N. Br.	20°—25° W. L.	Summe d. Beobacht.: 233		203	101	23.9° C.			
		Böen	Himmelsansicht	cirr. 24	N 34		N 17° E 9	S 36° W 12	W […]
		t —	b 19	cirr. c. 11	NE 37			S 51° W 7	N 65° W […]
		l 3	c 133	cirr. s 3	E 14			S 62° W 15	N 47° W […]
		q 2	o 36	Str. 11	SE —			S 73° W 14	N 45° W […]
		u —	g 9	W-c 5	S —				
		Hydrometeore	Zustand der Luft	Cum. 117	SW —				
		h —	v 1	Cum. st 18	W —				
		r —	w 3	Nimb. 14	NW 2				
		s —	m 27		†See 10				
		d —	f —		glatt —				
24°—25° N. Br.	20°—25° W. L.	Summe d. Beobacht.: 233		183	105	23.6° C.			
		Böen	Himmelsansicht	cirr. 23	N 48		N 70° E 6	S […] W 13	W […]
		t —	b 35	cirr. c 10	NE 25			S 9° W 19	N 69° W […]
		l 1	c 184	cirr. s 6	E 18			S 39° W 16	N 65° W […]
		q 3	o 20	Str. 9	SE —			S 50° W 12	N 64° W […]
		u —	g 8	W-c 7	S —			S 68° W 7	N 4[…]° W […]
		Hydrometeore	Zustand der Luft	Cum. 107	SW —			S 79° W 7	N 42° W […]
		h —	v 1	Cum. st 14	W —			S 88° W 12	N 38° W […]
		r 1	w 4	Nimb. 7	NW 2				N 22° W […]
		s —	m 26		†See 12				N 5° W […]
		d —	f —		glatt —				

Bemerkungen

Ueber Wind.

Unter-□	Jahr	Tag		
20.	79.	31.	4^h M.	Der mässige NE-Wind geht allmählich nach SE und wächst beim Segeln nach S zur starken Briese an.
24.	75.	15.	4^h N.	Der leichte E-Wind krimpt nach NW und wird still. Nach 24 Stunden setzt mässiger NE-Passat ein.

Sonstige Bemerkungen.

Unter-□	Jahr	Tag		
00.	74.	5.	8^h M.	Wasserfarbe dunkelgrün.
04.	75.	1.	8^h N.	Schaaren fliegender Fische. Stromkabbelung. Meeres-Temperatur 24.2° Celsius.
04.	78.	27.	12^h N.	Dünung aus W.
10.	79.	31.	8^h M.	Viele fliegende Fische und Boniten. Meeres-Temperatur 24.6° Celsius. Mehrere Insekten und ein kleiner Landvogel.
10	80.	14.	4^h N.	Stromkabbelung. Schaaren fliegender Fische. Meeres-Temperatur 23.0° Celsius. Nachts Meerleuchten.
11.	81.	28.	4^h M.	Stromkabbelung.
13.	70.	4.	12^h N.	Dünung aus S und NE.
14.	71.	26.	8^h N.	Bei frischem NE-Winde ziehen die Cir.c.-Wolken aus ESE.
20.	72.	10.	12^h M.	Das Meerwasser, welches bisher eine blaue Farbe hatte, sieht jetzt grün aus.
20.	77.	12.	8^h M.	Schaaren fliegender Fische. Mittags Meeresfarbe dunkelgrün.
21.	74.	5.	12^h N.	Sternschnuppen.
22.	78.	13.	4^h M.	Schaaren fliegender Fische. Meeres-Temperatur 24.9° Celsius.
24.	77.	12.	4^h M.	Sternschnuppen.
30.	79.	12.	8^h M.	Meeresfarbe dunkelgrün. Meeres-Temperatur 22.0° Celsius. Mittags Meeresfarbe hellgrün. Meeres-Temperatur 24.1° Celsius. 4^h N. Meeresfarbe dunkelgrün. Meeres-Temperatur 23.7° Celsius. Stromkabbelung.
30.	79.	30.	6^h N.	Bei mässigem NE-Winde ziehen die Cir.-Wolken aus SSW.
32.	70.	3.	8^h N.	Dünung aus SSE.
33.	72.	8.	12^h N.	Sternschnuppen. Starker Thau.
40.	79.	30.	8^h N.	Rother Staub. Schmetterlinge.
40.	80.	13.	12^h N.	Meeresfarbe dunkelgrün.
42.	79.	30.	6^h M.	Takelung mit feinem gelben Staub überzogen.
44.	68.	31.	12^h N.	Dünung aus WSW.

Höchster Barometerstand: **768.4** mm am 9. August 1879 in 21° n. Br. und 24° w. L. bei mässigem NNE-Winde und bewölktem Himmel.

Niedrigster „ „ : **757.5** mm am 17. August 1880 in 21° n. Br. und 24° w. L. bei frischem NNE-Winde und halb bewölktem Himmel.

Höchste Lufttemperatur: **29.6°** Cels. am 29. August 1871 in 24° n. Br. und 22° w. L. bei starkem ENE-Winde und halb bewölktem Himmel.

Niedrigste „ „ : **18.0°** Cels. am 1. August 1860 in 22° n. Br. und 21° w. L. bei mässigem N-Winde und bedecktem Himmel.

Monat

Quadrat 75b. ....

Position		Windbeobachtungen																						
		Alle Winde, Variabeln und Stillen																			Stürme			
Breite N	Länge W	Anzahl der Beob.	N	NNE	NE	ENE	E	ESE	SE	SSE	S	SSW	SW	WSW	W	WNW	NW	NNW	Var.	Stillen	N bis ENE	E bis SSE	S bis WSW	W bis NNW
20°—21°	25°—26°	51	—	22	17	9	3	—	—	—	—	—	—	—	—	—	—	—	—	—	1	—	—	—
	26°—27°	13	1	2	5	1	1	1	—	—	—	—	—	—	—	—	—	—	2	—	—	—	—	—
	27°—28°	6	3	—	—	3	—	—	—	—	—	—	—	—	—	—	—	—	—	—	—	—	—	—
	28°—29°	2	—	—	1	1	—	—	—	—	—	—	—	—	—	—	—	—	—	—	—	—	—	—
	29°—30°	8	—	—	7	1	—	—	—	—	—	—	—	—	—	—	—	—	—	—	—	—	—	—
21°—22°	25°—26°	33	1	9	13	6	1	—	—	—	1	—	—	—	—	—	—	1	1	—	—	—	—	—
	26°—27°	9	—	1	2	2	1	1	—	—	—	—	—	—	—	—	1	1	—	—	—	—	—	—
	27°—28°	3	—	—	—	3	—	—	—	—	—	—	—	—	—	—	—	—	—	—	—	—	—	—
	28°—29°	—	—	—	—	—	—	—	—	—	—	—	—	—	—	—	—	—	—	—	—	—	—	—
	29°—30°	5	—	—	2	3	—	—	—	—	—	—	—	—	—	—	—	—	—	—	—	—	—	—
22°—23°	25°—26°	19	1	4	7	5	1	—	1	—	—	—	—	—	—	—	—	—	—	—	—	—	—	—
	26°—27°	6	—	—	3	1	1	1	—	—	—	—	—	—	—	—	—	—	—	—	—	—	—	—
	27°—28°	—	—	—	—	—	—	—	—	—	—	—	—	—	—	—	—	—	—	—	—	—	—	—
	28°—29°	—	—	—	—	—	—	—	—	—	—	—	—	—	—	—	—	—	—	—	—	—	—	—
	29°—30°	5	—	—	3	—	—	2	—	—	—	—	—	—	—	—	—	—	—	—	—	—	—	—
23°—24°	25°—26°	11	—	6	3	2	—	—	—	—	—	—	—	—	—	—	—	—	—	—	—	—	—	—
	26°—27°	6	—	—	4	—	1	1	—	—	—	—	—	—	—	—	—	—	—	—	—	—	—	—
	27°—28°	—	—	—	—	—	—	—	—	—	—	—	—	—	—	—	—	—	—	—	—	—	—	—
	28°—29°	7	—	—	4	1	1	1	—	—	—	—	—	—	—	—	—	—	—	—	—	—	—	—
	29°—30°	4	—	—	4	—	—	—	—	—	—	—	—	—	—	—	—	—	—	—	—	—	—	—
24°—25°	25°—26°	6	—	3	3	—	—	—	—	—	—	—	—	—	—	—	—	—	—	—	—	—	—	—
	26°—27°	6	—	—	2	2	1	1	—	—	—	—	—	—	—	—	—	—	—	—	—	—	—	—
	27°—28°	10	—	1	4	4	1	—	—	—	—	—	—	—	—	—	—	—	—	—	—	—	—	—
	28°—29°	6	—	—	1	3	2	—	—	—	—	—	—	—	—	—	—	—	—	—	—	—	—	—
	29°—30°	6	—	—	1	3	2	—	—	—	—	—	—	—	—	—	—	—	—	—	—	—	—	—
Fünfgrad-Feld	Summen	222	6	48	86	50	16	8	1	—	1	—	—	—	—	—	1	2	3	—	1	—	—	—
	Mittlere Windstärke		3.7	4.4	4.7	4.6	4.8	4.9	2.0	—	1.0	—	—	—	—	—	5.0	2.5	2.3	—	8.0	—	—	—

August.

Barometer 700mm+		Thermometer Cels. Gr. (Temperatur der Luft)					Relative Feuchtigkeit		Bedeckung des Himmels		Niederschläge					Meeresoberfläche Temperatur		Spezif. Gewicht	
Anzahl der Beob.	Mittel mm	Anzahl der Beob.	Rohes Mittel	Anzahl und Mittel 4h M.	4h N.	12h N.	Anzahl der Beob.	Procente	Anzahl der Beob.	Mittel (0—10)	Anzahl der Beob.-wachen	Dauer in Stunden Nebel	Regen	Schnee	Hagel	Anzahl der Beob.	Grade Celsius	Anzahl der Beob.	Mittel d. Aräom.-angaben
43	62.4	40	25.3	(11) 24.0	(8) 25.5	(5) 24.0	5	70.4	50	5.3	51	0.5	1.0	—	—	46	24.5	1	1.0279
7	63.4	13	24.1	(3) 23.4	—	(3) 23.4	—	—	9	4.3	13	—	4.0	—	—	13	24.2	1	1.0275
1	57.3	6	23.4	(1) 19.2	(1) 26.8	(1) 24.3	—	—	6	5.5	6	—	—	—	—	6	22.8	—	—
2	64.2	2	26.4	—	(1) 27.0	—	—	—	2	2.0	2	—	—	—	—	2	26.4	—	—
4	63.9	8	25.2	(2) 24.9	(1) 25.8	(1) 25.5	—	—	8	5.1	8	—	—	—	—	8	25.0	—	—
30	63.1	38	24.7	(6) 23.8	(4) 25.5	(6) 24.6	7	89.9	33	5.0	35	—	2.0	—	—	30	24.5	1	1.0275
5	60.7	9	25.2	(1) 23.8	(3) 25.6	—	1	92.0	9	6.7	9	—	6.0	—	—	9	24.4	—	—
1	56.4	3	24.0	—	—	(2) 24.0	—	—	3	3.3	3	—	—	—	—	3	23.3	—	—
—	—	—	—	—	—	—	—	—	—	—	—	—	—	—	—	—	—	—	—
4	64.8	5	26.1	(1) 24.4	(1) 25.7	—	—	—	5	2.2	5	—	—	—	—	5	25.8	—	—
11	63.0	18	24.4	(3) 23.1	(4) 25.6	(2) 23.9	2	89.0	17	6.9	19	—	1.0	—	—	16	24.4	1	1.0275
4	59.4	6	25.3	—	(2) 24.6	—	—	—	6	4.7	6	—	—	—	—	6	24.2	—	—
—	—	—	—	—	—	—	—	—	—	—	—	—	—	—	—	—	—	—	—
—	—	—	—	—	—	—	—	—	—	—	—	—	—	—	—	—	—	—	—
5	64.8	5	25.2	—	(1) 25.1	(1) 25.9	—	—	4	3.0	5	—	—	—	—	5	24.8	—	—
7	60.3	11	24.5	(3) 24.3	—	(2) 24.2	1	88.0	10	5.5	11	—	—	—	—	9	23.9	1	1.0275
3	64.0	6	23.2	(1) 21.5	—	(1) 21.4	1	86.0	6	4.0	6	—	—	—	—	5	22.4	—	—
—	—	—	—	—	—	—	—	—	—	—	—	—	—	—	—	—	—	—	—
7	64.8	7	24.1	(2) 23.7	—	(2) 24.2	1	85.0	7	5.7	7	—	—	—	—	7	24.2	—	—
4	64.3	4	25.0	—	(1) 26.0	(1) 23.8	4	78.5	4	4.5	4	—	—	—	—	4	24.9	—	—
1	58.2	6	25.1	—	(3) 25.2	—	—	—	6	8.3	6	—	—	—	—	5	23.8	—	—
6	64.4	6	24.2	(2) 24.0	(1) 24.5	(2) 23.9	2	80.0	6	5.7	6	—	—	—	—	4	23.7	—	—
9	64.2	10	25.2	(1) 22.5	(2) 25.9	(1) 23.0	2	88.0	9	4.0	10	—	—	—	—	10	24.5	—	—
4	63.5	6	24.4	(2) 22.2	(1) 26.1	—	1	89.0	5	4.4	6	—	—	—	—	6	24.7	—	—
4	65.7	6	24.4	(2) 24.6	—	(1) 25.8	—	—	4	2.5	6	—	—	—	—	6	24.3	—	—
102	—	216	—	41	34	31	27	—	209	—	224	0.5	14.0	—	—	208	—	5	—
—	62.90	—	24.8	23.6	25.5	24.1	—	84.9	—	5.0	—	—	—	—	—	—	24.4	—	1.0276

Position der Zone		Wetter nach Beaufort's Bezeichnung. (Häufigkeit.)			Häufigkeit der verschied. Wolkenformen	Häufigkeit von Seegang u. Dünung aus:	Mittel der Meeres-Temperatur	Bemerkungen über einzelne beobachtete Triftströmungen.
20°—21° N. Br.	25°—30° W. L.	Summe d. Beobacht.: 87			74	32		
		Böen		Himmelsansicht	cirr. 5	N 11		S 6° E 20 S 18 N 84° W [illegible]
		t —		b 4	cirr.c 2	NE 14		S 62° W 15 N 81° W 12
		l —		c 58	cirr.s 1	E 1		S 68° W 8
		q —		o 11	Str. 8	SE —		
		u —		g 3	W-c 2	S —	24.6° C.	
		Hydrometeore		Zustand der Luft	Cum. 47	SW —		
		h —		v —	Cum.st 8	W —		
		r —		w —	Nimb. 1	NW —		
		s —		m 9		†See 6		
		d 1		f 1		glatt —		
21°—22° N. Br.	25°—30° W. L.	Summe d. Beobacht.: 66			41	21		
		Böen		Himmelsansicht	cirr. 2	N 3		S 56° W 12
		t 9		b 7	cirr.c —	NE 12		
		l 1		c 31	cirr.s —	E —		
		q —		o 11	Str. 4	SE —		
		u —		g 2	W-c 1	S 2	24.6° C.	
		Hydrometeore		Zustand der Luft	Cum. 19	SW —		
		h —		v —	Cum.st 14	W —		
		r 2	1	w 4	Nimb. 1	NW 1		
		s —		m 6		†See 3		
		d —		f —		glatt —		
22°—23° N. Br.	25°—30° W. L.	Summe d. Beobacht.: 33			25	6		
		Böen		Himmelsansicht	cirr. 2	N 1		S 79° E 16 S 34° W 14 W 10
		t 1		b 2	cirr.c —	NE 4		N 85° W 19
		l 2		c 19	cirr.s —	E —		
		q —		o 6	Str. 3	SE —		
		u —		g 2	W-c —	S —	24.4° C.	
		Hydrometeore		Zustand der Luft	Cum. 20	SW —		
		h —		v —	Cum.st —	W —		
		r 1		w —	Nimb. —	NW —		
		s —		m —		†See 1		
		d —		f —		glatt —		
23°—24° N. Br.	25°—30° W. L.	Summe d. Beobacht.: 29			23	6		
		Böen		Himmelsansicht	cirr. 8	N —		S 62° W 14
		t —		b 3	cirr.c —	NE 5		S 75° W 19
		l —		c 20	cirr.s 1	E —		
		q —		o 4	Str. 1	SE —		
		u —		g —	W-c —	S —	23.8° C.	
		Hydrometeore		Zustand der Luft	Cum. 14	SW —		
		h —		v —	Cum.st 2	W —		
		r —		w 1	Nimb. 2	NW —		
		s —		m —		†See 1		
		d —		f —		glatt —		
24°—25° N. Br.	25°—30° W. L.	Summe d. Beobacht.: 32			23	5		
		Böen		Himmelsansicht	cirr. 5	N —		
		t —		b 9	cirr.c —	NE 4		
		l —		c 21	cirr.s 1	E 1		
		q —		o —	Str. —	SE —		
		u —		g —	W-c —	S —	24.8° C.	
		Hydrometeore		Zustand der Luft	Cum. 16	SW —		
		h —		v 2	Cum.st 1	W —		
		r —		w —	Nimb. —	NW —		
		s —		m —		†See —		
		d —		f —		glatt —		

Bemerkungen

Ueber Wind.

Unter-□	Jahr	Tag		
15.	80.	80.	8^h N.	Der flaue SE-Wind wird still. Nach 12 Stunden setzt leichter NE-Passat ein, der beim Segeln nach S allmählich auffrischt.
25.	80.	23.	8^h M.	Der starke Passat steht beim Segeln nach S stetig durch.

Sonstige Bemerkungen.

06	80.	24.	4^h M.	Viele fliegende Fische.
88.	70.	21.	4^h M.	Die ersten fliegenden Fische. Meeres-Temperatur 24.1° Celsius.

Höchster Barometerstand: **766.6** mm am 10. August 1879 in 20° n. Br. und 25° w. L. bei mässigem NE-Winde und bedecktem Himmel.

Niedrigster „ „ : **755.4** mm am 9. August 1876 in 21° n. Br. und 26° w. L. bei frischem NE-Winde und wolkigem Himmel.

Höchste Lufttemperatur: **30.2**° Cels. am 31. August 1877 in 20° n. Br. und 25° w. L. bei mässigem NNE-Winde und halb bewölktem Himmel.

Niedrigste „ „ : **19.2**° Cels. am 4. August 1871 in 20° n. Br. und 27° w. L. bei starkem ENE-Winde und wolkigem Himmel.

Position		Windbeobachtungen																						
		Anzahl der Beob.	Alle Winde, Variabeln und Stillen																		Stürme			
Breite N	Länge W		N	NNE	NE	ENE	E	ESE	SE	SSE	S	SSW	SW	WSW	W	WNW	NW	NNW	Var.	Stillen	N bis ENE	E bis SSE	S bis WSW	W bis NNW
25°—26°	20°—21°	35	3	16	13	2	1	—	—	—	—	—	—	—	—	—	—	—	—	—	—	—	—	—
	21°—22°	46	2	23	17	4	—	—	—	—	—	—	—	—	—	—	—	—	—	—	—	—	—	—
	22°—23°	92	3	28	35	14	2	7	1	—	—	—	—	—	—	—	—	—	2	—	4	—	—	—
	23°—24°	28	1	14	9	1	1	2	—	—	—	—	—	—	—	—	—	—	—	—	—	—	—	—
	24°—25°	11	—	7	—	2	1	1	—	—	—	—	—	—	—	—	—	—	—	—	—	—	—	—
26°—27°	20°—21°	42	1	16	19	2	1	—	—	—	—	—	—	—	2	—	1	—	—	—	—	—	—	—
	21°—22°	76	3	22	38	7	6	—	—	—	—	—	—	—	—	—	—	—	—	—	1	—	—	—
	22°—23°	54	2	19	16	8	6	1	—	—	—	—	—	—	—	—	—	—	—	—	2	—	—	—
	23°—24°	19	3	12	1	1	2	—	—	—	—	—	—	—	—	—	—	—	—	—	—	—	—	—
	24°—25°	14	—	4	7	2	1	—	—	—	—	—	—	—	—	—	—	—	—	—	—	—	—	—
27°—28°	20°—21°	67	2	30	21	8	1	—	—	—	—	—	—	1	—	2	—	2	—	—	1	—	—	—
	21°—22°	86	5	25	29	15	8	1	—	—	—	—	—	—	—	—	2	1	—	—	4	—	—	—
	22°—23	22	3	6	5	6	2	—	—	—	—	—	—	—	—	—	—	—	—	—	—	—	—	—
	23°—24°	20	—	8	6	4	2	—	—	—	—	—	—	—	—	—	—	—	—	—	—	—	—	—
	24°—25°	9	—	3	4	2	—	—	—	—	—	—	—	—	—	—	—	—	—	—	—	—	—	—
28°—29°	20°—21°	102	8	32	34	9	4	3	—	—	—	1	1	2	—	3	1	3	—	1	2	—	—	—
	21°—22°	53	—	17	18	6	2	2	—	—	—	—	1	1	2	2	—	—	—	2	—	—	—	—
	22°—23°	23	—	12	3	3	5	—	—	—	—	—	—	—	—	—	—	—	—	—	—	—	—	—
	23°—24°	14	—	3	1	9	1	—	—	—	—	—	—	—	—	—	—	—	—	—	—	—	—	—
	24°—25°	11	—	—	2	4	1	2	—	—	—	—	—	—	—	—	2	—	—	—	—	—	—	—
29°—30°	20°—21°	90	5	31	30	7	5	1	—	—	—	—	—	—	—	1	—	5	5	—	2	—	—	—
	21°—22°	31	1	16	8	1	2	2	1	—	—	—	—	—	—	—	—	—	—	—	—	—	—	—
	22°—23°	19	—	5	4	5	2	3	—	—	—	—	—	—	—	—	—	—	—	—	—	—	—	—
	23°—24°	13	—	3	1	3	1	3	—	—	—	—	—	—	—	—	—	2	—	—	—	—	—	—
	24°—25°	12	1	—	2	—	4	3	—	—	—	—	—	—	—	—	2	—	—	—	—	—	—	—
Fünfgrad-Feld	Summen	989	43	352	325	125	61	31	2	—	—	1	2	4	4	8	8	13	7	3	16	—	—	—
	Mittlere Windstärke		4.7	4.0	4.4	4.7	4.6	4.4	3.0	—	—	2.0	3.5	1.5	2.2	2.0	2.8	2.7	1.0	0	8.0	—	—	—

Barometer 700mm+ Anzahl der Beob.	Barometer 700mm+ Mittel mm	Thermometer Cels. Gr. (Temperatur der Luft) Anzahl der Beob.	Roher Mittel	Anzahl und Mittel 8h M.	Anzahl und Mittel 4h N.	Anzahl und Mittel 12h N.	Relative Feuchtigkeit Anzahl der Beob.	Relative Feuchtigkeit Procente	Bedeckung des Himmels Anzahl der Beob.	Bedeckung des Himmels Mittel (0—10)	Niederschläge Anzahl der Beob.-wachen	Dauer in Stunden Nebel	Dauer in Stunden Regen	Dauer in Stunden Schnee	Dauer in Stunden Hagel	Meeresoberfläche Temperatur Anzahl der Beob.	Temperatur Grade Celsius	Specif. Gewicht Anzahl der Beob.	Specif. Gewicht Mittel d. Aräom.-angaben
33	63.0	33	24.3	(6) 23.0	(6) 25.4	(4) 23.4	12	86.3	35	4.7	35	—	—	—	—	32	23.5	1	1.0257
42	63.6	40	23.5	(9) 22.7	(3) 24.8	(9) 23.0	9	83.8	44	4.3	46	—	0.5	—	—	42	23.1	2	1.0268
81	64.1	86	24.2	(18) 23.0	(11) 25.1	(16) 23.7	20	79.5	87	4.7	92	—	—	—	—	86	23.8	5	1.0270
22	64.2	28	24.4	(3) 23.3	(2) 25.4	(3) 22.8	—	—	27	4.4	28	—	0.5	—	—	28	23.8	—	—
9	62.6	10	23.9	(2) 23.7	(1) 24.0	(3) 23.5	—	—	10	5.6	11	—	—	—	—	10	23.4	1	1.0266
40	64.1	38	23.7	(7) 22.4	(4) 25.5	(9) 23.0	10	90.2	42	4.0	42	—	2.0	—	—	38	23.2	2	1.0267
62	64.1	67	23.9	(5) 23.7	(14) 23.9	(7) 23.3	16	84.7	72	3.9	76	—	0.5	—	—	66	23.9	6	1.0278
44	64.7	53	23.7	(11) 23.1	(9) 24.5	(6) 22.8	6	82.2	54	4.9	54	—	0.5	—	—	53	23.5	4	1.0263
14	63.8	17	24.6	(4) 23.3	(2) 27.1	(2) 24.1	1	92.0	17	2.8	10	—	—	—	—	17	24.2	1	1.0260
6	64.5	11	23.7	(1) 23.7	—	(2) 22.4	—	—	13	3.9	14	—	—	—	—	14	23.5	—	—
66	64.5	68	23.2	(16) 22.3	(5) 24.8	(10) 23.0	17	82.4	65	3.6	67	—	0.2	—	—	60	22.9	6	1.0280
75	64.5	80	23.9	(14) 23.1	(10) 24.3	(9) 23.1	14	82.6	83	4.3	86	—	2.5	—	—	79	23.3	8	1.0278
17	64.2	21	24.2	(3) 23.9	(3) 24.8	(4) 23.4	2	87.5	21	4.2	22	—	—	—	—	22	23.9	2	1.0268
14	64.0	16	23.8	(5) 22.8	(1) 24.8	(2) 23.7	3	91.0	18	2.5	20	—	—	—	—	17	23.7	1	1.0260
[illegible]	63.9	9	24.5	(2) 24.0	(3) 24.1	(1) 24.1	—	—	8	3.2	9	—	—	—	—	9	23.7	—	—
[illegible]	64.6	96	23.7	(17) 22.8	(15) 24.4	(8) 23.1	21	84.8	92	4.2	102	—	3.5	—	—	98	23.1	4	1.0272
[illegible]	64.5	47	23.6	(12) 22.7	(8) 24.6	(6) 22.6	6	88.5	50	5.2	53	—	0.5	—	—	46	23.2	3	1.0265
17	64.6	20	24.9	(2) 23.2	(4) 25.9	(2) 23.9	—	—	22	4.0	23	—	0.5	—	—	22	24.1	—	—
6	65.8	11	24.0	(2) 23.0	—	(2) 23.8	—	—	13	5.3	14	—	—	—	—	13	23.7	1	1.0260
[illegible]	65.2	11	23.8	(3) 22.5	(1) 26.2	(2) 23.0	2	93.5	11	3.1	11	—	1.5	—	—	11	24.0	—	—
78	64.8	82	23.6	(12) 22.6	(12) 24.4	(9) 22.6	12	79.9	81	3.9	91	—	1.0	—	—	83	23.3	3	1.0281
[illegible]	64.1	31	23.9	(9) 23.2	(2) 24.8	(4) 22.9	—	—	28	4.6	31	—	—	—	—	31	23.5	1	1.0243
[illegible]	66.5	13	24.5	—	(2) 26.0	(1) 23.5	—	—	19	3.8	19	—	—	—	—	16	24.2	—	—
[illegible]	67.2	12	24.6	(1) 24.7	(3) 25.6	(1) 24.7	2	91.5	13	2.6	13	—	—	—	—	12	23.9	—	—
[illegible]	65.6	12	24.0	(2) 22.9	(2) 24.4	(1) 24.6	2	92.5	12	4.3	12	—	—	—	—	12	24.2	—	—
[illegible]	—	902	—	(168) —	(123) —	(123) —	155	—	937	—	990	—	13.7	—	—	917	—	46	—
[illegible]	64.87	—	23.9	22.9	24.7	23.2	—	84.0	—	4.0	—	—	—	—	—	—	23.4	—	1.0271

Monat

Quadrat 75°. ....

Wetter nach Beaufort's Bezeichnung. (Häufigkeit.)		Häufigkeit der verschied. Wolkenformen	Häufigkeit von Seegang u. Dünung aus:	Mittel der Meeres-Temperatur	Bemerkungen über einzelne beobachtete Triftströmungen.			
...umme d. Beobacht.: 242		186	119					
Böen	Himmelsansicht	cirr. 16	N 61		N 37° E 8	S 24° W 7	S 58° W 17	N 81° W 19
—	b 88	cirr. c 5	NE 35		N 76° E 8		S 84° W 11	N 80° W 12
—	c 138	cirr. s 9	E 20					N 26° W 25
8	o 27	str. 18	SE —					N 15° W 7

Bemerkungen

Ueber Wind.

Unter-□	Jahr	Tag		
62.	78.	1.	4h M.	Der flaue westliche Wind geht nach NNE und bleibt mehrere Tage flau und veränderlich. Am 5. in 22° n. Br. und 24° w. L. setzt mässiger NE-Passat ein, der beim Segeln nach S stetig durchsteht.
80.	78.	1.	4h M.	Der flaue westliche Wind wird still. Nach 8 Stunden kommt wieder leichter W-Wind durch, der allmählich nach NW geht. Am 3. in 26° n. Br. und 20° w. L. setzt leichter NE-Passat ein, der beim Segeln nach S allmählich auffrischt.
80	80.	18.	12h M.	Der leichte veränderliche westliche Wind wird abwechselnd flau und still. Am 20. in 27° n. Br. und 21° w. L. setzt mässiger N-Wind ein, der beim Segeln nach S in den NE-Passat übergeht und auffrischt.
83.	72.	30.	12h M.	Der mässige NE-Wind wird flau und krimpt nach NW. Am 2. in 26° n. Br. und 24° w. L. setzt mässiger NE-Passat ein, der beim Segeln nach SW auffrischt.
90.	69.	23.	12h M.	Der mässige NNW-Wind geht nach NNE und wird flau und still. Am 25. in 26° n. Br. und 22° w. L. setzt mässiger NE-Passat ein, der beim Segeln nach S bald auffrischt.

Sonstige Bemerkungen.

Unter-□	Jahr	Tag		
51.	80.	8.	4h N.	Boniten.
52.	72.	7.	12h N.	Sternschnuppen. Eine Feuerkugel.
52.	75.	6.	6h N.	Schaaren fliegender Fische und Boniten. Wasserfarbe tiefblau. Stromkabbelung Meeres-Temperatur 23.2° Celsius.
52.	77.	10.	12h N.	Sehr viele Sternschnuppen.
60.	77.	10.	12h N.	Viele Sternschnuppen.
60.	79.	23.	4h M.	Die ersten fliegenden Fische. Meeres-Temperatur 23.1° Celsius.
61.	79.	29.	8h M.	Die ersten fliegenden Fische. Meeres-Temperatur 22.9° Celsius.
62.	79.	21.	12h N.	Starker Thau.
71.	69.	25.	8h M.	Die ersten fliegenden Fische. Meeres-Temperatur 22.9° Celsius.
73.	72.	31.	12h N.	Viele Sternschnuppen.
80.	75.	10.	12h N.	Starker Thau. Sehr viele Sternschnuppen.
80.	81.	27.	8h M.	Die ersten fliegenden Fische. Meeres-Temperatur 23.2° Celsius.
81.	72.	7.	12h N.	Sternschnuppen.
82.	73.	13.	6h N.	Sehr starker Thau.
90.	77.	8.	8h M.	Schwärme fliegender Fische. Meeres-Temperatur 23.6° Celsius.

Höchster Barometerstand: **770.4** mm am 6. August 1880 in 28° n. Br. und 20° w. L. bei mässigem NE-Winde und klarem Himmel.

Niedrigster „ „ : **757.6** mm am 8. August 1876 in 25° n. Br. und 24° w. L. bei leichtem NNE-Winde und heiterem Himmel.

Höchste Lufttemperatur: **30.4**° Cels. am 29. August 1876 in 26° n. Br. und 20° w. L. bei mässigem NE-Winde und heiterem Himmel.

Niedrigste „ „ : **21.1**° Cels. am 21. August 1879 in 27° n. Br. und 20° w. L. bei leichtem NNE-Winde und klarem Himmel.

Monat

Quadrat 75d. ....

Position		Windbeobachtungen																					
		Anzahl der Beob.	Alle Winde, Variabeln und Stillen																	Stürme			
Breite N	Länge W		N	NNE	NE	ENE	E	ESE	SE	SSE	S	SSW	SW	WSW	W	WNW	NW	NNW	Var.	Stillen	N bis ENE	E bis SSE	S bis WSW	W bis NNW
25°—26°	25°—26°	6	—	2	3	1	—	—	—	—	—	—	—	—	—	—	—	—	—	—	—	—	—	—
	26°—27°	12	—	—	5	6	1	—	—	—	—	—	—	—	—	—	—	—	—	—	—	—	—	—
	27°—28°	2	—	—	—	2	—	—	—	—	—	—	—	—	—	—	—	—	—	—	—	—	—	—
	28°—29°	6	—	—	2	1	2	—	—	—	—	—	—	—	—	—	—	—	1	—	—	—	—	—
	29°—30°	8	—	1	2	3	1	1	—	—	—	—	—	—	—	—	—	—	—	—	—	—	—	—
26°—27°	25°—26°	6	—	1	3	2	—	—	—	—	—	—	—	—	—	—	—	—	—	—	—	—	—	—
	26°—27°	10	—	—	1	2	2	—	—	—	—	1	—	—	3	1	—	—	—	—	—	—	—	—
	27°—28°	17	—	—	2	2	4	—	—	1	1	4	1	—	—	—	—	—	—	2	—	—	—	—
	28°—29°	8	—	—	1	3	2	2	—	—	—	—	—	—	—	—	—	—	—	—	—	—	—	—
	9°—3 °	11	—	—	2	4	—	2	—	2	—	—	—	—	—	—	—	—	1	—	—	—	—	—
27°—28°	25°—26°	8	—	—	3	2	—	1	—	—	—	—	—	—	—	1	1	—	—	—	—	—	—	—
	26°—27°	8	—	—	—	5	2	—	—	—	—	—	—	—	1	—	—	—	—	—	—	—	—	—
	27°—28°	10	—	1	2	1	3	—	—	—	—	1	1	1	—	—	—	—	—	—	—	—	—	—
	28°—29°	3	—	1	1	—	—	1	—	—	—	—	—	—	—	—	—	—	—	—	—	—	—	—
	29°—30°	9	—	—	1	2	3	2	1	—	—	—	—	—	—	—	—	—	—	—	—	—	—	—
28°—29°	25°—26°	8	—	—	2	2	1	2	—	—	—	—	—	—	—	—	1	—	—	—	—	—	—	—
	26°—27°	5	—	—	2	*1	2	—	—	—	—	—	—	—	—	—	—	—	—	—	—	—	—	—
	27°—28°	3	—	1	2	—	—	—	—	—	—	—	—	—	—	—	—	—	—	—	—	—	—	—
	28°—29°	14	—	1	—	1	1	2	—	—	—	—	—	—	—	—	5	—	1	—	—	—	—	—
	29°—30°	4	—	—	—	4	—	—	—	—	—	—	—	—	—	—	—	—	—	—	—	—	—	—
29°—30°	25°—26°	6	—	—	3	1	1	1	—	—	—	—	—	—	—	—	—	—	—	—	—	—	—	—
	26°—27°	3	—	—	—	—	3	—	—	—	—	—	—	—	—	—	—	—	—	—	—	—	—	—
	27°—28°	4	—	—	2	1	—	—	—	—	—	—	—	—	—	—	1	—	—	—	—	—	—	—
	28°—29°	14	—	—	3	4	—	—	—	—	—	—	—	—	—	3	3	—	1	—	—	—	—	—
	29°—30°	3	—	2	1	—	—	—	—	—	—	—	—	—	—	—	—	—	—	—	—	—	—	—
Fünfgrad-Feld	Summen, 188		—	**13**	**43**	**50**	**28**	**14**	1	**3**	**1**	6	2	1	4	5	**11**	—	4	2	—	—	—	—
	Mittlere Windstärke		—	4.2	4.1	4.3	4.6	3.0	1.0	1.7	4.0	2.2	1.5	3.0	3.0	1.6	1.6	—	1.2	0	—	—	—	—

Barometer 700mm+		Thermometer Cels. Gr. (Temperatur der Luft)					Relative Feuchtigkeit		Bedeckung des Himmels		Niederschläge					Meeresoberfläche			
				Anzahl und Mittel								Dauer in Stunden				Temperatur		Spezif. Gewicht	
Anzahl der Beob.	[illegible] mm	Anzahl der Beob.	Rohes Mittel	4h M.	4h N.	12h N.	Anzahl der Beob.	Prozente	Anzahl der Beob.	Mittel (0—10)	Anzahl der Beobachtungen	Nebel	Regen	Schnee	Hagel	Anzahl der Beob.	Grade Celsius	Anzahl der Beob.	Mittel d. Aräom.-angaben
4	64.0	4	24.2	(1) 22.2	(1) 24.8	—	—	—	6	3.8	6	—	0.5	—	—	6	23.8	—	—
11	64.1	12	24.4	(2) 24.4	(1) 25.8	(3) 23.8	5	84.8	11	3.9	12	—	—	—	—	10	24.4	—	—
1	64.9	2	24.4	—	—	—	—	—	1	8.0	2	—	—	—	—	2	25.5	—	—
4	66.6	6	24.4	(1) 25.2	—	(1) 21.2	1	89.0	6	4.3	6	—	—	—	—	6	25.1	1	1.0284
4	66.5	8	24.8	(1) 23.8	(1) 26.9	(1) 24.2	2	92.5	8	5.2	8	—	0.5	—	—	8	24.9	—	—
3	64.1	6	23.4	(2) 21.4	(1) 25.8	—	—	—	5	4.2	6	—	—	—	—	6	28.4	—	—
10	63.9	10	25.3	(2) 24.2	(3) 26.0	(1) 25.2	6	93.5	10	3.6	10	—	0.5	—	—	9	26.0	—	—
13	65.9	17	25.8	(2) 24.6	(3) 25.8	(1) 25.7	10	87.9	17	3.4	17	—	0.5	—	—	15	25.3	—	—
[illegible]	67.7	8	25.0	(2) 23.4	(1) 27.5	(2) 25.8	2	91.0	8	4.9	8	—	—	—	—	8	24.9	—	—
[illegible]	65.0	11	25.9	—	(2) 27.6	(2) 24.8	—	—	11	3.6	11	—	—	—	—	11	25.4	—	—
[illegible]	64.3	8	24.7	(2) 24.3	(1) 26.2	(1) 24.4	2	94.0	8	4.2	8	—	—	—	—	7	24.5	—	—
7	65.9	8	23.9	(2) 23.0	—	(1) 23.8	1	94.0	8	2.0	8	—	—	—	—	8	24.2	1	1.0283
[illegible]	65.9	10	24.0	(2) 22.5	(1) 23.3	—	2	79.0	10	4.7	10	—	8.0	—	—	8	24.5	—	—
[illegible]	64.8	3	25.1	(1) 25.2	—	(1) 25.0	1	80.0	3	4.7	3	—	—	—	—	2	25.0	—	—
[illegible]	64.6	9	27.0	(2) 23.9	(1) 33.2	(1) 27.2	—	—	9	4.3	9	—	0.5	—	—	9	25.3	—	—
[illegible]	65.7	8	24.7	(1) 23.8	(1) 25.5	(2) 24.4	1	97.0	8	3.6	8	—	—	—	—	8	24.2	—	—
[illegible]	—	5	22.9	(1) 23.1	—	(1) 20.0	—	—	5	4.0	5	—	—	—	—	5	24.1	—	—
[illegible]	63.3	8	23.5	(1) 25.0	—	—	—	—	8	4.0	3	—	—	—	—	5	24.9	—	—
[illegible]	64.6	14	26.8	(3) 25.8	(2) 29.0	(2) 25.7	3	82.7	13	2.9	14	—	—	—	—	11	25.7	—	—
[illegible]	66.6	4	25.5	(1) 23.7	(1) 27.1	—	—	—	4	5.0	4	—	—	—	—	2	24.9	—	—
[illegible]	65.0	5	24.9	(1) 24.0	—	(1) 24.3	—	—	6	3.2	6	—	—	—	—	5	23.9	—	—
[illegible]	66.0	3	22.5	(1) 23.8	(1) 21.8	—	—	—	8	4.0	3	—	—	—	—	3	24.2	—	—
[illegible]	66.6	4	26.2	—	(1) 26.9	—	—	—	4	3.5	4	—	—	—	—	3	25.2	—	—
[illegible]	63.5	14	25.5	(2) 24.2	(2) 26.8	(4) 24.3	—	—	14	2.6	14	—	—	—	—	13	24.8	—	—
[illegible]	67.3	3	24.6	—	(1) 24.5	(1) 24.4	3	79.3	3	4.0	3	—	—	—	—	—	—	—	—
[illegible]	—	185	—	33	25	26	39	—	184	—	188	—	5.5	—	—	168	—	2	—
[illegible]	64.61	—	25.0	23.9	26.5	24.4	—	92.4	—	3.8	—	—	—	—	—	—	24.8	—	1.0284

Monat

Quadrat 75d. ……………………………………

Position der Zone		Wetter nach Beaufort's Bezeichnung. (Häufigkeit.)			Häufigkeit der verschied. Wolkenformen	Häufigkeit vom Seegang u. Dünung aus:	Mittel der Meeres-Temperatur	Bemerkungen über einzelne beobachtete Triftströmungen.
25°—26° N. Br.	25°—30° W. L.	Summe d. Beobacht.: 37			31	11	24.6° C.	
		Böen		Himmelsansicht	cirr. 4	N 5		
		t —		b 6	cirr. c. —	NE 3		
		l —		c 22	cirr. s 4	E 3		
		q —		o 4	Str. 1	SE —		
		u —		g —	W.-c —	S —		
		Hydrometeore		Zustand der Luft	Cum. 17	SW —		
		h —		v 1	Cum. st 4	W —		
		r —		w —	Nimb. 1	NW —		
		s —		m 4		† See —		
		d —		f —		glatt —		
26°—27° N. Br.	25°—30° W. L.	Summe d. Beobacht.: 51			51	22	25.0° C.	
		Böen		Himmelsansicht	cirr. 6	N 15		S 61° W 10 N 55° W 9
		t —		b 9	cirr. c. 4	NE —		N 30° W 12
		l —		c 38	cirr. s 2	E 4		
		q —		o 4	Str. 3	SE 1		
		u —		g —	W.-c —	S —		
		Hydrometeore		Zustand der Luft	Cum. 22	SW —		
		h —		v —	Cum. st 12	W —		
		r —		w —	Nimb. 2	NW —		
		s —		m —		† See —		
		d —		f —		glatt 2		
27°—28° N. Br.	25°—30° W. L.	Summe d. Beobacht.: 40			40	12	24.7° C.	
		Böen		Himmelsansicht	cirr. 4	N 3		N 21° W 15
		t —		b 6	cirr. c 2	NE —		S 41° W 15
		l —		c 29	cirr. s 5	E 7		S 70° W 21
		q —		o 1	Str. 1	SE 2		
		u 1		g —	W.-c —	S —		
		Hydrometeore		Zustand der Luft	Cum. 19	SW —		
		h —		v 1	Cum. st 6	W —		
		r 1		w 1	Nimb. 8	NW —		
		s —		m —		† See —		
		d —		f —		glatt —		
28°—29° N. Br.	25°—30° W. L.	Summe d. Beobacht.: 34			31	11	24.8° C.	
		Böen		Himmelsansicht	cirr. 1	N 6		N 13 N 43° W ·
		t —		b 3	cirr. c 5	NE —		
		l —		c 30	cirr. s 4	E 2		
		q —		o —	Str. —	SE —		
		u —		g —	W.-c —	S —		
		Hydrometeore		Zustand der Luft	Cum. 21	SW —		
		h —		v 1	Cum. st —	W —		
		r —		w —	Nimb. —	NW 1		
		s —		m —		† See —		
		d —		f —		glatt 2		
29°—30° N. Br.	25°—30° W. L.	Summe d. Beobacht.: 30			30	9	24.6° C.	
		Böen		Himmelsansicht	cirr. 4	N —		
		t —		b 5	cirr. c 7	NE —		
		l —		c 25	cirr. s —	E 2		
		q —		o —	Str. —	SE —		
		u —		g —	W.-c —	S —		
		Hydrometeore		Zustand der Luft	Cum. 18	SW —		
		h —		v —	Cum. st 1	W 1		
		r —		w —	Nimb. —	NW —		
		s —		m —		† See —		
		d —		f —		glatt 6		

Bemerkungen

Ueber Wind.

Unter-□	Jahr	Tag		
67.	78.	18.	4h N.	Der leichte SSW-Wind wird flau und still. Am 20. in 25° n. Br. und 28° w. L. setzt leichter NE-Passat ein, der beim Segeln nach W zur mässigen Briese auffrischt.
68.	69.	31.	12h N.	Der flaue veränderliche SW-Wind geht durch S nach SE. Am 1. September in 26° n. Br. und 28° w. L. setzt frischer NE-Passat ein, der beim Segeln nach SW und W stetig durchsteht.
98.	78.	2.	12h M.	Der flaue veränderliche Wind hält mehrere Tage an. Am 7. in 26° n. Br. und 29° w. L. setzt leichter SE-Wind ein, der beim Segeln nach SW und W allmählich nach NE geht und auffrischt.

Sonstige Bemerkungen.

59.	78.	20.	8h N.	Grobe See aus S.
69.	72.	10.	8h N.	Viele Sternschnuppen.
69.	78.	6.	8h M.	Delphine. Sargasso.
76.	68.	19.	8h N.	Hohe Dünung aus N.
79.	78.	5.	8h M.	Viel Sargasso.
85.	72.	9.	8h M.	Die ersten fliegenden Fische. Meeres-Temperatur 24.1° Celsius. Viele Quallen.
88.	78.	4.	4h N.	Viel Sargasso. Nachts Sternschnuppen.

Höchster Barometerstand: **769.8** mm am 23. August 1871 in 27° n. Br. und 26° w. L. bei mässigem ENE-Winde und heiterem Himmel.

Niedrigster „ „ : **761.1** mm am 2. August 1878 in 29° n. Br. und 28° w. L. bei ganz leichtem WNW-Winde und klarem Himmel.

Höchste Lufttemperatur: **30.6°** Cels. am 4. August 1878 in 28° n. Br. und 28° w. L. bei ganz leichtem NW-Winde und leicht bewölktem Himmel, und am 6. August 1878 in 26° n. Br. und 29° w. L. bei Windstille.

Niedrigste „ „ **20.9°** Cels. am 20. August 1869 in 28° n. Br. und 26° w. L. bei starkem E-Winde und heiterem Himmel.

Quadrat 75a . . . .

Position		Windbeobachtungen																						
		Anzahl der Beob.	Alle Winde, Variabeln und Stillen																		Stürme			
Breite N	Länge W		N	NNE	NE	ENE	E	ESE	SE	SSE	S	SSW	SW	WSW	W	WNW	NW	NNW	Var.	Stillen	N bis ENE	E bis SSE	S bis WSW	W bis NNW
20° — 21°	20°—21°	19	3	6	7	—	1	—	—	—	—	—	—	—	—	1	—	1	—	—	—	—	—	—
	21°—22°	10	—	3	5	—	1	1	—	—	—	—	—	—	—	—	—	—	—	—	1	—	—	—
	22°—23°	7	2	—	5	—	—	—	—	—	—	—	—	—	—	—	—	—	—	—	—	—	—	—
	23°—24°	31	—	12	15	2	—	1	—	—	—	—	—	—	—	—	1	—	—	—	—	—	—	—
	24°—25°	108	5	26	41	20	10	3	—	—	1	—	—	—	—	—	1	—	—	1	—	—	—	—
21° — 22°	20°—21°	23	1	6	6	3	1	—	—	—	—	—	—	—	1	—	—	2	—	3	1	—	—	—
	21°—22°	7	—	4	3	—	—	—	—	—	—	—	—	—	—	—	—	—	—	—	—	—	—	—
	22°—23°	15	—	5	9	1	—	—	—	—	—	—	—	—	—	—	—	—	—	—	—	—	—	—
	23°—24°	52	4	10	22	12	2	1	1	—	—	—	—	—	—	—	—	—	—	—	—	—	—	—
	24°—25°	102	2	28	41	19	4	5	1	—	—	—	—	—	—	—	—	1	1	—	—	—	—	—
22° — 23°	20°—21°	22	1	10	6	4	—	—	—	—	—	—	—	—	—	—	—	—	—	1	—	—	—	—
	21°—22°	10	—	4	3	2	1	—	—	—	—	—	—	—	—	—	—	—	—	—	—	—	—	—
	22°—23°	27	—	5	15	4	3	—	—	—	—	—	—	—	—	—	—	—	—	—	—	—	—	—
	23°—24°	98	3	23	40	16	11	3	1	—	—	—	—	—	—	—	—	1	—	—	—	—	—	—
	24°—25°	85	1	20	35	21	7	1	—	—	—	—	—	—	—	—	—	—	—	—	—	—	—	—
23° — 24°	20°—21°	20	—	6	4	5	3	—	—	—	—	—	—	—	—	—	1	—	—	1	—	—	—	—
	21°—22°	21	2	4	5	6	—	—	—	—	—	—	—	1	—	—	2	1	—	—	—	—	—	—
	22°—23°	45	3	9	20	4	4	2	—	—	—	—	—	—	—	—	2	1	—	—	—	—	—	—
	23°—24°	119	3	39	38	28	9	2	—	—	—	—	—	—	—	—	—	—	—	—	—	—	—	—
	24°—25°	45	2	8	14	16	2	2	—	—	—	—	—	—	—	—	—	—	1	—	—	—	—	—
24° — 25°	20°—21°	17	—	—	9	3	2	—	—	—	—	—	—	—	—	3	—	—	—	—	—	—	—	—
	21°—22°	31	—	7	11	7	—	—	—	—	—	1	1	—	1	2	1	—	—	—	—	—	—	—
	22°—23°	108	7	29	47	18	4	—	—	—	—	—	—	—	1	1	—	1	—	—	—	—	—	—
	23°—24°	75	—	18	30	14	10	1	—	1	—	—	—	—	—	—	—	—	1	—	—	—	—	—
	24°—25°	31	—	2	11	12	3	1	1	—	—	—	—	—	—	—	—	—	1	—	—	—	—	—
Fünfgrad-Feld	Summen	1128	**39**	**284**	**442**	**217**	**78**	**23**	4	1	1	1	1	1	3	7	**8**	**8**	4	6	**2**	—	—	—
	Mittlere Windstärke		3.2	4.0	4.2	4.2	4.3	4.2	4.5	3.0	1.0	3.0	3.0	2.0	1.7	2.7	3.0	2.5	2.8	0	3.0	—	—	—

19	25.5	3 24.5	4 26.6	3 24.7	7	81.7	19	3.3
10	25.6	1 24.9	2 25.1	—	4	80.5	10	5.4
8	24.9	1 24.9	1 25.1	1 25.5	2	90.5	8	3.6
29	25.4	6 24.7	6 25.9	2 25.2	1	86.0	27	4.7
107	25.8	21 24.8	17 27.0	15 25.1	21	85.6	108	3.9
23	24.8	5 24.0	3 25.5	4 24.1	10	84.0	23	3.7
9	25.4	3 24.9	1 28.4	3 24.4	4	90.2	9	5.7
17	25.0	4 24.7	1 25.3	4 25.1	5	87.6	11	6.2
50	25.2	9 24.7	11 26.1	8 25.0	9	84.9	45	3.9
99	25.5	16 24.6	13 26.1	17 24.7	22	86.0	96	4.7
22	24.7	6 23.6	2 27.0	5 23.8	9	83.6	22	3.8
11	25.7	—	4 26.6	—	5	88.4	0	4.4
23	25.0	4 24.0	5 25.3	3 24.2	4	87.8	24	4.2
93	25.5	15 24.3	12 26.3	13 24.4	25	83.1	89	4.6
83	25.3	14 24.6	14 25.3	13 24.7	25	84.2	83	4.3
21	24.7	3 24.0	4 24.8	3 24.2	7	94.4	21	3.9
21	24.7	3 23.6	2 25.2	2 24.2	6	88.8	19	3.7
42	25.1	10 24.8	4 25.5	7 24.6	9	82.0	42	4.6
114	24.8	27 24.0	18 25.2	19 24.1	30	85.9	109	3.8
48	24.8	9 23.6	7 25.9	8 24.6	7	91.6	46	4.0
17	24.1	8 23.5	1 24.5	3 24.2	2	88.0	15	3.5
30	24.5	7 23.6	6 25.0	8 23.9	6	87.5	29	4.3
106	24.8	16 23.9	17 25.5	14 24.1	32	86.3	105	4.3
77	24.9	14 23.8	11 25.9	12 23.8	21	82.8	69	4.5
81	24.1	3 23.6	6 24.8	1 23.5	4	92.5	30	3.8
1110	—	206 —	172 —	168 —	277	—	1068	—
—	25.1	24.4	25.9	24.4	—	85.6	—	4.2

Position der Zone		Wetter nach Beaufort's Bezeichnung. (Häufigkeit.)			Häufigkeit der verschied. Wolkenformen	von Seegang u. Dünung aus:	Mittel der Meeres-Temperatur	Bemerkungen über einzelne beobachtete Triftströmungen.			
20°—21° N. Br.	20°—25° W. L.	Summe d. Beobacht.: 193			159	111					
		Böen		Himmelsansicht	cirr. 16	N 36			S 34° E 13	S 10	W 15
		t —		b 29	cirr. c 8	NE 30				S 13	N 53° W 8
		l —		c 129	cirr. s 4	E 20				S 41° W 16	N 78° W 14
		q —		o 14	Str. 18	SE 2				S 40° W 13	N 73° W 12
		u —		g 6	W-c 8	S 1	25.8° C.			S 64° W 12	N 20° W 16
		Hydrometeore		Zustand der Luft	Cum. 97	SW —				S 88° W 5	
		h —		v 3	Cum. st 10	W —					
		r —		w —	Nimb. 3	NW 2					
		s —		m 12		↑See 7					
		d —		f —		glatt 4					
21°—22° N. Br.	20°—25° W. L.	Summe d. Beobacht.: 238			185	127					
		Böen		Himmelsansicht	cirr. 19	N 49		N 3° E 11	S 62° E 15	S 19° W 12	W 9
		t —		b 28	cirr. c 11	NE 49			S 37° E 13	S 31° W 10	N 87° W 35
		l 1		c 146	cirr. s 6	E 26			S 6° E 8	S 33° W 8	N 76° W 9
		q —	2	o 28	Str. 22	SE —				S 34° W 7	N 72° W 15
		u —		g 9	W-c 1	S —	25.2° C.			S 47° W 9	N 65° W 21
		Hydrometeore		Zustand der Luft	Cum. 113	SW —				S 75° W 17	N 60° W 16
		h —		v —	Cum. st 10	W —				S 84° W 10	N 34° W 11
		r 9		w 1	Nimb. 8	NW 1				S 87° W 17	
		s —		m 25		↑See 2					
		d —		f —		glatt —					
22°—23° N. Br.	20°—25° W. L.	Summe d. Beobacht.: 274			220	147					
		Böen		Himmelsansicht	cirr. 20	N 46		N 9	S 55° E 16	S 43° W 11	W 11
		t —		b 48	cirr. c 14	NE 64		N 87° E 31	S 29° E 6	S 51° W 19	N 84° W 9
		l —		c 162	cirr. s 4	E 35				S 61° W 14	N 80° W 17
		q 1		o 30	Str. 20	SE —				S 68° W 8	N 65° W 16
		u —		g 16	W-c 8	S —	25.1° C.			S 68° W 9	N 63° W 11
		Hydrometeore		Zustand der Luft	Cum. 138	SW —				S 83° W 8	N 56° W 6
		h —		v 2	Cum. st 11	W —					N 34° W 8
		r —		w 2	Nimb. 6	NW 3					N 21° W 6
		s —		m 18		↑See —					
		d —		f —		glatt 1					
23°—24° N. Br.	20°—25° W. L.	Summe d. Beobacht.: 280			233	140					
		Böen		Himmelsansicht	cirr. 33	N 42		N 6		S 7	W 7
		t —		b 47	cirr. c. 12	NE 49		N 28° E 8		S 27° W 18	W 12
		l —		c 174	cirr. s 2	E 42		N 61° E 10		S 56° W 11	N 45° W 18
		q 7		o 21	Str. 15	SE —				S 61° W 15	
		u —		g 5	W-c 6	S —	24.8° C.			S 68° W 16	
		Hydrometeore		Zustand der Luft	Cum. 137	SW —				S 74° W 13	
		h —		v 1	Cum. st 15	W —				S 78° W 10	
		r 6		w 1	Nimb. 11	NW 4				S 84° W 9	
		s —		m 18		↑See 3					
		d —		f —		glatt —					
24°—25° N. Br.	20°—25° W. L.	Summe d. Beobacht.: 289			246	148					
		Böen		Himmelsansicht	cirr. 21	N 47		N 6° E 11	S 64° E 12	S 9	W 29
		t —		b 46	cirr. c 17	NE 50			S 50° E 15	S 14	N 85° W 12
		l —		c 183	cirr. s 2	E 49			S 42° E 14	S 38° W 9	N 63° W [illegible]
		q 8		o 25	Str. 11	SE 2			S 29° E 15	S 51° W 8	N 79° W 14
		u —		g 6	W-c 6	S —	24.6° C.			S 54° W 22	N 78° W 14
		Hydrometeore		Zustand der Luft	Cum. 151	SW —				S 56° W 11	N 73° W 25
		h —		v 1	Cum. st 24	W —				S 58° W 18	N 51° W 5
		r 7	2	w 5	Nimb. 14	NW —				S 65° W 7	N 45° W 29
		s —		m 11		↑See —				S 72° W 7	
		d —		f —		glatt —					

Bemerkungen

Ueber Wind.

Unter-□	Jahr	Tag		
13.	71.	8.	12^h N.	Der frische NNE-Wind krimpt nach W und wird still. Am 6. in 18° n. Br. und 25° w. L. kommt leichter NE-Passat durch, der bald zur frischen Briese anwächst.
20.	78.	4.	4^h M.	Der leichte NNE-Wind krimpt nach NW und wird still. Am 7. in 20° n. Br. und 20° w. L. setzt leichter N-Wind ein, der beim Segeln nach S allmählich auffrischt.
32.	75.	22.	12^h N.	Der flaue WSW-Wind geht nach NW und frischt auf. Nach 12 Stunden wird der Wind flau und geht in den NE-Passat über, der beim Segeln nach S zur starken Briese auffrischt.
41.	72.	23.	12^h M.	Der leichte WNW-Wind geht allmählich nach N. Nach 24 Stunden kommt leichter NE-Passat durch, der beim Segeln nach S bald auffrischt.
43.	71.	20.	12^h N.	Der flaue veränderliche Wind wird still. Nach 4 Stunden setzt leichter NE-Passat ein, der beim Segeln nach S allmählich auffrischt.

Sonstige Bemerkungen.

Unter-□	Jahr	Tag		
02.	79.	1.	8^h M.	Mehrere Schmetterlinge, Insekten und zwei Landschwalben.
11.	78.	27.	12^h N.	Von 12^h N. bis 8^h M. Meeresfarbe schmutziggrün, von 8^h M. bis 12^h M. Meeresfarbe blau, dann wieder schmutziggrün, ohne wesentliche Aenderung der Meeres-Temperatur.
13.	78.	8.	12^h N.	Starke Stromkabbelung.
14.	79.	30.	12^h N.	Stromkabbelung.
15.	75.	19.	8^h N.	Viele Delphine.
22.	76.	29.	4^h M.	Starkes Meerleuchten.
22	79.	29.	8^h N.	Mondhof.
23.	78.	28.	4^h M.	Sehr starker Thau.
32.	75.	22.	12^h N.	Starkes Meerleuchten.
32.	76.	25.	4^h N.	Delphine.
33.	70.	21.	8^h N.	Viele Sternschnuppen.
34.	71.	19.	8^h M.	Mehrere kleine Landvögel.
41.	79.	29.	4^h M.	Stromkabbelung.
42.	73.	22.	4^h M.	Sehr starker Thau.
42.	78.	25.	8^h M.	Viele mövenartige Vögel.
42.	79.	30.	8^h M.	Die Takelung mit feinem gelben Staub überzogen.
43.	79.	28.	8^h M.	Bei frischem NE-Winde ziehen die Cir.- und Cir. c.-Wolken aus SE.

Höchster Barometerstand: **770.8** mm am 27. September 1879 in 24° n. Br. und 23° w. L. bei frischem E-Winde und halb bewölktem Himmel.

Niedrigster „ „ : **753.3** mm am 25. September 1877 in 24° n. Br. und 22° w. L. bei leichtem E-Winde mit Regenböen und wolkigem Himmel.

Höchste Lufttemperatur: **29.4**° Cels. am 6. September 1877 in 24° n. Br. und 23° w. L. bei leichtem NNE-Winde und heiterem Himmel.

Niedrigste „ „ : **20.5**° Cels. am 18. September 1874 in 24° n. Br. und 20° w. L. bei starkem NE-Winde und heiterem Himmel.

Monat

Quadrat 75b. ....

Position		Windbeobachtungen																						
		Anzahl der Beob.	Alle Winde, Variabeln und Stillen																	Stürme			
Breite N	Länge W		N	NNE	NE	ENE	E	ESE	SE	SSE	S	SSW	SW	WSW	W	WNW	NW	NNW	Var.	Stillen	N bis ENE	E bis SSE	S bis WSW	W bis NNW
20°—21°	25°—26°	78	1	12	33	17	8	5	—	1	1	—	—	—	—	—	—	—	—	—	1	1	—	—
	26°—27°	13	3	3	1	1	5	—	—	—	—	—	—	—	—	—	—	—	—	—	—	—	—	—
	27°—28°	5	—	2	2	1	—	—	—	—	—	—	—	—	—	—	—	—	—	—	—	—	—	—
	28°—29°	3	—	2	1	—	—	—	—	—	—	—	—	—	—	—	—	—	—	—	—	—	—	—
	29°—30°	6	—	—	2	2	2	—	—	—	—	—	—	—	—	—	—	—	—	—	—	—	—	—
21°—22°	25°—26°	49	1	2	18	12	7	3	1	1	1	1	—	—	—	—	—	—	—	2	—	—	—	—
	26°—27°	8	—	1	4	3	—	—	—	—	—	—	—	—	—	—	—	—	—	—	—	—	—	—
	27°—28°	2	—	—	—	2	—	—	—	—	—	—	—	—	—	—	—	—	—	—	—	—	—	—
	28°—29°	11	—	—	7	3	1	—	—	—	—	—	—	—	—	—	—	—	—	—	—	—	—	—
	29°—30°	6	—	—	2	3	1	—	—	—	—	—	—	—	—	—	—	—	—	—	—	—	—	—
22°—23°	25°—26°	30	—	3	7	9	2	1	—	—	—	2	—	—	—	—	—	—	—	6	—	—	—	—
	26°—27°	10	—	—	2	6	2	—	—	—	—	—	—	—	—	—	—	—	—	—	—	—	—	—
	27°—28°	12	—	1	7	2	2	—	—	—	—	—	—	—	—	—	—	—	—	—	—	—	—	—
	28°—29°	6	—	1	2	2	—	1	—	—	—	—	—	—	—	—	—	—	—	—	—	—	—	—
	29°—30°	13	—	1	9	3	—	—	—	—	—	—	—	—	—	—	—	—	—	—	—	—	—	—
23°—24°	25°—26°	21	5	1	4	8	—	—	1	1	—	—	—	—	—	—	—	—	—	1	—	—	—	—
	26°—27°	18	4	2	6	2	1	2	1	—	—	—	—	—	—	—	—	—	—	—	—	—	—	—
	27°—28°	6	—	2	1	1	2	—	—	—	—	—	—	—	—	—	—	—	—	—	—	—	—	—
	28°—29°	11	—	4	3	4	—	—	—	—	—	—	—	—	—	—	—	—	—	—	—	—	—	—
	29°—30°	8	—	—	7	1	—	—	—	—	—	—	—	—	—	—	—	—	—	—	—	—	—	—
24°—25°	25°—26°	19	4	—	2	6	1	—	—	1	—	—	—	—	—	3	1	—	1	—	—	—	—	—
	26°—27°	12	1	3	5	1	—	—	—	—	—	—	—	—	—	—	2	—	—	—	—	—	—	—
	27°—28°	16	—	7	2	4	3	—	—	—	—	—	—	—	—	—	—	—	—	—	—	—	—	—
	28°—29°	9	—	1	3	5	—	—	—	—	—	—	—	—	—	—	—	—	—	—	—	—	—	—
	29°—30°	4	—	—	1	3	—	—	—	—	—	—	—	—	—	—	—	—	—	—	—	—	—	—
Fünfgrad-Feld	Summen .	376	**19**	**48**	**131**	**101**	**37**	**12**	3	**4**	2	3	—	—	—	3	3	—	1	9	1	1	—	[illegible]
	Mittlere Windstärke		2.4	3.8	4.1	4.0	4.5	4.9	3.0	2.8	1.0	2.0	—	—	—	3.0	2.7	—	1.0	0	8.0	8.0	—	[illegible]

Barometer 700mm+		Thermometer Cels. Gr. (Temperatur der Luft)					Relative Feuchtigkeit		Bedeckung des Himmels		Niederschläge					Meeresoberfläche			
				Anzahl und Mittel								Dauer in Stunden				Temperatur		Spezif. Gewicht	
Anzahl der Beob.	Mittel mm	Anzahl der Beob.	Rohes Mittel	4h M.	4h N.	12h N.	Anzahl der Beob.	Prozente	Anzahl der Beob.	Mittel (0—10)	Anzahl der Beob.-wachen	Nebel	Regen	Schnee	Hagel	Anzahl der Beob.	Grade Celsius	Anzahl der Beob.	Mittel d. Aräom.-angaben
70	62.6	77	25.2	17 24.8	7 25.1	17 25.0	21	91.0	74	5.5	78	—	2.0	—	—	71	25.1	3	1.0247
11	62.3	11	25.4	3 25.5	2 26.1	2 24.5	1	85.0	13	4.2	13	—	—	—	—	13	25.2	1	1.0255
4	62.2	5	23.9	2 24.8	—	2 23.4	—	—	5	3.6	5	—	—	—	—	4	24.5	—	—
3	62.9	3	23.5	—	1 22.5	1 25.0	—	—	3	6.0	3	—	—	—	—	3	24.7	—	—
4	63.0	6	25.5	1 23.2	1 26.5	1 23.9	—	—	6	5.3	6	—	—	—	—	6	24.0	—	—
45	63.1	47	25.3	6 24.8	10 26.9	7 24.5	9	89.2	48	4.7	49	—	1.0	—	—	46	25.1	1	1.0250
8	63.8	6	25.6	1 23.8	1 27.2	1 25.0	1	85.0	8	4.9	8	—	1.0	—	—	8	25.0	—	—
2	62.4	2	24.8	—	1 24.9	—	—	—	2	4.0	2	—	—	—	—	2	24.4	—	—
6	63.7	11	25.7	1 25.0	2 26.2	1 25.2	—	—	11	4.0	11	—	0.5	—	—	9	25.6	—	—
4	64.0	6	25.4	1 25.1	1 26.4	—	—	—	6	5.2	6	—	—	—	—	6	25.4	1	1.0284
[illegible]	64.6	27	24.9	4 23.7	4 23.6	3 24.0	4	89.5	30	3.8	30	—	—	—	—	28	24.6	1	1.0260
[illegible]	64.5	9	24.5	1 24.0	2 25.1	1 24.0	—	—	10	3.2	10	—	0.3	—	—	9	25.4	—	—
[illegible]	63.0	12	24.4	2 23.5	1 26.2	3 23.8	—	—	12	4.7	12	—	0.5	—	—	12	25.2	—	—
[illegible]	63.1	6	24.9	2 24.3	—	2 26.9	—	—	6	3.5	6	—	—	—	—	6	25.0	—	—
[illegible]	64.6	8	25.6	2 25.4	2 25.8	—	—	—	13	2.8	13	—	—	—	—	12	26.0	—	—
[illegible]	64.2	15	24.6	5 24.2	—	5 24.1	2	85.5	21	4.0	21	—	—	—	—	21	24.8	1	1.0265
[illegible]	63.6	18	24.6	4 23.8	3 24.4	2 23.8	—	—	17	4.0	18	—	—	—	—	18	25.0	—	—
[illegible]	62.8	4	24.5	1 23.8	—	—	—	—	6	4.0	6	—	—	—	—	6	25.6	—	—
[illegible]	63.7	7	24.7	2 23.1	—	2 23.5	—	—	11	3.1	11	—	1.0	—	—	10	26.2	—	—
[illegible]	65.3	8	25.5	—	2 26.0	—	—	—	8	4.5	8	—	—	—	—	5	25.3	—	—
[illegible]	63.9	13	24.2	1 22.9	2 24.7	2 22.6	1	83.0	19	3.7	19	—	—	—	—	19	24.1	—	—
[illegible]	61.9	10	25.5	2 24.3	2 27.8	1 24.5	—	—	12	2.9	12	—	—	—	—	12	25.6	1	1.0281
[illegible]	63.4	14	25.3	1 23.7	5 25.4	2 25.2	—	—	16	4.5	16	—	—	—	—	15	24.9	—	—
[illegible]	62.4	8	24.0	3 24.4	—	2 23.8	—	—	9	5.8	9	—	—	—	—	9	24.4	—	—
[illegible]	64.0	4	25.4	—	—	—	—	—	4	5.5	4	—	—	—	—	4	25.5	—	—
[illegible]	—	337	—	62	49	57	39	—	370	—	376	—	6.3	—	—	354	—	9	—
[illegible] 63.85	—	—	25.0	24.4	25.7	24.5	—	89.6	—	4.4	—	—	—	—	—	—	25.1	—	1.0260

Quadrat 75b. ....

Position der Zone	Wetter nach Beaufort's Bezeichnung. (Häufigkeit.)			Häufigkeit der verschied. Wolkenformen	Häufigkeit von Seegang u. Dünung aus:	Mittel der Meeres-Temperatur	Bemerkungen über einzelne beobachtete Triftströmungen.
20°—21° N. Br. 25°—30° W. L.	Summe d. Beobacht.: 125			104	50		
	Böen		Himmelsansicht	cirr. 7	N 13		
	1 —		b 8	cirr.c 2	NE 21		W 8
	l —		c 76	cirr.s 11	E 12		N 64° W 16
	q 3	1	o 16	Str. 4	SE 3		N 16° W 10
	u —		g 6	W-c 5	S 1	25.1° C.	
	Hydrometeore		Zustand der Luft	Cum. 58	SW —		
	h —		v —	Cum.-st 12	W —		
	r 2		w —	Nimb. 5	NW —		
	s —		m 13		†See —		
	d —		f —		glatt —		
21°—22° N. Br. 25°—30° W. L.	Summe d. Beobacht.: 86			82	43		
	Böen		Himmelsansicht	cirr. 5	N 16		S 65° W 9 W 13
	1 —		b 13	cirr.c 2	NE 15		S 73° W 11 N 78° W 10
	l —		c 60	cirr.s 1	E 4		N 71° W 13
	q —	2	o 11	Str. 2	SE 2		N 68° W 9
	u —		g 1	W-c 8	S 6	25.3° C.	N 41° W 16
	Hydrometeore		Zustand der Luft	Cum. 43	SW —		N 15° W 9
	h —		v —	Cum.-st 12	W —		
	r 1		w —	Nimb. 9	NW —		

Bemerkungen

Ueber Wind.

Unter-□	Jahr	Tag		
25.	80.	2.	2h N.	Der leichte ESE-Wind wird still. Nach 24 Stunden kommt leichter SW-Wind durch, der jedoch auch bald wieder still wird. Am 5. in 20° n. Br. und 25° w. L. setzt leichter NE-Passat ein, der beim Segeln nach S allmählich auffrischt.
35.	79.	19.	8h N.	Der leichte NNE-Wind wird still. Nach 12 Stunden setzt mässiger NE-Passat ein, der beim Segeln nach S zur starken Briese auffrischt.
46.	79.	19.	8h N.	Der leichte NW-Wind geht nach NNE und wird ganz flau. Nach 12 Stunden setzt mässiger NE-Passat ein, der beim Segeln nach SW und W zur starken Briese auffrischt.

Sonstige Bemerkungen.

05.	74.	17.	12h M.	Zwei Landvögel.
15.	77.	27.	12h N.	Sehr hohe Dünung aus S.
16.	71.	8.	12h N.	Sternschnuppen.
17.	70.	8.	4h N.	Dünung aus S.
18.	68.	24.	8h N.	Starker Thau.
25.	80.	21.	8h M.	Stromkabbelung.
29.	72.	6.	4h M.	Viele Sternschnuppen.

Höchster Barometerstand: **766.1** mm am 30. September 1881 in 21° n. Br. und 25° w. L. bei frischem E-Winde und wolkigem Himmel.

Niedrigster „ „ : **757.8** mm am 28. September 1873 in 21° n. Br. und 25° w. L. bei mässigem NE-Winde und klarem Himmel.

Höchste Lufttemperatur: **30.0**° Cels. am 19. September 1879 in 24° n. Br. und 26° w. L. bei leichtem NW-Winde und heiterem Himmel.

Niedrigste „ „ : **21.4**° Cels. am 9. September 1878 in 23° n. Br. und 28° w. L. bei frischem ENE-Winde und heiterem Himmel.

Quadrat 75° …………

Windbeobachtungen

Alle Winde, Variabeln und Stillen

N	NNE	NE	ENE	E	ESE	SE	SSE	S	SSW	SW	WSW	W	WNW	NW
2	3	3	5	1	1	—	—	—	—	—	—	2	2	—
3	29	26	12	—	2	4	1	8	1	—	2	—	1	1
11	32	39	12	14	2	—	—	—	—	—	—	—	—	—
2	8	8	13	7	—	2	1	1	—	—	—	—	—	—
—	1	4	11	2	—	1	—	1	—	—	—	—	—	1
7	5	18	5	6	2	—	—	—	—	—	—	—	—	1
4	27	37	17	7	—	2	—	—	—	2	—	3	7	3
2	9	22	17	6	2	3	1	1	—	1	—	—	4	4
—	3	4	12	2	—	3	1	1	—	1	4	—	1	2
2	4	6	14	1	4	3	—	—	—	—	—	—	—	1
8	19	30	11	4	3	2	—	—	—	1	1	2	4	3
1	17	34	23	9	8	3	1	2	1	—	5	5	5	8
1	1	21	11	8	6	4	—	2	1	—	1	—	—	1
1	1	6	10	7	3	—	—	—	—	—	—	—	—	4
1	1	8	6	1	1	1	—	—	—	—	—	—	4	—
4	21	35	15	16	2	2	—	—	—	—	—	1	6	8
6	3	26	23	18	3	4	—	—	1	1	2	2	1	1
4	1	9	14	7	4	1	1	—	—	—	2	1	—	3
—	—	7	11	8	3	—	—	—	—	—	—	1	—	—
—	3	5	2	2	4	—	—	—	—	—	—	—	1	—
7	29	31	15	9	6	4	—	—	—	—	2	2	3	6
3	2	18	28	6	3	2	—	2	—	—	1	1	1	3
4	—	9	10	2	5	—	—	—	—	—	—	—	—	—
—	5	6	3	3	—	—	—	—	—	—	—	2	—	1
1	2	1	4	—	—	—	—	—	—	—	—	—	—	1
66	220	413	304	138	66	41	6	18	4	6	20	22	40	42
2.8	3.6	4.0	4.1	3.9	3.7	2.8	3.2	2.5	1.8	2.2	2.4	2.8	2.4	2.7

September.

.... 25°—30° N. B. und 20°—25° W. L.

Barometer 700mm+		Thermometer Cels. Gr. (Temperatur der Luft)					Relative Feuchtigkeit		Bedeckung des Himmels		Niederschläge				
Anzahl der Beob.	Mittel mm	Anzahl der Beob.	Rohes Mittel	Anzahl und Mittel 4h M.	4h N.	12h N	Anzahl der Beob.	Prozente	Anzahl der Beob.	Mittel (0–10)	Anzahl der Beobachtungen	Dauer in Stunden: Nebel	Regen	Schnee	Hagel
19	63.3	19	24.9	1 22.9	3 25.5	2 23.9	2	89.5	18	3.1	19	—	—	—	—
72	63.8	82	24.8	15 23.9	13 25.1	11 23.0	25	86.3	80	3.8	85	—	4.5	—	—
83	64.1	112	24.5	22 23.4	16 25.8	16 24.0	27	83.6	105	4.2	117	—	2.5	—	—
34	65.3	41	24.3	8 24.2	5 24.6	4 23.9	8	84.1	41	4.4	42	—	1.5	—	—
22	65.0	22	24.1	7 24.2	—	5 23.6	3	90.0	22	5.5	22	—	0.5	—	—
36	64.9	43	24.5	7 23.2	7 25.0	6 23.8	6	83.3	37	3.4	44	—	1.5	—	—
88	63.8	107	24.2	16 23.7	17 24.8	14 24.1	30	86.6	106	4.0	113	—	7.0	—	—
57	64.4	74	24.2	11 23.4	17 24.8	11 23.7	17	81.2	65	4.9	74	—	9.0	—	—
36	65.2	38	23.5	7 22.8	5 23.7	8 23.1	6	83.8	36	4.2	38	—	2.0	—	—
30	64.9	28	24.1	5 22.7	5 24.8	4 23.7	3	89.7	36	3.7	36	—	0.5	—	—
68	64.6	81	24.1	13 23.6	11 24.9	13 23.3	19	87.1	78	4.1	89	—	6.0	—	—
81	64.5	111	23.9	24 23.5	13 24.4	20 23.6	32	85.8	110	4.5	119	—	11.0	—	—
54	66.2	58	23.8	12 22.9	7 24.7	7 23.1	12	82.4	57	3.8	58	—	5.5	—	—
26	65.6	28	24.2	6 23.6	6 25.0	2 22.3	4	85.0	33	3.3	33	—	1.5	—	—
18	63.8	17	23.6	2 23.0	1 25.0	3 23.0	—	—	23	2.8	23	—	—	—	—
81	65.0	110	24.1	22 23.0	15 25.1	16 23.6	29	84.4	110	3.7	115	—	14.5	—	—
66	65.6	85	23.0	8 22.7	9 24.5	9 23.7	24	81.5	75	4.8	87	—	8.0	—	—
44	65.2	47	23.2	9 22.4	6 23.4	8 22.4	4	89.2	46	3.7	48	—	1.5	—	—
20	65.8	22	23.8	4 23.9	3 24.1	5 23.2	2	83.0	25	4.7	25	—	—	—	—
11	64.0	13	25.4	3 22.5	3 23.9	—	—	—	16	4.0	17	—	2.0	—	—
100	65.3	122	23.9	24 22.9	18 24.8	17 23.4	22	81.5	124	3.4	125	—	4.7	—	—
60	66.3	77	23.5	15 22.7	12 24.1	11 22.9	14	82.9	63	3.9	78	—	2.0	—	—
27	65.4	29	23.7	5 23.1	5 23.6	5 22.5	4	82.5	31	3.7	34	—	2.0	—	—
13	64.2	16	23.4	2 21.6	3 24.6	3 22.1	—	—	20	4.2	20	—	1.0	—	—
6	66.5	8	24.2	1 23.4	1 25.6	1 24.5	—	—	9	5.3	9	—	—	—	—
1152	—	1390	—	240 —	201 —	201 —	293	—	1366	—	1470	—	88.7	—	—
—	64.86	—	24.2	23.2	24.4	23.5	—	84.4	—	4.0	—	—	—	—	—

Position der Zone		Wetter nach Beaufort's Bezeichnung. (Häufigkeit.)			Häufigkeit der verschied. Wolkenformen	Häufigkeit von Seegang u. Dünung aus:	Mittel der Meeres-Temperatur	Bemerkungen über einzelne beobachtete Triftströmungen.			
25°—26° N. Br.	20°—25° W. L.	Summe d. Beobacht.: 805			275	144					
		Böen		Himmelsansicht	cirr. 26	N 50		N 42° E 24	S 11	S 69° W 18	W 9
		t 2		b 43	cirr.c 27	NE 39			S 14° W 13	S 70° W 7	W 11
		l 1		c 205	cirr.s 6	E 46		S 70° E 20	S 43° W 8	S 72° W 10	N 66° W 32
		q 8		o 19	Str. 14	SE 2			S 45° W 12	S 78° W 10	N 20° W 18
		u —		g 6	W-c 6	S 2	24.4° C.		S 45° W 13		
		Hydrometeore		Zustand der Luft	Cum. 161	SW —			S 51° W 8		
		h —		v 1	Cum. st 19	W —			S 51° W 17		
		r 4	1	w 4	Nimb. 16	NW 1			S 51° W 20		
		s —		m 14		†See 4			S 61° W 10		
		d 2		f —		glatt —			S 61° W 25		
26°—27° N. Br.	20°—25° W. L.	Summe d. Beobacht.: 825			286	158					
		Böen		Himmelsansicht	cirr. 24	N 56		N 13° E 8		S 6° W 26	W 21
		t 1		b 47	cirr.c 14	NE 38				S 38° W 17	N 81° W 7
		l —		c 214	cirr.s 9	E 48				S 45° W 13	N 76° W 12
		q 4		o 29	Str. 22	SE 3				S 62° W 13	N 73° W 10
		u —		g 3	W-c 3	S —	24.3° C.			S 63° W 18	N 72° W 20
		Hydrometeore		Zustand der Luft	Cum. 178	SW —				S 61° W 14	N 58° W 10
		h —		v 1	Cum. st 18	W 4				S 74° W 29	N 47° W 22
		r 7		w 8	Nimb. 18	NW 1				S 82° W 13	N 42° W 10
		s —		m 8		†See 8				S 84° W 9	N 26° W 9
		d 3		f —		glatt —				S 85° W 12	N 21° W 11
27°—28° N. Br.	20°—25° W. L.	Summe d. Beobacht.: 849			274	157					
		Böen		Himmelsansicht	cirr. 26	N 42		N 11	S 7	S 78° W 14	W 10
		t —		b 62	cirr.c 16	NE 45		N 34° E 13	S 6° W 18	S 84° W 20	N 84° W 10
		l 2		c 220	cirr.s 8	E 50			S 43° W 21	S 88° W 20	N 83° W 28
		q 5		o 20	Str. 11	SE 2		E 9	S 45° W 10		N 79° W 13
		u —		g 7	W-c 5	S —	24.0° C.	S 58° E 10	S 51° W 23		N 78° W 15
		Hydrometeore		Zustand der Luft	Cum. 184	SW —		S 56° E 9	S 58° W 10		N 71° W 25
		h —		v 5	Cum. st 16	W 9		S 38° E 22	S 58° W 12		N 68° W 11
		r 10	2	w 4	Nimb. 8	NW —		S 34° E 16	S 58° W 24		N 64° W 28
		s —		m 6		†See 9			S 62° W 10		N 11° W 9
		d 4		f —		glatt —			S 68° W 10		
28°—29° N. Br.	20°—25° W. L.	Summe d. Beobacht.: 312			241	142					
		Böen		Himmelsansicht	cirr. 22	N 39		N 22° E 10	E 7	S 6	W 12
		t —		b 48	cirr.c 21	NE 48		N 81° E 6	S 45° E 12	S 10° W 14	W 12
		l —		c 208	cirr.s 14	E 41				S 14° W 14	N 88° W 22
		q 8		o 21	Str. 18	SE 1				S 22° W 6	N 85° W 12
		u —		g 7	W-c 4	S —	23.8° C.			S 29° W 13	N 48° W 11
		Hydrometeore		Zustand der Luft	Cum. 159	SW —				S 42° W 9	N 41° W 15
		h —		v 6	Cum. st 30	W 3				S 51° W 24	N 35° W 15
		r 5	1	w 1	Nimb. 13	NW 5					N 16° W 9
		s —		m 6		†See 5					
		d 1		f —		glatt —					
29°—30° N. Br.	20°—25° W. L.	Summe d. Beobacht.: 267			234	116					
		Böen		Himmelsansicht	cirr. 19	N 46		N 10	S 11° W 9	S 78° W 11	W 18
		t —		b 51	cirr.c 12	NE 34		N 72° E 13	S 17° W 16	S 82° W 21	N 87° W [illegible]
		l —		c 180	cirr.s 12	E 24		N 72° E 13	S 18° W 12	S 88° W 10	N 76° W 12
		q 9	1	o 14	Str. 16	SE —			S 32° W 16		N 51° W 9
		u —		g 6	W-c 2	S —	23.7° C.	S 51° E 9	S 34° W 8		
		Hydrometeore		Zustand der Luft	Cum. 146	SW —		S 45° E 10	S 56° W 18		
		h —		v 1	Cum. st 20	W 4			S 45° W 6		
		r 1		w 2	Nimb. 7	NW 4			S 54° W 20		
		s —		m 1		†See 4			S 70° W 24		
		d 1		f —		glatt —			S 72° W 13		

Ueber Wind.

Unter-□	Jahr	Tag		
60.	71.	21.	4^h M.	Der flaue W-Wind geht allmählich durch N in den NE-Passat über, der beim Segeln nach S zur steifen Briese auffrischt.
61.	68.	20.	8^h N.	Der leichte NW-Wind geht durch N in den NE-Passat über, der beim Segeln nach S allmählich auffrischt.
61.	71.	30.	4^h M.	Der mässige W-Wind geht nach N und wird flau. Nach 8 Stunden setzt mässiger NE-Passat ein, der beim Segeln nach SW und W stetig bleibt.
61.	77.	24.	8^h M.	Der leichte WNW-Wind wird still. Um 4^h N. setzt leichter E-Wind ein, der beim Segeln nach S allmählich auffrischt.
62.	68.	20.	8^h N.	Der flaue WNW-Wind geht allmählich durch N in den NE-Passat über, der beim Segeln nach SW auffrischt.
70.	71.	29.	12^h N.	Der frische W-Wind springt in einer starken Regenbö (8) nach NNE, worauf veränderliche Winde zwischen NE und NW mehrere Tage anhalten. Am 4. Oktober in 22° n Br. und 29° w. L. setzt frischer NE-Passat ein, der beim Segeln nach W stetig bleibt.
71.	71.	19.	12^h M.	Der leichte NE-Wind krimpt durch N nach WNW. Um 12^h N. setzt leichter N-Wind ein, der beim Segeln nach S allmählich auffrischt und in den NE-Passat übergeht.
80.	80.	2.	4^h N.	Der vom Kanal an durchstehende NE-Wind wird flau und still. Um 12^h N. setzt leichter E-Wind ein, der allmählich nach S geht. Am 5. in 25° n. Br. und 23° w. L. setzt leichter NE-Passat ein, der beim Segeln nach S bald auffrischt.
90.	73.	19.	4^h N.	Der leichte westliche Wind wird veränderlich. Um 12^h N. setzt leichter NE-Passat ein, der beim Segeln nach S auffrischt.

Sonstige Bemerkungen.

51.	78.	5.	4^h M.	Sternschnuppen.
51.	78.	27.	12^h N.	Starke Stromkabbelung.
51.	80.	16.	8^h N.	Mehrere Walfische.
52.	78.	23.	12^h N.	Ein sehr hell leuchtendes Meteor.
62.	74.	9.	4^h M.	Viele Fische. Nachts sehr starker Thau.
62.	77.	25.	4^h N.	Ein bachstelzenartiger Landvogel. Nachts bei frischem NE-Winde ziehen die Cir. c.-Wolken schnell aus SW.
63.	74.	19.	12^h N.	Starker Thau.
70.	73.	21.	4^h M.	Starker Thau.
72.	81.	28.	12^h M.	Mehrere Walfische.
81.	78.	22.	4^h N.	Die ersten fliegenden Fische. Meeres-Temperatur 24.0° Celsius.
90.	78.	23.	8^h M.	Die ersten fliegenden Fische. Meeres-Temperatur 23.0° Celsius.

Höchster Barometerstand: **772.8** mm am 26. September 1879 in 29° n. Br. und 21° w. L. bei frischem E-Winde und heiterem Himmel.

Niedrigster „ „ : **754.4** mm am 24. September 1877 in 26° n. Br. und 21° w. L. bei leichtem W-Winde und klarem Himmel.

Höchste Lufttemperatur: **30.0**° Cels. am 24. September 1879 in 26° n. Br. und 21° w. L. bei starkem NNE-Winde und heiterem Himmel.

Niedrigste „ „ : **20.0**° Cels. am 29. September 1868 in 20° n. Br. und 20° w. L. bei flauem E-Winde und klarem Himmel.

Position		Windbeobachtungen																						
			Alle Winde, Variabeln und Stillen																	Stürme				
Breite N	Länge W	Anzahl der Beob.	N	NNE	NE	ENE	E	ESE	SE	SSE	S	SSW	SW	WSW	W	WNW	NW	NNW	Var.	Stillen	N bis ENE	E bis SSE	S bis WSW	W…
25°—26°	25°—26°	22	5	6	2	3	—	—	4	—	—	—	—	—	—	2	—	—	—	—	—	—	—	—
	26°—27°	18	1	3	7	4	2	—	—	—	—	—	—	—	—	—	—	1	—	—	—	—	—	—
	27°—28°	8	—	—	2	2	2	1	—	—	—	—	—	—	—	—	—	1	—	—	—	—	—	—
	28°—29°	5	—	—	2	2	1	—	—	—	—	—	—	—	—	—	—	—	—	—	—	—	—	—
	29°—30°	8	—	—	2	5	1	—	—	—	—	—	—	—	—	—	—	—	—	—	—	—	—	—
26°—27°	25°—26°	14	—	2	4	6	—	—	2	—	—	—	—	—	—	—	—	—	—	—	—	—	—	—
	26°—27°	15	—	3	6	2	1	—	—	3	—	—	—	—	—	—	—	—	—	—	—	—	—	—
	27°—28°	4	—	—	1	1	1	1	—	—	—	—	—	—	—	—	—	—	—	—	—	—	—	—
	28°—29°	8	1	—	—	—	—	—	1	—	1	1	—	—	—	2	2	—	—	—	—	—	—	—
	29°—30°	3	—	—	—	—	1	2	—	—	—	—	—	—	—	—	—	—	—	—	—	—	—	—
27°—28°	25°—26°	14	—	1	7	2	—	2	2	—	—	—	—	—	—	—	—	—	—	—	—	—	—	—
	26°—27°	4	—	—	3	1	—	—	—	—	—	—	—	—	—	—	—	—	—	—	—	—	—	—
	27°—28°	4	—	—	1	1	—	—	—	—	—	—	—	—	—	2	—	—	—	—	—	—	—	—
	28°—29°	11	1	1	4	4	1	—	—	—	—	—	—	—	—	—	—	—	—	—	—	—	—	—
	29°—30°	11	—	—	6	3	2	—	—	—	—	—	—	—	—	—	—	—	—	—	—	—	—	—
28°—29°	25°—26°	6	—	—	1	1	1	1	—	—	—	1	—	—	—	—	—	—	—	1	—	—	—	—
	26°—27°	11	—	1	4	4	—	—	—	—	—	—	—	—	1	1	—	—	—	—	—	—	—	—
	27°—28°	11	1	—	4	4	1	—	—	—	—	—	—	—	—	1	—	—	—	—	—	—	—	—
	28°—29°	3	—	—	2	1	—	—	—	—	—	—	—	—	—	—	—	—	—	—	—	—	—	—
	29°—30°	—	—	—	—	—	—	—	—	—	—	—	—	—	—	—	—	—	—	—	—	—	—	—
29°—30°	25°—26°	7	—	1	1	2	—	1	—	—	2	—	—	—	—	—	—	—	—	—	—	—	—	—
	26°—27°	9	—	—	5	1	—	—	—	—	—	—	—	—	1	2	—	—	—	—	—	—	—	—
	27°—28°	3	1	—	2	—	—	—	—	—	—	—	—	—	—	—	—	—	—	—	—	—	—	—
	28°—29°	—	—	—	—	—	—	—	—	—	—	—	—	—	—	—	—	—	—	—	—	—	—	—
	29°—30°	—	—	—	—	—	—	—	—	—	—	—	—	—	—	—	—	—	—	—	—	—	—	—
Fünfgrad-Feld	Summen. 199		**10**	**18**	**66**	**49**	**14**	8	**9**	**3**	3	2	—	—	2	**10**	2	2	—	1	—	—	—	—
	Mittlere Windstärke		3.3	3.2	3.8	4.3	4.6	3.9	3.0	3.0	3.7	1.5	—	—	4.0	3.4	2.5	3.0	—	0	—	—	—	—

September.

.................................25°—30° N. B. und 25°—30° W. L.

Barometer 700mm+		Thermometer Cels. Gr. (Temperatur der Luft)					Relative Feuchtigkeit		Bedeckung des Himmels		Niederschläge				
Anzahl der Beob.	Mittel mm	Anzahl der Beob.	Roher Mittel	Anzahl und Mittel 4h M.	4h N.	12h N.	Anzahl der Beob.	Prozente	Anzahl der Beob.	Mittel (0—10)	Anzahl der Beob.-achtungen	Dauer in Stunden: Nebel	Regen	Schnee	Hagel
18	63.2	15	24.2	1 / 23.8	3 / 24.4	2 / 23.4	—	—	22	3.1	22	—	—	—	—
4	62.9	16	24.0	3 / 23.3	1 / 24.3	3 / 24.2	—	—	17	4.4	18	—	—	—	—
5	64.0	6	25.4	—	1 / 24.8	—	—	—	9	3.8	9	—	—	—	—
4	65.7	3	24.9	2 / 25.0	—	—	—	—	5	2.0	5	—	—	—	—
8	66.0	6	24.7	1 / 22.9	1 / 24.6	—	—	—	8	3.0	8	—	0.3	—	—
6	62.0	13	23.9	1 / 24.6	4 / 23.9	2 / 23.6	—	—	14	2.9	14	—	—	—	—
9	64.2	8	26.0	1 / 28.2	2 / 27.3	1 / 21.8	—	—	14	3.5	15	—	—	—	—
3	65.9	2	24.8	1 / 25.2	—	—	—	—	4	3.8	4	—	—	—	—
8	66.3	8	25.4	1 / 25.0	1 / 27.1	1 / 23.8	—	—	8	3.2	8	—	—	—	—
2	66.2	3	25.6	1 / 24.4	—	—	—	—	3	3.3	3	—	—	—	—
7	64.1	10	25.0	2 / 23.8	1 / 28.2	1 / 25.2	—	—	14	3.8	14	—	—	—	—
3	63.5	3	24.5	—	—	1 / 23.2	—	—	4	3.2	4	—	—	—	—
4	65.4	4	23.9	2 / 23.9	—	2 / 23.9	—	—	4	3.2	4	—	—	—	—
8	65.9	11	25.1	4 / 24.2	1 / 26.2	1 / 24.0	—	—	11	4.5	11	—	0.5	—	—
10	65.3	11	25.4	—	2 / 25.2	2 / 24.2	—	—	11	4.3	11	—	0.5	—	—
5	65.3	5	24.8	1 / 25.4	—	2 / 24.6	—	—	6	5.0	6	—	—	—	—
11	66.3	11	25.3	1 / 24.4	3 / 25.4	1 / 24.2	—	—	11	3.4	11	—	—	—	—
10	65.9	11	24.2	2 / 23.8	2 / 25.0	1 / 23.7	—	—	11	4.7	11	—	1.5	—	—
2	66.0	3	24.1	1 / 23.7	—	—	—	—	3	5.3	3	—	—	—	—
—	—	—	—	—	—	—	—	—	—	—	—	—	—	—	—
7	67.1	7	24.1	1 / 23.0	1 / 25.3	1 / 24.2	2	71.5	7	4.9	7	—	1.3	—	—
8	66.5	9	23.6	3 / 22.7	—	2 / 22.4	—	—	9	3.9	9	—	0.2	—	—
3	65.0	3	24.6	—	—	1 / 24.7	—	—	1	10.0	3	—	—	—	—
—	—	—	—	—	—	—	—	—	—	—	—	—	—	—	—
—	—	—	—	—	—	—	—	—	—	—	—	—	—	—	—
145	—	168	—	31 / —	23 / —	24 / —	2	—	196	—	200	—	4.3	—	—
—	65.07	—	24.6	23.9	25.2	23.8	—	71.5	—	3.8	—	—	—	—	—

Breite	Länge	Böen / Hydrometeore	Himmelsansicht / Zustand der Luft	Wolken	Wind	Temp.	
27°—28° N. Br.	25°—30° W. L.	Böen	Himmelsansicht	cirr. 2	N —		
		t 1	h 2	cirr.c 3	NE 7		N 14° E 16
		l 1	c 40	cirr.s 2	E 6		N 15° E 6
		q 2	o 2	Str. 2	SE —		
		u	g —	W-c —	S —	24.6° C.	
		Hydrometeore	Zustand der Luft	Cum. 33	SW —		
		h —	v	Cum.st —	W —		
		r —	w —	Nimb. 1	NW —		
		s —	m —		†See —		
		d 1	f —		glatt —		
		Summe d. Beobacht.:	33	34	11		
28°—29° N. Br.	25°—30° W. L.	Böen	Himmelsansicht	cirr. 2	N —		
		t —	h —	cirr.c 3	NE 5		S 51° W 6 N 22° W 10
		l —	c 29	cirr.s 4	E 5		
		q 1	o 2	Str. —	SE —		
		u —	g —	W-c —	S —	24.3° C.	
		Hydrometeore	Zustand der Luft	Cum. 14	SW —		
		h —	v —	Cum.st 11	W —		
		r —	w 1	Nimb. —	NW —		
		s —	m —		†See —		
		d —	f —		glatt 1		
		Summe d. Beobacht.:	19	18	4		
29°—30° N. Br.	25°—30° W. L.	Böen	Himmelsansicht	cirr. 2	N —		
		t —	h 1	cirr.c —	NE —		
		l —	c 14	cirr.s 2	E 2		
		q —	o 4	Str. —	SE —		
		u —	g —	W-c —	S 2	23.8° C.	
		Hydrometeore	Zustand der Luft	Cum. 7	SW —		
		h —	v —	Cum.st 7	W —		
		r —	w —	Nimb. —	NW —		
		s —	m —		†See —		
		d —	f —		glatt —		

Bemerkungen

Ueber Wind.

Unter-□	Jahr	Tag		
57.	73.	20.	4h M.	Der flaue NE-Passat frischt beim Segeln nach SW und W allmählich zur starken Briese auf.
65.	77.	24.	12h M.	Der leichte NW-Wind wird veränderlich und still. Um 1h N. setzt leichter NE-Passat ein, der beim Segeln nach S auffrischt.
68.	74.	24.	8h N.	Der mässige WNW-Wind geht nach N und wird flau. Nach 12 Stunden setzt mässiger NE-Passat ein, der beim Segeln nach SW und W stetig bleibt.
75.	72.	13.	4h M.	Der frische SE-Wind wird allmählich flau und still. Nach 20 Stunden kommt leichter E-Wind durch, der beim Segeln nach SW etwas auffrischt.
85.	77.	3.	12h N.	Der leichte und veränderliche SE-Wind geht nach SW und wird still. Nach 12 Stunden setzt leichter SE-Wind ein, der beim Segeln nach SW allmählich nach NE geht und auffrischt.

Sonstige Bemerkungen.

59.	72.	15.	8h M.	Dünung aus NW.
75.	69.	10.	4h N.	Die ersten fliegenden Fische. Meeres-Temperatur 24.4° Celsius.
85.	77.	3.	12h N.	Starker Thau.
95.	69.	6.	8h N.	Sternschnuppen.

Höchster Barometerstand: **768.4** mm am 30. September 1877 in 29° n. Br. und 25° w. L. bei mässigem S-Winde und heiterem Himmel.

Niedrigster „ „ : **757.8** mm am 25. September 1877 in 25° n. Br. und 25° w. L. bei leichtem NNE-Winde und heiterem Himmel.

Höchste Lufttemperatur: **29.8°** Cels. am 5. September 1877 in 26° n. Br. und 26° w. L. bei leichtem NNE-Winde und bedecktem Himmel.

Niedrigste „ „ : **21.8°** Cels. am 8. September 1873 in 25° n. Br. und 26° w. L. bei frischem ENE-Winde und heiterem Himmel.

Quadrat 75a. ....

Position		Windbeobachtungen																						
			Alle Winde, Variabeln und Stillen																		Stürme			
Breite N	Länge W	Anzahl der Beob.	N	NNE	NE	ENE	E	ESE	SE	SSE	S	SSW	SW	WSW	W	WNW	NW	NNW	Var.	Stillen	N bis ENE	E bis SSE	S bis WSW	W bis NNW
20°—21°	20°—21°	23	4	9	6	2	2	—	—	—	—	—	—	—	—	—	—	—	—	—	—	—	—	
	21°—22°	18	1	7	3	8	8	—	—	—	—	—	—	—	—	—	—	—	—	1	—	—	—	
	22°—23°	10	2	1	5	—	2	—	—	—	—	—	—	—	—	—	—	—	—	—	—	—	—	
	23°—24°	27	—	6	10	6	2	—	—	—	—	1	2	—	—	—	—	—	—	—	—	—	—	
	24°—25°	106	—	15	59	20	18	9	4	—	—	—	—	—	—	—	—	—	1	—	—	—	—	
21°—22°	20°—21°	28	3	14	9	—	2	—	—	—	—	—	—	—	—	—	—	—	—	—	—	—	—	
	21°—22°	18	—	4	4	3	3	1	—	—	—	—	2	—	—	—	—	—	—	1	—	—	—	
	22°—23°	15	—	—	5	5	8	1	—	—	—	—	1	—	—	—	—	—	—	—	—	—	—	
	23°—24°	68	5	8	25	13	12	4	—	—	—	—	1	—	—	—	—	—	—	—	1	1	—	
	24°—25°	84	4	9	20	19	22	7	—	—	—	—	—	—	1	—	1	1	—	1	—	—	—	
22°—23°	20°—21°	35	6	6	10	6	1	1	1	—	—	2	—	—	—	—	—	2	—	—	—	—	—	
	21°—22°	23	—	5	8	7	2	1	—	—	—	—	—	—	—	—	—	—	—	—	—	—	—	
	22°—23°	44	2	4	23	6	3	—	—	2	—	1	3	—	—	—	—	—	—	—	—	—	—	
	23°—24°	102	1	9	33	14	5	14	8	1	2	10	—	—	—	—	—	—	3	2	—	—	—	
	24°—25°	79	6	14	27	16	9	4	—	—	—	—	—	—	—	—	1	1	1	—	—	—	—	
23°—24°	20°—21°	44	5	7	6	7	8	1	—	—	—	1	2	5	—	—	—	1	—	1	—	—	—	
	21°—22°	27	—	4	9	5	5	2	—	—	—	—	1	—	—	1	—	—	—	—	—	—	—	
	22°—23°	69	—	10	30	5	6	6	1	—	—	—	8	—	—	—	2	—	—	1	—	—	—	
	23°—24°	80	3	12	31	16	5	9	2	—	—	—	—	—	—	—	—	—	2	—	—	—	—	
	24°—25°	78	13	6	18	18	5	5	—	—	2	—	8	5	—	—	—	—	—	—	1	—	—	
24°—25°	20°—21°	39	—	6	9	5	6	1	—	—	—	—	—	—	1	—	1	8	—	—	—	—	—	
	21°—22°	67	2	14	26	9	6	1	2	1	1	—	5	—	—	—	—	—	—	—	—	—	—	
	22°—23°	74	3	14	32	10	4	5	1	1	—	—	—	—	—	—	3	—	1	—	—	—	—	
	23°—24°	82	7	4	27	19	13	6	2	—	1	1	1	—	—	—	—	1	—	—	—	—	—	
	24°—25°	56	11	5	21	8	2	4	1	—	1	1	1	1	—	—	—	—	—	—	—	—	—	
Fünfgrad-Feld	Summen	1301	78	201	445	232	148	82	22	5	7	17	25	9	2	1	8	14	8	7	2	1	—	
	Mittlere Windstärke		3.2	3.5	3.6	4.1	4.2	3.3	2.6	2.2	2.9	2.4	3.8	2.8	2.5	4.0	2.8	2.3	1.5	0	3.0	8.0	—	

Oktober.

Barometer 700mm+		Thermometer Cels. Gr. (Temperatur der Luft)					Relative Feuchtigkeit		Bedeckung des Himmels		Niederschläge					Meeresoberfläche			
				Anzahl und Mittel								Dauer in Stunden				Temperatur		Spezif. Gewicht	
Anzahl der Beob.	Mittel mm	Anzahl der Beob.	Rohes Mittel	4h M.	4h N.	12h N.	Anzahl der Beob.	Prozente	Anzahl der Beob.	Mittel (0—10)	Anzahl der Beob.-wachen	Nebel	Regen	Schnee	Hagel	Anzahl der Beob.	Grade Celsius	Anzahl der Beob.	Mittel d. Aräom.-angaben
24	63.1	25	24.0	5 / 23.6	2 / 23.6	6 / 23.7	7	88.0	19	3.7	25	—	—	—	—	25	23.8	—	—
17	62.5	16	24.4	2 / 24.3	4 / 25.4	—	4	88.0	10	2.2	18	—	—	—	—	15	24.5	—	—
11	62.7	11	25.5	1 / 23.8	2 / 26.0	2 / 25.8	6	85.8	12	2.5	12	—	—	—	—	12	24.9	2	1.0276
27	63.9	25	24.8	6 / 24.4	5 / 25.2	1 / 25.0	4	87.5	24	4.9	27	—	—	—	—	25	25.0	—	—
99	63.7	104	25.2	22 / 24.2	14 / 25.9	16 / 24.5	45	88.3	96	4.4	106	—	2.5	—	—	100	25.2	9	1.0278
26	63.1	27	23.5	4 / 23.2	4 / 24.8	4 / 23.8	11	90.5	19	4.5	28	0.5	—	—	—	24	23.4	—	—
21	62.7	20	24.2	5 / 23.3	—	5 / 23.1	4	85.8	19	3.8	22	—	0.5	—	—	22	24.0	—	—
15	63.8	14	25.4	1 / 24.5	3 / 25.1	—	3	89.7	15	3.8	15	—	—	—	—	16	25.3	4	1.0281
62	63.4	68	25.1	14 / 24.2	12 / 25.5	8 / 24.6	29	85.2	62	4.2	69	—	1.5	—	—	62	25.2	3	1.0276
92	64.0	90	24.9	18 / 23.8	13 / 25.4	11 / 24.6	25	83.7	89	3.8	95	—	1.0	—	—	92	25.1	3	1.0287
35	63.5	35	23.6	3 / 23.6	5 / 23.7	6 / 23.6	17	87.7	28	2.9	37	—	—	—	—	34	23.2	2	1.0276
20	63.7	21	23.8	8 / 23.5	3 / 23.8	2 / 23.6	1	81.0	21	3.5	23	—	0.3	—	—	22	24.2	1	1.0278
41	63.7	42	24.7	6 / 24.0	4 / 26.2	7 / 24.0	11	85.2	40	3.8	44	—	1.0	—	—	40	24.7	—	—
95	63.7	99	24.8	15 / 23.6	14 / 26.2	19 / 24.1	49	89.2	91	4.2	102	—	7.2	—	—	98	24.9	5	1.0281
78	64.3	80	24.6	13 / 23.4	12 / 25.6	15 / 23.9	12	83.7	76	3.5	83	—	2.8	—	—	77	24.7	3	1.0270
39	63.3	45	23.3	9 / 22.5	5 / 23.9	5 / 23.3	4	80.8	36	4.5	45	—	1.0	—	—	43	23.6	2	1.0276
25	64.0	25	23.8	3 / 23.4	4 / 24.2	4 / 23.0	6	94.3	27	4.3	27	—	3.5	—	—	25	24.2	1	1.0261
64	64.5	69	24.3	11 / 23.4	14 / 25.0	7 / 23.5	29	84.3	62	4.6	71	—	8.5	—	—	69	24.4	4	1.0288
79	64.1	76	24.4	11 / 23.7	14 / 24.8	8 / 24.4	23	87.7	67	3.6	80	—	4.5	—	—	77	24.7	6	1.0283
69	63.3	74	23.9	11 / 23.4	10 / 24.6	11 / 23.4	14	81.1	71	3.2	75	—	2.0	—	—	67	24.3	—	—
35	64.8	39	22.6	7 / 21.5	5 / 22.2	4 / 22.4	8	79.7	30	4.3	39	—	2.0	—	—	39	23.3	1	1.0270
60	64.8	62	23.6	11 / 23.1	9 / 24.3	8 / 23.0	29	83.2	65	3.6	67	—	3.0	—	—	58	24.0	3	1.0285
72	64.3	73	24.1	15 / 23.0	9 / 25.0	14 / 23.7	20	86.0	61	4.1	74	—	4.0	—	—	72	24.3	4	1.0286
76	64.4	82	23.9	12 / 22.6	13 / 24.6	14 / 23.2	22	83.1	73	3.9	82	—	2.0	—	—	76	24.3	5	1.0270
47	63.9	65	23.8	11 / 22.8	10 / 25.0	9 / 22.8	17	76.8	52	3.8	56	—	7.0	—	—	51	24.2	—	—
1229	—	1276	—	243 / —	188 / —	182 / —	395	—	1165	—	1322	0.5	52.0	—	—	1239	—	52	—
—	63.89	—	24.3	23.4	24.9	23.8	—	84.9	—	3.9	—	—	—	—	—	—	24.5	—	1.0280

Quadrat 75a. ....

Position der Zone		Wetter nach Beaufort's Bezeichnung. (Häufigkeit.)		Häufigkeit der verschied. Wolkenformen	Häufigkeit von Seegang u. Dünung aus:	Mittel der Meeres-Temperatur	Bemerkungen über einzelne beobachtete Triftströmungen.			
20°—21° N. Br.	20°—25° W. L.	Summe d. Beobacht.: 188		171	113					
		Böen	Himmelsansicht	cirr. 22	N 37				S 27° W 11	N 87° W 6
		t —	b 25	cirr. c 10	NE 36				S 22° W 13	N 55° W 14
		l —	c 143	cirr. s 8	E 23				S 28° W 9	N 49° W 13
		q —	o 4	Str. 11	SE 3				S 37° W 17	N 43° W 18
		u —	g 5	W-c 4	S 3	24.8° C			S 39° W 22	N 14° W 12
		Hydrometeore	Zustand der Luft	Cum. 108	SW —				S 57° W 27	N 6° W 12
		h —	v —	Cum. st 3	W —				S 32° W 15	
		r —	w 3	Nimb. 5	NW 6					
		s —	m 8		† See —					
		d —	f —		glatt 5					
21°—22° N. Br.	20°—25° W. L.	Summe d. Beobacht.: 240		217	132					
		Böen	Himmelsansicht	cirr. 26	N 45		N 7	S 31° W 13	S 73° W 10	N 47° W 10
		t —	b 34	cirr. c 19	NE 40			S 31° W 17	S 81° W 6	N 30° W 9
		l 1	c 163	cirr. s 4	E 36		E 12	S 34° W 11		N 24° W 7
		q 1	o 14	Str. 10	SE —		S 63° E 10	S 36° W 22		
		u 1	g 6	W-c 13	S 3	24.3° C.		S 38° W 15		
		Hydrometeore	Zustand der Luft	Cum. 128	SW —			S 39° W 2		
		h —	v 3	Cum. st 17	W —			S 30° W 3		
		r —	w 4	Nimb. 2	NW 7			S 43° W 10		
		s —	m 12		† See —			S 63° W 12		
		d —	f 1		glatt 1			S 70° W 7		
22°—23° N. Br.	20°—25° W. L.	Summe d. Beobacht.: 295		252	164					
		Böen	Himmelsansicht	cirr. 22	N 70		N 72° E 13	S 41° W 8	S 50° W 15	N 62° W 5
		t —	b 44	cirr. c 12	NE 38			S 28° W 7		N 43° W 4
		l —	c 209	cirr. s 6	E 26		S 43° E 5	S 22° W 16	W 10	N 27° W 11
		q 1	o 15	Str. 14	SE 4		S 25° E 4	S 22° W 8	W 11	
		u 2	g 4	W-c 6	S 6	24.2° C.		S 36° W 16	W 23	
		Hydrometeore	Zustand der Luft	Cum. 156	SW —			S 45° W 13	W 28	
		h —	v 4	Cum. st 26	W 3			S 50° W 12	N 85° W 11	
		r —	w 3	Nimb. 10	NW 7			S 51° W 25	N 84° W 10	
		s —	m 13		† See 6			S 67° W 5	N 81° W 16	
		d —	f —		glatt 4			S 69° W 14	N 79° W 17	
23°—24° N. Br.	20°—25° W. L.	Summe d. Beobacht.: 310		281	168					
		Böen	Himmelsansicht	cirr. 30	N 65		N 17° E 10	S 68° E 12	S 6	W [illegible]
		t —	b 47	cirr. c 14	NE 34		N 37° E 25	S 53° E 10	S 13° W 40	W [illegible]
		l 2	c 219	cirr. s 7	E 34			S 51° E 7	S 16° W 13	W [illegible]
		q 8	o 14	Str. 9	SE —			S 22° E 19	S 16° W 12	N 84° W 20
		u —	g 2	W-c —	S 6	24.4° C.		S 9° E 6	S 21° W 22	N 81° W [illegible]
		Hydrometeore	Zustand der Luft	Cum. 177	SW 2				S 43° W 11	N 79° W [illegible]
		h —	v 3	Cum. st 24	W 8				S 51° W 14	N 74° W [illegible]
		r 5 1	w 4	Nimb. 20	NW 11				S 62° W 11	N 65° W [illegible]
		s —	m 5		† See 5				S 79° W 15	
		d —	f —		glatt 3					
24°—25° N. Br.	20°—25° W. L.	Summe d. Beobacht.: 324		286	175					
		Böen	Himmelsansicht	cirr. 32	N 62		N 2	S 11	S 81° W 25	N 86° W [illegible]
		t —	b 34	cirr. c 7	NE 47		N 61° E 15	S 13° W 3		N 10° W [illegible]
		l 2	c 251	cirr. s 10	E 27		S 60° E 8	S 21° W 15		N 45° W [illegible]
		q 5	o 7	Str. 11	SE 1			S 24° W 13		N 22° W [illegible]
		u —	g 3	W-c 1	S 1	24.1° C.	S 22° E 5	S 36° W 11		
		Hydrometeore	Zustand der Luft	Cum. 189	SW —			S 53° W 25		
		h —	v 4	Cum. st 22	W 7			S 62° W 3		
		r 2	w 2	Nimb. 14	NW 19			S 62° W 11		
		s —	m 7		† See 6			S 73° W 10		
		d —	f —		glatt —			S 79° W 12		

Bemerkungen

Ueber Wind.

Unter-□	Jahr	Tag		
21.	76.	31.	12^h N.	Der frische W-Wind geht allmählich nach N und wird flau. Nach 20 Stunden setzt leichter NE-Passat ein, der beim Segeln nach S auffrischt.
23.	77.	4.	8^h N.	Der flaue ESE-Wind wird veränderlich und darauf still. Am 6. in 21° n. Br. und 24° w. L. setzt leichter Passat ein, der beim Segeln nach S allmählich auffrischt.
32.	80.	20.	4^h M.	Der flaue E-Wind geht durch S nach SW und wird still. Nach 48 Stunden kommt leichter SE-Wind durch, der nach einigen Tagen wieder nach SW geht. Am 28. in 18° n. Br. und 26° w. L. setzt leichter NE-Passat ein, der beim Segeln nach S allmählich auffrischt.
33.	80.	4.	12^h N.	Der flaue E-Wind wird still. Nach 12 Stunden setzt leichter NE-Passat ein, der beim Segeln nach S allmählich zur starken Briese auffrischt.
40.	75.	16.	4^h N.	Der leichte NNW-Wind wird veränderlich und krimpt nach WSW. Am 19. in 22° n. Br. und 21° w. L. setzt leichter N-Wind ein, der allmählich in den NE-Passat übergeht und beim Segeln nach S bald auffrischt.
41.	77.	4.	8^h N.	Der flaue SSE-Wind geht durch E in den NE-Passat über, der beim Segeln nach S auffrischt.
42.	80.	1.	4^h N.	Der flaue S-Wind geht durch SE in den NE-Passat über, der beim Segeln nach S bald auffrischt.
44.	76.	23.	12^h N.	Der mässige, veränderliche westliche Wind steht für längere Zeit durch. Am 4. November in 19° n. Br. und 32° w. L. setzt frischer NE-Passat ein, der beim Segeln nach W stetig bleibt.

Sonstige Bemerkungen.

Unter-□	Jahr	Tag		
00.	78.	28.	8^h M.	Schaaren fliegender Fische. Meeres-Temperatur 23.6° Celsius.
00.	79.	4.	12^h N.	Boniten.
04.	73.	8.	12^h M.	Meeresfarbe dunkelgrün.
04.	78.	18.	4^h M.	Unruhige Dünung aus NW.
11.	79.	31.	12^h N.	Stromkabbelung.
14.	74.	28.	8^h M.	Stromkabbelung. Meeresfarbe schmutziggrau.
14.	76.	15.	12^h N.	Meerleuchten.
23.	76.	15.	8^h M.	Die ersten fliegenden Fische. Meeres-Temperatur 24.4° Celsius.
23.	77.	16.	12^h N.	Starker Thau.
24.	71.	12.	4^h N.	Viele fliegende Fische. Nachts starker Thau.
24.	73.	8.	12^h N.	Sternschnuppen.
34.	79.	14.	12^h N.	Starker Thau.
34.	79.	18.	4^h M.	Sternschnuppen.
41.	79.	29.	4^h M.	Stromkabbelung.
42.	78.	29.	4^h N.	Die ersten fliegenden Fische. Meeres-Temperatur 25.4° Celsius.

Höchster Barometerstand: **771.4** mm am 5. Oktober 1880 in 22° n. Br. und 24° w. L. bei flauem N-Winde und heiterem Himmel.

Niedrigster „ „ : **757.2** mm am 24. Oktober 1876 in 24° n. Br. und 24° w. L. bei leichtem S-Winde und drohend aussehender Luft.

Höchste Lufttemperatur: **30.1**° Cels. am 24. Oktober 1880 in 22° n. Br. und 23° w. L. bei Windstille und heiterem Himmel.

Niedrigste „ „ : **17.3**° Cels. am 10. Oktober 1876 in 24° n. Br. und 20° w. L. bei leichtem NNW-Winde und leicht bewölktem Himmel.

Windbeobachtungen

Alle Winde, Variabeln und Stillen

N	NNE	NE	ENE	E	ESE	SE	SSE	S	SSW	SW	WSW	W	WNW	NW	NNW	Var.	Stille
—	8	33	23	9	5	1	—	—	—	—	—	—	3	—	2	—	—
—	1	4	4	2	1	—	—	—	—	—	—	—	—	—	—	—	—
—	—	3	1	1	1	—	—	—	—	—	—	—	1	8	—	—	13
—	1	—	—	1	6	1	—	—	—	1	2	2	—	—	1	—	—
—	—	—	4	4	1	1	—	—	—	—	—	—	—	—	—	—	—
—	18	29	12	2	3	—	—	—	—	—	—	—	—	—	—	—	—
—	—	1	3	1	1	—	—	—	—	—	1	1	—	—	—	—	—
—	—	2	8	6	2	—	—	2	—	—	—	—	1	2	—	—	—
—	4	2	2	9	4	1	1	—	—	—	2	—	—	—	—	—	—
—	2	3	6	8	1	—	—	—	—	1	—	—	—	—	—	—	—
1	6	16	7	2	—	1	1	1	—	—	—	—	—	—	—	—	—
—	2	6	9	9	2	—	1	2	2	—	—	—	—	4	—	1	—
1	1	3	4	1	1	—	—	2	2	1	—	—	—	—	1	—	—
6	10	3	4	1	—	—	—	—	—	—	—	—	—	—	—	—	—
2	2	2	3	3	—	—	—	1	—	1	1	—	—	—	—	—	—
4	4	16	6	5	—	—	—	1	1	—	—	—	—	—	3	—	—
—	5	5	8	3	—	—	—	—	—	—	—	—	—	—	—	—	3
2	5	4	6	—	—	—	—	—	3	—	—	—	—	1	3	—	—
—	—	2	2	—	—	—	1	1	1	1	—	—	—	—	—	—	—
—	—	6	3	2	—	1	—	—	2	—	3	—	—	—	—	—	—
1	6	8	6	5	—	—	—	—	—	—	—	—	—	—	—	—	—
1	—	1	8	6	—	1	1	—	5	—	—	—	1	—	2	—	—
1	2	—	3	1	—	—	—	—	—	—	—	—	2	—	1	—	—
—	1	6	5	1	1	—	—	—	—	—	—	—	—	—	—	—	—
—	1	5	10	—	3	5	—	—	—	—	—	—	—	—	—	1	—
19	**74**	**100**	**147**	**75**	**31**	**12**	5	10	16	5	9	3	8	10	**12**	2	16
2.6	2.9	4.1	4.2	4.0	4.0	4.2	5.6	5.2	3.7	4.0	2.9	3.7	2.1	3.5	3.0	2.0	0

Barometer 700mm+		Thermometer Cels. Gr. (Temperatur der Luft)					Relative Feuchtigkeit		Bedeckung des Himmels		Niederschläge					Meeresoberfläche			
				Anzahl und Mittel								Dauer in Stunden				Temperatur		Spezif. Gewicht	
Anzahl der Beob.	Mittel mm	Anzahl der Beob.	Rohes Mittel	4h M.	4h N.	12h N.	Anzahl der Beob.	Prozente	Anzahl der Beob.	Mittel (0—10)	Anzahl der Beob.-wachen	Nebel	Regen	Schnee	Hagel	Anzahl der Beob.	Grade Celsius	Anzahl der Beob.	Mittel d. Aräom.-angaben
80	63.5	81	24.9	10 24.7	13 24.7	12 24.0	15	79.9	78	3.8	85	—	2.3	—	—	81	25.1	1	1.0282
11	61.8	11	25.1	—	1 25.9	2 24.7	1	66.0	12	4.5	12	—	—	—	—	11	25.3	—	—
17	63.3	23	25.2	5 23.8	5 26.5	3 23.8	14	70.0	21	2.4	23	—	0.3	—	—	23	25.4	—	—
10	62.2	14	25.3	2 25.1	2 26.2	3 24.5	—	—	12	3.6	14	—	—	—	—	14	25.6	—	—
6	63.2	10	25.0	2 23.8	2 26.2	1 24.0	2	86.0	8	2.4	10	—	2.3	—	—	10	25.4	—	—
58	63.7	59	24.6	11 23.9	5 25.6	12 24.0	11	79.0	58	3.4	60	—	—	—	—	57	24.9	—	—
3	62.0	8	23.3	1 23.9	2 23.6	—	—	—	8	3.8	8	—	—	—	—	8	24.4	—	—
15	63.0	23	24.7	3 24.0	4 24.9	4 23.7	8	75.0	21	2.9	23	—	2.0	—	—	23	24.9	—	—
22	63.2	24	25.0	4 24.4	3 25.9	4 24.5	3	81.0	20	3.2	25	—	2.0	—	—	24	25.1	—	—
15	63.3	14	24.6	4 24.1	1 25.6	3 24.8	1	86.0	14	2.7	16	—	1.5	—	—	14	25.2	—	—
34	63.2	35	24.4	4 23.7	8 26.3	5 23.6	10	71.8	32	4.4	35	—	11.5	—	—	35	24.7	—	—
33	62.4	36	24.0	9 23.2	5 24.3	4 23.6	6	73.3	33	3.6	38	—	1.0	—	—	35	24.5	—	—
14	63.1	17	24.9	4 24.3	2 25.7	2 25.4	1	74.0	14	3.4	17	—	—	—	—	16	25.2	—	—
21	63.9	21	25.2	5 24.0	3 26.9	4 24.0	6	86.0	24	2.3	24	—	2.0	—	—	21	25.9	—	—
13	63.5	15	25.5	2 24.6	3 26.0	2 25.2	9	88.9	15	3.9	15	—	2.5	—	—	15	25.7	—	—
36	64.6	36	24.4	5 23.6	4 24.6	5 22.9	11	71.4	36	2.7	38	—	9.5	—	—	36	24.5	1	1.0258
22	64.8	23	24.1	7 23.3	4 24.8	5 24.8	3	83.7	24	2.6	24	—	3.5	—	—	23	24.7	—	—
24	63.6	24	25.7	2 24.0	6 26.1	1 24.8	4	88.8	24	3.0	24	—	2.5	—	—	24	25.7	1	1.0277
8	63.2	8	25.3	1 25.5	—	2 25.8	2	87.5	8	6.1	8	—	1.0	—	—	8	25.4	—	—
14	63.6	14	24.8	3 24.3	2 25.4	3 24.2	—	—	14	5.0	17	—	2.5	—	—	15	24.9	—	—
18	65.0	25	23.3	6 22.6	2 25.4	7 23.4	8	83.6	25	3.3	26	—	0.5	—	—	25	24.5	—	—
25	65.2	24	24.2	5 23.5	2 24.4	2 23.4	6	88.7	26	4.0	26	—	1.5	—	—	25	24.8	—	—
10	63.9	10	24.3	3 24.0	1 24.4	1 23.8	—	—	10	2.7	10	—	0.5	—	—	10	24.9	—	—
11	65.4	11	23.8	1 23.1	2 24.2	1 23.4	—	—	13	4.1	14	—	0.8	—	—	13	24.5	1	1.0268
21	66.5	22	24.6	3 23.5	6 25.0	1 22.9	—	—	22	4.2	25	—	2.7	—	—	24	24.5	—	—
521	—	588	—	102 —	88 —	89 —	121	—	572	—	617	—	52.4	—	—	590	—	4	—
—	63.66	—	24.7	23.9	25.4	24.0	—	82.3	—	3.5	—	—	—	—	—	—	25.0	—	1.0271

Monat

Quadrat 75b. ....

Position der Zone		Wetter nach Beaufort's Bezeichnung. (Häufigkeit.)		Häufigkeit der verschied. Wolkenformen	Häufigkeit von Seegang u. Dünung usw.	Mittel der Meeres-Temperatur	Bemerkungen über einzelne beobachtete Triftströmungen.
20°—21° N. Br.	25°—30° W. L.	Summe d. Beobacht.: 140		138	70	25.2° C.	E 12; S 7; W 1
		Blau	Himmelsansicht	cirr. 12	N 23		S 68° E 12; S 17° W 19; N 88° W 1
		t —	b 15	cirr.-c. 8	NE 7		S 51° E 7; S 39° W 10; N 84° W 21
		l 1	c 114	cirr.-s. 7	E 16		S 40° W 10; N 84° W 2
		q 1	o 1	Str. 8	SE —		S 45° W 12; N 72° W 13
		u —	g —	W.-c. 1	S —		S 47° W 19; N 51° W 13
		Hydrometeore	Zustand der Luft	Cum. 93	SW —		S 51° W 9; N 29° W 6
		h —	v 2	Cum.-st. 13	W 10		S 66° W 20; N 4° W 13
		r 1	w 1	Nimb. 2	NW 14		S 79° W 16
		s —	m 4		†See —		S 85° W 12
		d —	f —		glatt —		
21°—22° N. Br.	25°—30° W. L.	Summe d. Beobacht.: 128		126	71	25.6° C.	N 25° E 15; S 22° W 12; W 15
		Blau	Himmelsansicht	cirr. 18	N 32		S 52° W 13; N 68° W 15
		t —	b 27	cirr.-c. 10	NE 3		S 60° W 16; N 5° W 11
		l 1	c 92	cirr.-s. 7	E 22		S 79° W 13
		q 1	o 3	Str. 2	SE —		
		u —	g 1	W.-c. 1	S —		
		Hydrometeore	Zustand der Luft	Cum. 89	SW —		
		h —	v 1	Cum.-st. 4	W 3		
		r —	w 2	Nimb. 4	NW 6		
		s —	m —		†See 3		
		d —	f —		glatt 2		
22°—23° N. Br.	25°—30° W. L.	Summe d. Beobacht.: 153		118	71	25.0° C.	N 21° E 8; S 13; N 86° W 11
		Blau	Himmelsansicht	cirr. 23	N 22		N 75° E 15; S 15; N 69° W 30
		t 2	b 28	cirr.-c. 2	NE 11		S 21° W 7
		l 4	c 82	cirr.-s. 6	E 23		S 36° W 13
		q 7	o 10	Str. 5	SE —		S 36° W 22
		u 1	g 4	W.-c. —	S 8		S 56° W 13
		Hydrometeore	Zustand der Luft	Cum. 67	SW —		S 56° W 19
		h —	v 3	Cum.-st. 6	W 3		S 79° W 11
		r 7	w 2	Nimb. 9	NW 2		
		s —	m 3		†See 2		
		d —	f —		glatt —		
23°—24° N. Br.	25°—30° W. L.	Summe d. Beobacht.: 126		98	53	24.9° C.	N 18° E 15; S 31° E 12; S 30° W 8; N 71° W [illegible]
		Blau	Himmelsansicht	cirr. 21	N 9		N 42° E 7; S 43° W 10; N 34° W [illegible]
		t —	b 34	cirr.-c. 6	NE 9		S 45° W 11
		l 8	c 62	cirr.-s. 1	E 12		S 81° W 8
		q 10	o 6	Str. 3	SE —		S 88° W 11
		u 1	g 4	W.-c. —	S 13		
		Hydrometeore	Zustand der Luft	Cum. 55	SW —		
		h —	v —	Cum.-st. 7	W 1		
		r 4	w 2	Nimb. 5	NW 5		
		s —	m —		†See 4		
		d —	f —		glatt —		
24°—25° N. Br.	25°—30° W. L.	Summe d. Beobacht.: 104		103	35	24.6° C.	S 7; N 1[illegible]° W 6
		Blau	Himmelsansicht	cirr. 20	N 5		S 17° W 6; N 3[illegible]° W [illegible]
		t —	b 24	cirr.-c. 6	NE 5		S 43° W 6
		l —	c 66	cirr.-s. 2	E 10		
		q 1	o 7	Str. 2	SE —		
		u —	g 1	W.-c. —	S —		
		Hydrometeore	Zustand der Luft	Cum. 59	SW —		
		h —	v —	Cum.-st. 8	W 3		
		r 2	w 2	Nimb. 6	NW 6		
		s —	m 1		†See 4		
		d —	f —		glatt —		

Bemerkungen

Ueber Wind.

Unter-□	Jahr	Tag		
05.	74.	31.	4^h M.	Der leichte veränderliche W-Wind hält mehrere Tage an. Am 5. November in 13° n. Br. und 25° w. L. setzt leichter NE-Passat ein, der beim Segeln nach S auffrischt.
26.	74.	30.	4^h M.	Der leichte NE-Wind krimpt nach W und wird still. Am 2. November in 19° n. Br. und 29° w. L. frischt der W-Wind auf und geht beim Segeln nach S allmählich durch N in den NE-Passat über.

Sonstige Bemerkungen.

05.	79.	20.	4^h N.	Ein Landvogel.
05.	80.	12.	12^h M.	Meeresfarbe hellgrün. Um 2^h N. Meeresfarbe tiefblau.
06.	69.	24	12^h M.	Stromkabbelung. Schwärme fliegender Fische und Boniten. Meeres-Temperatur 25.4° Celsius.
15.	76.	20.	12^h N.	Sternschnuppen.
28.	77.	10	4^h M.	Sternschnuppen.
29.	77.	20.	4^h M.	Viele fliegende Fische. Meeres-Temperatur 26.4° Celsius.

Höchster Barometerstand: **770.9** mm am 7. Oktober 1880 in 20° n. Br. und 25° w. L. bei mässigem NNE-Winde und halb bewölktem Himmel.

Niedrigster „ „ : **750.1** mm am 11. Oktober 1878 in 20° n. Br. und 25° w. L. bei stürmischem NE-Winde mit Regenböen und bedecktem Himmel.

Höchste Lufttemperatur: **29.4**° Cels. am 3. Oktober 1880 in 20° n. Br. und 26° w. L. bei leichtem NNE-Winde und halb bewölktem Himmel.

Niedrigste „ „ **20.2**° Cels. am 28. Oktober 1874 in 24° n. Br. und 25° w. L. bei leichtem NE-Winde und halb bewölktem Himmel.

Monat

Quadrat 75°. ....

Position		Windbeobachtungen																						
		Alle Winde, Variabeln und Stillen																			Stürme			
Breite N	Länge W	Anzahl der Beob.	N	NNE	NE	ENE	E	ESE	SE	SSE	S	SSW	SW	WSW	W	WNW	NW	NNW	Var.	Stillen	N bis ENE	E bis SSE	S bis WSW	W…
25°—26°	20°—21°	78	6	17	21	6	4	7	—	—	1	2	4	3	4	—	2	1	—	—	1	—	—	—
	21°—22°	66	5	11	21	9	5	1	—	—	1	2	1	2	2	—	1	4	1	—	—	—	—	—
	22°—23°	79	7	17	26	14	5	3	1	—	—	1	—	1	—	—	—	1	—	3	—	—	—	—
	23°—24°	84	7	10	28	12	5	7	6	—	1	1	2	2	1	—	—	1	1	—	—	—	—	—
	24°—25°	33	7	4	11	3	2	—	—	—	1	—	—	2	—	—	1	1	1	—	—	—	—	—
26°—27°	20°—21°	83	10	19	29	6	4	—	1	—	1	—	3	—	2	2	2	1	2	1	—	—	—	—
	21°—22°	70	9	9	21	11	5	1	3	1	1	—	2	—	—	2	1	3	—	1	—	—	—	—
	22°—23°	89	4	20	23	17	8	4	—	1	—	4	3	1	1	—	1	1	1	—	—	—	—	—
	23°—24°	80	2	10	10	9	12	3	—	5	2	5	—	2	7	—	—	1	—	12	—	—	—	—
	24°—25°	23	3	2	8	3	3	—	—	—	—	—	—	—	—	—	—	2	—	2	1	—	—	—
27°—28°	20°—21°	67	11	10	16	3	3	4	3	1	1	2	4	1	1	1	3	2	—	1	—	—	—	—
	21°—22°	89	6	16	17	13	10	1	—	—	—	—	4	1	7	1	4	3	—	6	—	—	—	—
	22°—23°	66	8	10	14	11	7	2	1	—	—	1	3	1	3	2	—	2	1	—	—	—	—	—
	23°—24°	61	5	5	6	11	7	3	3	1	3	—	2	—	1	—	4	7	3	—	—	—	—	—
	24°—25°	28	—	2	3	6	3	1	1	2	2	—	—	—	—	—	—	—	1	2	—	—	—	—
28°—29°	20°—21°	72	6	16	14	4	6	3	—	1	—	6	4	1	3	1	—	4	1	2	1	—	—	—
	21°—22°	79	6	25	10	6	6	7	—	—	—	—	7	1	3	2	1	1	—	4	—	—	—	—
	22°—23°	67	6	22	9	3	9	2	2	—	1	2	1	1	—	—	3	1	2	3	—	—	—	—
	23°—24°	35	5	2	8	5	6	4	3	—	—	—	1	—	—	—	—	1	—	—	—	—	—	—
	24°—25°	23	1	1	5	7	1	2	3	—	—	1	2	—	—	—	—	—	—	—	—	—	—	—
29°—30°	20°—21°	82	6	21	19	1	11	3	1	1	1	5	3	2.	—	2	2	3	1	—	—	—	1	—
	21°—22°	59	2	19	19	1	4	3	—	—	1	1	2	—	1	—	2	2	2	—	—	—	—	—
	22°—23°	67	5	12	11	8	4	5	4	—	—	—	5	—	2	2	3	2	3	1	—	—	—	—
	23°—24°	33	3	4	6	4	4	1	1	—	6	4	—	—	—	—	—	—	—	—	—	—	—	—
	24°—25°	33	1	5	8	6	4	6	—	1	—	—	—	—	—	—	1	1	—	—	2	—	—	1
Fünfgrad-Feld	Summen	1541	**131**	**289**	**363**	**179**	**138**	**73**	**33**	14	23	37	53	21	38	15	31	**45**	20	38	**5**	—	1	1
	Mittlere Windstärke		3.4	3.5	4.2	4.4	3.9	3.3	2.8	2.6	2.2	2.5	3.2	2.9	2.2	3.2	3.6	3.4	2.0	0	8.0	—	8.0	[illegible]

Barometer 700mm+		Thermometer Cels. Gr. (Temperatur der Luft)					Relative Feuchtigkeit		Bedeckung des Himmels		Niederschläge					Meeresoberfläche			
				Anzahl und Mittel								Dauer in Stunden				Temperatur		Spezif. Gewicht	
Anzahl der Beob.	Mittel mm	Anzahl der Beob.	Rohes Mittel	4h M.	4h N.	12h N.	Anzahl der Beob.	Procente	Anzahl der Beob.	Mittel (0—10)	Anzahl der Beob.-wachen	Nebel	Regen	Schnee	Hagel	Anzahl der Beob.	Grade Celsius	Anzahl der Beob.	Mittel d. Aräom.-angaben
66	65.0	75	23.1	16 22.5	12 23.4	11 22.7	14	84.4	78	3.4	78	—	2.0	—	—	78	23.5	2	1.0274
62	64.5	64	24.0	12 22.9	11 25.0	11 23.6	27	83.8	60	4.4	66	—	4.0	—	—	57	24.0	1	1.0295
77	64.6	78	23.4	14 23.2	12 24.2	11 22.9	20	85.5	65	4.2	61	—	4.0	—	—	74	23.4	2	1.0280
75	64.4	81	23.5	12 22.9	11 24.3	10 23.0	21	84.2	86	3.4	86	—	3.0	—	—	76	23.9	2	1.0286
35	64.7	33	23.6	8 23.2	5 24.0	3 24.3	14	78.3	32	3.3	33	—	0.8	—	—	33	24.1	—	—
81	64.7	82	23.4	12 22.4	14 24.1	11 22.3	33	83.8	83	4.1	87	—	2.3	—	—	83	23.3	1	1.0287
70	64.6	69	23.8	11 22.9	8 24.7	12 23.2	29	79.4	60	3.4	70	—	2.0	—	—	58	23.9	4	1.0274
81	64.8	87	23.1	17 22.4	14 24.1	13 22.2	20	83.2	87	3.6	90	—	8.3	—	—	80	23.6	3	1.0273
67	64.9	78	23.8	13 22.5	12 24.8	13 22.9	34	76.7	78	3.0	80	—	2.0	—	—	77	23.9	4	1.0263
21	65.3	23	23.2	3 22.5	2 23.8	6 22.4	6	68.7	22	3.0	23	—	—	—	—	22	23.8	—	—
73	64.7	72	23.1	14 22.2	8 24.2	10 22.6	21	82.1	67	3.8	75	—	2.0	—	—	68	23.2	1	1.0271
90	64.6	89	23.2	15 22.0	16 24.1	10 22.3	35	80.2	84	4.0	91	—	5.5	—	—	87	23.6	6	1.0285
66	64.3	65	22.9	11 22.6	10 22.7	9 22.9	16	82.0	66	3.9	66	—	4.5	—	—	60	23.5	4	1.0267
52	64.5	58	23.2	12 22.5	10 23.8	7 22.8	16	80.0	61	3.7	61	—	4.0	—	—	59	23.4	1	1.0283
24	65.6	24	23.5	5 22.5	4 24.8	2 22.9	5	64.8	24	3.5	24	—	—	—	—	24	23.9	—	—
72	64.3	71	22.9	19 22.0	8 23.4	7 23.3	16	84.1	66	4.0	72	—	3.5	—	—	68	23.2	2	1.0286
75	64.3	78	22.5	14 21.7	11 22.9	16 22.1	26	83.8	80	3.8	82	—	7.5	—	—	71	23.2	8	1.0276
56	64.5	64	23.0	16 22.2	6 24.0	6 22.5	17	81.6	67	3.7	67	—	3.5	—	—	64	23.5	3	1.0285
33	65.0	34	22.8	5 23.2	4 23.3	8 22.1	11	79.1	32	4.4	35	—	3.0	—	—	34	23.3	—	—
20	65.8	22	23.8	4 22.8	4 24.0	3 23.0	3	86.7	22	4.6	23	—	1.5	—	—	22	23.4	1	1.0269
81	65.3	81	22.1	15 21.3	11 23.0	15 21.9	22	86.6	77	3.9	83	—	4.0	—	—	76	22.9	6	1.0276
61	64.6	60	22.8	10 22.5	11 23.5	9 22.0	20	79.5	61	4.1	61	—	2.0	—	—	57	23.1	3	1.0262
67	61.1	65	22.4	8 21.1	12 23.2	9 21.4	9	79.2	67	4.3	67	—	—	—	—	65	23.0	1	1.0277
30	65.2	33	23.2	3 21.6	7 23.5	6 22.7	16	78.1	33	4.3	33	—	1.5	—	—	33	23.8	—	—
30	66.6	30	22.8	5 22.7	4 22.9	4 22.2	—	—	30	4.1	32	—	1.1	—	—	30	23.4	—	—
1437	—	1516	—	274	227	222	451	—	1488	—	1566	—	72.0	—	—	1456	—	55	—
—	64.60	—	23.1	22.4	23.9	22.6	—	81.4	—	3.8	—	—	—	—	—	—	23.6	—	1.0276

Monat

Quadrat 75°. ....

Wetter nach Beaufort's Bezeichnung. (Häufigkeit.)				Häufigkeit der verschied. Wolkenformen	Häufigkeit von Seegang u. Dünung aus:	Mittel der Meeres-Temperatur	Bemerkungen über einzelne beobachtete Triftströmungen.			
Summe d. Beobacht.: 360				346	180					
Böen		Himmelsansicht		cirr. 46	N 87		N 30° E 41	S 11° W 22	S 47° W 12	W 15
t	—	b	40	cirr.c 10	NE 40		N 51° E 9	S 19° W 8	S 52° W 13	N 85° W 17
l	—	c	279	cirr.s 12	E 25		N 81° E 20	S 10° W 11	S 54° W 17	N 81° W [illegible]
q	3	o	11	Str. 29	SE 1			S 25° W 16	S 59° W 8	N 79° W 20
u	—	g	8	W-c 3	S 3	24.1° C.	S 67° E 16	S 26° W 8	S 71° W 9	N 60° W 1[illegible]
Hydrometeore		Zustand der Luft		Cum. 219	SW —			S 34° W 8	S 84° W 3	N 62° W [illegible]
h	—	v	8	Cum.-st 17	W 7			S 34° W 12		N 61° W 1
r	3	w	5	Nimb. 10	NW 10			S 39° W 11	W 7	N 54° W 11
s	—	m	3		† Sc. 3			S 42° W 11	W 9	N 4° W 12
d	—	f	-		still 4			S 13° W 26	W 10	
Summe d. Beobacht. 360				344	187					
Böen		Himmelsansicht		cirr. 48	N 83		N 2° E 14	S 61° E 6	S 22° W 16	W [illegible]
t	2	b	53	cirr.c 10	NE 39		N 19° E 14	S 31° E 11	S 26° W 31	N 84° W [illegible]
l	2	c	269	cirr.s 8	E 27		N 23° E 5	S 16° E 15	S 28° W 6	N 84° W 1[illegible]
q	7	o	14	Str. 28	SE 1		N 22° E 10	S 2° E 8	S 45° W 6	N 61° W [illegible]
u	—	g	4	W-c 5	S 9	23.7° C.	N 61° E 16		S 45° W 10	N 56° W 8
Hydrometeore		Zustand der Luft		Cum. 206	SW 2				S 51° W 10	N 52° W 1[illegible]
h	-	v	1	Cum.-st 27	W 6				S 55° W 28	N 11° W [illegible]
r	2	w	1	Nimb. 12	NW 14				S 68° W 18	N 7° W [illegible]
s	—	m	4		† Sc. 4				S 80° W 24	

Bemerkungen

Ueber Wind.

Unter-□	Jahr	Tag		
50.	72.	26.	12h M.	Der leichte NE-Wind geht nach W und wird still. Am 28. in 24° n. Br. und 20° w. L. setzt leichter N-Wind ein, der beim Segeln nach S in den NE-Passat übergeht und zur starken Briese auffrischt.
54.	68.	18.	12h M.	Der mässige NNW-Wind wird veränderlich und still. Um 8h N. setzt leichter NE-Passat ein, der beim Segeln nach S zur starken Briese auffrischt.
63.	71.	8.	5h N.	Der leichte E-Wind wird ganz flau und geht durch S nach W. Am 11. in 25° n. Br. und 23° w. L. setzt leichter NE-Passat ein, der beim Segeln nach S bald auffrischt.
63.	77.	6.	12h M.	Der leichte W-Wind wird still. Nach 24 Stunden setzt leichter NE-Passat ein, der beim Segeln nach SW auffrischt.
70.	76.	30.	8h N.	Der starke SW-Wind steht mehrere Tage durch. Am 2. November in 21° n. Br. und 20° w. L. setzt leichter NE-Passat ein, der beim Segeln nach S erst in 14° n. Br. mehr auffrischt.
70.	71.	9.	12h N.	Der mässige S-Wind geht durch W und N in den NE-Passat über, der beim Segeln nach S zur mässigen Briese auffrischt.
70.	72.	27.	4h N.	Der leichte W-Wind geht nach NW und wird still. Am 12. in 26° n. Br. und 23° w. L. setzt leichter NE-Passat ein, der beim Segeln nach S allmählich auffrischt.
80.	77.	11.	4h N.	Der leichte E-Wind wird still. Am 14. in 26° n. Br. und 21° w. L. setzt leichter NE-Passat ein, der beim Segeln nach S bald auffrischt.

Sonstige Bemerkungen.

Unter-□	Jahr	Tag		
51.	72.	10.	12h N.	Sternschnuppen. Helles Zodiakallicht.
53.	71.	10.	4h M.	Viele Sternschnuppen. Viele Delphine.
54.	77.	16.	12h N.	Viele Sternschnuppen.
60.	78.	21.	8h N.	Sternschnuppen. Meerleuchten.
63.	77	7.	4h N.	Schaaren fliegender Fische und Boniten. Meeres-Temperatur 25.4° Celsius.
64.	68.	12.	8h N.	Viele Sternschnuppen.
71.	71.	27.	8h M.	Die ersten fliegenden Fische. Meeres-Temperatur 22.8° Celsius.
72.	77.	15.	12h N.	Delphine.
73.	69.	23	12h N.	Mondhof. Sternschnuppen.
94.	74	12.	12h N.	Sternschnuppen.

Höchster Barometerstand: **772.8** mm am 3. Oktober 1880 in 25° n. Br. und 23° w. L. bei leichtem N-Winde und heiterem Himmel.

Niedrigster „ „ : **750.1** mm am 31. Oktober 1877 in 26° n. Br. und 23° w. L. bei leichtem ESE-Winde und halb bewölktem Himmel.

Höchste Lufttemperatur: **28.2**° Cels. am 5. Oktober 1877 in 25° n. Br. und 21° w. L. bei mässigem W-Winde und halb bewölktem Himmel.

Niedrigste „ „ : **19.8**° Cels. am 11. Oktober 1868 in 29° n. Br. und 22° w. L. bei starkem NW-Winde und wolkigem Himmel.

Position: Breite N	Position: Länge W	Anzahl der Beob.	Windbeobachtungen — Alle Winde, Variabeln und Stillen: N	NNE	NE	ENE	E	ESE	SE	SSE	S	SSW	SW	WSW	W	WNW	NW	NNW	Var.	Stillen	Stürme: N bis ENE	E bis SSE	S bis WSW	W bis N…
25°—26°	25°—26°	25	—	2	1	4	6	—	2	1	3	2	—	—	—	—	—	—	3	1	—	—	—	—
	26°—27°	29	—	—	5	2	2	—	—	—	—	9	3	5	—	1	—	—	—	2	—	—	—	—
	27°—28°	23	—	2	9	4	1	2	—	—	—	—	2	3	—	—	—	—	—	—	—	—	—	—
	28°—29°	27	—	3	4	8	2	6	4	—	—	—	—	—	—	—	—	—	—	—	—	—	—	—
	29°—30°	7	—	1	—	3	—	3	—	—	—	—	—	—	—	—	—	—	—	—	—	—	—	—
26°—27°	25°—26°	37	—	1	3	3	6	5	—	—	5	2	3	2	2	—	1	1	—	3	—	—	—	—
	26°—27°	16	—	2	8	1	5	—	—	—	—	—	—	—	—	—	—	—	—	—	—	—	—	—
	27°—28°	27	3	3	8	3	4	3	—	—	—	—	—	—	—	1	1	1	—	—	—	—	—	—
	28°—29°	5	—	—	—	—	4	1	—	—	—	—	—	—	—	—	—	—	—	—	—	—	—	—
	29°—30°	11	—	2	—	2	3	2	1	—	—	—	—	—	—	—	—	1	—	—	—	—	—	—
27°—28°	25°—26°	25	3	—	5	8	3	3	—	—	3	—	—	—	—	—	—	—	—	—	—	—	—	—
	26°—27°	21	2	4	7	3	5	—	—	—	—	—	—	—	—	—	—	—	—	—	2	—	—	—
	27°—28°	11	—	1	1	1	8	—	—	—	—	—	—	—	—	—	—	—	—	—	—	1	—	—
	28°—29°	9	—	—	—	2	4	—	—	—	—	—	—	1	—	—	—	2	—	—	—	—	—	—
	29°—30°	17	3	—	1	2	3	2	1	—	—	—	—	—	—	3	1	1	—	—	—	—	—	—
28°—29°	25°—26°	21	2	1	6	7	1	4	—	—	—	—	—	—	—	—	—	—	—	—	2	—	—	—
	26°—27°	14	—	—	—	2	4	2	3	—	3	—	—	—	—	—	—	—	—	—	—	—	—	—
	27°—28°	8	—	—	1	—	—	—	—	—	2	—	1	2	—	—	—	1	—	1	—	—	—	—
	28°—29°	17	—	—	1	8	1	—	—	2	1	1	2	—	—	—	—	1	—	—	—	—	—	—
	29°—30°	3	—	—	—	1	—	—	—	2	—	—	—	—	—	—	—	—	—	—	—	—	—	—
29°—30°	25°—26°	15	—	—	2	4	2	3	—	—	1	3	—	—	—	—	—	—	—	—	—	—	—	—
	26°—27°	14	—	1	3	1	—	—	—	2	4	2	—	—	—	—	—	—	1	—	—	—	—	—
	27°—28°	10	—	—	2	5	—	—	—	2	—	—	—	—	—	—	—	1	—	—	—	—	—	—
	28°—29°	3	—	—	1	—	—	—	—	1	—	—	—	—	—	—	—	—	1	—	—	—	—	—
	29°—30°	1	—	—	—	—	—	—	1	—	—	—	—	—	—	—	—	—	—	—	—	—	—	—
Fünfgrad-Feld	Summen, 396		13	23	68	74	64	36	12	10	22	19	11	13	2	5	3	9	5	7	4	1	—	[illegible]
	Mittlere Windstärke		4.2	4.0	4.0	4.7	4.7	4.2	3.9	5.2	3.0	2.5	3.7	2.4	2.5	3.2	3.3	3.9	2.6	0	3.0	3.0	—	[illegible]

Oktober.

Barometer 700mm+		Thermometer Cels. Gr. (Temperatur der Luft)					Relative Feuchtigkeit		Bedeckung des Himmels		Niederschläge					Meeresoberfläche			
				Anzahl und Mittel								Dauer in Stunden				Temperatur		Spezif. Gewicht	
Anzahl der Beob.	Mittel mm	Anzahl der Beob.	Rohes Mittel	4h M.	4h N.	12h N.	Anzahl der Beob.	Prozente	Anzahl der Beob.	Mittel (0–10)	Anzahl der Beob.-achtungen	Nebel	Regen	Schnee	Hagel	Anzahl der Beob.	Grade Celsius	Anzahl der Beob.	Mittel d. Aräom.-angaben
25	64.5	25	24.5	(3) 22.9	(5) 25.8	(2) 24.2	1	92.0	25	3.2	25	—	—	—	—	25	24.7	—	—
29	64.4	29	24.4	(6) 23.8	(5) 25.5	(6) 24.1	—	—	29	4.2	29	—	2.0	—	—	29	24.7	—	—
21	65.1	20	23.4	(1) 22.4	(4) 23.4	(2) 23.6	—	—	21	3.7	23	—	0.8	—	—	20	24.2	—	—
22	66.4	26	23.6	(7) 22.9	(1) 24.4	(5) 22.9	—	—	26	3.4	27	—	1.0	—	—	25	24.1	—	—
6	66.4	6	25.2	—	(1) 24.6	(1) 23.8	1	79.0	7	5.0	7	—	—	—	—	6	24.4	—	—
36	65.7	36	24.3	(6) 22.9	(8) 25.2	(5) 23.7	1	88.0	36	2.8	37	—	—	—	—	36	24.9	—	—
13	67.1	15	23.0	(4) 22.6	(1) 23.5	(2) 23.0	—	—	16	3.6	16	—	—	—	—	15	23.6	—	—
18	65.6	23	23.9	(4) 23.5	(4) 24.4	(2) 23.2	—	—	23	3.1	27	—	0.5	—	—	24	24.2	—	—
5	65.8	5	24.1	(1) 23.1	—	(1) 23.4	—	—	5	3.0	5	—	0.3	—	—	4	24.4	—	—
11	65.3	11	24.5	(3) 23.6	(2) 26.6	(1) 24.0	2	79.5	11	3.9	11	—	2.0	—	—	11	24.3	—	—
18	66.5	22	23.0	(5) 22.4	(2) 22.9	(3) 22.3	—	—	24	4.2	25	—	1.0	—	—	22	23.9	—	—
17	65.9	18	23.0	(2) 23.5	(3) 23.8	(5) 23.0	—	—	18	3.6	21	—	0.3	—	—	18	23.6	—	—
10	65.3	11	23.6	(3) 22.8	—	(2) 23.3	—	—	11	3.5	11	—	0.6	—	—	11	24.0	—	—
9	65.0	9	23.1	(2) 22.0	(1) 25.2	—	1	87.0	9	3.8	9	—	1.0	—	—	9	23.9	—	—
17	65.6	17	24.3	(2) 24.2	(3) 24.0	(3) 25.0	7	83.4	17	2.9	17	—	—	—	—	17	24.2	—	—
17	66.2	20	23.4	(3) 22.6	(2) 24.6	(1) 22.1	—	—	20	4.4	21	—	2.1	—	—	20	23.8	—	—
12	66.7	14	22.4	(2) 21.8	(1) 25.4	(1) 24.8	3	70.3	14	4.5	14	—	1.0	—	—	14	24.2	—	—
8	65.9	8	25.0	(1) 24.5	(1) 28.5	(2) 22.6	6	80.8	8	4.1	8	—	0.2	—	—	8	24.0	—	—
17	66.1	16	23.6	(2) 22.2	(8) 25.5	(2) 22.3	4	84.5	17	4.0	17	—	2.0	—	—	15	24.1	—	—
3	66.9	2	22.8	(1) 21.2	—	—	—	—	3	5.8	3	—	—	—	—	2	24.0	—	—
12	65.7	14	22.6	(4) 22.8	(3) 22.3	(1) 23.0	4	86.0	14	5.4	15	—	1.0	—	—	14	22.7	—	—
14	65.7	14	23.5	(1) 21.4	(3) 22.5	(2) 22.2	7	85.0	14	5.2	14	—	1.0	—	—	14	22.8	1	1.0269
10	67.6	10	21.8	(2) 21.4	—	(2) 22.6	—	—	10	3.8	10	—	2.0	—	—	9	22.0	—	—
2	67.6	3	21.8	(2) 21.6	—	—	—	—	3	5.0	3	—	0.5	—	—	3	23.1	—	—
—	—	1	21.8	—	—	—	—	—	1	5.0	1	—	—	—	—	1	22.8	—	—
351	—	375	—	6[illegible]	56	54	37	—	382	—	396	—	19.3	—	—	372	—	1	—
—	65.75	—	23.6	22.8	24.6	23.3	—	82.8	—	3.8	—	—	—	—	—	—	24.0	—	1.0269

Position der Zone		Wetter nach Beaufort's Bezeichnung. (Häufigkeit.)		Häufigkeit der verschied. Wolkenformen	Häufigkeit von Seegang u. Dünung aus:	Mittel der Meeres-Temperatur	Bemerkungen über einzelne beobachtete Triftströmungen.
25°—26° N. Br.	25°—30° W. L.	Summe d. Beobacht.: 118		111	33	24.4° C.	
		Böen	Himmelsansicht	cirr. 12	N 8		N 50° E 24 E 10 S 55° W 6 N 68° W 7
		t —	b 12	cirr.c 6	NE —		S 79° E 6 S 77° W 20
		l —	c 92	cirr.s 7	E 4		S 62° E 13 S 84° W 20
		q 4	o 4	Str. 3	SE —		S 88° W 10
		u —	g —	W-c 2	S 2		
		Hydrometeore	Zustand der Luft	Cum. 63	SW —		
		h —	v —	Cum.st 11	W 9		
		r —	w 2	Nimb. 7	NW 6		
		s —	m 8		†See —		
		d 1	f —		glatt 4		
26°—27° N. Br.	25°—30° W. L.	Summe d. Beobacht.: 93		88	23	24.4° C.	
		Böen	Himmelsansicht	cirr. 14	N 5		S 6° E 9 S 36° W 10 N 45° W 8
		t —	b 23	cirr.c —	NE —		
		l —	c 64	cirr.s 1	E 6		
		q 2	o 3	Str. 7	SE —		
		u —	g 1	W-c —	S 1		
		Hydrometeore	Zustand der Luft	Cum. 54	SW —		
		h —	v —	Cum.st 9	W 9		
		r —	w —	Nimb. 3	NW 2		
		s —	m —		†See —		
		d —	f —		glatt —		
27°—28° N. Br.	25°—30° W. L.	Summe d. Beobacht.: 80		80	15	23.9° C.	
		Böen	Himmelsansicht	cirr. 5	N 1		S 17° W 19 W 8
		t —	b 13	cirr.c 2	NE —		S 45° W 12 N 51° W 6
		l —	c 64	cirr.s 3	E 4		N 56° W 7
		q —	o 3	Str. 3	SE —		
		u —	g —	W-c —	S 2		
		Hydrometeore	Zustand der Luft	Cum. 52	SW —		
		h —	v —	Cum.st 12	W 8		
		r —	w —	Nimb. 3	NW —		
		s —	m —		†See —		
		d —	f —		glatt —		
28°—29° N. Br.	25°—30° W. L.	Summe d. Beobacht.: 64		61	12	23.9° C.	
		Böen	Himmelsansicht	cirr. 9	N —		N 7 S 45° W 14 N 79° W 10
		t —	b 7	cirr.c —	NE —		S 79° W 10 N 79° W 21
		l —	c 51	cirr.s 1	E —		S 85° W 13
		q —	o 4	Str. 1	SE —		
		u —	g —	W-c 1	S 11		
		Hydrometeore	Zustand der Luft	Cum. 38	SW —		
		h —	v —	Cum.st 7	W 1		
		r —	w 2	Nimb. 4	NW —		
		s —	m —		†See —		
		d —	f —		glatt —		
29°—30° N. Br.	25°—30° W. L.	Summe d. Beobacht.: 48		46	12	22.6° C.	
		Böen	Himmelsansicht	cirr. 3	N 1		N 17° E 20
		t —	b 5	cirr.c 1	NE 1		
		l 1	c 34	cirr.s —	E —		
		q 1	o 6	Str. —	SE —		
		u —	g —	W-c —	S 10		
		Hydrometeore	Zustand der Luft	Cum. 35	SW —		
		h —	v —	Cum.st 1	W —		
		r —	w —	Nimb. 6	NW —		
		s —	m 1		†See —		
		d —	f —		glatt —		

Bemerkungen

Ueber Wind.

Unter-☐	Jahr	Tag		
59.	69.	26.	12^h M.	Der starke ESE-Wind geht beim Segeln nach W allmählich nach S und wird flau.
69.	74.	23.	8^h N.	Der starke NW-Wind geht durch N in den NE-Passat über, der beim Segeln nach W bald flau wird.
77.	75.	4.	12^h M.	Der mässige NE-Wind wird flau und krimpt nach NW. Nach 24 Stunden setzt leichter NE-Passat ein, der beim Segeln nach S allmählich zur starken Brise auffrischt.
85.	68.	12.	8^h M.	Der stürmische N-Wind wird veranderlich und flau. Um 8^h N. starkes Wetterleuchten im N. Am 18. in 26° n. Br. und 27° w. L. setzt frischer NE-Passat ein, der beim Segeln nach SW und W stetig bleibt.
87.	77.	2.	4^h M.	Der leichte S-Wind geht allmählich durch W nach NW. Am 4. in 27° n. Br. und 29° w. L. setzt mässiger NE-Passat ein, der beim Segeln nach SW und W mehr auffrischt.

Sonstige Bemerkungen.

57.	69.	26.	4^h M.	Mondhof. Sternschnuppen.
69.	77.	27.	12^h N.	Mondregenbogen.

Höchster Barometerstand: **770.8** mm am 14. Oktober 1873 in 29° n. Br. und 27° w. L. bei mässigem ENE-Winde und halb bewölktem Himmel.

Niedrigster „ „ : **760.0** mm am 2. Oktober 1880 in 25° n. Br. und 26° w. L. bei mässigem SW-Winde und heiterem Himmel.

Höchste Lufttemperatur: **30.4**° Cels. am 13. Oktober 1880 in 26° n. Br. und 25° w. L. bei flauem W-Winde und heiterem Himmel.

Niedrigste „ „ **18.7**° Cels. am 22. Oktober 1874 in 29° n. Br. und 26° w. L. bei mässigem NE-Winde und halb bewölktem Himmel.

Position		Windbeobachtungen																						
Breite N	Länge W	Anzahl der Beob.	Alle Winde, Variabeln und Stillen																		Stürme			
			N	NNE	NE	ENE	E	ESE	SE	SSE	S	SSW	SW	WSW	W	WNW	NW	NNW	Var.	Stillen	N bis ENE	E bis SSE	S bis WSW	W bis NNW
20°—21°	20°—21°	32	—	2	7	3	4	1	—	—	1	1	7	2	1	1	—	1	—	1	—	—	—	—
	21°—22°	26	2	3	7	3	2	—	—	—	—	1	2	1	1	—	2	2	—	—	—	—	—	—
	22°—23°	36	1	4	8	4	—	—	1	3	2	5	2	3	1	—	—	—	—	4	—	—	—	—
	23°—24°	50	2	2	9	8	4	2	—	—	5	3	2	—	—	—	4	1	3	5	—	—	—	—
	24°—25°	94	6	16	12	22	12	8	1	2	—	3	1	1	—	2	3	2	—	3	—	—	—	—
21°—22°	20°—21°	20	2	—	6	3	2	—	—	—	—	—	—	—	1	1	3	2	—	—	—	1	—	—
	21°—22°	49	—	7	7	12	4	—	—	—	1	3	9	2	2	—	1	—	1	—	1	—	—	—
	22°—23°	30	—	6	10	4	—	—	—	—	—	1	5	—	—	1	3	—	—	—	—	—	—	—
	23°—24°	50	5	3	10	8	4	6	—	—	—	3	1	2	2	3	1	—	—	2	—	—	—	—
	24°—25°	109	3	8	16	18	17	16	3	5	4	4	1	4	2	—	4	—	—	4	—	—	—	—
22°—23°	20°—21°	35	3	5	6	5	5	1	—	—	—	1	4	1	—	1	2	1	—	—	—	—	2	—
	21°—22°	29	—	6	5	4	5	1	—	—	—	—	7	—	—	1	—	—	—	—	—	—	—	—
	22°—23°	60	—	8	11	8	13	4	—	1	—	1	8	—	—	2	1	3	—	5	—	—	—	—
	23°—24°	70	5	6	17	7	12	7	4	2	1	2	1	—	3	2	—	1	—	—	—	—	—	—
	24°—25°	72	1	5	18	14	13	9	2	2	1	—	2	1	1	2	1	—	—	—	—	—	—	—
23°—24°	20°—21°	37	1	4	7	9	1	2	1	—	—	1	4	—	1	—	3	1	—	2	—	—	—	—
	21°—22°	34	—	11	8	—	4	2	—	—	—	—	2	—	—	2	2	2	—	1	—	—	—	—
	22°—23°	51	—	8	12	5	4	3	2	3	—	1	7	1	—	—	2	2	1	—	—	—	—	—
	23°—24°	80	5	4	14	9	13	14	4	1	1	1	8	2	1	2	—	5	—	1	—	—	—	—
	24°—25°	72	2	7	12	6	9	10	1	—	2	4	5	3	5	1	2	—	2	1	—	1	—	[illegible]
24°—25°	20°—21°	33	—	7	3	2	8	—	—	—	—	2	5	3	—	1	—	1	—	1	—	—	—	[illegible]
	21°—22°	59	3	12	6	3	6	3	—	—	—	3	7	2	5	3	1	—	—	5	—	—	—	—
	22°—23°	67	3	12	9	7	8	11	5	—	—	1	3	2	—	2	2	—	1	1	—	—	—	—
	23°—24°	89	4	18	8	12	3	20	3	—	—	1	6	4	7	1	1	3	2	1	—	—	1	[illegible]
	24°—25°	60	—	3	10	2	15	7	4	1	4	—	1	2	2	4	—	—	—	3	—	1	—	[illegible]
Fünfgrad-Feld	Summen	1344	48	157	238	178	168	127	31	20	22	40	95	86	35	32	38	27	10	42	1	5	3	[illegible]
	Mittlere Windstärke		3.0	3.4	3.8	4.1	4.5	4.1	3.5	2.6	3.3	3.3	4.3	3.4	3.2	3.0	2.5	3.1	1.9	0	8.0	8.0	8.3	[illegible]

November.

Barometer 700mm+		Thermometer Cels. Gr. (Temperatur der Luft)					Relative Feuchtigkeit		Bedeckung des Himmels		Niederschläge					Meeresoberfläche			
				Anzahl und Mittel								Dauer in Stunden				Temperatur		Spezif. Gewicht	
Anzahl der Beob.	Mittel mm	Anzahl der Beob.	Rohes Mittel	1h M.	4h N.	12h N.	Anzahl der Beob.	Prozente	Anzahl der Beob.	Mittel (0—10)	Anzahl der Beob.-wachen	Nebel	Regen	Schnee	Hagel	Anzahl der Beob.	Grade Celsius	Anzahl der Beob.	Mittel d. Aräom.-angaben
29	61.4	31	23.8	(8) 23.1	(3) 25.1	(2) 24.8	6	80.5	32	2.9	32	—	—	—	—	31	23.7	1	1.0264
26	62.2	25	23.7	(7) 23.0	(4) 24.0	(1) 23.9	13	79.8	24	4.2	26	—	—	—	—	25	23.8	—	—
30	61.5	34	23.8	(6) 23.5	(8) 23.9	(6) 23.5	19	86.1	36	4.5	36	—	—	—	—	34	23.8	6	1.0280
52	62.9	50	24.2	(9) 23.5	(9) 24.8	(8) 23.6	24	82.2	50	3.3	52	—	1.0	—	—	45	24.1	1	1.0270
88	62.8	92	23.8	(10) 23.1	(18) 24.3	(20) 23.3	41	80.7	96	4.1	96	0.5	3.5	—	—	86	24.4	5	1.0276
20	62.8	20	24.1	(5) 22.9	(3) 26.2	(1) 20.8	8	82.1	20	3.2	20	—	—	—	—	20	23.4	—	—
46	62.7	43	23.1	(13) 22.8	(2) 24.6	(7) 22.8	16	82.4	47	4.0	49	—	1.0	—	—	43	23.0	3	1.0268
29	62.2	30	23.9	(5) 23.4	(7) 24.5	(1) 23.3	15	78.5	30	4.2	31	—	—	—	—	28	24.0	2	1.0293
46	63.0	51	23.7	(6) 22.4	(7) 25.4	(3) 23.0	19	80.8	50	4.3	51	0.5	1.5	—	—	40	24.0	2	1.0272
102	63.2	105	23.7	(17) 22.4	(20) 24.6	(19) 22.9	40	82.6	108	3.7	110	—	2.0	—	—	104	24.2	14	1.0277
34	63.1	35	23.1	(8) 22.9	(4) 23.8	(6) 22.8	15	84.6	35	3.7	35	—	5.5	—	—	35	23.5	—	—
26	61.7	27	23.3	(5) 22.5	(3) 22.6	(5) 23.7	16	82.8	24	4.0	29	—	0.5	—	—	24	23.5	3	1.0289
56	63.2	61	23.9	(12) 23.3	(8) 24.6	(4) 22.5	28	81.6	60	4.1	61	—	1.0	—	—	57	23.9	—	—
64	64.0	66	23.2	(17) 22.8	(8) 23.8	(13) 22.5	26	79.8	70	3.7	70	—	1.0	—	—	66	23.9	3	1.0279
66	63.8	70	23.1	(11) 22.3	(9) 23.0	(11) 22.8	20	80.3	70	3.9	72	—	1.0	—	—	64	24.0	4	1.0282
41	62.9	41	23.1	(5) 22.1	(8) 23.7	(3) 22.3	21	84.1	41	3.8	41	—	1.0	—	—	39	23.3	1	1.0271
30	63.5	34	22.9	(4) 22.2	(7) 23.8	(6) 22.3	16	80.3	32	3.2	34	—	0.5	—	—	31	23.8	6	1.0282
51	64.2	50	23.1	(10) 22.8	(6) 23.0	(9) 22.7	14	82.4	50	5.1	53	—	9.0	—	—	47	23.5	2	1.0266
72	63.7	73	23.0	(11) 22.5	(12) 23.5	(10) 22.6	22	80.8	81	4.1	81	—	2.5	—	—	71	23.5	2	1.0278
68	62.8	68	23.2	(11) 22.7	(10) 24.1	(15) 22.4	22	83.8	70	4.8	72	—	3.5	—	—	66	23.9	3	1.0274
33	62.6	32	23.0	(5) 21.8	(6) 24.1	(6) 22.3	13	80.3	32	3.9	33	—	0.5	—	—	32	23.0	4	1.0289
56	64.5	59	22.9	(12) 22.4	(8) 23.6	(9) 22.3	22	82.3	55	3.5	59	—	1.5	—	—	52	23.3	2	1.0288
61	64.3	65	22.7	(14) 21.9	(6) 23.3	(7) 22.0	13	78.3	65	3.4	67	—	5.0	—	—	64	23.2	4	1.0282
77	63.6	79	22.8	(15) 21.9	(10) 24.3	(11) 22.1	14	78.4	88	3.9	89	—	4.5	—	—	70	23.5	4	1.0279
51	63.3	60	23.2	(10) 22.2	(11) 24.0	(7) 22.9	27	84.6	58	4.3	60	—	3.5	—	—	58	23.9	6	1.0273
1248	—	1301	—	(236) —	(195) —	(240) —	494	—	1324	—	1359	1.0	49.5	—	—	1246	—	78	—
—	63.22	—	23.3	22.6	24.1	22.7	—	81.8	—	4.0	—	—	—	—	—	—	23.7	—	1.0280

Position der Zone		Wetter nach Beaufort's Bezeichnung. (Häufigkeit.)			Häufigkeit der verschied. Wolkenformen	Häufigkeit von Seegang u. Dünung aus:	Mittel der Meeres-Temperatur	Bemerkungen über einzelne beobachtete Triftströmungen.			
20°—21° N. Br.	20°—25° W. L.	Summe d. Beobacht.: 275			239	164	24.1° C.				
		Böen		Himmelsansicht	cirr. 21	N 36		N 14	S 84° E 13	S 27	W 10
		t —		b 50	cirr. c 23	NE 29		N 43° E 7	S 39° E 9	S 2° W 24	W 15
		l 3		c 178	cirr. s 7	E 36		N 84° E 19	S 24° E 15	S 7° W 16	N 79° W 7
		q 8		o 18	Str. 14	SE —			S 14° E 10	S 14° W 30	N 70° W 9
		u —		g 5	W-c 4	S 4			S 4° E 14	S 21° W 18	N 80° W 9
		Hydrometeore		Zustand der Luft	Cum. 128	SW 6				S 79° W 6	N 28° W 8
		h —		v 12	Cum.-st 20	W 14					
		r 2		w 4	Nimb. 13	NW 17					
		s —		m 4		†See 14					
		d —		f 1		glatt 9					
21°—22° N. Br.	20°—25° W. L.	Summe d. Beobacht.: 296			286	139	23.8° C.				
		Böen		Himmelsansicht	cirr. 35	N 29		N 21° E 6	E 7	S 34° W 12	W 13
		t 2		b 32	cirr. c 26	NE 21		N 87° E 10	S 45° E 8	S 36° W 9	W 15
		l 5		c 210	cirr. s 13	E 37			S 36° E 8	S 37° W 6	W 15
		q 5		o 14	Str. 23	SE —			S 33° E 16	S 39° W 9	N 82° W 8
		u —		g 2	W-c 3	S 5			S 23° E 16	S 48° W 8	N 70° W 11
		Hydrometeore		Zustand der Luft	Cum. 149	SW 4				S 74° W 11	N 26° W 13
		h —		v 9	Cum.-st 19	W 20				S 84° W 10	N 11° W 19
		r 4		w 5	Nimb. 18	NW 8				S 85° W 26	
		s —		m 7		†See 13					
		d —		f 1		glatt 2					
22°—23° N. Br.	20°—25° W. L.	Summe d. Beobacht.: 308			274	157	23.6° C.				
		Böen		Himmelsansicht	cirr. 33	N 28			S 61° E 6	S 11° W 12	N 76° W 16
		t 3		h 41	cirr. c 14	NE 25			S 51° E 10	S 61° W 25	N 68° W 11
		l 6		c 196	cirr. s 14	E 45			S 11° E 9	S 63° W 27	N 49° W 12
		q 9	1	o 17	Str. 12	SE 2				S 72° W 7	
		u —		g 7	W-c 2	S 1				S 84° W 9	
		Hydrometeore		Zustand der Luft	Cum. 155	SW 3					
		h —		v 7	Cum.-st 33	W 16					
		r 1		w 2	Nimb. 11	NW 7					
		s —		m 18		†See 28					
		d —		f —		glatt 2					
23°—24° N. Br.	20°—25° W. L.	Summe d. Beobacht.: 303			290	176	23.6° C.				
		Böen		Himmelsansicht	cirr. 30	N 34		N 68° E 16	S 49° E 15	S 7° W 27	W 16
		t 1		b 40	cirr. c. 28	NE 30			S 47° E 24	S 29° W 22	N 63° W 9
		l 2		c 211	cirr. s 12	E 28			S 43° E 13	S 40° W 20	N 62° W 13
		q 8		o 21	Str. 26	SE 6				S 50° W 11	N 55° W 12
		u —		g 12	W-c 1	S 3				S 52° W 20	N 52° W 12
		Hydrometeore		Zustand der Luft	Cum. 143	SW 2				S 56° W 12	N 45° W 15
		h —		v 4	Cum.-st 34	W 17				S 70° W 15	N 17° W 9
		r 3		w 1	Nimb. 16	NW 14				S 84° W 18	
		s —		m 5		†See 39					
		d —		f —		glatt 3					
24°—25° N. Br.	20°—25° W. L.	Summe d. Beobacht.: 326			298	160	23.4° C.				
		Böen		Himmelsansicht	cirr. 38	N 37			S 83° E 8	S 14	W 14
		t —		b 44	cirr. c 24	NE 32			S 65° E 17	S 19° W 8	N 61° W 8
		l 5		c 237	cirr. s 12	E 20			S 56° E 8	S 27° W 8	N 51° W 8
		q 3		o 15	Str. 12	SE 2				S 36° W 17	
		u —		g 8	W-c 3	S 8				S 39° W 30	
		Hydrometeore		Zustand der Luft	Cum. 165	SW 2					
		h —		v 5	Cum.-st 31	W 12					
		r 1		w 4	Nimb. 13	NW 9					
		s —		m 7		†See 26					
		d —		f —		glatt 12					

Bemerkungen

Ueber Wind.

Unter-□	Jahr	Tag		
02.	73.	22.	4ʰ M.	Der mässige SW-Wind krimpt nach S und wird flau. Am 24. in 17° n. Br. und 26° w. L. setzt leichter NE-Passat ein, der beim Segeln nach S auffrischt.
02.	76.	14.	4ʰ M.	Der flaue W-Wind geht allmählich nach NW und wird still. Am 16. in 19° n. Br. und 24° w. L. setzt leichter NE-Passat ein, der beim Segeln nach S auffrischt.
04	78.	1.	4ʰ N.	Der flaue S-Wind geht nach SE und wird still. Nach 48 Stunden setzt leichter NE-Passat ein, der beim Segeln nach S mit veränderlicher Stärke durchsteht.
20.	72.	8.	4ʰ N.	Der mässige NE-Wind krimpt nach NW und wird veränderlich und flau. Am 11. in 18° n. Br. und 21° w. L. setzt frischer NE-Passat ein, der jedoch beim Segeln nach S wieder flau und veränderlich wird.
23.	76.	12.	12ʰ N.	Der stürmische SW-Wind, mit heftigen Gewittern und Regenböen (9), flaut allmählich zur mässigen Briese mit gutem Wetter ab. Am 15. in 19° n. Br. und 19° w. L. setzt leichter N-Wind ein, der beim Segeln nach S in den NE-Passat übergeht und auffrischt.
23.	78.	8.	12ʰ M.	Der mässige SW-Wind geht nach NW und wird flau. Nach 24 Stunden setzt leichter NE-Passat ein, der beim Segeln nach S allmählich auffrischt.
33.	77.	4.	12ʰ M.	Der leichte S-Wind geht durch E in den NE-Passat über, der jedoch beim Segeln nach S veränderlich in Richtung und Stärke bleibt.
33.	79.	28.	8ʰ N.	Der flaue WNW-Wind geht durch N in den NE-Passat über, der beim Segeln nach S flau und unbeständig bleibt.

Sonstige Bemerkungen.

Unter-□	Jahr	Tag		
00.	72.	10.	12ʰ M.	Ein Landvogel und viele Heuschrecken.
00.	80.	4.	8ʰ M.	Meeresfarbe grün.
03.	71.	16.	4ʰ N.	Die ersten fliegenden Fische. Meeres-Temperatur 23.9° Celsius.
04.	75.	2.	4ʰ M.	Stromkabbelung.
04.	75.	9.	12ʰ M.	Schaaren fliegender Fische. Meeres-Temperatur 24.1° Celsius.
04.	79.	21.	4ʰ N.	Die ersten fliegenden Fische. Meeres-Temperatur 23.3° Celsius.
04.	80.	10.	4ʰ M.	Schwaches Meerleuchten. Um 8ʰ M. Meeresfarbe grünblau.
10.	72.	9.	12ʰ M.	Grosse Heuschrecken.
11.	72.	5.	4ʰ M.	Starker Thau.
14.	75.	1.	8ʰ M.	Stromkabbelung. Viele fliegende Fische. Meeres-Temperatur 25.6° Celsius.
14.	78.	1.	8ʰ N.	Bei flauem S-Winde ziehen die Cir.-Wolken aus NW.
20.	72.	25.	4ʰ M.	Sternschnuppen.
24.	79.	23.	8ʰ M.	Die ersten fliegenden Fische. Meeres-Temperatur 22.0° Celsius.
31.	79.	19.	8ʰ N.	Walfische.
44.	80.	30.	12ʰ M.	Die ersten fliegenden Fische. Meeres-Temperatur 22.5° Celsius.

Höchster Barometerstand: **770.1** mm am 24. November 1880 in 24° n. Br. und 22° w. L. bei mässigem ESE-Winde und halb bewölktem Himmel.

Niedrigster " " : **751.4** mm am 29. November 1879 in 22° n. Br. und 24° w. L. bei steifem NW-Winde.

Höchste Lufttemperatur: **20.4**° Cels. am 16. November 1879 in 24° n. Br. und 23° w. L. bei leichtem WSW-Winde und heiterem Himmel.

Niedrigste " " : **19.8**° Cels. am 30. November 1869 in 24° n. Br. und 20° w. L. bei starkem E-Winde und heiterem Himmel.

Quadrat 75b.

Position Breite N	Position Länge W	Anzahl der Beob.	N	NNE	NE	ENE	E	ESE	SE	SSE	S	SSW	SW	WSW	W	WNW	NW	NNW	Var.	Stillen	Stürme N bis ENE	Stürme E bis SSE	Stürme S bis WSW	Stürme W bis NNW
20°—21°	25°—26°	65	—	—	10	17	19	13	—	—	—	2	1	1	—	—	—	—	1	1	1	—	—	—
	26°—27°	22	—	—	2	6	2	4	1	—	—	—	1	3	—	2	—	—	1	—	—	—	—	—
	27°—28°	3	—	3	—	—	—	—	—	—	—	—	—	—	—	—	—	—	—	—	—	—	—	—
	28°—29°	26	1	8	7	2	2	—	—	—	—	—	—	—	—	—	2	3	—	1	—	—	—	—
	29°—30°	19	2	1	2	1	6	—	1	—	—	—	—	—	3	1	1	1	—	—	—	—	—	—
21°—22°	25°—26°	57	—	—	9	14	16	13	—	1	4	—	—	—	—	—	—	—	—	—	—	—	—	
	26°—27°	22	1	1	1	1	2	1	3	—	—	—	3	3	2	—	1	1	—	2	—	—	—	—
	27°—28°	20	4	4	—	3	2	—	—	—	—	—	1	—	1	—	3	2	—	—	—	—	—	—
	28°—29°	16	1	1	3	4	6	1	—	—	—	—	—	—	—	—	—	—	—	—	—	—	—	—
	29°—30°	13	1	5	1	—	5	—	—	—	1	—	—	—	—	—	—	—	—	—	—	—	—	—
22°—23°	25°—26°	42	4	4	12	5	8	5	1	—	—	—	—	—	—	1	2	—	—	—	—	—	—	—
	26°—27°	22	2	3	2	5	3	—	—	—	—	—	1	—	1	1	1	1	1	1	—	—	—	—
	27°—28°	18	1	—	—	—	—	2	—	—	1	—	3	2	1	2	2	1	3	—	—	—	—	—
	28°—29°	6	—	—	—	4	2	—	—	—	—	—	—	—	—	—	—	—	—	—	—	—	—	—
	29°—30°	14	—	—	5	3	3	1	—	2	—	—	—	—	—	—	—	—	—	—	—	—	—	—
23°—24°	25°—26°	21	1	1	5	5	3	3	1	—	—	—	—	—	1	1	—	—	—	—	—	—	—	—
	26°—27°	16	—	—	5	1	2	—	—	—	—	—	2	2	1	1	—	—	—	2	—	—	—	—
	27°—28°	14	—	—	2	4	4	—	—	—	—	—	—	1	—	1	—	—	2	—	—	—	—	—
	28°—29°	4	—	—	—	1	3	—	—	—	—	—	—	—	—	—	—	—	—	—	—	—	—	—
	29°—30°	16	—	—	3	1	6	3	1	1	—	—	—	—	—	—	—	—	—	1	—	—	—	—
24°—25°	25°—26°	27	1	2	8	3	5	—	—	4	—	—	—	3	—	—	—	—	1	—	—	—	—	—
	26°—27°	14	—	5	4	—	—	3	—	—	1	—	—	—	—	—	—	—	1	—	—	—	—	—
	27°—28°	6	—	—	2	—	1	—	—	2	—	1	—	—	—	—	—	—	—	—	—	—	—	—
	28°—29°	16	—	1	1	—	—	2	—	2	2	1	—	—	2	2	2	—	1	—	—	—	—	—
	29°—30°	20	—	—	2	—	1	2	3	2	4	1	—	—	—	—	3	—	—	2	—	—	—	—
Fünfgrad-Feld	Summen	519	**19**	**39**	**86**	**80**	**101**	**53**	11	**14**	13	5	12	15	12	12	**17**	9	11	10	1	—	—	[illegible]
	Mittlere Windstärke		3.0	2.8	3.6	4.4	4.3	4.7	3.0	3.2	2.6	2.6	2.5	2.9	2.2	2.6	3.1	2.6	2.0	0	8.0	—	—	[illegible]

November.

Barometer 700mm +		Thermometer Cels. Gr. (Temperatur der Luft)					Relative Feuchtigkeit		Bedeckung des Himmels		Niederschläge					Meeresoberfläche			
				Anzahl und Mittel								Dauer in Stunden				Temperatur		Spezif. Gewicht	
Anzahl der Beob.	Mittel mm	Anzahl der Beob.	Rohes Mittel	4h M.	4h N.	12h N.	Anzahl der Beob.	Procente	Anzahl der Beob.	Mittel (0–10)	Anzahl der Beobachtungen	Nebel	Regen	Schnee	Hagel	Anzahl der Beob.	Grade Celsius	Anzahl der Beob.	Mittel d. Aräom.-angaben
47	63.0	60	24.3	10 / 23.4	14 / 24.8	6 / 24.4	22	86.2	64	4.1	66	—	1.5	—	—	56	24.7	4	1.0270
19	63.0	22	24.2	4 / 23.8	3 / 24.5	3 / 24.1	4	91.5	21	5.3	22	—	1.8	—	—	21	24.6	—	—
3	65.2	3	25.7	—	1 / 25.7	—	3	84.7	3	2.0	3	—	—	—	—	3	24.6	—	—
22	62.9	26	23.9	6 / 23.2	4 / 25.3	4 / 23.7	4	86.0	24	3.5	26	—	1.0	—	—	16	24.5	2	1.0276
14	64.0	19	24.3	3 / 23.2	2 / 25.0	3 / 24.1	7	76.9	19	4.2	19	—	2.0	—	—	19	25.0	1	1.0280
51	63.5	53	23.7	13 / 23.0	5 / 24.3	7 / 23.4	12	89.4	53	4.3	57	—	0.5	—	—	49	24.5	—	—
22	62.1	22	24.0	4 / 23.3	3 / 24.5	2 / 22.9	12	87.4	22	5.0	22	—	0.5	—	—	22	24.7	2	1.0280
19	64.6	20	23.8	6 / 22.8	2 / 24.0	3 / 23.1	11	74.8	20	2.4	20	—	—	—	—	20	24.1	—	—
11	64.3	16	24.4	1 / 23.9	3 / 24.6	2 / 23.3	6	75.0	14	3.7	16	—	0.5	—	—	15	24.6	—	—
11	65.0	18	24.1	4 / 24.0	1 / 24.5	2 / 23.8	1	79.0	18	3.6	13	—	1.0	—	—	8	25.4	—	—
[illegible]	63.6	40	23.5	5 / 22.8	9 / 23.5	3 / 22.7	5	91.6	41	4.3	42	—	1.0	—	—	37	24.1	2	1.0276
[illegible]	63.7	22	23.6	3 / 22.9	2 / 24.7	7 / 23.1	8	79.6	22	4.0	22	—	1.0	—	—	22	24.4	1	1.0278
[illegible]	62.0	18	23.5	5 / 22.3	3 / 24.4	2 / 22.6	12	74.1	18	3.6	18	—	0.5	—	—	7	24.8	—	—
[illegible]	65.0	6	24.0	—	2 / 23.8	1 / 24.4	—	—	4	2.5	6	—	—	—	—	6	24.4	—	—
[illegible]	64.7	14	23.8	3 / 22.9	3 / 25.1	2 / 22.2	1	86.0	14	3.3	14	—	0.5	—	—	9	25.1	1	1.0274
[illegible]	63.2	21	23.2	7 / 22.4	3 / 24.3	2 / 22.2	6	86.7	21	4.4	21	—	1.0	—	—	19	23.9	—	—
[illegible]	63.6	16	23.8	3 / 22.6	3 / 24.5	2 / 23.0	14	76.3	16	3.0	16	—	1.0	—	—	16	24.1	—	—
[illegible]	63.6	14	23.2	4 / 22.2	1 / 24.2	3 / 23.3	3	81.0	18	3.3	14	—	1.0	—	—	14	24.2	—	—
[illegible]	64.4	4	23.8	1 / 24.7	—	1 / 22.9	2	79.5	3	4.3	4	—	—	—	—	4	24.4	—	—
[illegible]	63.3	13	24.6	2 / 24.5	1 / 23.4	2 / 23.7	1	81.0	16	3.1	16	—	0.5	—	—	13	24.9	1	1.0279
[illegible]	64.0	27	22.9	3 / 22.4	5 / 23.1	4 / 21.9	14	76.1	27	4.7	27	—	1.5	—	—	25	23.6	—	—
[illegible]	65.8	14	23.6	5 / 23.4	2 / 23.8	2 / 22.6	3	76.7	14	3.4	14	—	—	—	—	14	24.2	—	—
[illegible]	65.9	5	24.4	1 / 21.6	—	—	—	—	4	3.8	6	—	—	—	—	5	23.3	—	—
[illegible]	62.9	14	23.8	4 / 23.0	2 / 24.4	2 / 23.6	—	—	16	4.6	16	—	—	—	—	14	24.1	—	—
[illegible]	63.2	18	24.0	1 / 24.2	2 / 24.4	2 / 22.7	—	—	19	4.9	20	—	0.5	—	—	18	24.4	2	1.0271
[illegible]	—	500	—	91	76	67	151	—	501	—	520	—	17.3	—	—	452	—	16	—
[illegible]	63.58	—	23.8	23.1	24.4	23.3	—	81.0	—	4.0	—	—	—	—	—	—	24.4	—	1.0275

Monat

Quadrat 75b. ....

Wetter nach Beaufort's Bezeichnung. (Häufigkeit.)		Häufigkeit der verschied. Wolkenformen	Häufigkeit von Seegang u. Dünung aus:	Mittel der Meeres-Temperatur	Bemerkungen über einzelne beobachtete Triftströmungen.			
Summe d. Beobacht.: 142		189	81					
Böen	Himmelsansicht	cirr. 10	N 21		N 69° E 20	S 68° E 9	S 8	N 77° W 17
t —	b 11	cirr.c 11	NE 6			S 40° E 12	S 27° W 7	N 68° W 16
l —	c 105	cirr.s 9	E 24			S 14° E 11	S 35° W 18	N 45° W 8
q 4	o 7	Str. 10	SE —				S 47° W 16	
u —	g 2	W-c 3	S —	24.7° C.			S 47° W 22	
Hydrometeore	Zustand der Luft	Cum. 81	SW —				S 72° W 6	
h —	v —	Cum.st 9	W —					
r —	w 2	Nimb. 6	NW 10					
a —	m 11		†See 16					
d —	f —		glatt 4					
Summe d. Beobacht.: 147		128	84					
Böen	Himmelsansicht	cirr. 13	N 35			S 17° E 9	S 11° W 11	
t —	b 16	cirr.c 10	NE 3			S 27° E 12	S 14° W 27	
l —	c 97	cirr.s 7	E 22				S 41° W 17	
q 5	o 8	Str. 8	SE —				S 50° W 10	
u —	g 3	W-c 3	S 4	24.8° C.			S 70° W 16	
Hydrometeore	Zustand der Luft	Cum. 75	SW —				S 72° W 13	
h —	v —	Cum.st 11	W —					
r —	w 2	Nimb. 1	NW 15					
s —	m 14		†See 2					

Bemerkungen

Ueber Wind.

Unter-□	Jahr	Tag		
06.	76.	8.	12h M.	Der mässige ENE-Wind krimpt durch N nach SW und wird flau. Am 14. in 15° n. Br. und 26° w. L. setzt leichter NE-Passat ein, der beim Segeln nach S allmählich auffrischt.
19.	76.	8.	8h N.	Der mässige NE-Wind krimpt durch N nach W und wird flau. Am 16. in 17° n. Br. und 32° w. L. setzt leichter NE-Passat ein, der beim Segeln nach W flau und unbeständig bleibt.
49.	71.	30.	8h M.	Der flaue WNW-Wind geht in den NE-Passat über, der beim Segeln nach SW und W bald auffrischt.

Sonstige Bemerkungen.

05.	69.	29.	4h M.	Sehr dunstige Luft. Segel und Tauwerk mit rothem Staub bedeckt.
05.	74.	18.	8h M.	Meeresfarbe grünblau.
08.	74.	1.	4h M.	Sternschnuppen. Um 12h M. eine grosse Schildkröte.
25.	76.	7.	12h N.	Viele Sternschnuppen.
46.	71.	29.	8h N	Sehr starker Thau.

Höchster Barometerstand: **770.5** mm am 17. November 1890 in 20° n. Br. und 25° w. L. bei frischem E-Winde und heiterem Himmel.

Niedrigster „ „ : **752.2** mm am 11. November 1876 in 24° n. Br. und 28° w. L. bei starkem SW-Winde und wolkigem Himmel.

Höchste Lufttemperatur: **28.6**° Cels. am 7. November 1878 in 20° n. Br. und 25° w. L. bei leichtem E-Winde und halb bewölktem Himmel.

Niedrigste „ „ **21.1**° Cels. am 24. November 1870 in 21° n. Br. und 25° w. L. bei flauem E-Winde und halb bewölktem Himmel.

Quadrat 75c. …………

Windbeobachtungen

Alle Winde, Variabeln und Stillen

ENE	E	ESE	SE	SSE	S	SSW	SW	WSW	W	WNW	NW
4	4	1	—	—	3	3	3	2	1	2	1
8	17	5	8	8	8	12	9	1	—	8	1
13	7	15	4	—	—	6	6	2	3	1	1
9	4	11	2	—	—	5	4	1	4	8	3
5	6	6	7	8	—	2	1	—	—	—	1
13	9	2	2	—	2	—	2	2	3	2	4
7	8	10	4	—	—	1	6	—	2	—	4
11	6	9	2	—	6	8	8	4	4	3	4
—	5	3	4	1	2	7	3	—	1	6	5
4	2	2	8	1	2	—	2	2	—	2	7
6	7	5	5	4	8	4	7	5	4	1	4
7	8	12	1	8	5	2	3	6	7	2	2
9	—	6	8	1	4	2	5	10	8	—	2
6	4	4	5	2	2	6	8	7	—	7	8
—	—	6	1	—	5	10	9	8	—	4	—
4	7	5	8	2	7	6	—	1	4	5	2
7	6	11	8	—	9	2	7	3	6	1	4

November.

.... 25°—30° N. B. und 20°—25° W. L.

Barometer 700mm+		Thermometer Cels. Gr. (Temperatur der Luft)					Relative Feuchtigkeit		Bedeckung des Himmels		Niederschläge				
				Anzahl und Mittel								Dauer in Stunden			
Anzahl der Beob.	Mittel mm	Anzahl der Beob.	Rohes Mittel	4h M.	4h N.	12h N.	Anzahl der Beob.	Prozente	Anzahl der Beob.	Mittel (0—10)	Anzahl der Beob.-wachen	Nebel	Regen	Schnee	Hagel
35	64.6	33	22.2	8 21.3	7 22.9	5 21.7	13	75.8	35	4.0	35	—	0.5	—	—
69	63.6	82	22.5	12 21.8	13 23.1	15 21.8	31	84.0	89	4.6	92	—	2.5	—	—
75	63.4	76	22.7	12 21.0	12 23.2	11 22.4	17	80.3	85	3.6	85	—	4.5	—	—
62	63.8	68	22.9	12 22.2	10 22.9	11 22.4	23	84.0	69	4.0	73	—	2.5	—	—
44	63.4	52	22.8	7 21.9	10 23.6	5 22.6	24	78.1	52	4.8	54	—	2.0	—	—
58	63.8	56	22.0	8 21.6	9 22.7	8 21.7	25	77.7	57	4.0	59	—	1.0	—	—
68	64.6	69	22.2	15 21.6	9 22.6	10 22.1	25	79.3	75	4.4	75	—	1.5	—	—
64	63.5	65	22.3	10 21.9	11 22.4	7 21.7	20	85.8	74	3.6	74	—	4.5	—	—
53	63.8	54	22.2	9 21.5	10 23.2	6 21.7	15	78.3	50	4.0	61	—	3.0	—	—
41	60.9	43	21.9	8 20.9	7 21.9	8 20.8	11	84.3	44	4.4	45	—	7.5	—	—
78	62.8	76	22.2	17 21.5	9 22.7	11 21.9	57	82.2	71	4.9	76	—	4.5	—	—
73	64.4	89	23.3	17 21.1	12 22.9	14 21.5	25	81.4	92	4.2	87	—	4.0	—	—
47	62.0	51	22.0	14 21.7	4 21.9	10 22.0	9	88.0	50	4.9	53	—	5.5	—	—
60	63.5	63	21.7	13 20.9	7 22.9	9 21.7	15	80.2	60	5.2	65	—	5.0	—	—
45	55.3	81	21.7	3 21.7	7 21.7	5 21.7	5	80.2	45	6.0	47	—	8.5	—	—
58	64.2	70	21.8	11 21.2	13 22.5	10 20.9	25	78.2	72	5.1	73	—	4.5	—	—
63	63.5	76	22.1	10 21.1	13 22.8	6 21.7	18	82.8	80	4.5	84	—	4.0	—	—
48	63.8	51	21.3	8 20.9	8 21.6	11 20.7	8	87.6	49	5.3	52	—	5.0	—	—
55	62.6	58	21.5	12 21.0	6 21.8	11 21.5	22	84.6	51	5.7	58	—	10.0	—	—
24	59.7	19	21.5	2 21.2	4 21.0	5 21.3	8	92.2	26	7.0	26	—	16.5	—	—
46	64.2	54	21.2	12 20.9	6 21.3	9 21.8	4	91.0	55	4.6	56	—	10.0	—	—
66	63.1	84	21.2	18 20.9	12 22.0	13 20.5	20	82.2	87	5.0	89	—	11.0	—	—
54	64.0	50	21.6	8 22.1	9 22.0	6 21.2	7	88.3	54	5.1	58	—	9.5	—	—
59	61.7	61	21.2	9 21.2	11 21.5	10 21.0	20	84.7	61	5.2	61	—	24.0	—	—
31	62.8	24	21.3	3 21.9	5 21.2	2 20.9	6	86.7	31	4.9	31	—	10.5	—	—
1696	—	1449	—	278 —	224 —	218 —	433	—	1511	—	1571	—	162.0	—	—
—	63.15	—	22.0	21.4	22.5	21.5	—	82.1	—	4.7	—	—	—	—	—

Monat

Quadrat 75°. ....

Position der Zone		Wetter nach Beaufort's Bezeichnung. (Häufigkeit)			Häufigkeit der verschied. Wolkenformen	Häufigkeit von Seegang u. Dünung aus:	Mittel der Meeres-Temperatur	Bemerkungen über einzelne beobachtete Triftströmungen.			
25°—26° N. Br.	20°—25° W. L.	Summe d. Beobacht.: 803			819	200					
		Böen		Himmelsansicht	cirr. 39	N 37		N 34° E 13	S 6° W 9	S 84° W 11	N 56° W 22
		t 1		b 50	cirr.c 16	NE 26			S 24° W 11		N 21° W 20
		l 18		c 247	cirr.s 21	E 35		S 63° E 11	S 36° W 11		N 17° W 11
		q 18	1	o 26	Str. 25	SE 4		S 45° E 8	S 38° W 13		N 41° W 6
		u 5		g 7	W-c 2	S 22	23.[illegible]° C.		S 56° W 9		
		Hydrometeore		Zustand der Luft	Cum. 188	SW 7			S 64° W 11		
		b —		v 7	Cum. st 22	W 15			S 68° W 8		
		r 2		w 4	Nimb. 11	NW 22			S 71° W 10		
		s —		m 6		†See 32			S 74° W 20		
		d —		f —		glatt —			S 83° W 18		
26°—27° N. Br.	20°—25° W. L.	Summe d. Beobacht.: 303			316	178					
		Böen		Himmelsansicht	cirr. 49	N 26		N 13° E 25	S 8	S 86° W 15	W 13
		t —		b 43	cirr.c 26	NE 22		N 65° E 11	S 15	S 88° W 16	W 19
		l 3	1	c 240	cirr.s 11	E 30			S 6° W 21		N 74° W 10
		q 14	2	o 25	Str. 24	SE 2			S 11° W 9		N 73° W 10
		u 2		g 7	W-c 1	S 28	22.[illegible]° C.		S 29° W 10		N 58° W 14
		Hydrometeore		Zustand der Luft	Cum. 159	SW 4			S 34° W 11		
		b —		v 9	Cum. st 22	W 22			S 45° W 12		
		r 1		w 10	Nimb. 24	NW 16			S 53° W 19		
		s —		m 5		†See 26			S 61° W 14		
		d 1		f —		glatt —			S 86° W 17		
27°—28° N. Br.	20°—25° W. L.	Summe d. Beobacht.: 384			334	207					
		Böen		Himmelsansicht	cirr. 44	N 25		N 25° E 25	E 9	S 7° W 13	W 10
		t 1		b 29	cirr.c 9	NE 15		N 72° E 7	S 52° E 11	S 17° W 7	N 89° W 11
		l 11		c 233	cirr.s 15	E 45		N 79° E 16	S 44° E 18	S 31° W 11	N 85° W 17
		q 21	2	o 49	Str. 15	SE 2		N 89° E 12		S 45° W 17	N 65° W 16
		u —		g 3	W-c 3	S 35	22.[illegible]° C.			S 50° W 18	N 56° W 16
		Hydrometeore		Zustand der Luft	Cum. 174	SW 6				S 58° W 8	N 52° W 15
		b —		v 9	Cum. st 36	W 42				S 75° W 16	N 35° W 12
		r 8	1	w 5	Nimb. 38	NW 17				S 83° W 12	
		s —		m 12		†See 20					
		d —		f —		glatt —					
28°—29° N. Br.	20°—25° W. L.	Summe d. Beobacht.: 352			290	163					
		Böen		Himmelsansicht	cirr. 27	N 48		N 74° E 7	S 89° E 9	S 14	N 81° W 29
		t 4		b 19	cirr.c 10	NE 12			S 56° E 44	S 25° W 11	N 78° W 10
		l 9		c 210	cirr.s 11	E 25			S 27° E 12	S 45° W 6	N 56° W 27
		q 29	2	o 42	Str. 16	SE 2				S 60° W 16	N 22° W 8
		u —		g 5	W-c 15	S 18	22.[illegible]° C.			S 61° W 11	
		Hydrometeore		Zustand der Luft	Cum. 154	SW 8				S 74° W 13	
		b —		v 5	Cum. st 34	W 20				S 77° W 21	
		r 16		w 1	Nimb. 23	NW 15				S 83° W 29	
		s —		m 7		†See 14				S 84° W 19	
		d 3		f —		glatt 6					
29°—30° N. Br.	20°—25° W. L.	Summe d. Beobacht.: 347			327	150					
		Böen		Himmelsansicht	cirr. 41	N 23		N 38	S 63° E 9	S 11	
		t 1		b 26	cirr.c 17	NE 11			S 28° E 9	S 12° W 25	
		l 8		c 215	cirr.s 12	E 29				S 34° W 21	
		q 28	4	o 42	Str. 24	SE —				S 45° W 7	
		u 2		g 4	W-c 13	S 18	21.[illegible]° C.			S 56° W 12	
		Hydrometeore		Zustand der Luft	Cum. 156	SW 7				S 68° W 20	
		b —		v 2	Cum. st 31	W 30				S 86° W 15	
		r 13	2	w 2	Nimb. 33	NW 5					
		s —		m 1		†See 20					
		d 2		f —		glatt 8					

Ueber Wind.

Unter-□	Jahr	Tag		
54.	72.	16.	8^h M.	Der von 42° n. Br. durchstehende NE-Wind geht durch E und S nach SW und wird flau. Am 21. in 19° n. Br. und 24° w. L. setzt frischer NE-Passat ein, der beim Segeln nach S stetig bleibt.
62.	74.	7.	8^h N.	Der leichte W-Wind wird still. Nach 24 Stunden setzt leichter NE-Passat ein, der beim Segeln nach S bald auffrischt.
63.	72.	1.	4^h M.	Der flaue W-Wind wird still. Nach 4 Stunden setzt leichter NE-Passat ein, der beim Segeln nach SW und W auffrischt.
64.	72.	24.	4^h M.	Der frische WNW-Wind geht nach 12 Stunden mit derselben Stärke in den NE-Passat über, der beim Segeln nach SW und W anfangs flau wird, aber bald wieder zur starken Briese auffrischt.
70.	79.	12.	8^h M.	Der mässige W-Wind geht nach N und wird flau. Nach 48 Stunden setzt mässiger NE-Wind ein, der nach weiteren 48 Stunden nach SW geht und flau wird.
73.	75.	20.	4^h M.	Der flaue, veränderliche W-Wind geht in einer Gewitterböe in den NE-Passat über, der beim Segeln nach S allmählich auffrischt.
74.	79.	6.	4^h M.	Der flaue NE-Wind geht nach SE und wird stürmisch. Um 8^h M. bei einem Barometerstande von 732.1 mm geht der stürmische SE-Wind durch E nach N und wächst zum Orkane (12) an, der 24 Stunden anhält und dann abflaut. Am 9. in 25° n. Br. und 22° w. L. setzt leichter NE-Passat ein, der beim Segeln nach S allmählich auffrischt.
82.	76.	8.	4^h N.	Der flaue Wind geht von NE durch E und S nach SW, aus welcher Richtung er mit heftigen Gewitter- und Regenböen mehrere Tage anhält. Am 16. in 19° n. Br. und 19° w. L. setzt leichter NE-Passat ein, der beim Segeln nach S zur mässigen Briese auffrischt.
93.	79.	6.	8^h M.	Der harte SE-Sturm (9) bei einem Barometerstande von 740.4 mm springt plötzlich nach SSW und wird zum Orkan (11), der 24 Stunden anhält. Am 10. in 20° n. Br. und 24° w. L. setzt leichter NE-Passat ein, der beim Segeln nach S allmählich auffrischt.

Sonstige Bemerkungen.

Unter-□	Jahr	Tag		
54.	79.	30.	8^h M.	Delphine.
60.	79.	12.	4^h N.	Boniten und Seeschwalben.
60.	80.	9.	8^h N.	Die ersten fliegenden Fische. Meeres-Temperatur 23.9° Celsius.
64.	70.	22.	4^h M.	Stromkabbelung.
72.	75.	4.	8^h N.	Sternschnuppen.
74.	68.	23.	4^h N.	Viele Delphine.
83.	75.	19.	4^h M.	Starker Thau.
90.	72.	28.	12^h N.	Viele Sternschnuppen.
90.	79.	11.	8^h M.	Stromkabbelung.

Höchster Barometerstand: **771.0** mm am 29. November 1881 in 29° n. Br. und 22° w. L. bei frischem ENE-Winde und halb bewölktem Himmel.

Niedrigster „ „ : **732.1** mm am 6. November 1879 in 27° n. Br. und 24° w. L. bei bedecktem Himmel und orkanartigem Sturme, in dem der Wind von NNE durch NW nach SSW umläuft.

Höchste Lufttemperatur: **27.0**° Cels. am 8. November 1880 in 27° n. Br. und 21° w. L. bei mässigem ENE-Winde und halb bewölktem Himmel.

Niedrigste „ „ : **17.0**° Cels. am 29. November 1879 in 29° n. Br. und 21° w. L. bei leichtem NE-Winde und wolkigem Himmel.

Quadrat 75d. …… Monat

Position: Breite N	Position: Länge W	Anzahl der Beob.	Alle Winde, Variabeln und Stillen: N	NNE	NE	ENE	E	ESE	SE	SSE	S	SSW	SW	WSW	W	WNW	NW	NNW	Var.	Stillen	Stürme: N bis ENE	E bis SSE	S bis WSW	W bis NNW
25°—26°	25°—26°	22	1	1	3	3	3	2	1	—	3	—	—	4	1	—	—	—	—	—	—	—	—	—
	26°—27°	14	3	5	—	2	—	1	—	—	1	—	—	—	—	—	1	1	—	—	—	—	—	—
	27°—28°	12	—	—	2	1	1	—	—	4	2	—	—	—	—	—	1	1	—	—	—	—	—	—
	28°—29°	20	1	1	—	—	—	2	—	2	5	—	4	—	1	—	3	1	—	—	—	—	—	—
	29°—30°	11	—	—	1	—	1	4	3	—	—	—	—	—	—	—	—	2	—	—	—	1	—	—
26°—27°	25°—26°	18	—	—	—	3	3	3	—	1	2	4	—	2	—	—	—	—	—	—	—	—	—	—
	26°—27°	21	1	—	—	—	—	—	4	—	2	2	4	2	—	2	1	—	1	2	—	—	1	—
	27°—28°	31	—	2	4	2	—	1	—	—	6	5	1	—	1	1	4	3	—	1	—	—	—	—
	28°—29°	26	2	—	—	—	3	3	4	—	2	—	1	2	—	—	—	2	4	3	—	1	—	—
	29°—30°	4	—	—	1	1	1	—	1	—	—	—	—	—	—	—	—	—	—	—	—	—	—	—
27°—28°	25°—26°	15	—	—	—	—	1	3	2	2	1	—	—	1	1	—	—	—	2	2	—	—	—	—
	26°—27°	37	—	1	2	3	—	1	3	3	3	6	4	—	1	—	—	—	2	8	—	—	—	[illegible]
	27°—28°	43	—	3	1	1	2	1	2	7	6	1	4	2	7	1	1	2	2	—	—	—	1	—
	28°—29°	21	—	—	—	—	—	5	3	4	3	5	1	—	—	—	—	—	—	—	—	—	—	—
	29°—30°	6	—	—	1	—	—	—	1	—	1	1	—	2	—	—	—	—	—	—	—	—	2	—
28°—29°	25°—26°	16	—	3	—	—	3	1	5	1	—	—	—	—	—	2	—	—	—	1	—	—	—	—
	26°—27°	21	—	2	1	2	—	5	3	1	—	1	2	—	1	2	—	—	—	1	—	—	—	[illegible]
	27°—28°	37	—	1	—	1	—	—	7	6	2	6	5	4	2	—	—	—	1	2	—	—	—	—
	28°—29°	11	—	—	2	3	—	—	1	3	—	—	1	—	—	1	—	—	—	—	—	—	—	—
	29°—30°	5	—	—	—	1	—	2	—	—	—	—	—	—	—	2	—	—	—	—	—	—	—	—
29°—30°	25°—26°	14	—	—	1	2	1	5	1	—	—	—	—	—	1	1	2	—	—	—	—	2	—	[illegible]
	26°—27°	29	—	2	1	1	—	3	13	1	1	4	1	1	—	—	—	—	—	1	—	4	—	—
	27°—28°	21	1	1	2	—	—	—	—	2	—	—	2	3	—	—	1	1	2	6	—	—	—	—
	28°—29°	8	—	—	—	1	—	1	—	—	—	—	—	—	—	—	—	1	—	—	—	—	—	—
	29°—30°	8	—	—	—	—	—	—	—	—	—	—	—	2	3	2	—	1	—	—	—	—	—	—
Fünfgrad-Feld	Summen.	466	9	22	22	**27**	19	**43**	**54**	**37**	**40**	**35**	**30**	25	19	14	14	15	14	27	—	**8**	4	[illegible]
	Mittlere Windstärke		3.0	3.5	3.1	3.3	3.8	5.0	4.8	4.4	3.8	3.5	2.8	3.0	4.3	4.1	2.9	4.0	2.1	0	—	8.1	8.2	[illegible]

November.

Barometer 700mm+		Thermometer Cels. Gr. (Temperatur der Luft)					Relative Feuchtigkeit		Bedeckung des Himmels		Niederschläge					Meeresoberfläche			
				Anzahl und Mittel								Dauer in Stunden				Temperatur		Spezif. Gewicht	
Anzahl der Beob.	Mittel mm	Anzahl der Beob.	Rohes Mittel	4h M.	4h N.	12h N.	Anzahl der Beob.	Procente	Anzahl der Beob.	Mittel (0—10)	Anzahl der Beob.-wachen	Nebel	Regen	Schnee	Hagel	Anzahl der Beob.	Grade Celsius	Anzahl der Beob.	Mittel d. Aräom.-angaben
20	63.8	22	22.8	3 / 22.6	3 / 23.2	4 / 22.8	16	83.6	22	4.9	22	—	—	—	—	22	23.4	—	—
7	65.6	13	23.9	2 / 21.8	2 / 25.0	3 / 23.6	1	95.0	14	4.1	14	—	—	—	—	14	24.2	—	—
12	63.3	10	23.0	2 / 23.2	2 / 23.2	2 / 22.7	—	—	10	4.2	12	—	0.5	—	—	10	23.4	—	—
18	63.3	20	22.8	3 / 22.9	3 / 23.3	3 / 21.7	—	—	20	4.6	20	—	—	—	—	20	23.6	2	1.0273
11	65.7	11	23.4	2 / 21.2	2 / 24.5	1 / 24.1	2	86.5	7	5.0	11	—	—	—	—	10	23.9	—	—
18?	63.4	14	22.7	3 / 22.4	2 / 25.0	4 / 21.6	11	84.1	18	5.4	18	—	4.5	—	—	14	23.5	—	—
16	64.2	14	23.2	4 / 22.2	2 / 24.0	1 / 22.1	7	89.1	20	5.2	21	—	2.5	—	—	19	24.2	1	1.0284
31?	64.1	18	22.0	2 / 20.5	3 / 22.9	4 / 21.0	1	86.0	24	4.4	31	—	9.5	—	—	23	23.1	—	—
22?	63.5	25	22.6	4 / 21.5	5 / 22.7	2 / 21.4	2	83.0	23	3.4	26	—	1.0	—	—	25	23.4	2	1.0280
4	68.6	4	22.9	1 / 23.0	1 / 23.1	1 / 22.7	—	—	4	4.5	4	—	0.5	—	—	4	24.1	—	—
15?	63.4	15	22.8	2 / 22.6	3 / 22.9	2 / 21.8	13	88.5	15	7.4	15	—	6.5	—	—	9	22.9	—	—
[illegible]	63.6	32	22.3	5 / 20.9	4 / 22.8	7 / 22.7	8	94.0	33	4.5	37	—	5.0	—	—	35	23.4	1	1.0281
[illegible]	62.2	38	22.9	3 / 22.4	3 / 23.5	5 / 22.7	19	91.3	41	4.0	43	—	2.0	—	—	37	23.3	—	—
[illegible]	64.2	6	23.6	2 / 23.6	—	1 / 23.5	—	—	11	7.3	21	—	6.5	—	—	19	24.1	1	1.0277
6	62.9	5	23.4	—	1 / 21.6	1 / 23.4	1	83.0	5	6.2	6	—	0.5	—	—	5	24.4	—	—
16	64.6	18	21.1	3 / 21.1	2 / 20.6	2 / 22.0	6	88.2	18	6.5	16	—	2.0	—	—	16	22.4	—	—
[illegible]	60.8	29	22.7	3 / 23.0	3 / 23.1	4 / 21.5	5	91.4	19	7.1	22	—	6.0	—	—	22	23.0	—	—
[illegible]	62.4	31	22.6	6 / 21.9	5 / 23.8	3 / 22.6	12	86.8	33	5.0	37	—	7.0	—	—	31	23.0	1	1.0279
9?	61.0	6	23.0	2 / 22.2	1 / 22.2	1 / 21.2	3	82.3	8	4.4	11	—	2.5	—	—	6	23.2	3	1.0284
[illegible]	63.3	3	22.8	1 / 20.9	—	—	1	79.0	5	6.8	5	—	0.5	—	—	3	22.9	—	—
14?	59.7	14	21.4	4 / 20.5	1 / 23.5	3 / 21.9	7	93.4	11	6.0	14	—	3.0	—	—	13	22.2	—	—
22?	60.4	21	22.6	5 / 21.8	3 / 23.6	3 / 20.9	8	88.1	28	6.1	29	—	5.0	—	—	24	23.2	—	—
20?	64.5	20	22.5	3 / 22.1	4 / 23.6	2 / 21.0	12	81.8	21	3.9	21	—	1.5	—	—	19	22.5	3	1.0272
[illegible]	51.1	2	23.1	—	—	—	—	—	2	6.5	3	—	0.5	—	—	3	21.7	1	1.0784
[illegible]	67.4	9	23.1	2 / 22.6	2 / 24.2	1 / 22.9	—	—	9	5.0	9	—	—	—	—	9	23.2	—	—
[illegible]	—	393	—	72	61	60	135	—	416	—	468	—	69.0	—	—	414	—	14	—
[illegible]	63.24	—	22.7	22.0	23.3	22.2	—	87.5	—	5.1	—	—	—	—	—	—	23.3	—	1.0280

Monat

Quadrat 75d. ....

Häufigkeit		Mittel der Meeres-Temperatur	Bemerkungen über einzelne beobachtete Triftströmungen.
rschied. nformen	von Seegang u. Dünung aus:		

Bemerkungen

Ueber Wind.

Unter-□	Jahr	Tag		
58.	71.	26.	8h N.	Der flaue NW-Wind geht durch N und E nach S und wird still. Am 29. in 24° n. Br. und 30° w. L. setzt leichter NW-Wind ein, der allmählich in einen stetigen, aber flauen NE-Passat übergeht.
65.	78.	17.	12h N.	Der flaue SW-Wind geht in einem Gewitter in den NE-Passat über, der anfangs flau ist, beim Segeln nach S aber bald auffrischt.
66.	78.	14.	12h M.	Der mässige SSE-Wind geht allmählich nach SW und wird veränderlich und flau. Am 18. in 23° n. Br. und 29° w. L. setzt leichter NE-Passat ein, der beim Segeln nach S auffrischt.
99.	78.	20.	4h M.	Der flaue WNW-Wind frischt auf und geht durch N in den NE-Passat über, der nach einer kurzen Unterbrechung durch Stille beim Segeln nach SW stetig bleibt.

Sonstige Bemerkungen.

58.	71.	28.	12h N.	Sternschnuppen.
66.	78.	18.	8h M.	Mehrere Walfische.
68.	80.	8.	12h M.	Delphine.
75.	73.	16.	8h N.	In einer heftigen Gewitterböe Elmsfeuer.
76.	75.	8.	8h N.	Eine Wasserhose.

Höchster Barometerstand: **771.[illegible]** mm am 30. November 1881 in 28° n. Br. und 26° w. L. bei mässigem ENE-Winde und wolkigem Himmel.

Niedrigster „ „ : **747.0** mm am 13. November 1876 in 28° n. Br. und 26° w. L. bei WNW-Sturm und wolkigem Himmel.

Höchste Lufttemperatur: **27.[illegible]°** Cels. am 4. November 1875 in 28° n. Br. und 28° w. L. bei frischem WNW-Winde und halb bewölktem Himmel.

Niedrigste „ „ : **17.[illegible]°** Cels. am 27. November 1878 in 28° n. Br. und 25° w. L. bei leichtem NE-Winde und halb bewölktem Himmel, und am 28. November 1878 in 27° n. Br. und 26° w. L. bei leichtem NE-Winde mit Regenschauern und wolkigem Himmel.

Quadrat 75a

Windbeobachtungen

Alle Winde, Variabeln und Stillen

N	NNE	NE	ENE	E	ESE	SE	SSE	S	SSW	SW	WSW	W	WNW	NW	NNW	Var.	Stillen
—	—	7	8	1	2	—	—	—	—	—	—	—	—	—	—	—	—
—	—	2	5	3	2	—	—	—	—	—	—	—	—	—	—	—	—
—	1	7	2	3	—	—	9	2	1	1	1	—	—	—	—	—	1
—	12	12	14	1	8	5	2	1	—	1	1	1	—	1	2	—	—
5	8	14	8	9	6	2	—	—	2	7	6	2	1	—	1	—	1
—	8	5	4	8	—	—	—	—	—	—	—	—	—	—	1	—	1
—	—	6	6	8	—	—	—	—	—	—	—	1	—	—	—	—	1
5	8	13	5	4	1	2	—	1	—	—	—	—	—	1	2	—	2
2	6	18	9	10	3	—	—	1	6	3	1	1	2	3	—	2	1
6	12	12	8	3	9	7	5	—	1	1	4	4	—	1	2	2	3
1	3	3	12	4	2	1	—	—	—	—	—	—	—	—	—	2	—
—	5	7	8	3	4	—	—	—	—	—	—	—	—	—	—	—	1
5	10	15	10	9	5	—	—	—	—	—	7	—	—	1	—	—	—
3	4	22	13	6	7	2	9	2	2	—	1	6	1	—	—	1	4
8	8	5	8	1	8	7	7	—	—	—	8	1	—	3	—	—	—
3	4	5	9	9	5	—	2	8	—	—	—	—	—	—	—	—	1
1	6	8	8	7	1	—	—	5	—	3	1	2	—	1	—	—	3
2	6	18	8	7	8	2	—	2	—	2	4	—	8	—	2	—	1
—	4	14	10	8	3	4	8	1	—	2	9	—	—	—	2	—	1
4	8	5	8	—	4	1	5	4	1	2	2	—	1	1	1	—	2
6	7	9	9	7	4	—	—	2	—	—	—	—	—	1	—	—	—
1	5	15	11	6	2	—	2	5	2	5	11	—	—	4	1	—	1
1	1	12	9	2	13	—	8	5	2	—	8	1	2	—	2	—	4
8	4	6	3	1	1	4	8	2	1	7	2	2	2	3	4	2	—
—	—	5	2	1	3	—	—	—	—	4	—	1	—	—	4	4	—
51	**118**	**244**	**187**	**100**	**91**	**37**	**38**	36	18	37	61	22	17	20	24	18	28
3.3	4.0	4.1	4.7	4.5	3.6	3.7	3.5	3.3	4.1	4.4	4.0	2.9	1.7	3.5	3.6	2.0	0

Barometer 700mm+		Thermometer Cels. Gr. (Temperatur der Luft)					Relative Feuchtigkeit		Bedeckung des Himmels		Niederschläge					Meeresoberfläche			
				Anzahl und Mittel								Dauer in Stunden				Temperatur		Spezif. Gewicht	
Anzahl der Beob.	Mittel mm	Anzahl der Beob.	Rohes Mittel	4h M.	4h N.	12h N.	Anzahl der Beob.	Procente	Anzahl der Beob.	Mittel (0—10)	Anzahl der Beobachtungen	Nebel	Regen	Schnee	Hagel	Anzahl der Beob.	Grade Celsius	Anzahl der Beob.	Mittel d. Aräom.-angaben
18	63.6	18	22.2	1 22.3	3 21.9	2 22.0	5	82.4	18	3.0	18	—	—	—	—	18	23.2	—	—
11	64.7	12	22.8	3 21.6	2 24.0	2 21.6	3	64.0	10	4.0	12	—	—	—	—	10	22.9	—	—
16	64.3	21	22.5	3 22.4	2 23.4	2 21.2	1	100.0	17	4.1	22	—	0.5	—	—	22	22.8	3	1.0286
51	63.6	54	22.6	5 21.0	9 23.6	10 22.3	20	85.0	65	4.7	57	1.0	3.5	—	—	54	22.9	8	1.0276
59	62.3	71	22.7	9 22.0	12 22.8	11 22.9	4	85.8	68	4.2	72	—	3.0	—	—	60	23.4	—	—
17	64.1	17	21.6	4 21.6	2 21.4	3 21.6	5	91.6	17	2.6	17	—	—	—	—	17	22.5	—	—
17	65.6	18	22.5	5 21.9	2 23.6	4 22.6	3	80.7	16	3.6	18	—	—	—	—	16	23.1	—	—
37	64.0	37	23.1	6 22.0	5 24.3	8 22.6	20	87.4	36	3.6	38	—	—	—	—	35	23.2	11	1.0274
58	63.7	65	21.8	12 21.6	16 21.9	8 21.4	7	86.7	65	4.6	68	—	4.5	—	—	59	22.9	4	1.0277
66	61.9	77	22.8	12 22.0	11 23.5	12 22.5	—	—	72	4.1	80	—	6.0	—	—	66	23.4	—	—
28	64.9	25	21.9	3 20.2	6 22.8	3 20.6	7	92.0	28	3.5	28	—	1.0	—	—	28	22.5	1	1.0282
22	65.1	26	22.9	2 21.2	3 24.4	5 21.0	11	86.5	25	3.8	26	—	1.5	—	—	23	22.4	4	1.0282
60	62.9	59	22.9	13 20.9	6 22.8	11 22.0	11	86.8	57	3.8	61	—	1.0	—	—	57	22.9	4	1.0274
61	63.3	77	21.9	14 21.3	10 22.6	11 21.8	1	79.0	72	3.5	77	—	6.0	—	—	70	22.9	—	—
35	62.3	45	22.2	13 21.9	6 23.3	7 22.1	1	79.0	42	4.0	49	—	5.5	—	—	35	22.8	—	—
33	65.1	32	21.9	7 21.0	4 21.9	6 21.4	6	92.0	35	3.7	35	—	0.5	—	—	31	22.3	4	1.0278
41	64.3	42	22.0	11 22.1	7 21.8	3 21.9	20	86.8	43	4.7	45	—	0.5	—	—	36	22.5	5	1.0280
63	63.4	64	22.2	11 21.7	11 23.4	11 21.1	8	88.6	56	4.4	68	—	3.5	—	—	59	22.8	5	1.0288
48	62.3	61	21.7	11 21.5	8 21.8	10 22.0	5	89.4	56	4.5	61	—	8.8	—	—	54	22.7	3	1.0285
36	64.1	41	22.4	5 22.5	6 22.4	6 22.2	11	82.0	41	5.6	44	—	1.5	—	—	33	23.1	7	1.0287
43	65.6	45	21.1	3 19.9	11 21.3	8 20.5	16	87.8	44	3.9	46	—	—	—	—	45	22.0	6	1.0281
66	63.9	69	22.1	12 21.5	11 22.2	7 22.2	23	88.2	57	4.6	71	—	2.0	—	—	60	22.6	5	1.0282
52	63.3	53	21.5	8 20.8	10 22.6	9 21.1	2	83.0	54	4.1	61	—	6.0	—	—	53	22.3	2	1.0284
39	61.4	46	21.6	13 21.0	5 23.2	7 20.9	2	69.0	47	5.4	50	—	5.5	—	—	43	22.5	1	1.0280
23	63.3	23	21.7	3 21.2	5 22.3	4 21.2	1	86.0	24	6.0	24	—	1.5	—	—	21	22.5	—	—
999	—	1098	—	192 —	173 —	175 —	196	—	1055	—	1148	1.0	65.3	—	—	1005	—	73	—
—	63.49	—	22.2	21.5	22.6	21.8	—	86.8	—	4.2	—	—	—	—	—	—	22.8	—	1.2080

Quadrat 75a.

Position der Zone		Wetter nach Beaufort's Bezeichnung. (Häufigkeit.)			Häufigkeit der verschied. Wolkenformen	Häufigkeit von Seegang u. Dünung aus:	Mittel der Meeres-Temperatur	Bemerkungen über einzelne beobachtete Triftströmungen.			
20°—21° N. Br.	20°—25° W. L.	Summe d. Beobacht.: 213			176	109					
		Böen		Himmelsansicht	cirr. 28	N 31		N 87° E 10	E 17	S 19° W 15	W 11
		t 3		b 27	cirr. c 18	NE 16				S 26° W 7	N 84° W 21
		l 4		c 126	cirr. s 12	E 36				S 22° W 6	N 62° W 25
		q 7		o 17	Str. 12	SE —				S 31° W 22	
		u 1		g 9	W-c 2	S 3	23.3° C.			S 56° W 27	
		Hydrometeore		Zustand der Luft	Cum. 90	SW 6					
		h —		v 2	Cum. st 5	W 8					
		r —		w 7	Nimb. 6	NW 6					
		s —		m 10		†See 3					
		d —		f —		glatt —					
21°—22° N. Br.	20°—25° W. L.	Summe d. Beobacht.: 283			203	181					
		Böen		Himmelsansicht	cirr. 19	N 35		N 30° E 8	E 15	S 6° W 12	W 19
		t 3		b 30	cirr. c 14	NE 22		N 45° E 11		S 17° W 9	N 63° W 11
		l 6		c 164	cirr. s 10	E 31		N 79° E 20		S 34° W 13	N 56° W 7
		q 4	6	o 13	Str. 10	SE 3				S 39° W 10	N 7° W 14
		u 1		g 12	W-c 1	S 3	23.1° C.			S 43° W 8	
		Hydrometeore		Zustand der Luft	Cum. 114	SW 5				S 46° W 13	
		h —		v —	Cum. st 30	W 5				S 48° W 16	
		r —		w 17	Nimb. 5	NW 17				S 70° W 12	
		s —		m 27		†See 10				S 70° W 27	
		d —		f —		glatt —				S 84° W 13	
22°—23° N. Br.	20°—25° W. L.	Summe d. Beobacht.: 295			223	128					
		Böen		Himmelsansicht	cirr. 24	N 37		N 28° E 18	S 79° E 16	S 7	W 10
		t 3		b 87	cirr. c 6	NE 15			S 27° E 17	S 23° W 11	W 12
		l 8		c 180	cirr. s 12	E 32				S 28° W 7	N 87° W 22
		q 12	1	o 14	Str. 8	SE 4				S 37° W 36	N 80° W 12
		u 1		g 15	W-c 1	S 4	22.8° C.			S 54° W 19	N 68° W [illegible]
		Hydrometeore		Zustand der Luft	Cum. 118	SW 3				S 74° W 7	N 65° W 19
		h —		v 1	Cum. st 35	W 10				S 74° W 18	N 50° W 17
		r 2		w 5	Nimb. 19	NW 5				S 78° W 9	
		s —		m 10		†See 15				S 80° W 28	
		d —		f —		glatt 3					
23°—24° N. Br.	20°—25° W. L.	Summe d. Beobacht.: 312			238	160					
		Böen		Himmelsansicht	cirr. 25	N 24		N 7° E 40	S 6° E 10	S 6° W 25	W 9
		t 1		b 22	cirr. c 5	NE 21		N 30° E 12		S 13° W 16	N 86° W 16
		l 8		c 202	cirr. s 8	E 34		N 79° E 6		S 26° W 22	N 70° W 12
		q 16	2	o 26	Str. 9	SE 5				S 37° W 8	N 50° W 10
		u —		g 13	W-c 5	S 11	22.7° C.			S 40° W 17	N 56° W 10
		Hydrometeore		Zustand der Luft	Cum. 135	SW 8				S 73° W 20	N 51° W 10
		h —		v 2	Cum. st 32	W 36				S 79° W 15	N 43° W 17
		r 4		w 5	Nimb. 19	NW 7				S 87° W 21	N 14° W 7
		s —		m 7		†See 14					N 14° W 1
		d 4		f —		glatt —					
24°—25° N. Br.	20°—25° W. L.	Summe d. Beobacht.: 298			243	161					
		Böen		Himmelsansicht	cirr. 22	N 17		N 28° E 6	E 7	S 29° W 30	N 57° W 19
		t —		b 24	cirr. c 2	NE 14		N 29° E 7	S 56° E 14	S 31° W 6	N 46° W 20
		l 1		c 201	cirr. s 10	E 25		N 66° E 12	S 22° E 12	S 34° W 20	N 28° W 25
		q 22	2	o 19	Str. 10	SE 1		N 87° E 22	S 6° E 6	S 47° W 22	
		u 1		g 15	W-c 8	S 25	22.4° C.		S 2° E 20	S 48° W 6	
		Hydrometeore		Zustand der Luft	Cum. 132	SW 5				S 71° W 20	
		h —		v 4	Cum. st 84	W 39				S 79° W 17	
		r 1		w 1	Nimb. 25	NW 16					
		s —		m 4		†See 17					
		d 5		f —		glatt 2					

Bemerkungen

Ueber Wind.

Unter-□	Jahr	Tag		
02.	75.	7.	12h M.	Der flaue SW-Wind steht für längere Zeit durch. Am 11. in 14° n. Br. und 21° w. L. setzt leichter NE-Passat ein, der beim Segeln nach S bald auffrischt.
04.	80.	2.	12h M.	Der frische WSW-Wind geht nach NW und wird bald flau. Am 4. in 18° n. Br. und 23° w. L. setzt leichter NE-Passat ein.
20.	68.	6.	12h M.	Der flaue E-Wind krimpt nach NNW und bleibt veränderlich. Nach 24 Stunden setzt mässiger NE-Passat ein, der beim Segeln nach S stetig bleibt.
20.	78.	8.	12h M.	Der mässige SW-Wind wird nach 3 Tagen still. Am 13. in 18° n. Br. und 20° w. L. setzt leichter NE-Passat ein, der beim Segeln nach S bald auffrischt.
22.	79.	10.	12h M.	Der flaue NW-Wind geht beim Segeln nach S allmählich in den NE-Passat über und frischt bis zur mässigen Brieze auf.
23.	69.	7.	12h M.	Der frische NE-Wind, der von 37° n. Br. und 15° w. L. durchsteht, wird still. Nach 48 Stunden setzt leichter S-Wind ein, der allmählich durch E in den NE-Passat übergeht und auffrischt.
30.	78.	14.	8h M.	Der flaue SW-Wind wird still. Um 12h M. setzt leichter NE-Passat ein, der beim Segeln nach S auffrischt.
31.	76.	8.	4h M.	Der leichte W-Wind geht durch N in den NE-Passat über; derselbe frischt beim Segeln nach S erst nach 3 Tagen auf.
31.	76.	8.	8h M.	Der leichte WNW-Wind geht durch N in den NE-Passat über.

Sonstige Bemerkungen.

00.	68.	7.	8h N.	Starker Thau.
00.	77.	17.	4h M.	Meeresfarbe hellgrün. Meeres-Temperatur 21.1° Celsius.
04.	78.	28.	12h M.	Die ersten fliegenden Fische. Meeres-Temperatur 24.0° Celsius.
10.	76.	19.	4h M.	Meeresfarbe schmutziggrün. Stromkabbelung.
14.	78.	19.	4h M.	Ein Walfisch.
14.	79.	6.	12h M.	Die ersten fliegenden Fische. Meeres-Temperatur 23.5° Celsius.
20.	76.	18.	8h M.	Die ersten fliegenden Fische. Meeres-Temperatur 22.8° Celsius.
20.	79.	12.	8h N.	Starkes Meerleuchten.
30.	68.	5.	12h N.	Starker Thau. Sternschnuppen.
30.	77.	17.	4h N.	Meeresfarbe dunkelgrün. Meeres-Temperatur 21.4° Celsius.

Höchster Barometerstand: **772.4** mm am 28. Dezember 1880 in 22° n. Br. und 20° w. L. bei frischem E-Winde und heiterem Himmel.

Niedrigster „ „ : **751.8** mm am 7. Dezember 1878 in 24° n. Br. und 23° w. L. bei starkem SW-Winde mit Böen und halb bewölktem Himmel.

Höchste Lufttemperatur: **27.0**° Cels. am 27. Dezember 1880 in 23° n. Br. und 22° w. L. bei leichtem ESE-Winde und heiterem Himmel.

Niedrigste „ „ : **18.5**° Cels. am 31. Dezember 1869 in 24° n. Br. und 20° w. L. bei frischem NNE-Winde und halb bewölktem Himmel.

Monat

Quadrat 75b.

Windbeobachtungen

Alle Winde, Variabeln und Stillen																Stürme			
NE	ENE	E	ESE	SE	SSE	S	SSW	SW	WSW	W	WNW	NW	NNW	Var.	Stillen	N bis ENE	E bis SSE	S bis WSW	W…
18	3	3	—	2	2	—	8	—	—	—	—	—	—	4	5	1	—	—	—
2	—	1	3	1	1	1	1	—	2	2	3	1	—	—	7	—	—	—	—
1	3	1	—	—	—	4	—	—	—	—	—	1	—	—	—	—	—	—	—
1	2	3	—	—	—	1	—	6	—	—	—	1	2	—	—	—	—	—	—
1	1	1	2	—	—	—	—	3	—	2	1	1	—	—	—	—	—	—	—
3	5	2	2	—	2	1	1	4	11	1	3	—	2	—	—	—	—	5	—
1	—	—	2	4	3	4	3	1	2	2	—	1	2	—	4	—	—	—	—
1	—	1	2	—	1	6	1	1	—	—	1	1	—	—	—	—	—	1	—
1	—	4	1	3	1	1	—	1	—	—	—	1	2	—	—	—	1	—	—
1	5	3	1	—	—	—	—	3	1	—	—	—	—	—	—	—	—	—	—
4	1	2	2	3	3	2	2	4	4	1	1	—	—	1	1	—	—	4	—
1	1	4	1	—	—	2	—	3	4	2	1	—	—	—	1	—	—	—	—
3	2	2	1	—	—	—	1	3	3	—	—	—	—	—	—	—	—	—	—
4	3	2	4	—	1	—	—	—	1	—	—	1	—	—	1	—	—	1	—
—	5	6	1	1	—	—	—	—	2	—	—	1	—	—	—	—	—	1	—
—	—	4	5	—	—	—	—	4	4	—	—	—	—	—	4	—	—	1	—
3	3	2	—	—	—	1	—	5	9	—	—	—	—	—	—	—	—	3	—
1	6	2	1	1	—	—	1	2	1	2	1	—	—	—	—	—	—	1	—
4	3	1	2	2	—	1	—	—	1	1	—	—	1	—	1	—	—	1	—
1	2	2	2	1	—	—	—	—	—	—	—	—	—	—	—	—	—	—	—
2	3	2	—	—	1	—	2	—	8	1	1	1	—	2	1	1	—	2	—
—	4	—	2	—	—	—	3	—	6	1	—	—	—	—	—	—	—	5	—
1	1	1	3	2	—	—	—	—	3	3	—	—	—	—	—	—	—	3	—
3	1	4	2	1	—	—	—	3	1	1	—	—	—	—	—	—	—	4	—
1	2	3	—	—	1	—	—	—	—	—	—	—	—	—	—	—	1	—	—
58	56	**56**	**39**	**21**	**16**	24	23	43	63	19	12	10	9	7	25	2	2	**32**	
4.7	4.9	5.1	4.4	3.7	3.8	3.5	4.0	5.2	5.4	4.4	2.8	2.5	2.3	3.1	0	8.0	8.0	8.5	

23.8	4 23.1	6 24.4	3 24.0	11	90.1	28	5.6	28	—	0.5
23.5	2 23.0	1 25.0	3 22.7	6	86.0	10	3.7	10	—	0.5
23.5	2 22.6	3 23.7	1 24.3	6	89.8	16	4.1	16	—	0.5
23.9	5 23.0	1 23.8	3 24.4	6	87.7	13	2.8	13	—	0.1
22.9	11 22.1	7 24.0	6 22.8	7	80.1	42	5.4	47	—	8.5
24.1	5 24.1	6 25.0	5 24.0	6	90.2	32	4.3	32	—	2.0
24.3	3 23.1	2 26.4	1 23.7	9	84.0	15	4.5	15	—	0.5
23.5	2 22.4	3 24.4	2 22.5	1	74.0	15	4.1	15	—	1.5
23.8	3 21.8	1 24.8	1 24.0	—	—	14	4.5	14	—	1.0
22.9	4 22.0	5 23.8	7 21.1	11	82.0	34	5.4	34	—	9.0
24.0	6 23.1	3 25.0	2 24.6	6	89.3	19	3.7	20	—	0.5
23.3	1 23.8	3 23.0	5 23.6	3	72.7	14	4.7	15	—	0.5
22.1	4 22.1	2 21.9	2 23.7	2	88.0	17	6.1	19	—	2.3
22.8	1 21.4	5 23.7	3 21.1	7	81.4	16	4.2	18	—	2.0
23.4	4 22.7	4 24.5	3 23.5	8	87.4	22	5.0	23	—	6.0
22.7	5 21.8	5 23.5	4 21.8	11	92.3	23	5.9	23	—	8.0
22.4	6 22.0	2 23.5	4 22.4	4	72.5	18	5.6	18	—	1.5
21.7	5 21.2	1 22.5	3 20.9	8	80.1	18	5.0	19	—	4.0
21.7	3 21.6	1 23.3	2 21.2	6	79.0	9	4.4	10	—	1.5
22.2	4 21.6	1 22.3	3 21.3	6	84.5	26	5.7	26	—	2.5
22.7	3 21.4	3 23.6	2 23.0	13	88.8	17	6.2	17	0.5	11.3
22.1	1 22.7	3 23.9	2 21.2	12	81.4	18	4.5	18	—	3.5
22.2	—	5 22.0	2 22.3	7	82.3	17	6.4	17	—	3.0

Quadrat 75b.

Position der Zone		Wetter nach Beaufort's Bezeichnung. (Häufigkeit.)			Häufigkeit der verschied. Wolkenformen	Häufigkeit von Seegang u. Dünung aus:	Mittel der Meeres-Temperatur	Bemerkungen über einzelne beobachtete Triftströmungen.
20°—21° N. Br.	25°—30° W. L.	Summe d. Beobacht.: 143			130	74		
		Böen	—	Himmelsansicht	cirr. 8	N 22		N 26° E 19 S 6 N 88° W 11
		t —		b 12	cirr.c 6	NE 3		S 45° W 7 N 65° W 3
		l 8		c 98	cirr.s 7	E 6		S 59° W 30 N 45° W 15
		q —	2	o 14	Str. 5	SE 4		N 26° W 16
		u —		g —	W-c 2	S —	23.9° C.	
		Hydrometeore	—	Zustand der Luft	Cum. 94	SW —		
		h —		v —	Cum.st 3	W 14		
		r —		w 2	Nimb. 5	NW —		
		s —		m 6		†See 22		
		d 1		f —		glatt 3		
21°—22° N. Br.	25°—30° W. L.	Summe d. Beobacht.: 165			111	79		
		Böen	—	Himmelsansicht	cirr. 6	N 12		
		t 7		b 5	cirr.c 15	NE 1		E 10 S 25° W 10 N 80° W 23
		l 17		c 101	cirr.s 5	E 20		E 18 S 51° W 23 N 60° W 18
		q 7	3	o 16	Str. 11	SE 3		S 51° E 10 S 63° W 14 N 45° W 11
		u —		g 1	W-c —	S 6	23.8° C.	S 31° E 6
		Hydrometeore	—	Zustand der Luft	Cum. 58	SW 4		
		h —		v —	Cum.st 9	W 13		
		r 5		w 1	Nimb. 7	NW 6		
		s —		m 1		†See 14		
		d 1		f —		glatt —		
22°—23° N. Br.	25°—30° W. L.	Summe d. Beobacht.: 128			117	69		
		Böen	—	Himmelsansicht	cirr. 14	N 7		
		t —		b 5	cirr.c 6	NE —		E 12 S 22° W 10 W 10
		l 3		c 86	cirr.s 2	E 25		S 51° E 8 S 34° W 23 N 51° W 8
		q 12		o 13	Str. 4	SE 2		S 20° E 28
		u —		g 2	W-c —	S 2	23.8° C	
		Hydrometeore	—	Zustand der Luft	Cum. 70	SW 10		
		h —		v —	Cum.st 8	W 13		
		r 2		w 2	Nimb. 13	NW —		
		s —		m 4		†See 10		
		d 1		f —		glatt —		
23°—24° N. Br.	25°—30° W. L.	Summe d. Beobacht.: 134			109	69		
		Böen	—	Himmelsansicht	cirr. 8	N 5		N 13° E 19 E 18 S 78° W 15 N 62° W 9
		t 4		b 1	cirr.c 7	NE 2		N 77° E 13 S 81° E 13 S 85° W 14
		l 5	2	c 65	cirr.s 2	E 16		
		q 16		o 22	Str. 5	SE —		
		u —		g —	W-c 2	S 2	23.1° C.	
		Hydrometeore	—	Zustand der Luft	Cum. 51	SW 12		
		h —		v 1	Cum.st 22	W 19		
		r 11		w 3	Nimb. 12	NW 1		
		s —		m 4		†See 12		
		d —		f —		glatt —		
24°—25° N. Br.	25°—30° W. L.	Summe d. Beobacht.: 130			113	66		
		Böen	—	Himmelsansicht	cirr. 11	N 4		N 45° E 19 S 4° E 15 S 6 N 84° W [illegible]
		t 1		b 3	cirr.c 2	NE 3		S 45° W 9 N [illegible] W [illegible]
		l 3		c 69	cirr.s 3	E 16		N 66° W [illegible]
		q 14	6	o 13	Str. 5	SE —		N [illegible] W [illegible]
		u 3		g 1	W-c —	S —	22.8° C.	
		Hydrometeore	—	Zustand der Luft	Cum. 55	SW 7		
		h —		v —	Cum.st 17	W 19		
		r 10		w —	Nimb. 20	NW 2		
		s —		m 7		†See 15		
		d —		f —		glatt —		

Ueber Wind.

Unter-□	Jahr	Tag		
05.	79.	14.	8h M.	Der leichte S-Wind wird still. Nach 48 Stunden kommt mässiger W-Wind durch, der mehrere Tage anhält. Am 20. in 13° n. Br. und 24° w. L. setzt leichter N-Wind ein, der beim Segeln nach S in den NE-Passat übergeht.
06.	79.	4.	12h M.	Der flaue W-Wind wird still. Nach 24 Stunden setzt leichter ESE-Wind ein, der allmählich durch S nach W geht. Am 10. in 18° n. Br. und 33° w. L. setzt mässiger NE-Passat ein, der beim Segeln nach W stetig bleibt.
06.	79.	7.	12h N.	Der flaue NW-Wind wird still. Nach 4 Stunden setzt leichter N-Wind ein, der beim Segeln nach S in den NE-Passat übergeht und allmählich auffrischt.
08.	78.	3.	12h N.	Der flaue SW-Wind geht nach W und wird beim Segeln nach N stürmisch. Am 8. in 31° n. Br. und 26° w. L. setzt leichter E-Wind ein, der ebenfalls allmählich zum Sturme anwächst.
09.	78.	18.	4h M.	Der mässige ESE-Wind geht durch S nach SW und wird still. Nach 24 Stunden setzt leichter NE-Passat ein, der beim Segeln nach SW und W allmählich auffrischt.
25.	79.	7.	12h M.	Der frische SW-Wind wird still. Nach 12 Stunden setzt leichter W-Wind ein, der beim Segeln nach S allmählich durch N in den NE-Passat übergeht und auffrischt.
26.	78.	1.	4h N.	Der mässige SSW-Wind geht nach N und wird still. Nach 48 Stunden setzt mässiger SW-Wind ein, der veränderlich in Richtung und Stärke längere Zeit anhält. Am 13. in 14° n. Br. und 27° w. L. setzt leichter NE-Passat ein, und dieser frischt beim Segeln nach S bald zur starken Briese auf.
45.	72.	2.	12h M.	Der frische NW-Wind geht durch N in den NE-Passat über, der beim Segeln nach SW und W gleichmässig als frische Briese durchsteht.

Sonstige Bemerkungen.

05.	78.	31.	12h M.	Die ersten fliegenden Fische. Meeres-Temperatur 24.7° Celsius.
06.	79.	7.	12h N.	Sternschnuppen.
16.	79.	6.	4h N.	Boniten.
17.	79.	6.	12h M.	Die ersten fliegenden Fische. Meeres-Temperatur 23.7° Celsius. Um 8h N. helles Zodiakallicht.
29.	81.	18.	12h M.	Delphine.
36.	78.	11.	4h N.	Mehrere Walfische.
39.	72.	3.	4h M.	Eine Feuerkugel im N.
47.	77.	26.	12h N.	Sternschnuppen.
48.	77.	14.	4h N.	Die ersten fliegenden Fische. Meeres-Temperatur 23.2° Celsius.

Höchster Barometerstand: **772.8** mm am 11. Dezember 1876 in 22° n. Br. und 29° w. L. bei starkem ESE-Winde und wolkigem Himmel.

Niedrigster „ „ : **749.3** mm am 5. Dezember 1878 in 24° n. Br. und 27° w. L. bei starkem Sturm aus WSW (10) und halb bewölktem Himmel.

Höchste Lufttemperatur: **27.0°** Cels. am 14. Dezember 1879 in 23° n. Br. und 25° w. L. bei Stille und heiterem Himmel.

Niedrigste „ „ : **17.9°** Cels. am 25. Dezember 1873 in 22° n. Br. und 28° w. L. bei leichtem N-Winde und bedecktem Himmel.

Position Breite N	Position Länge W	Anzahl der Beob.	Windbeobachtungen Alle Winde, Variabeln und Stillen N	NNE	NE	ENE	E	ESE	SE	SSE	S	SSW	SW	WSW	W	WNW	NW
25°—26°	20°—21°	56	6	3	14	4	1	1	1	3	1	1	1	1	1	—	1
	21°—22°	54	—	7	4	18	5	4	4	2	1	—	8	6	1	1	—
	22°—23°	79	9	8	12	7	3	4	5	2	3	6	6	—	2	5	1
	23°—24°	30	1	3	5	5	2	1	1	—	—	—	—	4	3	2	—
	24°—25°	23	—	1	3	5	1	1	—	—	—	—	6	1	1	2	2
26°—27°	20°—21°	67	2	9	8	6	4	2	2	—	3	3	5	6	1	2	7
	21°—22°	44	2	5	6	8	4	6	3	—	—	—	—	4	2	1	2
	22°—23°	57	5	15	9	6	2	2	1	3	2	1	—	3	1	5	2
	23°—24°	28	—	2	2	4	3	—	1	—	—	3	3	1	4	1	2
	24°—25°	11	1	1	2	—	2	—	—	—	—	3	—	—	1	1	—
27°—28°	20°—21°	90	1	6	9	8	7	8	3	2	11	6	10	6	4	1	4
	21°—22°	84	4	7	10	4	3	3	5	4	12	7	7	1	5	6	3
	22°—23°	38	1	2	6	5	—	5	2	—	7	1	—	4	—	—	3
	23°—24°	31	1	3	4	2	1	1	—	—	2	3	5	4	5	—	—
	24°—25°	15	1	3	4	—	1	—	1	—	—	1	—	—	3	—	—
28°—29°	20°—21°	67	6	15	9	3	2	5	—	—	8	2	6	4	—	1	4
	21°—22°	51	5	4	—	9	2	4	1	—	2	8	2	8	5	2	9
	22°—23°	32	1	1	4	3	2	1	1	2	3	—	4	6	—	1	—
	23°—24°	20	—	—	10	2	2	—	—	—	2	1	—	—	2	—	—
	24°—25°	21	2	2	3	—	1	1	—	2	1	1	2	3	3	—	—
29°—30°	20°—21°	48	4	10	3	4	6	6	—	5	—	4	2	—	—	2	—
	21°—22°	39	—	3	4	4	—	7	1	4	2	2	5	—	3	3	1
	22°—23°	52	2	3	7	—	4	1	3	3	4	10	7	4	2	1	—
	23°—24°	23	—	5	1	1	1	—	2	—	2	2	—	3	6	—	—
	24°—25°	24	—	2	1	2	3	2	2	—	2	—	1	1	4	2	1
Fünfgrad-Feld	Summen	1084	54	120	140	103	62	65	30	32	68	65	75	65	59	39	36
	Mittlere Windstärke		4.3	4.1	4.3	4.8	4.5	4.2	4.6	5.0	5.0	4.4	4.2	4.4	4.3	4.1	4.9

61	64.6	67	21.6	13 21.2	11 23.6	11 20.7	19	87.1	47	3.5
51	64.5	55	21.1	10 20.7	4 22.6	7 20.7	11	79.7	54	4.4
56	61.3	66	21.0	7 20.6	13 21.0	6 21.3	2	92.5	69	4.5
25	62.9	28	20.8	6 20.6	6 21.2	4 20.7	3	75.3	30	4.8
21	60.9	23	21.3	5 20.7	4 22.2	4 20.9	6	86.5	23	5.0
69	64.4	75	20.9	16 20.6	10 21.6	14 20.3	20	84.8	67	4.4
38	64.7	44	20.7	10 20.3	5 21.0	8 20.3	3	75.7	46	4.7
38	64.9	50	20.8	10 19.4	4 21.5	9 19.9	3	90.0	57	5.6
28	63.8	27	20.9	5 20.9	5 21.3	2 20.0	5	89.8	28	4.5
10	63.5	12	21 4	3 19.6	1 28.4	1 21.0	6	80.2	12	3.9
84	63.1	92	20.6	16 20.5	16 21.2	11 20.1	24	84.8	90	4.9
59	60.8	78	20.7	11 20.0	14 20.8	8 20.6	6	83.0	75	6.0
28	62.6	35	20.1	6 18.9	7 20.5	6 20.6	2	94.0	38	6.2
29	62.5	31	20.9	3 20.0	6 21.2	6 21.2	4	91.2	31	4.2
9	64.2	15	20.3	9 18.8	3 21.0	3 20.1	6	88.0	15	5.8
56	63.9	62	20.0	14 19.5	6 20.6	8 20.1	7	87.6	64	5.3
44	62.5	56	20.8	10 19.9	9 20.7	9 19.8	19	87.8	51	4.8
20	62.9	31	20.1	11 19.7	5 19.8	4 19.7	7	84.3	32	5.0
17	65.4	17	19.7	3 19.1	2 21.4	2 17.3	6	82.3	20	5.1
19	62.9	21	20.6	1 20.6	4 20.2	3 20.5	14	87.1	21	4.8
39	62.9	46	19.5	11 19.3	4 19.7	9 19.5	18	82.8	47	5.5
33	63.7	39	19.9	7 19.5	6 20.3	4 19.8	9	92.0	37	5.5
50	61.0	45	20.3	6 20.0	6 20.5	7 20.0	10	86.3	52	6.1
19	62.7	22	20.8	4 19.7	3 20.9	3 20.8	3	82.7	20	4.7
23	60.7	24	20.1	4 19.4	3 21.3	2 20.4	18	90.2	23	5.8
935	—	1061	—	194 —	157 —	151 —	235	—	1049	—
—	63.07	—	20.6	20.1	21.1	20.3	—	86.0	—	5.0

Monat

Quadrat 75c. ……………………………………

Position der Zone		Wetter nach Beaufort's Bezeichnung. (Häufigkeit.)			Häufigkeit der verschied. Wolkenformen	Häufigkeit von Seegang u. Dünung aus:	Mittel der Meeres-Temperatur	Bemerkungen über einzelne beobachtete Triftströmungen.			
25°—26° N. Br.	20°—25° W. L.	Summe d. Beobacht.: 293			227	133	22.0° C.				
		Böen		Himmelsansicht	cirr. 18	N 25		N 9° E 17	S 8	S 77° W 35	N 87° W 17
		t 8		b 35	cirr.c 8	NE 8		N 60° E 9	S 14		
		l 10		c 178	cirr.s 14	E 10			S 9° W 22		
		q 12	8	o 23	Str. 13	SE 6		S 75° E 11	S 22° W 22		
		u —		g 17	W-c 7	S 17		S 68° E 8	S 42° W 11		
		Hydrometeore		Zustand der Luft	Cum. 123	SW 1			S 51° W 24		
		h —		v 4	Cum.ni 22	W 32			S 65° W 21		
		r 3		w 2	Nimb. 22	NW 9			S 68° W 16		
		s —		m 1		†See 15			S 72° W 22		
		d 2		f —		glatt 1			S 76° W 13		
26°—27° N. Br.	20°—25° W. L.	Summe d. Beobacht.: 256			212	112	21.7° C.				
		Böen		Himmelsansicht	cirr. 12	N 22		N 49° E 21	S 77° E 9	S 6° W 6	W 11
		t 3		b 23	cirr.c 4	NE 7			S 34° E 16	S 22° W 12	N 86° W 14
		l 6		c 175	cirr.s 13	E 27			S 25° E 9	S 41° W 25	N 74° W 10
		q 4		o 19	Str. 16	SE 1			S 42° E 13	S 51° W 8	
		u —		g 10	W-c 2	S 5				S 56° W 17	
		Hydrometeore		Zustand der Luft	Cum. 128	SW 3				S 65° W 17	
		h —		v 6	Cum.ni 21	W 31				S 76° W 16	
		r 4		w 2	Nimb. 16	NW 11					
		s —		m 4		†See 4					
		d —		f —		glatt 1					
27°—28° N. Br.	20°—25° W. L.	Summe d. Beobacht.: 344			288	140	21.1° C.				
		Böen		Himmelsansicht	cirr. 26	N 10		N 61° E 25	S 78° E 19	S 12° W 13	N 77° W 20
		t 12		b 24	cirr.c 4	NE 9			S 70° E 11	S 16° W 19	N 62° W 9
		l 17		c 182	cirr.s 21	E 19			S 26° E 6	S 47° W 26	N 7° W 20
		q 16	6	o 44	Str. 20	SE 1				S 51° W 11	
		u 3		g 7	W-c 2	S 23					
		Hydrometeore		Zustand der Luft	Cum. 131	SW 10					
		h —		v 6	Cum.ni 31	W 32					
		r 9	7	w 5	Nimb. 53	NW 3					
		s —		m 2		†See 31					
		d 3	1	f —		glatt 2					
28°—29° N. Br.	20°—25° W. L.	Summe d. Beobacht.: 239			207	102	21.0° C.				
		Böen		Himmelsansicht	cirr. 16	N 14		N 4° E 33	S 81° E 13	S 11	W 20
		t —		b 18	cirr.c 6	NE 8			S 74° E 7	S 20° W 7	N 65° W 17
		l 9		c 153	cirr.s 11	E 10			S 59° E 11	S 28° W 11	N 61° W 20
		q 4	4	o 24	Str. 11	SE —			S 46° E 7	S 31° W 10	N 48° W 10
		u 2		g 12	W-c 3	S 8				S 35° W 14	
		Hydrometeore		Zustand der Luft	Cum. 101	SW 9				S 54° W 24	
		h —		v 3	Cum.ni 33	W 29				S 65° W 8	
		r 2	1	w 1	Nimb. 26	NW 4				S 87° W 19	
		s —		m 3		†See 17					
		d 9		f —		glatt 8					
29°—30° N. Br.	20°—25° W. L.	Summe d. Beobacht.: 258			209	116	20.6° C.				
		Böen		Himmelsansicht	cirr. 22	N 8		N 42° E 13	S 87° E 10	S 25° W 12	N 88° W 8
		t 1		b 5	cirr.c 8	NE 10			S 76° E 12	S 58° W 13	N 39° W 6
		l 11		c 148	cirr.s 7	E 22			S 45° E 9	S 60° W 23	N 34° W 23
		q 21	1	o 30	Str. 15	SE 1				S 77° W 22	
		u —		g 13	W-c 3	S 20					
		Hydrometeore		Zustand der Luft	Cum. 100	SW 4					
		h —		v 3	Cum.ni 25	W 17					
		r 13	1	w 1	Nimb. 29	NW 6					
		s —		m 3		†See 26					
		d 4		f 3		glatt 2					

Ueber Wind.

Unter-□	Jahr	Tag		
60.	76.	7.	8ʰ N.	Der leichte S-Wind geht durch W und N in den NE-Passat über, der beim Segeln nach SW und W allmählich zur steifen Briese auffrischt.
60.	78.	24.	12ʰ N.	Der stürmische W-Wind flaut zur leichten Briese ab, und geht allmählich durch N in den NE-Passat über, der beim Segeln nach S bald auffrischt.
61.	71.	4.	12ʰ N.	Der mässige WNW-Wind geht nach N und wird still. Am 6. in 25° n. Br. und 23° w. L. setzt leichter NW-Wind ein, der beim Segeln nach S auffrischt und allmählich in den NE-Passat übergeht.
70.	69.	30.	12ʰ M.	Der frische SSW-Wind wird flau und geht, mit schnell steigendem Barometer, durch W und N in den NE-Passat über, der beim Segeln nach S bald auffrischt.
71.	75.	2.	8ʰ M.	Der mässige NE-Wind geht durch E und S nach W und frischt aus letzterer Richtung mit heftigen Regenböen zur starken Briese auf. Nach 4 Tagen flaut der W-Wind ab, steht aber noch längere Zeit durch. Am 10. in 15° n. Br. und 25° w. L. setzt leichter NE-Passat ein, der beim Segeln nach S allmählich zunimmt.
72.	71.	6.	9ʰ M.	Der frische WNW-Wind geht durch N in den NE-Passat über, der beim Segeln nach S stetig bleibt.
80.	78.	13.	12ʰ M.	Der frische W-Wind wird nach 24 Stunden still. Am 15. in 26° n. Br. und 19° w. L. setzt leichter NE-Passat ein, der beim Segeln nach S allmählich auffrischt.
90.	69.	30.	8ʰ M.	Der leichte S-Wind geht durch W und N allmählich in den NE-Passat über, der beim Segeln nach S bald zur starken Briese auffrischt.

Sonstige Bemerkungen.

70.	79.	9.	8ʰ N.	Starkes Zodiakallicht.
71.	77.	10.	12ʰ M.	Die ersten fliegenden Fische. Meeres-Temperatur 21.2° Celsius.
73.	79.	2.	12ʰ N.	Mondring.
81.	81.	1.	8ʰ N.	Bei frischem E-Winde ziehen die Cir.-Wolken aus W.
84.	73.	24.	4ʰ N.	Meeresfarbe hellblau.
84.	77.	17.	12ʰ M.	Die ersten fliegenden Fische. Meeres-Temperatur 22.6° Celsius.
91.	79.	3.	12ʰ M.	Die ersten fliegenden Fische. Meeres-Temperatur 21.6° Celsius.
92.	69.	3.	12ʰ N.	Sternschnuppen.
94.	69.	9.	12ʰ M.	Sargasso.
94.	79.	16.	8ʰ N.	Sargasso. Seeschwalben.

Höchster Barometerstand: **774.2** mm am 15. Dezember 1881 in 28° n. Br. und 23° w. L. bei frischem NE-Winde und halb bewölktem Himmel.

Niedrigster „ „ : **740.9** mm am 9. Dezember 1878 in 29° n. Br. und 22° w. L. bei leichtem WNW-Winde und heiterem Himmel.

Höchste Lufttemperatur: **29.8**° Cels. am 9. Dezember 1879 in 25° n. Br. und 20° w. L. bei Stille und bedecktem Himmel.

Niedrigste „ „ : **15.8**° Cels. am 6. Dezember 1871 in 28° n. Br. und 23° w. L. bei mässigem NE-Winde und halb bewölktem Himmel.

Quadrat 75d. ....

Windbeobachtungen

Alle Winde, Variabeln und Stillen

N	NNE	NE	ENE	E	ESE	SE	SSE	S	SSW	SW	WSW	W	WNW	NW	NNW	Var
—	1	1	4	—	1	1	—	2	2	5	—	—	—	—	—	—
3	1	2	—	—	4	—	—	1	—	—	5	—	—	—	—	—
3	2	1	1	3	2	2	—	—	1	2	3	—	—	—	1	—
2	1	6	2	3	2	—	—	—	1	4	1	—	—	—	—	—
1	—	2	7	—	—	—	—	—	—	—	—	—	—	—	—	—
1	3	2	1	—	—	1	—	5	—	1	3	—	—	—	2	—
3	2	5	2	—	—	1	—	2	—	1	2	1	—	1	—	—
—	2	4	—	1	4	2	—	—	—	—	1	—	—	—	1	—
1	1	—	5	—	1	—	—	—	—	1	—	—	—	—	—	—
—	—	1	5	—	—	1	—	—	—	—	2	1	—	—	—	—
—	3	2	5	2	—	—	2	—	1	3	4	—	—	—	—	1
1	1	2	1	1	—	1	2	3	7	1	1	1	1	—	2	—
2	—	2	2	1	4	1	—	—	—	—	1	1	—	—	1	—
—	—	—	2	2	2	—	1	—	—	—	—	3	1	—	—	—
1	—	—	—	—	—	4	2	—	—	—	—	1	—	1	—	—
2	—	1	1	5	3	—	—	1	—	3	—	—	—	—	1	—
2	—	1	2	—	—	—	1	1	—	1	—	2	2	1	1	—
—	—	—	—	2	5	2	—	—	—	—	—	—	—	—	—	—
—	—	—	1	2	—	4	1	—	—	1	—	3	1	—	—	—
—	—	1	—	—	—	1	1	—	—	—	—	—	—	—	—	—
—	—	2	2	1	—	2	1	2	—	1	—	—	2	—	—	—
1	—	1	—	—	1	1	—	1	1	3	—	1	3	—	—	—
—	—	—	—	—	—	3	2	3	4	—	—	—	—	—	—	—
—	—	—	—	2	—	1	1	1	1	1	—	—	—	—	—	—
—	—	—	—	—	—	1	—	—	—	—	—	—	—	—	—	—
23	17	**36**	**43**	**25**	**20**	**20**	**14**	22	**18**	28	23	13	10	3	9	1
5.1	4.3	4.7	5.2	4.6	4.6	3.6	4.0	5.1	5.0	5.5	5.4	4.6	5.5	5.0	4.5	2.0

14	58.1	17	21.5	5 21.0	2 21.2	1 22.1	3	78.7	17	7.1	17	—	4.0	—
11	60.0	16	21.4	1 23.2	1 22.8	4 20.8	5	81.6	16	5.2	16	—	1.0	—
19	63.5	21	22.1	5 21.5	3 22.6	3 22.3	9	74.9	21	4.9	21	—	2.8	—
20	64.1	22	21.0	8 20.8	1 23.1	4 21.1	7	80.9	22	4.7	22	—	2.3	—
10	66.8	10	20.7	2 19.3	2 20.6	2 20.4	—	—	10	4.7	10	—	5.0	—
15	63.2	19	21.5	2 20.4	2 21.6	3 22.3	2	85.5	19	5.0	19	—	4.0	—
17	60.8	20	21.3	2 22.2	6 21.2	2 20.4	1	71.0	20	6.7	20	—	4.0	—
14	65.8	15	20.7	4 20.2	1 20.8	2 20.3	6	82.7	15	3.5	15	—	—	—
9	65.0	9	20.0	2 19.9	1 20.9	1 20.5	1	77.0	9	6.7	9	—	4.5	—
10	65.8	8	21.4	—	1 22.7	1 20.8	1	82.0	8	3.8	10	—	0.5	—
19	64.3	24	21.1	6 19.9	4 22.0	4 20.4	3	83.3	24	4.2	24	—	5.0	—
24	61.1	23	21.1	3 19.9	4 22.0	4 20.8	16	83.2	25	4.6	25	—	3.0	—
13	67.1	15	20.9	2 20.9	3 21.1	3 21.0	3	74.0	14	4.3	15	—	1.5	—
10	65.5	11	21.3	2 20.2	2 21.6	2 20.3	4	78.0	9	5.6	11	—	1.5	—
7	64.4	9	22.1	2 22.0	2 22.0	3 21.7	5	82.4	8	3.6	9	—	0.5	—
16	64.1	16	20.3	4 20.2	2 22.4	3 19.8	—	—	17	6.8	17	—	7.0	—
14	61.5	14	20.5	3 21.0	1 20.5	2 19.4	3	83.7	14	6.1	14	—	1.0	—
9	66.2	9	20.6	2 20.0	1 19.8	—	3	76.0	8	5.2	9	—	—	—
12	62.2	12	21.5	2 20.5	3 21.8	—	8	81.1	11	5.1	12	—	1.5	—
8	62.7	3	21.6	—	—	—	1	80.0	8	4.7	8	—	—	—
13	64.7	12	20.0	4 20.3	2 19.8	1 21.0	1	89.0	10	7.5	13	—	9.0	—
13	57.2	13	21.1	—	3 21.8	1 18.5	2	87.5	13	4.8	13	—	1.0	—
15	65.5	15	21.8	8 20.8	2 24.6	4 20.7	13	76.2	15	3.0	15	—	1.0	—
7	66.8	7	20.4	3 20.2	—	2 19.4	3	81.3	7	6.4	7	—	0.5	—
1	63.0	1	22.0	—	—	—	—	—	1	5.0	1	—	—	—
35	—	341	—	67 —	49 —	52 —	100	—	336	—	347	—	60.6	—
—	63.37	—	21.1	20.6	21.7	20.8	—	80.1	—	5.2	—	—	—	—

Monat

Quadrat 75d. ....

Position der Zone		Wetter nach Beaufort's Bezeichnung. (Häufigkeit.)				Häufigkeit der verschied. Wolkenformen	Häufigkeit von Seegang u. Dünung aus:	Mittel der Meeres-Temperatur	Bemerkungen über einzelne beobachtete Triftströmungen.
25°—26° N. Br.	25°—30° W. L.	Summe d. Beobacht.: 115				100	54	22.8° C.	
		Böen		Himmelsansicht		cirr. 6	N 4		S 59° W [illegible] N 55° W 12
		t	—	b	8	cirr. c. 5	NE 5		
		l	5	c	65	cirr. s 8	E 16		
		q	12	o	16	Str. 1	SE 2		
		u	1	g	4	W-c —	S —		
		Hydrometeore		Zustand der Luft		Cum. 49	SW 5		
		h	—	v	—	Cum. st 17	W 12		
		r	4	w	—	Nimb. 14	NW 8		
		s	—	m	4		†See 7		
		d	1	f	—		glatt —		
26°—27° N. Br.	25°—30° W. L.	Summe d. Beobacht.: 102				77	45	22.0° C.	
		Böen		Himmelsansicht		cirr. 7	N 4		S 86° W 14 N 67° W 13
		t	—	b	5	cirr. c. 2	NE 3		N 59° W 16
		l	3	c	55	cirr. s 1	E 17		
		q	11	o	13	Str. 1	SE 1		
		u	2	g	2	W-c 1	S 6		
		Hydrometeore		Zustand der Luft		Cum. 53	SW 5		
		h	—	v	—	Cum. st 3	W 3		
		r	9	w	—	Nimb. 9	NW —		

Bemerkungen

Ueber Wind.

Unter-□	Jahr	Tag		
69.	80.	18.	8ʰ M.	Der leichte SSE-Wind wird still. Nach 12 Stunden setzt leichter ESE-Wind ein, der beim Segeln nach S allmählich auffrischt und in den NE-Passat übergeht.
96.	79.	17.	12ʰ M.	Der frische SW-Wind wird flau und geht beim Segeln nach SW allmählich durch S und E in den NE-Passat über.
97.	80.	18.	12ʰ M.	Der mässige SW-Wind wird flau und veränderlich. Nach 36 Stunden setzt leichter ESE-Wind ein, der beim Segeln nach S allmählich auffrischt und in den NE-Passat übergeht.

Sonstige Bemerkungen.

88.	79.	18.	12ʰ M.	Sargasso.
88.	80.	18.	8ʰ M.	Bei leichtem SSE-Winde ziehen die Cir.-Wolken aus W.
95.	79.	17.	4ʰ M.	Elmsfeuer in einer Gewitterböe mit Regen.

Höchster Barometerstand: **772.4** mm am 11. Dezember 1877 in 28° n. Br. und 27° w. L. bei frischem E-Winde und halb bewölktem Himmel.

Niedrigster „ „ : **740.8** mm am 7. Dezember 1878 in 28° n. Br. und 26° w. L. bei starkem WNW-Winde und halb bewölktem Himmel.

Höchste Lufttemperatur: **27.4**° Cels. am 19. Dezember 1880 in 29° n. Br. und 27° w. L. bei Stille und heiterem Himmel.

Niedrigste „ „ **16.9**° Cels. am 23. Dezember 1873 in 26° n. Br. und 28° w. L. bei flauem ESE-Winde und bedecktem Himmel.

Berichtigungen.

Seite	67,	unter Niederschläge,	Zeile	10	von	unten,	statt	54	muss	es	heissen	52	Beobachtungswachen.
-	90,	- -	-	10	-	oben,	-	98	-	-	-	97	- -
		und ebendaselbst,	-	2	-	unten,	-	1071	-	-	-	1070	- -
-	115,	unter Niederschläge,	-	11	-	oben,	-	28	-	-	-	27	- -
		und ebendaselbst,	-	2	-	unten,	-	927	-	-	-	926	- -
-	139,	Kolumne 7 von links,	-	5	-	-	-	$\overset{6}{22.5}$	-	-	-	$\overset{4}{22.8}$,	
		und ebendaselbst,	-	2	-	-	-	201	-	-	-	200.	
-	139,	unter Niederschläge,	-	11	-	oben,	-	89	-	-	-	86	Beobachtungswachen,
		und ebendaselbst,	-	10	-	unten,	-	48	-	-	-	47	- -
			-	5	-	-	-	34	-	-	-	32	- -
			-	2	-	-	-	1470	-	-	-	1464	- -

Zeitfracht Medien GmbH
Ferdinand-Jühlke-Straße 7
99095 Erfurt, Deutschland
produktsicherheit@kolibri360.de